Modern

Optical

Design

现代
光学设计

赵存华 | 编著

化学工业出版社

·北京·

内 容 简 介

《现代光学设计》分 2 篇共 30 章，详细介绍了现代光学设计的方法和要点。本书上篇为光学设计基础，包括光学设计概述、Zemax 软件概述、光路计算、光学材料、塞德像差理论、波像差理论、Buchdahl 公式、像质评价、消色差、光学自动设计等内容；下篇为光学系统设计，引入了大量的设计实例，介绍了各类常见光学镜头及系统设计方法，包括望远物镜、显微物镜、目镜、照相物镜、投影和照明系统、变焦距系统、红外物镜、折反系统、激光光学系统、折衍混合光学系统等，最后还介绍了光学制图等知识。

本书将光学设计理论与光学软件 Zemax 设计实例结合，内容由浅入深，讲解清晰易懂，可供光学设计师、工程师参考与自学，也可供高校光电信息类专业师生使用。

图书在版编目（CIP）数据

现代光学设计/赵存华编著. —北京：化学工业出版社，2021.10（2025.5重印）
ISBN 978-7-122-39756-0

Ⅰ. ①现⋯　Ⅱ. ①赵⋯　Ⅲ. ①光学设计　Ⅳ.
①TN202

中国版本图书馆 CIP 数据核字（2021）第 165140 号

责任编辑：毛振威　贾　娜　　　　　　　　装帧设计：韩　飞
责任校对：王佳伟

出版发行：化学工业出版社（北京市东城区青年湖南街 13 号　邮政编码 100011）
印　　装：北京天宇星印刷厂
787mm×1092mm　1/16　印张 28¾　字数 738 千字　2025 年 5 月北京第 1 版第 6 次印刷

购书咨询：010-64518888　　　　　　　　售后服务：010-64518899
网　　址：http://www.cip.com.cn
凡购买本书，如有缺损质量问题，本社销售中心负责调换。

定　　价：158.00 元

前　言

　　光学设计是一门历久弥新的技术，伴随着计算机软件技术的发展、现代制造业的进步和新理论的出现，光学设计也在不断地更新和前进。无论光学设计如何发展，继承前人的理论和技术成就，是必须首先要做的任务。所以，大量而系统的理论知识贯穿了本书，读者在阅读完本书之后，可以扎下牢牢的根基。没有根基的大厦，是无法盖得更高、更坚固的。

　　本书在撰写时，尽量将理论密切联系的知识点放置在一起，让读者获得系统的了解。本书涵盖了光学设计的基本知识和基本理论，包括光线追迹、光学材料、塞德像差理论、波像差理论、Buchdahl理论、像质评价、消色差、光学自动设计、各类常见光学镜头的设计以及光学制图等。笔者秉承的理念是：力求一个光学设计的入门者，也可以看得懂所有的理论推导和结论，而不是通过直接引用的方式将公式罗列出来，所有的理论推导过程必须脉络清晰易懂。

　　本书的整体结构是：上篇以光学设计理论为主，中间穿插少量的实例；下篇以设计各种镜头为主，并引入大量的设计实例。在做实例时，考虑到通用光学设计软件的成本、易用性、流行性，选用了Zemax OpticStudio 2017版软件作为实例用软件。事实证明，Zemax是一个稳定且值得信赖的优秀光学设计软件。本书中，所有实例的镜头数据和图形均是直接从Zemax软件中截取获得的，没有经过任何修改，读者完全可以复算并验证它的设计过程。

　　本书在编排上进行了创新，不是以大章节的形式来集中阐述某一个理论方向，而是将相关的知识点放在一起形成10～20页紧密相连的部分。每一章完全可以单独剥离出来，作为一个小报告独立存在。这种编排方式，更有利于读者阅读使用，也适合作为高等学校本科生或者研究生的教材。

　　感谢家人大力支持，在本书撰写过程中，忍受我长时间的工作并热心地照顾好我的生活起居。感谢院系领导的支持，感谢部分老师提供的帮助，如贾红、丁超亮、张永涛等都提出了十分有意义的建议。感谢我的学生曹璐瑶、邢明卓、郭立娟等，帮助绘制了部分图纸。

　　由于本书是一个新的探索，所以应该有很多不当之处，欢迎读者不吝珠玉，给予批评指正。笔者的联系方式为：zhao.cun.hua@163.com，如有任何意见或建议，请赐信于上述邮箱，笔者将及时回复。

编著者

目 录

上篇　光学设计基础

下篇 光学系统设计

上 篇

光学设计基础

第 **1** 章

什么是光学设计

在应用光学中，我们了解到几种光学系统，比如：望远镜、显微镜、照相机和投影仪等。这些光学系统在当时并未考虑它们的成像质量，都以近轴光学计算为主。事实上，这些系统并不是简单地罗列一些镜片就可以使用，需要"特意安排"它们的半径、间隔、材料或镜片组合，以满足成像质量的要求，如满足塞德（Seidel，又译赛德、赛德尔）像差和各种综合评价指标等。这种"特意安排"镜片的过程就是光学设计。光学设计就是利用理想光学系统理论（又称为高斯光学），根据光学系统的技术要求，计算光学系统需要满足的成像特性，然后利用像差理论求解或评价光学系统，并使用光学设计软件优化光学系统，以满足成像质量要求的过程。可以看出，光学设计需要两个阶段：利用高斯光学计算成像特性阶段，又称为预设计；利用像差理论设计优化阶段，又称为像差平衡。在本章中，首先从一般透镜成像的不完美开始，提出了为什么需要进行光学设计。进而，介绍了光学设计需要完成的任务，包括光学预设计和像差平衡。

1.1 为什么需要光学设计

1.1.1 光学仪器小史

在中国古代，人们就知道凹面镜可以聚焦太阳光取火，称作"阳燧"。古希腊的叙拉古，阿基米德就曾经用非常大的凸透镜对着阳光，把光能量聚焦到古罗马的战船上使之燃烧。有关平面镜、反射镜和透镜的应用记载还有很多，比如先秦著作《墨经》的《经说下》中就有影子、小孔成像、物像关系、平面镜成像、凹面镜成像和凸面镜成像的研究。另外，在很早以前，人类就已经掌握了传统玻璃的制造技术。

1608 年，利伯希（Lippershey）发现了一个凸透镜和一个凹透镜排在一起可以放大物体。同年和次年，伽利略（Galileo）连续做了四个望远镜，把放大倍率从 3 倍提高到 30 倍。通常，人们把凸凹透镜组合的望远镜称作伽利略型望远镜。当时，德国的著名天文学家开普勒（Kepler）也在研究望远镜，他在著作《屈光学》中提到，可以使用两个凸透镜组成天文望远镜。后来，在 17 世纪 20 年代，沙伊纳（Scheiner）按照开普勒的描述制作了首台开普勒型望远镜。伽利略型望远镜和开普勒型望远镜都是两个透镜的组合，成像质量有限，比如无法解决材料的色差问题。1668 年，英国科学家牛顿（Newton）发明了反射式望远镜，解决了色差问题。1672 年，牛顿制作了一台大的反射式望远镜，至今还保存于皇家学会的图书馆里。之后，人们把这种反射式望远镜称为牛顿型望远镜。牛顿型望远镜经过不断改型，出现了很多其他类型的结构，如：格里高利系统、卡塞格林系统、马克苏托夫系统，等等。

另一个重要的光学仪器是显微镜。1590 年，在荷兰的米德尔堡（Middelburg），一个眼镜制造商制作了世界上第一台显微镜。半个世纪后，英国物理学家胡克（Hooke）制作了一台显微镜，首次观察到了细胞。1665 年，荷兰生物学家列文虎克（Leeuwenhoek）制作了当时最先进的显微镜，放大倍率达 300 倍。目前通常把显微镜的发明人归功于英国的胡克。

图 1-1　伽利略、开普勒、牛顿、胡克和达盖尔（从左起）

第三种传统的光学仪器是照相机，它的发明应该毫无疑义地归功于法国画家达盖尔（Daguerre）。他之前是一个舞台设计师，一次偶然的机会发现，打破的温度计的水银可以把影像留下来。经过反复研究，1839 年 8 月 19 日，达盖尔终于公布了他的发明"达盖尔银版摄影术"。摄影术经历了从胶片到数码、从黑白到彩色、从专业到普及的发展过程，到现在已经几乎人手一部摄像手机。

还有一种传统的光学仪器叫投影仪。1640 年，耶稣教会教士奇瑟发明了一种叫作"魔法灯"的幻灯机，被认为世界上第一台投影仪。事实上，有些人将我国起源于汉代的皮影称为最早的投影仪，也是有一定道理的。从 1845 年开始，幻灯片式投影仪开始流行，光源也从蜡烛、油灯逐渐改为电灯。1989 年，世界上第一台液晶投影仪诞生于日本的爱普生（Epson）公司。幻灯片式投影仪已经被淘汰，现在使用的投影仪都是多媒体液晶（LCD）投影机。

图 1-2　阳燧、伽利略望远镜、胡克显微镜、达盖尔摄影术和奇瑟魔法灯（从左起）

现在，光学仪器从传统的望远镜、显微镜、照相机和投影仪，已经发展成为一个庞大的技术领域，在很多地方都有着重要应用。比如望远镜技术，已经应用到天文观测、军事观瞄、军事侦察、激光测距、跟踪测试等领域；显微镜主要应用在工业监控、微纳米制造、生物技术、材料科学等工业生产和科学研究上；照相机已发展成数码影像技术，应用于图像获取、影视娱乐、航空侦察、深空探测等民用或高新技术领域；投影仪也不仅仅限于投影观看，已经广泛应用于教育教学、学术办公、影视娱乐、出版印刷和芯片加工等。以上仅仅是传统光学仪器的新应用。事实上，现代光学仪器已经深入到民用、工业和科研的各个领域。

随着需求的不断升级，对光学系统的要求也越来越高。首先，简单地组合镜片、移动位置、对焦已经无法满足需要。于是出现了数个镜片组合在一起，完成一定功能的整体，称为镜头。然后，再把镜头作为部件进行组合，产生了效果比单镜片好很多的光学系统。但是，如何把镜片合理地组合在一起，这就需要长期的经验积累。光学设计师和光学科学家一起为解决透镜成像问题做出了不懈的努力，逐渐从纯经验手动拼凑到理论计算的飞跃，最后又到软件自动设计的高度。尤其是 1856 年，德国慕尼黑天文学家塞德（Seidel）提出的像差理论，使得在镜头制造之前就设计出可行的镜头，成为了一种可能。

即便是在成熟的像差理论指导下，设计一个好的镜头也是相当困难的。之前的光学设计周期都很长，一般都是半年左右。为了保护自己的辛勤劳动，一般设计出来的镜头都会立即申请专利。因此，光学设计曾经被称为一门艺术，是一种极具创造力和挑战性的工程领域，只有经验丰富和富有创造力的"艺术大师"才可以设计出完美的镜头。电子计算机出现以后，又使光学设计有了一次大的飞跃。利用软件程序来计算大量繁杂的光线追迹、像质评价指标和分析成像结果，使数天的手动计算可以在几秒钟内完成。不仅如此，数学最优化理论的成果又使光学设计可以进行自动校正，让系统的像差向小的方向变化，这是光学设计的巨大进步。具有对光学系统进行计算、分析和自动校正的软件程序包称为光学设计软件，它使普通的光学设计师在掌握了少量的光学技术之后，就可以设计出比较完美的镜头。所以，现在所有的光学设计师都离不开一套功能强大的光学设计软件。目前，在我国使用较为广泛的光学设计软件有美国的 Zemax、Code V、OSLO、TracePro、ASAP 等，以及曾经使用的国产的 CAOD、Sod88、Gold 等。作为一名优秀的光学设计师，必须至少熟练使用一种光学设计软件。

1.1.2 光学系统

由反射镜、透镜、棱镜或光栅等光学元件，按照一定的方式组合在一起，利用材料的反射、折射或衍射，把入射在其内的光线按照设计者的要求传递到需要的位置或方向，从而满足一定需求的系统，称为光学系统。有时候，光学系统包含数十、上百个光学元件；有时候，光学系统仅仅是一片单透镜。

有关光学系统有以下常见的概念：

① 共轴系统。组成光学系统的所有元件光轴重合。

② 非共轴系统。组成光学系统的元件中至少有一个元件的光轴不重合，要么光轴发生偏折，要么光轴发生平移。

③ 球面系统。组成光学系统的所有元件表面都是球面的一部分，其中平面（反射平面或折射平面）可以看成是半径无穷大的球面，所以平面也归于球面系统中。

④ 非球面系统。组成光学系统的元件表面中有一个不是球面，则整个系统就称作非球面系统。

⑤ 共轴球面系统。这是大部分光学系统所具有的形式，即组成光学系统的所有元件既是球面，光轴又重合在一起。光学元件重合的轴称为光学系统的光轴，它也是旋转对称系统的旋转对称轴。

图 1-3 是一个典型的显微系统，它由透镜、棱镜和反射镜组成，可分为四大部件：物镜、目镜、照明系统和转折倒像棱镜组。其中物镜本身是共轴系统，但是和棱镜、目镜组成的显微系统却是非共轴系统。如果其中存在一个非球面，则系统称为非球面系统，否则即是球面系统。平面反射镜和棱镜算作球面光学元件。

1.1.3 理想光学系统

由应用光学中理想成像理论可知，理想成像满足：

① 一个物点成像为一个像点，称为"点成点"；

② 一条物空间直线成像为一条像空间直线，称为"线成线"；

③ 一个物空间平面成像为一个像空间平面，称为"面成面"。

满足上述理想成像条件的光学系统称为理想光学系统。如图 1-4（a）所示，中心的 A 区域"蜜蜂"成像清晰，它实际上是近轴区域，成像理想。周围的 B 区域成像模糊，并且离中心区域越远成像越模糊，B 区域成像存在缺陷。一般成像较好的镜头，A 区域所占的比例大一些，B 区域所占的比例小一些。图 1-4（b）是一个大楼经过镜头所成的像，在近轴的 A 区域成像比例正常，但是在远轴的 B 区域成像明显失真，存在形变，说明成像有缺陷。

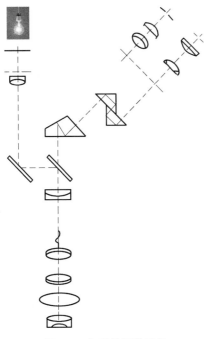

图 1-3　典型的显微系统

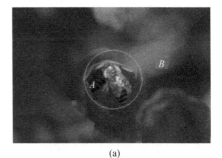

(a)

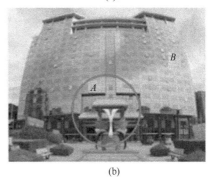

(b)

图 1-4　成像的缺陷

所以，对光学系统成像要求满足：

① 成像清晰；

② 成像没有形变。

但是实际的光学系统总会有这样或者那样的缺陷，导致成像不能满足以上两条要求。

1.1.4　理想成像的违背

为什么会出现成像缺陷呢？主要有三个原因：Snell 定律的非线性、衍射效应和材料色散。

（1）Snell 定律的非线性

折射定律 $n\sin I = n'\sin I'$ 又称作 Snell 定律，其中 n、n' 是物空间和像空间的折射率，I、I' 是入射角和折射角。如图 1-5 所示，当轴上 0 光线，逐渐向轴外平移到 1 光线和 2 光线时，虽然孔径角没有增加（都是 $u=0°$），但是光线与面法线的夹角，即入射角，则从 $0°$ 增加到 I_1 和 I_2。当入射角大于一定角度时，Snell 定律就不能写成近轴形式，即用 $ni = n'i'$ 替代 $n\sin I = n'\sin I'$，也就不满足近轴成

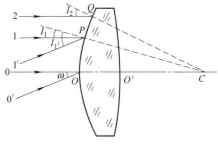

图 1-5　增加口径和视场会产生像差

像。再比如，当存在视场角时，即光线发生倾斜，孔径角不再是0°，如图1-5所示，0光线变成具有视场角 ω 的 $0'$ 光线，则入射角从0°变成了 ω。1光线变成 $1'$ 光线，相应的入射角也从 I_1 变成了 I_1'，入射角进一步增大。也就是说，光线的离轴和倾斜都会导致入射角增大，从而背离近轴条件，成像不完美。由应用光学中理想光学系统的理论，只有近轴光线成像才能接近理想光学系统的成像要求。所以，当 I_1、I_2 和 I_1' 大到一定程度就会产生背离理想光学系统的附加光程差，即像差。由Snell定律，此时不能用 i 代替 $\sin I$ 和用 i' 代替 $\sin I'$。把正弦函数 $\sin I$ 进行泰勒展开得

$$\sin I = I - \frac{1}{3!}I^3 + \frac{1}{5!}I^5 - \frac{1}{7!}I^7 + \cdots \tag{1-1}$$

在近轴区域，I^3 以上的项皆可以认为无穷小量忽略掉，有 $\sin I \approx I$。那么在什么情况下才可以认为是无穷小量呢？假定舍去后的相对误差为千分之一，即

$$\frac{\sin I - I}{\sin I} \leqslant 10^{-3} \tag{1-2}$$

经过简单的运算，可得 I 应该满足

$$I \leqslant 5° \tag{1-3}$$

也就是说，当折射面上入射角大于5°时，就会产生不可忽略的像差，入射角增大，像差也会急剧地增加。对于镜头，不可能保证每一个镜片上的所有光线都限定在公式（1-3）的要求之内，所以必然会产生像差。把实际成像与理想成像的差距称为像差。由应用光学可知，单色塞德像差有五种：球差（spherical aberration）、彗差（coma aberration）、像散（astigmatism）、场曲（field curvature）和畸变（distortion）。

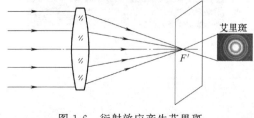

图1-6 衍射效应产生艾里斑

（2）衍射效应

根据物理光学知识，任何限制光传播的孔径都将发生光的衍射效应。如图1-6所示，镜头都是有一定横向尺寸的孔径，所以光线通过镜头时将发生衍射效应。镜头的孔径越小，衍射效应越明显。由于镜头通常是旋转对称系统，具有圆形的孔径，由物理光学理论，在镜头上将产生圆孔衍射，物空间的每一个物点在像平面上都将形成一个衍射像斑。由物理光学，圆孔衍射强度为

$$I = I_0 \left[\frac{2J_1(Z)}{Z} \right]^2 \tag{1-4}$$

式中，I_0 为中心点光强度；$J_1(Z)$ 为以 Z 为参数的一阶贝塞尔（Bessel）函数；$Z = ka\theta$，k 为波数，a 为限制光束的圆形孔径最大半径，θ 为衍射角。绘制出公式（1-4）的强度曲线，可知其强度为同心圆环，如图1-6所示，其中中心亮斑集中了衍射圆环的大部分能量，约占总能量的83.78%，称为艾里斑（Airy disk）。对于平行光入射情形，艾里斑的半径 r_0 为

$$r_0 = \frac{1.22\lambda}{2a}f' \tag{1-5}$$

式中，λ 为入射光波长；f' 为镜头像方焦距。如果把物体看成无数个点源的集合，则每一个物点在像面上都会形成一个像斑，这些像斑的叠加（数学上以卷积运算）就形成了模糊的像。如图1-7所示是工业上应用最多的鉴别率板，它用于测试镜头的鉴别率。鉴别率板经

理想光学系统成像后应该是一个清晰的、比例缩放的几何图像。但是，经过实际的光学系统后，物方的点源会成像为一个像斑，累加于像面之后，就形成了模糊的像。

（3）材料色散

玻璃材料对不同的波长具有不同的折射率，称作材料的色散。光在发生折射时，即便入射角相同，不同的波长折射率也不同，将导致不同的色光分开。这种因材料色散而引起来的成像不完美称作色差。色差主要有两种：轴向色差（longitudinal chromatic aberration）和垂轴色差（lateral chromatic aberration）。对于宽光谱成像的光学系统，色差占有重要的地位，所以必须加以消除。

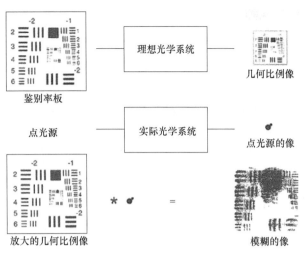

图 1-7　鉴别率板在衍射效应下使像变得模糊

在图 1-4 中，正是因为存在球差、像散、场曲、畸变和色差等，导致镜头成像不完美，达不到理想成像的要求。如图 1-8 是一个单片的透镜和一个双高斯物镜，它们具有相同的焦距、孔径等成像特性，但是因为以上三种原因，必须选择图 1-8（b）的双高斯物镜用于成像，而不能选择图 1-8（a）的单片透镜，因为图 1-8（a）很难校正各种像差，达不到成像清晰且没有形变。

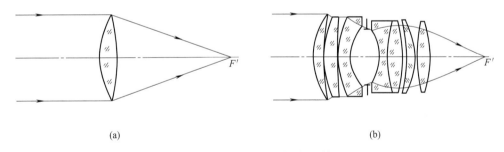

(a)　　　　　　　　　　　　　　　　(b)

图 1-8　两个具有相同特性的镜头

对于实际的光学系统，影响成像质量的因素有很多，除了包括以上三种主要因素之外，还有使用环境因素、设计灵敏度、制造精度、装配精度等。因此，在一个镜头设计完成之后，需要经过全面分析，才能进入实质性的制造装配阶段。在完成装配之后，还应该进行严格的性能测试和全面的五项环境试验（实际上不仅仅五项，包括：振动、高温、低温、淋雨、浸水、气密、沙尘、跌落等，统称为五项环境试验），最后才能定型生产并交付使用。

1.1.5　像质评价

由上一小节知道，实际的光学系统成像很难达到完美。如何判断一个实际光学系统的成像质量是否满足要求呢？还要从光学系统需要满足的技术要求说起，将光学系统满足的所有要求统称为"技术要求"。总体来说，对光学系统的要求有三个方面：决定成像性质的一阶要求、决定成像质量的三阶要求和其他要求。首先，光学系统是否满足一定成像性质的需要，如焦距是多大、成像的位置在哪里、成像的范围有多大、放大倍率达到多大、F数是否满足等，即系统的这些参数是不是想要的结果，这些决定成像性质的技术要求称为一阶技术要求。其次，光学系统在成像性质满足的情况下，成像质量是否清晰、有没有变形、分辨率是否达到等，这些决定成像质量的技术要求称为三阶技术要求，三阶要求主要包括像差指标或者与像质有关系的综合评价指标。第三种要求是物理特性（如重量、大小）、使用环境（温度、湿度、空气中/水下、白天/夜晚）等。表1-1给出了光学系统的部分技术要求。

表 1-1　光学系统的部分技术要求

一阶技术要求		三阶技术要求		其他要求	
像方焦距	垂轴放大率	球差	色差	重量	风沙
后焦截距	视放大率	彗差	波像差	尺寸	水下使用
F数	透过率系数	像散	点列图	高温	振动环境
视场角	像面大小	场曲	分辨率	低温	湿度
入瞳尺寸和位置	出瞳尺寸和位置	畸变	MTF(调制传递函数)	霉变性	白天/夜晚
……	……	……	……	……	……
决定成像特性		决定成像质量		物理特性/使用环境	

一般情况下，对光学系统的技术要求来源于光学系统的使用状况、完成的功能和放置的环境等，大部分由光学系统需求者事先拟定好，而光学设计师只需要按照要求进行设计即可。少数情况下，需要光学设计师提取、计算或总结出技术要求。由于技术要求的差异，光学设计可以分为两个阶段，即计算一阶要求的预设计阶段（又称外形尺寸计算）和进行像差平衡的三阶优化阶段，其他要求在前两个阶段中综合考虑就可以。光学设计师按照技术要求，分两个阶段把光学系统设计完成，经过镜片加工、车间装配和性能测试，最终形成了成品。成品合格与否，需要对其进行全方位的评估。对制作完成后的光学系统进行评价的方法称为后评价方法。在完成一系列后评价之后，达到所有技术要求，将交付使用。计算一阶要求的预设计，主要由应用光学这门技术中高斯光学理论来解决；而三阶优化的像差平衡，就是光学设计所要解决的问题。

针对光学设计结果，评价光学系统的成像有两种方法：

① 后评价方法。将光学系统制作完成之后对其进行的评价，包括各种一阶成像特性和三阶成像质量的仪器测量，如：测焦距、测放大倍率、测透过率系数、测分辨率、测星点图、测七种塞德像差、测MTF等。后评价方法通常借用光学测量仪器，如焦距仪、透过率测试仪、平行光管、MTF综合测试仪等。

② 设计评价。在设计阶段用像差理论，借助成熟的光学设计软件协助进行计算评价，及时调整镜头结构参数，接近并达到技术要求的方法叫设计评价，又称作像差平衡。设计评价不需要把光学系统制作完成就可以评价其一阶成像特性和三阶成像质量，大大提高了成品率，是计算机技术在光学领域的完美应用。

不管是哪一种评价方法，都需要有一个参考的数据，即相关指标达到何值时，可以认为光学系统满足成像要求。一般情况下，可以有以下几种途径来评价像质：

① 如果客户在技术要求中提出了指标目标值，以满足客户技术要求为准。

② 设计的光学系统剩余塞德几何像差如果小于像差的公差，可以认为成像质量满足。

③ 如果光学系统残存的波像差小于瑞利准则，即波像差小于1/4波长，可以认为成像质量满足。

④ 对于像面为像素（又称为探测器）的系统，如CCD、CMOS、光电倍增管、焦平面阵列等，当像差导致的弥散斑尺寸小于像素尺寸时，可以认为成像质量满足。

⑤ 可以借助于光学设计软件中各种预设的评价方法进行佐证,如光线扇形图、MTF 曲线、像差曲线、相对照度、包围能量环等。

1.2　光学设计的流程

为了设计出符合技术要求的光学系统,需要按照光学设计的一般过程,认真严密地进行设计。如图 1-9 所示,光学设计的过程分为三个大的阶段:设计前阶段、设计阶段和光学设计师需要参与的阶段。

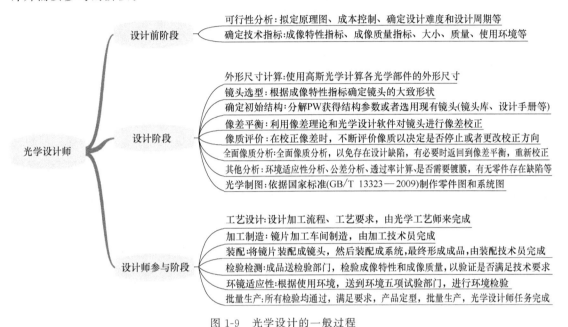

图 1-9　光学设计的一般过程

1.2.1　设计前阶段

在进入实质性设计之前,需要明确要设计的光学系统完成什么样的功能,需求状况及目前的国内外现状,实现的难易程度,以此确定光学系统的原理图,以上通称为可行性分析。在确认要开发的产品之后,根据国内外同类产品的水平、客户需求、市场需求或预研预期等,确定要设计的光学系统的技术要求指标。通常给出的技术要求都是几个非常关键的指标,比如对光学系统成像特性的要求:焦距、放大率、使用波段、工作距离、视场、孔径、共轭距等;对成像质量的要求,如:分辨率、MTF、RMS、各种像差容差、透过率、像面照度等;以及其他要求,如:重量、尺寸、使用温度、使用湿度等。在技术指标确定之后,在后面的设计中,一般不再更改。但是如果发现技术指标不合理或难以完成,可以与客户沟通并适当调整技术要求。

光学系统设计一般按照技术要求来设计,技术要求又来自哪里?如果光学设计师仅仅是按照需求者提供的技术参数为指标,则前期的技术要求提取的过程可以略去,直接进入到光学系统设计阶段。如果技术要求由光学设计师提供,则技术要求的提取需要做大量的工作。光学设计师需要搜集所能获取的相关资料,然后做以下工作。

① 分析市场上同类产品的功能,同类产品的指标参数达到的水平,确定光学系统应该

完成的任务和设计难易程度，从而确定重要技术要求参数和一般技术要求参数。

② 根据科研、生产和生活中的实际需要，设计满足一定功能的光学系统，也许不存在同类产品。根据实际需求的状况，确定光学系统的重要技术要求参数和一般技术要求参数。

③ 根据功能需求、使用环境、使用人群和成本控制等，确定光学系统的其他技术要求。技术要求指标值必须综合考虑，以免存在使用缺陷。

④ 综合进行可行性分析，包括成像特性的满足、成像质量的要求、物理化学性质（重量、大小、使用温度、使用湿度、酸碱环境等）、设计难易程度和设计周期长度等。

⑤ 最终列出全部技术要求指标值，一旦确定，一般不再更改，除非使用状况改变或者设计难度过高无法完成等才可以考虑更改技术指标值。技术要求指标值是后续光学设计阶段的遵循依据。

1.2.2　设计阶段

拟定光学系统原理图和技术指标之后，需要对光学系统进行外形尺寸计算，算出各个分系统的光学特性。在计算时，一般按照理想光学系统的理论（高斯光学）和计算公式进行计算。需要注意的是，在计算时，必须考虑机械和电气系统的结构，必要时与结构设计师和电气设计师进行沟通，防止制造和装配中出现问题。接着把光学系统分成各个部件，或称为镜头，然后对每一个镜头进行选型。如图 1-10 所示是望远物镜的选型图，其中横坐标是 F 数，纵坐标为视场角。从图上可以看出，若需要小 F 数（即大相对孔径）的望远物镜，可以选用三分离望远物镜；若需要大视场的望远物镜，对称式望远物镜是最佳的选择。

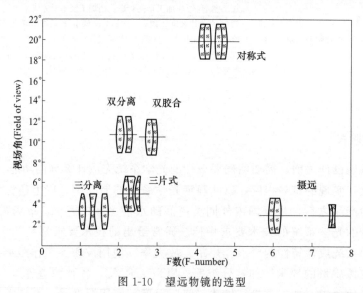

图 1-10　望远物镜的选型

镜头选型之后，需要确定它们具体的初始结构，有两种方法可以利用。

① 利用初级像差理论和 PWC 计算，手动计算获得镜头的结构参数。首先，根据消色差或消二级光谱色差的条件，计算各镜片承担的光焦度。然后，根据其承担的光焦度大小，计算该镜片的 PWC 值，并对 PW 进行规划处理，求得 P_0 和 $\overline{C}$，查设计资料得玻璃组合。根据各镜片光焦度和玻璃参数，分解得镜片的曲率半径。

② 从现有可以获得的镜头数据中，挑选出与设计结果相近的镜头，直接作为初始结构。这种方法一般使用镜头库（如 LensVIEW 镜头库软件）、镜头专利、光学设计软件附带的设

计实例、出版的镜头手册或者光学设计手册中附带的镜头资料等，从中选择一个相近的镜头作为设计的起点。这种方法使用起来方便快捷，成功率也比较高，并且使设计周期大大缩短。不过在挑选镜头时，需要光学设计师对像差理论有较深的理解，才能挑选出最合适的、相近的镜头。

　　确定初始结构之后，就可以把参数输入到通用的光学设计软件中进行模拟计算，这个过程列于表 1-2 中。初始结构的曲率半径、厚度、折射率、视场角等结构参数都是已知的，利用近轴光线追迹方程、塞德像差理论公式、波像差理论公式等就可以计算出光学系统的一阶特性和三阶特性。在计算过程中，通常对光学系统的每一面进行编号。物平面不参与编号，从系统的第一面到像平面以次面号为 1、2、3、…；两个面号之间沿光轴距离称为厚度，包括透镜中心厚度和两镜片间空气层中心厚度，厚度以次为 d_1、d_2、d_3、…；每两个面号之间就是一种材料空间，它的折射率也给以编号为 n_1、n_2、n_3、…。在光学设计软件中，内含了许多评价图表，如 2D/3D 视图、像差曲线图、像面分析图等，用来评估成像的质量。通常情况下，初始结构虽然离需要的结果不远，但都会或多或少偏离设计要求。此时可以手动修改相关参数，再查看相关的评价图表，不符合要求继续修改，直到满足要求为止。值得庆幸的是，光学设计软件都带有自动优化功能，在设定变量和一些限制之后，光学设计软件会利用最优化理论方法竭力调整镜头参数到想要的状态。但是，未必每一次都可以一步到位，比如设定的条件满足了，未设定的条件又不满足了，需要调整变量或限制。如此反复，直到满足技术要求为止。有一些设计难度较大的镜头，可能经过大量的反复调整和优化之后，仍然达不到设计要求，那么必须增加自变量，如分离镜片、引入非球面等，必要时可能需要更换初始结构，重新进入设计阶段。为了验证设计结果，像质评价有多种方法，依据镜头的使用方式，各种评价方式的重要程度也不尽相同。

表 1-2　光学系统计算过程

	已知：	使用：
	①曲率半径	①近轴光线追迹方程
	②厚度	②塞德像差理论
	③折射率	③波像差理论
	④光阑尺寸和位置	④点列图公式
	⑤视场角	⑤调制传递函数公式
	⑥波段	⑥包围能量环计算公式
	⑦……	⑦……

一阶特性求解：		三阶特性求解：	
①焦距	⑥入瞳尺寸和位置	①球差	⑥波像差
②F 数	⑦出瞳尺寸和位置	②彗差	⑦点列图
③工作距离	⑧拉格朗日不变量	③像散	⑧调制传递函数
④像距	⑨主平面位置	④Petzval 场曲	⑨包围能量环
⑤像面大小	⑩……	⑤畸变	⑩……

　　经过反复优化之后，重要指标皆满足技术要求，就进入到全面像质分析阶段。查看所能获取的相关分析图表，以确认所有要求技术指标均达到合格状态，避免存在严重的设计缺陷。例如，如果某镜头像差平衡得很好，像质也没得说，但是没有考虑到像面照度时，就有可能获得很暗的图像，这就属于严重的设计缺陷。

　　像质分析有多种方式，可以遵循 1.1.5 节中的评价方法①～⑤。在后面章节中，也会给出相关的评价方法，如塞德几何像差容限方法、RMS 点图半径方法、MTF 曲线方法等。传统的比较著名的评价光学系统的方法，就是瑞利法则法，如图 1-11 所示。英国科学家瑞利

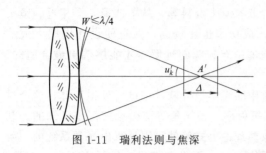

图 1-11　瑞利法则与焦深

（Rayleigh）提出，光学系统的实际波面与理想波面的偏差，称为波像差，记作 W'，如果 W' 小于 1/4 波长即认为理想成像：

$$W' \leqslant \frac{\lambda}{4} \tag{1-6}$$

瑞利法则法要求比较苛刻，大多数镜头可以稍微放宽要求。瑞利法则法适用于望远物镜、显微物镜等小像差系统。由于波像差不易直接计算，为了与镜头的像空间参数相关联，满足公式（1-6）的瑞利条件可以改造为下式

$$\Delta \leqslant \frac{\lambda}{n'u_k'^2} \tag{1-7}$$

式中，λ 为入射光波长；n' 为像空间折射率；u_k' 为像空间边缘光线的孔径角（假定系统有 k 个面）；Δ 为焦深，是波像差 W' 小于 1/4 波长时像面的离焦量。如果像空间为空气，则 $n'=1$，$u_k'=D/(2f')=1/(2\mathrm{F}/\sharp)$，$D$ 为入瞳直径，$\mathrm{F}/\sharp=f'/D$ 为 F 数（F-number），则焦深又可以写作

$$\Delta \leqslant 4\lambda(\mathrm{F}/\sharp)^2 \tag{1-8}$$

只要镜头的像差小于或等于一倍焦深，成像就可以看作是理想的。在评价系统时，根据实际情况，会将瑞利法则换算成焦深的倍数，如望远物镜的球差只要小于 4 倍焦深，即可看成满足要求。用焦深的方法给出的像差容限，称为像差的公差，后面相关章节会对不同的镜头给出其相应的像差公差。

由应用光学可知，塞德初级像差有七种，它们分别是球差、彗差、像散、场曲、畸变、轴向色差和垂轴色差。不同的光学系统对以上七种像差的要求不同，重要性也不同，比如：望远物镜是小视场、小相对孔径系统，它主要校正球差、彗差和轴向色差；而目镜是大视场、小相对孔径系统，轴上点像差不大，主要校正轴外点像差，如彗差、像散、场曲、畸变和垂轴色差。点列图是物点发出的充满入瞳的光线，经光学系统后形成的弥散斑，它可以直观地看出一个点物所成的像斑弥散情况，也就是背离"点成点"理想成像的情况，比较直观实用，适用于像面为光电探测器的光学系统。光线扇形图是图形化地显示光线在像面上，子午面和弧矢面内光线偏离主光线的距离，也反映了光线散开的程度。调制传递函数，即 MTF，是一种基于信息理论的评价方式，它直接反映了光学对比度的传递，有着真实准确的效果。在设计阶段，点列图和光学传递函数用得较多。对于接收像面为点阵的探测器，能量环是一个重要的像质评价方式，有时会在技术要求里给出一定范围内包围多少百分比能量。以上的像质评价方式示例见图 1-12，在后面相关章节中还会详细介绍。

在其他分析中，最重要的是公差分析。它是分析镜头像质随各结构参数变化的灵敏程度，以此指导绘图中给出的公差配合范围。因此，它的重要之处在于，错误的公差匹配，可能使良好的设计变成糟糕的制造结果。另外，对于一些特殊使用的镜头，如炉火温度监控镜头、航空照相机镜头，都是在温差较大的范围内使用，所以必须进行温度与温差分析。事实上，在初始结构计算和设计阶段，也需要考虑与温度有关的材料和参数。有些镜头是使用在偏振光路中的，所以需要对镜头的偏振情况进行分析。

在所有的分析完成之后，确认镜头既满足像质要求又满足使用环境要求，就可以进行图纸的绘制。这一步是最简单的，只需按照国家标准 GB/T 13323—2009《光学制图》，使用制图软件（如 AutoCAD 等）绘图即可。

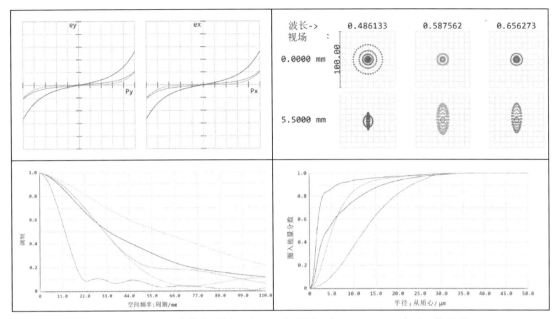

图 1-12 左上：光线扇形图。右上：点列图。左下：MTF。右下：能量环

1.2.3 设计师需要参与的阶段

　　光学设计师在完成图纸的设计之后，虽然没有直接的工作，但是还需要关注光学系统后续的全部过程，包括工艺设计、加工制造、装配、检验检测、环境适应性实验和批量化生产中出现的各种问题。因为在每一个环节，光学工艺师、加工技术员、测试工程师和装配技术员等都有可能找到原光学系统设计师，咨询相关的问题。另外，与他们的交流，一方面可以验证设计的正确性，另一方面也可以了解当前的工艺水平、制造能力和测试能力，对以后设计出易加工、易检测的光学系统有很大的帮助。

第 2 章

Zemax软件概述

将理想成像理论和像差理论的计算方法，按表 1-2 所示的过程，使用计算机程序语言编制的具有光路计算、数据分析和图表显示等功能的光学系统仿真软件，称为光学设计软件。由上一章可知，设计评价离不开可以利用的商业光学设计软件。正是因为成熟的光学设计软件，才使得光学设计技术有了从繁杂的手动计算到容易掌握的技术、从专有技术到光学工程领域的普适技术的转变。目前在市面上可以购买到的通用光学设计软件有很多种，如 Code V、OSLO、Zemax、SOD88 等。之所以选择 Zemax 作为本书设计实例的教学软件，主要考虑到 Zemax 有着广泛的使用人群、相对低廉的价格、友好的界面和强大的功能。事实上，作为一名光学设计师，只需要精通一种光学设计软件就已经足够了。Zemax 是美国 Zemax Development Corporation 的产品，在民用领域使用最为广泛。本书不可能是一个完整的 Zemax 软件设计教程，而是用它作为实例仿真软件进行讲解，因此在需要更加详细或进一步应用时，读者应该参考 Zemax 随机手册。本章简要介绍 Zemax 的使用方法，是专门为最初级人员，即未曾接触过 Zemax 光学设计软件的人员所写，曾经使用过 Zemax 的设计师完全可以略过本章。另外，在阅读本章时，最好可以使用到 Zemax 软件，以便边阅读边操作。需要说明的是，Zemax 仅仅是一个光学设计工具，它不可能教会你如何设计一个完美的光学系统，也不可能使一个连基础光学知识都不具备的人员成为一名优秀的光学设计师。

本章介绍了 Zemax 的软件界面，以及如何把镜头数据输入到 Zemax 软件里面，在输入完数据之后，又如何查看输入的结果和生成的分析数据。

2.1 光学设计软件

1856 年，慕尼黑天文学家塞德提出了像差理论。在 19 世纪，理想光学理论的成熟和塞德像差理论的提出，为手动设计一个成像良好的光学系统奠定了基础，从碰运气的试验到精确的设计，有了一个质的飞跃。但是，真正设计一个像质优良的镜头，仍然需要做大量的光路计算，所以光学设计周期一般都很长。20 世纪 40 年代以后，伴随着电子元器件的革新和大规模使用，电子计算机随之产生。与此同时，数学理论也在不断进步，数值计算和最优化理论又为光学设计软件的开发提供了数学理论依据。到 20 世纪 70 年代，所有为光学设计软件的产生应该具备的条件都已经实现。事实上，真正的计算机产生于 1946 年，约十年之后，美国国家标准局就曾经使用了电子计算机进行光线追迹模拟。之后，在一代代科学家和工程师的努力下，从光路计算小程序到功能强大的光学自动设计软件，许多人做出了重要贡献，如美国哈佛大学的贝克、英国曼彻斯特大学的布莱克和霍普金斯、美国柯达公司的梅隆等。在我国，也有很多科学家积极地投入到光学设计软件的研发当中，包括北京理工大学的袁旭沧和王涌天、中国科学院长春光学精密机械与物理研究所的翁志成、上海光学仪器研究所的庄松林、国防科技大学的王永仲等。他们推出了一些国产光学设计软件，也出版了一些专门研究光学设计编程的专著。

下面就曾经产生的或者目前较为流行的光学设计软件做一下简要介绍。

(1) Code V

Code V 是美国 Optical Research Associates（ORA）开发的具有国际领先水平的大型光学设计软件。Code V 功能强大，尤其是自动设计能力很强，快速的自动收敛算法让它获得了行业内一致的认可，已经成为光学设计软件的标准，尤其是高端用户较多，如航空航天、军事、科研等单位。早在 1963 年，ORA 就开始投入 Code V 商业软件的开发，经过五十余年的改进，Code V 已经可以设计各类光学面形、分析各种像质、优化不同的光学系统。鉴于 Code V 的强大能力，它的价格也比同类光学设计软件贵很多。

(2) OSLO

著名的柯达公司位于美国罗彻斯特市，为了解决相机镜头的设计问题，柯达公司与本市的罗彻斯特大学进行了合作，共同研究和开发相机镜头。因此，罗彻斯特大学的光学研究一直位于世界前列。罗彻斯特大学的老师们在进行授课时，编制了一些小程序用于教学，如光线追迹程序、像差计算程序、视图绘制程序等，后来这些小程序逐渐集成为一套功能强大的光学设计软件，即 OSLO（optical software for layout and optimization）。后来，成立了 Lambda Research Corporation，OSLO 就成为了其重要的产品之一。另外，光学照明设计软件 TracePro 也是该公司的产品。OSLO 功能强大，不仅仅可以作为一种光学设计软件来使用，它同时携带了 CCL 语言，也可以作为开发软件去开发其他专用的软件，如特殊光学设计、测试或制造软件。OSLO 有三个版本：Premium（旗舰版）、Standard（标准版）和 Light（简化版）。OSLO 主要用于照相系统、通信系统、军用光学系统、航空航天以及科学仪器中的光学系统设计。

(3) Zemax

Zemax 是 1990 年由 Focus 公司推出的专业光学设计和照明设计软件，后来 Focus 公司更名为 Zemax 公司，现又更名为 Radiant Zemax 公司。Zemax 目前最新的版本为 Zemax OpticStudio 21，包括：Premium 旗舰版（原 IE 版）、Professional 专业版（原 EE 版）和 Standard 标准版（原 SE 版）。由于 Zemax 功能越来越强大，再加上简单易用的界面、直观的分析图、准确高效的数据，尤其是低廉的价格，已经成为最为普及的光学设计软件。在 Zemax 中还内置了 ZPL 语言，可以与其他软件无缝衔接，如 SolidWorks、AutoCAD、Mat-Lab、Microsoft Excel 等，也可以编制特殊需求的程序。正是由于 Zemax 的上述优点，本书的实例都是以 Zemax 软件进行模拟。

(4) Sod88

Sod88 是 20 世纪 80 年代由北京理工大学技术光学教研室研制的光学设计软件包，适用于 DOS 版操作系统的个人计算机上。Sod88 采用模块分离结构，即完成某一个功能编写一个可执行文件，大量功能最终集合在一个软件包管理程序中。Sod88 具有光路模拟、轮廓图绘制、最小二乘法自动设计、自适应法自动设计、MTF 绘制和公差分析等功能，在曾经经费缺乏的 20 世纪末非常流行。与国外动辄几万元、数十万元的光学设计软件相比，它的售价仅仅 2000 元左右。随着微软窗口操作系统的出现，没有更新图形界面的 DOS 版 Sod88 逐渐被遗忘。但是，Sod88 为我国光学设计技术做出了不可磨灭的贡献。Sod88 的主要开发者是北京理工大学的袁旭沧教授主导的技术光学教研室。后来，北京理工大学的王涌天教授在英国曼彻斯特大学的霍普金斯理论基础上，研制了窗口操作系统下的光学设计软件包GOLD。

(5) Caod

计算机辅助光学设计（computer aided optical design，Caod）程序包是由中国科学院长春光学精密机械与物理研究所于 20 世纪 80 年代开发的光学设计软件。Caod 集成了光路模拟、轮廓图绘制、塞德像差系数计算、最小二乘法自动设计、自适应法自动设计、光学传递函数和公差分析等子功能。它的功能几乎与 Sod88 一样。Caod 的主要开发者为翁志成研究员，其中也有孙国良、蒋筑英等光学设计专家的贡献。Caod 曾经在部分军工企业、研究院所中使用二十余年，也为我国光学设计技术做出了重要贡献。

2.2 在 Zemax 中输入数据

2.2.1 Zemax 软件的交互界面

本书中，以 Zemax 2017 版为实例模拟软件。Zemax 的主界面是标准的 Windows 界面。图 2-1 所示是 Zemax 的交互界面，包括以下几个部分。

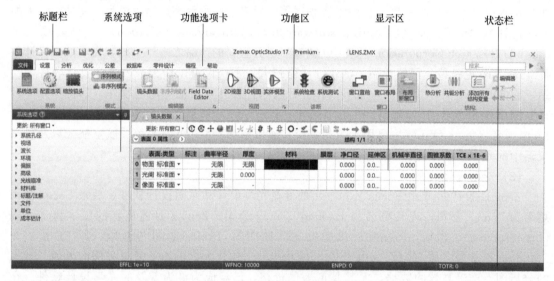

图 2-1　Zemax 交互界面

(1) **标题栏**

最上面是标题栏，包括 Zemax 图标、快捷按钮（从左向右依次为：新建、打开、保存、打印、另存为、撤销、重做、更新、全部更新、窗口置前）、Zemax 版本（Zemax OpticStudio 17 Premium）和镜头文件名（LENS. ZMX）等信息。很显然，Zemax 创建的镜头文件扩展名为".ZMX"。标题栏最右边是三个窗口操作按钮，即最小化、最大化和关闭按钮。

(2) **功能选项卡**

标题栏下面是功能选项卡，分别是：

① 文件。有关 Zemax 文件的创建、保存、存档、黑盒文件、加密膜层文件等，以及和其他软件的文件交互，如 CAD 文件、DXF 文件、SolidWorks 装配文件等。可以利用"转换文件格式"命令，将 Zemax 镜头文件转换成 Code V 格式文件。

② 设置。包括系统选项的关闭和展开、全局配置选项、缩放镜头、序列/非序列转换、

镜头数据、视场数据编辑器（Field Data Editor）、2D/3D 视图、实体模型、热分析等常规设置和镜头的轮廓图。

③ 分析。包括 2D/3D 视图、实体模型、点列图、像差分析、波前图、点扩散函数、MTF 曲线、RMS、能量环、图像分析、高斯光束、光纤耦合、偏振分析、膜层分析、杂散光分析等。此选项卡主要用于镜头的像质评价。

④ 优化。包括评价函数编辑器、执行优化、全局优化、锤形优化、玻璃替换模板、寻找最佳非球面、镜头库匹配、对样板等工具。此选项卡主要用于镜头的优化处理。

⑤ 公差。包括成本估计、公差数据编辑器、公差分析、公差报告等公差工具，还有元件制图、矢高图、相位图、曲率图等。此选项卡主要用于公差分析。

⑥ 数据库。包括材料库、镜头库、膜层库、IS 库、ABg 散射数据库等各类数据库，还有有关光源的一些工具，如光源模型、光源配光曲线、光源光谱图、色品图等。此选项卡主要包括各类数据库。

⑦ 零件设计。包括零件设计、几何体、草图实体、平移/镜像、布尔操作，草图工具（选择、直线、曲线、圆弧等）。此选项卡主要用于零件图纸绘制。

⑧ 编程。包括 ZPL 宏编程、Zemax 的 API. NET 接口和编译器等。此选项卡主要用于 Zemax 编程扩展。

⑨ 帮助。包括关于 OpticStudio、许可证协议、授权管理、联机帮助、用户指南、入门指南、知识库、邮件技术支持、Zemax 主页、论坛、下载、检查更新、系统诊断等。此选项卡主要用于帮助，协助光学设计师方便地学习和使用 Zemax 软件。

（3）功能区

功能选项卡下面就是选项卡的功能区，每打开一个选项卡就会显示它对应的功能区命令。

（4）**系统选项**

功能区下面分为两个区域，左边为"系统选项"，包括：

① 系统孔径。设置系统孔径类型及大小，如入瞳直径、像空间 F/♯、物空间 NA 等。

② 视场。设置镜头视场的类型和大小。

③ 波长。设置镜头使用的波段，包括波段范围和中心波长等。

④ 环境。设置环境温度和大气压力。

⑤ 偏振。设置偏振状态。

⑥ 高级。一些高级设置，如 OPD 参考、F/♯计算方法、惠更斯积分计算等。

⑦ 光线瞄准。设置光线瞄准。

⑧ 材料库。设置当前玻璃库，可以将可用玻璃库移入当前玻璃库，也可以去掉。较常用的为肖特（SCHOTT）玻璃库和成都光明（CDGM）玻璃库。

⑨ 标题/注解。设置镜头的标题和注解。

⑩ 文件。一些相关的文件，包括膜层文件、散射文件、ABg 数据文件和渐变剖面文件。

⑪ 单位。设置镜头默认的单位，还有其他相关的单位，如光源单位、MTF 单位等。

⑫ 成本估计。供应商导入/导出、供应商管理。供应商文件为加密数据文件，扩展名为".zed"。

（5）**显示区**

功能区下面右边区域为显示区，用来显示镜头的各类数据和图表。在新建镜头文件开始时，功能区仅仅显示"镜头数据"一个表格。当打开系统选项里的每一项，或者点开功能区的命令时，相关的信息都会显示在显示区。如果显示区有多个数据，则以选项卡的形式存在，在显示区最上面为对应数据的选项卡名字。

（6）状态栏

在整个交互界面的最下面是状态栏。默认情况下，显示 4 个数据，分别是：

① EFFL。Effective focal length，有效焦距，即系统的像方焦距。

② WFNO。Working F/♯，公式为

$$(F/\sharp)_{\text{工作}} = \frac{1}{2n'\sin U'} \qquad (2\text{-}1)$$

式中，n' 为像空间折射率；U' 为像空间边缘光线最大孔径角。

③ ENPD。Entrance pupil diameter，入瞳直径。

④ TOTR。Total track，总追迹长度，单位为镜头单位，指镜头第 1 面到像面的距离。不管是物在无限远还是有限距离成像（物面为 0 面，物距不计入 TOTR），TOTR 指的都是第 1 面到像面的距离。

把一个镜头数据输入到 Zemax 软件里面，需要至少完成以下 4 步：

① 在"镜头数据"里输入镜头的结构参数（r，d，n），命令为"设置→镜头数据"；

② 在"设置→系统选项→系统孔径"里输入系统孔径的类型和大小；

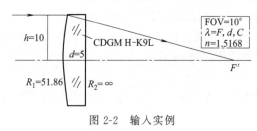

③ 在"设置→系统选项→视场"里输入视场的类型和大小；

④ 在"设置→系统选项→波长"里输入镜头使用的波段范围和中心波长。

下面得以输入图 2-2 为例，说明镜头数据的输入方法。

图 2-2　输入实例

2.2.2　输入镜头数据

下面在镜头数据编辑器里输入图 2-2 的凸平单透镜，它的两个半径分别为 $R_1=51.86$ 和 $R_2=\infty$，厚度为 $d=5$，使用成都光明（CDGM）的 H-K9L 玻璃。所有单位并未给出，默认的一般为毫米（mm）。如果想改变透镜单位，可以在"设置→系统选项→单位"里修改，如图 2-3 所示。

使用快捷按钮的第一个，或者使用命令"文件→新建"，都可以创建一个空"镜头数据"文档，如图 2-4 所示。事实上，当我们打开 Zemax 软件时，在显示区就有一个空的镜头数据文档。可以看到，在空的镜头数据文档里，默认显示

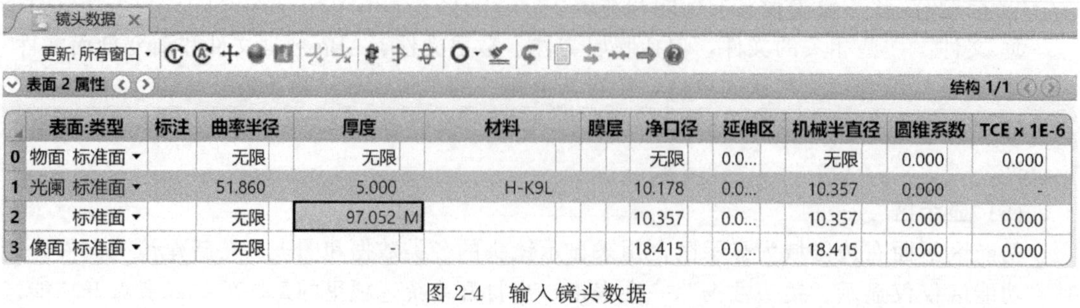

图 2-3　修改透镜单位

	表面:类型	标注	曲率半径	厚度	材料	膜层	净口径	延伸区	机械半直径	圆锥系数	TCE x 1E-6
0	物面 标准面 ▼		无限	无限			无限	0.0...	无限	0.000	0.000
1	光阑 标准面 ▼		51.860	5.000	H-K9L		10.178	0.0...	10.357	0.000	-
2	标准面 ▼		无限	97.052 M			10.357	0.0...	10.357	0.000	0.000
3	像面 标准面 ▼		无限	-			18.415	0.0...	18.415	0.000	0.000

图 2-4　输入镜头数据

三行数据，并在最左边给它们以编号 0、1、2，其中 0 面表示物平面，1 面表示孔径光阑面，2 面表示像平面。

对图 2-4 中的各列，一一说明如下：

① 表面：类型。"表面"指物面、光阑面和像面等，一般物面就是镜头数据的第一个面，像面就是镜头数据的最后一个面，而光阑面的面号是可以改变的。"类型"指该面的面型，如标准面（球面或平面）、非球面、二元光学面、梯度折射率面等，可以点开右边指向下的三角图标更改面的类型。

② 标注。对所在行的说明，仅仅为注释，不影响镜头数据。

③ 曲率半径。表示所在行面的半径。物面和像面的曲率半径一般为平面，所以显示为"无限"。悬空的光阑面和平面，曲率半径都为"无限"。

④ 厚度。指该行所在面与下一行所在面间的沿光轴距离。很明显，假如有 k 个面，一定会有 $k-1$ 个厚度。所以，厚度一般比曲率半径少一个数值。其中，物面所在行的厚度指物距，如果物体在无限远，厚度值为"无限"，如果物体在有限距离，厚度输入物距值。需要注意的是，当有限距离成像时，物距的符号规则是：以物平面为原点，光学系统第一面在右为正、在左为负。实物面在系统前面，物距为正值；虚物面在系统后面，物距为负值。像面所在行没有厚度，因为像距为像面与系统最后一面距离，所以像距显示在像面的上一行厚度处。

⑤ 材料。指该行所在面与下一行所在面间的空间材料，一般输入为某玻璃库的玻璃牌号。在此例中，该透镜使用成都光明的 H-K9L 玻璃，将它输入到对应的 1 面材料列即可。除了材料空间，其余的一般默认为空气层。而对于空气层，不需要输入任何内容，空下即可。

⑥ 膜层。有关镀膜的设置。膜层共有两列，可以单击右列，修改膜层类型。

⑦ 净口径。光线在每一面交点的最大投射高，即最大有效半径。一般为自动计算净口径值，如果想特别设置，单击净口径右列，打开净口径求解，可以进行口径设置。

⑧ 延伸区。设置净口径的延伸值，这个值不改变净口径大小，也不参与光线追迹，它与机械半直径用于光机交互时，方便地寻找适合加工的边缘。在默认时，延伸区皆为零，即口径无延伸。可单击延伸区右列设置延伸类型，延伸的值输入到左列中。

⑨ 机械半直径。如果设置求解类型为"自动"，则为净口径和延伸区之和，如果设置机械半直径大于两者之和，则口径差量会变成矢高相等的平面。

⑩ 圆锥系数。即 Conic 常数。

⑪ TCE。热膨胀系数。

以上为共轴球面光学系统中镜头数据的各列含义。如果在光学系统中存在非球面，则会产生更多的输入列，用于输入非球面的相关系数。有关非球面在后面章节叙述，所以在此不再赘述。

下面将图 2-2 的镜头数据输入到 Zemax 软件。由于透镜为 2 个面，再加上物面和像面，总共 4 个面，所以需要再插入一个面。把光标移到像面，按电脑键盘上的"Insert"键，就会在光阑面和像面之间插入一个面。为了说明方便，将某一面用它所在行最前面的面号代替，如光阑面称为 1 面，光阑面的曲率半径就称为 1 面曲率半径等。

单击 1 面曲率半径，输入 51.86；单击 1 面厚度，输入 5；单击 1 面材料，输入"H-K9L"。在第 2 面的厚度右列，单击打开厚度求解弹出框。在求解类型的右边向下箭头处，点开选择"边缘光线高度"求解，如图 2-5。这时候，在第 2 面厚度的右边，出现一个"M"

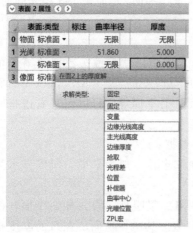

图 2-5 厚度求解

字母，见图 2-4，表示该厚度使用了边缘光线高度求解。边缘光线高求解，就是使用边缘光线的像距作为镜头的像距，见图 2-2，并未使用近轴像平面作为实际像平面。

另外，还有一个集中设置表面属性的对话框。如图 2-4 所示，在输入区"表面：类型"的正上方，有一个"表面 2 属性"，因为光标在第 2 面，所以显示为表面 2 属性。单击表面 2 属性最左边的向下箭头，就会打开如图 2-6 的表面属性设置对话框。事实上，也可以通过双击"面号"（每一行最左边数字）或者"表面：类型"列任一处，均可以打开表面属性设置对话框。通过该对话框可以设置表面的类型、孔径、散射、倾斜/偏心、物理光学、膜层等，使用较多的为类型里的"表面类型"，单击向下箭头，可以设置表面的面型，如非球面、二元面等。另外，在类型里最右边的第一个，为"使此表面为光阑"，如果勾选右边的方框，则设置光阑为该面，这是更换光阑位置的方法。

图 2-6 设置表面属性

2.2.3 设置孔径

使用"设置→系统选项→系统孔径"命令，打开系统孔径设置，如图 2-7 所示。在孔径类型中，默认的为"入瞳直径"。点右边的向下箭头，将显示不同的孔径类型，分别如下。

① 入瞳直径。如果入瞳就在镜头第一面顶点，入瞳直径就是镜头孔径。如果入瞳不在第一面顶点，需要事先计算好入瞳直径。在本书中，入瞳直径一般用 D 表示。

② 像空间 F/♯。像空间 F 数。如果镜头的像方焦距为 f'，则有 $F/♯ = f'/D$。它指当平行光入射，与无限远共轭时，像空间的 F 数。

③ 物空间 NA。物空间的数值孔径，主要用于显示物镜的设计。$NA = n\sin U_{max}$，其中 n 为物空间折射率，U_{max} 为物空间轴上点最大孔径角。

④ 光阑尺寸浮动。孔径不特定给出来，它以孔径光阑

图 2-7 设置系统孔径

的净口径变化而自然浮动变化。

⑤ 近轴工作 F/♯。

⑥ 物方锥角。物空间边缘光线的半角度。

到现在为止，已经出现了三种 F/♯，分别为像空间 F/♯、近轴工作 F/♯ 和工作 F/♯。下面就看一下它们的区别。事实上，通常所说的 F 数是指像空间 F 数。如图 2-8 所示的薄透镜光学系统，在图中画出了两条追迹光线，一条是平行于光轴的物光线 1（它对应的出射光线为 1′），另一条是轴上点源发出的光线 2（它对应的出射光线为 2′）。如果入瞳直径 $D=2h$，则像空间 F 数为

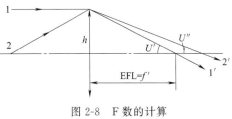

图 2-8　F 数的计算

$$(F/\sharp)_{像空间}=\frac{EFL}{EPD} \tag{2-2}$$

式中，EFL 是有效焦距，即系统像方焦距；EPD 为入瞳直径。上式其实就是相对孔径的倒数，也就是应用光学中定义的 F 数。公式（2-2）还可以改写为

$$(F/\sharp)_{IF}=\frac{EFL}{2h}=\frac{1}{2h/EFL} \tag{2-3}$$

由图 2-8，定义近轴工作 F/♯ 为

$$(F/\sharp)_{近轴工作}=\frac{1}{2\tan U'} \tag{2-4}$$

式中，U' 是像方边缘光线的孔径角。从上面两个 F 数的定义可以看出，当入射光线平行于光轴时（如光线 1），像空间 F 数和近轴工作 F 数相等。当入射光线为有限距离成像时，如光线 2，公式（2-3）仍然用 U' 计算，而公式（2-4）需要用 U'' 计算，则两者就不相等了。另外，在 Zemax 里还使用一个 F 数，称为工作 F 数，即公式（2-1）。

在实例中，就选用默认的孔径类型为"入瞳直径"。系统孔径里的第二项为"孔径值"，是对应孔径类型的设定值，可直接输入数值。由图 2-2，入瞳直径为 $D=2h=20$，在孔径值里输入 20 即可。

图 2-7 中，第三项为切趾类型。通常入瞳都是均匀光照明的，这也是 Zemax 的默认情况。但是有些时候，入瞳面并非均匀光照明，比如激光光学系统。这时需要对入瞳面的光能进行切趾，在切趾类型里有三个选择：均匀、高斯和余弦立方。Zemax 默认的是均匀照明。如果切趾类型选用的是入瞳面成高斯型照明，对于旋转对称系统，以光轴上光能量为归一化能量，以最大孔径为归一化半径，则入瞳上的能量分布为

$$A(\rho)=e^{-G\rho^2} \tag{2-5}$$

式中，G 称为切趾因子，需要在第四项里给出。对于轴上，有 $\rho=0$，能量 $A(0)=1$；对于入瞳边缘，$\rho=1$，则 $A=e^{-G}$。当 $G=0$ 时，$A=1$，变为均匀状态。G 可以取大于等于 0 的任何值，但是 G 不能太大，否则边缘能量急剧衰减，导致边缘追迹的光线很少。所以，一般推荐 G 的值在 0～4 的范围内。

如果切趾类型选用的是入瞳面成余弦立方分布，它是用来模拟点源辐照平面时的情形。对于点源照明平面，如图 2-9 所示，以垂直处 O 为光强归一化位置，则在平面上倾角 θ 的地方，光强为

$$I_\theta=I(\theta)=\cos^3\theta \tag{2-6}$$

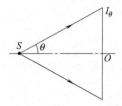

图 2-9　点源照明平面

如果以入瞳半径为归一化坐标 ρ 并求平方根，可得入瞳的切趾光振幅分布为

$$A(\rho) = \frac{1}{\left[1 + (\rho \tan\theta_m)^2\right]^{3/4}} \qquad (2\text{-}7)$$

式中，θ_m 是边缘光线的孔径角，即公式（2-6）中可取的最大值。在均匀照明和余弦立方照明时，都不显示切趾因子，默认为 0，不可更改。在本例中为均匀照明，不需要对切趾项作任何修改。

系统孔径的下面还有几个复选按钮，包括设置远心物空间，表示光学系统为物方远心光路；无焦像空间，表示光学系统像方为无焦系统，平行光出射。在本例子中，这些都不需要设置，保持默认状态。

2.2.4　设置视场

使用"设置→系统选项→视场"命令，即可打开视场设置，如图 2-10 所示。在视场里，最上面为"打开视场数据编辑器"按钮，当点开此按钮，在显示区会出现视场设置输入文档，如图 2-11 所示。

在"打开视场数据编辑器"按钮下面，是"设置"、已经设置的视场（视场 1、视场 2 和视场 3）和快捷"添加视场"。在"设置"里，可以选择视场的类型，包括以下几种：

① 角度。以物方视场角为视场的类型，单位为度（°）。望远物镜、照相物镜多用此类视场。

② 物高。以物体高度为视场类型。物面尺寸固定的显微物镜多用此类视场。

③ 近轴像高。以中心波长的主光线与近轴像平面的交点高度为视场类型。如果镜头存在畸变，则与实际像高不相等。像面较小的固定像面、畸变小的固定像面可用此类视场，如小像面的探测器。

图 2-10　视场设置

④ 实际像高。以中心波长的主光线与像面的交点高度为视场。像面较大的固定像面可用此类视场。

⑤ 经纬角。方位方向与海拔方向的交角，单位为度（°）。

下面还可以设置渐晕系数，点击"设置渐晕"，也可以打开视场设置输入文档，如图 2-11。"清除渐晕"用来清除所有曾经设置的渐晕系数。

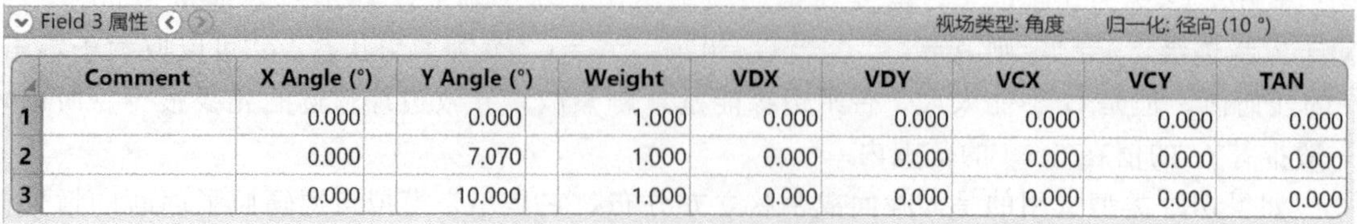

Field 3 属性　　　　　　　　　　　　　　　　　　　视场类型: 角度　　归一化: 径向 (10°)

	Comment	X Angle (°)	Y Angle (°)	Weight	VDX	VDY	VCX	VCY	TAN
1		0.000	0.000	1.000	0.000	0.000	0.000	0.000	0.000
2		0.000	7.070	1.000	0.000	0.000	0.000	0.000	0.000
3		0.000	10.000	1.000	0.000	0.000	0.000	0.000	0.000

图 2-11　显示区域的视场设置文档

添加视场里，可以一条一条快捷地添加一个视场，也可以选中一个视场快捷地进行

删除。

下面来看图 2-11，它类似于镜头数据输入文档。最左边是行号，然后是注释（Comment），接着是 X Angle（°）和 Y Angle（°），表示 X 方向的视场角和 Y 方向的视场角，单位为度。对于旋转对称的光学系统，任一剖面均可以代替整个光学系统，所以只需要设置 Y 视场角即可。在有些技术要求里，将视场角写成 FOV（field of view），通过图 2-2，得实例视场角为 20°。大部分光学系统只需设置三个视场，即轴上视场 0°、最大视场和 0.707 倍最大视场。所以，在本例中，先插入两行，可以通过电脑键盘"Insert"键插入，共计三行。在 Y Angle（°）下面分别输入 0、7.07 和 10。后面的 Weight（权重）代表重要程度，均为 1，表示权重无差别。最后 VDX、VDY、VCX、VCY 和 TAN 用于设置渐晕因子，在本例中均不作设置，都为 0，即无渐晕。

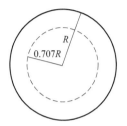

在上面输入视场时，为什么选择 0.707 倍最大视场？如图 2-12 所示，对于旋转对称光学系统，假设整个圆形视场，有一个圆（图中虚线），它将整个圆形视场分为两个相等的面积，由简单的几何计算可得此圆的半径为

$$\sqrt{\frac{\pi}{2\pi}}R = \frac{1}{\sqrt{2}}R \approx 0.7071R \qquad (2\text{-}8)$$

图 2-12　圆面积半分
线在 0.707R 处

所以，视场 2 给出 $10 \times 0.7071 = 7.071 \approx 7.07°$。

下面再来看渐晕因子。如图 2-13 所示，渐晕光线照射到光阑上，光阑口径处于 X 方向。图 2-11 中的 VDX，即渐晕光线的主光线偏离光轴的距离，如图 2-13 中的 OC。VCX 指渐晕压缩系数，比如 VCX＝0.4，代表有 40％的光线渐晕，60％的光线通过光阑，即图中透射光线宽为 1−VCX＝0.6。如果在归一化渐晕光线中有某条光线 P_x 入射在光阑上，则该光线在光阑上的归一化孔径坐标为

$$P'_x = VDX + P_x(1 - VCX) \qquad (2\text{-}9)$$

同理，对于 Y 轴，有

$$P'_y = VDY + P_y(1 - VCY) \qquad (2\text{-}10)$$

如果存在渐晕角度 θ，还需要把原来的坐标按渐晕角度方向进行旋转，可得

$$P''_x = P'_x \cos\theta - P'_y \sin\theta \qquad (2\text{-}11)$$

$$P''_y = P'_y \sin\theta + P'_y \cos\theta \qquad (2\text{-}12)$$

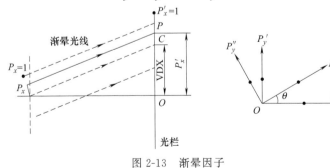

图 2-13　渐晕因子

2.2.5　设置波长

使用"系统选项→波长"命令，即可打开波长设置，如图 2-14 所示。在波长里，首先是"设置"，下面有已经罗列好的常用波长组合。单击"可选"，右边的向下箭头，可以查看

波长组合。其中，包括常用的夫琅禾费波长和一些激光器的波长。最为常用的，即为（F，d，C）组合的可见光波长组合。一般设计用于可见光波段的光学系统，都使用（F，d，C）组合。所以本例中也不例外，单击下面的"选为当前"按钮，即将（F，d，C）选为当前的波长组合，将会显示在已选波长列表里。"添加波长"是一种快捷地添加或删除波长的方式，与设置视场中的"添加视场"用法一样。

　　如果镜头使用波长并不在常用波长罗列里，可以双击"设置"，打开波长数据编辑器，如图 2-15 所示。在波长数据编辑器里，可以直接在波长列输入波长值、在权重列输入波长的权重和设置主波长。同时，在波长数据编辑器的下面，也有"选为当前"按钮，当单击它时，左边显示的波长组合将自动填入上面的波长数据，无须手动输入。通过"最小波长""最大波长"和"步长"可以设置波长序列，以提高计算精度。另外，可以通过"小数点精度"，设置波长的小数点精确位数。通过"高斯积分"按钮，更改波长的权重，越靠近主波长，权重越高。

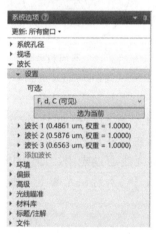

图 2-14　设置波长

图 2-15　波长数据编辑器

图 2-16　设置材料库

2.2.6　设置玻璃

　　使用"设置→系统选项→材料库"命令，可以打开材料库设置，如图 2-16 所示。在材料库里面，总共有两个材料库列表，上面的为"当前玻璃库"，指当前使用的玻璃库，默认的为"SCHOTT"（德国肖特玻璃库）和"CDGM"（国产成都光明玻璃库）；下面为"可用玻璃库"，罗列了当今世界上最流行的光学玻璃生产厂的玻璃库。可以通过左边的上下箭头，移动上面的玻璃库到下面，或者移动下面的玻璃库到上面。一旦玻璃库存在于"当前玻璃库"中，当在镜头数据的材料里输入玻璃牌号，它就会在"当前玻璃库"中查找同名的玻璃牌号。如果"当前玻璃库"中没有输入的玻璃牌号，将会在"可用玻璃库"中查找同名的玻璃牌号。如果存在输入的玻璃牌号，将会把该玻璃库从"可用玻璃库"移动到"当前玻璃库"。如果"当前玻璃库"和"可用玻璃库"都没有输入的玻璃牌号，将会报错，提示在玻璃库中找不到输入的玻

璃。如果在镜头数据中使用了某玻璃库中的玻璃，则不能把该玻璃库从"当前玻璃库"移动
到"可用玻璃库"。

在本例中（图 2-2），使用的是 CDGM 的玻璃 H-K9L。双击"CDGM"会打开"玻璃
库"对话框，如图 2-17 所示。在"分类"中，显示了玻璃库的文件名，为"CDGM. AGF"。
在"玻璃"中罗列了成都光明的所有玻璃牌号，H-K9L 也在其中。单击 H-K9L，则该玻璃
的信息将显示出来。其中几个重要的数据为：

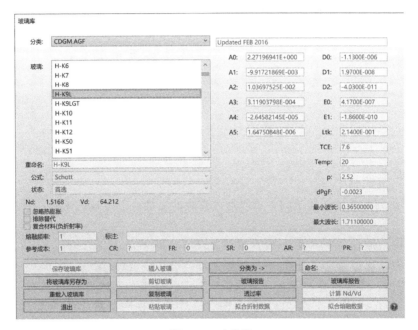

图 2-17　玻璃库

① 重命名：修改该玻璃的牌号名，修改后单击"保存玻璃库"，则下次使用需要使用新
牌号名。

② 公式：默认为 Schott，且不可更改。表示使用肖特玻璃厂的色散公式来计算其他波
长的折射率，即

$$n^2 = A_0 + A_1\lambda^2 + A_2\lambda^{-2} + A_3\lambda^{-4} + A_4\lambda^{-6} + A_5\lambda^{-8} \tag{2-13}$$

式中，$A_0 \sim A_5$ 已经列于图 2-17 的右上角。

③ Nd：d 光（587.6nm）的折射率。

④ Vd：d 光的阿贝数。

⑤ A0～A5：即公式（2-13）中的系数。

⑥ TCE：热膨胀系数。

⑦ Temp：使用温度，℃。

⑧ D0，D1，D2，E0，E1，Ltk：用于热分析的系数。

⑨ p：材料密度，g/cm^3。

⑩ dPgF：在部分色散图中，背离正常色散线的距离。

⑪ 最小波长、最大波长。该玻璃适用的最小波长和最大波长，不在此范围内，光透过
率接近于零。

本例中，在第 1 面的材料里输入"H-K9L"即可。

2.3　查看输入结果

2.3.1　镜头结构参数

现在已经将图 2-2 的镜头输入到了 Zemax 软件中，下面就看一看输入的结果。首先，看一下镜头的结构参数。镜头的结构参数，即 (r, d, n)，可以直接在"镜头数据"输入文档里查看，输入的是什么就是什么，也可以通过命令"分析→报告→分类数据报告"查看。打开之后，找到"分类数据报告"里的"面数据概要"，即为如图 2-18 所示的镜头结构参数。

面数据概要：

表面	类型	曲率半径	厚度	玻璃	净口径	延伸区	机械半直径	圆锥系数
物面	STANDARD	无限	无限		0	0	0	0
光阑	STANDARD	51.86	5	H-K9L	20.35566	0	20.71435	0
2	STANDARD	无限	97.05247		20.71435	0	20.71435	0
像面	STANDARD	无限			36.83039	0	36.83039	0

图 2-18　镜头的结构参数

2.3.2　2D/3D 视图

输入的镜头到底是什么样子的，可以通过直观的二维或三维视图来看一看。打开的方法如下：

① 2D 视图。通过命令"设置→2D 视图"或"分析→2D 视图"。

② 3D 视图。通过命令"设置→3D 视图"或"分析→3D 视图"。

③ 实体模型。通过命令"设置→实体模型"或"分析→实体模型"。

如图 2-19 所示，图（a）为 2D 视图，图（b）为 3D 视图，图（c）为实体模型。

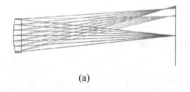 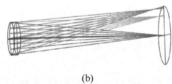 

(a)　　　　　　　　　　　　　　(b)　　　　　　　　　　　　　　(c)

图 2-19　2D/3D 视图和实体模型

在 Zemax 里，默认的坐标系为右手坐标系，从左向右为 Z 轴，从下向上为 Y 轴，垂直于屏幕从外向里为 X 轴。对于 2D 视图，位于 YZ 的子午面内。对于 3D 和实体模型，可以旋转视图，从其他方向来观看视图。按下鼠标左键不动，左右移动，视图会绕 Y 轴旋转；鼠标上下移动，视图会绕 X 轴旋转。如果滚动鼠标中间的滚轴，视图会放大或缩小。单击鼠标的右键，会弹出视图"设置"对话框，如图 2-20 所示。通过"设置"里的"旋转"，可以绕 X、Y 或 Z 轴旋转任一角度。在设置对话框里，可以设置视图的起始面和终止面，仅显示部分系统；或者仅选择某些波长和视场显示在视图中。详细的设置方法请参考 Zemax 用户手册。

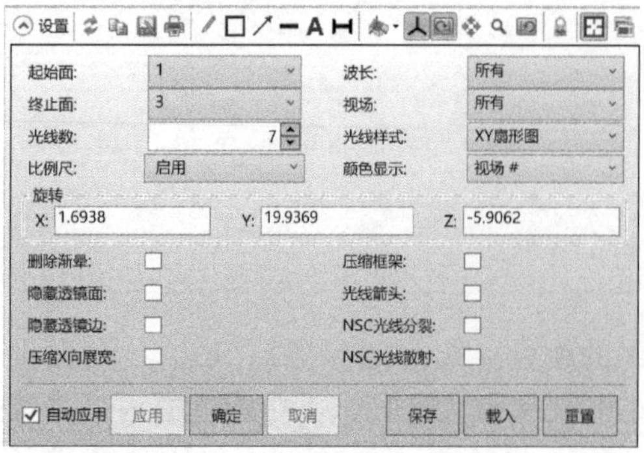

图 2-20　视图设置对话框

2.3.3　查看一阶特性

像差是由三角函数泰勒展开的高阶项引起的，而第一项又可称为线性项或一次幂项，所以当不存在像差时，光学系统的参数都称为一阶特性。系统的一阶特性可以通过命令"分析→报告→系统数据报告"查看，如图 2-21 所示。在一阶特性图中，罗列了光学系统有关的固有特性，如面数、总长等；所选特性，如有无偏振、是否显示坐标断点等；一阶特性，如焦距、F/♯ 等和环境特性，如使用单位、温度等。

常用透镜数据：

面	: 3	总长	: 102.0525
光阑	: 1	像方空间 F/#	: 5.017444
系统孔径	: 入瞳直径 = 20	近轴处理 F/#	: 5.017444
半口径快速计算	: on	工作 F/#	: 4.955496
视场无偏振	: On	像方空间 NA	: 0.09916118
将膜层相位转化为等效几何光线	: On	物方空间 NA	: 1e-09
J/E 转化方法	: X 参考轴	光阑半径	: 10
玻璃库	: SCHOTT CDGM	近轴成像高度	: 17.69422
光线瞄准	: 关	近轴放大率	: 0
切趾法	: 均匀，因子=0.00000E+00	入瞳直径	: 20
OPD 参考	: 出瞳	入瞳位置	: 0
近轴光线	: 忽略坐标断点	出瞳直径	: 20
F/#计算	: 追迹光线	出瞳位置	: -100.3489
惠更斯积分计算	: 使用球面波	视场类型	: 角度用度
显示坐标断点	: on	最大径向视场	: 10
多线程	: on	主波长	: 0.5875618　μm
OPD 以 2π 取模	: off	角放大率	: 1
温度（℃）	: 2.00000E+01	透镜单位	: 毫米
压强（ATM）	: 1.00000E+00	光源单位	: 瓦特
折射率数据与环境匹配	: off	分析单位	: 瓦特/cm^2
有效焦距	: 100.3489(在系统温度和压强的空气中)	无焦模式单位	: 毫弧度
有效焦距	: 100.3489(在像方空间)	MTF 单位	: 周期/毫米
后焦距	: 97.05247	计算数据保存于 Session 文件	: On

图 2-21　一阶特性

同时，在"分析→报告→系统数据报告"里，可以查看镜头的视场、渐晕因子和波长数据，如图 2-22 所示。

通过"分析→报告→分类数据报告"，可以查看镜头的基点和基面情况，包括焦平面位置、主平面位置和节平面位置等，如图 2-23 所示。

2.3.4　分析输入结果

前述中查看的是镜头的输入数据、计算数据和视图形状，并没有对系统的成像质量作评价。要想评价镜头的成像质量好坏，需要使用"分析"选项卡里面的评价方法，如图 2-24 所示。

```
视场          ：3
视场类型              ：  角度用度
#        X-角度            Y-角度          权重
1      0.000000         0.000000       1.000000
2      0.000000         7.070000       1.000000
3      0.000000        10.000000       1.000000

渐晕因子
#      VDX        VDY        VCX        VCY        VAN
1   0.000000   0.000000   0.000000   0.000000   0.000000
2   0.000000   0.000000   0.000000   0.000000   0.000000
3   0.000000   0.000000   0.000000   0.000000   0.000000

波长    ：3
单位：μm
#        值           权重
1     0.486133      1.000000
2     0.587562      1.000000
3     0.656273      1.000000
```

图 2-22　镜头的视场、渐晕因子和波长数据

主要顶点:

物空间位置是相对于表面 1测量的.
像空间位置是相对于像面测量的.
考虑物空间及像空间的折射率.

			物空间	像空间
W =	0.486133			
焦距	:	-99.278115	99.278115
焦平面	:	-99.278115	-1.058705
主平面	:	0.000000	-100.336820
反主平面	:	-198.556230	98.219409
节平面	:	0.000000	-100.336820
反节平面	:	-198.556230	98.219409
W =	0.587562	(基面)		
焦距	:	-100.348890	100.348890
焦平面	:	-100.348890	-0.000000
主平面	:	0.000000	-100.348890
反主平面	:	-200.697780	100.348890
节平面	:	0.000000	-100.348890
反节平面	:	-200.697780	100.348890
W =	0.656273			
焦距	:	-100.831643	100.831643
焦平面	:	-100.831643	0.477368
主平面	:	0.000000	-100.354276
反主平面	:	-201.663287	101.309011
节平面	:	0.000000	-100.354276
反节平面	:	-201.663287	101.309011

图 2-23 镜头的基平面位置

从图 2-24 可以看出,"分析"选项卡包括以下几大部分:

① 视图。查看 2D 视图、3D 视图和实体模型。

② 像质分析。主要用来分析成像质量,包括光线迹点(光线追迹、点列图、基点数据等)、像差分析(光线扇形图、场曲/畸变、轴向色差、塞德系数等)、波前图、点扩散函数、MTF 曲线、RMS、圈入能量和扩展图像分析等。

③ 激光与光纤。包括物理光学、光束文件查看器、高斯光束和光纤耦合等。

④ 偏振和表面物理。包括偏振、表面和膜层等。

⑤ 报告。产生镜头的数据报告。

⑥ 通用绘图工具。自助绘图工具。

图 2-24 分析选项卡

⑦ 应用分析。包括杂散光分析、双目镜分析和 PAL/Freeform 分析等。

对一个镜头进行全面的像质分析,这也是 Zemax 的主要功能之一。像质分析贯穿了整个设计阶段,是镜头品质的保证。当然,为了完成分析,还必须对各种命令及其运行结果有深入的认识,必须具备相关的光学设计知识,才能有效地达到目的。事实上,并不是所有的光学系统都需要进行全部的分析数据和查看图表,对于不同的光学系统,可能有不同的关注评价指标。如望远物镜,由于视场较小,与视场有关的轴外像差较小,属于小像差系统。所以望远物镜主要校正轴向边缘球差、轴向色差和边缘孔径的正弦差,而不需要校正像散、场曲、畸变和垂轴色差等。对于上面的某些分析方法会在后面的相关章节中进行详细解释,但是对于某些不太常用的分析方法,我们会略去。希望读者养成查阅 Zemax 用户手册的习惯。

下面为几种常用的分析图形,如图 2-25 和图 2-26 所示。

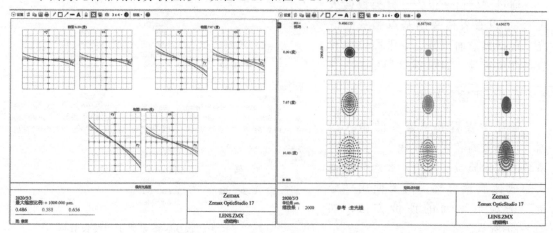

(a) 光线扇形图   (b) 点列图

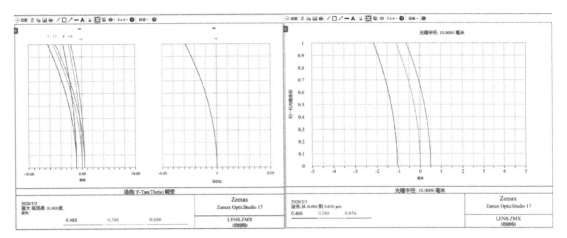

(c) 场曲/畸变　　　　　　　　　　　　　　(d) 轴向像差

图 2-25　常用分析图形（一）

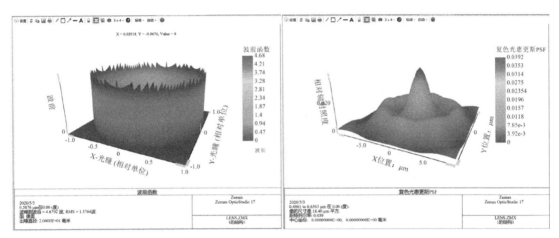

(a) 波前图　　　　　　　　　　　　　　　(b) PSF

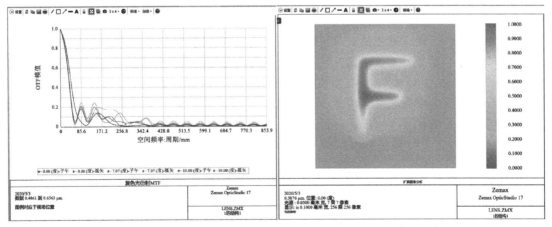

(c) MTF　　　　　　　　　　　　　　　(d) 扩展像分析

图 2-26　常用分析图形（二）

光 路 计 算

要想在设计阶段评价光学系统的像质，需要对成像结果进行分析，所以获取物体对光学系统准确的成像结果是必需的。那么，如何获取物体的像？我们在应用光学中知道，理想的像点是它共轭的物点发出的多条光线经过光学系统后会聚的交点，理想的像面是物面上所有物点会聚点的集合。因此，只要任意给出一个物点，追迹它发出的大量光线，经过光学系统后，就可以找到它的像点。同理，追迹大量物点可以获得它们的共轭像点，就可以获得像面。所以，物点发出的光线，在光学系统中行走的路径是必须解决的首要事情，就是本章的光路计算公式。光路计算也有它的复杂性，比如近轴理想光路计算和非近轴实际光路计算就有差别；为了编制程序，计算机用光路计算公式也需要重新推导；另外离轴倾斜光路计算也有它的差异性。在本章中，主要介绍各种情况下的光路计算公式，以解决成像的计算问题。在光路计算时，符号规则是必不可少的工具之一，否则计算结果将带来错误。因此，在介绍光路计算公式之前，需要提前引入符号规则。最后，结合光学设计软件 Zemax，查看 Zemax 中近轴和非近轴光路追迹结果。

3.1　符号规则

符号规则的使用，使光路在计算时，避免了每次使用参数都需要判断正负号的麻烦。只要认真地执行符号规则，就可以使用相同的光路计算公式，计算任意复杂的入射光线，并得到正确的出射光线。由于真实的光学系统可能比较复杂，比如镜片数量较多，视场点较多，波段较宽等，所以需要计算大量的光线，稍有一点点符号错误，将导致大量计算失去意义。因此，作为光学设计师，时刻要有符号规则的意识存在。在光学系统中，具有符号的量无外乎有两种，一种是长度量，称为线量；一种为角度量，称为角量。由于在光学设计中使用的符号量很多，所以在这里不可能一一讨论到，在此仅给出一些常用量的符号规则。

3.1.1　线量的符号规则

对于线量，在未作特殊说明时，总的符号规则为：从左向右为正，从下向上为正。如作了特殊说明，以说明为主。下面给出光学设计中部分常用的线量符号规则，并给出本书中使用的字母表示量。有关塞德像差的符号规则在塞德像差相关章节中再给出。

① 物距 L，近轴用 l，物体到物方主面的距离，以物方主面为计算原点，物体在左为负，在右为正。

② 像距 L'，近轴用 l'，像面到像方主面的距离，以像方主面为计算原点，像面在左为负，在右为正。

③ 间距 d，两面间的轴上距离，以第一面顶点为计算原点，第二面顶点在左为负，在右为正。

④ 曲率半径 r，球面的半径，以球面顶点为计算原点，球心在左为负，在右为正。曲率为曲率半径的倒数，常用 C 表示，因此有 $C=1/r$。

⑤ 物高 y，物体的最大高度，规定物体的方向为从"脚"到"头"方向。物体方向从下向上为正，从上向下为负。如果没有明确的"脚"和"头"，可以由光学设计师自行指定。

⑥ 像高 y'，像的最大高度，规定像的方向为从"脚"到"头"方向。像的方向从下向上为正，从上向下为负。如果没有明确的"脚"和"头"，可以参考物体的方向。

⑦ 投射高 h，光线与折射面（或反射面）的交点到光轴的垂轴距离，交点在光轴上面为正，下面为负。主光线的投射高用 h_z 表示，符号规则与 h 一样。

⑧ 物方焦距 f，物方焦点到物方主面的距离，以物方主面为计算原点，物方焦点在左为负，在右为正。

⑨ 像方焦距 f'，像方焦点到像方主面的距离，以像方主面为计算原点，像方焦点在左为负，在右为正。在 Zemax 软件中，像方焦距就是有效焦距（effective focal length，EFL）。

⑩ 物方焦顶距 l_F，物方焦点到光学系统第一面的距离，以第一面顶点为计算原点，物方焦点在左为负，在右为正。对于非薄透镜系统，有 $l_F \neq L$。

⑪ 像方焦顶距 l'_F，像方焦点到光学系统最后一面的距离，以最后一面顶点为计算原点，像方焦点在左为负，在右为正。对于非薄透镜系统，有 $l'_F \neq L'$。在 Zemax 软件中，像方焦顶距就是后焦截距（back focal length，BFL）。

⑫ 物方主顶距 l_H，物方主点到光学系统第一面的距离，以第一面顶点为计算原点，物方主点在左为负，在右为正。

⑬ 像方主顶距 l'_H，像方主点到光学系统最后一面的距离，以最后一面顶点为计算原点，像方主点在左为负，在右为正。

⑭ 光学间隔 Δ，组合系统中，第一个系统像方焦点到第二个系统物方焦点的距离，以第一个系统的像方焦点为计算原点，第二系统的物方焦点在左为负，在右为正。

图 3-1 为几个常用的线量符号规则。

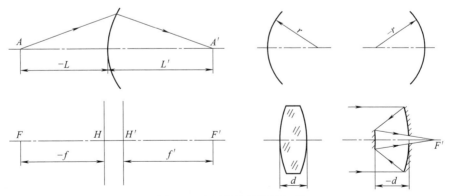

图 3-1　常用的线量符号规则

3.1.2　角量的符号规则

对于角量，在未作特殊说明时，总的符号规则为：以锐角来度量的角度，从角度的一个边转向另一个边，顺时针为正，逆时针为负。如果作了特殊说明，以说明为主。下面给出光学中部分常用的角量符号规则。

① 物方孔径角 U，近轴用 u，物空间光线与光轴所夹的锐角，从光轴转向光线，顺时针为正，逆时针为负。物空间主光线与光轴所夹的锐角，称为主光线物方孔径角，用 U_z 或 u_z 表示，符号规则一样。

② 像方孔径角 U'，近轴用 u'，像空间光线与光轴所夹的锐角，从光轴转向光线，顺时针为正，逆时针为负。像空间主光线与光轴所夹的锐角，称为主光线像方孔径角，用 U_z' 或 u_z' 表示，符号规则一样。

③ 法线角 Φ，折射面或反射面法线与光轴所夹的锐角，从光轴转向法线，顺时针为正，逆时针为负。

④ 入射角 I，近轴用 i，入射光线与法线所夹的锐角，从光线转向法线，顺时针为正，逆时针为负。入射主光线与法线所夹的锐角，称为主光线入射角，用 I_z 或 i_z 表示，符号规则一样。

⑤ 折射角 I'，近轴用 i'，折射光线与法线所夹的锐角，从光线转向法线，顺时针为正，逆时针为负。折射主光线与法线所夹的锐角，称为主光线折射角，用 I_z' 或 i_z' 表示，符号规则一样。

⑥ 物方视场角 ω，物空间倾斜平行光束与光轴所夹的锐角，从光轴转光线，顺时针为正，逆时针为负。

⑦ 像方视场角 ω'，像空间倾斜平行光束与光轴所夹的锐角，从光轴转光线，顺时针为正，逆时针为负。

图 3-2 为几个常用的角量符号规则。

3.1.3 反射处理

当在球面发生反射时，如图 3-3 所示，仍然设在反射点满足 Snell 定律。将反射定律 $I'=-I$ 代入 Snell 定律，可得下式

$$n'=-n \tag{3-1}$$

因此，只需将上式代入折射公式，也适用于反射情况。

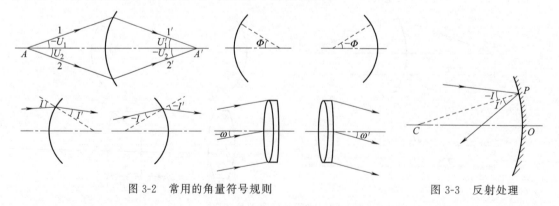

图 3-2 常用的角量符号规则 图 3-3 反射处理

3.2 光路计算公式

3.2.1 非近轴光路计算公式

在折射面上发生折射时的计算公式，称为光路计算公式（formula of optical path calculation)。因此，折射前的入射光线参数应该是已知的，包括入射光线的位置和方向。表示入射光线的位置用发出光线的点到折射面的距离，即物距 L；表示入射光线的方向用入射光线与光轴的夹角，即物方孔径角 U。同时，折射面的结构参数也应该是已知的，即折射面的曲率半径 r，折射面前物空间的折射率 n 和折射面后像空间的折射率 n'。如图 3-4，射向物点 A 的入射光线交折射面于 P 点，经折射后沿 PA' 射出，交光轴于 A' 点。相关参数标于图 3-4 中，则由应用光学可知，光路计算公式如下

$$\sin I = \frac{L-r}{r}\sin U \qquad (3\text{-}2)$$

$$\sin I' = \frac{n}{n'}\sin I \qquad (3\text{-}3)$$

$$U' = I + U - I' \qquad (3\text{-}4)$$

$$L' = r + r\frac{\sin I'}{\sin U'} \qquad (3\text{-}5)$$

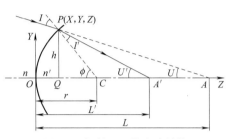

图 3-4　折射面上的光路计算

公式（3-2）～公式（3-5）称为共轴球面系统的光路计算公式。不过，在 Zemax 软件中，光路追迹的数据是以投射点的坐标，即 P（X，Y，Z），和出射光线 PA' 的三个方向余弦（$\cos\alpha$，$\cos\beta$，$\cos\gamma$）给出来的。对于旋转对称系统，使用子午面来代替整个光学系统，所以三维坐标就简化为二维坐标，即 $X=0$、$\cos\alpha=\cos90°=0$。在 Zemax 里，坐标原点一般都建立在折射面顶点处，如图 3-4 中的 O 点。规定沿光轴方向从左向右为 Z 轴方向，过 O 点竖直向上平行于纸面为 Y 轴。由图 3-4 中的几何关系，有

$$Y = h = r\sin\Phi = r\sin(I+U) = r\sin(I'+U') \qquad (3\text{-}6)$$

$$Z = \frac{Y^2}{2r} \qquad (3\text{-}7)$$

$$\cos\beta = \cos(90°+U') = -\sin U' \qquad (3\text{-}8)$$

$$\cos\gamma = \cos U' \qquad (3\text{-}9)$$

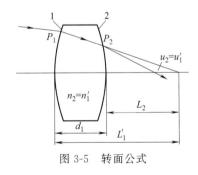

图 3-5　转面公式

3.2.2　转面公式

光线从一个面过渡到下一个面的直线传播，称为转面公式。如图 3-5 所示，由图中的简单关系，我们很容易得到转面公式为

$$n_2 = n_1' \qquad (3\text{-}10)$$

$$U_2 = U_1' \qquad (3\text{-}11)$$

$$L_2 = L_1' - d_1 \qquad (3\text{-}12)$$

利用共轴球面系统的光路计算公式，配合转面公式，就可以从入射光线追迹计算到出射光线。用此方法计算大量的物点发出的光线，就可以获得物体的像，从而分析像的大小和质量。

3.3　近轴光路计算公式

当入射光的物方孔径角逐渐减小，小到一定程度时，我们说该入射光为近轴光线，近轴光线所成的像称为近轴像。由公式（1-3）可知，当入射角满足 $I \leqslant 5°$，即可以看作近轴光

线。在公式（3-2）～公式（3-12）中，用大写字母表示非近轴光线参量。对于近轴光线参量，用其对应的小写字母表示，如 L、L'、U、U'、I、I' 分别用 l、l'、u、u'、i、i' 表示，代表对应的近轴光线参量。在近轴时，所有角度都非常小，就用角度的弧度值直接代替三角函数值，如 $i=\sin i$、$i'=\sin i'$、$u=\sin u$、$u'=\sin u'$。则公式（3-2）～公式（3-5）的光路计算公式可以写成

$$i=\frac{l-r}{r}u \tag{3-13}$$

$$i'=\frac{n}{n'}i \tag{3-14}$$

$$u'=i+u-i' \tag{3-15}$$

$$l'=r+r\frac{i'}{u'} \tag{3-16}$$

公式（3-6）～公式（3-12）也可以作近轴化处理，将角度、物距、像距用小写字母代替。在近轴情况下，如图 3-6，投射高 h 满足

$$h=lu=l'u' \tag{3-17}$$

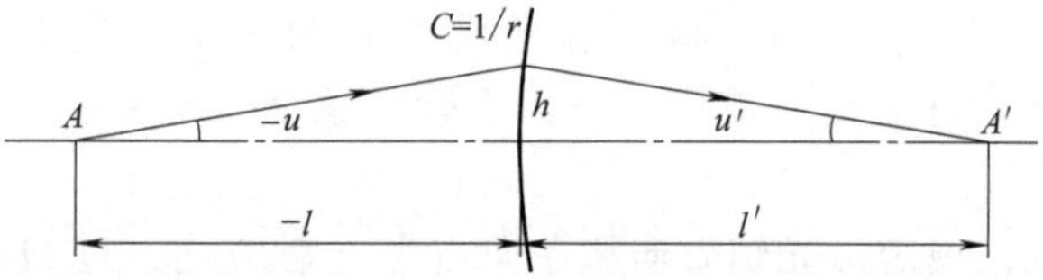

图 3-6　近轴光路计算

由公式（3-13）变形得，$i=(l/r-1)u$，展开并移项得

$$u=-i+\frac{lu}{r}=-i+\frac{h}{r} \tag{3-18}$$

两边同乘以物方折射率 n 得

$$nu=-ni+\frac{nh}{r} \tag{3-19}$$

由对称性，像空间有相似的公式

$$n'u'=-n'i'+\frac{n'h}{r} \tag{3-20}$$

公式（3-20）减去公式（3-19），并注意到近轴时 Snell 定律 $ni=n'i'$，得

$$n'u'-nu=h\frac{n'-n}{r}=h(n'-n)C=h\Phi,\Phi=(n'-n)C \tag{3-21}$$

式中，Φ 为折射面的光焦度。上式称为另一种近轴光路计算公式，它与公式（3-13）～公式（3-15）相比，最大的优势在于，可以一步获得像方孔径角 u'，而之前需要计算三个公式才可以获得。不过，使用公式（3-21）追迹光线，在转面时，由物距像距的转面，即公式（3-12），变成了投射高的转面。因此，需要另行给出

$$h_2=h_1-d_1u'_1 \tag{3-22}$$

式中，d_1 为第 1 面到第 2 面的间距。由公式（3-17），得 $u=h/l$，$u'=h/l'$，代入到公式（3-21），得近轴光学基本公式为

$$\frac{n'}{l'}-\frac{n}{l}=\frac{n'-n}{r},\ n\left(\frac{1}{l}-\frac{1}{r}\right)=n'\left(\frac{1}{l'}-\frac{1}{r}\right) \tag{3-23}$$

公式（3-23）中的两个公式实质上是同一个公式，都称为近轴光学基本公式。只是后面的公式表示成了不变量的形式。

3.4　计算实例

以图 3-7 的双凸透镜为例，使用光路计算公式（3-2）～公式（3-9），再结合转面公式

（3-10）～公式（3-12），进行单透镜的光路计算。总共计算两条光线，一条为平行于光轴，经过透镜孔径最大边缘的入射光线，称为边缘光线（edge ray），又叫作第一辅助光线；如果孔径光阑就在第一面顶点处，另一条为通过光阑中心的光线，称为主光线（chief ray），又叫作第二辅助光线。需要注意的是，在计算边缘光线时，

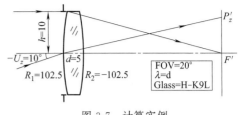

图 3-7　计算实例

由于第一面 $U_1=0$，所以不能直接使用公式（3-2）计算入射角 I，而应该使用下面的公式

$$\sin I = \frac{h}{r} \tag{3-24}$$

另外，当追迹到像面时，第二面的像距 L_2' 和系统的像距 L'（透镜数据里最后一个厚度）还有一个距离，所以在像面上交于像平面轴外一点，故在像平面上还有一个投射高 h_3

$$h_3 = (L_2' - L')\tan U_2' \tag{3-25}$$

光路计算的结果列于表 3-1，将计算结果和 Zemax 软件中光线追迹数据进行比较。通过命令"分析→光线迹点→单光线追迹"，打开光线追迹数据，如图 3-8 所示。我们看到，表 3-1 中，边缘光线的追迹数据 Y、Z、$\cos\beta$ 和 $\cos\gamma$ 列和图 3-8 中"实际光线追迹数据"的"Y-坐标"、"Z-坐标"、"Y-余弦"和"Z-余弦"一样。细微的差别在于，转面的时候，公式

表 3-1　计算实例数据

类	面号	u,u_z	u',u_z'	L,L_z	L',L_z'	$Y=h,h_z$	Z	$\cos\beta$	$\cos\gamma$
边缘光线	1	0.000000	0.033352	∞	300.212	10.00000	0.487805	-0.033346	0.999444
	2	0.033352	0.101136	295.212	96.7368	9.865370	-0.474759	-0.100964	0.994890
	3	0.101136	0.101136	-1.6012	-1.6012	-0.162490	0.000000	-0.100964	0.994890
主光线	1	-0.174533	-0.114735	0.000000	0.000000	0.000000	0.000000	0.114483	0.993425
	2	-0.114735	-0.171558	-5.000000	-3.32619	0.576018	-0.001619	0.170717	0.985320
	3	-0.171558	-0.171558	-101.664	-101.664	17.61440	0.000000	0.170717	0.985320

镜头数据　＜1：光线追迹　×

⊙设置 🔁 🔳 🖫 🖶 ／ □ ✒ — A 🔲 🔳 ⊕ 3×4 · 标准 · 🔲 ❓

光线追迹数据

单位　　：毫米
波长　　：0.587562 μm
坐标　　：局部
方向余弦在来自表面或物体的折射或反射之后.
角度单位是度.

归一化X视场坐标(Hx)：　　0.0000000000
归一化Y视场坐标(Hy)：　　0.0000000000
归一化X光瞳坐标(Px)：　　0.0000000000
归一化Y光瞳坐标(Py)：　　1.0000000000

实际光线追迹数据:

表面物面	X-坐标	Y-坐标	Z-坐标	X-余弦	Y-余弦	Z-余弦
	无限	无限	无限	0.0000000000	0.0000000000	1.0000000000
1	0.0000000000E+00	1.0000000000E+01	4.8897118448E-01	0.0000000000	-0.0333454004	0.9994438875
2	0.0000000000E+00	9.8653709232E+00	-4.7586336289E-01	0.0000000000	-0.1009631658	0.9948901644
3	0.0000000000E+00	-1.6238241298E-01	0.0000000000E+00	0.0000000000	-0.1009631658	0.9948901644

近轴光线追迹数据:

表面物面	X-坐标	Y-坐标	Z-坐标	X-余弦	Y-余弦	Z-余弦
	无限	无限	无限	0.0000000000	0.0000000000	1.0000000000
1	0.0000000000E+00	1.0000000000E+01	0.0000000000E+00	0.0000000000	-0.0332222336	0.9994479892
2	0.0000000000E+00	9.8337970863E+00	0.0000000000E+00	0.0000000000	-0.0995041593	0.9950371462
3	0.0000000000E+00	1.7763568394E-15	0.0000000000E+00	0.0000000000	-0.0995041593	0.9950371462

图 3-8　边缘光线追迹数据

图 3-9　设置主光线

（3-12）影响了投射高的精度。在本章第 5 小节，将会给出更加精确的光路计算公式。对于主光线的追迹数据并未显示在图 3-8 中，因为"归一化 Y 光瞳坐标" $P_y = 1$。要想观察主光线的追迹数据，在其他参数为零的情况下，使"归一化 Y 视场坐标" $H_y = 1$，即入射光线 0 口径，10°视场。单击图 3-8 中左上角的"设置"，可打开图 3-9 所示界面，令 $P_y = 0$，$H_y = 1$，即为主光线，单击"确定"按钮。主光线的追迹数据示于图 3-10。

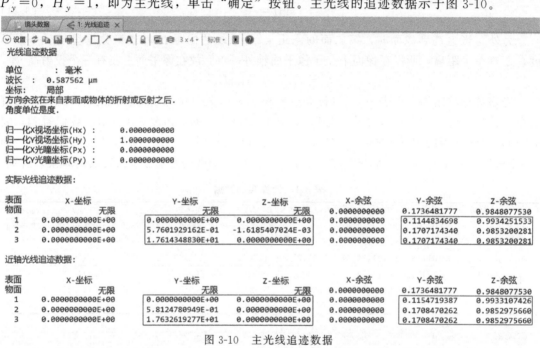

图 3-10　主光线追迹数据

对比表 3-1 中主光线的追迹数据，Y、Z、$\cos\beta$ 和 $\cos\gamma$ 列和图 3-10 中"实际光线追迹数据"的"Y-坐标"、"Z-坐标"、"Y-余弦"和"Z-余弦"一样。由于主光线相比于边缘光线靠近光轴，所以计算的精度要好一些。在图 3-8 和图 3-10 中，"实际光线追迹数据"的下面，是"近轴光线追迹数据"，它们只是将 3.3 节中的近轴光线追迹方程替换 3.2 节的非近轴光线追迹方程，所有方法一样，在此不再赘述。

3.5　光路计算的向量公式

我们在使用 3.2 节中光路计算公式进行光线追迹时，也看到了有一些精度差别。一方面是由于光线追迹在转面时，导致转面数据不够精确；另一方面，是由于多次进行三角函数运算，会降低运算精度，导致误差越来越大。有没有更加精确的光线追迹公式呢？另外，在处理平面时，前面的公式也不太友好。对于平面有 $r = \infty$，从第一个公式（3-2）可得 $I = 0$，并不是所有入射于平面的光线都是垂直入射，事实上当 $I \neq 0$ 时，就存在矛盾。因此公式（3-2）～公式（3-5）不适用于平面。再者，前述追迹公式对于不同的入射情况，需要分别处理，这就出现了复杂性。比如在我们的实例中，边缘光线入射角需要另行计算，即公式

（3-24），而不是使用所有光线的计算入射角的通用公式。这种情况，就需要大量地罗列各种入射情况，造成编程的复杂性。为此，有必要发展更加通用的光路计算公式，即本节的内容，球面光路计算的向量公式。

3.5.1　球面光路计算的向量公式

（1）建立模型

如图 3-11 所示，有一条光线入射于第一个面上，交第一面于 P_1 点。在 P_1 点发生折射，射向第二个折射面，交第二面于 P_2，再次发生折射后射出。在图中，为空间光线，不一定是子午面。我们需要建立三维坐标系，一般为右手坐标系。以两个折射面顶点 O_1、O_2 为坐标原点，沿光轴方向为 Z 轴（Z_1、Z_2 轴重合），竖直向上平行于纸面为 Y 轴，垂直于纸面向里为 X 轴。X 轴的画法借用了电学里箭矢的意义，垂直向里为箭矢，垂直向外为圆点。为了推导方便，我们做一条辅助线，从 O_2 作两面间光线 P_1P_2 的垂线，交 P_1P_2 于 P_M，定义以下关系：

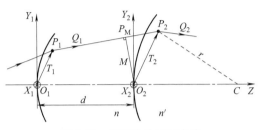

图 3-11　空间光线追迹光路

① 设两个面的投射点坐标为 $P_1(X_1, Y_1, Z_1)$、$P_2(X_2, Y_2, Z_2)$，即
$$T_1 = X_1 i + Y_1 j + Z_1 k \text{ 和 } T_2 = X_2 i + Y_2 j + Z_2 k \tag{3-26}$$

② 设第一面的出射光线 P_1P_2 的单位矢量为 Q_1，第二面的出射光线单位矢量为 Q_2，并令它们的方向余弦为
$$Q_1 = \alpha_1 i + \beta_1 j + \gamma_1 k \text{ 和 } Q_2 = \alpha_2 i + \beta_2 j + \gamma_2 k \tag{3-27}$$

③ 设两个折射面轴上距离为 d，两面间折射率为 n，第二面像空间折射率为 n'，第二面半径为 r。

④ 设 $P_M(X_M, Y_M, Z_M)$，即
$$M = M_X i + M_Y j + M_Z k \tag{3-28}$$

⑤ 设在第二面上，P_2 点处的法线 P_2C 的方向矢量为 $Q_N(\alpha_N, \beta_N, \gamma_N)$，即
$$Q_N = \alpha_N i + \beta_N j + \gamma_N k \tag{3-29}$$

⑥ 设 P_1P_M 的长度为 a，P_MP_2 的长度为 b，P_1P_2 的长度为 t，则有
$$|P_1P_M| = a，|P_MP_2| = b，|P_1P_2| = t = a + b \tag{3-30}$$

由于要求的是第二面的折射情况，则球面光路的计算公式，就是已知 T_1、Q_1，求 T_2、Q_2。

（2）由 T_1、Q_1 求 M

在四边形 $O_1P_1P_MO_2$ 中，应用矢量关系，有
$$T_1 + aQ_1 = dk + M \tag{3-31}$$
上式两边点积 Q_1，注意到 $Q_1 \cdot Q_1 = 1$ 和 $Q_1 \cdot M = 0$，得
$$T_1 \cdot Q_1 + a = dk \cdot Q_1 \tag{3-32}$$
解得 $a = dk \cdot Q_1 - T_1 \cdot Q_1$，将公式（3-26）的 T_1 和公式（3-27）的 Q_1 分量式代入得
$$a = d\gamma_1 - \alpha_1 X_1 - \beta_2 Y_1 - \gamma_1 Z_1 = -\alpha_1 X_1 - \beta_2 Y_1 + \gamma_1(d - Z_1) \tag{3-33}$$
将上式代入公式（3-31），可得
$$M = T_1 + aQ_1 - dk = (X_1 + a\alpha_1)i + (Y_1 + a\beta_1)j + (Z_1 + a\gamma_1 - d)k \tag{3-34}$$

(3) 由 M、Q_1 求 T_2

由 $\triangle O_2 P_M P_2$，应用矢量关系，得

$$M + bQ_1 = T_2 \tag{3-35}$$

另外，$P_2 (X_2, Y_2, Z_2)$ 点在第二面上，所以它的三个坐标应该满足球面方程，即 $X_2^2 + Y_2^2 + Z_2^2 - 2rZ_2 = 0$。此式为解析表达式，写成向量的形式为

$$T_2^2 - 2rk \cdot T_2 = 0 \tag{3-36}$$

将公式（3-35）两边点积 k，得 $k \cdot T_2 = k \cdot M + bk \cdot Q_1 = M_Z + b\gamma_1$。另外 $\triangle O_2 P_M P_2$ 为直角三角形，所以有 $T_2^2 = M^2 + b^2$。将此两式代入到公式（3-36）得

$$M^2 + b^2 - 2r(M_Z + b\gamma_1) = 0 \Rightarrow b^2 - 2rb\gamma_1 + (M^2 - 2rM_Z) = 0$$

解之得

$$b = \gamma_1 r - \sqrt{(\gamma_1 r)^2 - M^2 + 2rM_Z} \tag{3-37}$$

其中解出来的另一个根，代表光线 $P_1 P_2$ 与第二面相交的那个远点，我们应该选择近点，即公式（3-37）。在上式中，当 $r \to \infty$ 时，还是没有办法计算的，不具有通用性，为此将上式进行改造。在公式（3-37）的右边，分子、分母同乘以其共轭数，并令 $C = 1/r$，则变成

$$b = \frac{M^2 - 2rM_Z}{\gamma_1 r + \sqrt{(\gamma_1 r)^2 - M^2 + 2rM_Z}} = \frac{M^2 C - 2M_Z}{\gamma_1 + \sqrt{\gamma_1^2 - M^2 C^2 + 2M_Z C}} \tag{3-38}$$

将公式（3-27）、公式（3-34）、公式（3-38）代入到公式（3-35），并注意到 $t = a + b$，可得 T_2 为

$$T_2 = (X_1 + t\alpha_1)i + (Y_1 + t\beta_1)j + (Z_1 + t\gamma_1 - d)k \tag{3-39}$$

(4) 由 T_2 求 Q_N

在 $\triangle O_2 P_2 C$ 中，应用矢量关系得

$$T_2 + rQ_N = rk \Rightarrow Q_N = k - \frac{T_2}{r} = -X_2 Ci - Y_2 Cj + (1 - Z_2 C)k \tag{3-40}$$

(5) 由 Q_N、Q_1 求 Q_2

在第二面上，应用矢量形式的 Snell 定律，有

$$n'Q_2 - nQ_1 = gQ_N \tag{3-41}$$

式中，g 为比例常数，又称为偏向常数。上式两边点乘以 Q_N，即可求得 g

$$g = n'Q_2 \cdot Q_N - nQ_1 \cdot Q_N = n'\cos I' - n\cos I \tag{3-42}$$

式中，$\cos I' = Q_2 \cdot Q_N$，为第二面折射角余弦；$\cos I = Q_1 \cdot Q_N$，为第二面入射角余弦。由公式（3-27）和公式（3-40），容易求得 $\cos I$

$$\cos I = |Q_1 \cdot Q_N| = |-\alpha_1 X_2 C - \beta_1 Y_2 C + \gamma_1 (1 - Z_2 C)| \tag{3-43}$$

为了保证入射角 I 永远是锐角，我们加了绝对值。由折射定律，可得 $\cos I'$ 为

$$\cos I' = \sqrt{1 - \frac{n^2}{n'^2}(1 - \cos^2 I)} \tag{3-44}$$

所以，由公式（3-41），可求得

$$Q_2 = \frac{n}{n'}Q_1 + \frac{g}{n'}Q_N = \left(\frac{n}{n'}\alpha_1 - \frac{g}{n'}X_2 C\right)i + \left(\frac{n}{n'}\beta_1 - \frac{g}{n'}Y_2 C\right)j + \left(\frac{n}{n'}\gamma_1 + \frac{g}{n'}(1 - Z_2 C)\right)k$$

$$\tag{3-45}$$

通过一系列计算，我们从 T_1、Q_1 求得了 T_2、Q_2。

(6) 重新整理一下公式

为了把计算过程看得更清，也为了使用公式方便，我们把前面的求解过程重新整理一下，以便备查：

① $a = d\gamma_1 - \alpha_1 X_1 - \beta_2 Y_1 - \gamma_1 Z_1 = -\alpha_1 X_1 - \beta_2 Y_1 + \gamma_1(d - Z_1)$

② $M_Z = Z_1 + a\gamma_1 - d$

③ $\boldsymbol{M} = (X_1 + a\alpha_1)\boldsymbol{i} + (Y_1 + a\beta_1)\boldsymbol{j} + (Z_1 + a\gamma_1 - d)\boldsymbol{k}$

④ $b = \dfrac{\boldsymbol{M}^2 C - 2M_Z}{\gamma_1 + \sqrt{\gamma_1^2 - \boldsymbol{M}^2 C^2 + 2M_Z C}}$

⑤ $t = a + b$

⑥ $\boldsymbol{T}_2 = (X_1 + t\alpha_1)\boldsymbol{i} + (Y_1 + t\beta_1)\boldsymbol{j} + (Z_1 + t\gamma_1 - d)\boldsymbol{k}$

⑦ $\cos I = \left| -\alpha_1 X_2 C - \beta_1 Y_2 C + \gamma_1(1 - Z_2 C) \right|$

⑧ $\cos I' = \sqrt{1 - \dfrac{n^2}{n'^2}(1 - \cos^2 I)}$

⑨ $g = n'\cos I' - n\cos I$

⑩ $\boldsymbol{Q}_2 = \left(\dfrac{n}{n'}\alpha_1 - \dfrac{g}{n'}X_2 C\right)\boldsymbol{i} + \left(\dfrac{n}{n'}\beta_1 - \dfrac{g}{n'}Y_2 C\right)\boldsymbol{j} + \left(\dfrac{n}{n'}\gamma_1 + \dfrac{g}{n'}(1 - Z_2 C)\right)\boldsymbol{k}$

通过上面 10 步，即可在已知前一个折射面上的投射点和出射方向 $\boldsymbol{T}_1 = X_1\boldsymbol{i} + Y_1\boldsymbol{j} + Z_1\boldsymbol{k}$、$\boldsymbol{Q}_1 = \alpha_1\boldsymbol{i} + \beta_1\boldsymbol{j} + \gamma_1\boldsymbol{k}$ 的情况下，求得第二个折射面上的投射点和出射方向 $\boldsymbol{T}_2 = X_2\boldsymbol{i} + Y_2\boldsymbol{j} + Z_2\boldsymbol{k}$、$\boldsymbol{Q}_2 = \alpha_2\boldsymbol{i} + \beta_2\boldsymbol{j} + \gamma_2\boldsymbol{k}$。这种计算方法避免了三角函数的反复应用，提高了计算精度，同时也适用于平面，通用性更强。事实上，在 Zemax 软件中，追迹光线就是使用上面的公式，最终得出的每一面的（X，Y，Z）就是图 3-8 和图 3-10 中的"X-坐标"、"Y-坐标"和"Z-坐标"；得到的（α，β，γ）就是图 3-8 和图 3-10 中的"X-余弦"、"Y-余弦"和"Z-余弦"。

3.5.2 二次曲面光路计算的向量公式

除了球面（包括球面和平面）光学系统，有时候还可能会使用非球面。而非球面中使用最多的是二次曲面，包括：椭圆面、抛物面和双曲面。对于其他更加复杂的非球面类型，如：二元光学面、全息面、梯度折射率面、NURBS 面等，需要分别建立不同的数学模型。不过，除了非常规情况下使用，大部分情况使用二次曲面都可以解决问题。在 Zemax 坐标系中，二次曲面的方程可以表示为下式

$$X_2^2 + Y_2^2 + PZ_2^2 - 2rZ_2 = 0 \tag{3-46}$$

式中，P 为因子。很显然，当 $P = 1$ 时，就是球面方程，这说明上式也适用于球面，包括平面。其中 P 满足

$$P = 1 + K \tag{3-47}$$

$$K = -e^2 \tag{3-48}$$

式中，e 为二次曲面的离心率；K 为二次曲线常数，又称为 Conic 常数，就是图 2-4 中的圆锥系数（表 3-2）。

对于二次曲面，它的光路计算公式推导方法和球面的完全一样，不同处在于满足的公式不同而已。

表 3-2　圆锥系数

面形	圆锥系数（Conic）K	P	面形	圆锥系数（Conic）K	P
双曲面	$K<-1$	$P<0$	圆	$K=0$	$P=1$
抛物面	$K=-1$	$P=0$	竖长椭圆	$K>0$	$P>1$
扁长椭圆	$-1<K<0$	$0<P<1$			

(1) 由 T_1、Q_1 求 M

此处，a 和 M 的表达式和公式（3-33）、公式（3-34）一样

$$a=d\gamma_1-\alpha_1 X_1-\beta_2 Y_1-\gamma_1 Z_1=-\alpha_1 X_1-\beta_2 Y_1+\gamma_1(d-Z_1)$$

$$M=(X_1+a\alpha_1)\boldsymbol{i}+(Y_1+a\beta_1)\boldsymbol{j}+(Z_1+a\gamma_1-d)\boldsymbol{k}$$

(2) 由 M、Q_1 求 T_2

和球面一样，M、Q_1 求 T_2 应该满足

$$M+bQ_1=T_2$$

与球面不同的是，二次曲面应该满足公式（3-46），需要将其改造为矢量形式。

$$X_2^2+Y_2^2+PZ_2^2-2rZ_2=0 \Rightarrow X_2^2+Y_2^2+Z_2^2-2rZ_2+(P-1)Z_2^2=0$$

因为 $P-1=K=-e^2$，所以上式写成矢量形式为

$$T_2^2-2r\boldsymbol{k}\cdot T_2-e^2(\boldsymbol{k}\cdot T_2)^2=0 \tag{3-49}$$

将 T_2、M、Q_1 代入上式，可得 b 的函数

$$b^2(1-e^2\gamma_2^2)-2b(\gamma_2 r+e^2 M_Z\gamma_2)+M^2-2rM_Z-e^2 M_Z^2=0$$

令 $C=1/r$，解之得

$$b=\frac{M^2 C-2M_Z-e^2 M_Z^2 C}{(\gamma_2+e^2 M_Z\gamma_2 C)+\sqrt{(\gamma_2+e^2 M_Z\gamma_2 C)^2-(1-e^2\gamma_2^2)(M^2 C^2-2M_Z C-e^2 M_Z^2 C^2)}} \tag{3-50}$$

$$t=a+b$$

$$T_2=(X_1+t\alpha_1)\boldsymbol{i}+(Y_1+t\beta_1)\boldsymbol{j}+(Z_1+t\gamma_1-d)\boldsymbol{k}$$

(3) 由二次曲面方程求 Q_N

令 $F(X_2,Y_2,Z_2)=X_2^2+Y_2^2+Z_2^2-2rZ_2+(P-1)Z_2^2$，则由解析几何，曲面上任一点处的法线单位矢量可得

$$\alpha_N=\frac{-F'_{X_2}}{\sqrt{F'^2_{X_2}+F'^2_{Y_2}+F'^2_{Z_2}}},\beta_N=\frac{-F'_{Y_2}}{\sqrt{F'^2_{X_2}+F'^2_{Y_2}+F'^2_{Z_2}}},\gamma_N=\frac{-F'_{Z_2}}{\sqrt{F'^2_{X_2}+F'^2_{Y_2}+F'^2_{Z_2}}} \tag{3-51}$$

式中，F'_{X_2}、F'_{Y_2}、F'_{Z_2} 表示 F 分别对 X_2、Y_2、Z_2 求一阶偏导数。将 $F(X_2,Y_2,Z_2)$ 求偏导数，并代入 P_2 坐标，化简得

$$\alpha_N=-\frac{X_2 C}{A},\beta_N=-\frac{Y_2 C}{A},\gamma_N=\frac{1-Z_2 KC}{A},\text{其中 } A=\sqrt{1+C^2(1-K)(X_2^2+Y_2^2)} \tag{3-52}$$

(4) 由 Q_N、Q_1 求 Q_2

$$\cos I=|\alpha_1\alpha_N+\beta_1\beta_N+\gamma_1\gamma_N|=\frac{1}{A}|\alpha_1 X_2 C+\beta_1 Y_2 C-\gamma_1(1-Z_2 KC)|$$

$$\cos I'=\sqrt{1-\frac{n^2}{n'^2}(1-\cos^2 I)}$$

$$g=n'\cos I'-n\cos I$$

由 Snell 定律的矢量形式，可得

$$Q_2 = \frac{n}{n'}Q_1 + \frac{g}{n'}Q_N = \left(\frac{n}{n'}\alpha_1 - \frac{g}{n'}\frac{X_2C}{A}\right)i + \left(\frac{n}{n'}\beta_1 - \frac{g}{n'}\frac{Y_2C}{A}\right)j + \left(\frac{n}{n'}\gamma_1 + \frac{g}{n'}\frac{(1-Z_2C)}{A}\right)k$$

通过一系列计算，我们从 T_1、Q_1 求得了 T_2、Q_2。

(5) 重新整理一下公式

① $a = d\gamma_1 - \alpha_1 X_1 - \beta_2 Y_1 - \gamma_1 Z_1 = -\alpha_1 X_1 - \beta_2 Y_1 + \gamma_1(d - Z_1)$

② $M_Z = Z_1 + a\gamma_1 - d$

③ $M = (X_1 + a\alpha_1)i + (Y_1 + a\beta_1)j + (Z_1 + a\gamma_1 - d)k$

④ $b = \dfrac{M^2 C - 2M_Z - e^2 M_Z^2 C}{(\gamma_2 + e^2 M_Z \gamma_2 C) + \sqrt{(\gamma_2 + e^2 M_Z \gamma_2 C)^2 - (1 - e^2\gamma_2^2)(M^2 C^2 - 2M_Z C - e^2 M_Z^2 C^2)}}$

⑤ $t = a + b$

⑥ $T_2 = (X_1 + t\alpha_1)i + (Y_1 + t\beta_1)j + (Z_1 + t\gamma_1 - d)k$

⑦ $A = \sqrt{1 + C^2(1 - K)(X_2^2 + Y_2^2)}$

⑧ $\cos I = \dfrac{1}{A} | \alpha_1 X_2 C + \beta_1 Y_2 C - \gamma_1(1 - Z_2 KC) |$

⑨ $\cos I' = \sqrt{1 - \dfrac{n^2}{n'^2}(1 - \cos^2 I)}$

⑩ $g = n'\cos I' - n\cos I$

⑪ $Q_2 = \left(\frac{n}{n'}\alpha_1 - \frac{g}{n'}\frac{X_2C}{A}\right)i + \left(\frac{n}{n'}\beta_1 - \frac{g}{n'}\frac{Y_2C}{A}\right)j + \left(\frac{n}{n'}\gamma_1 + \frac{g}{n'}\frac{(1-Z_2C)}{A}\right)k$

通过上面 11 步，即可在已知前一个折射面上的投射点和出射方向 $T_1 = X_1 i + Y_1 j + Z_1 k$、$Q_1 = \alpha_1 i + \beta_1 j + \gamma_1 k$ 的情况下，求得二次曲面上的投射点和出射方向 $T_2 = X_2 i + Y_2 j + Z_2 k$、$Q_2 = \alpha_2 i + \beta_2 j + \gamma_2 k$。

3.5.3 光路计算的起始和终结公式

通过 3.5.1 节和 3.5.2 节，我们可以追迹球面或者二次曲面的光路。但是，在发起光线追迹之前，需要如何处理，即起始光线从哪里开始？这就是空间光线追迹的起始问题。同样，当光线追迹完成之后，如何处理并计算光学系统的像距、像高、像差等等，这是空间光线追迹的终结公式。

(1) 空间光线追迹的起始数据

空间光线追迹的起始数据可以分为两种情况：一种是物平面在无限远，另一种是物平面在有限远。

① 物平面在无限远。如图 3-12（a），平行光入射于入射光瞳上，视场角为 2ω，物距为 $l = \infty$。此时，光束的大小由入瞳的直径 D 决定，系统的成像范围由最大视场角 $2\omega_{max}$ 决定。对于物在无限远的一束入射平行光束，每一条光线的视场角都是一样的。当我们计算该入射光束时，可选择该光束中通过光轴的那条光线，并且与光轴组成子午面。因此，对于旋转对称系统，只考虑子午面内的视场角就可以了。在 Zemax 软件中，视场归一化坐标用 H_x、H_y 表示，我们仅考虑 H_y 坐标，有

$$H_y = \omega/\omega_{max} = 1.0, 0.85, 0.707, 0.5, 0.3, 0 \tag{3-53}$$

因此在入瞳面内，光线的三个方向余弦为

$$\alpha_0 = 0, \quad \beta_0 = -\sin\omega = -\sin(H_y\omega_{max}), \quad \gamma_0 = \cos(H_y\omega_{max}) \tag{3-54}$$

在 Zemax 软件中，归一化光瞳坐标用 P_x、P_y 表示，因此有

$$P_x = 2X_0/D = 1.0, 0.85, 0.707, 0.5, 0.3, 0; \quad P_y = 2Y_0/D = 1.0, 0.85, 0.707, 0.5, 0.3, 0; \quad P_z = 0 \tag{3-55}$$

上式中，X_0、Y_0 为光线和入瞳交点 P_0 的坐标。

下面分几种常用情况讨论坐标的选取：

a. 无限远轴上点。此时，光线平行于光轴入射，视场角为 0，$H_y = 0$。并且，光束沿光轴对称，所以只取上半部分光线。仅考虑子午面内，有光瞳坐标

$$X_0 = 0, \quad Y_0 = P_yD/2, \quad Z_0 = 0$$

b. 轴外物点的子午光束。由于为轴外物点，所以视场点选取公式（3-53）。又由于子午光束并不具有对称性，还需要考虑所有子午面内光线，所以有光瞳坐标

$$X_0 = 0, \quad Y_0 = \pm P_yD/2, \quad Z_0 = 0$$

c. 轴外物点的弧矢光束。由于为轴外物点，所以视场点选取公式（3-53）。弧矢光束关于子午面对称，所以只需要计算一半束，有光瞳坐标

$$X_0 = P_xD/2, \quad Y_0 = 0, \quad Z_0 = 0$$

上面即确定了物平面在无限远时，入瞳上的投射点坐标 $P_0(X_0, Y_0, Z_0)$ 和方向余弦 $\boldsymbol{Q}_0(\alpha_0, \beta_0, \gamma_0)$。从入瞳面开始，经过前述的光路计算公式即可算到像空间。

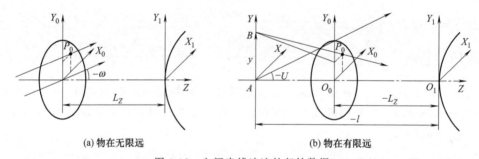

(a) 物在无限远　　　　　　　(b) 物在有限远

图 3-12　空间光线追迹的起始数据

② 物平面在有限远。如图 3-12（b），物体在光学系统前面 l 处。此时，光束的大小由物方最大数值孔径 $\sin U_{max}$ 决定，系统的成像范围由最大物高 y_{max} 决定。虽然此时存在有限远的物平面，但我们在计算时仍然从入射光瞳开始，即寻找入瞳上的坐标参数，包括投射点坐标和方向余弦。假若有一条光线从物平面上高为 y 处发射，交入射光瞳于 P_0 点。很显然，决定成像范围的视场坐标为 H_x、H_y，如果选取物点不在子午面内，可以将子午面绕光轴旋转到选取点。因此，仅考虑子午面内的视场坐标 H_y，有

$$H_y = y/y_{max} = 1.0, 0.85, 0.707, 0.5, 0.3, 0$$

下面考虑光瞳坐标 P_x、P_y。很显然在入瞳上，投点 $P_0(X_0, Y_0, Z_0)$ 的 Z 坐标 $Z_0 = 0$。光瞳坐标为

$$P_x = \sin[\arctan(X_0/|l - L_Z|)]/\sin U_{max} = 1.0, 0.85, 0.707, 0.5, 0.3, 0$$

$$P_y = \sin[\arctan(Y_0/|l - L_Z|)]/\sin U_{max} = 1.0, 0.85, 0.707, 0.5, 0.3, 0$$

反过来，一旦给定 P_x、P_y，即可求出 P_0 点坐标

$$X_0 = |l - L_Z| \tan[\arcsin(P_x \sin U_{max})] \tag{3-56}$$

$$Y_0 = |l - L_Z| \tan[\arcsin(P_y \sin U_{max})] \tag{3-57}$$

$$Z_0 = 0$$

由图 3-12（b）中的几何关系，BP_0 的长度可以用空间坐标系中两点间的距离求解得

$$BP_0 = R = \sqrt{X_0^2 + (y - Y_0)^2 + (L_Z - l)^2} \tag{3-58}$$

进而可得光线 BP_0 的方向余弦为

$$\alpha_0 = \frac{X_0}{R}, \quad \beta_0 = -\frac{H_y y_{\max} - Y_0}{R}, \quad \gamma_0 = \frac{|L_Z - l|}{R} \tag{3-59}$$

上面即确定了物平面在有限远时，入瞳上的投射点坐标 P_0（X_0，Y_0，Z_0）和方向余弦 $\boldsymbol{Q}_0$（α_0，β_0，γ_0）。从入瞳面开始，经过前述的光路计算公式即可算到像空间。关于轴上点、轴外物点子午光束和轴外物点弧矢光束视场点和瞳孔坐标的选取与物平面成无限远的类似，在此不再赘述。

（2）空间光线追迹的终结公式

对于空间光线，获得光学系统最后一面上的投射点 P_k（X_k，Y_k，Z_k）和方向余弦 $\boldsymbol{Q}_k$（α_k，β_k，γ_k），以此可以求得光学系统的相关参数。追迹大量的光线，即可获得光学系统的成像物性和像差特性。图 3-13（a）为空间光线的情形，一条光线入射于最后一面，交点为 P_k（X_k，Y_k，Z_k），如果已经求得出射方向余弦为 $\boldsymbol{Q}_k$（α_k，β_k，γ_k），下面求解部分参数。由于成像特性和像差参数过多，在此仅仅抛砖引玉。在图 3-13（a）中，过投射点 P_k 作子午面的垂线，交子午面于 M 点；过 M 点作光轴的垂线，交光轴于 S 点；连接 M 和像点 A'。设角 $\angle MP_kA' = V$，有以下关系

$$\cos V = \alpha_k \tag{3-60}$$

$$\sin V = \sqrt{1 - \cos^2 V'_k} = \sqrt{1 - \alpha_k^2} \tag{3-61}$$

$$\cos U'_k = \frac{SA'}{MA'} = \frac{SA'}{P_kA'\sin V} = \frac{\gamma_k}{\sqrt{1 - \alpha_k^2}} \tag{3-62}$$

$$\sin U'_k = \frac{MS}{MA'} = \frac{MS}{P_kA'\sin V} = \frac{P_kN}{P_kA'\sin V} = -\frac{\beta_k}{\sqrt{1 - \alpha_k^2}} \tag{3-63}$$

$$\tan U'_k = -\frac{\beta_k}{\gamma_k} \tag{3-64}$$

$$L'_k = Z_k + \frac{Y_k}{\tan U'_k} = Z_k - \frac{\alpha_k}{\beta_k} Y_k \tag{3-65}$$

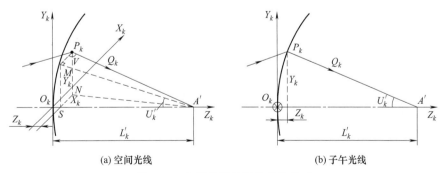

(a) 空间光线　　　　　　　　　　　　(b) 子午光线

图 3-13　空间光线追迹的终结公式

公式（3-60）～公式（3-65）为空间光线的终结公式。对于旋转对称系统，如图 3-13（b）所示，仅考虑子午面，那问题会大大简化。则前面的公式可简化为

$$\cos U'_k = \gamma_k \tag{3-66}$$

$$\sin U'_k = -\beta_k \tag{3-67}$$

$$\tan U'_k = -\frac{\beta_k}{\gamma_k} \tag{3-68}$$

$$L'_k = Z_k + \frac{Y_k}{\tan U'_k} = Z_k - \frac{\alpha_k}{\beta_k} Y_k \tag{3-69}$$

前述公式是求像距的，进而可求球差、轴向色差等。如追迹近轴光线，可以得到理想像平面

$$l' = \frac{h_k}{u'_k}$$

上式与公式（3-65）作差，即为球差

$$\delta L' = L'_k - l'$$

像平面上的像高，也可以由终结公式获得。为了演示方便，我们仅考虑旋转对称系统，即只求子午面内的像高，如图 3-14 所示，从图中很容易得到以下关系

$$Y'_k = Y_k + (L'_k - Z_k)\frac{\beta_k}{\gamma_k} \tag{3-70}$$

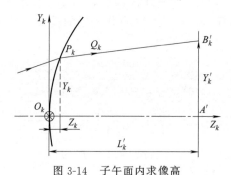

图 3-14 子午面内求像高

第 4 章

光学材料

除了少量反射镜、光栅、菲涅耳波带片等，大部分光学元件都是透射材料制作的，如透镜、棱镜等。不是所有的玻璃材料都可以用来制作透镜或棱镜，必须自身的缺陷对成像影响不大，比如制作建筑窗户的玻璃，就达不到成像的要求。这些用于制作透射光学元件的材料称作"光学材料"，只有达到一定质量指标的玻璃才可以称作"光学玻璃"。作为光学设计师，必须了解光学材料及其特性，并在设计时尽量选择合适的光学材料。在本章首先重点介绍光学设计中使用最多的无色光学玻璃，介绍无色光学玻璃的分类、质量指标、成像特性和物理化学性质。然后介绍光学塑料，其发明使传统的光学玻璃技术瓶颈得到了部分突破，因为它可以通过模具加工制造，既降低了成本，又增加了产能，适合大批量生产。随着光学塑料的逐步发展，它的成像质量也可以匹敌传统的光学玻璃。最后，简要介绍了特殊光学玻璃，包括有色光学玻璃、低膨胀玻璃、耐辐射玻璃、耐潮湿及耐腐蚀玻璃等，以及历久弥新的紫外光学材料。在介绍光学材料时，将结合 Zemax 软件，讲解如何在软件中使用玻璃库及这些玻璃材料。

4.1 无色光学玻璃

4.1.1 夫琅禾费波长

1865 年，麦克斯韦（Maxwell）总结了电磁学理论，提出了麦克斯韦方程组。从方程组出发可以推导出电磁波传播方程。麦克斯韦发现在传播方程里，真空中电磁波的理论速率与 1850 年傅科（Foucault）测得的光速非常相近，他就预言光是一种电磁波。1888 年，德国科学家赫兹（Hertz）通过实验验证了麦克斯韦的预言。后来发现，从无线电波到宇宙射线的广阔范围内都是电磁波，而可见光仅仅是电磁波的极小一部分，如图 4-1 所示。人眼敏感的光称为可见光，大约波长在 $380\sim760\mathrm{nm}$ 之间。根据人眼感觉的颜色，可以分为红、橙、黄、绿、蓝、靛、紫等七种颜色。

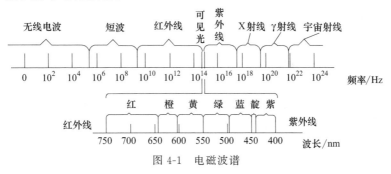

图 4-1　电磁波谱

德国科学家夫琅禾费（Fraunhofer）在研究太阳光光谱时，把太阳光光谱中在可见光区域内，某些明显的线型用英文字母命名，称为夫琅禾费波长，见表4-1。目视光学仪器使用最多的为（F，d，C）组合，即F光和C光为可见光的两端，d光为可见光中心波长。由于e光比d光更接近人眼最敏感的555nm，在一些新的国家标准中，将e光定为可见光的中心波长。由于Zemax软件中使用的是（F，d，C）组合，我们在做实例时保持软件的默认选择。

表4-1　夫琅禾费波长

波长/nm	标识	光谱线	波长/nm	标识	光谱线
404.6	h	Hg(紫外)	587.6	d	He(黄)
435.8	g	Hg(蓝)	589.3	D	Na(黄)
480.0	F′	Cd(蓝)	643.8	C′	Cd(红)
486.1	F	H(蓝)	656.3	C	H(红)
546.1	e	Hg(绿)	706.5	r	He(红)

4.1.2　无色光学玻璃的分类和牌号

光学玻璃从整体上来分，可以分为两大类：冕牌玻璃和火石玻璃。最初，是按照氧化铅含量来分的，氧化铅含量低于3％为冕牌玻璃，高于3％为火石玻璃。随着光学玻璃的发展，种类越来越多，已经不能完全用氧化铅含量来区分了。后来，就用折射率和色散特性来区分这两种玻璃。它们的特点如下。

① 冕牌玻璃（crown glass），在玻璃牌号中，数字前面，最后一个字母为"K"，如H-K9L、H-BaK7等。冕牌玻璃一般折射率较低，色散较小，阿贝数 $\nu_d > 50$，整体上比火石玻璃稍轻一点点。

② 火石玻璃（flint glass），在玻璃牌号中，数字前面最后一个字母为"F"，如F3、H-ZF5。火石玻璃一般折射率较大，色散较大，阿贝数 $\nu_d < 50$，整体上比冕牌玻璃稍重一点点。

需要注意的是，在有些玻璃库中，为了区分现有玻璃牌号与曾经使用的玻璃牌号，会在牌号的数字后面加上一定的字母以示区别，如H-K9L、H-K9LGT，其中"L""LGT"不影响此玻璃为冕牌玻璃。在Zemax软件中，能够提供的国产玻璃厂商有两家，一家为"成都光明光电股份有限公司"，在Zemax中玻璃库名为"CDGM"；另一家为"湖北新华光信息材料有限公司"，在Zemax中玻璃库名为"NHG"。在国产玻璃中，如果前面冠以"H-"，代表"环境友好"玻璃；如果前面冠以"D-"，代表"低软化点性质的环境友好"玻璃。

根据无色光学玻璃掺杂不同，对两大类玻璃进行细分，如"Z"表示重、"B"表示硼、"Ba"表示钡、"L"表示镧、"P"表示磷、"N"表示铅等。无色光学玻璃的类型列于表4-2。国产无色光学玻璃已经列于附录A中。

表4-2　无色光学玻璃的类型

牌号	意义	牌号	意义
FK	氟冕玻璃	QF	轻火石玻璃
QK	轻冕玻璃	F	火石玻璃
K	冕玻璃	BaF	钡火石玻璃
PK	磷冕玻璃	ZBaF	重钡火石玻璃
ZPK	重磷冕玻璃	ZF	重火石玻璃
BaK	钡冕玻璃	LaF	镧火石玻璃
ZK	重冕玻璃	ZLaF	重镧火石玻璃
LaK	镧冕玻璃	TiF	钛火石玻璃
KF	冕牌火石玻璃	TF	特种火石玻璃

除了前述的普通光学玻璃（又称"P 系列"）外，还有一种耐 X 射线的光学玻璃（又称"N 系列"），称为耐辐射光学玻璃。按照其能承受 X 射线的总剂量分为：2.58×10^1 C/kg（或 1×10^5 R，1R $= 2.58 \times 10^{-4}$ C/kg）、2.58×10^2 C/kg（或 1×10^6 R）、2.58×10^3 C/kg（或 1×10^7 R），用序号分别对应于 $500 \sim 599$、$600 \sim 699$、$700 \sim 799$。如成都光明的 H-K5 玻璃，它对应用的耐辐射玻璃为 K505。

4.1.3　玻璃折射率

由应用光学可知，材料的绝对折射率，简称折射率，由下式定义

$$n = \frac{c}{\nu} \tag{4-1}$$

式中，c 为真空中的光速；ν 为介质中的光速。折射率，在英文中为"refractive index"，表示折射性的索引号，代表该介质在折射表中的排序。而翻译过来为"折射率"，意义更加深刻，表示对光折射（或偏折）的能力。对某一种光学玻璃，它的折射率通常是指 d 光（587.6nm）的折射率。而其他波长的折射率，可以查阅光学玻璃厂商的说明书，其中会给出一些特征夫琅禾费波长的折射率；或查阅光学设计手册等相关书籍，其中会罗列某些波长的折射率。

在 Zemax 软件中，使用的是相对折射率，而非绝对折射率，即所有折射率值为相对于"air"（空气）的折射率。在软件里，空气的折射率满足

$$n_{\text{air}} = 1 + \frac{(n_{\text{ref}} - 1)P}{1.0 + (T - 15) \times 3.4785 \times 10^{-3}} \tag{4-2}$$

式中，T 为环境温度，单位为摄氏度（℃）；P 为相对气压，无量纲。n_{ref} 满足

$$n_{\text{ref}} = 1 + \left(6432.8 + \frac{2949810\lambda^2}{146\lambda^2 - 1} + \frac{25540\lambda^2}{41\lambda^2 - 1}\right) \times 10^{-8}$$

在 Zemax 中，对于未给出的波长折射率，需要使用折射率插值公式进行计算，常用的公式如表 4-3。

表 4-3　常用的折射率色散公式

名称	公式	名称	公式
Schott	$n^2 = a_0 + a_1\lambda^2 + a_2\lambda^{-2} + a_3\lambda^{-4} + a_4\lambda^{-6} + a_5\lambda^{-8}$	Herzberger	$n = A + BL + CL^2 + D\lambda^2 + E\lambda^4 + F\lambda^6$ 其中，$L = 1/(\lambda^2 - 0.028)$
Sellmeier 1	$n^2 - 1 = \frac{K_1\lambda^2}{\lambda^2 - L_1} + \frac{K_2\lambda^2}{\lambda^2 - L_2} + \frac{K_3\lambda^2}{\lambda^2 - L_3}$	Sellmeier 2	$n^2 - 1 = A + \frac{B_1\lambda^2}{\lambda^2 - \lambda_1^2} + \frac{B_2}{\lambda^2 - \lambda_2^2}$
Sellmeier 3	$n^2 - 1 = \frac{K_1\lambda^2}{\lambda^2 - L_1} + \frac{K_2\lambda^2}{\lambda^2 - L_2} + \frac{K_3\lambda^2}{\lambda^2 - L_3} + \frac{K_4\lambda^2}{\lambda^2 - L_4}$	Sellmeier 4	$n^2 = A + \frac{B\lambda^2}{\lambda^2 - C} + \frac{D\lambda^2}{\lambda^2 - E}$
Extended	$n^2 = a_0 + a_1\lambda^2 + a_2\lambda^{-2} + a_3\lambda^{-4} + a_4\lambda^{-6} + a_5\lambda^{-8} + a_6\lambda^{-10} + a_7\lambda^{-12}$	Conrady	$n = n_0 + \frac{A}{\lambda} + \frac{B}{\lambda^{3.5}}$

使用命令"数据库→材料库→分类→CDGM. AGF"，可以打开"CDGM"玻璃库，如图 4-2 所示。在玻璃中找到成都光明的玻璃 H-K9L，它使用的公式即为"Schott"（图 4-2 左边中间），那么在图中右边的 A0～A5，即为表 4-3 里第一个公式中的 $a_0 \sim a_5$。如果将 A0～A5，代入表 4-3 第一个公式，画出 $n(\lambda)$ 曲线，称作"色散图"，如图 4-3 所示。该图也可以通过"数据库→材料分析→色散图"命令打开，并通过色散图中左上角的"设置"按钮，打开如图 4-4 的设置对话框。在"设置"中，可以添加显示至多四种玻璃进行折射率曲

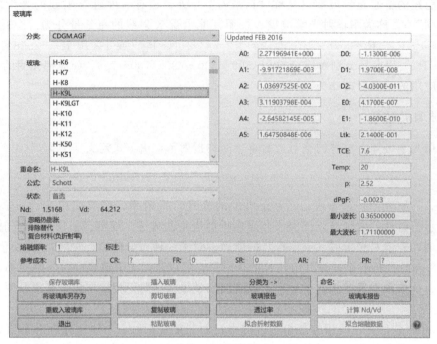

图 4-2　玻璃库

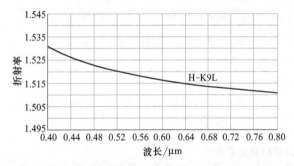

图 4-3　色散图

图 4-4　色散图设置

线比较，也可以指定波长范围和折射率范围。

光学材料绝对折射率随温度的变化关系满足

$$\Delta n_{\mathrm{abs}}=\frac{n^2-1}{2n}\left(D_0\Delta T+D_1\Delta T^2+D_2\Delta T^3+\frac{E_0\Delta T+E_1\Delta T^2}{\lambda^2-S_{\mathrm{tk}}\lambda_{\mathrm{tk}}^2}\right)\qquad(4\text{-}3)$$

式中，n 为参考温度下相对折射率；ΔT 为温度变化；D_0、D_1、D_2、E_0、E_1 和 λ_{tk} 为光学玻璃制造公司提供的与热特性有关的常数；S_{tk} 带有 λ_{tk} 的符号（$\lambda_{\mathrm{tk}}>0$，$S_{\mathrm{tk}}=1$；$\lambda_{\mathrm{tk}}<0$，$S_{\mathrm{tk}}=-1$）。公式（4-3）由肖特玻璃技术公司提供。如图 4-2 中，$D_0\sim\lambda_{\mathrm{tk}}$ 这六个数据就是图中右上角的 D0～Ltk 六个数值。

4.1.4　色散

光学玻璃对不同的波长折射率不同，这种现象称为色散（dispersion）。一般情况下，光学玻璃的折射率随波长的增加而减小，称为正常色散，如图 4-5 所示。自然界中的绝大多数透明介质都是正常色散。对于某种透明介质，定义两种不同波长折射率之差，称为该介质对这两种色光的色散。比如波长 λ_1 的折射率为 $n_{\lambda 1}$，波长 λ_2 的折射率为 $n_{\lambda 2}$，则它们的色散为

$$\Delta n_{12} = n_{\lambda 1} - n_{\lambda 2} \qquad (4\text{-}4)$$

对于可见光波段，通常用表 4-1 中 F 光（656.3nm）的折射率 n_F 与 C 光（486.1nm）的折射率 n_C 之差，称为中部色散

$$\Delta n_{FC} = n_F - n_C \qquad (4\text{-}5)$$

若波长为 λ，折射率为 n_λ。定义 λ 光的为阿贝数（Abbe number）为该光折射率 n_λ 减去 1 并除以中部色散。因此，d 光（587.6nm）的阿贝数为

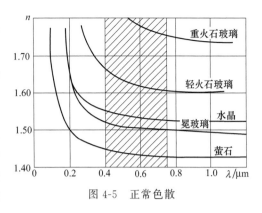

图 4-5　正常色散

$$\nu_\lambda = \frac{n_\lambda - 1}{n_F - n_C}, \quad \nu_d = \frac{n_d - 1}{n_F - n_C} \qquad (4\text{-}6)$$

将表 4-3 中，第一个公式（Schott）开方，可以得到折射率波长函数，即 $n = n(\lambda)$。然后对 λ 求导，可以得到一个 λ 的导函数，$\mathrm{d}n/\mathrm{d}\lambda$，该函数称为"色散曲线"，如成都光明的 H-K9L 玻璃的色散曲线见图 4-6。色散曲线还可以通过"数据库→材料分析→色散曲线"命令打开。通过色散曲线左上角的"设置"可以打开设置对话框，和图 4-4 色散图设置极其相似，在此不再赘述。通过"设置"可以设置最多四种玻璃的色散曲线对比图，也可以设置波长范围和色散范围。

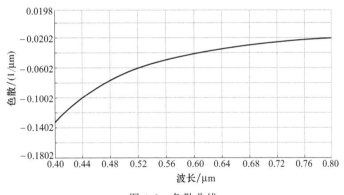

图 4-6　色散曲线

4.1.5　无色光学玻璃的质量指标

无色光学玻璃（参照 GB/T 903—2019）按照以下各项指标分类和分级。

① 折射率、色散系数（阿贝数）与标准数值的允许差值。折射率 n_d 与标准值的允许差值，按照允许差值从 $\pm(20\sim100)\times10^{-5}$ 分为 00、0、1、2、3 共 5 个类别。色散系数 ν_d 与标准值的允许差值，按照允许差值从 $\pm(0.2\%\sim0.8\%)$ 分为 00、0、1、2 共 4 个类别。

② 批偏差。指同一批光学玻璃中，折射率和色散系数的最大差值。折射率 n_d 最大差值从 $(5\sim20)\times10^{-5}$ 分为 A~C 共 3 个级别，在这 3 个级别色散系数 ν_d 的最大差值都是 $\pm0.15\%$。如果折射率 n_d 和色散系数 ν_d 的最大差值都"在所定类别内"，则为 D 级别。

③ 光学均匀性。指同一块玻璃各部位间的折射率微差最大值 $\Delta n_{\max}$，从 $(0.5\sim20)\times10^{-6}$ 分为 H_{00}、H_0、…、H_4 共 6 个类别。

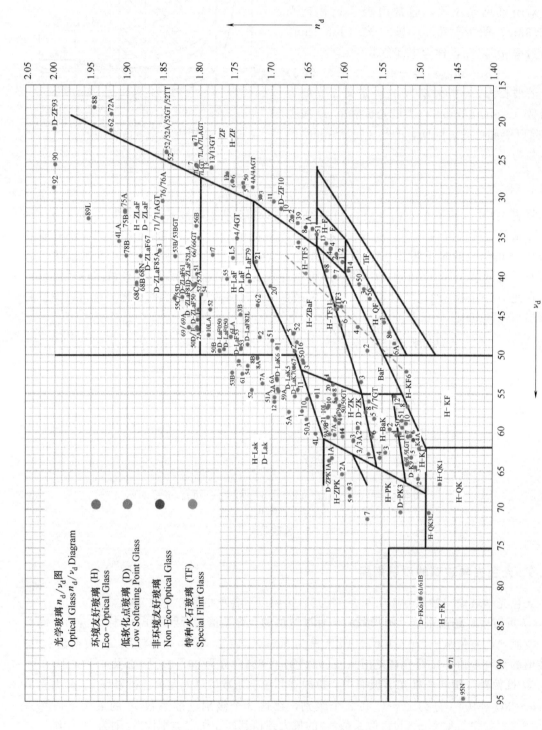

图 4-7　成都光明的玻璃图

④ 应力双折射。以粗退火光学毛坯，其最长边中部单位长度上的光程差 δ，从 $2\sim$ 10nm/cm 分为 1、1a、2、3 共 4 个类别。光学玻璃毛坯以其距边缘 5% 直径或边长处单位厚度上的最大光程差 $\delta_{\max}$，从 $2\sim20$nm/cm 分为 S1～S4 共 4 个类别。

⑤ 条纹度。从最容易发现条纹的方向上进行检测，通过与标准样品作比较进行判定。从 "不应含可见条纹、条痕或道子" 到 "比 C 级玻璃含的平行于平面的条纹更多，且更粗些" 分为 A～D 共 4 个级别。

⑥ 夹杂物。其允许的最大直径，按总截面积内允许一个最大夹杂物的直径进行计算。夹杂物的级别按照 100cm^3 玻璃中所含直径 $\phi\geqslant0.030$mm 夹杂物的总截面积 S（$\text{mm}^2/100\text{cm}^3$），从 "$S\leqslant0.03$" ～ "$0.50<S\leqslant1.0$" 分为 A_{00}、A_0、A、B、C 共 5 个级别。

⑦ 着色度、光吸收系数。着色度允许差值标准值 ±10nm，着色度数据表太大，在此不作说明，可参考国家标准。光吸收系数用白光通过玻璃中每厘米路程的内透射比的自然对数的负值表示，从该值最大值 $0.001\sim0.015$ 分为 00、0、1、…、5 共 7 个级别。

⑧ 耐 X 射线性能。序号为 $500\sim599$ 用总剂量为 2.58×10^1C/kg（或 1×10^5R）的 X 射线辐照玻璃后，每厘米厚度上的光密度增量 ΔD_1 表示。对于不同的耐辐射玻璃，会给出参考值，请参考国家标准。

4.1.6　玻璃图

如果没有特别说明，通常意义的折射率就是指 d 光的折射率，阿贝数就是指 d 光的阿贝数。用阿贝数 $\nu_{\rm d}$ 作为横坐标，折射率 $n_{\rm d}$ 作为纵坐标，每一种玻璃对应一个坐标点（$\nu_{\rm d}$，$n_{\rm d}$），画出的图形称为玻璃图。在 Zemax 软件中，可以通过 "数据库→材料分析→玻璃图" 命令打开玻璃图。图 4-7 为成都光明的玻璃图。

玻璃图具有以下特点：

① 每一种玻璃对应玻璃图上一个坐标点（$\nu_{\rm d}$，$n_{\rm d}$）。$\nu_{\rm d}$ 从左向右逐渐减小，$n_{\rm d}$ 从下向上逐渐增大。

② 每一个实线围成的区域，为表 4-2 中对应的一种光学玻璃类型。如图 4-7 中 H-ZBaF 区域指重钡火石玻璃。

③ 对于同一个区域，同一种光学玻璃类型也会有不同的玻璃种类，它们虽然化学成分可能一样，但是成分比例或生产过程不同，会产生光学特性差异较小的玻璃，通常用编号 $1\sim99$ 来表示，如：H-K1、H-K2、H-K3。

④ 除去下面一小部分，$\nu_{\rm d}=50$ 近似为冕牌玻璃和火石玻璃分界线，左边为冕牌玻璃，右边为火石玻璃。

⑤ 图 4-7 中，加 "H-" 表示环境友好，加 "D-" 表示低软化点环境友好，均为环境友好玻璃。

⑥ 不加 "H-" 或 "D-" 两种前缀的，除了特种玻璃即为非环境友好琉璃，含铅量或重金属过量，谨慎使用。

⑦ 从图 4-7 可以看出，阿贝数约为 $25\sim65$ 之间，折射率约为 $1.5\sim1.8$ 之间，其他值不常用。

4.2　光学塑料

4.2.1　光学塑料简介

光学玻璃是光学材料的主要部分，如果从 1884 年肖特玻璃厂成立算起，也已经发展了近 140 年，是成熟且使用最广泛的光学材料。随着现代科技的发展，光学玻璃展现了它的局限性。比如移动电子产品的诞生，使人们对移动摄像提出了更苛刻的要求，要求产品重量轻、体积小、成像质量好，从而催生了一种特殊的光学材料，即光学塑料。

与传统光学玻璃相比，光学塑料具有质量轻便、高的抗冲击性、不易碎裂、可以模压铸造任何形状、成本低廉、周期短、产量大等优点。尤其是在非球面制造上，曾经的光学玻璃研磨切削成本高昂，让人望而却步。现在只需要使用模具、模压或注塑方式完成，十分方便。

光学塑料也有它天然的缺点，比如塑料热稳定性差、易形变、易老化、折射率不高、透光性不佳等；另外，光学塑料表面硬度较差、耐磨性不够好、容易被腐蚀；光学塑料镀膜时，附着性差，容易脱落，寿命短；相比于光学玻璃，光学塑料的生产厂家少，种类有限，可选择自由度不大，留给光学设计师发挥的余地不多。光学塑料最需要克服的困难，就是它的热膨胀系数较大，约为普通光学玻璃的 10 倍，对于使用温差较大的军品、空间环境等不太友好。光学塑料的折射率随温差变化较大，在设计时也需要注意这个问题。

光学塑料的加工，主要有两大类方法：一类为模塑法，即注射成型、压塑成型等；另一类为直接加工，或称为冷加工法、机械加工法，如研磨抛光法、金刚石刀切削法等。

① 注射成型法。将塑料加热到活动态，然后以很高的压力和较快的速度注射入精细的模具中，通过一定时间的冷却，即可将零件取出，再对零件表面进行处理即可使用，可以免抛光。注射成型法可以生产球面或非球面透镜、棱镜等光学元件，效率高，成本低。

② 压塑成型法，或称作模压法、热压法。将预热后的塑料毛坯放到预热过的模具中，逐渐施加压力，使塑料形变并充满模具腔。持续加热和施压，直到塑料成型为零件，即可取出。该方法可以加工各类透镜和棱镜。

③ 浇铸成型法。将活动态的塑料料材，加上合适的引发剂，浇入模具中，使材料在一定温度和压力下发生化学反应而固化。脱模后可得光学零件。

④ 研磨抛光法。最为传统的加工方法。下料，研磨，最后抛光，和冷加工光学玻璃零件完全一样。

⑤ 金刚石刀切削法。直接用带有金刚石刀具的加工中心进行切削。不过根据加工精度，一般切削后还需要进行表面抛光。此种方法加工效率低，周期长。

4.2.2　常用的光学塑料

在光学设计中，几种常用的光学塑料如下：

① 聚甲基丙烯酸甲酯，简称 PMMA ［poly（methyl methacrylate）］，又称作亚克力（acrylic），俗称有机玻璃。折射率 $n_d = 1.49$，阿贝数 $\nu_d = 57.2$。可见光透过率达到 92%，在室外使用十年后透过率还能达到 88%，对紫外线透过率较高。PMMA 在常温常压下，平均吸水率为 2%，是所有光学塑料吸水率最高的。线胀系数为 H-K9L 的 10 倍，折射率温度变化为 H-K9L 的 30 倍。PMMA 耐曝晒，适应各种气候，但不耐醇、酮、芳烃、氯化烃有机溶剂、强碱等。

② 聚苯乙烯，简称 PS（polystyrene）。它的折射率较高，$n_d = 1.59 \sim 1.66$，阿贝数较低，$\nu_d = 30.8$。所以聚苯乙烯为类火石热塑性光学塑料，它的高折射率、低阿贝数刚好可以与 PMMA 组合消色差。聚苯乙烯透过率为 88%，双折射较大，在阳光下易变黄，吸水率很小只有 0.02%。

③ 聚碳酸酯，简称 PC（polycarbonate）。它的折射率 $n_d = 1.586$，阿贝数 $\nu_d = 34.0$，

透过率 88%。聚碳酸酯综合性能较好，耐热耐寒，热形变温度高，达 120℃，强度高，形状稳定性好。聚碳酸酯抗冲击性好，耐摔不易碎。由于材料较硬，不易进行机械加工，主要加工方法为注塑成型。

④ Arton，由日本合成橡胶公司（JSR）开发，热塑性好，密度小，吸水率很小。它的折射率 $n_d = 1.50 \sim 1.53$，阿贝数 $\nu_d = 50 \sim 57$，也是高阿贝数的光学塑料，整体性能优于 PMMA。Arton 的透过率好，色差小，双折射小，耐热性好，很适合做非球面透镜。

⑤ 环烯烃共聚物，旧名 COC，由日本 ZEON 公司开发，新名包括 330R、350R、480R、E48R、F52R 等系列玻璃。它的折射率 $n_d = 1.51 \sim 1.535$，阿贝数 $\nu_d = 55 \sim 57$，具有高阿贝数、低折射率。该系列光学塑料重量轻、耐冲击性高、可批量生产、能设计成复杂的形状等。

⑥ 由大阪燃气化学生产的 OKP 系列光学玻璃（OSAKAGASCHEMICAL）。它的折射率 $n_d = 1.6 \sim 1.67$，阿贝数 $\nu_d = 20 \sim 23$，具有高折射率、低阿贝数。它正好可以和 ZEON 公司的光学塑料组成消色差。

4.2.3　在 Zemax 中使用光学塑料

在 Zemax 软件中，已经内置了多个光学塑料厂商的玻璃牌号。我们可以对照 4.2.2 节中的光学塑料，介绍如何在 Zemax 中使用它们。在软件中，除非特指厂商的光学塑料，一般都在玻璃库"MISC. AGF"中。如果存在厂商单独的玻璃库，则选择厂商玻璃库，如图 4-8 所示。

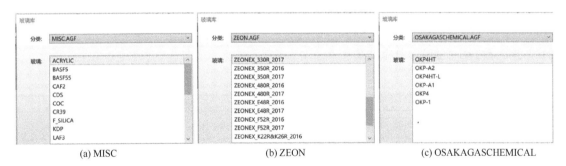

(a) MISC　　(b) ZEON　　(c) OSAKAGASCHEMICAL

图 4-8　厂商玻璃库

常用的光学塑料在 Zemax 中的查看和使用方法：
① PMMA，"数据库→材料库→分类→MISC. AGF→PMMA"。
② PS，"数据库→材料库→分类→MISC. AGF→POLYSTYR"。
③ PC，"数据库→材料库→分类→MISC. AGF→POLYCARB"。
④ CR39，"数据库→材料库→分类→MISC. AGF→CR39"。
⑤ COC，"数据库→材料库→分类→MISC. AGF→COC"。
⑥ ACRYLIC，"数据库→材料库→分类→MISC. AGF→ACRYLIC"。
⑦ Arton，"数据库→材料库→分类→ARTON. AGF"，如：F4520、D4532、D4540 等。
⑧ ZEON，"数据库→材料库→分类→ZEON. AGF"，如：330R、480R、E48R、F52R 等。
⑨ OSAKAGASCHEMICAL，"数据库→材料库→分类→OSAKAGASCHEMICAL. AGF"，如：OKP4、OKP-1、OKP-A2 等。
⑩ ANGSTROMLINK，"数据库→材料库→分类→ANGSTROMLINK. AGF"，如：AL-

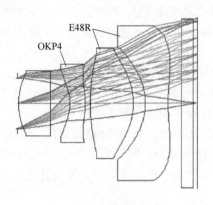

图 4-9　某手机镜头使用了
光学塑料 OKP4 和 E48R

6261-（OKP4）、AL-6263-（OKP4HT）、AL-6264-（OKP1）等。

⑪ APEL，"数据库→材料库→分类→APEL.AGF"，如：APL5014CL、APL5015AL、APL5514ML 等。

图 4-9 是某手机用摄像头，除了第一片为普通光学玻璃外，共使用了两种光学塑料：OKP4 和 E48R。这两种光学塑料，OKP4 为高折射率、低阿贝数，E48R 为低折射率、高阿贝数，因此可以满足消色差条件，再配合使用非球面，完全可以达到设计要求。

4.3　特殊光学玻璃

4.3.1　有色光学玻璃

有色光学玻璃是在玻璃材质中掺入某些特定的着色物质，使之具有一定的显性颜色，从而透过某些特定颜色的玻璃。有色光学玻璃在规定的光谱区域内的透过和吸收性能称为光谱特性，它是有色光学玻璃的主要特性，通常用各种波长的透过率、吸收率和光密度来表示。我国的有色光学玻璃参考标准为 WJ 277-65，标准里详细规定了有色光学玻璃的特性、参数、牌号和各种数据，用来辅助光学设计师选取。在有色光学玻璃牌号中，有一个特定的字母 "B"，即代表此类玻璃。字母 B 前面的字母，表示有色光学玻璃的颜色或特性。字母 B 后面的数字，代表牌号的序号。表 4-4 列出了有色玻璃的牌号字母与其颜色等的对应关系。

表 4-4　有色光学玻璃

牌号	类型	牌号	类型	牌号	类型
ZWB	透紫外玻璃	LB	绿色玻璃	FB	防护玻璃
HWB	透红外玻璃	JB	黄色(金色)玻璃	AB	中性(暗色)玻璃
ZB	紫色玻璃	CB	橙色玻璃	BB	透紫外白色玻璃
QB	蓝色(青色)玻璃	HB	红色玻璃		

按照着色剂特性，有色光学玻璃可以分为三种类型：硒镉着色玻璃、离子着色选择性吸收玻璃和离子着色中性（暗色）玻璃。

① 硒镉玻璃是利用硒化镉半导体化合物作为着色剂，以吸收短波长区域为主。硒镉玻璃的特点是有相当宽的高透过区和高吸收区，在高透过区和高吸收区之间的过渡区具有很陡的突变特性，过渡区越窄表示性能越好。硒镉玻璃主要用于拦截某一波长以下的全部电磁波能量。

② 离子着色玻璃是利用过渡金属和二价铜稀土元素等作为着色剂，以对某光谱区域具有强吸收作用为主。

a. 离子着色选择性吸收玻璃的特点是它对某一光谱区域具有明显的透明或者拦截性能，主要用于某区域光透过或者拦截，而其余区域光刚好相反，即吸收或者透过。

b. 离子着色中性（暗色）玻璃又称作灰色玻璃，不带有某种特定的颜色，它的特点是在可见光区域内能均匀地降低光强度。因此，离子着色中性（暗色）玻璃在全部光谱区域内，各个波长具有相同的透过率，可用于制作能量衰减片。

有色光学玻璃主要用来制作滤色镜，用于观察、电影、电视、色度等光学仪器中，以提高仪器的分辨力，同时对颜色进行校正、分离和补偿等。有关有色玻璃的详细资源可以参阅标准 WJ 277-65。

4.3.2　低膨胀玻璃

工作于温差较大的环境中的光学镜头，在温度变化很大时，会对镜头造成一定的冲击，热胀冷缩有可能使镜头碎裂。短时间的温度迅速变化，也会造成玻璃结构破裂，可以类比淬火来理解。这时候，就需要抗热冲击的玻璃，称作低膨胀玻璃。

最具代表性的低膨胀玻璃就是高纯度的二氧化硅（SiO_2），又称作熔石英，它是容易制造的玻璃材料中热膨胀系数最小的材料，热膨胀系数约为 $5 \times 10^{-7} K^{-1}$。熔石英的折射率 $n_d = 1.4585$，阿贝数 $\nu_d = 67.82$。在低温时，熔石英的膨胀系数更小，约在 $-80°$时，膨胀系数接近零，如果再降低温度，膨胀系数变成负数。SiO_2 玻璃的密度小，内部空隙多，可以在 SiO_2 玻璃中掺入其他成分，以获得热膨胀更小的材料。如果在 SiO_2 玻璃中加入 TiO_2，则热膨胀系数更小。比如在室温下将 8% 的 TiO_2 加入到 SiO_2 玻璃中，膨胀系数可以达到零，继续增加 TiO_2 含量，可以获得负膨胀系数的玻璃。熔石英在 Zemax 软件中，就是 "IN-FRARED. AGF" 玻璃库中的 "F_SILICA" 玻璃。

派热克斯（Pyrex）玻璃是美国 Corning 公司研发的一种硼硅酸盐（borosilicate）玻璃，它的膨胀系数低于普通玻璃的膨胀系数。比如 Pyrex ♯7740 和 Pyrex ♯7760 玻璃，它们的膨胀系数在 $(30 \sim 40) \times 10^{-7} K^{-1}$ 之间。派热克斯玻璃的折射率 $n_d = 1.474$，阿贝数 $\nu_d = 65.39$。派热克斯玻璃的条纹比较严重，不适合用于成像镜头，仅用于聚光镜、样板、反射镜等。派热克斯玻璃在 Zemax 软件中，就是 "MISC. AGF" 玻璃库中的 "PYREX" 玻璃。含氧化铜较多的 $Cu_2O-Al_2O_3-SiO_2$ 系玻璃的热膨胀系数，比派热克斯玻璃的膨胀系数更小，接近熔石英。

如果在低膨胀玻璃中掺入膨胀系数为负的晶体，这种晶体化的玻璃称作微晶玻璃。微晶玻璃在 $0 \sim 50℃$ 的温度变化范围内，膨胀系数可以降低到 $\pm(1 \times 10^{-7}) K^{-1}$，低于熔石英。不过，微晶玻璃的散射很大，使玻璃在成像时变得模糊不清，不适合作为成像材料。微晶玻璃的优点是容易加工、抛光，常被用于大型反射镜中，如大型天文望远镜的反射镜。

4.3.3　耐辐射玻璃

在辐射环境下工作的光学仪器，需要考虑玻璃材料的耐辐射性能。在国家标准《无色光学玻璃》（GB/T 903—2019）中，将耐辐射光学玻璃改称为耐 X 射线光学玻璃。耐 X 射线的辐射性能，用对应 X 射线总剂量辐照玻璃后，每厘米厚度上的光密度增量用 ΔD_1 来表示，如成都光明 K505 对应的光密度增量 $\Delta D_1 \leqslant 0.030$。在国标 GB/T 903—2019 中指定的耐 X 射线总剂量在 $2.58 \times 10^1 C/kg$ 内的耐辐射玻璃总共 47 种，可以根据需要选取，它们的详细参数可以参考玻璃生产商的说明书。耐 X 射线性能可以参照 GB/T 7962.10—2010《无色光学玻璃测试方法　第 10 部分：耐 X 射线性能》。

在 Zemax 软件中使用耐辐射玻璃时，无需特别注明，直接使用其对应的普通玻璃即可，如在应用 H-K505 时，直接使用 H-K5 即可。

4.3.4　耐潮湿和耐腐蚀玻璃

大部分光学仪器通常在室内使用，环境要求不高。但是有些光学仪器需要在室外使用，就需要考虑刮风下雨、阴冷潮湿、霉变菌生等恶劣环境，此时需要考虑到玻璃材料的耐潮湿和耐腐蚀性能。还有一些光学仪器在特殊环境下使用，如海里或者水下使用的光学仪器、烟雾尘埃中使用的光学仪器、油酸碱腐中使用的光学仪器，必须对光学镜头在设计中或者设计后作处理。

耐潮湿和耐腐蚀的处理方法有多种。一般情况下，冕牌玻璃的耐潮湿和耐腐蚀性能超过火石玻璃。另一种方法，也是使用最多的方法，就是将光学元件镀上三防膜（三防即防潮、防腐、防盐雾），可以有效地提高光学元件的耐潮湿和耐腐蚀性能。镀膜技术发展到现在，已经相当成熟，镀三防膜难度不大、成本不高。如果将光学镜头隔离于恶劣环境之外，然后做到严密的密封性，也是可以防潮湿和腐蚀性的。比如将光学系统与空气接触时用耐潮湿和耐腐蚀的保护玻璃隔离起来，然后对光学系统进行密封性处理，可以做到三防性。户外的监控镜头通常采用这种方法，将监控镜头的外面套上球形的保护罩，以防止刮风下雨、尘土侵蚀等。其实最终极的方法，还是研发耐潮湿和耐腐蚀玻璃，这需要光学玻璃生产商持续不断的努力。

耐潮湿性能，可以参照国标 GB/T 7962.15—2010《无色光学玻璃测试方法　第 15 部分：耐潮稳定性》。耐腐蚀性能，可以参照国标 GB/T 7962.14—2010《无色光学玻璃测试方法　第 14 部分：耐酸稳定性》。

4.4　紫外光学玻璃

自从中美贸易争端以来，一个普通人极少听到的名词传遍大江南北，那便是光刻机。光刻机的光源历经了不断发展：近紫外（ultraviolet，UV），代表波长 365nm，光源为汞弧灯；深紫外（deep ultraviolet，DUV），代表波长 193nm，光源为受激 ArF 激光；极紫外（extreme ultraviolet，EUV），代表波长 13.5nm，光源为同步辐射加速器、激光等离子体光源（LPP）和放电等离子体光源（DPP）。除了前沿的光刻加工芯片，一些高端装备制造也需要紫外加工设备，那就需要透紫外镜头，就涉及到透紫外的光学玻璃。

透紫外玻璃材料多以晶体材料为主。大部分光学晶体材料的透光范围远远超过普通的玻璃材料，尤其是在紫外和红外波段的透过性。不过，光学晶体的制造难度大，加工成本也高，用传统的人工研磨法很难奏效。随着车、铣等加工车床的发展，特别是数控加工中心技术的完善，光学晶体的加工也变得越来越容易，但是它的加工成本仍然高于普通玻璃的加工成本。

透紫外光学晶体材料有数十种，但是综合考虑成本和易加工性，使用最多的有以下两种：

① 石英晶体或者熔石英。熔石英又叫石英玻璃，它是石英晶体加热到熔化温度（大约 2000℃），并迅速冷却到固态而形成的一种玻璃态。石英晶体和熔石英都具有透紫外线的特性，石英晶体透过波长区域约 $0.12\sim4.5\mu m$，熔石英透过波长区域约 $0.185\sim3.5\mu m$，两者均达到深紫外波段，常用于 193nm 镜头的制作。由于晶体加工的成本高，能选用熔石英的，不选用石英晶体。另外晶体都具有双折射，石英晶体的 o 光和 e 光折射率分别为 $n_o=1.544$ 和 $n_e=1.553$。石英晶体的线胀系数为 $2.1\times10^{-7}K^{-1}$，约为熔石英的一半。

② 氟化钙。氟化钙（calcium fluoride），分子式 CaF_2，也是最常用的紫外材料。氟化钙的光谱透过区域很宽，为 $0.11\sim11\mu m$ 的广大区域，涵盖了紫外波段、可见光和红外波段，透过紫外和红外的宽度均超过石英晶体和熔石英。氟化钙非常重要的一个优点是它的部分色

散偏离正常玻璃线较远，容易和其他玻璃组合消二级光谱。不过，氟化钙的缺点也很多，比如较软、易碎，抗气候条件能力差，易潮解，不易抛光等。由于氟化钙的缺点较多，在设计紫外镜头时，除非特别需要，尽量选用熔石英。在 Zemax 软件中，氟化钙为"INFRARED. AGF"玻璃库中的"CAF2"玻璃，它的折射率 $n_d = 1.4338$，阿贝数 $\nu_d = 94.996$。

事实上，当光谱区域深入到极紫外时，优先考虑反射式光学系统。

第5章

特殊光学面形

光学系统多由镜片组成，而镜片有两个工作面，一般情况下都是球面，在 Zemax 中球面称作标准面（standard surface）。球面，指该面为某一个球体表面的一部分，在整个球面上具有相同的曲率半径。在进行光学设计时，尽量使用球面，因为它易加工、成本低、周期短。但是，在某些情况下，使用球面达不到预期的目的，这时候可以考虑使用特殊的光学面形，如非球面、梯度折射率面、二元光学面等。平面可以看成是曲率半径无限大的球面，所以球面系统可以包括球面和平面。如果光学系统中存在一个不是球面的面，则该系统称作"非球面"系统。非球面加工难度较大，技术要求高，测试较麻烦，所以一片非球面透镜约为普通球面透镜价格的十倍左右。那么在什么情况下使用非球面呢？一般考虑两种情况：

① 不得不使用非球面，由于非球面会增加更多的自由度用于校正像差，在穷尽各种方法已经无法在现有结构情况下获得好的像质，可以考虑非球面用于辅助校正像差；

② 经过论证，使用非球面是值得的，可以使用非球面，比如使用非球面极大地提高像质，产品可以卖到更高的价格。

除了传统的二次曲面、高阶非球面、菲涅耳面外，伴随着新技术发展，又出现了新的面形，如二元光学面、梯度折射率面、全息面等。本章不可能详细介绍所有的特殊光学面形，仅仅介绍在光学设计中使用较多的特殊面形，包括非球面和梯度折射率面。在特殊光学面形中，二元光学面将在第 29 章再进行详细介绍。其他特殊面形可以参考 Zemax 软件用户手册，里面有软件所用的所有面形方程。

5.1 非球面

5.1.1 形状因子

如果一个单透镜的两个面半径分别为 r_1 和 r_2，则它的两个面曲率为 $C_1 = 1/r_1$ 和 $C_2 = 1/r_2$。定义形状因子（shape factor）为

$$X = \frac{C_1 + C_2}{C_1 - C_2} \tag{5-1}$$

很显然有以下结果：

① 当 $C_2 = -C_1$，为双凸对称透镜，$X = 0$。

② 当 $C_1 = 0$，为平凸透镜，$X = -1$。

③ 当 $C_2 = 0$，为凸平透镜，$X = +1$。

可以想象，对于图 5-1 右边三个透镜，保持第一面曲率不变，即 $C_1 =$ const（常数），则第二面曲率由向"左弯"变到"平面"再变到向"右弯"。相当于整个透镜逐渐向右弯曲。

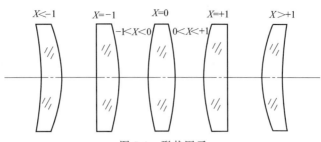

图 5-1　形状因子

同理，对于图 5-1 左边三个透镜，保持第二面曲率不变，即 $C_2 = \text{const}$，则第一面曲率由向"右弯"变到"平面"再变到向"左弯"。相当于整个透镜逐渐向左弯曲。因此，有以下结论：当透镜形状因子增大时，相当于透镜向右弯曲；当透镜形状因子减小时，相当于透镜向左弯曲。对于负透镜有相反的结果，由于研究负透镜形状因子意义不大，就留给读者来做。

透镜的形状因子也可以在 Zemax 软件里查看。由于一个透镜有两个面，所以选择其中任何一个面都可以，然后通过命令"分析→报告→表面数据报告"，拉到最后一行，就是"形状因子"；还可以通过"表面数据报告"左上角的设置按钮，更改查看其他透镜的表面数据。

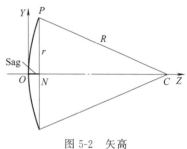

图 5-2　矢高

5.1.2　矢高

透镜的表面一般为某个球面的一部分，也就是"球冠"。如图 5-2 所示，若球面的半径为 R，建立以顶点 O 为原点，光轴为 Z 轴，竖直向上为 Y 轴的坐标系，这也是 Zemax 里默认的坐标系。若球面最边缘一点坐标为 P $(Y，Z)$，则有 $PN = Y = r$、$ON = Z$。在光学上，将球冠的高度 ON 称为球面的矢高，记作 Sag，显然有

$$\text{Sag} = Z = R - \sqrt{R^2 - Y^2} = R - R\sqrt{1 - \frac{Y^2}{R^2}} \approx \frac{Y^2}{2R} = \frac{r^2}{2R} \tag{5-2}$$

透镜的矢高数据以及矢高图，都可以在 Zemax 软件里查看：

① 矢高数据，通过"分析→表面→矢高表"命令查看，里面详细地罗列了各个口径（Y 坐标）的矢高数据。

② 矢高三维图，通过"分析→表面→矢高表"命令查看。

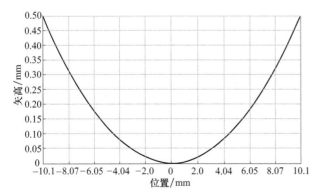

图 5-3　矢高截面图

③ 矢高截面图，通过"分析→表面→矢高截面图"命令查看。

图 5-3 所示为球面半径 $R = 102.5$、半口径 $Y = 10$ 的矢高截图。将数据代入公式（5-2），有 $\text{Sag} = 0.488$。

5.1.3　二次曲面

除了球面光学系统，有时候还会使用非球面。而非球面中使用最多的

是二次曲面，包括椭圆面、抛物面和双曲面。对于其他更加复杂的非球面类型，如二元光学面、全息面、梯度折射率面、NURBS面等，需要分别建立不同的数学模型。不过，除了特殊情况下使用更加复杂的非球面类型，大部分情况使用二次曲面就可以解决问题。由于复杂的非球面加工更加困难、测试更加麻烦、价格更加昂贵，所以尽量避免使用。二次曲面的方程，数学上可以表示为下式

$$X^2+Y^2+PZ^2-2RZ=0 \tag{5-3}$$

式中，R 为二次曲面顶点处的曲率半径，为了和径向坐标区别，没有用小写字母；(X, Y, Z) 为曲面上任意一点坐标；P 为常数。很显然，当 $P=1$ 时，公式（5-3）就是球面方程，说明该式也适用于球面，包括平面。其中 P 满足

$$P=1+K \tag{5-4}$$

$$K=-e^2 \tag{5-5}$$

式中，e 为二次曲面的离心率；K 为二次曲线常数，又称为 Conic 常数，就是 Zemax 中的圆锥系数（参阅 3.5.2 节表 3-2）。

公式（5-3）中，令径向坐标为 $r^2=X^2+Y^2$，公式（5-3）即变为

$$PZ^2-2RZ+r^2=0$$

如果将 r、R、P 看成常数，上式为 Z 坐标的一元二次方程。用求根公式求解，并舍去其中一个根（为曲面的另一个远处的交点），保留近处的交点根，得

$$Z=\frac{2R-\sqrt{4R^2-4Pr^2}}{2P}=\frac{R^2-(R^2-Pr^2)}{P(R+\sqrt{R^2-Pr^2})}=\frac{r^2}{R+\sqrt{R^2-Pr^2}}$$

令 $C=1/R$，代入上式并整理得

$$Z=\frac{Cr^2}{1+\sqrt{1-(1+K)C^2r^2}} \tag{5-6}$$

公式（5-6）为 Zemax 软件最常用的二次曲面公式，它是涵盖了平面、球面、双曲面、抛物面和椭球面的"五合一"表达式。如果在二次曲面上加入改变小量，就成为高阶非球面，加得越多，阶次越高。比如，在 Zemax 软件中，偶次非球面（even asphere）方程如下

$$Z=\frac{Cr^2}{1+\sqrt{1-(1+K)C^2r^2}}+\alpha_1 r^2+\alpha_2 r^4+\alpha_3 r^6+\alpha_4 r^8+\alpha_5 r^{10}+\alpha_6 r^{12}+\alpha_7 r^{14}+\alpha_8 r^{16}$$

$$\tag{5-7}$$

式中，第一项即为二次曲面项；第二项之后为高阶项，$r^2=X^2+Y^2$；$\alpha_1\sim\alpha_8$ 称为非球面系数，高阶项的幂次称为它的阶数。如 $\alpha_5 r^{10}$，称作十阶非球面项，系数为 α_5。由于公式（5-7）为偶次非球面，所以不存在奇数次项。

5.1.4　在 Zemax 中使用非球面

在 Zemax 的"镜头数据"里，新建和插入默认的面都是"标准面"，即球面（以后不再特别注明，球面即包含平面）。对于球面，仅仅有一个参数，即曲率半径 r，所以在参与像差校正时，也只有 r 一个参数可以改变。如果为二次曲面，如公式（5-6），则除了曲率 $C=1/R$ 外，又增加了一个 K，即二次曲面常数，共两个参数可以改变。在光学设计中，这种可以改变的参数或量，称作自由度。所以，球面只有一个自由度，而二次曲面有两个自由度。打一个比方，如果将校正像差看成是一块巨石，每一个自由度相当于一个抬石头的人，很显然人越多石头越容易抬起来。因此，一个光学系统自由度越多，像差越容易校正。这也

正是使用非球面的原因所在，用一定代价去换取更多的自由度，从而达到校正像差的目的。

　　在 Zemax 中，使用二次曲面非常简单，只需要将"镜头数据"中的"圆锥系数"更改成所需 K 值，即 Conic 常数，半径使用顶点处的曲率半径即可。我们可以看到，当改变圆锥系数时，"表面：类型"仍然不变，还是"标准面"，也就是说，"五合一"的公式（5-6）在 Zemax 中都属于"标准面"。

　　对于高阶非球面，如公式（5-7），存在更多的需要输入的项，如非球面系数 $\alpha_1 \sim \alpha_8$，所在镜头数据中会增加列数，如图 5-4 所示。当把 1 面的"表面：类型"改为"偶次非球面"时，在原来的输入列后面，会增加"2 阶项"～"16 阶项"共八个输入列，它们所对应的输入值正是非球面系数 $\alpha_1 \sim \alpha_8$。

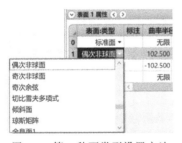

图 5-4　高阶非球面输入

　　修改标准面为非球面，即更改"表面：类型"有两种方法：

　　① 单击"表面：类型"列下想更改的面类型右边的下拉箭头"▼"，就会出现可选的各种类型，如图 5-5 所示。选中你想要的面类型，单击即可显示在上面。

　　② 单击想要改变的面类型，选中它，然后单击"透镜数据"左上角的"表面 X 属性"（X 为你选定的面号），就会打开表面属性设置对话框，如图 5-6 所示。在"类型→表面类型"里选中你想要的面型即可。需要注意的是，选择有两种方法，一种为单击表面类型右边下拉箭头选择，另一种为单击"表面类型"右边的方形省略号按钮打开图 5-7 所示界面进行选择。

图 5-5　第一种面类型设置方法　　　　图 5-6　第二种面类型设置方法

　　在 Zemax 中，常用的非球面有以下几种：

　　① 二次曲面，满足公式（5-6），存在"顶点曲率半径"、"圆锥系数"。

　　② 偶次非球面，满足公式（5-7），存在"顶点曲率半径"、"圆锥系数"、$\alpha_1 \sim \alpha_8$ 非球面系数。

　　③ 奇次非球面，满足

$$Z = \frac{Cr^2}{1 + \sqrt{1 - (1+K)C^2 r^2}} + \beta_1 r^2 + \beta_2 r^4 +$$

$$\beta_3 r^6 + \beta_4 r^8 + \beta_5 r^{10} + \beta_6 r^{12} + \beta_7 r^{14} + \beta_8 r^{16}$$

（5-8）

图 5-7　表面属性中"表面类型"
方形省略号按钮设置面型

存在"顶点曲率半径"、"圆锥系数"、$\beta_1 \sim \beta_8$ 非球面系数。

④ 扩展非球面，满足

$$Z = \frac{Cr^2}{1 + \sqrt{1 - (1+K)C^2 r^2}} + \sum_{i=1}^{N} \alpha_i \rho^{2i} \tag{5-9}$$

实际上为扩展的偶次非球面，如图 5-8 所示。当更改面型为"扩展非球面"时，需要你在"最大项数"里输入高阶项的个数，该值最大可以达 240 项，其实要那么多项意义不大，加工精度也达不到。"最大项数"的后面是"归一化半径"，该值是把 X、Y 两个方向的径向半径进行归一化。如果是旋转对称系统，只考虑子午面，仅归一化 Y 方向半径。经过归一化处理后，高阶项就变成了 $\rho = Y/Y_{max}$ 的函数，其中 Y_{max} 为归一化半径，也就是最大孔径（最大 Y 坐标）。ρ 是个无量纲的量，所以系数 $\alpha_1 \sim \alpha_N$ 的单位就变为透镜单位。"最大项数"输入是多少，比如图 5-8 中的 10，"归一化半径"后面就会产生多少列输入项，分别为"p^2 的系数"~"p^20 的系数"。所以，扩展非球面需要输入的量包括"顶点曲率半径"、"圆锥系数"、"最大项数"、"归一化半径"、"p^2 的系数"~"p^2N 的系数"。

	表面:类型	标注	曲率半径	厚度	材料	膜层	净口径	延伸区	机械半直径	圆锥系数	TCE x 1E-6	最大项数 #	归一化半径	p^2的系数	p^4的系数	p^6的系数
0	标准面 ▾		无限	无限			无限	0.0...	无限	0.000	0.000					
1	扩展非球面 ▾		102.500	5.000	H-K9L		10.088	0.0...	10.407	0.000		10	100.000	0.000	0.000	0.000
2	标准面 ▾		-102.500	98.338 M			10.407	0.0...	10.407	0.000	0.000					
3	标准面 ▾		无限				18.699	0.0...	18.699	0.000	0.000					

图 5-8　扩展非球面输入

⑤ 扩展奇次非球面，满足

$$Z = \frac{Cr^2}{1 + \sqrt{1 - (1+K)C^2 r^2}} + \sum_{i=1}^{N} \alpha_i \rho^{i} \tag{5-10}$$

扩展奇次非球面的使用方法和"扩展非球面"的使用方法完全一样。所以扩展奇次非球面需要输入的量包括"顶点曲率半径"、"圆锥系数"、"最大项数"、"归一化半径"、"p^1 的系数"~"p^N 的系数"。扩展奇次非球面系数不存在跳项，编号从 1~N。

5.1.5　在 Zemax 中使用反射面

如果在光学系统中使用了平面反射镜、凸面反射镜、凹面反射镜或者带有反射面的棱镜，都有可能用到反射面。所以，Zemax 也支持反射面的输入，输入的方法有两种：

① 使用"设置→镜头数据→添加反射镜"命令，该命令在"镜头数据"文档的最上面，有一排按钮，接近中间的位置。或者使用快捷命令"Ctrl+Shift+F"，也可以打开"添加转折反射镜"对话框，如图 5-9 所示。指定旋转的面号"折转面"、旋转所绕的轴"倾斜类型"和旋转的角度"反射角"，即可插入一个反射面。需要注意的是，Zemax 所指的旋转角（即反射角），是从箭矢方向看坐标轴，顺时针为正，逆时针为负。

图 5-9　添加转折反射镜

② 使用"坐标间断"面手动添加反射面，这需要对 Zemax 中的坐标系熟悉。下面，我们以输入图 5-10 的双折反结构为例，介绍此系统的输入方法。最原始的系统为图 5-11 所示的镜头数据，它的轮廓图如图 5-12 所示。该系统的孔径光阑在双胶合镜头的前面 7mm 处，

光阑移动是为了校正彗差和像散，对球差没有影响。该镜头具有 $2\omega=16°$ 的视场，入瞳直径 $D=20\text{mm}$，像面距最后一面 90mm。

下面详细介绍输入过程：

① 在距离双胶合透镜最后一面（即图 5-11 中 4 面）20mm 处，插入一个空面，成为 5 面，该面为第一个平面反射镜。所以 4 面厚度为 20，5 面厚度为 70。

② 在第一个平面反射镜前面插入一个空面，设置该面为"坐标间断"面，它与 4 面距离为 20，与第一个平面反射镜（此时成为 6 面了）距离为 0，即在第一个平面反射镜前面并挨着它。为了使第一个平面反射镜旋转

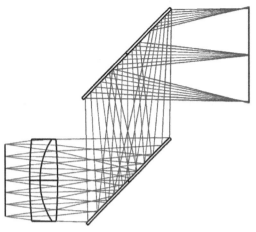

图 5-10　双折反光学系统

$45°$，令 5 面间断面的"倾斜 X"为 $45°$，也就是该面后的系统绕 X 轴箭矢旋转 $45°$，即变成图 5-10 第一平面反射镜的倾斜 $45°$ 的样子。

面数据概要：

表面	类型	曲率半径	厚度	玻璃	净口径	延伸区	机械半直径
物面	STANDARD	无限	无限		0	0	0
光阑	STANDARD	无限	7.000387		20	0	20
2	STANDARD	114.0986	3	F2	22.11869	0	22.78277
3	STANDARD	20.96886	5	N-KZFS11	22.68277	0	22.78277
4	STANDARD	-147.6036	90		22.78277	0	22.78277
像面	STANDARD	无限			26.88881	0	26.88881

图 5-11　原始双胶合镜头数据

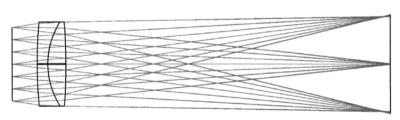

图 5-12　原始双胶合镜头轮廓图

③ 将第一个平面反射镜，即 6 面的"材料"设置为"MIRROR"，表示该面为反射面。由于 6 面的反射，6 面后面所有系统将相对 6 面发生镜像。由于反射，所以 6 面的厚度由 70 改作 -70。原来转过 $45°$ 的像面，镜像后相当于像面转过 $-45°$。

④ 在第一个平面反射镜，即 6 面后面插入一个空面，成为 7 面，设置该面为"坐标间断"面。为了弥补像面绕 X 轴转过的 $-45°$，将 7 面的"倾斜 X"设置成 $45°$，这样像面就转回与光轴垂直的状态。

⑤ 步骤①～④的过程演示于图 5-13，可以看到变化的过程。

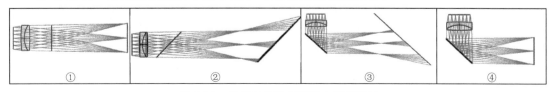

图 5-13　双折反光学系统输入过程演示

⑥ 第二个反射面的加入，使用相同的操作方法，即①~④的过程，在此不再赘述，留给读者完成。

⑦ 最终的全部镜头数据如图 5-14 所示。

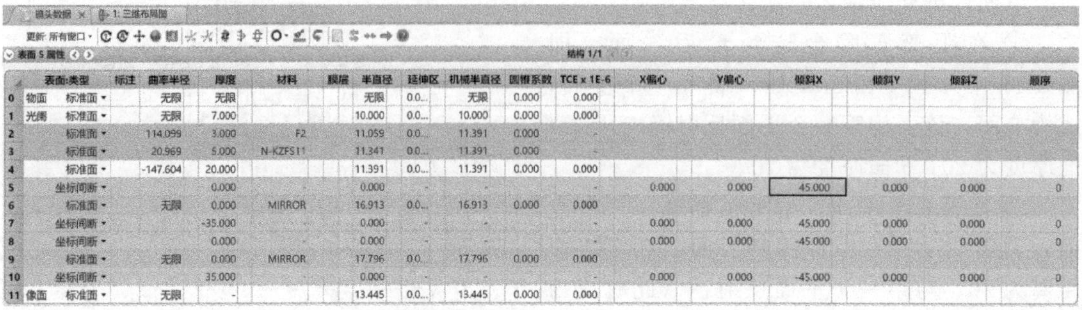

	表面:类型	标注	曲率半径	厚度	材料	膜层	半直径	延伸区	机械半直径	圆锥系数	TCE x 1E-6	X偏心	Y偏心	倾斜X	倾斜Y	倾斜Z	顺序
0	物面 标准面		无限	无限			无限	0.0...	无限	0.000	0.000						
1	光阑 标准面		无限	7.000			10.000	0.0...	10.000	0.000	0.000						
2	标准面		114.099	3.000	F2		11.059	0.0...	11.391	0.000							
3	标准面		20.969	5.000	N-KZFS11		11.341	0.0...	11.391	0.000							
4	标准面		-147.604	20.000			11.391	0.0...	11.391	0.000	0.000						
5	坐标间断			0.000			0.000				-	0.000	0.000	45.000	0.000	0.000	0
6	标准面		无限	0.000	MIRROR		16.913	0.0...	16.913	0.000	0.000						
7	坐标间断		-35.000				0.000				-	0.000	0.000	45.000	0.000	0.000	0
8	坐标间断			0.000			0.000				-	0.000	0.000	-45.000	0.000	0.000	0
9	标准面		无限	0.000	MIRROR		17.796	0.0...	17.796	0.000	0.000						
10	坐标间断		35.000				0.000				-	0.000	0.000	-45.000	0.000	0.000	0
11	像面 标准面		无限	-			13.445	0.0...	13.445	0.000	0.000						

图 5-14　双折反光学系统镜头数据

5.2　梯度折射率面

5.2.1　梯度折射率简介

梯度折射率（gradient index，GRIN）材料是一类特殊的玻璃材料，与传统的固定折射率材料不同，整块的材料各处的折射率不一定相同，一般都是沿某一个方向成渐进变化，如径向、轴向、球向或者层状等。事实上，径向梯度折射率材料制作的自聚焦透镜（GRIN lens）已经应用于印刷、光纤准直/耦合器、光开关和内窥镜等。近些年来，由于轴向梯度折射率材料的制作方法渐趋成熟，如熔融/扩散法等，已经可以制作成大体积、高质量和易加工的轴向梯度材料，也逐渐引起了注意。

事实上，我们接触最多的，也最熟悉的梯度折射率材料，就是大气层，尤其是近地大气层。由于受重力的作用，越靠近地面，大气密度越高，折射率也越大。大气在近地附近的折射率可以用下式表示

$$n^2(h) = n^2(0) - n_p^2(1 - e^{-ah}) \tag{5-11}$$

式中，α 为衰减系数，与地区环境有关；h 为距离地面高度；$n(0)$ 为该地区地面折射率；n_p 满足 $n_p^2 = n^2(0) - n^2(\infty)$。

海市蜃楼和沙洲神泉是大气梯度折射率的两种著名现象。如图 5-15（a），在海平面上，由于宽阔无比，一望无垠，远处的高楼大厦光线走曲线传播进入眼睛里，就像是浮于海平面上的高楼大厦直线传播进入眼睛。"浮于"海平面上的高楼大厦的虚像，称为海市蜃楼。海

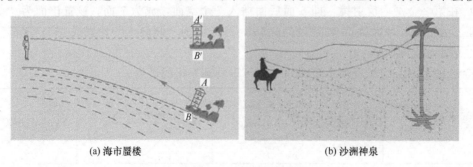

(a) 海市蜃楼　　　　　　　　　　　　　　(b) 沙洲神泉

图 5-15　大气梯度折射率

市蜃楼在我国部分海边会偶尔看到，比如山东威海的蓬莱，历史上就有不少记载。沙洲神泉一般出现在沙漠中，由于光照强烈，沙漠表面的温度很高，所以表面的空气稀薄，密度低，折射率也会降低，与正常的折射率分布公式（5-11）刚好相反。在沙漠表面，折射率的垂直分布为上高下低。如图 5-15（b），远处的大树光线传播进眼睛时，光线逐渐偏向水平，最终所成的虚像为大树的倒像。一般人的常识认为，对大树产生倒影的只有水面，所以会认为前面有泉水湖存在。这种大气梯度折射率所成的虚像，称为沙洲神泉。在盛夏，炎热的马路上，坐在车上的人会看到马路远处有一摊水，当走近时又没有，这种现象和沙洲神泉一个道理。

在光学系统中使用梯度折射面，与使用非球面有异曲同工之效。光在折射面发生折射，满足 Snell 定律 $n \sin I = n' \sin I'$。球面成像不理想，非球面通过改变球面的一个小量，进而改变入射角和折射角来影响像差。而梯度折射率面，改变的正是 Snell 定律里面的折射率，也同样影响像差，只是两者改变的方式不同而已。如果再给梯度折射率面以非球面类型，则一个梯度折射率面相当于两个非球面的成像效果。或者这样来说，一片梯度折射率透镜，相当于两片非球面透镜。从这可以看出，梯度折射率材料前景广阔，未来必然大有用武之地。

5.2.2　梯度折射率分类

按照梯度折射率的分布方向，可以将梯度折射率分为四种形式：径向梯度、轴向梯度、球向梯度和层状梯度。由于球状梯度材料制造难度极高，仅限于理论研究意义，无实际应用价值，在本节不介绍。层状梯度将导致光路系统发生偏折，还不如使用棱镜来做偏折元件，所以意义也不是很大，在本节不再介绍。本节仅仅介绍对光学设计有意义的径向梯度和轴向梯度。

（1）径向梯度折射率

如图 5-16，为一个棒状材料，如果折射率沿径向发生变化，则称径向梯度折射率。很显然，径向折射率分布 n 应该是径向坐标 r 的函数，即

$$n(r) = n_0 + n_1 r^2 + n_2 r^4 + \cdots \tag{5-12}$$

式中，n_0 为光轴（$r = 0$）折射率，n_1、n_2、$\cdots$ 称为 2 次、4 次、$\cdots$ 系数。由于旋转对称性，上式一般不存在奇数

图 5-16　径向梯度折射率

项。上式为径向梯度折射率的一般公式，比较常见的特殊径向梯度折射率介质有：

① 梯度递减，$n^2(r) = n_0^2(1 - \alpha^2 r^2)$，$n(r) = n_0(1 - \alpha^2 r^2 / 2)$；

② 梯度递增，$n^2(r) = n_0^2(1 + \alpha^2 r^2)$，$n(r) = n_0(1 + \alpha^2 r^2 / 2)$；

③ 梯度按双曲正割分布，$n(r) = n_0 \mathrm{sech}(\alpha r)$。

其中，n_0 为光轴折射率；α 为分布系数，与材料特性有关。

图 5-17　轴向梯度折射率

（2）轴向梯度折射率

透明介质折射率沿着光轴方向逐渐变化的材料称为轴向梯度折射率材料。以前在一块平板玻璃上使用离子扩散技术来制作，限制了制作的面积和厚度。近些年来，提出了一种熔融/扩散技术来制作大面积轴向梯度折射率材料。如图 5-17，将同成分不同比例的透明材料平板并排压制在

一起，然后用高温加热，使之发生熔融/扩散过程，就可以制作出大面积任意厚度的轴向梯度折射率材料。

轴向梯度折射率材料的折射率沿轴向 Z 渐变，比较常见的轴向梯度折射率介质有：

① 线性轴向变化，$n(z)=n(0)+\alpha z$；

② 线性平方，$n^2(z)=n^2(0)+\alpha z$；

③ 抛物平方递减，$n^2(z)=n^2(0)(1-\alpha^2 z^2)$；

④ 抛物平方递增，$n^2(z)=n^2(0)(1+\alpha^2 z^2)$。

其中，α 为分布系数，与材料特性有关。

5.2.3 在 Zemax 中使用梯度折射率面

在 Zemax 里输入梯度折射率面，只需要注意输入哪些量，代表什么意义即可。不过，在光学设计中，使用梯度折射率材料，必须考虑制造的可行性和整体上的成本，否则得不偿失。

下面简单介绍 Zemax 中内置的梯度折射率面。

① "渐变 1" 面类型，说明书中为 "Gradient 1"，它满足方程

$$n=n_0+n_{r2}r^2+n_{r1}r \tag{5-13}$$

式中，$r^2=x^2+y^2$；n_0 很显然为光轴上（$r=0$）折射率；其余两项为径向分布函数。一旦将某一面设置为 "渐变 1" 面型，如图 5-18 所示的 1 面，则会在右边出现四个新的输入列，它们分别为："δT" "n0" "Nr2" "Nr1"。其中，"n0" 即公式（5-13）中的 n_0，"Nr2" 即公式中的 n_{r2}，"Nr1" 即公式中的 n_{r1}。"δT" 称作 "最大步长"，是以镜头单位为单位的局部 Z 轴增量，它决定了计算的精度和追迹光线数量。举一个例子，如果 δT=0.1，系统单位为 "毫米"，则沿 Z 轴每隔 0.1mm，折射率将重新计算一次，也因此会每隔 0.1mm，有一条光线通过梯度折射率面。当 δT 设置过大，会出现精度不足的问题；当 δT 设置过小，又无意义又增加计算量。那么如何选择合适的 δT？一般这样做比较好：先给 δT 一个和该面透镜厚度相当的一个大值，观察点列图，一定要看 RMS 点图半径；然后再将 δT 缩小一个因子，比如 1/2，观察 RMS 点图半径，一直做下去，直到 RMS 点图半径变化极小，比如百分之几，则说明给的 δT 足够小了。

	表面:类型	标注	曲率半径	厚度	材料	膜层	净口径	延伸区	机械半直径	圆锥系数	TCE x 1E-6	δT	n0	Nr2	Nr1
0	物面 标准面 ▼		无限	无限			无限	0.0...	无限	0.000	0.000				
1	光阑 渐变1 ▼		102.500	5.000			10.088	0.0...	10.415	0.000	0.000	1.000	1.500	0.000	0.000
2	标准面 ▼		-102.500	101.6... M			10.415	0.0...	10.415	0.000	0.000				
3	像面 标准面 ▼		无限				19.271	0.0...	19.271	0.000	0.000				

图 5-18 渐变 1 设置

② "渐变 2" 面类型，说明书中为 "Gradient 2"，它满足方程

$$n^2=n_0+n_{r2}r^2+n_{r4}r^4+n_{r6}r^6+n_{r8}r^8+n_{r10}r^{10}+n_{r12}r^{12} \tag{5-14}$$

式中，$r^2=x^2+y^2$；n_0 为光轴上折射率；其余为径向分布函数。如图 5-19 所示，与 "渐变 1" 相比，只是增加了高阶项个数，输入方法没有本质的区别。

	表面:类型	标注	曲率半径	厚度	材料	膜层	净口径	延伸区	机械半直径	圆锥系数	TCE x 1E-6	δT	n0	Nr2	Nr4	Nr6	Nr8	Nr10	Nr12
0	物面 标准面 ▼		无限	无限			无限	0.0...	无限	0.000	0.000								
1	光阑 渐变2 ▼		102.500	5.000			10.088	0.0...	10.579	0.000	0.000	1.000	1.500	0.000	0.000	0.000	0.000	0.000	0.000
2	标准面 ▼		-102.500	227.0... M			10.579	0.0...	10.579	0.000	0.000								
3	像面 标准面 ▼		无限				41.192	0.0...	41.192	0.000	0.000								

图 5-19 渐变 2 设置

③ "渐变 3" 面类型，说明书中为 "Gradient 3"，它满足方程

$$n = n_0 + n_{r2}r^2 + n_{r4}r^4 + n_{r6}r^6 + n_{z1}z + n_{z2}z^2 + n_{z3}z^3 \tag{5-15}$$

式中，$r^2 = x^2 + y^2$；n_0 为原点折射率；其余为径向或轴向分布函数。如果 $n_{r2} \sim n_{r6} = 0$，则为轴向梯度；如果 $n_{z1} \sim n_{z3} = 0$，则为径向梯度；如果都存在，即有径向分布也轴向分布。输入方法见图 5-20。

	表面:类型	标注	曲率半径	厚度	材料	膜层	净口径	延伸区	机械半直径	圆锥系数	TCE x 1E-6	δT	n0	Nr2	Nr4	Nr6	Nz1	Nz2	Nz3
0	物面 标准面		无限	无限			无限	0.0...	无限	0.000	0.000								
1	光阑 渐变3		无限	5.000			10.088	0.0...	10.415	0.000	0.000	1.000	1.500	0.000	0.000	0.000	0.000	0.000	0.000
2	标准面		-102.500	101.6... M			10.415	0.0...	10.415	0.000	0.000								
3	像面 标准面		无限				19.271	0.0...	19.271	0.000	0.000								

图 5-20　渐变 3 设置

④ "渐变 4" 面类型，说明书中为 "Gradient 4"，它满足方程

$$n = n_0 + n_{x1}x + n_{x2}x^2 + n_{y1}y + n_{y2}y^2 + n_{z1}z + n_{z2}z^2 \tag{5-16}$$

式中，n_0 为原点（顶点）折射率；其余为径向或轴向分布函数；$n_0 \sim n_{z2}$ 为图 5-21 中的 n0～Nz2；δT 为最大步长。该面形主要用来模拟柱形光焦度截面，也可以用来模拟光学元件的热梯度。

	表面:类型	标注	曲率半径	厚度	材料	膜层	净口径	延伸区	机械半直径	圆锥系数	TCE x 1E-6	δT	n0	Nx1	Nx2	Ny1	Ny2	Nz1	Nz2
0	物面 标准面		无限	无限			无限	0.0...	无限	0.000	0.000								
1	光阑 渐变4		102.500	5.000			10.088	0.0...	10.415	0.000	0.000	1.000	1.500	0.000	0.000	0.000	0.000	0.000	0.000
2	标准面		-102.500	101.6... M			10.415	0.0...	10.415	0.000	0.000								
3	像面 标准面		无限	-			19.271	0.0...	19.271	0.000	0.000								

图 5-21　渐变 4 设置

⑤ "渐变 5" 面类型，说明书中为 "Gradient 5"，它满足方程

$$Z = \frac{Cr^2}{1 + \sqrt{1 - (1+K)C^2r^2}} + x\tan(\alpha) + y\tan(\beta) \tag{5-17}$$

式中，C 为顶点曲率；r 为径向坐标；K 为圆锥系数；α 和 β 为 X 和 Y 方向的倾斜角。公式（5-17）并非折射率表达式，只是面形方程。满足公式（5-17）面形方程的折射率表达式为

$$n = n_0 + n_{r2}r^2 + n_{r4}r^4 + n_{z1}z + n_{z2}z^2 + n_{z3}z^3 + n_{z4}z^4 \tag{5-18}$$

式中，n_0 为原点折射率；其余为径向或轴向分布函数；$n_0 \sim n_{z4}$ 为图 5-22 中的 n0～Nz4；δT 为最大步长。除此之外，还有 "X 正切" 和 "Y 正切" 两个输入项，代表 X 方向的倾角正切和 Y 方向的倾角正切，即公式（5-17）中的 $\tan(\alpha)$ 和 $\tan(\beta)$。该面型一个最重要的特性是，允许描述材料的色散特性，色散数据以 ASCII 码文件的形式存于 SGRIN.DAT 文件中。

	表面:类型	标注	曲率半径	厚度	材料	膜层	半直径	延伸区	机械半直径	圆锥系数	TCE x 1E-6	δT	n0	Nr2	Nr4	Nz1	Nz2	Nz3	Nz4	X 正切	Y 正切
0	物面 标准面		无限	无限			无限	0.0...	无限	0.000	0.000										
1	光阑 渐变5		102.500	5.000			10.088	-		0.000	0.000	1.000	1.500	0.000	0.000	0.000	0.000	0.000	0.000	0.000	0.000
2	标准面		-102.500	101.6... M			10.415		10.415	0.000	0.000										
3	像面 标准面		无限	-			19.271	0.0...	19.271												

图 5-22　渐变 5 设置

⑥ "渐变 6" 面类型，说明书中为 "Gradient 6"，它满足方程

$$n = n_0 + n_1 r^2 + n_2 r^4 + n_3 r^6 + n_4 r^8 \tag{5-19}$$

式中，$r^2 = x^2 + y^2$；n_0 为光轴上折射率；其余为径向分布函数。需要注意的是，上式

中的 n_x 由下式给出

$$n_x = A_x + B_x\lambda^2 + \frac{C_x}{\lambda^2} + \frac{D_x}{\lambda^4} \tag{5-20}$$

式中，对于不同的 n_x，$A_x \sim D_x$ 的值不同，λ 为波长。该面形描述了材料的色散特性，色散数据以 ASCII 码文件的形式存于 GLC. DAT 文件中。该面类型输入只有最大步长 δT。

表面 1 属性　　结构 1/1

	表面:类型	标注	曲率半径	厚度		材料	膜层	净口径	延伸区	机械半直径	圆锥系数	TCE x 1E-6	δT
0	物面 标准面 ▾		无限	无限				无限	0.0...	无限	0.000	0.000	
1	光阑 渐变6 ▾		102.500	5.000		ARS20		10.088	0.0...	10.284	0.000	0.000	1.000
2	标准面 ▾		-102.500	22.359	M			10.284	0.0...	10.284	0.000	0.000	
3	像面 标准面 ▾		无限	-				9.156	0.0...	9.156	0.000	0.000	

图 5-23　渐变 6 设置

⑦“渐变 7”面类型，说明书中为“Gradient 7”，它满足方程

$$n = n_0 + \alpha(r-R) + \beta(r-R)^2 \tag{5-21}$$

$$r = \frac{R}{|R|}\sqrt{x^2 + y^2 + (R-z)^2}$$

式中，x、y、z 为以顶点为坐标中心的三个空间坐标；R 为顶点的曲率半径；α 和 β 为常数。该面类型的输入包括：最大步长 δT，起点折射率 n_0，顶点曲率半径 R，两个常数 α 和 β，如图 5-24 所示。

表面 1 属性　　结构 1/1

	表面:类型	标注	曲率半径	厚度		材料	膜层	净口径	延伸区	机械半直径	圆锥系数	TCE x 1E-6	δT	n0	R	α	β
0	物面 标准面 ▾		无限	无限				无限	0.0...	无限	0.000	0.000					
1	光阑 渐变7 ▾		102.500	5.000				10.088	0.0...	10.415	0.000	0.000	1.000	1.500	0.000	0.000	0.000
2	标准面 ▾		-102.500	101.6...	M			10.415	0.0...	10.415	0.000	0.000					
3	像面 标准面 ▾		无限	-				19.271	0.0...	19.271	0.000	0.000					

图 5-24　渐变 7 设置

⑧“渐变 9”面类型，说明书中为“Gradient 9”，它满足方程

$$Z = \frac{Cr^2}{1+\sqrt{1-(1+K)C^2r^2}} + x\tan(\alpha) + y\tan(\beta) \tag{5-22}$$

公式（5-22）和“渐变 5”一样，包含标准面和 X、Y 倾斜项。式中，C 为顶点曲率；r 为径向坐标；K 为圆锥系数；α 和 β 为 X 和 Y 方向的倾斜角。与“渐变 5”相比，不同的是折射率满足下式

$$n = n_0\left(1.0 - \frac{A}{2}r^2\right) \tag{5-23}$$

式中，n_0 和 A 都是波长的函数

$$n_0 = B + \frac{C}{\lambda^2},\ A(\lambda) = \left(K_0 + \frac{K_1}{\lambda^2} + \frac{K_2}{\lambda^4}\right)^2 \tag{5-24}$$

式中，常数 B、C、K_0、K_1、K_2 保存于 ASCII 码的色散文件 GRADINT_9. DAT 中，该文件保存于“Glass”文件夹里。“渐变 9”模拟的是美国 NSG 公司的 SELFOC® 系列梯度折射率材料，包括：SLS-1.0，SLS-2.0，SLW-1.0，SLW-1.8，SLW-2.0，SLW-3.0，SLW-4.0 和 SLH-1.8 等。“渐变 9”输入数据仅包括：最大步长 δT 和两个倾角正切 tan（α）和 tan（β）。

表面:类型	标注	曲率半径	厚度	材料	膜层	半直径	延伸区	机械半直径	圆锥系数	TCE x 1E-6	δT	X 正切	Y 正切
0 物面 标准面		无限	无限			无限	0.0...	无限	0.000	0.000			
1 光阑 渐变9		102.500	5.000	SLS-1.0		10.088	-		0.000	0.000	1.000	0.000	0.000
2 标准面		-102.500	-1.785 M			8.286	0.0...	8.286	0.000	0.000			
3 像面 标准面		无限	-			15.621	0.0...	15.621	0.000	0.000			

图 5-25　渐变 9 设置

⑨ "渐变 10" 面类型，说明书中为 "Gradient 10"，它满足方程

$$n=n_0+n_{y1}y_a+n_{y2}y_a^2+n_{y3}y_a^3+n_{y4}y_a^4+n_{y5}y_a^5+n_{y6}y_a^6 \tag{5-25}$$

式中，$y_a=|y|$，表示 y 坐标的绝对值，因此公式（5-25）关于 $y=0$ 上下对称。这是一个标准的层状梯度，并且沿光轴上下对称。"渐变 10" 输入数据包括：最大步长 δT 和 n0～Ny6 系数。

表面:类型	标注	曲率半径	厚度	材料	膜层	净口径	延伸区	机械半直径	圆锥系数	TCE x 1E-6	δT	n0	Ny1	Ny2	Ny3	Ny4	Ny5	Ny6
0 物面 标准面		无限	无限			无限	0.0...		0.000	0.000								
1 光阑 渐变10		102.500	5.000			10.088	0.0...	10.415	0.000	0.000	1.000	1.500	0.000	0.000	0.000	0.000	0.000	0.000
2 标准面		-102.500	101.6... M			10.415	0.0...	10.415	0.000	0.000								
3 像面 标准面		无限	-			19.271	0.0...	19.271	0.000	0.000								

图 5-26　渐变 10 设置

⑩ "渐变 12" 面类型，说明书中为 "Gradient 12"，它满足方程

$$
\begin{aligned}
n=&n_0+n_{x1}x+n_{x2}x^2+n_{x3}x^3+\cdots+n_{x20}x^{20}+\\
&n_{y1}y+n_{y2}y^2+n_{y3}y^3+\cdots+n_{y20}y^{20}+\\
&n_{z1}z+n_{z2}z^2+n_{z3}z^3+\cdots+n_{z20}z^{20}
\end{aligned}
\tag{5-26}
$$

"渐变 12" 允许用复杂的 Sellmeier 色散方程模拟材料的色散特性，它和 "渐变 5" 共用同一个 ASCII 码文件 SGRIN. DAT，获得色散系数。"渐变 12" 对于三个坐标的多项式最大阶数为 20，因此输入数据也包括：最大步长 δT，顺序（即阶数），顶点折射率 n_0 和（x，y，z）三个方向各 20 个系数共 63 个数值。不过，默认 "顺序" 为 0，如果改变顺序值，比如图 5-27 中，顺序值设置为 2，则在右边会出现两对（x，y，z）坐标项，即各取前 2 项。

表面:类型	标注	曲率半径	厚度	材料	膜层	净口径	延伸区	机械半直径	圆锥系数	TCE x 1E-6	δT	顺序	n0	Nx1	Ny1	Nz1	Nx2	Ny2	Nz2	参数 10(未使用)
0 物面 标准面		无限	无限			无限	0.0...	无限	0.000	0.000										
1 光阑 渐变12		102.500	5.000			10.088	0.0...	10.088	0.000	0.000	1.000	2	1.5...	0.000	0.000	0.000	0.000	0.000	0.000	0.000
2 标准面		-102.500	307.5... M			10.088	0.0...	10.088	0.000	0.000										
3 像面 标准面		无限				0.000	0.0...	0.000	0.000	0.000										

图 5-27　渐变 12 设置

⑪ "GRADIUM" 面类型，说明书中为 "GRADIUM™"，它满足多项式方程

$$n=\sum_{i=0}^{11}n_i\left(\frac{z+\Delta z}{z_{\max}}\right)^i \tag{5-27}$$

式中，z 为 Z 坐标，距离顶点的轴上距离；$z_{\max}$ 为最大 Z 坐标，即球冠高度；Δz 为沿光轴方向的偏离量。与其他的梯度折射率不同，GRADIUM 只使用固定的已经设置好的系数。所有的参数都定义在 ASCII 文件 PROFILE. GRD 中，存放于 "Glass" 文件夹中。GRADIUM 输入的参数包括：最大步长 δT，光轴偏离量 $\delta z=\Delta z$，面顶点折射率 "Ref n"，相对于 X 和 Y 轴的偏离量和倾斜角，是否可以超过允许厚度的 "捕获"。其中 X 和 Y 轴的偏离量和倾斜角用来模拟不完美的轴向梯度，如果存在折射率放射中心，或者折射率分布存在倾斜，可以使用这四个量。

GRADIUM 材料仅在定义的范围内使用，如果后面扩展使用额外的厚度加到 GRADI-UM 材料后面，允许将该材料用于一个厚透镜，可以使用"捕获"选项。"捕获"选项默认是关闭的。

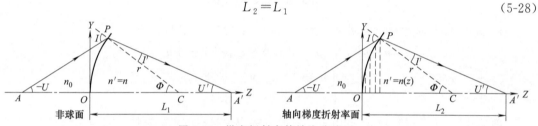

	表面:类型	标注	曲率半径	厚度	材料	膜层	净口径	延伸区	机械半直径	圆锥系数	TCE x 1E-6	实体厚度	δT	δZ	Ref n	Dec x	Dec y	倾斜X	倾斜Y	捕获
0	物面 标准面 ▼		无限	无限			无限	0.0...	无限	0.000	0.000									
1	光阑 GRADIUM ▼		102.500	5.000	G14SFN		10.088	0.0...	10.302	0.000	0.000	5.800	1.000	0.000	0.000	0.000	0.000	0.000	0.000	
2	标准面 ▼		-102.500	70.036 M			10.302	0.0...	10.302	0.000	0.000									
3	像面 标准面 ▼		无限				14.039	0.0...	14.039	0.000	0.000									

图 5-28　GRADIUM 设置

5.2.4　梯度折射率面与非球面的等效

不管是径向梯度还是轴向梯度，在折射球面上，折射率是变化的，为径向坐标 r 或者轴向坐标 z 的函数。为了讨论方便，在此仅以轴向梯度为例，设在折射面上，折射率分布为 $n(z)$，如图 5-29 所示。在图 5-29 中，左图为非球面的光线追迹情形，右图为轴向梯度折射率球面的光线追迹情形。如果我们令轴向梯度折射率球面等效为非球面，它们应该完成相同的"任务"，都可以把物点 A 成像到像点 A'。物距相同时，像距也应该相同，即有

$$L_2 = L_1 \tag{5-28}$$

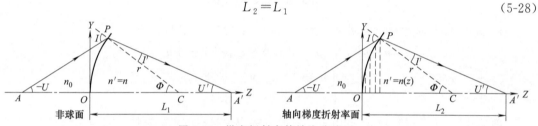

图 5-29　梯度折射率等效为非球面

设非球面的方程满足公式（5-7）的偶数非球面方程。因为制造难度问题，通常取 $\alpha_1 = 0$。仅考虑旋转对称系统，有 $r = Y$，则非球面方程为

$$Z = \frac{CY^2}{1 + \sqrt{1 - (1+K)C^2Y^2}} + \alpha_2 Y^4 + \alpha_3 Y^6 + \alpha_4 Y^8 + \alpha_5 Y^{10} + \alpha_6 Y^{12} + \alpha_7 Y^{14} + \alpha_8 Y^{16}$$

$$\tag{5-29}$$

设轴向梯度折射率面的折射率分布满足公式（5-15）的"渐变3"面型方程，并令 $n_{r2} \sim n_{r6} = 0$，则梯度折射率面方程为

$$n(Z) = n_{00} + n_{z1}Z + n_{z2}Z^2 + n_{z3}Z^3 \tag{5-30}$$

式中，n_{00} 为球面顶点的折射率；$n_{z1} \sim n_{z3}$ 为轴向梯度折射率系数。

利用表 5-1 的非球面和轴向梯度折射率面的光线追迹方程，分别计算它们的像距 L_1 和 L_2，并由公式（5-28），令它们相等。光线追迹的过程有些复杂，计算也比较繁琐，我们借助于数学软件来做，比如 MatLab、MathCAD、Mathematica 等。将光线追迹过程输入到数学软件，可以得到像距 L_1 和 L_2。将两个像距进行泰勒展开得

$$L_1 = A_1 Y + A_2 Y^2 + A_3 Y^3 + \cdots \tag{5-31}$$

$$L_2 = B_1 Y + B_2 Y^2 + B_3 Y^3 + \cdots \tag{5-32}$$

式中，A_i 和 B_i 分别为公式（5-31）和公式（5-32）的泰勒展开系数。由公式（5-28），有 $L_2 = L_1$，所以得到

$$A_1 = B_1, A_2 = B_2, A_3 = B_3, \cdots \tag{5-33}$$

表 5-1　非球面和轴向梯度折射率面的光线追迹

非球面	轴向梯度折射率面
$Z=\dfrac{CY^2}{1+\sqrt{1-(1+K)C^2Y^2}}+\alpha_2Y^4+\alpha_3Y^6+\cdots$	$Z=r-\sqrt{r^2-Y^2}$
$n=\mathrm{const}$	$n(Z)=n_{00}+n_{z1}Z+n_{z2}Z^2+n_{z3}Z^3$
$\tan\Phi=\dfrac{\partial Z}{\partial Y}$	$\sin\Phi=\dfrac{Y}{r}$
$I=\theta+\Phi$	$I=\theta+\Phi$
$\sin I'=\dfrac{n_0}{n}\sin I$	$\sin I'=\dfrac{n_0}{n(Z)}\sin I$
$U'=\Phi-I'$	$U'=\Phi-I'$
$L_1=Z+\dfrac{Y}{\tan U'}$	$L_2=Z+\dfrac{Y}{\tan U'}$

由 $A_1=B_1$，可得

$$\frac{n_{00}\,\csc U}{n_0}\sqrt{1-\frac{n_0^2}{n_{00}^2}\sin^2U}=\frac{n\,\csc U}{n_0}\sqrt{1-\frac{n_0^2}{n^2}\sin^2U}$$

$$n=n_{00} \tag{5-34}$$

这说明，轴向梯度球面顶点处的折射率为非球面的折射率。当公式（5-34）成立时，公式 $A_2=B_2$ 和 $A_3=B_3$ 自动满足。当 $A_4=B_4$ 时，可得

$$K=-\frac{\left.\dfrac{\partial n(Z)}{\partial Z}\right|_{z=0}}{C(n_{00}-1)} \tag{5-35}$$

式中，C 是梯度面顶点曲率，也是非球面顶点曲率；n_{00} 为梯度面顶点折射率，即公式（5-30）的常数项；$n(Z)$ 即公式（5-30）；K 是等效的非球面 Conic 常数。

由于二次曲面不产生二次方以上的项，所以当公式（5-35）满足，即 $A_4=B_4$ 时，等效的非球面 4 次项系数就是泰勒展开的 4 次项系数，有 $\alpha_2=B_4$。当 $A_4=B_4$，公式 $A_5=B_5$ 自动满足。由 $A_6=B_6$，可以得等效的非球面 6 次项系数 $\alpha_3=B_6$。可以依次做下去，获得更高次项的非球面系数。我们将轴向梯度折射率面等效的非球面总结为表 5-2。

表 5-2　轴向梯度折射率面等效为非球面

轴向梯度折射率面	等效的非球面
梯度分布:$n(Z)=n_{00}+n_{z1}Z+n_{z2}Z^2+n_{z3}Z^3$ 像距展开:$L_2=B_1Y+B_2Y^2+B_3Y^3+\cdots$	曲率:$C=1/r$ Conic 常数:$K=-\dfrac{\left.\dfrac{\partial n(Z)}{\partial Z}\right|_{z=0}}{C(n_{00}-1)}$ 4 次项系数:$\alpha_2=B_4$ 6 次项系数:$\alpha_3=B_6$ 8 次项系数:$\alpha_4=B_8$ ……

第 6 章

光学系统中的光束限制

光学系统是由一个一个的光学元件组成的，每一个光学元件都有一个孔径。这些孔径就限制了进入光学系统的能量、决定了成像的大小或者阻拦了某些光线。有时候，为了控制成像的质量，在光学元件孔径之外，还特意安排了一些控制光线的圆孔。这些对光线起到控制作用的孔径，统统称作光阑。从前述可以看出，光阑与孔径撇不开关系，所以本章所说的光束限制，实际上就是与光阑有关的问题。在本章开始，首先介绍光阑的分类，这部分内容应该在应用光学中都有介绍，了解的可以略去。然后介绍了与光学设计有关的两条重要的光线："主光线"和"边缘光线"，只要计算这两条光线，光学系统的大部分参数都可以计算出来，包括成像特性和成像质量相关的参数。相对孔径和 F 数，是一对互为倒数的与孔径有关的两个量。尤其 F 数，在光学设计中十分常见。拉格朗日不变量也是光学设计中的一个重要参数，在后面要讲的像差分布式中，有拉格朗日不变量的参与。接着，介绍了两种与孔径有关的光学系统，即物方远心光路和像方远心光路。最后，举一个实例演示光阑移动对像质的影响，也就是历史上曾经出现的风景物镜。

6.1　光阑分类

6.1.1　孔径光阑

在组成光学系统的所有元件中，包括特意安排的拦光孔径，总有一个是限制进入系统光线口径的。限制光线口径的大小就是控制进入光学系统的能量多少，这样的光阑称为孔径光阑（aperture stop），又称为有效光阑。

既然是限制光束口径的，肯定孔径光阑是承接物方光线时口径最小的，所以我们只需要把组成光学系统的所有光学元件在它前面光学部分进行成像，承接光线时口径最小的就是孔径光阑。如图 6-1（a），光学系统包括两片透镜 L_1、L_2 和中间的一个光阑 S，我们把所有限制光束的口径对它前面的光学部分进行成像。第一个透镜 L_1 前面没有其他光学元件，所以 L_1 不变，它的像就是它本身。光阑 S 前面是 L_1，把 S 看成物，L_1 看成是光学系统，根据物像关系，S 成像于 S'。第二个透镜 L_2 前面也是只有 L_1，但是与 S 相比物距不同，把 L_2 看成物，L_1 看成是光学系统，根据物像关系，L_2 成像于 $L_2{}'$。如图 6-1（a），有限距离成像，将轴上物点 A 与对应的承接孔径边缘相连，包括透镜 L_1、S' 和 $L_2{}'$。很显然，S' 的张角最小，所以 S' 对应的光阑 S 就是它的孔径光阑。同理，对于无限远成像，如图 6-1（b），很显然 S' 的口径最小，它正是孔径光阑。

将光阑 S 在它前面光学部分成像为 S'，称为光学系统的入瞳（entrance pupil），它就像是人眼睛的瞳孔一样，限制接收外部光线的能量。另外，光阑 S 还可以对它后面光学部分（如 L_2）成像，成像的结果称为光学系统的出瞳。对于目视光学仪器，通常人的眼睛放置于出瞳位置进行观察。从上面分析可知，入瞳和孔径光阑 S 相对于 L_1 是物像共轭关系，孔径光阑 S 和出瞳相对于 L_2 是物像共轭关系，所以入瞳和出瞳相对于整个光学系统（包括 L_1 和 L_2）是物像共轭关系。

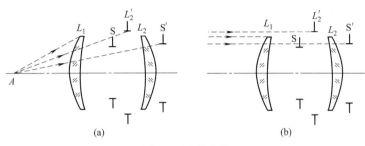

图 6-1　孔径光阑

Zemax 的镜头数据里的光阑就是孔径光阑。在 Zemax 里设置孔径光阑的大小，可通过"设置→系统选项→系统孔径→入瞳直径"命令。

6.1.2　视场光阑

如图 6-2 所示的照相系统，无限远的倾角为 ω 的平行光束经镜头 L_1 会聚后，成像于胶片上一点 P'。如果在 L_1 后面放置一个光阑 S，可以想象，当 S 孔径变大或缩小时，并不影响成像的位置，即 P' 的位置，仅影响 P' 点的亮暗。当 S 孔径增大地，更多的能量到达 P' 点，P' 就亮些，反之亦然。因此，S 仅决定进入镜头的能量，所以 S 为孔径光阑。我们再看胶片，很显然，胶片有多大，我们也就只能获得多大的像面，所以胶片决定了成像的范围大小。这种限制成像范围的光阑称为视场光阑（field stop）。视场光阑一般为物面、像面或者分划板。

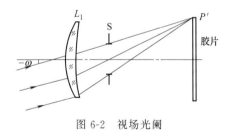

图 6-2　视场光阑

与孔径光阑相似，视场光阑也可以对它前面光学部分成像，所成的像称为入射窗（或入视窗）；对它后面光学部分所成的像称为出射窗（或出视窗）。

6.1.3　渐晕光阑

在光学系统中使用光阑的一个最重要的原因，就是可以阻挡像差较大的光线。如图 6-3，平行于光轴的光束聚焦于焦点上，此时成像光束孔径 D 的所有光线都可以穿过光学系统会聚于焦点，其中最大边缘光线蹭着透镜和其后的光阑边缘。以视场角 ω 入射的光束到达透镜后，全部进入到光学系统里面。但是在透镜之后的光阑处，光阑的上半部分拦去了一部分光线，下半部分完全透射过去，只有剩余的口径为 D_ω

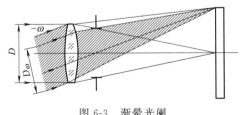

图 6-3　渐晕光阑

的光束才可以穿过光阑到达像平面。定义 D_ω 与 D 之比称作线渐晕系数，用 K_ω 表示

$$K_\omega = \frac{D_\omega}{D} \tag{6-1}$$

渐晕光阑（vignetting stop）的主要作用就是拦掉成像较差的光线，线渐晕系数表示能通过光学系统成像的光束比例。设置渐晕光阑的大小，即渐晕系数，在视场设置里，可以通过"设置→系统选项→视场→VDX、VDY、VCX、VCY、TAN"命令。渐晕因子的设置可以参考第 2 章中关于渐晕因子的讨论。

6.1.4 消杂光光阑

有一些光学系统，如红外系统、微光夜视系统、空间成像系统等，本身的环境光照不足，成像光束的能量缺乏。对于这样的系统，进入到光学系统内的能量又不是全部被折射传递到像面，有一部分能量被光学元件的表面反射，这些反射的小部分能量称为杂散光

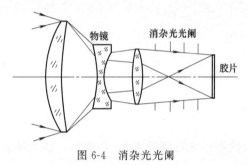

图 6-4　消杂光光阑

（stray light）。杂散光在光照不足的光学系统中，与成像光线相比不可忽视。杂散光有可能经过有限次的反射折射后到达像面，叠加在像面上，形成"虚虚实实"的鬼像（ghost image）。鬼像是设计低照度成像系统时必须考虑的一个因素。

为了消除鬼像，最常用的方法是，将所有透镜边缘和镜筒内部边缘涂上黑色漆，黑漆具有吸光的作用。也可以在镜筒内部加上一些阻挡光线的光阑，如图 6-4 所示，就是消杂光光阑（stray light stop）。在 Zemax 里，有关杂散光的分析，在"分析→杂散光分析"命令里。

6.2　主光线和边缘光线

在光学设计里，有两条非常重要的光线，一条称为边缘光线（edge ray），一条称为主光线（chief ray）。在有些书中，边缘光线又称为第一近轴光线或者第一辅助光线，主光线又称为第二近轴光线或者第二辅助光线。后面我们将会看到，光学系统的像差分布公式，将是基于这两条光线的参数来表示的。

边缘光线为从轴上物点发出的通过孔径边缘的光线。图 6-5（a）为有限距离成像，图 6-5（b）为无限远成像。图 6-5（a）中，轴上物点 A 发出的通过孔径光阑边缘的光线，经过系统后到达轴上像点 A'，这条光线就是边缘光线。图 6-5（b）中，无限远成像，则平行于光轴的光线可以看成是无限远轴上物点发出的光线，它通过孔径光阑的边缘，经过系统后到达像方焦点 F'，它就是边缘光线。很显然，边缘光线既通过孔径光阑的边缘，也通过入瞳和出瞳的边缘。

主光线为视场边缘的轴外点发出的、通过孔径光阑中心的光线。如图 6-5（a），物体高为 $AB = y$，如果用物高 y 作为物体的视场，则 B 点为最大视场。由 B 点发出，通过孔径光阑中心到达 B' 点的这条光线就是主光线。图 6-5（b）中，光学系统的全视场为 2ω，下半最大视场为 $-\omega$。下半最大视场的边缘光线，通过光阑中心，最终到达像平面上 P'_z，这条光线就是主光线。很显然，主光线既通过孔径光阑的中心，也通过入瞳和出瞳的中心。由于主光线通过入瞳中心，所以所有轴外物点发出的光线都绕着主光线环绕对称，围绕在主光线周围，以主光线为中心光线。

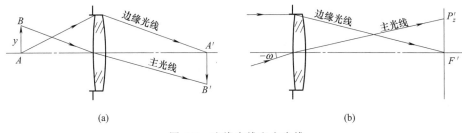

图 6-5　边缘光线和主光线

6.3　相对孔径与 F 数

如果光学系统的入瞳直径为 D，光学系统的像方焦距为 f'，定义相对孔径为入瞳直径与像方焦距之比，记作 $R.A.$（relative aperture），或者 RA，写成公式为

$$RA = \frac{D}{f'} \tag{6-2}$$

相对孔径通常不直接写成数值的形式，而是写成分子归一化为 1 的分式形式或者比值形式，例如 $RA = 1/2$，$RA = 1 : 2.8$ 等。$RA = 1 : 2.8$ 相当于 $D : f' = 1 : 2.8$，或者 $f' = 2.8D$。

F 数，在照相领域又称作"光圈"，它为相对孔径的倒数，直接用 F 表示，或者写成 F/♯ 的形式，有

$$F = F/♯ = \frac{f'}{D} \tag{6-3}$$

式中，F/♯ 是 Zemax 软件中使用的记法。在欧美的英文书当中，F 数也常常写作"f / 数字"的形式，例如 $f/2.8$，表示 F/♯ = 2.8。

在照相领域，由于照相机的光圈要环形地变化，需要一个机械装置来带动叶片放大或收缩，这就导致光圈不是完全的圆形孔径。将这种非圆形孔径等效为圆形孔径之后，称为"有效孔径"，它实际上与前述的孔径光阑有一个小的偏差。

6.4　拉格朗日不变量

由应用光学可知，一个单折射面成像，它的垂轴放大率为

$$\beta = \frac{y'}{y} = \frac{nl'}{n'l} \tag{6-4}$$

式中，n、n' 为折射面前后的折射率；l、l' 为物距和像距。又由于在近轴状态，有

$$h = lu = l'u' \tag{6-5}$$

式中，h 为折射面上的投射高。将公式（6-5）代入到公式（6-4），用孔径角之比代替物像距之比，可得拉格朗日不变量（Lagrange invariant），记作 J，有

$$J = nuy = n'u'y' \tag{6-6}$$

拉格朗日不变量又称作拉格朗日-赫姆霍兹不变量，简称拉赫不变量。如果光学系统有 k 个折射面，每一个面前面的量不加撇，后面的量加撇，用该面的面号作为下标表示该面的参数，并利用光路计算公式中的转面公式，则拉格朗日不变量可以由物空间演算到像空间：

$$J = n_1 u_1 y_1 = n_1' u_1' y_1' = n_2 u_2 y_2 = n_2' u_2' y_2' = \cdots = n_k u_k y_k = n_k' u_k' y_k'$$

仅仅考虑单折射面成像，则它的孔径光阑就在折射面顶点处。不过，我们要推导更加一般公式，将单折射面换成光学系统，如图 6-6 所示。物体 AB 经过光学系统成像于 $A'B'$，我们画出边缘光线和主光线。从轴上物点 A 发出的光线，通过入瞳边缘，必将通过出瞳边缘，到达像点 A'，这是边缘光线。从最大物点 B 发出的通过入瞳中心，必将通过孔径光阑中心，也将通过出瞳中心，这就是主光线。我们将主光学的参数都加上下标"z"，以示区别，并假定光学系统总共有 k 个折射面。

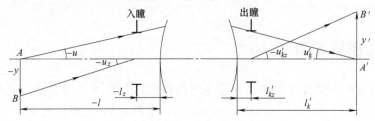

图 6-6　计算拉格朗日不变量

由应用光学可知，对于单折射面，满足下式的物像关系

$$n'u' - nu = h\Phi \tag{6-7}$$

式中，$\Phi = (n' - n)C$ 为单折射面的光焦度；C 为单折射面的曲率。公式（6-7）可应用于边缘光线。将它应用于主光线，可得

$$n'u_z' - nu_z = h_z\Phi \tag{6-8}$$

式中，u_z、u_z' 为主光线在折射面前后的孔径角；h_z 为主光线在折射面上的投射高。公式（6-7）和公式（6-8）联立消去 Φ 得

$$\frac{n'u_z' - nu_z}{h_z} = \frac{n'u' - nu}{h} \Rightarrow n'(u'h_z - u_z'h) = n(uh_z - u_zh) \tag{6-9}$$

很显然，公式（6-9）第二个式子中，等号左右分别为物空间参数和像空间参数，它也应该是一个不变量。就是将式（6-9）从物空间开始，先应用于第一面，然后第二面，一直做下去，将传递到第 k 面，即像空间

$$n_1(u_1 h_{z1} - u_{z1} h_1) = n_1'(u_1' h_{z1} - u_{z1}' h_1) = n_2(u_2 h_{z2} - u_{z2} h_2)$$
$$= n_2'(u_2' h_{z2} - u_{z2}' h_2) = \cdots = n_k'(u_k' h_{zk} - u_{zk}' h_k) \tag{6-10}$$

事实上，公式（6-9）的不变量就是公式（6-6）的不变量，它们是完全一样的，下面给予证明。由图 6-6 中几何关系得

$$y = (l_z - l)u_z, \quad y' = (l_{kz}' - l_k')u_{kz}' \tag{6-11}$$

将公式（6-11）代入到公式（6-6），可得

$$J = nu(l_z - l)u_z = n_k' u_k' (l_{kz}' - l_k')u_{kz}' \tag{6-12}$$

上式第二个等号左边：$nu(l_z - l)u_z = n(ul_z u_z - ulu_z) = n(uh_z - u_zh)$。

上式第二个等号右边：$n_k' u_k' (l_{kz}' - l_k')u_{kz}' = n_k'(u_k' l_{kz}' u_{kz}' - u_k' l_k' u_{kz}') = n_k'(u_k' h_{zk} - u_{kz}' h_k)$。

很显然，左边即为公式（6-10）的最左端，右边即为公式（6-10）的最右端，这也证明了公式（6-9）的不变量就是公式（6-6）的不变量。

另外，对于单折射面，有法线角（法线与光轴的夹角）满足

$$\Phi = u + i, \quad \Phi_z = u_z + i_z$$

上式第一个公式乘以 h_z 和第二个公式乘以 h 相减，并代入下式得

$$0 = hh_z/r - hh_z/r = h_z\Phi - h\Phi_z = h_z(u+i) - h(u_z+i_z)$$
$$= uh_z - u_zh + h_zi - hi_z = J/n - (hi_z - h_zi)$$

所以有

$$J = n(hi_z - h_zi) = n'(hi'_z - h_zi') \tag{6-13}$$

下面我们总结一下不变量的四种形式，以备查阅：

① $J = nuy = n'u'y'$

② $J = nu(l_z - l)u_z = n'_k u'_k (l'_{kz} - l'_k)u'_{kz}$

③ $J = n'(u'h_z - u'_zh) = n(uh_z - u_zh)$

④ $J = n(hi_z - h_zi) = n'(hi'_z - h_zi')$

6.5　远心光路

6.5.1　物方远心光路

图 6-7（a）是一个测高仪器，用于测量移动物体的高度。当物体在 AB 处时，经过光学系统成像为 $A'B'$，用一个刻度尺直接丈量 $A'B'$ 的长度可以算得 AB 的高度。如果物体发生了移动，从 AB 移动到 A_1B_1，经过光学系统后成像为 $A'_1B'_1$，很显然，$A'_1B'_1$ 和 $A'B'$ 的长度不一样，用同样的刻度尺去丈量将获得不同的数据。此时无法使用高斯光学的物像关系去计算物体的高度，因为物体在不断地变化。如何寻找一种特殊的光学系统，它对物体的移动"不敏感"，或者物体移动不影响测量结果呢？那就是物方远心光路。

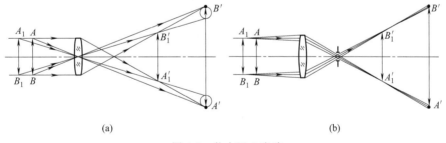

(a)　　　　　　　　　　(b)

图 6-7　物方远心光路

如图 6-7（b），在光学系统的像方焦平面上安放一个孔径光阑。很显然，系统的入瞳在物方无限远。因为主光线是穿过入瞳中心的光线，那么不管物体 AB 在哪里，物体两端的 A 点和 B 点的主光线相当于无限远轴上点发出的光线，所以两点的主光线平行于光轴，并且经过光学系统后通过像方焦点。如图 6-7（b），我们把刻度尺置于 $A'B'$，无论物体 AB 在哪里，它们的主光线都保持穿过像方焦点不变。由于主光线不变，而其他光线是绕着主光线对称的，所以在 $A'B'$ 上投射的光斑虽然会变大或缩小，但是光斑中心保持不变。这样，无论物体 AB 怎么移动，都会获得相同的像高。建立像高与物高的对应关系，就可以直接得到物体 AB 的高度。

对于这种入瞳在无限远，物体可以移动，甚至可以移动到无限远的测量光路，称为物方远心光路。在 Zemax 软件中，设置物方远心光路的方法为"设置→系统选项→系统孔径→

远心物空间"多选按钮。需要注意的是，在系统默认状态下，"视场"类型为"角度"时，"远心物空间"多选按钮是灰色的，不可勾选。需要通过"设置→系统选项→视场→视场类型→类型"命令，设置为其他视场类型，才可以勾选此按钮。

6.5.2　像方远心光路

在大地测量仪器中，为了测量远处物体 AB 到仪器的距离（设为 l），利用焦距为 f' 的镜头对准物体，测量原理如图 6-8（a）所示。如果读出物体 AB 的像 $A'B'$ 的长度，则

$$l = \frac{AB}{A'B'}f' \tag{6-14}$$

测量物镜的焦距 f' 是已知的，如果物体 AB 的高度也是已知的，通过仪器刻尺读出 $A'B'$ 之后，由上式可以求得被测物体到测量仪器的距离。虽然物体 AB 较远，像距可以用测量物镜的焦距 f' 近似代替，但是刻尺放置的位置对测量结果有很大的影响。如果调焦不准，小的离焦量将导致很大的测量偏差。比如测量高为 1000m 的高山，刻尺长为 1m，则 $l = 1000f'$，$\Delta l = 1000\Delta f'$，离焦量将被放大 1000 倍。有没有一种测量仪器，对离焦量不敏感？那就是像方远心光路。

像方远心光路示于图 6-8（b），在光学系统的物方焦平面上放置一个孔径光阑，所以孔径光阑也是光学系统的入瞳，光学系统的出瞳在像方无限远处。物体 AB 的两端 A 点和 B 点发出的主光线穿过入瞳中心，即孔径光阑中心，也是光学系统物方焦点，出射的主光线必然平行于光轴。A 点和 B 点发出的其他光线围绕主光线对称。所以，无论物体 AB 到光学系统的远近如何，出射光线的主光线都平行于光轴，A 点和 B 点在像空间主光线上形成的光斑中心距离不变。如图 6-8（b）所示，物体 AB 按照物像关系成像于 $A'B'$，我们应该把刻度尺置于 $A'B'$ 来测量。没关系，我们把刻尺置于 $A''B''$ 处，同样可以获得相同的长度，光斑两端中心距和 $A'B'$ 一样长。由公式（6-14）即可算出物体到测量仪器的距离。

这种出瞳在无限远处，对测量刻尺不敏感，甚至可以偏离到无限远的测量光路，称为像方远心光路。在 Zemax 软件中，设置像方远心光路的方法为"设置→系统选项→系统孔径→无焦像空间"多选按钮。此多选按钮若被勾选，则可以用来模拟平行光出射的光学系统。

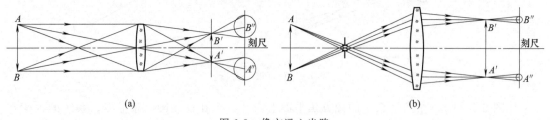

(a)　　　　　　　　　　　　　　(b)

图 6-8　像方远心光路

6.6　在 Zemax 中移动光阑

下面用一个实例来演示孔径光阑移动对成像的影响。设计一个单片镜头，满足焦距 $f' = 100\text{mm}$，$f/15$，波长 $\lambda = 0.587\mu\text{m}$，视场 $2\omega = 30°$，使用成都光明的玻璃 H-BAK7，使像差尽量小。

假定所设计的单片镜为双凸透镜，两个半径满足 $R_2 = -R_1$。查附录 A 玻璃表得，H-BAK7 在波长 $\lambda = 0.587\mu\text{m}$ 时的折射率为 $n_d = 1.5688$，代入透镜制造方程得

$$R_1 = -R_2 = 2(n_d - 1)f' = 113.76\text{mm}$$
$$D = f'/15 = 6.67\text{mm}$$

给此单透镜厚度 5mm。将以上数据输入到 Zemax 中，像面用边缘光线高求解，可得手算系统的镜头数据为图 6-9。2D 视图如图 6-10 所示。它的点列图如图 6-11 所示。

面数据概要：

表面	类型	曲率半径	厚度	玻璃	净口径	延伸区	机械半直径
物面	STANDARD	无限	无限		0	0	0
光阑	STANDARD	无限	0		6.67	0	6.67
2	STANDARD	113.76	5	H-BAK7	6.696411	0	8.216622
3	STANDARD	-113.76	99.19122		8.216622	0	8.216622
像面	STANDARD	无限			54.86553	0	54.86553

图 6-9　手算系统的镜头数据

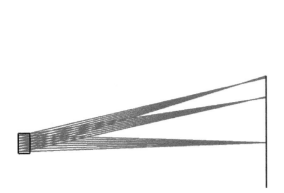

图 6-10　手算系统的 2D 视图

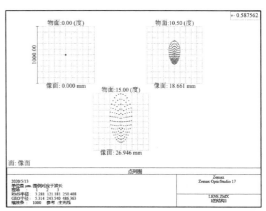

图 6-11　手算系统的点列图

下面开始进行优化，优化的方法和过程，后面章节还会详细介绍，在此主要以结果为主。下面说明优化过程：

① 设置评价函数，打开"优化→优化向导"，如图 6-12 所示。

图 6-12　设置优化函数

a. 类型，RMS；

b. 标准，光斑半径；

c. 参考，质心；

图 6-13 优化函数列表

d. 光瞳采样，高斯求积，3 环 6 臂；

e. 玻璃、空气，多选按钮关掉；

f. 假设轴对称，勾选；

g. 其余，默认，点确定，可得图 6-13 所示的优化函数列表。

在图 6-13 中，我们要保证焦距为 100mm，所以在"评价函数编辑器"中插入一行，插入的方法有两种：直接按键盘上的"Insert"键；或者鼠标右击弹出子菜单，选择"插入操作数"。插入的新行一般为"BLNK"，即空行。在"类型"列填入"EFFL"，即系统的有效焦距、像方焦距；在"目标"列填入 100；在"权重"列填入 1，如 6-13 图中的第 5 行。

返回到"镜头数据"，如图 6-9，将两个半径，即 2 面和 3 面半径设置为变量。设置的方法有两种：点中半径直接按快捷键"Ctrl＋Z"；或者单击曲率半径中第二列，弹出对话框，选择下拉菜单中的"变量"。设置变量后，曲率半径内有两列，前一列为"曲率半径"，后一列显示字母"V"，表示已经设置为变量（Variable）。

使用"优化→执行优化"命令进行优化处理。优化后，它的点列图如图 6-14，和图 6-11 相比像质变化不大。15°视场的 RMS 半径从 250.488μm 变化到 237.866μm，略有减小。但是 0°视场从 3.281μm 增加到 55.178μm，10.5°视场从 121.181 增加到 152.774μm，都增加不少。而焦距却从 100.798mm 校正到 100mm，达到了要求。

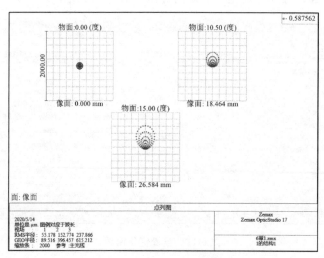

图 6-14 优化焦距后点列图

② 设置光阑为变量，观察光阑移动对像差的影响。在"镜头数据"中单击"光阑"所在行（1 面）的"厚度"列，设置它为变量。设置的方法有两种：单击该厚度再直接按快捷

键 "Ctrl＋Z"；或者单击 "厚度" 第二列，弹出对话框，选择下拉菜单中的 "变量"。设置变量后，厚度内有两列，前一列为初始厚度 0，即光阑就在单透镜第一面顶点处；后一列显示字母 "V"，表示已经设置为变量（Variable）。

使用 "优化→执行优化" 命令进行优化处理。优化后，它的点列图如图 6-15，和图 6-14 相比，像质得到了很大的提升。$0°$、$10.5°$、$15°$ 视场的 RMS 半径分别从 $55.178\mu m$、$152.774\mu m$、$237.866\mu m$ 降到了 $28.857\mu m$、$57.002\mu m$、$86.251\mu m$，并且一直保持焦距为 100mm 不变。

③ 寻找最佳像面。最后，我们寻找最佳像面，将像面，也就是 3 面厚度设置成变量。设置方法和前面设置光阑厚度为变量的方法一样。设置完后，使用 "优化→执行优化" 命令进行优化处理。优化后的点列图示于图 6-16。从点列图数据来看，像质改善很大，尤其是轴外视场，点列图 RMS 半径降到原来的 $1/2\sim1/3$。最终系统的镜头数据示于图 6-17，它的 2D 视图示于图 6-18。在整个校正过程中，系统焦距始终保持 100mm，而变化的为像质评价指标 RMS 半径。很明显，最终系统做了两项改变来校正像差：

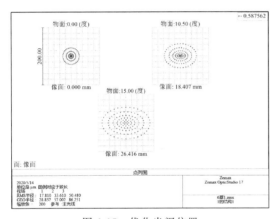

图 6-15 优化光阑位置

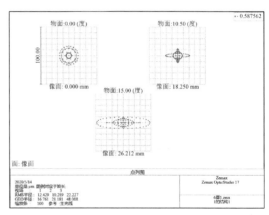

图 6-16 寻找最佳像面

面数据概要：

表面	类型	曲率半径	厚度	玻璃	净口径	延伸区	机械半直径	圆锥系数
物面	STANDARD	无限	无限		0	0	0	0
光阑	STANDARD	无限	20.32959		6.67	0	6.67	0
2	STANDARD	-84.53166	5	H-BAK7	17.32608	0	19.028	0
3	STANDARD	-34.73154	100.9036		19.028	0	19.028	0
像面	STANDARD	无限			52.44296	0	52.44296	0

图 6-17 最终系统的镜头数据

a. 单透镜的形状因子发生了改变。在手算系统中，假定单片镜为双凸对称系统，即 $X=0$。而最终系统很明显是左弯的透镜，它的形状因子 $X<-1$。由后面相关的像差理论可知，球差的薄透镜形式是形状因子的函数

$$W_{040}=\frac{1}{32}h^4\Phi^3(aX^2-bXY+cY^2+d)$$

（6-15）

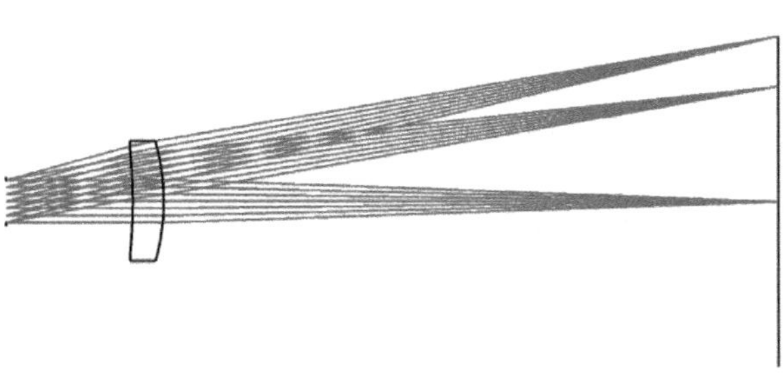

图 6-18 最终系统的轮廓图

式中，W_{040} 为球差波像差系数；h 为单片镜上的投射高；Φ 为单片镜的光焦度；a、b、c、d 为材料折射率的函数；X 为形状因子；Y 为放大率因子。所以弯曲透镜将影响球差。

将光标定位于 2 面或者 3 面，通过"分析→报告→表面数据报告"最后一行，查得此时单透镜的形状因子为 $X = -2.3948$。

b. 单透镜的光阑发生了移动。在手算系统中，光阑与透镜第一面重合。在最终系统中，光阑前移 20.3296mm。由后面相关的像差理论，球差、彗差和像散的 PW 参数表达式为

$$S_{\mathrm{I}} = \sum hP$$

$$S_{\mathrm{II}} = \sum h_z P - J \sum W$$

$$S_{\mathrm{III}} = \sum \frac{h_z^2}{h} P - 2J \sum \frac{h_z}{h} W + J^2 \sum \Phi$$

式中，S_{I}、S_{II}、S_{III} 分别为球差、彗差和像散的塞德像差系数；J 为拉格朗日不变量；h、h_z 分别为边缘光线和主光线的投射高；Φ 为单透镜的光焦度；P、W 为 PW 参数。从上面三个公式可以看出来，光阑移动就是 h_z 发生变化。S_{I} 不含 h_z，S_{II} 和 S_{III} 含有 h_z，这说明当光阑移动时，球差没有影响，而彗差、像散等轴外像差受到影响。

上面的优化过程，正是用透镜弯曲来校正球差，用光阑移动来校正彗差和像散的。

第7章

塞德像差理论Ⅰ

1856 年，慕尼黑天文学家赛德（Seidal）首先提出了具有对称轴的光学系统的初级像差理论。如果已知光学系统的结构参数（r，d，n），当光学系统第一面物距 l_1 和入瞳相对于第一面位置 l_{z1} 确定后，光学系统的像差仅取决于视场和孔径。对于无限远成像，视场通常用全视场角（field of view，FOV）2ω，孔径通常用入瞳直径 D；对于有限距离成像，视场通常用物高 y，孔径通常用物空间最大孔径角的正弦 $\sin U$。当然，也可以根据具体情况，灵活地选择视场和孔径，比如对于数码影像系统，像平面为光电探测器，一般事先选定好，所以也可以使用像高来作为视场，孔径则有时用 F/♯。塞德的初级像差理论指出，未校正好的光学系统与理想光学系统存在偏差，称为像差。塞德将像差分别七种，它们分别为：球差、彗差、像散、场曲、畸变、轴向色差和垂轴色差，统称为七种塞德像差，有时又称为几何像差。塞德七种像差概念及定义，如果学过应用光学，应该有所了解。在本章中，主要介绍七种像差的前五种，暂不考虑色差问题。前五种像差又称为单色像差。

7.1 球差

7.1.1 球差的定义

如图 7-1 所示，轴上物点 A 发出的光线，射向不同孔径的光线在像空间与光轴的交点不同。近轴光线与光轴的交点称为近轴像点，过近轴像点作光轴的垂线，称"理想像面"或者高斯像面，即图 7-1 中的 e 面。射向最大孔径的光线交光轴于 A'，定义 A' 到理想像面的沿光轴距离为最大孔径球差，简称球差（spherical aberration）用 $\delta L'_\mathrm{m}$ 表示。如果近轴像距为 l'，最大孔径光线像距为 L'，则球差为两者之差，即

$$\delta L'_\mathrm{m} = L' - l$$

(7-1)

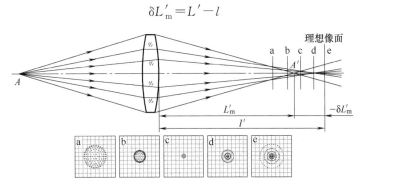

图 7-1　球差的定义

多数情况下，将表示最大带光的字母 m 省去，直接用 $\delta L'$ 表示边缘光线球差。球差的符号以理想像面为计算原点，最大孔径光线交点 A' 在理想像面的左边为负，右边为正。对上式的符号一般这样认为：

① 如果 $\delta L'=0$，代表光学系统的边缘球差已校正。

② 如果 $\delta L'>0$，代表光学系统的边缘球差过校正。

③ 如果 $\delta L'<0$，代表光学系统的边缘球差欠校正。

如果存在球差，用垂直于光轴的平面去截取像空间，如图 7-1 中的 a～e 面，将会得到图 7-1 中下面的点列图。从点列图可以看出，最小斑点 (c) 并不在理想像面上，而是有一个离焦。最小斑点又称作最小弥散斑 (minimum blur)。在最小弥散斑左边 (a 和 b)，点列图是边缘密中间疏；在最小弥散斑右边 (d 和 e)，点列图是边缘疏中间密。不管是哪一种，如果只存在球差，点列图都是同心圆环。

7.1.2　球差的计算公式

如图 7-2 所示，我们考虑一个单折射面，假定在折射面前就存在球差 δL，经过折射面

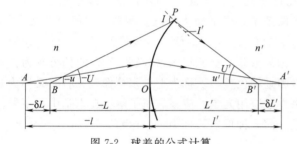

图 7-2　球差的公式计算

后，它的球差 $\delta L'$ 应该由两部分组成：

① 折射面产生的球差，用 δL^* 表示。

② 折射面前存在的球差 δL，乘以折射面的轴向放大率 α。

所以有 $\delta L'=\alpha\delta L+\delta L^*$　　　　(7-2)

在应用光学中，我们得到近轴轴向放大率 $\alpha=(nu^2)/(n'u'^2)$。不过，如图 7-2，远轴光线可能不满足近轴轴向放大率公式。1897 年，克尔伯 (T. Kerber) 考虑到非近轴情况，取下式的轴向放大率

$$\alpha=\frac{nu\sin U}{n'u'\sin U'} \tag{7-3}$$

将公式 (7-3) 代入公式 (7-2) 得 $\delta L'=\dfrac{nu\sin U}{n'u'\sin U'}\delta L+\delta L^*$

两边同乘以 $n'u'\sin U'$ 得　$n'u'\sin U'\delta L'=nu\sin U\delta L+n'u'\sin U'\delta L^*$　　　(7-4)

令折射面贡献量为　　　　　$-\dfrac{1}{2}S_{\mathrm{I}}=n'u'\sin U'\delta L^*$　　　　(7-5)

式中，S_{I} 称为初级球差系数。由第 3 章的光路计算公式，可得远轴和近轴关系
$$(L'-r)\sin U'=r\sin I'\Rightarrow n'(L'-r)\sin U'=n'r\sin I'=nr\sin I\Rightarrow n(L-r)\sin U=nr\sin I$$
$$(l'-r)u'=ri'\Rightarrow n'(l'-r)u'=n'ri'=nri\Rightarrow n(l-r)u=nri$$
将上面两个公式代入到公式 (7-5)，得

$$-\frac{1}{2}S_{\mathrm{I}}=n'u'\sin U'\delta L'-nu\sin U\delta L$$
$$=n'u'\sin U'(L'-l')-nu\sin U(L-l)$$
$$=n'u'\sin U'(L'-r)-n'u'\sin U'(l'-r)-nu\sin U(L-r)+nu\sin U(l-r)$$
$$=nri(\sin U-\sin U')-nr(u'-u)\sin I$$
$$=nri(\sin U-\sin U')+nr(i-i')\sin I$$

$$=nri\left[(\sin U-\sin U')+(\sin I-\sin I')\right]$$

$$=nri\left[(\sin U+\sin I)-(\sin U'+\sin I')\right]$$

$$=nri\left[2\sin\frac{1}{2}(U+I)\cos\frac{1}{2}(U-I)-2\sin\frac{1}{2}(U'+I')\cos\frac{1}{2}(U'-I')\right]$$

$$=2nri\sin\frac{1}{2}(U+I)\left[\cos\frac{1}{2}(U-I)-\cos\frac{1}{2}(U'-I')\right]$$

$$=-\frac{niL\sin U(\sin I'-\sin U)(\sin I-\sin I')}{2\cos\frac{1}{2}(I-U)\cos\frac{1}{2}(I'+U)\cos\frac{1}{2}(I+I')}\tag{7-6}$$

公式（7-6）为精确的球差系数公式，对于初级球差系数，所有角度都很小，需要对上式进行简化。令公式（7-6）中所有正弦函数均用它的弧度值表示，并且改成小写字母；所有的余弦函数均为 1，则有

$$S_{\mathrm{I}}=luni(i-i')(i'-u)\tag{7-7}$$

由公式（7-5），可得单折射面产生的初级球差为

$$\delta L'=-\frac{1}{2n'u'^2}S_{\mathrm{I}}\tag{7-8}$$

如果光学系统有 k 个面，每一个面都应用公式（7-4），并注意到 $\delta L_k=\delta L'_{k-1}$、$\delta L_{k-1}=\delta L'_{k-2}$、$\cdots$、$\delta L_2=\delta L'_1$，反复迭代，就会从像空间计算到物空间，有

$$n'_k u'_k \sin U'_k \delta L'_k=n_1 u_1 \sin U_1 \delta L_1-\frac{1}{2}\sum_1^k S_{\mathrm{I}}\tag{7-9}$$

如果物空间没有像差，则 $\delta L_1=0$，第 k 面像空间的像差就是总像差，所以有

$$\delta L'=\delta L'_k=-\frac{1}{2n'_k u'^2_k}S_{\mathrm{I}}\tag{7-10}$$

从公式（7-10）可以看出，虽然计算像差时，要考虑每一个面前的像差及其后的放大因子［如公式（7-2）］，累加到总像差中。但是，在实际计算时，不必这么做，只需要计算每一面的 S_{I} 贡献量，直接相加即可，计算的结果不受影响。虽然表现出每一面像差的独立性，但是我们必须知道它们只是在计算中相消，导致不显含而已。

7.2　轴外初级单色像差

7.2.1　空间坐标系的建立

轴上点单色像差，即球差，我们在 7.1 节已经介绍。为了求轴外点的单色像差，需要对空间光线进行追迹，所以必须先建立合适的坐标系。在此，仍然使用 Zemax 软件中坐标系的建立方法，如图 7-3 所示。在图中，画出了物平面、入瞳、出瞳和像平面上坐标系的建立情况，它们均以四个面与光轴的交点为原点，沿光轴方向为 Z 坐标，竖直向上分别为 Y、η、η'、Y' 坐标，满足右手法则分别为 X、ζ、ζ'、X' 坐标。

考虑在物平面上，在子午面内，有一个物点 B 发出了一条空间光线，它与入瞳交于 Q 点，经过光学系统后，与出瞳交于 Q' 点，最终到达像面，交像面于 B' 点。很显然，B' 点是 B 的实际像点。由于为空间光线，B' 点未必在子午面内，但出射光线 $Q'B'$ 必然与子午面有一个交点，设为 B'_{T}。则 B'_{T} 到理想像面的沿轴距离 $\Delta L'$ 称为"轴向像差"，它的符号规则

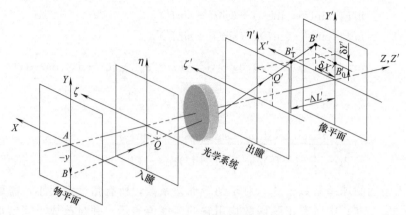

图 7-3 空间坐标系

为：以像平面为参考点，B_T' 在像平面左边为负，右边为正。很显然，图 7-3 中 $\Delta L'$ 为负值。B 在子午面内，它的理想像点也一定在子午面内，设为 B_0'。实际像点 B' 和理想像点 B_0' 之差也是像差，称为"横向像差"。我们将 B' 和 B_0' 之差在 Y' 坐标上的分量 $\delta Y'$ 称为"子午分量"，在 X' 坐标上的分量 $\delta X'$ 称为"弧矢分量"。显然，轴向像差和横向像都是视场物高 y 和入瞳坐标 η、ζ 的函数。

7.2.2 Petzval 场曲

如图 7-4 所示，如果将孔径光阑置于球形反射面的球心处，将会看到一种称作 Petzval 场曲的像差。在图 7-4（a）中，设球形反射面的半径为 r，令孔径光阑足够小，使所有入射光线都可以看成是近轴光线。如果以平行于光轴的平行光束入射，光线将会聚于反射面的焦点处，即 $r/2$ 处的 F' 点。如果以倾斜光束入射，其中主光线 CD 可以看成为"辅轴"，倾斜光束相对于辅轴为近轴光线，将会聚于辅轴上的焦点处，也是 $r/2$ 处的 F'' 点。可以想象，如果平行光束倾角从 $0°$ 逐渐增加，则会聚点将形成一条焦线。形成的焦线并非平面，而是半径为 $r/2$ 的圆，即像面为一个曲面，称为 Petzval 像面。过 F' 点作光轴的垂线，就是理想像平面，Petzval 像面与理想像面的差，称为 Petzval 场曲（Petzval field curvature）。

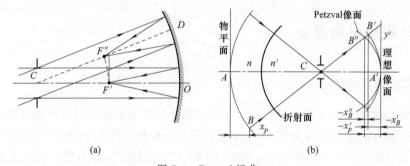

图 7-4 Petzval 场曲

为了求 Petzval 场曲，我们用图 7-4（b），设此时孔径光阑刚好在折射面的球心 C 处，并且光阑孔径足够小。有一个球形物体 AB 置于折射面前面，它上面的 B 点发出的光线经折射面后，成像于 B' 点，$A'B'$ 就是物面 AB 对应的 Petzval 像面。一般情况下，我们都要求物面是垂直于光轴的平面，所以过轴上物点 A 作光轴的垂面，形成一个物平面。对于辅轴 BC，物点 B 与物平面交点距离，约等于轴向位移 x_p。物点 B 从球形面移到物平面，将导致像点也发生移动，从 B' 移动到 B''。此时，物平面所对应的 Petzval 像面，变成了 $A'B''$。Petzval 场曲即为 B'' 到理想像面的轴向距离 x'_p。这几个量的意义及符号规则为：

① x_p，以物平面为参考平面，B 点在左为负，在右为正，图中 $x_p > 0$。

② x'_B，以理想像面为参考平面，B' 点在左为负，在右为正，图中 $x'_B < 0$。

③ x''_B，以 $A'B'$ 面为参考平面，B'' 点在左为负，在右为正，图中 $x''_B < 0$。

④ x'_p，以理想像面为参考平面，B'' 点在左为负，在右为正，图中 $x'_p < 0$

由图 7-4 中几何关系可得

$$x'_p = x'_B + x''_B \tag{7-11}$$

如果设折射面的半径为 r，像距为 l'，物像方折射率为 n、n'，像高为 y'，则由矢高公式（5-2），有

$$x'_B = -\frac{y'^2}{2(l'-r)} \tag{7-12}$$

$$x_p = -\frac{y^2}{2(l-r)} \tag{7-13}$$

由应用光学可知，轴向放大率 $\alpha = (nu^2)/(n'u'^2)$，移动量 x_p 和 x''_B 满足轴向放大率的关系。由于二者变化是反向的，所以需要加一个负号

$$x''_B = -\alpha x_p \tag{7-14}$$

将公式（7-12）～公式（7-14）代入公式（7-11）得

$$x'_p = \frac{nu^2}{n'u'^2}\frac{y^2}{2(l-r)} - \frac{y'^2}{2(l'-r)} = -\frac{1}{2n'u'^2}\left(\frac{n'^2u'^2y'^2}{n'(l'-r)} - \frac{n^2u^2y^2}{n(l-r)}\right) = -\frac{1}{2n'u'^2}J^2\left(\frac{u'}{n'i'r} - \frac{u}{nir}\right)$$

$$= -\frac{1}{2n'u'^2}J^2\frac{u'-u}{nir} = -\frac{1}{2n'u'^2}J^2\frac{i-i'}{nir} = -\frac{1}{2n'u'^2}J^2\frac{n'-n}{n'nr} \tag{7-15}$$

公式（7-15）为单折射面的 Petzval 场曲公式。令

$$S_{IV} = J^2\frac{n'-n}{n'nr} \tag{7-16}$$

$$x'_p = -\frac{1}{2n'u'^2}S_{IV} \tag{7-17}$$

7.2.3　轴向像差

如图 7-5，轴外物点 B 发出两条光线，一条为通过入瞳中心的主光线，交光学系统第一面于 E_z 点；一条为空间任意光线，交入瞳于 Q（η，ζ）点，然后交光学系统第一面于 M 点，经光学系统后，交理想像面于 B' 点。B' 点就是光线 BQ 的实际像点。只考虑近轴情况，光学系统第一面在近轴区域接近于平面，就将其看作为平面处理。连接物点 B 和第一面球心 C，则 BC 为其辅轴。BC 与理想像面的交点 B'_0 就是 B 点的理想像点。而 B 点对于辅轴 BC 为轴上点，所以它的出射光线必然与辅轴相交。设 BQ 的出射光线 MB' 交辅轴于 B'_T，显则 B'_T 到 B'_0 的沿轴距离就是轴向像差 $\Delta L'$。以辅轴 BC 为光轴，追迹 B 点的近轴光线，可得其近轴像点 B'_t，它仍在辅轴上。由图 7-5 的几何关系得

$$\Delta L' = B'_T B'_t + B'_t B'_0 \tag{7-18}$$

式中，两项均用沿轴距离代替实际长度，其中 $B'_t B'_0$ 为弯曲像面和垂轴平面的距离，就是 Petaval 场曲，所以

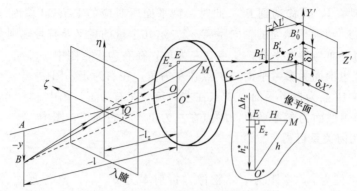

图 7-5　求轴向像差

$$B_\mathrm{T}'B_0' = x_p' = -\frac{1}{2n'u'^2} J^2 \frac{n'-n}{n'nr} = -\frac{1}{2n'u'^2} S_{\mathrm{IV}} \qquad (7\text{-}19)$$

B_T' 为实际光线 $BQMB'$ 与辅轴的交点，B_t' 为辅轴近轴光线的交点，所以 $B_\mathrm{T}'B_\mathrm{t}'$ 就是球差。由于 u、u'、i、i' 均与孔径高成正比，若设光线 $BQMB'$ 的投射高为 $MO^* = h$，由公式 (7-7)，有 $S_\mathrm{I} \propto h^4$；由公式 (7-8)，$\delta L' \propto h^2$，令

$$\delta L' = A_1 h^2 \Rightarrow A_1 = \frac{\delta L'}{h^2} = -\frac{1}{2n'u'^2 h^2} S_\mathrm{I} \qquad (7\text{-}20)$$

由图 7-5，在光学系统第一面上，有关系

$$h^2 = H^2 + (h_z^* + \Delta h_z)^2 = H^2 + h_z^{*2} + \Delta h_z^2 + 2h_z^* \Delta h_z \qquad (7\text{-}21)$$

$$H = \frac{l}{l-l_z}\zeta, \quad \Delta h_z = \frac{l}{l-l_z}\eta, \quad h_z^* = l_z^* u_z^* = l_z^* \frac{ri_z}{l_z^* - r} \approx l\frac{ri_z}{l-r} = l\frac{u}{i}i_z = h\frac{i_z}{i}$$

将上式和公式 (7-21) 代入公式 (7-20) 得

$$B_\mathrm{T}'B_\mathrm{t}' = A_1 h^2 = -\frac{S_\mathrm{I}}{2n'u'^2 h^2}\left[\frac{l^2}{(l-l_z)^2}\zeta^2 + \frac{l^2}{(l-l_z)^2}\eta^2 + 2\frac{l}{l-l_z}\eta h\frac{i_z}{i} + h^2\frac{i_z^2}{i^2}\right] \quad (7\text{-}22)$$

所以，最终公式 (7-18) 由公式 (7-19)、公式 (7-22) 之和，得

$$n'u'^2 \Delta L' = -\left[\frac{1}{2}\times\frac{\eta^2+\zeta^2}{h^2}\times\frac{l^2}{(l-l_z)^2}S_\mathrm{I} + \frac{\eta}{h}\times\frac{l}{l-l_z}S_\mathrm{I}\frac{i_z}{i} + \frac{1}{2}S_\mathrm{I}\frac{i_z^2}{i^2} + \frac{1}{2}S_{\mathrm{IV}}\right]$$

$$(7\text{-}23)$$

令

$$S_\mathrm{II} = S_\mathrm{I} i_z/i, \quad S_\mathrm{III} = S_\mathrm{II} i_z/i = S_\mathrm{I} i_z^2/i^2 \qquad (7\text{-}24)$$

公式 (7-23) 可以改写为

$$n'u'^2 \Delta L' = -\left[\frac{1}{2}\times\frac{\eta^2+\zeta^2}{h^2}\times\frac{l^2}{(l-l_z)^2}S_\mathrm{I} + \frac{\eta}{h}\times\frac{l}{l-l_z}S_\mathrm{II} + \frac{1}{2}(S_\mathrm{III}+S_{\mathrm{IV}})\right] \quad (7\text{-}25)$$

若设 h_z 为在折射面上主光线与第一面交点 E_z 相对于主光轴的投射高，即图 7-5 中的 $E_z O$。h_z 与 h_z^* 的区别在于 $h_z^* = h_z + OO^*$，即 h_z 是 E_z 相对于主光轴的投射高，h_z^* 是 E_z 相对于辅轴的投射高。h_z 满足下式

$$\frac{y}{h_z} = -\frac{l-l_z}{l_z} \qquad (7\text{-}26)$$

将上式代入公式 (7-25)，得

$$n'u'^2 \Delta L' = -\left[\frac{1}{2}\times\frac{\eta^2+\zeta^2}{h^2}\times\frac{l^2}{(l-l_z)^2}S_\mathrm{I} - \frac{\eta y}{hh_z}\times\frac{l_z l}{(l-l_z)^2}S_\mathrm{II} + \frac{1}{2}\times\frac{y^2}{h_z^2}\times\frac{l_z^2}{(l-l_z)^2}(S_\mathrm{III}+S_{\mathrm{IV}})\right]$$

$$(7\text{-}27)$$

7.2.4 横向像差

(1) 子午分量

横向像差可以用轴向像差间接求得，如图 7-6 所示，作两条辅助线，一条为原来就有的辅轴 $O^*B'_\mathrm{T}B'_0$；另一条为 $EB'_\mathrm{T}N$。由 $\triangle EO^*B'_\mathrm{T}\cong\triangle NB'_0B'_\mathrm{T}$，可得

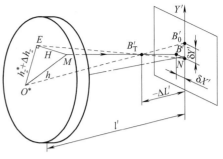

图 7-6 求横向像差

$$\delta Y=\frac{h_z^*+\Delta h_z}{l'+\Delta L'}\Delta L'\approx\frac{h_z^*+\Delta h_z}{l'}\Delta L$$

将 $h_z^*=hi_z/i$，$\Delta h_z=\eta l/(l-l_z)$ 代入上式得

$$n'u'\delta Y'=n'u'^2\Delta L'\left(\frac{\eta}{h}\times\frac{l}{l-l_z}+\frac{i_z}{i}\right)=-\left[\frac{1}{2}\times\frac{\eta(\eta^2+\zeta^2)}{h^3}\times\frac{l^3}{(l-l_z)^3}S_\mathrm{I}-\frac{1}{2}\times\frac{(3\eta^2+\zeta^2)y}{h^2h_z}\times\right.$$

$$\left.\frac{l^2l_z}{(l-l_z)^3}S_\mathrm{II}+\frac{3}{2}\times\frac{\eta y^2}{hh_z^2}\times\frac{l_z^2l}{(l-l_z)^3}S_\mathrm{III}+\frac{1}{2}\times\frac{\eta y^2}{hh_z^2}\times\frac{l_z^2l}{(l-l_z)^3}S_\mathrm{IV}-\frac{1}{2}\times\frac{y^3}{h_z^3}\times\frac{l_z^3}{(l-l_z)^3}S_\mathrm{V}\right]$$

$$(7\text{-}28)$$

上式中
$$S_\mathrm{V}=(S_\mathrm{III}+S_\mathrm{IV})i_z/i \qquad (7\text{-}29)$$

(2) 弧矢分量

由 $\triangle EMB'_\mathrm{T}\cong\triangle NB'B'_\mathrm{T}$，可得

$$\delta X'=\frac{H}{l'+\Delta L'}\Delta L'\approx\frac{H}{l'}\Delta L'$$

将 $H=\zeta l/(l-l_z)$ 代入上式得

$$n'u'\delta X'=n'u'^2\Delta L'\frac{\zeta}{h}\times\frac{l}{l-l_z}=-\left[\frac{1}{2}\times\frac{\zeta(\eta^2+\zeta^2)}{h^3}\times\frac{l^3}{(l-l_z)^3}S_\mathrm{I}-\frac{\eta\zeta y}{h^2h_z}\times\frac{l^2l_z}{(l-l_z)^3}S_\mathrm{II}+\right.$$

$$\left.\frac{1}{2}\times\frac{\zeta y^2}{hh_z^2}\times\frac{l_z^2l}{(l-l_z)^3}S_\mathrm{III}+\frac{1}{2}\times\frac{\zeta y^2}{hh_z^2}\times\frac{l_z^2l}{(l-l_z)^3}S_\mathrm{IV}\right]$$

$$(7\text{-}30)$$

7.2.5 旋转对称系统

为了简化计算，假定光学系统具有旋转对称性，我们只需考虑子午面内的像差。如图 7-7，对于子午面内，有 $\zeta=0$，图 7-5 中入瞳上投射点 Q 只有 η 坐标。由图 7-7 可得以下几何关系

$$\frac{-y}{h_{z1}}=\frac{-l_1+l_{z1}}{-l_{z1}}\Rightarrow\frac{y}{h_{z1}}\times\frac{l_{z1}}{l_1-l_{z1}}=-1 \qquad (7\text{-}31)$$

$$\frac{\eta}{h_1}\approx\frac{-l_1+l_{z1}}{-l_1}\Rightarrow\frac{\eta}{h_1}\times\frac{l_1}{l_1-l_{z1}}=1 \qquad (7\text{-}32)$$

同理，对于弧矢光线，有 $\eta=0$，图 7-5 中入瞳上投射点 Q 只有 ζ 坐标。由图 7-7 可得几何关系

$$\frac{\zeta}{h_1}\approx\frac{-l_1+l_{z1}}{-l_1}\Rightarrow\frac{\zeta}{h_1}\times\frac{l_1}{l_1-l_{z1}}=1 \qquad (7\text{-}33)$$

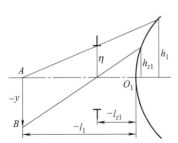

图 7-7 子午面内入瞳处边缘
光线和主光线的投射情况

7.2.6 初级单色像差的塞德和数

如果光学系统有 k 个面，由前述推导所得的单折射面，应该对 k 个面进行求和。若物空间没有像差，则不需要考虑每一面像差对其后的放大作用，只需将每一面的像差系数简单相加即可，如下

① $$\sum_1^k S_{\mathrm{I}} = \sum_1^k luni(i-i')(i'-u) \tag{7-34}$$

② $$\sum_1^k S_{\mathrm{II}} = \sum_1^k S_{\mathrm{I}} \frac{i_z}{i} \tag{7-35}$$

③ $$\sum_1^k S_{\mathrm{III}} = \sum_1^k S_{\mathrm{II}} \frac{i_z}{i} = \sum_1^k S_{\mathrm{I}} \frac{i_z^2}{i^2} \tag{7-36}$$

④ $$\sum_1^k S_{\mathrm{IV}} = \sum_1^k J^2 \frac{n'-n}{n'nr} \tag{7-37}$$

⑤ $$\sum_1^k S_{\mathrm{V}} = \sum_1^k (S_{\mathrm{III}} + S_{\mathrm{IV}}) \frac{i_z}{i} \tag{7-38}$$

7.3 彗差

7.3.1 子午面和弧矢面

对于轴外物点发出的倾斜光束，情况比较复杂，如图 7-8 所示。无限远轴外物点发出的光束，到达入瞳时，由于入瞳的限制，将充满整个入瞳并形成圆形的光束。其中轴外物点与入瞳中心的连线，就是主光线。当光束继续前进时，到达光学系统第一面。由于光束是倾斜的，在第一面上将截取一个椭圆形光照区域。将光轴与主光线所决定的平面，称为"子午面"；通过主光线，与子午面垂直的平面，称为"弧矢面"。显然，主光线为子午面和弧矢面的交线。

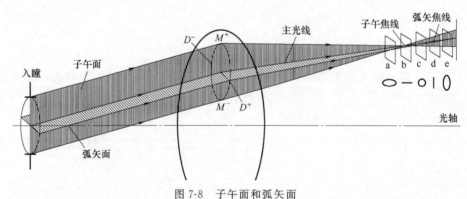

图 7-8　子午面和弧矢面

设 M^+、M^- 为子午面上下边缘光线与第一面交点，称通过 M^+、M^- 两点的子午光线为"最大子午光线对"。最大子午光线对在像空间相交于 b 平面所在的位置，称为子午焦点。同理，设 D^+、D^- 为弧矢面上下边缘光线与第一面交点，称通过 D^+、D^- 两点的弧矢光线为"最大弧矢光线对"。最大弧矢光线对在像空间相交于 d 平面所在的位置，称为弧矢焦点。

事实上，在子午焦点处，弧矢光线有一定宽度，将形成一条直线，称为"子午焦线"；在弧矢焦点处，子午光线有一定高度，也将形成一条直线，称为"弧矢焦线"。如果在 b 平面左边再切一个 a 平面，此时弧矢光束宽于子午光束，将形成一个横向的椭圆光束截面。如果在 d 平面右边切一个 e 平面，此时子午光束宽于弧矢光束，将形成一个竖起的椭圆光束截面。在两个焦线之间，有一个渐变的过程。从子午焦线向右，先是横向的椭圆截面，过渡到子午和弧矢光束一样宽（即圆形的光束截面），再到竖起的椭圆截面。

后面我们就用 M^+、M^- 来代表最大子午光线对，用 D^+、D^- 来代表最大弧矢光线对。

7.3.2 子午面和弧矢面像差

如果仅考虑子午面内光束，如图 7-9 所示，最大子午光线对在像空间相交于 B'_T 点。定义 B'_T 到主光线的垂轴距离 K'_T 称为子午彗差（tangential coma）。子午彗差的符号规则以主光线为坐标原点，B'_T 在主光线上面为正，下面为负，显然图 7-9 中 K'_T 为负。定义 B'_T 到理想像面的沿轴距离 X'_T 称为子午场曲（tangential field curvature）。子午场曲的符号规则以理想像面为坐标原点，B'_T 在理想像面的左边为正，右边为负，显然图 7-9 中 X'_T 为负。如果最大子午光线对逐渐向主光线靠拢，称作子午细光束，当接近于主光线，必将成像于主光线上一点 B'_t。定义 B'_t 到理想像面的沿轴距离 x'_t 称为细光束子午场曲。细光束子午场曲的符号规则以理想像面为坐标原点，B'_t 在理想像面的左边为正，右边为负，显然图 7-9 中 x'_t 为负。

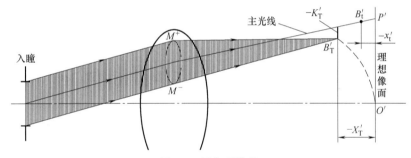

图 7-9 子午面像差

如果仅考虑弧矢面内光束，如图 7-10 所示，最大弧矢光线对在像空间相交于 B'_S 点。定义 B'_S 到主光线的垂轴距离 K'_S 称为弧矢彗差（sagittal coma）。弧矢彗差的符号规则以主光线为坐标原点，B'_S 在主光线上面为正，下面为负，显然图 7-10 中 K'_S 为负。定义 B'_S 到理想像面的沿轴距离 X'_S 称为弧矢场曲（sagittal field curvature）。弧矢场曲的符号规则以理想像面为坐标原点，B'_S 在理想像面的左边为正，右边为负，显然图 7-10 中 X'_S 为负。如果最大

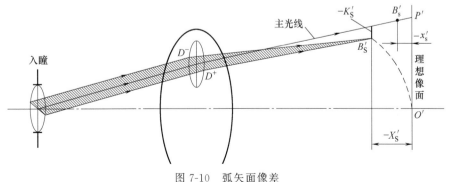

图 7-10 弧矢面像差

弧矢光线对逐渐向主光线靠拢，称作弧矢细光束，当接近于主光线，必将成像于主光线上一点 B'_s。定义 B'_s 到理想像面的沿轴距离 x'_s 称为细光束弧矢场曲。细光束弧矢场曲的符号规则以理想像面为坐标原点，B'_s 在理想像面的左边为正，右边为负，显然图 7-10 中 x'_s 为负。

7.3.3　彗差定义

如果按照图 7-9 和图 7-10 所定义的彗差进行计算，不仅需要进行空间光线追迹，还需要将理想像面移到彗差所在的平面，计算起来比较麻烦。在此，使用一种近似的计算方法，即利用空间光线与理想像面的交点来算。

(1) 子午彗差

设最大子午光线对中，上光线 M^+、下光线 M^- 与理想像面交点高度分别为 Y'_{M+}、Y'_{M-}，主光线与理想像面交点高度为 Y'_z，理想像高为 y'，则有子午彗差

$$Y'_{M+}=y'+\delta Y'_{M+}\,,Y'_{M-}=y'+\delta Y'_{M-}\,,Y'_z=y'+\delta Y'_z$$

$$K'_T=\frac{1}{2}(\delta Y'_{M+}+\delta Y'_{M-})-\delta Y'_z \tag{7-39}$$

对于上光线 M^+，令 $\eta=\rho$，$\zeta=0$，代入公式（7-28）得

$$\delta Y'_{M+}=\frac{1}{n'u'}\left[-\frac{1}{2}\times\frac{\rho^3}{h^3}\times\frac{l^3}{(l-l_z)^3}S_{\mathrm{I}}+\frac{1}{2}\times\frac{3\rho^2 y}{h^2 h_z}\times\frac{l^2 l_z}{(l-l_z)^3}S_{\mathrm{II}}-\frac{1}{2}\times\frac{\rho y^2}{hh_z^2}\times\right.$$

$$\left.\frac{l_z^2 l}{(l-l_z)^3}(3S_{\mathrm{III}}+S_{\mathrm{IV}})+\frac{1}{2}\times\frac{y^3}{h_z^3}\times\frac{l_z^3}{(l-l_z)^3}S_{\mathrm{V}}\right]$$

$$\tag{7-40}$$

对于下光线 M^-，令 $\eta=-\rho$，$\zeta=0$，代入公式（7-28）得

$$\delta Y'_{M-}=\frac{1}{n'u'}\left[+\frac{1}{2}\times\frac{\rho^3}{h^3}\times\frac{l^3}{(l-l_z)^3}S_{\mathrm{I}}+\frac{1}{2}\times\frac{3\rho^2 y}{h^2 h_z}\times\frac{l^2 l_z}{(l-l_z)^3}S_{\mathrm{II}}+\frac{1}{2}\times\frac{\rho y^2}{hh_z^2}\times\right.$$

$$\left.\frac{l_z^2 l}{(l-l_z)^3}(3S_{\mathrm{III}}+S_{\mathrm{IV}})+\frac{1}{2}\times\frac{y^3}{h_z^3}\times\frac{l_z^3}{(l-l_z)^3}S_{\mathrm{V}}\right]$$

$$\tag{7-41}$$

对于主光线，令 $\eta=0$，$\zeta=0$，代入公式（7-28）得

$$\delta Y'_z=\frac{1}{n'u'}\left[\frac{1}{2}\times\frac{y^3}{h_z^3}\times\frac{l_z^3}{(l-l_z)^3}S_{\mathrm{V}}\right] \tag{7-42}$$

将上面三个公式代入到公式（7-39），并利用公式（7-31）和（7-32）化简得

$$K'_T=-\frac{3}{2n'u'}S_{\mathrm{II}} \tag{7-43}$$

(2) 弧矢彗差

弧矢彗差仍然可以使用公式（7-39）求解，只不过此时最大弧矢光线对 D^+、D^- 与理想像面交点关于子午面对称，所以只需要算其中一个即可，无须求平均值。设最大弧矢光线对 D^+、D^- 与理想像面交点高度为 $Y'_{D+}=Y'_{D-}$，所以有 $\delta Y'_{D+}=\delta Y'_{D-}$，取其中之一与主光线交点高度 Y'_z 之差即为弧矢彗差

$$K'_S=\delta Y'_{D+}-\delta Y'_z \tag{7-44}$$

对于最大弧矢光线 D^+，有 $\eta=0$，$\zeta=\rho$，代入公式（7-28）得

$$\delta Y'_{D+} = \frac{1}{n'u'}\left[\frac{1}{2}\times\frac{\rho^2 y}{h^2 h_z}\times\frac{l^2 l_z}{(l-l_z)^3}S_{\mathrm{II}} + \frac{1}{2}\times\frac{y^3}{h_z^3}\times\frac{l_z^3}{(l-l_z)^3}S_V\right] \tag{7-45}$$

将上式和公式（7-42）代入到公式（7-44），并利用公式（7-31）和（7-33）化简得

$$K'_S = -\frac{1}{2n'u'}S_{\mathrm{II}} \tag{7-46}$$

很显然，弧矢彗差是子午彗差的 1/3，即

$$K'_S = \frac{1}{3}K'_T \tag{7-47}$$

7.3.4 正弦差

对于小视场系统，彗差的绝对数值不足以说明其对像质的影响，一般引入一种称作正弦差（offense against the sine condition，OSC）的像差，其本质上还是彗差。通常可以用弧矢彗差 K'_S 和理想像高 y' 之比来计算，因此有正弦差

$$SC' = \lim_{y'\to 0}\frac{K'_S}{y'} = -\frac{1}{2J}S_{\mathrm{II}} \tag{7-48}$$

7.4 场曲和像散

7.4.1 子午场曲和弧矢场曲

如图 7-11，对于宽光束，若设最大子午光线对 M^+、M^- 与理想像面交点为 B'_{M+}、B'_{M-}，像高为 Y'_{M+}、Y'_{M-}，则子午面宽光束场曲可以写成

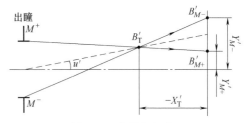

图 7-11 求子午场曲

$$X'_T = \frac{Y'_{M+} - Y'_{M-}}{2u'} = \frac{\delta Y'_{M+} - \delta Y'_{M-}}{2u'} \tag{7-49}$$

将子午彗差计算中的公式（7-40）和（7-41）代入上式，可得

$$X'_T = \frac{1}{2n'u'^2}\left[-\frac{\rho^3}{h^3}\times\frac{l^3}{(l-l_z)^3}S_{\mathrm{I}} - \frac{\rho y^2}{h h_z^2}\times\frac{l_z^2 l}{(l-l_z)^3}(3S_{\mathrm{III}}+S_{\mathrm{IV}})\right] \tag{7-50}$$

同理，可得弧矢面宽光束场曲为

$$X'_S = \frac{X'_{D+} - X'_{D-}}{2u'} = \frac{\delta X'_{D+} - \delta X'_{D-}}{2u'} \tag{7-51}$$

对于 D^+ 光线，有 $\eta=0$，$\zeta=\rho$；D^- 光线，有 $\eta=0$，$\zeta=-\rho$，代入公式（7-30）可得

$$\delta X'_{D+} = \frac{1}{n'u'}\left[-\frac{1}{2}\times\frac{\rho^3}{h^3}\times\frac{l^3}{(l-l_z)^3}S_{\mathrm{I}} - \frac{1}{2}\times\frac{\zeta y^2}{h h_z^2}\times\frac{l_z^2 l}{(l-l_z)^3}(S_{\mathrm{III}}+S_{\mathrm{IV}})\right]$$

$$\delta X'_{D-} = \frac{1}{n'u'}\left[+\frac{1}{2}\times\frac{\rho^3}{h^3}\times\frac{l^3}{(l-l_z)^3}S_{\mathrm{I}} + \frac{1}{2}\times\frac{\zeta y^2}{h h_z^2}\times\frac{l_z^2 l}{(l-l_z)^3}(S_{\mathrm{III}}+S_{\mathrm{IV}})\right]$$

$$X'_S = \frac{1}{2n'u'^2}\left[-\frac{\rho^3}{h^3}\times\frac{l^3}{(l-l_z)^3}S_{\mathrm{I}} - \frac{\zeta y^2}{h h_z^2}\times\frac{l_z^2 l}{(l-l_z)^3}(S_{\mathrm{III}}+S_{\mathrm{IV}})\right] \tag{7-52}$$

公式（7-50）和公式（7-52）为宽光束子午场曲和宽光束弧矢场曲。若求细光束场曲，

需要令 $\rho \to 0$，所以在两公式中可以略去 ρ^3 项，并利用公式（7-31）～公式（7-33）进行化简得

$$x'_t = -\frac{1}{2n'u'^2}(3S_{\text{III}} + S_{\text{IV}}) \tag{7-53}$$

$$x'_s = -\frac{1}{2n'u'^2}(S_{\text{III}} + S_{\text{IV}}) \tag{7-54}$$

7.4.2　像散

定义宽光束的初级像散（astigmatism）为宽光束子午场曲 X'_T 与宽光束弧矢场曲 X'_S 之差，记作 X'_{TS}。公式（7-50）与公式（7-52）相减得

$$X'_{TS} = X'_T - X'_S = -\frac{1}{n'u'^2} \times \frac{\rho y^2}{h h_z^2} \times \frac{l_z^2 l}{(l-l_z)^3} S_{\text{III}} \tag{7-55}$$

对于细光束初级像散，只需使用公式（7-31）和公式（7-32）对上面公式进行改造，可得

$$x'_{ts} = x'_t - x'_s = -\frac{1}{n'u'^2} S_{\text{III}} \tag{7-56}$$

事实上，上式正是公式（7-53）与公式（7-54）之差。像散代表子午像点与弧矢像点散开的程度，对成像的清晰度有很大的影响。

7.4.3　Petzval 场曲

当像散为零时，即 $x'_{ts} = 0$，所以有 $S_{\text{III}} = 0$，代入公式（7-53）或公式（7-54），得

$$x'_t = x'_s = -\frac{1}{2n'u'^2} S_{\text{IV}} = x'_p \tag{7-57}$$

上式就是公式（7-17）的 Petzval 场曲。这说明，Petzval 场曲就是像散为零时剩余的场曲，此时子午面和弧矢面场曲相等，子午面和弧矢面重合。

7.5　畸变

根据理想光学系统的成像性质，一对共轭面的垂轴放大率 β 处处为常数。事实上，只有在近轴区域，共轭面的垂轴放大率才为常数。实际的光学系统，放大倍率会随距离光轴的远近发生变化，这就导致了成像不具备相似性，出现了扭曲形变，这种像差称为畸变（distortion）。

在理想像面上，若某轴外点处的垂轴放大率为 β'，近轴（或理想）垂轴放大率为 β，定义其畸变 $\delta\beta'$ 为

$$\delta\beta' = \frac{\beta' - \beta}{\beta} \times 100\% \tag{7-58}$$

在光学设计软件中，常用主光线在理想像面的交点到光轴的距离称为"实际像高"，记作 Y'_z；将近轴垂轴放大率算出来的像高称为"理想像高"，记作 Y'_0。设物高为 y，由垂轴放大率的定义可得 $\beta' = Y'_z/y$，$\beta = Y'_0/y$，代入公式（7-58）得

$$\delta\beta' = \frac{Y'_z/y - Y'_0/y}{Y'_0/y} \times 100\% = \frac{Y'_z - Y'_0}{Y'_0} \times 100\% \tag{7-59}$$

上式又称为相对畸变，在很多光学设计软件中直接代替畸变对光学系统进行评价，比如对于

目视光学系统，要求相对畸变低于±5％。

有时候，直接使用实际像高 Y'_z 与理想像高 Y'_0 的差作为畸变，称为线畸变，用 $\delta Y'_z$ 表示

$$\delta Y'_z = Y'_z - Y'_0 \tag{7-60}$$

很显然，公式（7-60）的线畸变，就是主光线的横向像差公式（7-42），利用公式（7-31）化简得

$$\delta Y'_z = -\frac{1}{2n'u'} S_{\text{V}} \tag{7-61}$$

畸变根据其引起的效果可以分为两种类型，如图 7-12 所示。图 7-12（a）为无畸变情况，一般只有近轴区域或者理想成像时发生。图 7-12（b）为距离光轴越远畸变越大，这种情况称为正畸变或者鞍形畸变。图 7-12（c）为距离光轴越远畸变越小，这种情况称为负畸变或者桶形畸变。

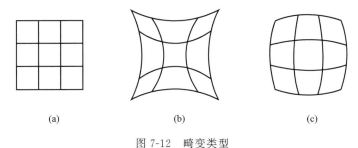

(a)　　　　　　　　(b)　　　　　　　　(c)

图 7-12　畸变类型

7.6　PW 形式的塞德和数

前面所求的初级像差计算公式均为单折射面的计算公式，如果光学系统有 k 个折射面，只需要将公式中塞德像差系数求和即可，称为塞德和数。

下面将单折射计算公式推广到 k 个折射面系统

① $$\delta L' = -\frac{1}{2n'u'^2} \sum_1^k S_{\text{I}} \tag{7-62}$$

② $$K'_S = -\frac{1}{2n'u'} \sum_1^k S_{\text{II}} = \frac{1}{3} K'_{\text{T}} \tag{7-63}$$

③ $$x'_{\text{ts}} = -\frac{1}{n'u'^2} \sum_1^k S_{\text{III}} \tag{7-64}$$

④ $$x'_p = -\frac{1}{2n'u'^2} \sum_1^k S_{\text{IV}} \tag{7-65}$$

⑤ $$\delta Y'_z = -\frac{1}{2n'u'} \sum_1^k S_{\text{V}} \tag{7-66}$$

在光学设计书籍中，尤其是我国的光学设计书当中，还有一种非常流行的塞德和数表示方法。通过定义 PW 两个因子，然后将公式（7-62）～公式（7-66）中的塞德和数表示成 PW 的函数，以此来分析像差特性，或者利用 PW 的分解法，获得结构参数，从而形成一种有效的初始结构求解方案。

首先引入 PW 因子为

$$\begin{cases} P = ni(i-i')(i'-u) \\ W = -(i-i')(i'-u) \end{cases} \tag{7-67}$$

式中，除了 n、u 容易求得的量之外，还有 i 和 i'，它们是光线追迹的中间变量，尽量不存在于公式中。为此，我们将上式改写成折射率和孔径角的函数关系。

$$i-i' = i - \frac{ni}{n'} = -ni\left(\frac{1}{n'} - \frac{1}{n}\right) = -ni\,\Delta\frac{1}{n} \Rightarrow ni = -(i-i')/\left(\Delta\frac{1}{n}\right) \tag{7-68}$$

$$= -(u'-u)/\left(\Delta\frac{1}{n}\right) = -\Delta u/\left(\Delta\frac{1}{n}\right)$$

$$i'-u = -(i'-u)\left(\frac{1}{n} - \frac{1}{n'}\right)/\left(\Delta\frac{1}{n}\right) = -\left(\frac{i'-u}{n} - \frac{i'-u}{n'}\right)/\left(\Delta\frac{1}{n}\right) \tag{7-69}$$

$$= -\left(\frac{i'}{n} - \frac{u}{n} - \frac{i-u'}{n'}\right)/\left(\Delta\frac{1}{n}\right) = -\Delta\frac{u}{n}/\left(\Delta\frac{1}{n}\right)$$

所以公式（7-67）可以改写为

$$\begin{cases} P = \left(\dfrac{\Delta u}{\Delta(1/n)}\right)^2 \Delta\dfrac{u}{n} \\[3mm] W = -\dfrac{P}{ni} = \left(\dfrac{\Delta u}{\Delta(1/n)}\right)\Delta\dfrac{u}{n} \end{cases} \tag{7-70}$$

下面推导塞德像差和数。由公式（7-34），得

$$S_{\mathrm{I}} = luni(i-i')(i'-u) = hP \tag{7-71}$$

利用公式（6-13）的拉格朗日不变量 $J = n(hi_z - h_z i) = nhi_z - nh_z i$，等式两边同除以 nhi 得

$$\frac{J}{nhi} = \frac{i_z}{i} - \frac{h_z}{h} \Rightarrow \frac{i_z}{i} = \frac{h_z}{h} + \frac{J}{nhi} \tag{7-72}$$

由公式（7-35）得彗差系数为

$$S_{\mathrm{II}} = S_{\mathrm{I}}\frac{i_z}{i} = hP\left(\frac{h_z}{h} + \frac{J}{nhi}\right) = h_z P - JW \tag{7-73}$$

由公式（7-36）得像散系数为

$$S_{\mathrm{III}} = S_{\mathrm{II}}\frac{i_z}{i} = (h_z P + JW)\left(\frac{h_z}{h} + \frac{J}{nhi}\right) = \frac{h_z^2}{h}P + h_z P\frac{J}{nhi} + J\frac{h_z}{h}W + J^2\frac{W}{nhi} \tag{7-74}$$

$$= \frac{h_z^2}{h}P - 2J\frac{h_z}{h}W + J^2\frac{1}{h}\Delta\frac{u}{n}$$

由公式（7-37）得 Petzval 系数为

$$S_{\mathrm{IV}} = J^2\frac{n'-n}{n'nr} \tag{7-75}$$

由公式（7-38）得畸变系数为

$$S_{\mathrm{V}} = (S_{\mathrm{III}} + S_{\mathrm{IV}})\frac{i_z}{i} = \left(\frac{h_z^2}{h}P - 2J\frac{h_z}{h}W + J^2\frac{1}{h}\Delta u + J^2\frac{n'-n}{n'nr}\right)\left(\frac{h_z}{h} + \frac{J}{nhi}\right) \tag{7-76}$$

$$= \frac{h_z^3}{h^2}P - 3J\frac{h_z^2}{h}W + J^2\frac{h_z}{h}\left(\frac{3}{h}\Delta\frac{u}{n} + \frac{n'-n}{n'nr}\right) - J^2\frac{1}{h^2}\Delta\frac{1}{n^2}$$

再将单折射面计算公式推广到 k 个折射面系统，则有下列公式

① $$\sum_1^k S_{\mathrm{I}} = \sum_1^k hP \tag{7-77}$$

② $$\sum_1^k S_{\rm II} = \sum_1^k h_z P - J \sum_1^k W \tag{7-78}$$

③ $$\sum_1^k S_{\rm III} = \sum_1^k \frac{h_z^2}{h} P - 2J \sum_1^k \frac{h_z}{h} W + J^2 \sum_1^k \frac{1}{h} \Delta \frac{u}{n} \tag{7-79}$$

④ $$\sum_1^k S_{\rm IV} = J^2 \sum_1^k \frac{n'-n}{n'nr} \tag{7-80}$$

⑤ $$\sum_1^k S_{\rm V} = \sum_1^k \frac{h_z^3}{h^2} P - 3J \sum_1^k \frac{h_z^2}{h} W + J^2 \sum_1^k \frac{h_z}{h}\left(\frac{3}{h}\Delta\frac{u}{n} + \frac{n'-n}{n'nr}\right) - J^2 \sum_1^k \frac{1}{h^2}\Delta\frac{1}{n^2} \tag{7-81}$$

7.7　在 Zemax 中查看塞德像差系数

下面我们以第 3 章的光路计算实例来演算塞德像差和数的求解过程，并与 Zemax 软件中计算的塞德和数进行比较。如图 7-13，为一个等双凸单透镜，具有入瞳直径 $D=20$，全视场 FOV＝20°，使用成都光明 H-K9L 玻璃，仅单色 d 光（587.6nm）成像。利用第 3 章的近轴光路计算公式，可得其相关参数列于表 7-1。表中的 u、u'、h、u_z、J 均为近轴光路计算结果。

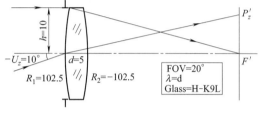

图 7-13　像差计算实例

详细的计算公式及计算过程列于表 7-2，其中在计算中利用了表 7-1 中近轴光路计算数据，包括折射率、孔径角、投射高和拉格朗日不变量。

表 7-1　计算实例数据

面号	u	u'	h	h_z	P	$S_{\rm I}$	$S_{\rm II}$	$S_{\rm III}$	$S_{\rm IV}$	$S_{\rm V}$
1	0.000000	0.033241	10.00000	0.000000	0.0002086	0.00208596	0.00377009	0.00681394	0.0103353	0.0309949
2	0.033241	0.100001	9.833800	0.575333	0.0029988	0.0294807	−0.0252539	0.0216331	0.0103353	−0.0273849
TOT	—	—	—	$J=1.7633$		0.0315666	−0.0214838	0.028447	0.0206706	0.00361008

表 7-2　计算过程

序号	计算公式	第一面	第二面	塞德和数
1	$\Delta u = u' - u$	0.033241	0.06676	—
2	$\Delta \dfrac{u}{n} = \dfrac{u'}{n'} - \dfrac{u}{n}$	0.0219152	0.0780858	—
3	$\Delta \dfrac{1}{n} = \dfrac{1}{n'} - \dfrac{1}{n}$	−0.340717	0.340717	—
4	$P = \left(\dfrac{\Delta u}{\Delta(1/n)}\right)^2 \Delta \dfrac{u}{n}$	0.000208596	0.00299789	—
5	$S_1 = hP$	0.00208596	0.0294807	$\sum S_{\rm I} = 0.0315666$
6	$ni = -\Delta u / \left(\Delta \dfrac{1}{n}\right)$	0.0975618	−0.19594	—
7	$\dfrac{i_z}{i} = \dfrac{h_z}{h} + \dfrac{J}{hni}$	1.80737	−0.856624	—
8	$S_{\rm II} = S_{\rm I} \dfrac{i_z}{i}$	0.00377009	−0.0252539	$\sum S_{\rm II} = -0.0214838$

续表

序号	计算公式	第一面	第二面	塞德和数
9	$S_{\text{III}} = S_{\text{II}} \dfrac{i_z}{i}$	0.00681394	0.0216331	$\sum S_{\text{III}} = 0.028447$
10	$S_{\text{IV}} = J^2 \dfrac{n'-n}{n'nr}$	0.0103353	0.0103353	$\sum S_{\text{IV}} = 0.0206706$
11	$S_{\text{V}} = (S_{\text{III}} + S_{\text{IV}}) \dfrac{i_z}{i}$	0.0309949	-0.0273849	$\sum S_{\text{V}} = 0.00361008$

我们将手动计算的结果，即表 7-1，和 Zemax 软件自身的塞德像差和数（系数）计算结果进行比较。在 Zemax 中，打开塞德像差计算数据，通过"分析→像差分析→赛德尔系数"命令，如图 7-14 所示。"赛德尔"即"塞德"，是一个名词，因为在国内多翻译为"塞德"，所以本书仍然沿用"塞德"一词。在"赛德尔系数"的像差系数数据表中，有三个比较重要的量，它们分别是：

① 波长，表示该镜头使用的波段。

② 佩兹伐半径，就是 Petzval 半径。

③ 光学不变量，就是拉格朗日不变量 J。

在下面"赛德尔像差系数"列表里，从左到右，依次为：

① 表面，代表面号，和镜头数据中的面号一致。

② SPHA S1，表示塞德初级球差系数，即 S_{I}。

③ COMA S1，表示塞德初级彗差系数，即 S_{II}。

④ ASTI S3，表示塞德初级像散系数，即 S_{III}。

⑤ FCUR S4，表示塞德初级 Petzval 场曲系数，即 S_{IV}。

⑥ DIST S5，表示塞德初级畸变系数，即 S_{V}。

⑦ CLA (CL)，表示塞德初级轴向色差系数，即 C_{I}，我们将在下一章介绍。

⑧ CTR (CT)，表示塞德初级垂轴色差系数，即 C_{II}，我们将在下一章介绍。

对比表 7-1 中 $S_{\text{I}} \sim S_{\text{V}}$ 列的球差、彗差、像散、场曲和畸变手动计算数值和图 7-14 中 S1～S5 列的数据，在精度范围内，基本上完全一致。除了查看塞德像差系数，还可以通过"分系→像差分析→场曲/畸变"命令，打开并查看场曲/畸变曲线，如图 7-15 所示。

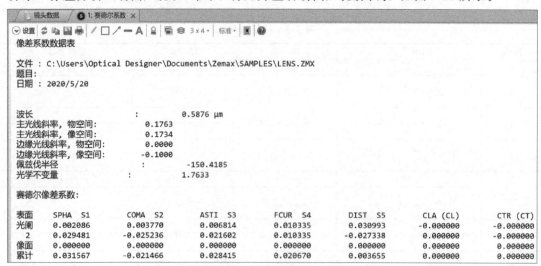

图 7-14　Zemax 中像差计算

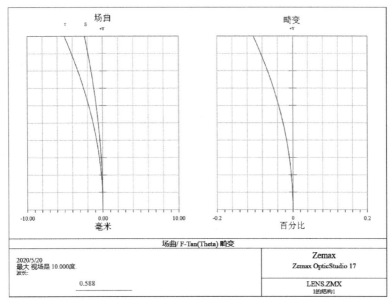

图 7-15　Zemax 中场曲/畸变曲线

第 $\mathcal{8}$ 章

塞德像差理论 II

在上一章，我们介绍了塞德初级像差中的球差、彗差、像散、场曲和畸变，在整个过程中，并没有考虑到波长对像差的影响。事实上，不同的色光，它们在同种介质中的折射率是不一样的，从而也造成光在透镜中行走的路径不一样，会聚的像点不一样。不仅每一种色光本身具有前述的五种初级像差，而且不同色光之间也会存在偏差，称作色差（chromatic aberration）。在光学系统中，如果色差不校正，将导致成像发生偏色性，比如有些老式光学相机拍出的照片，在树梢、大山等边缘会出现偏蓝紫色的特性，又称作"紫边现象"，它其实就是色差校正不完全的结果。柯达是光学相机的王者，但是在数码相机畅销之后，逐渐被淘汰出局。柯达也曾生产过数码相机，柯达的数码相机成像偏艳丽，给人一种还原世界不真实的"假象"。而尼康公司，早早就研制出了自家的看门技术——低色散光学玻璃（ED 玻璃）。鉴于色差的重要性，使它成为光学设计师不可避免的问题之一。在本章，首先讨论初级色差问题，包括色差的定义、分类、求解公式和如何在 Zemax 中查看塞德初级色差数据。接着介绍了一种十分有效的像差分析方法，即初级像差的级数展开。理论上，每一个初级像差都是孔径和视场的函数，只是所表现出来的级数不同而已。最后，介绍了一种直观图示分析像差的方法，即像差曲线。很多时候，我们在评价光学系统时，往往通过观察像差曲线，即可一目了然地洞悉光学系统的好坏。

8.1 初级色差

8.1.1 轴向色差

由著名的透镜制作方程，即 $\Phi = (n-1)(1/r_1 - /r_2)$，可知对于同一个单透镜，当波长不同的光通过透镜成像时，由于折射率不同，导致焦距 $f' = 1/\Phi$ 不同。如图 8-1 所示，一束白光平行于光轴入射到透镜上，将在像空间光轴上获得不同波长的焦点排列 $F_F' \sim F_C'$。由第 4 章光学材料可知，光学玻璃具有正常色散特性，折射率随波长成反比关系。波长长的 C 光折射率小，光焦度小，焦距大；波长短的 F 光折射率大，光焦度大，焦距小。所以，C 光的焦距大，F 光的焦距小，而波长介于中间的 d 光，焦距也在中间，见图 8-1。如果在理想像面左右分别取 a～e 五个截面，可得到图中下面的点列图。

在光学设计中，任何光学系统都有自己的工作波段，假设某光学系统工作于波长 $\lambda_1 \sim \lambda_2$ 之间，将 $\lambda_c = (\lambda_1 + \lambda_2)/2$ 称为中心波长，有时候也将接受体最敏感的波长用作中心波长。如果 $\lambda_1 < \lambda_2$，定义 λ_1 的像距 l_{λ_1} 与 λ_2 的像距 l_{λ_2} 之差，称为轴向色差（longitudinal color aberration），又称作位置色差，记作 $\Delta l_{\lambda_1 \lambda_2}$。轴向色差是以波长长的像点为计算起点，

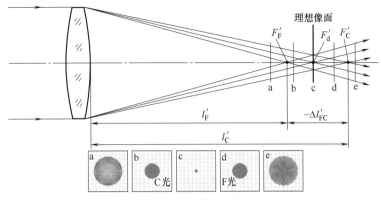

图 8-1 轴向色差的定义

波长短的像点与波长长的像点的沿轴距离，就是轴向色差。写成公式为

$$\Delta l_{\lambda_1 \lambda_2} = l_{\lambda_1} - l_{\lambda_2} \tag{8-1}$$

对于可见光波段的光学系统，通常选用 $\lambda_1 = \mathrm{F}$（486.1nm），$\lambda_2 = \mathrm{C}$（656.3nm）和 $\lambda_c = \mathrm{d}$（587.6nm）。因为 F 光和 C 光两端外面的电磁波视见函数接近于 0，可以忽略不计；而 d 光接近于（486.1 + 656.3）/2 = 571.2nm，也接近于人眼最敏感的波长（555nm）。设 F 光的像距为 l'_{F}，C 光的像距为 l'_{C}，则 F 光的像距与 C 光的像距之差就是轴向色差，用 $\Delta l'_{\mathrm{FC}}$ 表示，有

$$\Delta l'_{\mathrm{FC}} = l'_{\mathrm{F}} - l'_{\mathrm{C}} \tag{8-2}$$

由透镜制造方程，两边取微分得

$$\frac{1}{f'} = (n-1)\left(\frac{1}{r_1} - \frac{1}{r_2}\right) \Rightarrow -\Delta f' / f'^2 = \Delta n \left(\frac{1}{r_1} - \frac{1}{r_2}\right)$$

由于 $\Delta f' = \Delta l'_{\mathrm{FC}}$，$\Delta n = \Delta n_{\mathrm{FC}} = n_{\mathrm{F}} - n_{\mathrm{C}}$，$C_1 = 1/r_1$，$C_2 = 1/r_2$，所以上式变为

$$\Delta l'_{\mathrm{FC}} = -\Delta n_{\mathrm{FC}} f'^2 (C_1 - C_2) \tag{8-3}$$

从上式可以看出，轴向色差正比于中部色散。下面推导轴向色差的计算公式，由近轴光学基本公式

$$\frac{n'}{l'} - \frac{n}{l} = \frac{n'-n}{r} \Rightarrow n'\left(\frac{1}{l'} - \frac{1}{r}\right) = n\left(\frac{1}{l} - \frac{1}{r}\right) = -Q \tag{8-4}$$

式中，$Q = n(1/r - 1/l) = n'(1/r - 1/l')$，称作"阿贝不变量"。上式两边取微分得

$$\frac{\mathrm{d}n'}{l'} - n'\frac{\mathrm{d}l'}{l'^2} - \frac{\mathrm{d}n}{l} + n\frac{\mathrm{d}l}{l^2} = \frac{\mathrm{d}n'-\mathrm{d}n}{r} \tag{8-5}$$

上式的折射率变化即色散，取 F 光和 C 光间色散，则 $\mathrm{d}n' = n'_{\mathrm{F}} - n'_{\mathrm{C}}$，$\mathrm{d}n = n_{\mathrm{F}} - n_{\mathrm{C}}$，$\mathrm{d}l' = l'_{\mathrm{F}} - l'_{\mathrm{C}} = \Delta l'_{\mathrm{FC}}$ 即是像空间的轴向色差，$\mathrm{d}l = l_{\mathrm{F}} - l_{\mathrm{C}} = \Delta l_{\mathrm{FC}}$ 表示物空间的轴向色差。另外，投射高满足 $h = lu = l'u'$，有

$$\frac{u'\mathrm{d}n'}{h} - n'\frac{u'^2 \Delta l'_{\mathrm{FC}}}{h^2} - \frac{u\mathrm{d}n}{h} + n\frac{u^2 \Delta l_{\mathrm{FC}}}{h^2} = \frac{\mathrm{d}n'-\mathrm{d}n}{r}$$

$$n'u'^2 \Delta l'_{\mathrm{FC}} - nu^2 \Delta l_{\mathrm{FC}} = u'h\,\mathrm{d}n' - uh\,\mathrm{d}n - \frac{\mathrm{d}n'-\mathrm{d}n}{r}h^2 = h^2\,\mathrm{d}n'\left(\frac{u'}{h} - \frac{1}{r}\right) - h^2\,\mathrm{d}n\left(\frac{u}{h} - \frac{1}{r}\right)$$

$$= -h^2 Q\left(\frac{\mathrm{d}n'}{n'} - \frac{\mathrm{d}n}{n}\right) = -h^2 Q \Delta \frac{\mathrm{d}n}{n}$$

$$\tag{8-6}$$

在光路计算中，法线角满足 $\Phi = u + i = u' + i'$，所以有

$$hQ = nh\left(\frac{1}{r} - \frac{1}{l}\right) = n(\Phi - u) = ni \tag{8-7}$$

令初级轴向色差系数为

$$C_{\mathrm{I}} = h^2 Q \Delta \frac{\mathrm{d}n}{n} = luni \Delta \frac{\mathrm{d}n}{n} \tag{8-8}$$

若物空间没有色差，则公式（8-6）可以改写成

$$\Delta l'_{\mathrm{FC}} = -\frac{1}{n'u'^2} C_{\mathrm{I}} \tag{8-9}$$

如果光学系统有 k 个折射面，需要对上式进行求和，得

$$\Delta l'_{\mathrm{FC}} = -\frac{1}{n'u'^2} \sum_1^k C_{\mathrm{I}} \tag{8-10}$$

8.1.2　垂轴色差

轴向色差是轴上物点成像所致，当对轴外物点进行成像时，光线具有一定的倾斜角，如

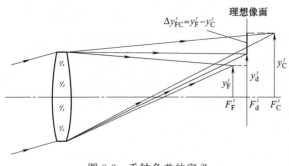

图 8-2　垂轴色差的定义

图 8-2 所示。视场倾角为 ω 的白色平行光束入射到透镜上，由无限远共轭的像高公式

$$y' = -f'\tan\omega \tag{8-11}$$

假设某光学系统工作于波长 $\lambda_1 \sim \lambda_2$ 之间，如果 $\lambda_1 < \lambda_2$，定义 λ_1 的像高 y_{λ_1} 与 λ_2 的像高 y_{λ_2} 之差，称为垂轴色差（lateral color aberration），又称作倍率色差，记作 $\Delta y_{\lambda_1\lambda_2}$。垂轴色差是以波长长的像点为计算起点，波长短的像点与波长长的像点的垂轴距离，就是垂轴色差。写成公式为

$$\Delta y_{\lambda_1\lambda_2} = y_{\lambda_1} - y_{\lambda_2} \tag{8-12}$$

对于可见光波段，多用 F～C 光。设 F 光的像高为 y'_{F}，C 光的像高为 y'_{C}，d 光的像高为 y'_{d}，垂轴色差就是 F 光的像高与 C 光的像高之差，用 $\Delta y'_{\mathrm{FC}}$ 表示，即

$$\Delta y'_{\mathrm{FC}} = y'_{\mathrm{F}} - y'_{\mathrm{C}} \tag{8-13}$$

下面求垂轴色差的计算公式。如图 8-3 所示，从入瞳中心发出的主光线交折射面于 P 点，由于波长不同折射率不同，所以不同波长的光线其出射光线将散开。连接折射面球心 C 和物点 B，则 BC 为辅轴，交折射面于 O' 点。设在 P 点发生折射后，F 光与辅轴 BC 的交点为 B'_{F}，C 光与辅轴 BC 的交点为 B'_{C}，由作图法可知，B'_{F} 即为 B 点对 F 光关于辅轴 $O'CB$ 所成的像点，B'_{C} 即为 B 点对 C 光关于辅轴 $O'CB$ 所成的像点。如果设物体为 AB，则 F 光像为 $A'_{\mathrm{F}}B'_{\mathrm{F}}$，C 光像为 $A'_{\mathrm{C}}B'_{\mathrm{C}}$。由轴向色差的定义，显然轴向色差为 B'_{F} 点和 B'_{C} 点的沿轴距离；同理，由垂轴色差的定义，垂轴色差为 B'_{F} 点和 B'_{C} 点的垂轴距离，即

$$B'_{\mathrm{F}}M = -\Delta l'_{\mathrm{FC}}, \quad B'_{\mathrm{C}}M = -\Delta y'_{\mathrm{FC}} \tag{8-14}$$

由图 8-3，$\triangle PB'_{\mathrm{F}}O' \backsim \triangle MB'_{\mathrm{F}}B'_{\mathrm{C}}$，得

$$\frac{B'_{\mathrm{C}}M}{PO'} = \frac{B'_{\mathrm{F}}M}{PB'_{\mathrm{F}}} \tag{8-15}$$

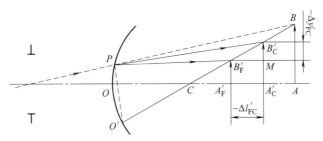

图 8-3 求垂轴色差

在近轴情况下，$PB'_F \approx l'$。下面求 PO'，在光路计算中，由法线角满足

$$\Phi = u' + i' \Rightarrow i' = \Phi - u' = h\left(\frac{1}{r} - \frac{1}{l'}\right) \tag{8-16}$$

图 8-3 中的主光线相对于辅轴 BC 也有公式（8-16）的关系

$$i'_z = PO'\left(\frac{1}{r} - \frac{1}{l'_z}\right) \tag{8-17}$$

式中，i'_z 为主光线在 P 点的折射角，在近轴范围内 $l'_z \approx l'$，主光线投射点 P 相对于辅轴的投射高即是 PO'。公式（8-17）除以公式（8-16），可得

$$PO' = h\frac{i'_z}{i'} = h\frac{i_z}{i} \tag{8-18}$$

将公式（8-14）、公式（8-18）和 $PB'_F \approx l'$，代入到公式（8-15）得

$$\Delta y'_{FC} = u'\Delta l'_{FC}\frac{i_z}{i} \tag{8-19}$$

将公式（8-9）代入上式得

$$\Delta y'_{FC} = -\frac{1}{n'u'}C_{\mathrm{I}}\frac{i_z}{i} \tag{8-20}$$

令

$$C_{\mathrm{II}} = C_{\mathrm{I}}\frac{i_z}{i} \tag{8-21}$$

公式（8-20）可改写为

$$\Delta y'_{FC} = -\frac{1}{n'u'}C_{\mathrm{II}} \tag{8-22}$$

如果光学系统有 k 个折射面，需要对上式进行求和，得

$$\Delta y'_{FC} = -\frac{1}{n'u'}\sum_1^k C_{\mathrm{II}} \tag{8-23}$$

8.1.3 在 Zemax 中查看初级色差数据

在图 7-14 中，"赛德尔像差系数"区域里第七列和第八列分别是"CLA（CL）"、"CTR（CT）"，它们就是初级轴向色差（CLA）和初级垂轴色差（CTR）。只是在图 7-14 中，所有数据都是 0，是因为在图 7-13 的例子中，仅使用了一种波长，即 d 光，不存在色差。如果将图 7-13 的实例，改为使用 F、d、C 的可见光波段，则色差列将存在数据。使用命令"分析→像差分析→赛德尔系数"，打开"赛德尔系数"数据文档，如图 8-4 所示。

为了计算色差，首先需要计算折射率，实例中使用的是成都光明 H-K9L 的光学玻璃，它的折射率计算公式用的是 Schott 公式，即

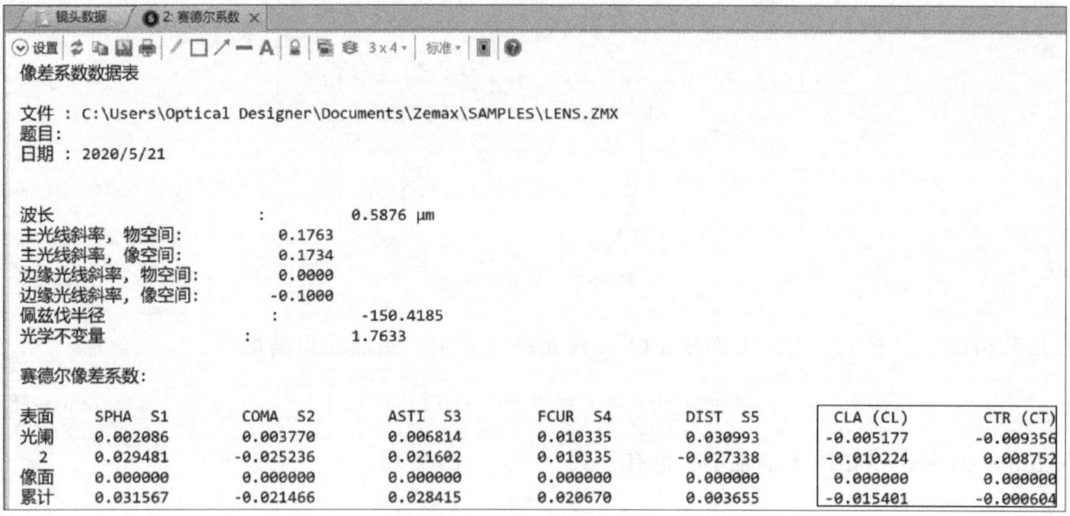

图 8-4 查看初级色差系数

$$n^2 = a_0 + a_1\lambda^2 + a_2\lambda^{-2} + a_3\lambda^{-4} + a_4\lambda^{-6} + a_5\lambda^{-8} \tag{8-24}$$

其中 $a_0 \sim a_5$ 由图 4-2 获得

$a_0 = 2.271969406$

$a_1 = -9.917218687 \times 10^{-3}$

$a_2 = 1.036975245 \times 10^{-2}$

$a_3 = 3.119037979 \times 10^{-4}$

$a_4 = -2.645821452 \times 10^{-5}$

$a_5 = 1.647508475 \times 10^{-6}$

将 $a_0 \sim a_5$ 代入到公式（8-24），并分别应用于 F（0.4861μm）、d（0.5876μm）、C（0.6563μm）三种波长，注意波长在代入时以"微米"（μm）为单位，可得三种波长的折射率为

$$n_F = 1.52237,\ n_d = 1.5168,\ n_C = 1.51432 \tag{8-25}$$

可以在 Zemax 软件中查看折射率的数据，使用的命令为"分析→报告→分类数据报告"，打开分类数据文档。单击左上角的"设置"，再单击"清除选择"清除掉所有勾选项，只保留"折射率/TCE 数据"，如图 8-5 所示。玻璃 H-K9L 在 F、d、C 三种波长下的折射率列于面 1 行，它们与我们计算的结果［公式（8-25）］几乎一样。

利用第 7 章表 7-2 中的数据和 $dn = n_F - n_d = 0.00805$，代入公式（8-8）和（8-21），可得计算结果列于表 8-1，和图 8-4 中"CLA（CL）"、"CTR（CT）"两列数据进行比较发现，它们的差别很小。主要的差别在于，我们代入的 F、d、C 三种波长仅使用了四位有效数字，导致公式（8-23）和图 8-5 中的折射率有偏差。

表 8-1　初级色差手动计算数据

序号	计算公式	第一面	第二面	像差和数
1	$C_I = luni\Delta\dfrac{dn}{n}$	0.0051767	0.0102239	$\sum C_I = 0.015404$
2	$C_{II} = C_I\dfrac{i_z}{i}$	0.00935621	-0.00875806	$\sum C_{II} = 0.000598282$

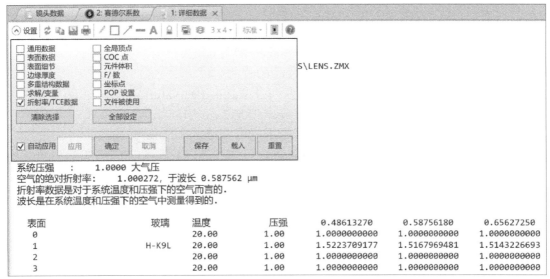

图 8-5 查看折射率数据

8.2 Zemax 中横向像差与轴向像差

在 Zemax 的"赛德尔系数"文档中，还有"横向像差系数"和"轴向像差系数"，如图 8-6 所示。它们都是通过"赛德尔像差系数"直接计算而来，具体的计算公式列于表 8-2。不过，需要注意的是，我国和美国书籍当中符号规则的制定有一点点差别，对于孔径角符号的定义刚好和我国流行的定义方法相反。因此，在表 8-2 的计算当中，需要注意像方孔径角 u' 的符号与我们定义的相反。最终计算的横向像差，可能存在一个正负号的差别，不过绝对值是一致的，这并不影响评价结果。另外，所有计算中使用的 n'、u' 都是像空间的折射率和孔径角，而不是中间空间的。

赛德尔像差系数：

表面	SPHA S1	COMA S2	ASTI S3	FCUR S4	DIST S5	CLA (CL)	CTR (CT)
光阑	0.002086	0.003770	0.006814	0.010335	0.030993	-0.005177	-0.009356
2	0.029481	-0.025236	0.021602	0.010335	-0.027338	-0.010224	0.008752
像面	0.000000	0.000000	0.000000	0.000000	0.000000	0.000000	0.000000
累计	0.031567	-0.021466	0.028415	0.020670	0.003655	-0.015401	-0.000604

赛德尔像差系数（波长）：

表面	W040	W131	W222	W220P	W311	W020	W111
光阑	0.443762	3.208134	5.798226	4.397366	26.374607	-4.405209	-15.923522
2	6.271823	-21.474860	18.382599	4.397366	-23.263946	-8.700307	14.895022
像面	0.000000	0.000000	0.000000	0.000000	0.000000	0.000000	0.000000
累计	6.715585	-18.266726	24.180826	8.794732	3.110661	-13.105516	-1.028501

横向像差系数：

表面	TSPH	TSCO	TTCO	TAST	TPFC	TSFC	TTFC	TDIS	TAXC	TLAC
光阑	0.010429	0.018850	0.056549	0.068136	0.051674	0.085742	0.153878	0.154966	0.051766	0.093560
2	0.147403	-0.126178	-0.378533	0.216017	0.051674	0.159683	0.375700	-0.136689	0.102239	-0.087517
像面	0.000000	0.000000	0.000000	0.000000	0.000000	0.000000	0.000000	0.000000	-0.000000	-0.000000
累计	0.157832	-0.107328	-0.321983	0.284153	0.103349	0.245425	0.529578	0.018277	0.154005	0.006043

轴向像差系数：

表面	LSPH	LSCO	LTCO	LAST	LPFC	LSFC	LTFC	LDIS	LAXC	LLAC
光阑	0.104294	0.188496	0.565488	0.681357	0.516740	0.857419	1.538776	1.549657	-0.517662	-0.935597
2	1.474020	-1.261769	-3.785308	2.160163	0.516740	1.596822	3.756985	-1.366888	1.022384	0.875167
像面	0.000000	0.000000	0.000000	0.000000	0.000000	0.000000	0.000000	0.000000	0.000000	0.000000
累计	1.578314	-1.073273	-3.219820	2.841521	1.033481	2.454241	5.295761	0.182769	-1.540046	-0.060430

图 8-6 横向像差系数和轴向像差系数

下面分别一一说明它们的意义。

横向像差系数：

① TSPH，横向球差（transverse spherical）。

② TSCO，横向弧矢彗差（transverse sagittal coma）。

③ TTCO，横向子午彗差（transverse tangential coma）。

④ TAST，横向像散（transverse astigmatism）。

⑤ TPEC，横向 Petzval 场曲（transverse Petzval field curvature）。

⑥ TSFC，横向弧矢场曲（transverse sagittal field curvature）。

⑦ TTFC，横向子午场曲（transverse tangential field curvature）。

⑧ TDIS，横向畸变（transverse distortion）。

⑨ TAXC，横向轴向色差（transverse axial color）。

⑩ TLAC，横向垂轴色差（transverse lateral color）。

轴向像差系数：

① LSPH，轴向球差（longitudinal spherical aberration）。

② LSCO，轴向弧矢彗差（longitudinal sagittal coma）。

③ LTCO，轴向子午彗差（longitudinal tangential coma）。

④ LAST，轴向像散（longitudinal astigmatism）。

⑤ LPEC，轴向 Petzval 场曲（longitudinal Petzval field curvature）。

⑥ LSFC，轴向弧矢场曲（longitudinal sagittal field curvature）。

⑦ LTFC，轴向子午场曲（longitudinal tangential field curvature）。

⑧ LDIS，轴向畸变（longitudinal distortion）。

⑨ LAXC，轴向色差（longitudinal axial color）。

⑩ LLAC，轴向垂轴色差（longitudinal lateral color）。

表 8-2　横向像差和轴向像差计算公式

像差名称	塞德系数	波像差系数	说明	横向像差	轴向像差
球差	S_{I}	$\dfrac{S_{\mathrm{I}}}{8}$	球差	$-\dfrac{S_{\mathrm{I}}}{2n'u'}$	$\dfrac{S_{\mathrm{I}}}{2n'u'^2}$
彗差	S_{II}	$\dfrac{S_{\mathrm{II}}}{2}$	弧矢	$-\dfrac{S_{\mathrm{II}}}{2n'u'}$	$\dfrac{S_{\mathrm{II}}}{2n'u'^2}$
			子午	$-\dfrac{3S_{\mathrm{II}}}{2n'u'}$	$\dfrac{3S_{\mathrm{II}}}{2n'u'^2}$
像散	S_{III}	$\dfrac{S_{\mathrm{III}}}{2}$	子午焦点到弧矢焦点	$-\dfrac{S_{\mathrm{III}}}{n'u'}$	$\dfrac{S_{\mathrm{II}}}{n'u'^2}$
场曲	S_{IV}	$\dfrac{S_{\mathrm{IV}}}{4}$	Petzval 到理想像面	$-\dfrac{S_{\mathrm{IV}}}{2n'u'}$	$\dfrac{S_{\mathrm{IV}}}{2n'u'^2}$
	$S_{\mathrm{III}}+S_{\mathrm{IV}}$	$\dfrac{S_{\mathrm{III}}+S_{\mathrm{IV}}}{4}$	弧矢焦点到理想像面	$-\dfrac{S_{\mathrm{III}}+S_{\mathrm{IV}}}{2n'u'}$	$\dfrac{S_{\mathrm{III}}+S_{\mathrm{IV}}}{2n'u'^2}$
	$2S_{\mathrm{III}}+S_{\mathrm{IV}}$	$\dfrac{2S_{\mathrm{III}}+S_{\mathrm{IV}}}{4}$	平均焦点到理想像面	$-\dfrac{2S_{\mathrm{III}}+S_{\mathrm{IV}}}{2n'u'}$	$\dfrac{2S_{\mathrm{III}}+S_{\mathrm{IV}}}{2n'u'^2}$
	$3S_{\mathrm{III}}+S_{\mathrm{IV}}$	$\dfrac{3S_{\mathrm{III}}+S_{\mathrm{IV}}}{4}$	子午焦点到理想像面	$-\dfrac{3S_{\mathrm{III}}+S_{\mathrm{IV}}}{2n'u'}$	$\dfrac{3S_{\mathrm{III}}+S_{\mathrm{IV}}}{2n'u'^2}$
畸变	S_{V}	$\dfrac{S_{\mathrm{V}}}{2}$	畸变	$-\dfrac{S_{\mathrm{V}}}{2n'u'}$	$\dfrac{S_{\mathrm{V}}}{2n'u'^2}$
轴向色差	C_{I}	$\dfrac{C_{\mathrm{I}}}{2}$	轴向色差	$\dfrac{C_{\mathrm{I}}}{n'u'}$	$\dfrac{C_{\mathrm{I}}}{n'u'^2}$
垂轴色差	C_{II}	C_{II}	垂轴色差	$\dfrac{C_{\mathrm{II}}}{n'u'}$	$\dfrac{C_{\mathrm{II}}}{n'u'^2}$

在表 8-2 当中，由于后面专门有一章来介绍波像差，在此不再赘述表当中的波像差系数。下面仅举计算球差的实例，其他计算就留给读者完成。

第一面球差：

① 由表 7-1 得 $u'=u'_2=0.100001$。

② $n'=n'_2=1$。

③ 由表 7-2 得 $S_{Ⅰ1}=0.00208596$。

④ 由表 8-2 计算公式，可算得 $\text{TSPH}_1=-S_{I1}/(2n'u')=-0.0104297$。

⑤ 由表 8-2 计算公式，可算得 $\text{LSPH}_1=S_{Ⅰ1}/(2n'u'^2)=0.1042959$。

第二面球差：

① 同理 $u'=0.100001$，$n'=1$。

② 由表 7-2 得 $S_{Ⅱ}=0.0294807$。

③ 由表 8-2 计算公式，可算得 $\text{TSPH}_2=-S_{I2}/(2n'u')=-0.1474020$。

④ 由表 8-2 计算公式，可算得 $\text{LSPH}_2=S_{I2}/(2n'u'^2)=1.4740055$。

球差和数：

① 同理 $u'=0.100001$，$n'=1$。

② 由表 7-2 得 $\sum S_{Ⅰ}=0.0315666$。

③ 由表 8-2 计算公式，可算得 $\text{TSPH}=-\sum S_{Ⅰ}/(2n'u')=-0.1578314$。

④ 由表 8-2 计算公式，可算得 $\text{LSPH}=\sum S_{Ⅰ}/(2n'u'^2)=1.5782984$。

上面计算的结果和图 8-6 中相比，除了横向像差有一个正负号的差别之外，数值与"TSPH"和"LSPH"列下的数据基本一致。正负号的差别是由像空间像方孔径角 u' 定义的正负号导致的，我们定义的正号在 Zemax 中是负号。

8.3　像差的级数展开与像差平衡

包括第 7 章以及本章上述的内容，主要介绍了初级像差理论，以及七种初级像差的计算公式、像差系数等。事实上，除了初级像差，一般光学系统都或多或少地存在高级像差。但是，高级像差研究起来相当麻烦，首先高级像差的数量比七种初级像差要多很多；其次高级像差阶数越高，复杂性越大，计算公式也会跟着复杂化。另外，高级像差不像初级像差那样具有独立性，也不能简单地计算每一面的高级像差，然后求像差和数，而是需要考虑高级像差面贡献及其后面系统的影响。也就是说，表面上看某一面高级像差较大，也许并非本面的作用，可能要追溯到前面的某一面，这将是很麻烦的一件事。不过，有一个直观的现象，基本上可以确定，某一面的初级像差越大，它的高级像差也一定较大。其实没有太大的必要去追求校正高级像差，从像差平衡的观点，只需要校正综合指标达到目的即可，可以重点关注点列图、MTF、能量环等综合评价指标。但是，讨论高级像差的性质，使光学设计师有一个总体的把握，还是很有必要的。在本节中，使用一种简便的方法，利用像差的级数展开来研究高级像差，直观有效，容易理解。

对于旋转对称系统，将像差表示为孔径（投射高 h 或孔径角正弦 $\sin U$）和视场（视场角 ω 或物高 y 或像高 y'）的函数。对于任意系统，需要将孔径进行坐标化，比如用笛卡尔坐标 (X, Y) 或者极坐标 (ρ, θ)。第一种情况就是本节所讨论的内容，第二种情况留到第 10 章的波像差再讨论。我们使用最常用的投射高 h 和物高 y，因为在前面的各种初级塞德像差表达式中，就使用的是投射高和物高。设光学系统的某种像差 $\Delta LA'$ 展开为 h 和 y 的

函数

$$\Delta LA' = \sum_i A_i h^{m_i} y^{n_i}, i = 1, 2, 3, \cdots \tag{8-26}$$

式中，i 为正整数，每一个 i 代表展开的一项；m_i、n_i 代表第 i 项 h 和 y 的幂次。当 $i=1$ 时，称为初级像差；当 $i=2$ 时，称为二级像差，以此类推。将 $i \neq 1$ 的项统统称为高级像差。

(1) 球差

由于球差为轴上点像差，所以以级数展开中不含 y。由于旋转对称性，当 h 变为 $-h$ 时，球差值不变，所以不含常数项。球差展开只含 h 的偶数项

$$\delta L' = A_1 h^2 + A_2 h^4 + A_3 h^6 + \cdots \tag{8-27}$$

式中，第一项即为初级球差，剩余的为高级球差。在 Zemax 中，常用归一化的孔径来代替实际的孔径，如最大孔径为 $h_{\max}$，则 h 取 $(0 \sim 1) h_{\max}$，即

$$h = P h_{\max} \tag{8-28}$$

式中，$P = h / h_{\max} = 0 \sim 1$，称为归一化孔径坐标，也就是我们前面所说的带光。将公式 (8-28) 代入到公式 (8-27)，并只保留到二级球差得

$$\delta L' = A_1 P^2 h_{\max}^2 + A_2 P^4 h_{\max}^4$$

如果边缘光线校正了球差，即 $P=1$，$\delta L'=0$，代入上式得 $A_2 = -A_1 / h_{\max}^2$，回代入上式得

$$\delta L' = A_1 P^2 h_{\max}^2 - A_1 P^4 h_{\max}^2$$

上式即为边缘光线（$h = h_{\max}$）无球差时，球差关于归一化孔径 P 的分布公式。为了求极值，对上式求一阶导数，并令其为零得

$$\frac{\mathrm{d}\delta L'}{\mathrm{d}P} = 2A_1 P h_{\max}^2 - 4A_1 P^3 h_{\max}^2 = 0 \quad \Rightarrow \quad P = \frac{1}{\sqrt{2}} = 0.707 \tag{8-29}$$

此时，在 $h = 0.707 h_{\max}$ 处球差取得最大值，剩余球差大小为

$$\delta L'_{0.707} = 0.25 A_1 h_{\max}^2 = -0.25 A_2 h_{\max}^4 \tag{8-30}$$

这说明，剩余球差为二级球差的四分之一，且异号。

(2) 彗差

从彗差的定义可知，彗差就是最大光线对形成的，所以 h 变为 $-h$ 时，彗差仍然保持不变，说明彗差级数展开含有 h 的偶数次幂项。彗差是轴外像差之一，必然与视场有关系，当 y 变为 $-y$ 时，主光线和光线对都从上变到下面，由对称性，彗差异号，说明含有 y 的奇数次幂。在此仅给出弧矢彗差的级数展开，子午彗差的展开仅初级子午彗差为初级弧矢彗差的三倍，高阶项公式形状一样。

$$K'_S = A_1 y h^2 + A_2 y h^4 + A_3 y^3 h^2 + \cdots \tag{8-31}$$

式中，第一项即为初级彗差，剩余的为高级彗差。

① 大视场小孔径系统。此时可取彗差

$$K'_S = A_1 y h^2 + A_3 y^3 h^2$$

同样，在 Zemax 中，常用归一化的视场来代替实际的视场，如最大视场为 $y_{\max}$，则 y 取 $(0 \sim 1) y_{\max}$，即

$$y = H y_{\max} \tag{8-32}$$

式中，$H = y / y_{\max} = 0 \sim 1$，称为归一化视场坐标，也就是我们前面所说的视场点。如果在视场的边缘，即 $H=1$ 时，初级彗差和视场高级彗差平衡为零

$$K'_S = A_1 y_{max} h^2 + A_3 y_{max}^3 h^2 = 0$$

则有 $A_1 = -A_3 y_{max}^2$，回代入彗差公式得

$$K'_S = -A_3 H y_{max}^3 h^2 + A_3 H^3 y_{max}^3 h^2$$

上式对 H 求导并令其为零得

$$\frac{dK'_S}{dH} = -A_3 y_{max}^3 h^2 + 3A_3 H^2 y_{max}^3 h^2 = 0 \Rightarrow H = \frac{1}{\sqrt{3}} = 0.58 \tag{8-33}$$

此时，在 $y = 0.58 y_{max}$ 处彗差取得最大值，剩余彗差大小为

$$\delta K'_{0.58} = -0.385 A_3 y_{max}^3 h^2 \tag{8-34}$$

这说明，剩余彗差为最大二级彗差的 38.5%，且异号。

②　小视场大孔径系统。此时可取彗差

$$K'_S = A_1 y h^2 + A_2 y h^4$$

上式的公式形式与球差类似，推导过程一样，在此直接使用结果，不再推导。当边缘孔径 $h = h_{max}$ 彗差为零 $K'_S = 0$，则在 $h = 0.707 h_{max}$ 存在最大剩余彗差

$$\delta K'_{0.707} = -0.25 A_2 y h_{max}^4 \tag{8-35}$$

剩余彗差为最大二级彗差的 1/4，且异号。

(3) 像散

像散为细光束子午焦点与细光束弧矢焦点的轴向距离，由于为细光束，所以像散开式中不存在孔径 h，只为物高 y 的函数。对于旋转对称系统，当 y 变号时，相当于主光线转 180°，而细光束子午焦点与细光束弧矢焦点相对位置保持不变，像散符号不变。因此像散只含 y 的偶数次项

$$x'_{ts} = A_1 y^2 + A_2 y^4 + A_3 y^6 + \cdots \tag{8-36}$$

很显然，像散的级数展开形式与球差类似，分析方法也类似。则有当边缘视场 $y = y_{max}$ 像散为零 $x'_{ts} = 0$，只取前两项，则在 $y = 0.707 y_{max}$ 存在最大像散

$$x'_{ts0.707} = -0.25 A_2 y_{max}^4 \tag{8-37}$$

(4) 场曲

场曲平衡比较复杂，特别是 Petzval 场曲，要想校正它，需要增加系统的复杂性，或者安排特殊的平化场曲透镜进行场曲平化。比如一些望远系统或显微系统中的目镜，它的视场较大，场曲较大，而目镜结构一般简单，镜片数量不多，Petzval 场曲几乎不可校正。我们可以使用物镜的残留场曲来部分地弥补目镜的场曲。在第 15 章，我们会介绍场曲的平化问题，并设计一个场曲平化透镜以平衡场曲。

(5) 畸变

很显然，畸变与孔径无关，它只与视场有关系，即可以展开成物高 y 的函数。当 $y = 0$ 时，为轴上像点，畸变 $\delta Y'_z = 0$，无常数项。当 y 反号时，主光线也将沿光轴镜像，对于旋转对称系统，相当于将整个系统旋转 180°，畸变也将反号，所以只存在奇数项：

$$\delta Y'_z = A_1 y^3 + A_2 y^5 + A_3 y^7 + \cdots \tag{8-38}$$

式中，第一项为初级畸变，剩余为高级畸变。如果平衡了边缘畸变，上式取前两项，并令 $y = H y_{max}$，$H = 1$ 得

$$\delta Y'_z = A_1 H^3 y_{max}^3 + A_2 H^5 y_{max}^5 = 0 \Rightarrow A_1 = -A_2 y_{max}^2$$

反代回畸变公式得

$$\delta Y'_z = -A_2 H^3 y_{max}^5 + A_2 H^5 y_{max}^5$$

上式求导并令其为零得

$$\frac{\mathrm{d}\delta Y'_z}{\mathrm{d}H}=-3A_2H^2y_{max}^5+5A_2H^4y_{max}^5=0\Rightarrow H=\sqrt{\frac{3}{5}}=0.775 \tag{8-39}$$

则在 $y=0.775y_{max}$ 存在最大剩余畸变

$$\delta Y'_z=-0.186A_2y_{max}^5 \tag{8-40}$$

剩余畸变为最大二级畸变的 18.6%，且异号。

(6) 轴向色差

轴向色差为轴上点像差，所以与视场无关，只为 h 的函数。另外，在 $h=0$ 时，由于材料的折射特性，仍然存在轴向色差，说明有常数项。由于旋转对称性，当 h 变成 $-h$，相当于整个系统旋转 $180°$，轴向色差不变，只包含偶数次项。最终轴向色差展开的公式为

$$\Delta L'_{FC}=A_0+A_1h^2+A_2h^4+A_3h^6+\cdots \tag{8-41}$$

轴向色差还可以写成

$$\Delta L'_{FC}=L'_F-L'_C=l'_F+\delta L'_F-l'_C-\delta L'_C=\delta l'_{FC}+\delta L'_F-\delta L'_C$$

很显然有

$$A_0=\delta l'_{FC},\delta L'_F-\delta L'_C=\Delta L'_{FC}-\delta l'_{FC}$$

这说明，公式（8-41）中第一项为近轴轴向色差，剩余项为高级轴向色差。高级轴向色差等于"色球差" $\delta L'_F-\delta L'_C$。在平衡轴向色差时，一般考虑综合情况，选择 $\Delta L'_{FC}=-\delta l'_{FC}$，让最大孔径轴向色差等于负的近轴轴向色差，这样轴向色差曲线会靠得很近，进一步得到改善。如果公式（8-41）取前两项，得

$$2\Delta L'_{FC}=A_1h^2+A_2h^4$$

当满足 $\Delta L'_{FC}=-\delta l'_{FC}$ 时，必然有一个轴向色差为零的孔径，设此孔径投射高为 h，则 $\Delta L'_{FCh}=0$。代入上式，和分析球差的情况一样，则在 $h=0.707h_{max}$ 处存在轴向色差为零，即

$$\Delta L'_{FC}=-\delta l'_{FC}\Rightarrow\Delta L'_{FC0.707}=0$$

在校正轴向色差时，需要将 $P=0.707$ 带光进行校正轴向色差。

(7) 垂轴色差

垂轴色差与孔径无关，只为物高 y 的函数。当 $y=0$ 时，垂轴色差为零，不含常数项。当 y 改变符号时，相当于在像面上作镜像，或者整个系统转过 $180°$，垂轴色差反号，所以只含有 y 的奇数次幂，即

$$\Delta y'_{FC}=A_1y+A_3y^3+A_5y^5+\cdots \tag{8-42}$$

式中，第一项为初级垂轴色差，剩余为高级垂轴色差。垂轴色差又可以写作

$$\Delta y'_{FC}=y'_F-y'_C=\delta y'_{FC}+\delta Y'_F-\delta Y'_C$$

式中，$\delta y'_{FC}$ 是近轴垂轴色差，也就是初级垂轴色差，所以有

$$A_1y=\delta y'_{FC},\delta Y'_F-\delta Y'_C=\Delta y'_{FC}-\delta y'_{FC}$$

高级垂轴色差即是"色畸变" $\delta Y'_F-\delta Y'_C$。假如边缘视场平衡了垂轴色差，$\Delta y'_{FC}=0$，$y=Hy_{max}$，$H=1$，并且公式（8-42）取前两项得

$$\Delta y'_{FC}=A_1Hy_{max}+A_3H^3y_{max}^3=0$$

解之得 $A_1=-A_3y_{max}^2$，回代入轴向色差公式得

$$\Delta y'_{FC}=-A_3Hy_{max}^3+A_3H^3y_{max}^3$$

上式求导并令其为零得

$$\frac{\mathrm{d}\Delta y'_{FC}}{\mathrm{d}H} = -A_3 y^3_{max} + 3A_3 H^2 y^3_{max} = 0 \Rightarrow H = \frac{1}{\sqrt{3}} = 0.58 \tag{8-43}$$

此时，在 $y = 0.58 y_{max}$ 处垂轴色差取得最大值，剩余垂轴色差大小为

$$\delta K'_{0.58} = -0.385 A_3 y^3_{max} \tag{8-44}$$

光学设计技术的发展和光学设计商业软件的普及，逐渐在改变光学设计师的关注重点。在二十年前，光学设计师就是和七种塞德初级像差和部分高级像差作斗争。但是在欧美的光学设计商业软件中，更加侧重于综合评价方法，比如光线扇形图、波像差、点列图、能量环、MTF 等，也逐步改变了设计师努力的方向。事实上，综合评价方法，即用一个指标来宏观上评价光学系统的好坏，更能体现"像差平衡"的意义。我们并不过分关注一个指标的大小，而是整体的表现。也许某一个像差较大，比如场曲，而球差也很大，但是它们异号的话，就可以平衡掉，那又何必一定要把它们校正到某个范围以内呢？但是，塞德像差理论是不能丢弃的，深厚的理论有利于对校正方向有更好的把握。在适当的时候，还是需要关注某一个像差的，比如激光扫描系统中的 $f\text{-}\theta$ 镜头，就需要保留一定的畸变。

在 Zemax 软件中，并没有查看高级像差的功能，也许软件设计师觉得过分关注高级像差意义不大。但是，某些自变量较少的系统，如卡塞-格林式天文望远镜，又需要口径越大越好，在挖掘系统潜力时，有可能会与高级像差打交道。这个时候，可以通过"Zernike 系数"来查看高级像差的大致情况。打开"Zernike 系数"文档的方法是：使用命令"分析→波前图→Zernike Standard 系数"，如图 8-7 所示。Zernike 多项式中的每一个系数代表一个与成像质量有关的量，相关意义已列于表 8-3。

表 8-3 Zernike 多项式

序号	级数	单参数	公式形式	对应的像差
1	0 级	Z_1	1	无像差
2	1 级	Z_2	$2\rho\cos\theta$	Y-轴倾斜
3		Z_3	$2\rho\sin\theta$	X-轴倾斜
4	2 级	Z_4	$\sqrt{3}(2\rho^2-1)$	离焦
5		Z_5	$\sqrt{6}\rho^2\sin2\theta$	倾斜像散
6		Z_6	$\sqrt{6}\rho^2\cos2\theta$	45°像散
7	3 级	Z_7	$\sqrt{8}(3\rho^3-2\rho)\sin\theta$	竖直彗差
8		Z_8	$\sqrt{8}(3\rho^3-2\rho)\cos\theta$	水平彗差
9		Z_9	$\sqrt{8}\rho^3\sin3\theta$	倾斜三叶草
10		Z_{10}	$\sqrt{8}\rho^3\cos3\theta$	水平三叶草
11	4 级	Z_{11}	$\sqrt{5}(6\rho^4-6\rho^2+1)$	球差
12		Z_{12}	$\sqrt{10}(6\rho^4-3\rho^2)\sin2\theta$	倾斜二级像散
13		Z_{13}	$\sqrt{10}(6\rho^4-3\rho^2)\cos2\theta$	45°二级像散
14		Z_{14}	$\sqrt{10}\rho^4\cos4\theta$	四叶草
15		Z_{15}	$\sqrt{10}\rho^4\sin4\theta$	倾斜四叶草
16	5 级	Z_{16}	$\sqrt{12}(10\rho^5-12\rho^3+3\rho)\cos\theta$	二级水平彗差
17		Z_{17}	$\sqrt{12}(10\rho^5-12\rho^3+3\rho)\sin\theta$	二级竖直彗差
18		Z_{18}	$\sqrt{12}(5\rho^5-4\rho^3)\cos3\theta$	
19		Z_{19}	$\sqrt{12}(5\rho^5-4\rho^3)\sin3\theta$	
20		Z_{20}	$\sqrt{12}\rho^5\cos5\theta$	
21		Z_{21}	$\sqrt{12}\rho^5\sin5\theta$	

续表

序号	级数	单参数	公式形式	对应的像差
22		Z_{22}	$\sqrt{7}(20\rho^6-30\rho^4+12\rho^2-1)$	二级球差
23		Z_{23}	$\sqrt{14}(15\rho^6-20\rho^4+6\rho^2)\sin2\theta$	
24		Z_{24}	$\sqrt{14}(15\rho^6-20\rho^4+6\rho^2)\cos2\theta$	
25	6级	Z_{25}	$\sqrt{14}(6\rho^6-5\rho^4)\sin4\theta$	
26		Z_{26}	$\sqrt{14}(6\rho^6-5\rho^4)\cos4\theta$	
27		Z_{27}	$\sqrt{14}\rho^6\sin6\theta$	
28		Z_{28}	$\sqrt{14}\rho^6\cos6\theta$	
29		Z_{29}	$4(35\rho^7-60\rho^5+30\rho^3-4\rho)\sin\theta$	三级竖直彗差
30		Z_{30}	$4(35\rho^7-60\rho^5+30\rho^3-4\rho)\cos\theta$	三级水平彗差
31		Z_{31}	$4(21\rho^7-30\rho^5+10\rho^3)\sin3\theta$	
32	7级	Z_{32}	$4(21\rho^7-30\rho^5+10\rho^3)\cos3\theta$	
33		Z_{33}	$4(7\rho^7-6\rho^5)\sin5\theta$	
34		Z_{34}	$4(7\rho^7-6\rho^5)\cos5\theta$	
35		Z_{35}	$4\rho^7\sin7\theta$	
36		Z_{36}	$4\rho^7\cos7\theta$	
37		Z_{37}	$\sqrt{9}(70\rho^8-140\rho^6+90\rho^4-20\rho^2+1)$	

注：Zernike 多项式顺序按照 Zemax 中罗列顺序。

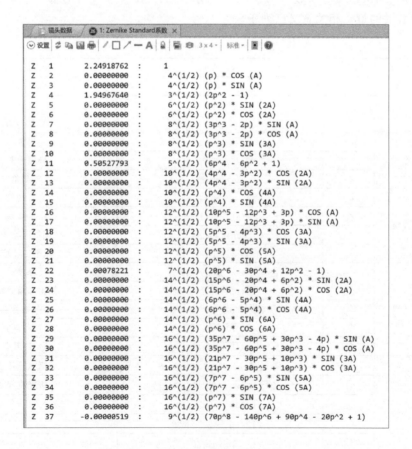

图 8-7 Zemax 中 Zernike 系数

8.4　像差曲线

在 8.2 节中，像差可以展开为孔径和视场的函数，即

$$\Delta LA' = \Delta LA'(h, y)$$

如果将孔径和视场用归一化坐标表示，$h = Ph_{\max}$，$y = Hy_{\max}$，P，$H = 0 \sim 1$，代入上式得

$$\Delta LA' = \Delta LA'(P, H)$$

可以看出，像差可以表示为归一化坐标的函数，如果给定 P，即可绘出 $H\text{-}\Delta LA'$ 曲线；同理，如果给定 H，也可以绘出 $P\text{-}\Delta LA'$。

① 球差曲线。球差与视场无关，所以仅为 P 的函数，即 $\delta L' = \delta L'(P)$。以归一化孔径坐标 P 为纵坐标，球差为横坐标，绘出的曲线为球差曲线。需要注意的是，对于不同波长，将绘出不同的曲线，如图 8-8 所示，F 光曲线和 C 光曲线的横向距离就是不同带光的色球差。

② 正弦差曲线。在近轴区域，即小孔径系统，用正弦差来代替彗差评价。图 8-9 是正弦差曲线，纵坐标为归一化孔径坐标，横坐标为正弦差。

③ 细光束像散曲线。像散为轴外像差，所以纵坐标为归一化的视场坐标，横坐标为细光束像散，如图 8-10 所示。细光束像散有两种：细光束子午像散和细光束弧矢像散，均已经图中绘出。另外，不同波长将形成不同的细光束像散曲线。在图 8-10 中，t 代表子午曲线，s 代表弧矢曲线，每一种曲线的三条分别是 F、d、C 的曲线。

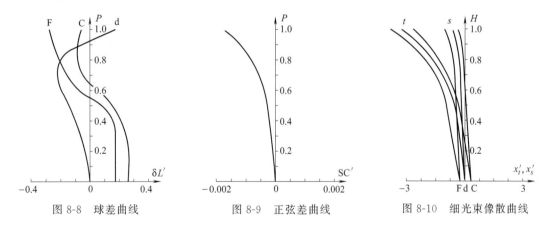

图 8-8　球差曲线　　　　图 8-9　正弦差曲线　　　　图 8-10　细光束像散曲线

在 Zemax 软件中，并没有绘制以上三种像差曲线的功能，可以使用 ZPL 语言编写程序来扩展功能，有兴趣的读者可以试一试。下面要说的几种像差曲线在 Zemax 软件中是可以直接绘出的，所以就用软件中的曲线作例。

④ 场曲曲线。通过命令"分析→像差分析→场曲/畸变"打开，如图 8-11 左图为第 3 章实例的场曲曲线。它是以归一化的视场坐标为纵坐标，场曲值为横坐标。在 Zemax 的场曲曲线中，有三种颜色，分别代表 F、d、C 三种色光，每一种色光又有子午场曲（顶 T 字母）和弧矢场曲（顶 S 字母）。

⑤ 畸变曲线。通过命令"分析→像差分析→场曲/畸变"打开，和场曲曲线在同一张图中，图 8-11 右图为第 3 章实例的畸变曲线。由前述可知，畸变仅与视场有关系，所以纵坐标为归一化的视场坐标，横坐标为畸变。

⑥ 轴向色差曲线。通过命令"分析→像差分析→轴向色差"打开，如图 8-12 为第 3 章

实例的轴向色差曲线。在 Zemax 的轴向色差曲线中，有三种颜色，分别表示 F、d、C 三种色光，每一种色光绘出一条曲线。轴向色差为孔径的函数，所以纵坐标为归一化的孔径坐标，横坐标为轴向色差。

⑦ 垂轴色差曲线。通过命令"分析→像差分析→垂轴色差"打开，如图 8-13 为第 3 章实例的垂轴色差曲线。垂轴色差只与视场有关系，所以垂轴色差为视场的函数，纵坐标为视场坐标，横坐标为垂轴色差。在垂轴色差图中，还标出了艾里斑的大小，以便作比较。

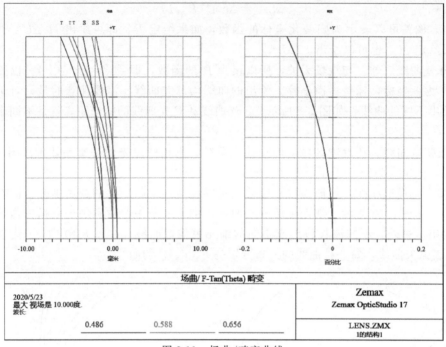

图 8-11 场曲/畸变曲线

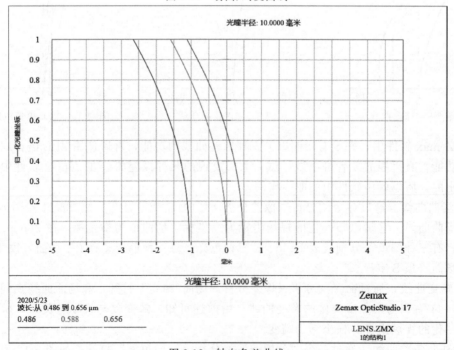

图 8-12 轴向色差曲线

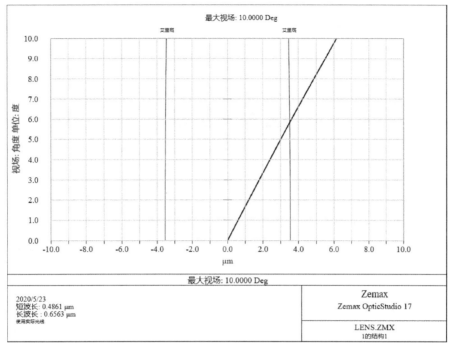

图 8-13　垂轴色差曲线

≡ 第 9 章 ≡

优化函数

设计光学系统时，在获得初始结构（r，d，n）后，初始结构参数未必正好满足成像特性和成像质量要求，此时需要修改结构参数以得到更好的成像结果。这种不断修改结构参数以改进成像质量的过程，称作"优化过程"。在计算机没有出现之前，优化过程都是由手动计算来完成的，耗时费力，对技巧和经验要求较高。自从光学设计商业软件产生以来，优化过程可以由计算机来完成。在优化之前，需要设置一个要求列表，即对光学系统的指标控制表，称作"优化函数"，又叫作"评价函数"。如果优化函数构建得合理全面，将会大大节省光学设计师的工作量。在本章，先介绍 Zemax 软件中常用的各类求解，如 M 求解、F 求解、P 求解等等，它们的应用会增加光学设计的灵活性和技巧性。然后，重点介绍优化函数的构建方法，以及在 Zemax 中如何创建、编辑和使用优化函数。Zemax 中优化函数是由一条条控制指标组成的，每一条控制指标以四个英文字母来命名，称作"操作数"（operands）。Zemax 2017 版里，共有操作数 382 种，已经列于附录 E 中，它们包括一阶光学特性、像差、透镜限制、多重结构、非序列限制、MTF 等等。哪一些操作数是重要的或者经常用到的，需要有一个了解，这也是本章的内容。最后，以一个实例演示了 Zemax 中优化函数的使用。

9.1 求解

9.1.1 曲率求解

在 Zemax 软件的默认"镜头数据"里，除了"表面：类型"和"标注"是单列外，其他下面都是双列。其中前一列是数据列，后一列点开就是求解对话框。单击任何一个"曲率半径"第二列，如图 9-1 中曲率半径 102.5 右边，显示"V"的地方，就可以打开"在面 2 上的曲率解"对话框。对曲率求解有多种类型，单击求解类型行右边向下的箭头，将显示所有可用的"求解类型"，包括如下内容。

① 固定，该面曲率半径保持固定值不变。

② 变量，该面曲率半径在自动优化时作为变量，设置后显示"V"字母，也可以使用"Ctrl+Z"快捷键来设置。

③ 边缘光线角，求解该面曲率使边缘光线出射角度满足设定的值。如果光学系统的入瞳直径 $D=20mm$，想要获得像方焦距 $f'=100mm$，需要设置边缘光线角为 $\alpha=-D/(2f')=-0.1$。在设置的"角度"值里输入"-0.1"即可，其中的负号表示求解为会聚光束，即 $f'>0$，为正透镜系统。反之，如果输入为"$+0.1$"，将求解为发散光束，获得 $f'=-100mm$ 的系统，为负透镜系统。设置边缘光线角求解后，会显示"M"字母。

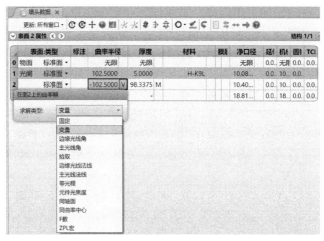

图 9-1　曲率求解

④ 主光线角，求解该面曲率使主光线出射角度满足设定的值。输入的"角度"值意义和边缘光线角一样，正负号也代表会聚或发散系统。设置主光线角求解后，会显示"C"字母。

⑤ 拾取，又称作"P求解"，求解该面曲率与另一面的值成比例缩放，形成绑定关系。点开"拾取"对话框，有三个值可以修改：

a. "从表面"，即绑定关系的另一面面号。

b. "缩放因子"，绑定的比例。如果该因子为"＋1"，说明该面与被绑定面半径大小相等符号一致；如果该因子为"－1"，说明该面与被绑定面半径大小相等符号相反。

c. "从列"，绑定该面曲率为从列里某一列对应的值。使用"拾取"求解，可以让光学系统后面半部分的半径都绑定为前面半部分对应半径的"－1"倍，可以让光学系统具有完全的对称性，这在有些时候是很有用的。设置拾取求解后，会显示"P"字母。

⑥ 边缘光线法线，求解该面曲率使该面法线为边缘光线，即使出射光线垂直于该面，或者让像点成为该面的球心（又称作 image-centered surface）。用"边缘光线法线"求解可以引入无球差和无彗差的面。设置边缘光线法线求解后，会显示"N"字母。

⑦ 主光线法线，求解该面曲率使该面法线为主光线，即使主光线垂直于该面，或者让瞳孔中心成为该面的球心（又称作 pupil-centered surface）。用"主光线法线"求解可以引入无彗差、无像散和无畸变的面。设置主光线法线求解后，会显示"N"字母。

⑧ 等光程，求解该面曲率使近轴边缘光线满足"不晕条件"（或者"齐明条件"）。用"等光程"求解可以引入无球差、无彗差和无像散的面。设置等光程求解后，会显示"A"字母。

⑨ 元件光焦度，求解该面曲率使该光学元件满足一定的光焦度。如果该面号小于 2 或者该面前后折射率相同，则该求解会被忽略。元件光焦度满足下式

$$\Phi = C_1(n_2 - n_1) + C_2(n_3 - n_2) - C_1(n_2 - n_1)C_2(n_3 - n_2)t_2/n_2 \tag{9-1}$$

式中，C_1、C_2 为元件两表面曲率；n_1、n_2、n_3 为元件前、中、后折射率；t_2 为元件中心厚度。设置元件光焦度求解后，会显示"X"字母。

⑩ 同轴面，求解该面曲率半径为前面某一面顶点到该面的距离，即以前面某一面顶点为球心。在设置同轴面里，"在表面"里输入的面号必须为该面前面的面。设置同轴面求解后，会显示"S"字母。

⑪ 同曲率中心，求解该面曲率半径和前面某一面共球心。在设置同曲率中心里，"在表

面"里输入的面号必须为该面前面的面。设置同曲率中心求解后，会显示"R"字母。

⑫ F 数，求解该面曲率半径以满足给定的 F 数。操作上可以应用于光学系统中任何一面，但是只有应用于光学系统最后一面，求解结果才接近于目标 F 数。该面的求解原理随后再说。设置 F 数求解后，显示"F"字母。

⑬ ZPL 宏，用 ZPL 宏求解，需要返回曲率的单位，就是长度单位的倒数。有关宏语言，需要详细阅读 Zemax 手册中有关宏语言的内容。在使用 ZPL 宏求解时，需要事先编辑好宏，并在求解时输入宏的名字。设置 ZPL 宏求解后，显示"Z"字母。

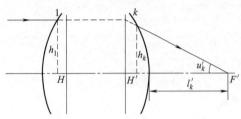

图 9-2 F 数求解与边缘光线高求解

下面推导第⑫项，即 F 数求解的原理。设光学系统总共有 k 个面，最后一面的参数都加 k 下标，物空间不加撇，像空间加撇，如图 9-2 所示。由光路计算，最后一面出射的像方孔径角 u'_k 满足下式

$$u'_k = \frac{D}{2f'} = \frac{1}{2(f/\sharp)} \qquad (9\text{-}2)$$

由光路计算公式（3-21）得

$$\Phi = \frac{n'_k u'_k - n_k u_k}{h_k} = (n'_k - n_k)C_k \Rightarrow C_k = \frac{n'_k u'_k - n_k u_k}{h_k(n'_k - n_k)} \Rightarrow R_k = \frac{h_k(n'_k - n_k)}{n'_k/2(f/\sharp) - n_k u_k} \qquad (9\text{-}3)$$

上式在求解时，已经考虑到像方孔径角 u'_k 符号定义的国内外差别，所在在 Zemax 随机手册中的公式与公式（9-3）相差一个负号。

9.1.2 厚度求解

单击任何一个"厚度"第二列，如图 9-3 中厚度 98.3375 右边，显示"M"的地方，就可以打开"在面 2 上的厚度解"对话框。对厚度求解有多种类型，单击求解类型右边向下的箭头，将显示所有可用的"求解类型"。

① 固定，该面厚度保持固定值不变。

② 变量，该面厚度在自动优化时作为变量，设置后显示"V"字母，也可以使用"Ctrl＋Z"快捷键来设置。

③ 边缘光线高度，它是最常用的厚度求解类型，目的为控制像平面为理想像面。虽然它可以应用于光学系统的所有厚度，只有应用于最后一个厚度（即像距），求解结果才准确，否则它后面的所有厚度将全部为零。如图 9-2 所示，最后一面，即第 k 面，到像面之间是直线传播，满足光路计算的转面公式（3-22），得

$$h_i = h_k - l'_k u'_k$$

式中，h_i 为像高。显然当平行光入射时，会聚于像方焦点，$h_i = 0$，得

$$l'_k = \frac{h_k}{u'_k} \qquad (9\text{-}4)$$

边缘光线高度求解正是将此数值填入镜头数据里的像距的。设置边缘光线高度求解后，显示"M"字母。

④ 主光线高度，与边缘光线高度求解类似，只是应用于主光线。它的主要用途为，将某一面放置于出瞳位置。与公式（9-4）类似，使用公式 $l'_{zk} = h_{zk}/u'_{zk}$。设置主光线高度求解后，显示"C"字母。

⑤ 边缘厚度，动态调整两个表面的间距，它可以指定某径向口径的表面间距。它有两

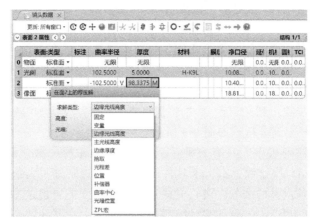

图 9-3 厚度求解

个参数需要输入，一个是"厚度"，即指定限制的表面间距值；另一个是"径向高度"，代表指定口径处的径向半径。如果"径向高度"为零，则该求解会应用于"机械半直径"处。该求解可以用来保证边缘厚度值，使之不产生负值或者出现尖锐的元件边缘。设置边缘厚度求解后，显示"E"字母。

⑥ 拾取，又称作"P求解"，求解该厚度与另一厚度值成比例缩放，形成绑定关系。使用方法与曲率求解中拾取一样，只是厚度的拾取求解比曲率的拾取求解多了一个输入参数，即"偏移"，它表示在拾取值计算后再增加一个偏移值。设置拾取求解后，显示"P"字母。

⑦ 光程差，动态调整该厚度，保持某个孔径坐标的光程差值为指定的值。它有两个参数，一个为"光程差"，即指定的光程差值；一个为"光瞳"，即指定的光瞳坐标。该求解度量的是出瞳面，而非求解面。例如保持边缘光线在焦点上，可以设置光程差求解，令"光程差"值为 0，"光瞳"坐标为 1.0。设置光程差求解后，显示"O"字母。

⑧ 位置，保持的轴向距离。如果参考面在求解面的前面，轴向距离为参考面顶点到求解面顶点距离；如果参考面在求解面的后面，轴向距离为求解面顶点到参考面顶点的距离；如果参考面就是求解面，则轴向距离为求解面厚度。位置求解有两个需要输入的值，一个为"从表面"，即指定的参考面号；另一个为"长度"，即保持的轴向距离值。通过位置求解，可以保持某变焦组件的一部分长度为一个固定值，也可以限制系统的总长度。设置位置求解后，显示"T"字母。

⑨ 补偿器，使用方法和位置求解类似。该求解保持以下长度，$T=S-R$，其中 S 为参考面与求解面之间的厚度和，R 为参考面的厚度。设置补偿器求解后，显示"S"字母。

⑩ 曲率中心，该求解是放置求解面的下一面到求解面的球心处。设置曲率中心求解后，显示"X"字母。

⑪ 光瞳位置，该求解是放置求解面的下一面到求解面像空间光瞳位置。设置光瞳位置求解后，显示"U"字母。

⑫ ZPL 宏，用 ZPL 宏求解。

9.2 环和臂

Zemax 默认的优化函数是一个已经预设好的、功能强大的优化函数列表。比如使用命令"优化→优化向导"，可以打开图 9-4 所示的"优化向导与操作数"设置对话框。在优化函数设置选项中，类型选择“RMS”，标准选择“光斑半径”，参考选择“质心”，这也是默认显示的数据，取消最右边第一行“假设轴对称”的勾选，单击下面的“确定”按钮，就进入到优化函数列表里面。对于第 3 章的实例，将原来只有 d 光的镜头增加到白光范围，即使用 F、d、C 三个波长，优化函数列表总共有 162 行（去掉说明行，下同，包括说明行共 168 行）。如果勾选“假设轴对称”，则优化函数列表总数减小到 63 行。如果波长恢复到仅 d 光，则优化函数列表进一步减小到 21 行。如果将视场点也由 0°、7°、10°减少至仅保留轴上视场 0°，则优化函数最终减小到 3 行，如图 9-5 所示。

在默认的优化函数列表中，只有一种“类型”，又称作操作数，即 TRAC（transverse ray aberration centroid）操作数。Zemax 软件已经帮我们选定好了大量的光线，从每一个定义的视场点，对每一条定义的波长，进行光线追迹。那到底需要追迹多少条光线，这与你选择的“环”（ring）和“臂”（arm）的数量有关。如图 9-4，在默认状态下，是 3 环 6 臂。所谓的环和臂，就是将入瞳进行径向和角向划分，其中径向划分称为“环”，角向划分称为“臂”。径向划分时，以等分面积进行划分，如 3 环包括：中心环带、0.707 瞳孔半径环带和瞳孔边缘环带。角向划分，以 360°等分角度划分，如图 9-6 所示。3 环 6 臂，共有 18 交点，每一个点与同一物点相连，就是 18 条光线。如果视场点有 3 个，则需追迹 54 条光线；如果波长也有 3 个，则需追迹 162 条光线，所以在 3 视场 3 波段有 162 行优化函数操作数。如果勾选了“假设轴对称”，仅追迹子午面内光线，计算量会大大减小。

图 9-4　优化向导与操作数

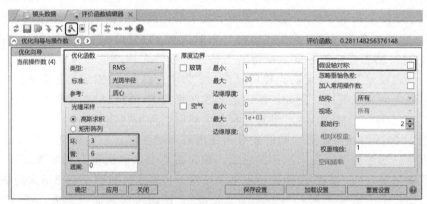

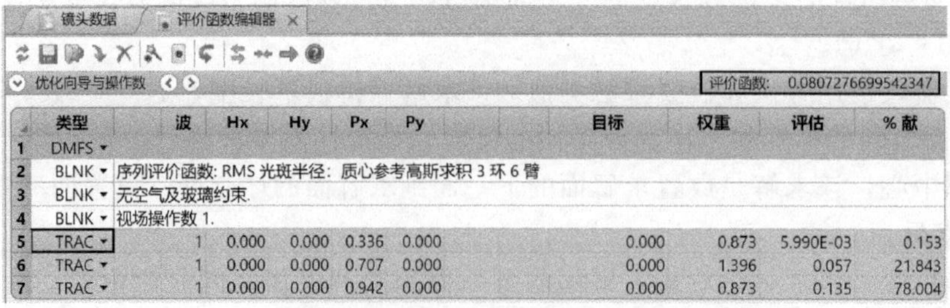
评价函数: 0.0807276699542347

	类型	波	Hx	Hy	Px	Py	目标	权重	评估	% 献
1	DMFS									
2	BLNK	序列评价函数: RMS 光斑半径：质心参考高斯求积 3 环 6 臂								
3	BLNK	无空气及玻璃约束.								
4	BLNK	视场操作数 1.								
5	TRAC	1	0.000	0.000	0.336	0.000	0.000	0.873	5.990E-03	0.153
6	TRAC	1	0.000	0.000	0.707	0.000	0.000	1.396	0.057	21.843
7	TRAC	1	0.000	0.000	0.942	0.000	0.000	0.873	0.135	78.004

图 9-5　单视场单波长轴对称系统默认的评价函数

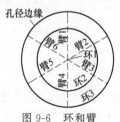

图 9-6　环和臂

9.3 构建优化函数

在图 9-5 的"评价函数编辑器"中，除了第一行和上面三行的说明性文字，下面三行都是对光学系统的要求。这样，每一行对光学系统的要求，就称作一个"操作数"（operands）。优化函数编辑器中的操作数，下面以 TRAC 操作数为例，一般包括以下数据

① 序号，即最左边的操作数所在的行号。

② 类型，操作数名称，由四个英文字母组成的缩写，代表对光学系统的一个控制，如"EFFL"指有效焦距、"SPHA"指球差、"PMAG"指垂轴放大率等。

③ 波，波长序号，如果系统有 F、d、C 三个波长，在波长数据输入中编号为 1、2、3，则 1 代表 F 光、2 代表 d 光、3 代表 C 光。

④ Hx、Hy，归一化的视场坐标，和第 8 章中像差级数展开及像差曲线中定义的 H 一个意思。定义最大视场为 1，轴上视场为 0，其他视场在 0~1。

⑤ Px、Py，归一化的瞳孔坐标，和第 8 章中像差级数展开及像差曲线中定义的 P 一个意思。定义最大孔径为 1，轴上孔径为 0，其他孔径在 0~1。

⑥ 目标，想要达到的目标值。一般对于像差都要求越小越好，所以大多数目标值为 0。而对于焦距、放大倍率、F 数等，则要求是一个非零的数值，在此处填入你的期望值即可。

⑦ 权重，表示该行操作数在校正过程中的重要性。权重越大，将优先校正它；如果权重为 0，表示该操作数在校正中不予考虑，但可以观察它的当前值。

⑧ 评估，该操作数的当前值。当前值是软件进行光线追迹计算得到的，它一般与目标值有差别，这个差别就是该操作数的像差。当评估值与目标值一致，说明该操作数校正完美，达到要求。

⑨ %献，贡献百分比。表示该操作数像差占总优化函数的比例。很明显，贡献百分比越大，说明该操作数越没有得到满足。

一个光学系统是否可用，需要综合考虑各个目标值和实际值差异的大小。但是，通常我们对光学系统的要求很多，如果在光学设计中一个一个地观察、计算、使之满足，将是一件工作量极大的工程。为了简化设计过程，也为了自动设计的需要，考虑用一个综合数值来代表整个光学系统的质量，它就是"优化函数"（merit function）。经过大量的探索、比较、研究，最终优化函数的公式基本上固定下来。假设在优化函数列表中，有 n 行数据，即对光学系统有 n 条要求，定义优化函数为

$$(MF)^2 = \frac{\sum_{i=1}^{n} W_i (V_i - T_i)^2}{\sum_{i=1}^{n} W_i}$$

（9-5）

式中　MF——优化函数（merit function）；

　　　W_i——权重（weight），图 9-5 中的"权重"列数据；

　　　V_i——评估（value），图 9-5 中的"评估"列数据；

　　　T_i——目标（target），图 9-5 中的"目标"列数据。

构建优化函数公式（9-5）后，就可以通过优化函数值来综合评价光学系统的好坏。对公式（9-5）做以下说明。

① 评估当前值与目标值需要作差，才能体现当前光学系统与理想光学系统的差别。

② 当前值与目标值作差后，需要再作平方，因为差值有正有负，不做平方相加有可能互相抵消，不能全面体现各个要求的满足情况。

③ 由于要求的操作数单位和数量级千差万别，比如要求 400mm 的焦距，则 ±0.5mm 已经很小了；要求 3 倍的垂轴放大率，则 ±0.5 倍是很大的差别；而正弦差需要 $SC' \leqslant 0.0025$，它的数量级更小。为了平衡单位和数量级的不同，引入权重因子，即在相加之前先乘以一个权重因子，使各数值转化为同数量级。

④ 公式中，除以权重之和，是为了降低大权重值对优化函数数值的影响，不因权重值给得过大而导致优化函数数值过大。

⑤ 由于当前值与目标值作差后平方，所以优化函数也作平方。最终的优化函数值，需要进行开方计算。

我们计算一下图 9-5 中的优化函数值，根据公式（9-5）得

$$(MF)^2 = \frac{0.873(0.00599-0)^2+1.396(0.057-0)^2+0.873(0.135-0)^2}{0.873+1.396+0.873}$$

$$=0.000009969+0.001444+0.005064=0.006518$$

$$MF=0.080734$$

上式计算的优化函数值与图 9-5 中右上角 Zemax 软件计算的优化函数值 0.080728 几乎完全一样，差别在于精度的选择，我们仅取四位有效数字，而软件可以取更多。同样，也可以计算贡献百分比

$$\frac{0.000009969}{0.006518}+\frac{0.001444}{0.006518}+\frac{0.005064}{0.006518}=0.153\%+22.154\%+77.692\%$$

上式计算的操作数贡献百分比与图 9-5 中 Zemax 软件计算的贡献百分比 0.153%、21.843%、78.004% 非常接近，差别也在于精度的选择。

优化函数是一个数值，它用来综合判断设计的整体质量或设计的"优良度"。光学设计师的目标就是使用各种可能，驱使它到零。要达到这个目的，光学系统的某些参数必须设置成变量（例如半径、厚度等）。Zemax 的自动优化引擎与这些变量共同作用，寻找变量变化使优化函数向更小的值方向移动，这是一个反复迭代的过程。

9.4　Zemax 中常用优化函数

Zemax 软件中的优化函数总表列于表 9-1，包括所有的 Zemax 软件使用的优化函数（操作数），并且已经按照类型进行了分类，便于查阅。在表 9-1 中，加粗的操作数是相对常用的操作数，部分操作数的简要说明列于表 9-2，详细的使用方法，可以阅读 Zemax 软件随机手册。在附录 E 中，所有的操作数都有简要的说明。

表 9-1　优化函数总表

类别	操作数
一阶光学特性	**AMAG**,ENPP,**EFFL**,EFLX,EFLY,**EPDI**,**EXPD**,**EXPP**,**ISFN**,ISNA,**LINV**,**OB-SN**,PIMH,**PMAG**,POWF,POWP,**POWR**,SFNO,TFNO,**WFNO**
像差	ABCD,ANAC,ANAR,ANAX,ANAY,ANCX,ANCY,**ASTI**,**AXCL**,BIOC,BIOD,BSER,**COMA**,**DIMX**,DISA,**DISC**,DISG,**DIST**,**FCGS**,**FCGT**,**FCUR**,**LACL**,LONA,**OPDC**,OPDM,OPDX,OSCD,**PETC**,**PETZ**,**RSCE**,**RSCH**,RSRE,RSRH,**RWCE**,**RWCH**,RWRE,RWRH,SMIA,**SPCH**,**SPHA**,TRAC,TRAD,TRAE,TRAI,TRAR,**TRAX**,**TRAY**,TRCX,TRCY,**ZERN**

续表

类别	操作数
MTF 数据	GMTA, GMTN, **GMTS**, **GMTT**, GMTX, MSWA, MSWN, **MSWS**, **MSWT**, MTFA, MSWX, MTFN, **MTFS**, **MTFT**, MTFX, MTHA, MTHN, MTHS, MTHT, MTHX, MECA, MECS, MECT
PSF/Strehl 比数据	**STRH**
能量环	**DENC**, **DENF**, ERFP, **GENC**, **GENF**, XENC, XENF
透镜限制	COGT, COLT, COVA, **CTGT**, **CTLT**, **CTVA**, CVGT, CVLT, CVVA, BLTH, DMGT, DMLT, DMVA, **ETGT**, **ETLT**, **ETVA**, FTGT, FTLT, **MNCA**, **MNCG**, **MNCT**, MNCV, **MNEA**, **MNEG**, MNET, MNPD, **MXCA**, **MXCG**, **MXCT**, MXCV, **MXEA**, **MX-EG**, MXET, MNSD, MXSD, **OMMI**, **OMMX**, **OMSD**, TGTH, **TTGT**, **TTHI**, **TTLT**, **TT-VA**, XNEA, XNET, XNEG, XXEA, XXEG, XXET, **ZTHI**
透镜特性限制	CVOL, MNDT, MXDT, SAGX, SAGY, **SSAG**, STHI, **TMAS**, **TOTR**, **VOLU**, NORX, NORY, NORZ, NORD, SCUR, SDRV
参数限制	PMGT, PMLT, PMVA
扩展数据限制	**XDGT**, **XDLT**, **XDVA**
玻璃数据限制	GCOS, GTCE, **INDX**, **MNAB**, **MNIN**, MNPD, **MXAB**, **MXIN**, **MXPD**, RGLA
近轴光线限制	PANA, PANB, PANC, PARA, PARB, PARC, PARR, PARX, PARY, PARZ, PATX, PATY, YNIP
实际光线限制	CEHX, CEHY, CENX, CENY, CNAX, CNAY, CNPX, CNPY, **DXDX**, **DXDY**, **DYDX**, **DYDY**, HHCN, IMAE, MNRE, MNRI, MXRE, MXRI, **OPTH**, PLEN, **RAED**, RAEN, RAGA, RAGB, RAGC, RAGX, RAGY, RAGZ, **RAID**, RAIN, RANG, REAA, REAB, REAC, REAR, REAX, REAY, REAZ, RENA, RENB, RENC, RETX, RETY
元件位置限制	GLCA, GLCB, GLCC, GLCR, GLCX, GLCY, GLCZ
更改系统数据	**CONF**, IMSF, **PRIM**, **SVIG**, WLEN, CVIG, FDMO, FDRE
通用数学操作数	ABSO, ACOS, ASIN, ATAN, CONS, COSI, **DIFF**, **DIVB**, **DIVI**, **EQUA**, LOGE, LOGT, MAXX, MINN, **OPGT**, **OPLT**, **OPVA**, OSUM, PROB, **PROD**, QSUM, **RECI**, **SQRT**, **SUMM**, SINE, TANG, ABGT, ABLT
多重结构(变焦)	**CONF**, **MCOL**, **MCOG**, **MCOV**, **ZTHI**
高斯光束数据	GBPD, GBPP, GBPR, GBPS, GBPW, GBPZ, GBSD, GBSP, GBSR, GBSS, GBSW
梯度折射率控制	DLTN, GRMN, GRMX, InGT, InLT, InVA, LPTD
Foucault 分析	FOUC
鬼像聚焦控制	GPIM, GPRT, GPRX, GPRY, GPSX, GPSY
光纤耦合操作数	FICL, FICP, POPD
相对照度操作数	**RELI**, EFNO
ZPL 宏优化	ZPLM
用户自定义操作数	UDOC, UDOP
优化函数控制	BLNK, DMFS, ENDX, GOTO, OOFF, SKIN, SKIS, USYM
非序列物体限制	FREZ, NPGT, NPLT, NPVA, NPXG, NPXL, NPXV, NPYG, NPYL, NPYV, NPZG, NPZL, NPZV, NSRM, NTXG, NTXL, NTXV, NTYG, NTYL, NTYV, NTZG, NTZL, NTZV
非序列光线和探测器	NSDC, NSDD, NSDE, NSDP, NSLT, NSRA, NSRM, NSRW, NSST, NSTR, NSTW, REVR, NSRD
光学全息限制	CMFV
薄膜/偏振光线追迹	CMGT, CMLT, CMVA, CODA, CEGT, CELT, CEVA, CIGT, CILT, CIVA
物理光学传播(POP)	POPD, POPI
最佳拟合球面数据	BFSD
公差敏感度数据	**TOLR**
热膨胀系数数据	TCGT, TCLT, TCVA

表 9-2　常用操作数说明

操作数	说明	操作数	说明	操作数	说明
AMAG	角放大率	EFFL	有效焦距	EPDI	入瞳直径
EXPD	出瞳直径	EXPP	相对于像面的出瞳位置	ISFN	像空间 F/♯
LINV	拉格朗日不变量	OBSN	物空间数值孔径	PMAG	垂轴(近轴)放大率
POWR	面光焦度	WFNO	工作 F/♯	ASTI	像散
AXCL	轴向色差	COMA	彗差	DIMX	畸变最大值
DISC	给定畸变,用于 f-θ 镜头	DIST	畸变	FCGS	平化场曲,弧矢方向
FCGT	平化场曲,子午方向	FCUR	场曲	LACL	垂轴色差
OPDC	相对于主光线的光程差	PETC	Petzval 场曲	PETZ	Petzval 半径
RSCE	相对于质心的 RMS 半径	RSCH	相对于主光线的 RMS 半径	RWCE	相对于质心的 RMS 波像差
RWCH	相对于主光线的 RMS 波像差	SPCH	色球差	SPHA	球差
TRAX	相对于主光线的 X 横向像差	TRAY	相对于主光线的 Y 横向像差	ZERN	Zernike 环系数
GMTS	弧矢方向响应的几何 MTF	GMTT	子午方向响应的几何 MTF	MSWS	调制方波传递函数,弧矢方向
MSWT	调制方波传递函数,子午方向	MTFS	调制传递函数,弧矢方向	MTFT	调制传递函数,子午方向
STRH	Strehl 比	DENC	衍射包围能量(距离)	DENF	衍射包围能量(分量值)
CTGT	中心厚度大于	CTLT	中心厚度小于	CTVA	中心厚度等于
ETGT	边缘厚度大于	ETLT	边缘厚度小于	ETVA	边缘厚度等于
MNCA	空气最小中心厚度	MNCG	玻璃最小中心厚度	MNCT	最小中心厚度
MNEA	空气最小边缘厚度	MNEG	玻璃最小边缘厚度	MXCA	空气最大中心厚度
MXCG	玻璃最大中心厚度	MXCT	最大中心厚度	MXEA	空气最大边缘厚度
MXEG	玻璃最大边缘厚度	OMMI	最小机械半口径	OMMX	最大机械半口径
OMSD	机械半口径	TTGT	总厚度大于	TTHI	两面间厚度和
TTLT	总厚度小于	TTVA	总厚度等于	ZTHI	两面间总厚度
SSAG	矢高	TMAS	总质量	TOTR	总追迹长度
VOLU	元件体积(cm³)	XDGT	扩展数据值大于	XDLT	扩展数据值小于
XDVA	扩展数据值等于	INDX	折射率	MNAB	最小阿贝数
MNIN	最小 d 光折射率	MXAB	最大阿贝数	MXIN	最大 d 光折射率
MXPD	最大部分色散	DIFF	两个操作数作差	DIVB	前面操作数除以一个因子
DIVI	两个操作数作除	EQUA	操作数等值	RAID	实际光线入射角
OPTH	光程差	RAED	实际出射光线折射角	SVIG	对当前配置设置渐晕因子
CONF	配置	PRIM	主波长	OPVA	操作数值等于
OPGT	操作数值大于	OPLT	操作数值小于	PROD	两个操作数作乘
RECI	返回操作数值的倒数	SQRT	开根号	SUMM	两个操作数作加
DMFS	默认优化函数起点	MCOL	多重结构操作数小于	MCOG	多重结构操作数大于
MCOV	多重结构操作数等于	RELI	相对照度	TOLR	公差数据

9.5　设计实例

本小节利用一个设计实例演示本章前面所讲的内容。设计一个双片对称周视镜头,要求焦距 $f'=200\text{mm}$, $f/10$,视场为 $2\omega\geqslant30°$ 。由于结构简单,不能要求同时消色差,所以取单色光 $0.55\mu\text{m}$ 。成像质量要求为所有视场 RMS$\leqslant5\mu\text{m}$ 。

（1）预设计

① 由焦距和 F/♯ ,可以求得入瞳直径为 $D=f'/(\text{F}/♯)=20\text{mm}$ 。

② 由焦距和视场角,可以得到半像高为 $y'=-f'\tan\ (-\omega)=200\tan15°=53.6\text{mm}$ 。

③ 设对称周视镜头的前一片光焦度为 Φ_1 ,后一片光焦度为 Φ_2 ,并设在初始时, $\Phi_2=\Phi_1$ 。由光焦度公式得

$$\Phi=\Phi_1+\Phi_2-d\Phi_1\Phi_2=-d\Phi_1^2+2\Phi_1=1/f'=0.005$$

令 $d=180\text{mm}$，代入上式，可以解得 Φ_1

$$\Phi_1 = \frac{-2\pm\sqrt{4-4d\times0.005}}{-2d} = \frac{1\pm\sqrt{0.1}}{180} \Rightarrow \Phi_{11}=0.007312, \Phi_{12}=0.0037987$$

由于小的光焦度一般具有小的像差，所以选取 Φ_{12}。另外，高的折射率在满足相同光焦度时曲率半径较小，像差也较小，所以选取折射率较大的玻璃材料。兼顾价格，经过挑选，最终选择成都光明的 H-ZF6 玻璃，d 光折射率为 $n_d=1.7552$。由透镜制造方程可得

$$R_1 = -R_2 = R_4 = -R_5 = 2(n-1)/\Phi_{12} = 397.61\text{mm}$$

④ 如图 9-7，为了保持周视镜头的对称性，令第一片透镜厚度 $d_1=15\text{mm}$，2 面到 3 面（光阑面）空气间隔 $d_2=90\text{mm}$，3 面到 4 面间隔 $d_3=d_2=90\text{mm}$，第二片透镜厚度 $d_4=d_1=15\text{mm}$。

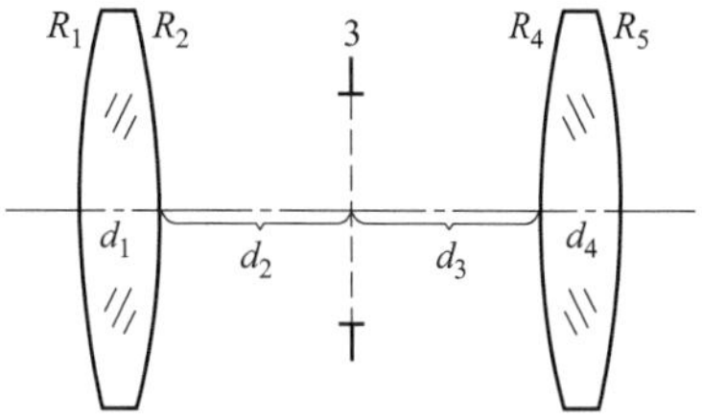

（2）输入到 Zemax 软件

① 选择"设置→系统选项→系统孔径→孔径类型→近轴工作 F/♯"，在下面的"孔径值"里输入 10，表示 $F/♯=10$。当然也可以使用入瞳直径为 20mm 的设置方法，结果是一样的。

② 选择"设置→系统选项→视场→打开视场数据编辑器"，分别设置视场为 0°、10.5°、15°。

③ 选择"设置→系统选项→波长→设置"，打开"波长数据"设置对话框，设置波为 $0.55\mu\text{m}$。

④ 在"镜头数据"里输入预设计计算的结果。需要注意的是，4 面半径使用"拾取"求解为 2 面半径的 -1 倍；5 面半径使用"拾取"求解为 1 面半径的 -1 倍；3 面厚度使用"拾取"求解为 2 面厚度的 $+1$ 倍；4 面厚度使用"拾取"求解为 1 面厚度的 $+1$ 倍。5 面像距使用"边缘光线高度"求解。在 1 面和 4 面的"材料"列输入"H-ZF6"最终输入的数据如图 9-8 所示。

⑤ 查看 Zemax 窗口最下面的状态栏，可以看到"EFFL：205.134"，表示焦距为 205.134mm；"WFNO：10.0027"表示近轴工作 F/♯ 为 10.0027；"ENPD：20.5134"，表示入瞳直径为 20.5134mm；"TOTR：263.965"，表示总追迹长度为 263.965mm。从数据来看，焦距和 F/♯ 与目标值还有一点点差距。

⑥ 使用"分析→2D 视图"命令，打开图 9-9 所示的初始周视镜头的 2D 视图。

⑦ 使用"分析→光线迹点→标准点列图"命令，打开图 9-10 所示的初始周视镜头的点列图。

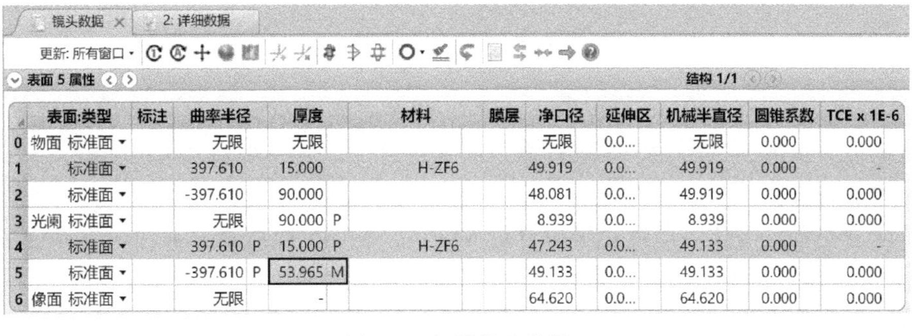

图 9-7　双片周视镜头的初始结构

表面:类型	标注	曲率半径	厚度	材料	膜层	净口径	延伸区	机械半直径	圆锥系数	TCE x 1E-6
0 物面 标准面 ▾		无限	无限			无限	0.0...	无限	0.000	0.000
1 标准面 ▾		397.610	15.000	H-ZF6		49.919	0.0...	49.919	0.000	-
2 标准面 ▾		-397.610	90.000			48.081	0.0...	49.919	0.000	0.000
3 光阑 标准面 ▾		无限	90.000 P			8.939	0.0...	8.939	0.000	0.000
4 标准面 ▾		397.610 P	15.000 P	H-ZF6		47.243	0.0...	49.133	0.000	0.000
5 标准面 ▾		-397.610 P	53.965 M			49.133	0.0...	49.133	0.000	0.000
6 像面 标准面 ▾		无限	-			64.620	0.0...	64.620	0.000	0.000

图 9-8　初始输入数据

（3）设置优化函数

① 使用"优化→优化向导"命令，打开图 9-4 的"优化向导与操作数"对话框。设置如下：类型为"RMS"；标准为"光斑半径"；参考为"质心"；"假设轴对称"勾选，其他不变。单击下面的确定按钮，进入"评价函数编辑器"界面，如图 9-11。

② 在"评价函数编辑器"里插入一行，设置"类型"为"EFFL"，"目标"为"200"，"权重"为"1"。

③ 回到"镜头数据"，将 1 面和 2 面半径设置为"变量"求解。使用命令"优化→执行优化"，查看状态栏，此时显示"EFFL：200.19""WFNO：9.99743"，焦距和 F/♯ 已经达到目标。

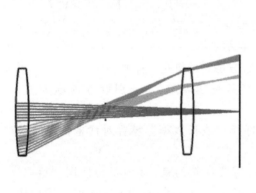

图 9-9　初始周视镜头的 2D 视图

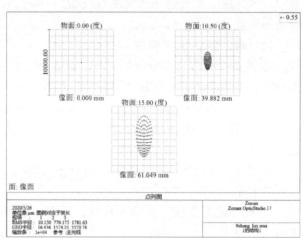

图 9-10　初始周视镜头的点列图

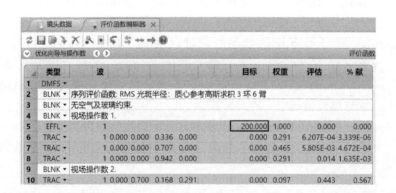

图 9-11　评价函数编辑器

④ 使用"分析→光线迹点→标准点列图"命令查看点列图。发现像质虽然有所改变，但是离目标仍然很远。原因在于要求过多，而变量过少，下一步需要增加变量。

（4）增加变量

为了增加变量，需要将厚度也考虑设置成变量。在图 9-4 所示界面中，将厚度边界里的"玻璃"勾选，设置最小为"1"；最大为"10"；边缘厚度为"1"。同时将厚度边界里的"空气"勾选，设置最小为"0.1"；最大为"1000"（1e+03）；边缘厚度为"0.1"。点击确定后，在优化函数列表里会增加对玻璃和空气厚度要求的操作数，如 MNCA、MXCA、

MNCG、MXCG 等，它们的意义可查表 9-2。需要注意的是，重新设置优化向导，原来的
"EFFL" 操作数也需要重新输入。最终的优化函数列表如图 9-12 所示（图中并没有截全所
有操作数）。

设置 1 面和 2 面厚度为"变量"求解，使用命令"优化→执行优化"进行优化。优化后
的 2D 视图见图 9-13，它的点列图见图 9-14。从 2D 视图可以看到，在整个优化过程中，周
视镜头始终保持对称性。但是，从点列图上来看，离我们的目标（RMS≤5μm）还相差很
远。为了进一步提高像质，需要增加更多的变量，有两种方案可以做：一种是保持对称性，
使用非球面；另一种是打破对称性。

(5) 打破对称性

如果使用增加非球面的方法，不仅半径、厚度保持"拾取"求解以保持对称性，非球面
系数也应该进行"拾取"求解，有点麻烦。在此，我们使用打破对称性的方法，即将图 9-8
中，所有的"拾取"求解（后面加字母 P），均改成"变量"求解，然后做优化。优化后，
如图 9-15（a）所示，最大视场（3 视场）RMS 半径为 $97.889\mu m$，虽然有所改善，依然离
目标还有很大距离。

(6) 全局优化

为了挖掘系统的潜力，也为了看一看是否初始结构合理，如果不合理就需要推倒重来，
重新选择初始结构。我们使用"优化→全局优化"命令，进行全局搜索，见图 9-16。经过
全局优化后，评价函数由 0.018201136 降到了 0.001115258，降到了原来的 1/16。全局优化
后的点列图，见图 9-15（b），像质的提高还是很明显的，最大视场 RMS 半径已经达到了
$6.257\mu m$，离目标的 $5\mu m$ 只有一步之遥了。

	类型	面1	面2	区域	模式		目标	权重	评估	% 献
1	DMFS ▾									
2	BLNK ▾	序列评价函数: RMS 光斑半径: 质心参考高斯求积 3 环 6 臂								
3	BLNK ▾	默认单独空气及玻璃厚度边界约束.								
4	EFFL ▾			1			200.000	1.000	200.000	5.759E-08
5	MNCA ▾	1	1				0.100	1.000	0.100	0.000
6	MXCA ▾	1	1				1000.000	1.000	1000.000	0.000
7	MNEA ▾	1	1	0.000	0		0.100	1.000	0.100	0.000
8	MNCG ▾	1	1				1.000	1.000	1.000	0.000
9	MXCG ▾	1	1				10.000	1.000	10.000	0.000
10	MNEG ▾	1	1	0.000	0		1.000	1.000	1.000	0.000
11	MNCA ▾	2	2				0.100	1.000	0.100	0.000
12	MXCA ▾	2	2				1000.000	1.000	1000.000	0.000
13	MNEA ▾	2	2	0.000	0		0.100	1.000	0.100	0.000
14	MNCG ▾	2	2				1.000	1.000	1.000	0.000
15	MXCG ▾	2	2				10.000	1.000	10.000	0.000
16	MNEG ▾	2	2	0.000	0		1.000	1.000	1.000	0.000

图 9-12　增加厚度为变量

(7) 快速聚焦

使用"优化→快速聚焦"命令，寻找最小弥
散斑，如图 9-17 所示。选择"光斑半径"，并在
"使用质心"前面勾选。最后，再次进行优化处
理，得到图 9-15（c）的点列图，此时 RMS 半径
达到了 $4.619\mu m$，完全符合设计结果。它的 2D
视图见图 9-18，透镜数据见图 9-19。

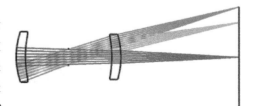

图 9-13　厚度参与优化下的 2D 视图

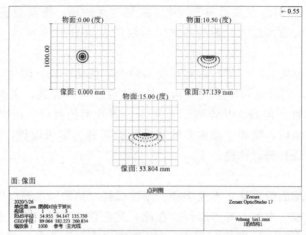

图 9-14 厚度参与优化下的点列图

单位是 μm. 图例对应于波长
视场 ： 1 2 3
RMS半径： 21.470 55.536 97.889
GEO半径： 34.778 110.679 186.608
缩放条： 400 参考：主光线

单位是 μm. 图例对应于波长
视场 ： 1 2 3
RMS半径： 4.700 5.208 6.257
GEO半径： 7.371 11.700 17.550
缩放条： 40 参考：主光线

单位是 μm. 图例对应于波长
视场 ： 1 2 3
RMS半径： 2.897 3.589 4.619
GEO半径： 5.064 8.038 12.469
缩放条： 40 参考：主光线

(a) 打破对称　　　　　　　(b) 全局优化　　　　　　　(c) 快速聚焦

图 9-15 点列图

图 9-16 全局优化

图 9-17 快速聚焦寻找最小弥散斑

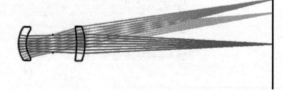

图 9-18 最终结果的 2D 视图

面数据概要：

表面	类型	曲率半径	厚度	玻璃	净口径	延伸区	机械半直径
物面	STANDARD	无限	无限		0	0	0
1	STANDARD	33.93589	9.109548	H-ZF6	38.1893	0	38.1893
2	STANDARD	26.41852	29.21381		31.0212	0	38.1893
光阑	STANDARD	无限	30.78212		19.69095	0	19.69095
4	STANDARD	-107.8423	10	H-ZF6	37.79241	0	41.61993
5	STANDARD	-55.07107	225.2683		41.61993	0	41.61993
像面	STANDARD	无限			105.6017	0	105.6017

图 9-19 最终结果的透镜数据

第10章

波像差

在应用光学中，我们用抽象的具有能量的几何线来代替实际的电磁波传播过程，这些几何线称作"光线"。包括第 3 章的光路计算、第 7 章和第 8 章的塞德像差理论，都是以光线为前提的。事实上，光是一种电磁波，它应该具有波的传播特性，应该使用波动光学理论进行研究。因此光学系统对一个物点成像，就变成了一个物空间点光源发出的球面波到达光学系统，然后经过光学系统变换之后，又出射球面波并会聚于像点。而前述所说的光线，就是波平面的法线。在宏观世界中，通常可以用光线替代波平面传播，但是更加本质的精确的波传播，还是需要了解的，它更具有指导意义。瑞利判据告诉我们，只要波前偏差小于 $\lambda/4$，可以将光学系统看成完善的，这完全就是波动光学的观点。在像质评价中，除了塞德理论，还有很多的综合评价方法，如分辨率、光学传递函数、斯特列尔比等均是以波动光学为基础的。根据波动光学理论，一个物空间点光源发出的球面波，如果光学系统是完美的，它将成像为一个像点，所以出射波也应该是理想的球面波，球心就是点光源的像点。如果光学系统存在像差，将导致出射波面产生扭曲，形成新的复杂的波前。将理想的球面波前称作参考波前，将实际的复杂的波前称作实际波前，实际波前与参考波前的偏差就是波像差。很显然，波像差是坐标的函数，即 $W(X,Y)$，这个函数集中反映了光学系统的像差，它应该与前面介绍的塞德像差存在一定的内在联系。本章从波前概念出发，逐步介绍波像差的概念，它与塞德像差的关系，波像表达式及波前结构，最后介绍了在 Zemax 软件中，如何查看波像差数据。

10.1 波前

光学系统对物体进行成像，物体可以看成是无数个发光点组成的"光源系统"。每一个发光点就是一个点光源，它将发出球面波。当物点在无限远，球面波到达光学系统时，成为半径无限大的球面波，可以看成平面波。点光源发出的波，在相同时间，向前传播时具有相同的位相，称为波前面，简称"波前"（wavefront）。很明显，点光源的波前是球面。当物点在无限远时，波前到达光学系统可以看成是平面波前。光线是抽象的具有能量的光传播方向的线，它与波前正好垂直，或者说，光线即为波前的法线方向。如图 10-1，无论是物空间的球面波还是平面波，经过无像差的光学系统后，还应该成像为一个点像，即像空间也应该是球面波（其中平面波可以看成半径无限大的球面波）。在图 10-1 中，垂直于光线的虚线就是波前，左图为发散球面波变换为会聚球面波，中图为平面波变换为会聚球面波，右图为发散球面波变换为平面波。这种变换的前提是光学系统无像差，不会引起波前的错位或者扭曲，此时称出射波前为理想波前或者参考波前。如果光学系统存在像差，它将对入射的波前变换时发生失真，导致出射波面偏离球面波或平面波，形成一个复杂的波前，称为实际波前。实际波前与参考波前的偏差称为"波像差"（wave aberration），也是这一章要讨论的内容。

由前所述，实际波前相对于参考波前的错位或扭曲将产生波像差。如图 10-2，实际波前相对于参考波前发生了错位，将导致像点发生轴向移动，称为"离焦"（defocus）。如图 10-3，实际波前相对于参考波前发生了旋转，将导致像点发生垂轴移动，即为畸变。

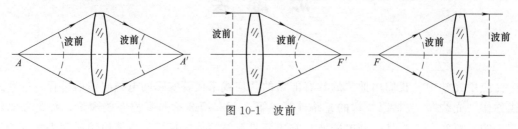

图 10-1　波前

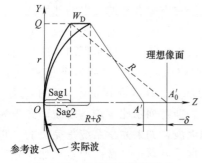

图 10-2　波前错位引起离焦

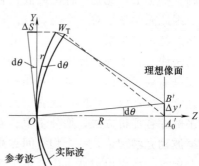

图 10-3　倾斜波前引起垂轴像移

如图 10-2 所示，为光学系统最后一面的出射波前，原来的参考波前是半径为 R 的球面，球心为 A_0'，即理想像点。现在，由于像面放置位置发生了轴向移动 δ，从理想像面的 A_0' 点移到了 A'，即发生了离焦。离焦后，像点 A' 对应的波前为实际波前。离焦 δ 的符号规则为，以理想像点 A_0' 为计算起点，实际像点 A' 在 A_0' 的左边为负、右边为正。设实际波前与参考波前在最大半口径 r 处的波面光程差为 W_D，它就是离焦产生的波像差。由图 10-2 中几何关系，波像差与两个波的矢高之差满足

$$W_D = n'(\text{Sag2} - \text{Sag1}) \tag{10-1}$$

式中，n' 为像空间折射率。由矢高公式（5-2），两个波面矢高为

$$\text{Sag1} = \frac{r^2}{2R}, \text{Sag2} = \frac{r^2}{2(R+\delta)}$$

上式代入到公式（10-1）得

$$W_D = n'\left[\frac{r^2}{2(R+\delta)} - \frac{r^2}{2R}\right] = n'\frac{r^2}{2} \times \frac{-\delta}{R^2 + R\delta} \approx -\frac{1}{2}n'\left(\frac{r}{R}\right)^2\delta \tag{10-2}$$

上式在推导时，使用了 $R\delta \ll R^2$，略去 $R\delta$ 项。上式还可以写成

$$\delta = -\frac{2}{n'}\left(\frac{R}{r}\right)^2 W_D \tag{10-3}$$

如果像空间为空气，则折射率 $n'=1$。设物在无限远，平行光入射，并且假定光学系统为薄透镜系统，不考虑主面位置，则有 $R \approx f'$，$r = D/2$，其中 D 为入瞳直径。另外，我们定义离焦波像差符号规则，以参考波前为计算起点，实际波前在左为正、在右为负（注意，

与通常长度符号规则相反）。要求波像差的符号与对应离焦的符号一致。则上式可以改写为

$$\delta = 8(\text{F}/\sharp)^2 W_{\text{D}} \tag{10-4}$$

式中，W_{D} 为负号，相当于将负号吸收到波像差里面。上式说明，具有 W_{D} 的波像差，将引起 δ 的离焦量。反过来，像点沿轴向离焦 δ，边缘光线波像差为 W_{D}。

如图 10-3，将参考波绕顶点 O 旋转一个小角度 $\mathrm{d}\theta$，将产生一个新的波面，称作实际波面。此时实际波面仅为参考波面旋转而得到，并不附加其他像差，所以实际波面仍然为球面波。设实际波面边缘法线交理想像面于 B' 点，它就是旋转波面后在理想像面上的像点。显然，波面旋转导致了像点从 A_0' 移到了 B'，设移动量 $A_0'B' = \Delta y'$。同时，波面旋转也引起了边缘光线具有 W_{T} 的波像差，如图 10-3 所示，两个波面的夹角也为 $\mathrm{d}\theta$。过顶点 O 分别作两个波面的切线，则切线同样夹角为 $\mathrm{d}\theta$。设最大半口径处，两切线偏离了 ΔS 的距离，则有

$$W_{\text{T}} = n'\Delta S \tag{10-5}$$

式中，n' 为像空间折射率。由图 10-3 中几何关系得

$$\mathrm{d}\theta = \frac{\Delta y'}{R} = \frac{\Delta S}{r}$$

将公式（10-5）代入上式得

$$\Delta y' = \frac{R}{r} \times \frac{W_{\text{T}}}{n'} \tag{10-6}$$

如果像空间为空气，则折射率 $n' = 1$。设物在无限远，平行光入射；并且假定光学系统为薄透镜系统，不考虑主面位置，则有 $R \approx f'$，$r = D/2$，其中 D 为入瞳直径。则上式可以改写为

$$\Delta y' = 2(\text{F}/\sharp)W_{\text{T}} \tag{10-7}$$

上式说明，具有 W_{T} 的波像差，将引起 $\Delta y'$ 的像面畸变。反过来，像点具有像面畸变 $\Delta y'$，则边缘光线波像差为 W_{T}。

10.2　费马原理

法国科学家费马（Fermat）在 1662 年提出，光传播的路径是光程取极值的路径，称作费马原理。如果将光传播的路径 L 表示为空间坐标的函数，则费马原理可以表示为

$$\delta L(X, Y, Z) = 0 \tag{10-8}$$

上式左边为路径的变分，等于零即是求极值路径。对于理想的光学系统，一个物点发出的所有光线都将会聚于一个像点。根据费马原理，光从物点传播到像点，一定走极值路线，所以光线走的所有路径光程应该相等。根据电磁波的传播特性，从物点到任何一个波前的光程是相等的，同理从任何一个波前到像点的光程也是相等的。或者说，用光学系统进行成像，任何两个波前之间光程是相等的。

10.3　波像差公式

10.3.1　轴上点波像差与球差的关系

如图 10-4，Y 轴为出射光瞳位置。如果光学系统没有像差，从出瞳射出的波前应该是理想的球面波，称为参考波前，它的球心为理想像点 A_0'。如果光学系统存在球差，导致出射

的波前相对于理想波前发生了错位，称为实际波前。在图 10-4 中，$O'P'$ 为理想的参考波前，$O'M'$ 为因球差存在产生的实际波前。实际波前边缘光线法线 $M'A'$ 与光轴交于 A' 点，即为实际的像点。反向沿长 $M'A'$ 交参考波前于 P' 点。因此，有球差 $\delta L' = A_0'A'$，因球差而引起的波像差为 $W' = n' \cdot P'M'$，n' 为像空间折射率。球差波像差符号规则为，以参考波前计算起点，实际波前在左为正、在右为负。由图 10-4 中几何关系，有

$$d\gamma' = -\delta L' \sin U' / R \tag{10-9}$$

以理想像点 A_0' 为球心，$A_0'M'$ 为半径作一小段球面弧长元 $M'Q'$。很显然，波面 $O'P'$ 和 $M'Q'$ 同心，两波面间是等光程的。连接 $Q'A_0'$，交实际波前于 N'。在局部小的范围内，有波像差改变量 $dW' = n' \cdot Q'N'$，$M'Q'$ 和 $M'N'$ 夹角也约为 $d\gamma'$。由 $\triangle M'Q'N'$，可得

$$d\gamma' = -\frac{dW'}{n' \cdot M'Q'} \approx -\frac{1}{n'} \times \frac{dW'}{R\,d\theta} \approx -\frac{1}{n'} \times \frac{dW'}{R\,dU'} \tag{10-10}$$

公式（10-9）和公式（10-10）左边相等，右边也应该相等，得

$$dW' = n'\delta L' \sin U' dU' \tag{10-11}$$

在近轴情况下，可以用小写字母表示的弧度值代替正弦函数值，即 $u' \approx \sin U'$。对上式进行最大孔径 u_m 上限积分得

$$W' = \int_0^{u_m'} dW' = \int_0^{u_m'} n'\delta L' u' du' = \frac{n'}{2} \int_0^{u_m'} \delta L' du'^2 = \frac{n'}{2l'^2} \int_0^{h_m} \delta L' dh^2 \tag{10-12}$$

此即球差波像与球差的关系。

10.3.2 波像差与塞德像差的关系

在上一小节，球差与波像差的关系中，仅考虑了单个像差时的情况，下面考虑空间任意光线的像差。如图 10-5，从光学系统出来的实际波面为 $O'M'$，波面上一点 M' 的法线即是该点的出射光线，设出射光线交理想像面于 B' 点。由于光线 $M'B'$ 为空间光线，所以 B' 点不一定在子午面内。B' 点到理想像点 A_0' 的距离为 $A_0'B'$，它的 Y 轴分量就是第 7 章的横向像差的子午分量 $\delta Y'$，它的 X 轴分量就是第 7 章的横向像差的弧矢分量 $\delta X'$。将光线 $M'B'$ 对 $YO'Z$ 面进行投影，投影线为 $M'A'$，设投影线与 Z 轴的夹角为 U'，过 A_0' 作投影线的垂线，如图 10-5 所示。以理想像点 A_0' 为圆心，$O'A_0' = R$ 为半径画出的球面 $O'P'$ 在顶点处与实际波面相切。在实际波面上取一个小增量 $\Delta S = M'N'$。以 A_0' 为圆心，$M'A_0'$ 为半径画一个小圆弧，交 $A_0'N'$ 于 Q' 点。沿长 $A_0'N'$ 交参考波前于 T' 点。显然，$P'M' = T'Q'$，所以波像差增量为

$$\Delta W' = n' \cdot Q'N' \tag{10-13}$$

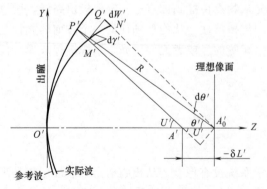

图 10-4 波像差与球差的关系

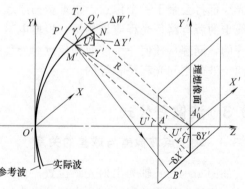

图 10-5 波像差与塞德像差的关系

由于 $M'A' \perp M'N'$，$M'A'_0 \perp M'Q'$，所以 $\angle A'M'A'_0 = \angle N'M'Q' = \gamma'$，注意到 γ' 较小，可以得

$$\angle A'M'A'_0 \approx \frac{-\delta Y' \cos U'}{R}, \angle N'M'Q' = \frac{\Delta W'}{n' \Delta S}$$

上式左边相等，右边也必相等，并注意到 $\Delta Y' = \Delta S \cos U'$，可得

$$\frac{-\delta Y' \cos U'}{R} = \frac{\Delta W'}{n' \Delta S} \Rightarrow \delta Y' = -\frac{R}{n'} \times \frac{\Delta W'}{\Delta Y}$$

如果仅考虑局部内的小的变化情况，忽略 Z 坐标的变化，上式平均变化率可以写成导数

$$\delta Y' = -\frac{R}{n'} \lim_{\Delta Y \to 0} \frac{\Delta W'}{\Delta Y} = -\frac{R}{n'} \times \frac{\partial W'}{\partial Y} \tag{10-14}$$

同理，X 坐标方向上的波像差变化率与 Y 轴方向有相似的关系，可得

$$\delta X' = -\frac{R}{n'} \times \frac{\partial W'}{\partial X} \tag{10-15}$$

公式（10-14）和公式（10-15）为波像差和塞德像差的关系式。如果已知波像差 W'，对波像差在 X 坐标和 Y 坐标上取一阶偏导数，即可以得到在像面上横向像差的子午分量和弧矢分量，进而可以获得塞德像差和数。那么反过来，是否可以从塞德像差求波像差？也是可以的，我们把公式（10-14）和公式（10-15）中，求解出波像差，可得

$$\frac{\partial W'}{\partial X} = -\frac{n'}{R} \delta X', \frac{\partial W'}{\partial Y} = -\frac{n'}{R} \delta Y'$$

写成全微分的形式为

$$dW' = \frac{\partial W'}{\partial X} dX + \frac{\partial W'}{\partial Y} dY = -\frac{n'}{R} (\delta X' dX + \delta Y' dY) \tag{10-16}$$

上式说明，我们只要知道像平面上横向像差的子午分量和弧矢分量，对最后一面作公式（10-16）的积分，就可以得到总的波像差表达式。由第 7 章可知，横向像差为孔径坐标的函数，我们以光学系统最后一面作为积分面，如图 10-6 所示。我们先从坐标原点沿 X 轴积分到 $P(X, 0)$，然后保持 X 不变沿 Y 方向积分到 $Q(X, Y)$，即可得到通过 Q 点的光线的波像差。写成公式为

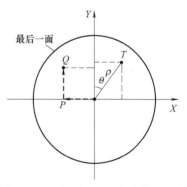

图 10-6 对最后一面进行波像差积分

$$W(X, Y) = -\frac{n'}{R} \left[\int_0^X \delta X'(X, 0) dX + \int_0^Y \delta Y'(X, Y) dY \right] + W(0, 0) \tag{10-17}$$

上式中，$W(0, 0)$ 为坐标原点的波像差，一般近轴光线成像理想，波像差为 0，即 $W(0, 0) = 0$。上式就是由塞德横向像差求波像差的公式。

10.3.3 波像差普遍式

我们在最后一面进行波像差积分。在公式（7-28）、公式（7-30）中，令

$$A_1 = -\frac{l^3}{2n'u'h^3(l - l_z)^3} S_{\mathrm{I}}, A_2 = \frac{l^2 l_z}{2n'u'h^2 h_z(l - l_z)^3} S_{\mathrm{II}}, A_3 = -\frac{l_z^2 l}{2n'u'hh_z^2(l - l_z)^3} S_{\mathrm{III}}$$

$$\tag{10-18}$$

$$A_4 = -\frac{l_z^2 l}{2n'u'hh_z^2(l-l_z)^3}S_{\mathbb{N}}, A_5 = \frac{l_z^3}{2n'u'hh_z^3(l-l_z)^3}S_{\mathrm{V}}, X=\zeta, Y=\eta \qquad (10\text{-}19)$$

则横向像差子午分量和弧矢分量公式可以改写成

$$\delta Y' = A_1 X(X^2+Y^2)Y + A_2 y(X^2+3Y^2) + y^2(3A_3+A_4)Y + A_5 y^3 \qquad (10\text{-}20)$$

$$\delta X' = A_1 X(X^2+Y^2) + 2A_2 yXY + (A_3+A_4)y^2 X \qquad (10\text{-}21)$$

令 $W(0,0)=0$，将上面两个公式代入到公式（10-17）中的两个积分，可得

$$\int_0^X \delta X'(X,0)\mathrm{d}X = \frac{1}{4}A_1 X^4 + \frac{1}{2}(A_3+A_4)y^2 X^2$$

$$\int_0^Y \delta Y'(X,Y)\mathrm{d}Y = \frac{1}{4}A_1 Y^4 + A_2 yY^3 + \frac{1}{2}(A_1 X^2 + 3A_3 y^2 + A_4 y^2)Y^2 + (A_2 yX^2 + A_5 y^3)Y$$

将上面两个公式代入到公式（10-17），又有 $R \approx l'$，可得总的波像差为

$$W(X,Y) = -\frac{n'}{l'}\left[\frac{1}{4}A_1(X^2+Y^2)^2 + A_2 y(X^2+Y^2)Y + \frac{1}{2}A_3 y^2(X^2+3Y^2) + \frac{1}{2}A_4 y^2(X^2+Y^2) + A_5 y^3 Y\right] \qquad (10\text{-}22)$$

在上式中，总共有五项，分别对应球差、彗差、像散、场曲和畸变的波像差。

10.3.4　波像差的极坐标形式

如果在孔径上使用极坐标，到原点的距离为径向坐标 ρ，与 Y 轴的夹角为角向坐标 θ，如图 10-6 所示。只需要将笛卡尔坐标和极坐标的换算关系代入公式（10-22）即可：

$$X = \rho\sin\theta, Y = \rho\cos\theta \qquad (10\text{-}23)$$

$$W(\rho,\theta) = -\frac{n'}{l'}\left[\frac{1}{4}A_1\rho^4 + A_2 y\rho^3\cos\theta + A_3 y^2\rho^2\cos^2\theta + \frac{1}{2}(A_3+A_4)y^2\rho^2 + A_5 y^3\rho\cos\theta\right] \qquad (10\text{-}24)$$

从上式可以看出来，每一项可以看成 y、ρ、$\cos\theta$ 幂次因子的函数，我们将上式写成下面的形式

$$W(y,\rho,\theta) = \sum W_{ijk} y^i \rho^j \cos^k\theta = W_{040}\rho^4 + W_{131}y\rho^3\cos\theta + W_{222}y^2\rho^2\cos^2\theta + W_{220}y^2\rho^2 + W_{311}y^3\rho\cos\theta \qquad (10\text{-}25)$$

式中，系数 W_{ijk} 的下标表示 y、ρ、$\cos\theta$ 的幂次数，W_{040}、W_{131}、W_{222}、W_{220}、W_{311} 分别指球差、彗差、像散、场曲和畸变的波像差系数，它们满足

$$W_{040} = -\frac{n'}{4l'}A_1, W_{131} = -\frac{n'}{l'}A_2, W_{222} = -\frac{n'}{l'}A_3, W_{220} = -\frac{n'}{2l'}(A_3+A_4), W_{311} = -\frac{n'}{l'}A_5 \qquad (10\text{-}26)$$

当像散为零时，剩余场曲就是 Petzval 场曲，令 $A_3=0$，代入 W_{220} 可得 Petzval 场曲的波像差系数，记作 $W_{220\mathrm{P}}$：

$$W_{220\mathrm{P}} = -\frac{n'}{2l'}A_4 \qquad (10\text{-}27)$$

波像差的极坐标形式也是 Zemax 软件中使用的波像差形式，也是欧美的光学技术书籍中常用的波像差形式。

10.3.5　波像差与塞德像差换算公式

（1）球差

公式（10-22）第一项为球差波像差，令 $X=0$，$Y=h_{\max}$，即为边缘光线球差波像差

$$W_1 = -\frac{n'}{l'} \times \frac{1}{4} A_1 h_{max}^4 \qquad (10\text{-}28)$$

公式（10-18）中的 A_1 可以利用公式（7-32）化简得

$$\frac{h_{max}}{h} \times \frac{l}{l-l_z} = 1,\ A_1 = -\frac{l^3}{2n'u'h^3(l-l_z)^3} S_I = -\frac{1}{2n'u'h_{max}^3} S_I$$

将上式代入公式（10-28），并注意到 $h_{max} = l'u'$，得

$$W_1 = -\frac{n'}{l'} \times \frac{1}{4} h_{max}^4 \times \left(-\frac{1}{2n'u'h_{max}^3} S_I \right) = \frac{1}{8} S_I \qquad (10\text{-}29)$$

上式正是表 8-2 中，塞德初级球差系数 S_I 和球差波像差系数（实际上是波像差）的换算关系。事实上，波像差系数应该是公式（10-26），它与波像差相差一个比例常数。在 Zemax 中直接用球差波像差系数 W_{040} 表示整个球差波像差，它为初级球差系数 S_I 的 1/8。即在 Zemax 软件中，$W_{040} = S_I/8$，W_{040} 已经不代表波像差系数，而是全部的波像差值。

（2）彗差

在公式（10-22）中取第二项，即为彗差波像差。令 $X=0$，$Y=h_{max}$，即为子午彗差波像差

$$W_2 = -\frac{n'}{l'} A_2 y h_{max}^3 \qquad (10\text{-}30)$$

公式（10-18）中的 A_2 可以利用公式（7-31）和公式（7-32）化简得

$$\frac{y}{h_z} \times \frac{l_z}{l-l_z} = -1,\ \frac{h_{max}}{h} \times \frac{l}{l-l_z} = 1,\ A_2 = \frac{l^2 l_z}{2n'u'h^2 h_z(l-l_z)^3} S_{II} = -\frac{1}{2n'u'yh_{max}^2} S_{II}$$

将上面公式代入到公式（10-30），并注意到 $h_{max} = l'u'$，得

$$W_2 = -\frac{n'}{l'} y h_{max}^3 \times \left(-\frac{1}{2n'u'yh_{max}^2} S_{II} \right) = \frac{1}{2} S_{II} \qquad (10\text{-}31)$$

上式正是表 8-2 中，塞德初级彗差系数 S_{II} 和彗差波像差系数（实际上是波像差）的换算关系。在 Zemax 中，$W_{131} = S_{II}/2$。

（3）像散

在公式（10-22）中取第三项，即为像散波像差。由公式（10-24）可知，其中的 X^2 和一个 Y^2 参与了场曲，因此像散只剩下两个 Y^2。令 $X=0$，$Y=h_{max}$，即为像散波像差

$$W_3 = -\frac{n'}{l'} A_3 y^2 h_{max}^2 \qquad (10\text{-}32)$$

公式（10-18）中的 A_3 可以利用公式（7-31）和公式（7-32）化简得

$$\frac{y}{h_z} \times \frac{l_z}{l-l_z} = -1,\ \frac{h_{max}}{h} \times \frac{l}{l-l_z} = 1,\ A_3 = -\frac{1}{2n'u'y^2 h_{max}} S_{III}$$

将上面公式代入到公式（10-32），并注意到 $h_{max} = l'u'$，得

$$W_3 = -\frac{n'}{l'} y^2 h_{max}^2 \times \left(-\frac{1}{2n'u'y^2 h_{max}} S_{III} \right) = \frac{1}{2} S_{III} \qquad (10\text{-}33)$$

上式正是表 8-2 中，塞德初级像散系数 S_{III} 和像散波像差系数（实际上是波像差）的换算关系。在 Zemax 中，$W_{222} = S_{III}/2$。

（4）场曲

在公式（10-22）中取第四项，即为场曲波像差。由公式（10-24）可知，其中第三项的 X^2 和一个 Y^2 也参与了场曲计算，因此场曲还含有 A_3。我们用公式（10-22）的场曲公式，

令 $X=h_{max}$，$Y=0$，即弧矢场曲波像差为

$$W_4=-\frac{n'}{2l'}(A_3+A_4)y^2h_{max}^2 \qquad (10\text{-}34)$$

公式（10-18）中的 A_3 和公式（10-19）中的 A_4 除了塞德像差系数外完全一样，所以计算结果与像散应该类似，W_4 还比 W_3 多了一个 $1/2$ 因子。我们不再推导过程，直接将结果写出来

$$W_4=\frac{1}{4}(S_{\text{III}}+S_{\text{IV}}) \qquad (10\text{-}35)$$

上式正是表 8-2 中，塞德初级场曲系数 $S_{\text{III}}+S_{\text{IV}}$ 和弧矢场曲波像差系数（实际上是波像差）的换算关系。当像散为零时，剩下场曲即为 Petzval 场曲。公式（10-35）中，令 $S_{\text{III}}=0$，则有

$$W_{4P}=\frac{1}{4}S_{\text{IV}} \qquad (10\text{-}36)$$

上式正是表 8-2 中，塞德初级 Petzval 场曲系数 S_{IV} 和 Petzval 场曲波像差系数（实际上是波像差）的换算关系。在 Zemax 中，$W_{220P}=S_{\text{IV}}/4$。

(5) 畸变

在公式（10-22）中取第五项，即为畸变波像差。令 $Y=h_{max}$，即畸变波像差

$$W_5=-\frac{n'}{l'}A_5y^3h_{max} \qquad (10\text{-}37)$$

公式（10-18）中的 A_5 可以利用公式（7-31）和公式（7-32）化简得

$$\frac{y}{h_z}\times\frac{l_z}{l-l_z}=-1,\ \frac{h_{max}}{h}\times\frac{l}{l-l_z}=1,\ A_5=-\frac{1}{2n'u'y^3}S_{\text{V}}$$

将上面公式代入到公式（10-37），并注意到 $h_{max}=l'u'$，得

$$W_5=-\frac{n'}{l'}y^3h_{max}\times\left(-\frac{1}{2n'u'y^3}S_{\text{V}}\right)=\frac{1}{2}S_{\text{V}} \qquad (10\text{-}38)$$

上式正是表 8-2 中，塞德初级畸变系数 S_{V} 和畸变波像差系数（实际上是波像差）的换算关系。在 Zemax 中，$W_{311}=S_{\text{V}}/2$。

10.3.6 焦深

由公式（10-3），又 $r/R\approx u'$，从中求出波像差得

$$W_D=-\frac{1}{2}n'u'^2\delta \qquad (10\text{-}39)$$

根据瑞利判据，只要产生的波像差小于 $1/4$ 波长，则成像仍然可以看成是完美的。设理想波面前后相差 $\pm\lambda/4$ 时，成像完美，代入上式得

$$-\frac{\lambda}{4}<W_D=-\frac{1}{2}n'u'^2\delta<\frac{\lambda}{4}\Rightarrow-\frac{\lambda}{2n'u'^2}<\delta<\frac{\lambda}{2n'u'^2} \qquad (10\text{-}40)$$

即离焦量在上式范围内，都可以使光学系统成像完美，所以光学系统成像完美的焦点深度，即焦深为

$$\Delta=\frac{\lambda}{n'u'^2} \qquad (10\text{-}41)$$

式中，n' 为像空间折射率；u' 为像空间边缘光线的孔径角。如果像空间为空气，则 $n'=$

1，假定物体在无限远时，像方孔径角满足 $u'=D/(2f')=1/(2F/\sharp)$，其中 D 为入瞳直径，$F/\sharp$ 为 F 数，则焦深又可以写作

$$\Delta=4\lambda(F/\sharp)^2 \tag{10-42}$$

10.4 用波像差研究初级像差的几何形状

将公式（10-22）中球差、彗差、像散、场曲和畸变提取出来，并绘出它们的图形，就是初级像差的几何形状图形。从初级像差的几何形状，可以反映到光程差图、点列图、波前图或者点扩散函数中，从而辅助评价光学系统，也可以判断哪些像差占主要优势，哪些像差相对较小。

10.4.1 球差

公式（10-22）第一项，就是球差

$$W_{\mathrm{I}}=-\frac{n'}{4l'}A_1(X^2+Y^2)^2 \tag{10-43}$$

它的图形如图 10-7 中球差图形，球差图形为同心圆环，中间疏、边缘密。

10.4.2 彗差

公式（10-22）第二项，就是彗差

$$W_{\mathrm{II}}=-\frac{n'}{l'}A_2y(X^2+Y^2)Y \tag{10-44}$$

它的图形如图 10-7 中彗差图形，彗差图形为"眼形"，中间疏、边缘密。

10.4.3 像散

公式（10-22）第三项去掉场曲贡献部分，就是像散

$$W(X,Y)=-\frac{n'}{l'}A_3y^2Y^2 \tag{10-45}$$

它的图形如图 10-7 中像散图形，像散图形为非均匀横线，中间疏、边缘密。

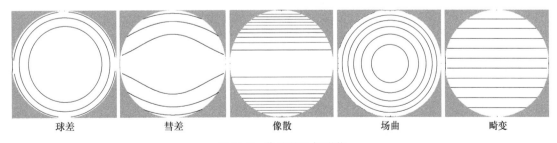

| 球差 | 彗差 | 像散 | 场曲 | 畸变 |

图 10-7 像差的几何形状

10.4.4 场曲

公式（10-22）第四项加上第三项的贡献，就是场曲

$$W(X,Y)=-\frac{n'}{2l'}(A_3+A_4)y^2(X^2+Y^2) \tag{10-46}$$

它的图形如图 10-7 中场曲图形，场曲图形也为同心圆环，也是中间疏、边缘密，但是相比于球差，疏密变化较小。

10.4.5　畸变

公式（10-22）第五项，就是畸变

$$W(X,Y) = -\frac{n'}{l'}A_5 y^3 Y \tag{10-47}$$

它的图形如图 10-7 中畸变图形，畸变图形为均匀的横线。

具有以上五种像差对像面的影响示于图 10-8 中。

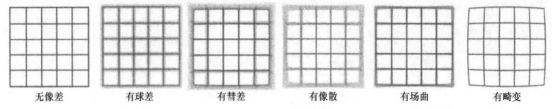

| 无像差 | 有球差 | 有彗差 | 有像散 | 有场曲 | 有畸变 |

图 10-8　存在像差导致图像变化

10.5　色差的波像差

10.5.1　$D-d$ 方法计算波色差

如果光学系统前述五种塞德像差均已校正，一束复色光从物点发出，经过光学系统后，因不同色光而引起的波前偏差，称为色差的波像差，简称"波色差"。1904 年，Conrady 提出了一种计算波色差的方法，称作 $D-d$ 法。他将边缘光线所走的总长度记为 $\sum D$，其中 D 为边缘光线在每一个空间中光线走过的长度；将沿光轴的光线所走的总长度记为 $\sum d$，其中 d 为沿轴光线在每一个空间中光线走过的长度，即沿轴厚度。根据费马原理，对于同种色光，应该光线走光程为极值的路径，则

$$\sum (D-d)n = 0 \tag{10-48}$$

但是，如果存在色差，对于不同的色光，它们的光程可能不同，比如 F 和 C 光，它们存在光程差为

$$W'_{FC} = \sum (D-d)(n_F - n_C) \tag{10-49}$$

这个光程差 W'_{FC} 就是波色差。如图 10-9 所示，在上式中，d 为轴上厚度，$n_F - n_C$ 为材料的中部色散，而边缘光线路径长度 D 满足下式

$$D = \frac{d + \text{Sag}2 - \text{Sag}1}{\cos U'_1} \tag{10-50}$$

式中，矢高的计算使用公式（5-2）。

10.5.2　用最后一面半径消色差

校正色差，就是需要公式（10-49）为 0，我们可以用最后一面来弥补前面总的色差，从而使全部色差为 0。设最后一面前面产生的总色差为 $\sum (D-d)\Delta n$，则最后一面应该产生 $W'_{FCl} = -\sum (D-d)\Delta n$ 的色差。

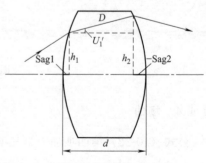

图 10-9　求边缘光线长度

设光学系统有 k 个面，则第 k 面就是最后一面，则有

$$(D_k - d_k)\Delta n_l = -\sum(D-d)\Delta n \tag{10-51}$$

在计算最后一面时，前面一面的参数是已知的，可得

$$Z_k = D_k\cos U'_{k-1} + Z_{k-1} - d_k \tag{10-52}$$

$$Y_k = Y_{k-1} - D_k\sin U'_{k-1} \tag{10-53}$$

由矢高的公式（5-2），可得最后一面的半径

$$R_k = \frac{Y_k^2 + Z_k^2}{2Z_k} \tag{10-54}$$

10.5.3　波色差与塞德初级色差的关系

只考察单透镜，如图 10-9 所示，它的波色差可以由公式（10-49）得

$$W'_{FC} = \sum(D-d)(n_F-n_C) = \left[\frac{d - h_1^2/(2R_1) + h_2^2/(2R_2)}{\cos U'_1} - d\right]\Delta n_{FC} \tag{10-55}$$

上式中的 $1/\cos U'_1$，用近轴近似替代，作泰勒展开为

$$\frac{1}{\cos U'_1} \approx \left(1 - \frac{1}{2}u_1'^2\right)^{-1} \approx 1 + \frac{1}{2}u_1'^2$$

将上式代入公式（10-55），并乘开，略去高次项得

$$\sum(D-d)\Delta n_{FC} = \left(-\frac{h_1^2}{2R_1} + \frac{h_2^2}{2R_2} + \frac{1}{2}du_1'^2\right)\Delta n_{FC} = \frac{1}{2}(h_2\Phi_2 - h_1\Phi_1 + du_1'^2)\Delta n_{FC}$$

$$= \frac{1}{2}\left[h_2(i_2+u_2) - h_1(i_1'+u_1') + du_1'^2\right]\Delta n_{FC}$$

$$= \frac{1}{2}\left[(h_2i_2 - h_1i_1') - (h_1-h_2)u_1' + du_1'^2\right]\Delta n_{FC}$$

$$= \frac{1}{2}(h_2i_2 - h_1i_1')\Delta n_{FC} \tag{10-56}$$

由公式（8-8），对于单透镜，注意到在空气中 $n_2' = n_1 = 1$，$dn_2' = dn_1 = 0$，$n_2 = n_1' = n$，$dn_1' = dn_2 = \Delta n_{FC}$，有轴向色差系数为

$$\sum_1^2 C_I = \sum_1^2 hni\Delta\frac{dn}{n} = h_1n_1'i_1'\left(\frac{dn_1'}{n_1'} - \frac{dn_1}{n_1}\right) + h_1n_1i_1\left(\frac{dn_2'}{n_2'} - \frac{dn_2}{n_2}\right) = -(h_2i_2 - h_1i_1')\Delta n_{FC} \tag{10-57}$$

由公式（10-56）和公式（10-57）得

$$W'_{FC} = \sum(D-d)\Delta n_{FC} = -\frac{1}{2}\sum_1^2 C_I \tag{10-58}$$

如果光学系统有 m 个单透镜，有 k 个折射面，则上式可以扩展到整个光学系统

$$W'_{FC} = \sum_1^m(D-d)\Delta n_{FC} = -\frac{1}{2}\sum_1^k C_I \tag{10-59}$$

上式正是表 8-2 中，塞德初级轴向色差系数 C_I 和轴向波像差系数的换算关系。在 Zemax 中，$W'_{FC} = C_I/2$。

10.5.4　近轴薄透镜的波色差

对于单片薄透镜，在近轴区域，用 $D-d$ 方法可以得

$$D = d + \text{Sag2} - \text{Sag1} = d + \frac{h^2}{2R_2} - \frac{h^2}{2R_1}$$

因此有

$$(D-d)\Delta n_{\text{FC}} = \frac{h^2}{2}\left(\frac{1}{R_2} - \frac{1}{R_1}\right)\Delta n_{\text{FC}} = -\frac{h^2}{2} \times \frac{\Phi}{n-1}\Delta n_{\text{FC}} = -\frac{h^2}{2} \times \frac{\Phi}{\nu_{\text{d}}}$$

如果镜头组有 m 个薄透镜组成，每一个薄透镜的光焦度分别为 $\Phi_1 \sim \Phi_m$，阿贝数分别为 $\nu_{\text{d}1} \sim \nu_{\text{d}m}$，则消色差条件为

$$\sum(D-d)\Delta n_{\text{FC}} = 0 \Rightarrow \sum \frac{\Phi}{\nu_{\text{d}}} = 0 \tag{10-60}$$

10.6 在 Zemax 中查看波像差

在 Zemax 中，查看波像差数据，可以通过"分析→像差分析→赛德尔系数"命令，打开如图 10-10 的"赛德尔系数"文档。在图中，与波像差有关的数据有两个部分，已经用框线围了起来。

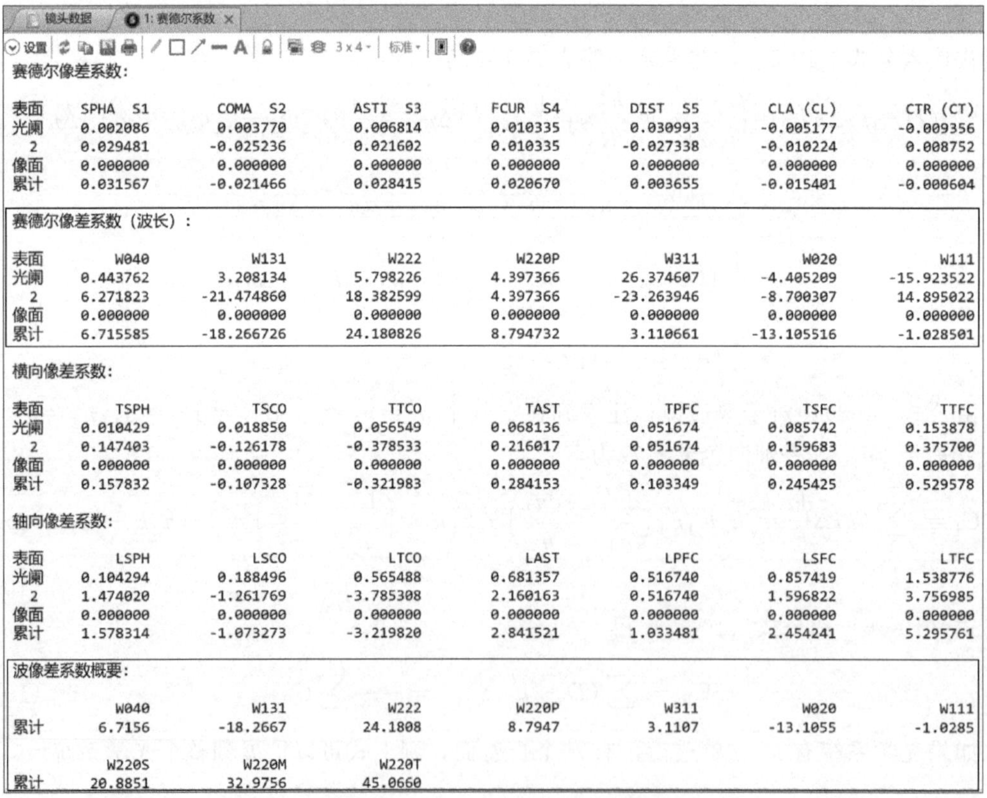

赛德尔像差系数：

表面	SPHA S1	COMA S2	ASTI S3	FCUR S4	DIST S5	CLA (CL)	CTR (CT)
光阑	0.002086	0.003770	0.006814	0.010335	0.030993	-0.005177	-0.009356
2	0.029481	-0.025236	0.021602	0.010335	-0.027338	-0.010224	0.008752
像面	0.000000	0.000000	0.000000	0.000000	0.000000	0.000000	0.000000
累计	0.031567	-0.021466	0.028415	0.020670	0.003655	-0.015401	-0.000604

赛德尔像差系数（波长）：

表面	W040	W131	W222	W220P	W311	W020	W111
光阑	0.443762	3.208134	5.798226	4.397366	26.374607	-4.405209	-15.923522
2	6.271823	-21.474860	18.382599	4.397366	-23.263946	-8.700307	14.895022
像面	0.000000	0.000000	0.000000	0.000000	0.000000	0.000000	0.000000
累计	6.715585	-18.266726	24.180826	8.794732	3.110661	-13.105516	-1.028501

横向像差系数：

表面	TSPH	TSCO	TTCO	TAST	TPFC	TSFC	TTFC
光阑	0.010429	0.018850	0.056549	0.068136	0.051674	0.085742	0.153878
2	0.147403	-0.126178	-0.378533	0.216017	0.051674	0.159683	0.375700
像面	0.000000	0.000000	0.000000	0.000000	0.000000	0.000000	0.000000
累计	0.157832	-0.107328	-0.321983	0.284153	0.103349	0.245425	0.529578

轴向像差系数：

表面	LSPH	LSCO	LTCO	LAST	LPFC	LSFC	LTFC
光阑	0.104294	0.188496	0.565488	0.681357	0.516740	0.857419	1.538776
2	1.474020	-1.261769	-3.785308	2.160163	0.516740	1.596822	3.756985
像面	0.000000	0.000000	0.000000	0.000000	0.000000	0.000000	0.000000
累计	1.578314	-1.073273	-3.219820	2.841521	1.033481	2.454241	5.295761

波像差系数概要：

	W040	W131	W222	W220P	W311	W020	W111
累计	6.7156	-18.2667	24.1808	8.7947	3.1107	-13.1055	-1.0285

	W220S	W220M	W220T				
累计	20.8851	32.9756	45.0660				

图 10-10　在 Zemax 中查看波像差

① 赛德尔像差系数（波长）。该部分为七种波像差系数，包括 W_{040}（球差）、W_{131}（彗差）、W_{222}（像散）、W_{220P}（Petzval 场曲）、W_{311}（畸变）、W_{020}（轴向色差）和 W_{111}（垂轴色差）。事实上，除了两种色差外，波像差系数实际上是它们的波像差值。它们的计算方法，基于前述的波像差与塞德像差换算关系。需要注意的是，波像差使用的单位非透镜单位，而是以"波长"为单位，就是需要除以波长。以波长为单位的主要原因是，时刻关注它

与瑞利判据的关系，看它们是否小于 1/4 波长。另外，W_{020} 和 W_{111} 在波像差理论中指色离焦和色缩放，Zemax 软件借用了一下。

②波像差系数概要。这部分波像差数据包括两行，其中上面一行就是"赛德尔像差系数（波长）"的最后一行，即累计所有面的贡献；第二行为 W_{220S}（弧矢场曲）、W_{220M}（平均场曲）、W_{220T}（子午场曲），它们的计算公式来自于表 8-2。弧矢场曲我们已经推导过，即公式（10-35），子午场曲的推导就留给读者，平均场曲为

$$W_{220M} = \frac{W_{220S} + W_{220T}}{2} \tag{10-61}$$

下面以第 7 章像差计算实例，来演示波像差系数的计算。如图 10-10，是第 7 章实例的赛德尔系数文档列表。它的塞德像差系数和波像差系数全部计算结果列于表 10-1 中，其中计算过程如下。

①先从"赛德尔像差系数"S1～S5、CL、CT，最后一行的"累计"找到塞德初级像差系数和数。

②查表 8-2，可得波像差系数与塞德初级像差系数的换算关系，进而求得波像差系数。

③换算成以波长为单位的值，将上一步求得的波像差系数除以主波长。

从表 10-1 的计算结果来看，与 Zemax 软件中计算结果一致。

表 10-1　Zemax 中波像差系数计算

类别	球差	彗差	像散	场曲	畸变	轴向色差	垂轴色差
计算公式	$W_{040} = S_I/8$	$W_{131} = S_{II}/2$	$W_{222} = S_{III}/2$	$W_{220P} = S_{IV}/4$	$W_{311} = S_V/2$	$W_{020} = C_I/2$	$W_{111} = C_{II}$
塞德系数 S、C	0.031567	-0.021466	0.028415	0.020670	0.003655	-0.015401	-0.000604
波像差 W	0.003946	-0.010733	0.014208	0.005168	0.001828	-0.007701	-0.000604
波像差 W/λ	6.715245	-18.265827	24.178863	8.794248	3.110109	-13.105003	-1.027910

≡ 第 11 章 ≡

Buchdahl公式

在第 7 章，我们介绍了塞德初级单色像差，获得了五种像差系数和数，它们分别为球差、彗差、像散、场曲和畸变。第 7 章中的像差理论，主要以塞德、克尔伯等的理论为基础，这套理论在国内的光学设计书中十分流行，已经具有五十年以上的教学实践和应用检验，正确性毋庸置疑。20 世纪中叶，德裔澳大利亚科学家 Hans A. Buchdahl 发展了新的有效的计算像差系数和数的方法，尤其是计算高阶像差系数和数的方法，称为 Buchdahl 公式。Buchdahl 像差系数和数公式在欧美国家比较流行，同时也是 Zemax 软件用来计算初级像差系数和数的公式。事实上，像差系数和数公式不仅仅有两套，还有更多的表示方法，比如阿贝不变量表示的塞德和数。这些像差和数公式的计算结果都是一样的，只是同一套公式的不同参数表达形式而已，有些公式适合计算机编制程序，有些公式适合手动计算。塞德和数公式，由于色差的独立性，公式中不包括色差。另外，有一套在欧美流行的重要光学设计方法，称作"结构像差系数"的理论，在本章也做一点介绍。有关结构像差系数理论，国内有关光学设计的书中鲜见，所以有必要引进了解一下。

11.1 Buchdahl 塞德和数公式

11.1.1 阿贝不变量表示的塞德和数

在第 8 章的公式（8-4），我们引入了一个叫作阿贝不变量的因子 Q，它满足

$$Q = -n\left(\frac{1}{l} - \frac{1}{r}\right) = n\frac{l-r}{lr} = \frac{1}{h}ni \Rightarrow ni = hQ \tag{11-1}$$

又有

$$(i-i')(i'-u) = ii' - iu - i'^2 + i'u = i'(u+i-i') - iu = i'u' - iu$$

$$= ni\left(\frac{u'}{n'} - \frac{u}{n}\right) = hni\left(\frac{1}{n'l'} - \frac{1}{nl}\right) = hni\Delta\frac{1}{nl} = h^2 Q\Delta\frac{1}{nl} \tag{11-2}$$

由公式（7-7）的塞德初级球差系数，可得

$$S_I = luni(i-i')(i'-u) = h^4 Q^2 \Delta\frac{1}{nl} \tag{11-3}$$

由公式（11-1），应用于主光线，有类似的公式

$$ni_z = h_z Q_z, Q_z = -n\left(\frac{1}{l_z} - \frac{1}{r}\right) \tag{11-4}$$

公式（11-4）除以公式（11-1），得

$$\frac{i_z}{i} = \frac{h_z Q_z}{hQ} \tag{11-5}$$

由公式（7-24），可得彗差和像散的表达式

$$S_{\mathrm{II}}=S_{\mathrm{I}}\frac{i_z}{i}=h^4Q^2\Delta\frac{1}{nl}\times\frac{h_zQ_z}{hQ}=h^3h_zQQ_z\Delta\frac{1}{nl} \tag{11-6}$$

$$S_{\mathrm{III}}=S_{\mathrm{I}}\frac{i_z^2}{i^2}=h^2h_z^2Q_z^2\Delta\frac{1}{nl} \tag{11-7}$$

由公式（7-16）得，可得 Petzval 场曲表达式

$$S_{\mathrm{IV}}=J^2\frac{n'-n}{n'nr}=-J^2\frac{1}{r}\left(\frac{1}{n'}-\frac{1}{n}\right)=-J^2\frac{1}{r}\Delta\frac{1}{n} \tag{11-8}$$

由公式（7-29），可得畸变表达式

$$S_{\mathrm{V}}=(S_{\mathrm{III}}+S_{\mathrm{IV}})\frac{i_z}{i}=(S_{\mathrm{III}}+S_{\mathrm{IV}})\frac{h_zQ_z}{hQ}=hh_z^3\frac{Q_z^3}{Q}\Delta\frac{1}{nl}-J^2\frac{h_zQ_z}{hQ}\times\frac{1}{r}\Delta\frac{1}{n} \tag{11-9}$$

将前述五种阿贝不变量表示的塞德和数总结为以下公式组备查：

① $S_{\mathrm{I}}=h^4Q^2\Delta\dfrac{1}{nl}$

② $S_{\mathrm{II}}=h^3h_zQQ_z\Delta\dfrac{1}{nl}$

③ $S_{\mathrm{III}}=h^2h_z^2Q_z^2\Delta\dfrac{1}{nl}$

④ $S_{\mathrm{IV}}=-J^2\dfrac{1}{r}\Delta\dfrac{1}{n}$

⑤ $S_{\mathrm{V}}=hh_z^3\dfrac{Q_z^3}{Q}\Delta\dfrac{1}{nl}-J^2\dfrac{h_zQ_z}{hQ}\dfrac{1}{r}\Delta\dfrac{1}{n}$

11.1.2　Buchdahl 的塞德和数

由公式（8-7），令 Buchdahl 第一因子 $A=ni$，得

$$A=ni=n'i'=nh\left(\frac{1}{r}-\frac{1}{l}\right)=n(hC-u)=n'(hC-u') \tag{11-10}$$

由公式（11-1）

$$Q=\frac{ni}{h}=\frac{A}{h} \tag{11-11}$$

又

$$\Delta\frac{1}{nl}=\frac{1}{n'l'}-\frac{1}{nl}=\frac{1}{h}\left(\frac{u'}{n'}-\frac{u}{n}\right)=\frac{1}{h}\Delta\frac{u}{n} \tag{11-12}$$

将公式（11-10）～公式（11-12）代入到公式（11-3）得

$$S_{\mathrm{I}}=h^4Q^2\Delta\frac{1}{nl}=h^4\frac{A^2}{h^2}\times\frac{1}{h}\Delta\frac{u}{n}=A^2h\Delta\frac{u}{n} \tag{11-13}$$

上式即为 Buchdahl 球差塞德和数。令 Buchdahl 第二因子 $B=ni_z$，结合公式（11-5）得

$$B=ni_z=n'i_z'=ni\frac{i_z}{i}=A\frac{i_z}{i}=n(h_zC-u_z)=n'(h_zC-u_z')\Rightarrow\frac{i_z}{i}=\frac{B}{A} \tag{11-14}$$

由公式（7-24），可得彗差和像散的 Buchdahl 公式

$$S_{\mathrm{II}}=S_{\mathrm{I}}\frac{i_z}{i}=ABh\Delta\frac{u}{n} \tag{11-15}$$

$$S_{\mathrm{III}}=S_{\mathrm{I}}\frac{i_z^2}{i^2}=B^2h\Delta\frac{u}{n} \tag{11-16}$$

由公式（11-8）得，可得 Petzval 场曲的 Buchdahl 公式

$$S_{\text{IV}} = -J^2 C \Delta \frac{1}{n} \tag{11-17}$$

式中，$C = 1/r$。由公式（7-29），可得畸变表达式

$$S_{\text{V}} = (S_{\text{III}} + S_{\text{IV}}) \frac{i_z}{i} = \frac{B}{A}\left(B^2 h \Delta \frac{u}{n} - J^2 C \Delta \frac{1}{n}\right) \tag{11-18}$$

将前述五种 Buchdahl 表示的塞德和数总结为以下公式组备查：

① $S_{\text{I}} = A^2 h \Delta \dfrac{u}{n}$

② $S_{\text{II}} = A B h \Delta \dfrac{u}{n}$

③ $S_{\text{III}} = B^2 h \Delta \dfrac{u}{n}$

④ $S_{\text{IV}} = -J^2 C \Delta \dfrac{1}{n}$

⑤ $S_{\text{V}} = \dfrac{B}{A}\left(B^2 h \Delta \dfrac{u}{n} - J^2 C \Delta \dfrac{1}{n}\right)$

我们用 Buchdahl 塞德和数计算第 7 章的实例，计算的结果列于表 11-1，它的数据和表 7-1 完全一样。详细的计算过程列于表 11-2。

表 11-1　计算实例数据

面号	u	i	h	A	B
1	0.000000	0.097562	10.0000	0.097562	0.176330
2	0.033241	-0.129180	9.83380	-0.19594	0.167847
TOT	—	—	—	$J = 1.7633$	
面号	S_{I}	S_{II}	S_{III}	S_{IV}	S_{V}
1	0.00208596	0.00377009	0.00681394	0.0103353	0.0309949
2	0.0294807	-0.0252539	0.0216331	0.0103353	-0.0273849
TOT	0.0315666	-0.0214838	0.028447	0.0206706	0.00361008

表 11-2　计算过程

序号	计算公式	第一面	第二面	塞德和数
1	$\Delta u = u' - u$	0.033241	0.06676	—
2	$\Delta \dfrac{u}{n} = \dfrac{u'}{n'} - \dfrac{u}{n}$	0.0219152	0.0780858	—
3	$\Delta \dfrac{1}{n} = \dfrac{1}{n'} - \dfrac{1}{n}$	-0.340717	0.340717	—
4	$A = ni = -\Delta u / \Delta \dfrac{1}{n}$	0.0975618	-0.19594	—
5	$\dfrac{i_z}{i} = \dfrac{h_z}{h} + \dfrac{J}{h \cdot ni}$	1.80737	-0.856624	—
6	$B = A \dfrac{i_z}{i}$	0.176330	0.167847	—
7	$S_{\text{I}} = A^2 h \Delta \dfrac{u}{n}$	0.00208596	0.0294807	$\sum S_{\text{I}} = 0.0315666$
8	$S_{\text{II}} = S_{\text{I}} \dfrac{i_z}{i}$	0.00377009	-0.0252539	$\sum S_{\text{II}} = -0.0214838$

序号	计算公式	第一面	第二面	塞德和数
9	$S_{\text{III}} = S_{\text{II}} \dfrac{i_z}{i}$	0.00681394	0.0216331	$\sum S_{\text{III}} = 0.028447$
10	$S_{\text{IV}} = -J^2 C \Delta \dfrac{1}{n}$	0.0103353	0.0103353	$\sum S_{\text{IV}} = 0.0206706$
11	$S_{\text{V}} = (S_{\text{III}} + S_{\text{IV}}) \dfrac{i_z}{i}$	0.0309949	-0.0273849	$\sum S_{\text{V}} = 0.00361008$

11.2　结构像差系数

11.2.1　薄透镜近似

由公式（11-13），我们将之应用于图 11-1 的双凸薄透镜，薄透镜参数都标于图中，有

$$S_{\text{I}} = A^2 h \Delta \frac{u}{n}, \quad A = nhC - nu = n'hC - n'u', \quad \Delta \frac{u}{n} = \frac{u'}{n'} - \frac{u}{n}$$

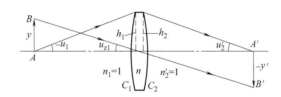

图 11-1　薄透镜边缘光线和主光线

设薄透镜上的投射高相等 $h = h_1 = h_2$，将上式的 Buchdahl 公式分别应用于薄透镜的两个折射面，得

$$\sum_{i}^{2} S_{\text{I}} = S_{\text{I}1} + S_{\text{I}2} = h \left[n_1^2 (hC_1 - u_1)^2 \left(\frac{u_1'}{n_1'} - \frac{u_1}{n_1} \right) + n_2^2 (hC_2 - u_2)^2 \left(\frac{u_2'}{n_2'} - \frac{u_2}{n_2} \right) \right]$$

由转面公式（3-10），$n_2 = n_1' = n$，又 $n_1 = n_2' = 1$，代入上式得

$$\sum_{i}^{2} S_{\text{I}} = h \left[(hC_1 - u_1)^2 \left(\frac{u_1'}{n} - u_1 \right) + n^2 (hC_2 - u_2)^2 \left(u_2' - \frac{u_2}{n} \right) \right] \tag{11-19}$$

利用公式 $hC_2 - u_2 = i_2 = n_2' i_2'/n_2 = (hC_2 - u_2')/n$，代入上式可消去 n^2，得

$$\sum_{i}^{2} S_{\text{I}} = \frac{h}{n} \left[(hC_1 - u_1)^2 (u_1' - nu_1) - (hC_2 - u_2')^2 (u_2 - nu_2') \right] \tag{11-20}$$

下面一一找公式（11-20）中的参数。

（1）形状因子

由 $\Phi_1 = (n-1) C_1$、$\Phi_2 = (1-n) C_2$，则有

$$\frac{\Phi_1 - \Phi_2}{\Phi_1 + \Phi_2} = \frac{(n-1)C_1 - (1-n)C_2}{(n-1)C_1 + (1-n)C_2} = \frac{C_1 + C_2}{C_1 - C_2} = X \tag{11-21}$$

（2）放大率因子

定义放大率因子 Y 为

$$Y = \frac{1+\beta}{1-\beta}, \quad \beta = \frac{y'}{y} \tag{11-22}$$

由应用光学可知 $\beta = l'/l$，$l = h/u_1$，$l' = h/u_2'$，代入上式得

$$1+\beta=1+\frac{l'}{l}=\frac{1}{u_2'}(u_2'+u_1), 1-\beta=1-\frac{l'}{l}=\frac{1}{u_2'}(u_2'-u_1)$$

$$Y=\frac{u_2'+u_1}{u_2'-u_1} \tag{11-23}$$

(3) 孔径角

公式（11-23）继续做变形，设薄透镜总的光焦度为 Φ，有

$$u_2'+u_1=(u_1+h\Phi)+u_1=2u_1+h\Phi, u_2'-u_1=(u_1+h\Phi)-u_1=h\Phi \tag{11-24}$$

将上式代入公式（11-23）得

$$Y=\frac{2u_1+h\Phi}{h\Phi} \Rightarrow u_1=\frac{1}{2}(Y-1)h\Phi \tag{11-25}$$

同理

$$u_2'=\frac{1}{2}(Y+1)h\Phi \tag{11-26}$$

(4) 曲率

由光焦度公式

$$\Phi=\Phi_1+\Phi_2 \tag{11-27}$$

从公式（11-21）求出 Φ_2，并代入上式得

$$\Phi=\Phi_1+\Phi_2=\Phi_1+\frac{1-X}{1+X}\Phi_1 \Rightarrow \Phi_1=\frac{1+X}{2}\Phi$$

又 $\Phi_1=(n-1)C_1$，联立上式，可以解得第一面曲率

$$C_1=\frac{X+1}{2(n-1)}\Phi \tag{11-28}$$

同理得第二面曲率为

$$C_2=\frac{X-1}{2(n-1)}\Phi \tag{11-29}$$

(5) 入射角和折射角

在公式（11-20）中，有入射角和折射角，它们也需要进行推导，与形状因子和放大率因子相关联。将上面所求的孔径角和曲率代入入射角和折射角公式得

$$hC_1-u_1=\frac{X+1}{2(n-1)}h\Phi-\frac{1}{2}(Y-1)h\Phi=\frac{h\Phi}{2(n-1)}[X-(n-1)Y+n] \tag{11-30}$$

$$hC_2-u_2'=\frac{h\Phi}{2(n-1)}[X-(n-1)Y-n] \tag{11-31}$$

(6) 求 $u_1'-nu_1$ 和 u_2-nu_1'

在公式（11-20）中，还有两个因子需要求解。由公式（3-21），应用于第一面得

$$nu_1'=u_1+h\Phi=u_1+h(n-1)C_1 \Rightarrow u_1'=\frac{u_1}{n}+h(n-1)\frac{C_1}{n}$$

将上式代入因子 $u_1'-nu_1$ 得

$$u_1'-nu_1=\frac{u_1}{n}+h(n-1)\frac{C_1}{n}-nu_1=\left(\frac{1}{n}-n\right)u_1+h(n-1)\frac{C_1}{n}$$

将公式（11-25）的 u_1 和公式（11-28）的 C_1 代入上式得

$$u_1'-nu_1=\left(\frac{1}{n}-n\right)\left[\frac{1}{2}(Y-1)h\Phi\right]+h(n-1)\frac{1}{n}\left[\frac{X+1}{2(n-1)}\Phi\right]=\frac{h\Phi}{2n}[-(n^2-1)Y+X+n^2] \tag{11-32}$$

同理可得

$$u_2 - nu_2' = \frac{h\Phi}{2n} \left[-(n^2-1)Y + X - n^2 \right] \tag{11-33}$$

(7) 像差和数

将公式（11-30）～公式（11-33）代入公式（11-20），可得薄透镜的像差和数为

$$\sum_i^2 S_I = \frac{h}{n} \left\{ \frac{h^2\Phi^2}{4(n-1)^2} [X-(n-1)Y+n]^2 \frac{h\Phi}{2n} [-(n^2-1)Y+X+n^2] - \right.$$
$$\left. \frac{h^2\Phi^2}{4(n-1)^2} [X-(n-1)Y-n]^2 \frac{h\Phi}{2n} [-(n^2-1)Y+X-n^2] \right\}$$
$$= \frac{h^4\Phi^3}{4} \times \frac{1}{2n^2(n-1)^2} \{ [X-(n-1)Y+n]^2 [-(n^2-1)Y+X+n^2] - $$
$$[X-(n-1)Y-n]^2 [-(n^2-1)Y+X-n^2] \} \tag{11-34}$$

将上式大括号内展开为 X、Y 因子的函数，得

$$[X-(n-1)Y+n]^2 [-(n^2-1)Y+X+n^2] - $$
$$[X-(n-1)Y-n]^2 [-(n^2-1)Y+X-n^2]$$
$$= (4n+2n^2)X^2 - \{4n[(n^2-1)+(n-1)]+4n^2(n-1)\}XY + $$
$$[2n^2(n-1)^2+4n(n^2-1)(n-1)]Y^2 + 2n^4 \tag{11-35}$$

令

$$\frac{1}{2n^2(n-1)^2}(4n+2n^2) = \frac{2+n}{n(n-1)^2} = a \tag{11-36}$$

$$\frac{1}{2n^2(n-1)^2} \{4n[(n^2-1)+(n-1)]+4n^2(n-1)\} = \frac{4n+1}{n(n-1)} = b \tag{11-37}$$

$$\frac{1}{2n^2(n-1)^2} [2n^2(n-1)^2+4n(n^2-1)(n-1)] = \frac{3n+2}{n} = c \tag{11-38}$$

$$\frac{1}{2n^2(n-1)^2}(2n^4) = \frac{n^2}{(n-1)^2} = d \tag{11-39}$$

把公式（11-36）～公式（11-39）代入到公式（11-34），可得 Buchdahl 球差和数的薄透镜近似

$$\sum_i^2 S_I = \frac{h^4\Phi^3}{4}(aX^2 - bXY + cY^2 + d) \tag{11-40}$$

令

$$\sigma_I = aX^2 - bXY + cY^2 + d \tag{11-41}$$

称为"球差结构像差系数"，将上式代入公式（11-40）得

$$\sum_i^2 S_I = \frac{h^4\Phi^3}{4}\sigma_I \tag{11-42}$$

由表 8-2，可得球差波像差为

$$W_{040} = \frac{1}{8}S_I = \frac{1}{32}h^4\Phi^3\sigma_I \tag{11-43}$$

我们用公式（11-42）和公式（11-43）计算一下第 7 章的实例。

① 将 $n=1.5168$ 代入到公式（11-36）～公式（11-39），得四个系数为：$a=8.681091$，

$b=9.015640$，$c=4.318565$，$d=8.614134$。

② 对于第 7 章实例，物在无限远，有 $\beta=0$，$Y=1$。

③ 由于 $R_2=-R_1$，$X=0$。

④ 将四个系数、X 和 Y 代入到球差结构像差系数公式（11-41），得 $\sigma_{\mathrm{I}}=c+d$ $=12.932699$。

⑤ 由实例可知，$h=10\mathrm{mm}$，焦距为 $f'=100\mathrm{mm}$，$\Phi=0.01$。

⑥ 将所有数据代入公式（11-42）得，$\sum\limits_{i}^{2}S_{\mathrm{I}}=h^4\Phi^3\sigma_{\mathrm{I}}/4=0.0323317$。这个值与第 7 章所得 $\sum S_{\mathrm{I}}=0.0315666$ 数据十分相近，薄透镜近似较好地吻合。

⑦ 将像差和数转换为波像差，把所有数据代入公式（11-43），可得波像差

$$W_{040}=S_{\mathrm{I}}/8=0.00404146\mathrm{mm}=6.877925\lambda$$

上式与表 10-1 所计算的球差波像差值 $W_{040}=6.715245$ 十分接近。

11.2.2　结构像差系数的消像差条件

在上一小节中，推导 Buchdahl 公式的薄透镜近似时，引入了一个只与透镜结构参数（形状因子 X、放大率因子 Y 和四个仅与折射率有关的常数 $a\sim d$）有关的量 σ_{I}，它就称为结构像差系数。这种只与透镜结构参数有关的量，称为"结构像差系数"。在上一小节，仅推导了球差的结构像差系数，也最复杂，其他像差的结构像差系数相对比较，推导过程是类似的，留给读者完成。其他像差的结构像差系数列于表 11-3 中。

表 11-3　Buchdahl 塞德和数和结构像差系数

Buchdahl 像差系数：

像差	波像差系数	与塞德系数关系	Buchdahl 塞德系数	薄透镜与反射镜
球差	W_{040}	$\dfrac{1}{8}S_{\mathrm{I}}$	$S_{\mathrm{I}}=A^2h\Delta\dfrac{u}{n}$	$S_{\mathrm{I}}=\dfrac{1}{4}h^4\Phi^3\sigma_{\mathrm{I}}$
彗差	W_{131}	$\dfrac{1}{2}S_{\mathrm{II}}$	$S_{\mathrm{II}}=ABh\Delta\dfrac{u}{n}$	$S_{\mathrm{II}}=\dfrac{1}{2}Jh^2\Phi^2\sigma_{\mathrm{II}}$
像散	W_{222}	$\dfrac{1}{2}S_{\mathrm{III}}$	$S_{\mathrm{III}}=B^2h\Delta\dfrac{u}{n}$	$S_{\mathrm{III}}=J^2\Phi\sigma_{\mathrm{III}}$
Petzval 场曲	$W_{220\mathrm{P}}$	$\dfrac{1}{4}S_{\mathrm{IV}}$	$S_{\mathrm{IV}}=-J^2C\Delta\dfrac{1}{n}$	$S_{\mathrm{IV}}=J^2\Phi\sigma_{\mathrm{IV}}$
畸变	W_{311}	$\dfrac{1}{2}S_{\mathrm{V}}$	$S_{\mathrm{V}}=\dfrac{B}{A}\left(B^2h\Delta\dfrac{u}{n}-J^2C\Delta\dfrac{1}{n}\right)$	$S_{\mathrm{V}}=\sigma_{\mathrm{V}}$
轴向色差	W_{020}	$\dfrac{1}{2}C_{\mathrm{I}}$	$C_{\mathrm{I}}=Ah\Delta\dfrac{\delta n}{n}$	$C_{\mathrm{I}}=h^2\Phi\sigma_{\mathrm{L}}$
垂轴色差	W_{111}	C_{II}	$C_{\mathrm{II}}=Bh\Delta\dfrac{\delta n}{n}$	$C_{\mathrm{II}}=2J\Phi\sigma_{\mathrm{T}}$

其中：

$A=ni=n(hC-u)$　　　　$B=ni_z=n(h_zC-u_z)$　　　　$J=$ 拉格朗日不变量

$A=n'i'=n'(hC-u')$　　　$B=n'i'_z=n'(h_zC-u'_z)$　　　$J=nuy=n(u_zy-uy_z)$

结构像差系数：

像差	符号	薄透镜	球面反射镜	物体位置	Y
球差	σ_{I}	$aX^2 - bXY + cY^2 + d$	Y^2	无限远	1
彗差	σ_{II}	$eX - fY$	$-Y$	单位放大率	0
像散	σ_{III}	1	1		
Petzval 场曲	σ_{IV}	$1/n$	-1		
畸变	σ_{V}	0	0		
轴向色差	σ_{L}	$1/\nu_d$	0		
垂轴色差	σ_{T}	0	0		

其中：

$$X = \frac{C_1 + C_2}{C_1 - C_2} = \frac{\Phi_1 - \Phi_2}{\Phi_1 + \Phi_2}$$

$$Y = \frac{\omega' + \omega}{\omega' - \omega} = \frac{1 + \beta}{1 - \beta}$$

参数：

$a = \dfrac{n+2}{n(n-1)^2}$	$b = \dfrac{4(n+1)}{n(n-1)}$	$c = \dfrac{3n+2}{n}$	$d = \dfrac{n^2}{(n-1)^2}$	$e = \dfrac{n+1}{n(n-1)}$
$f = \dfrac{2n+1}{n}$	$\Delta \dfrac{u}{n} = \dfrac{u'}{n'} - \dfrac{u}{n}$	$\Delta \dfrac{1}{n} = \dfrac{1}{n'} - \dfrac{1}{n}$	$\Delta \dfrac{\delta n}{n} = \dfrac{\delta n'}{n'} - \dfrac{\delta n}{n}$	$\nu_d = \dfrac{n_F - n_C}{n_d - 1}$
$\Phi = (n-1)(C_1 - C_2)$	$\Phi = \dfrac{1}{f'}$	$C_1 = \dfrac{\Phi}{2(n-1)}(X+1)$	$C_2 = \dfrac{\Phi}{2(n-1)}(X-1)$	$C = \dfrac{1}{r}$
$\omega = nu = \dfrac{1}{2}n(Y-1)h\Phi$		$\omega' = n'u' = \dfrac{1}{2}n'(Y+1)h\Phi$		$\beta = \dfrac{y'}{y}$

我们来看球差的结构像差系数 σ_{I}。一旦玻璃材料确定，$a \sim d$ 可以看成为常数。对于第 7 章实例，选用成都光明 H-K9L 玻璃，折射率为 $n = 1.5168$，$a \sim d$ 的数值在上一小节已经算出。如果使用于平行光入射，则 $Y = 1$ 不变，代入公式（11-41），可得

$$\sigma_{\mathrm{I}} = 8.681091X^2 - 9.015640X + 12.932699 \tag{11-44}$$

这显然是一个一元二次方程，由于 $a > 0$，它应该有一个极小值，即在

$$X = \frac{b}{2a} = 0.519269$$

取得极小值为

$$\sigma_{\mathrm{I}} = -\frac{b^2}{4a} + c + d = 10.591929$$

这说明，等双凸正透镜并不是球差最小的形状，球差最小的形状满足 $X = 0.519269$。如图 11-2，等双凸透镜形状因子为 $X = 0$，$\sigma_{\mathrm{I}} = 12.932699$，因为前面的因子是一样的，显然球差比 $\sigma_{\mathrm{I}} = 10.591929$ 的大。

我们回到公式（11-41），假定 $a \sim d$ 和 Y 保持不变，将公式（11-41）对 X 求一阶导数并令其为 0，可得

$$\frac{\mathrm{d}\sigma_{\mathrm{I}}}{\mathrm{d}X} = 2aX - bY = 0 \Rightarrow X = \frac{b}{2a}Y \tag{11-45}$$

即满足公式（11-45）的形状因子，球差取得最小值。此时，球差结构像差系数为

$$\sigma_{\mathrm{I}} = -\frac{b^2}{4a}Y^2 + cY^2 + d \tag{11-46}$$

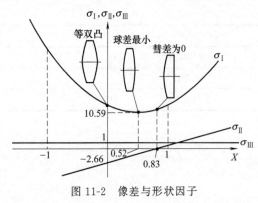

图 11-2　像差与形状因子

我们再来看表 11-3 中的彗差，彗差结构像差系数为

$$\sigma_{II} = eX - fY, e = \frac{n+1}{n(n-1)}, f = \frac{2n+1}{n}$$

(11-47)

很显然，彗差结构像差系数相对于形状因子为线性函数，它必然与横轴有一个交点，此点处 $\sigma_{II} = 0$，即

$$\sigma_{II} = eX - fY = 0 \Rightarrow X = \frac{f}{e} Y \quad (11-48)$$

在第 7 章实例中，$n = 1.5168$，$Y = 1$，代入公式（11-47），得

$$e = 3.210686, f = 2.659283, X = 0.828260$$

上式说明，彗差为 0 的形状因子为 $X = 0.828260$，也不在球差最小的位置，不过两者相距很近，如图 11-2 所示。

我们再看像散，从表 11-3 可得，像散结构像差系数为 $\sigma_{III} = 1$，保持不变。这说明，形状因子对像散没有影响。

11.3　最小弥散斑

11.3.1　最小弥散斑位置

如果一个光学系统没有像差，所有物点成的像点都在理想像平面上，最佳像面肯定也是理想像平面。如果光学系统存在像差，虽然近轴像面仍然是理想像面，但是成光斑最小的面不一定是理想像面。我们将一个物点，在像空间成像光斑最小的位置，称为最小弥散斑（minimum blur），如图 11-3 所示。如果最小弥散斑不在理想像面，则必然会产生一个离焦量。图 11-3 中重要交点位置见表 11-4。

下面以混合球差和离焦来讨论最小弥散斑。设光学系统仅存在球差，并产生一个离焦量，则混合的波像差为

$$W' = W_{040}\rho^4 + W_{020}\rho^2 \quad (11-49)$$

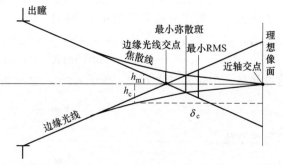

图 11-3　最小弥散斑

表 11-4　重要的交点位置

说明	近轴交点	最小 RMS	最小弥散斑	边缘光线交点	最小 $\sigma_W^2 = \overline{W^2} - \overline{W}^2$
离焦量	$W_{020} = 0$	$W_{020} = -\frac{4}{3}W_{040}$	$W_{020} = -\frac{3}{2}W_{040}$	$W_{020} = -2W_{040}$	$W_{020} = -W_{040}$

（1）近轴交点

如图 11-3，在子午面内，对于旋转对称系统，如果将像面放到理想像面处，即近轴交点处，离焦波像差为 $W_{020} = 0$。对于旋转对称系统，只考虑子午面情况。在出瞳处，$R \approx l' = h/u'$，$h_z = 0$，$i'_z \approx u'$，代入公式（6-13）得

$$J = n'(hi'_z - h_z i') = n'hi'_z = n'u'h \tag{11-50}$$

选择出瞳面坐标，$Y = \rho$，由公式（10-14）得

$$\delta Y' = -\frac{R}{n'} \times \frac{\partial W'}{\partial Y} \approx -\frac{h^2}{n'u'h} \times \frac{\partial W'}{\partial \rho} = -\frac{1}{J} \times \frac{\partial W'}{\partial \rho} \tag{11-51}$$

在上式中，边缘带光线 $h = \rho = 1$，取了最大归一化孔径坐标。上式说明，边缘横向像差约为波像差的一阶导数除以拉格朗日不变量。将公式（11-49）代入公式（11-51）得

$$\delta Y' = -\frac{1}{J} \times \frac{\partial W'}{\partial \rho} = -\frac{1}{J}(4W_{040}\rho^3 + 2W_{020}\rho) \tag{11-52}$$

如果在理想像面处，即近轴交点，$W_{020} = 0$，边缘光线剩余横向像差为

$$\delta Y' = -\frac{1}{J} 4W_{040} \tag{11-53}$$

（2）最小 RMS

H. Buchdahl 给出了均方根差（root mean square，RMS）的计算方法，公式如下

$$\text{RMS} = |y'_z| \sqrt{\overline{|\delta Y'|}^2} \tag{11-54}$$

式中，y'_z 为主光线的像高，根号内称作归一化的均方差，由下式计算

$$\overline{|\delta Y'|}^2 = \frac{1}{J^2} \overline{|\nabla_\rho W'(\rho)|}^2 = \frac{1}{J^2} \times \frac{1}{\pi} \int_0^{2\pi} \int_0^1 |\nabla_\rho W'(\rho)^2| \rho \mathrm{d}\rho \mathrm{d}\theta \tag{11-55}$$

将公式（11-52）代入上式得

$$\begin{aligned}
\overline{|\delta Y'|}^2 &= \frac{1}{J^2} \times \frac{1}{\pi} \int_0^{2\pi} \int_0^1 (16W_{040}^2\rho^6 + 16W_{040}W_{020}\rho^4 + 4W_{020}^2\rho^2)\rho \mathrm{d}\rho \mathrm{d}\theta \\
&= \frac{1}{J^2}\left(2W_{020}^2 + \frac{16}{3}W_{040}W_{020} + 4W_{040}^2\right) \\
&= \frac{1}{J^2}\left[2\left(W_{020} + \frac{4}{3}W_{040}\right)^2 + \frac{4}{9}W_{040}^2\right]
\end{aligned} \tag{11-56}$$

将上式代入公式（11-54），可得均方根点图尺寸为

$$\text{RMS} = \left|\frac{y'_z}{J}\right| \sqrt{2\left(W_{020} + \frac{4}{3}W_{040}\right)^2 + \frac{4}{9}W_{040}^2} \tag{11-57}$$

上式说明，RMS 在

$$W_{020} = -\frac{4}{3}W_{040} \tag{11-58}$$

取得最小值

$$\text{RMS} = \frac{2}{3}\left|\frac{y'_z}{J}\right| W_{040} \tag{11-59}$$

（3）边缘光线交点

如果将像面移到边缘光线交点处，此时 $\rho = 1$，边缘光线像差为 0，即 $\delta Y' = 0$。由公式（11-52）可得

$$\delta Y' = 0 = -\frac{1}{J}(4W_{040}\rho^3 + 2W_{020}\rho) \Rightarrow W_{020} = -2W_{040} \tag{11-60}$$

（4）最小弥散斑

最小弥散斑产生的位置，在边缘光线和焦散线包络线相交的地方，如图 11-3。由焦散包络线数学方程，在离焦 δ_c 的地方，有 h_c 的离轴高度，它们满足公式

$$\delta_c = \frac{2}{n'}\left(\frac{R}{r}\right)^2(-6W_{040}\rho^2)\tag{11-61}$$

$$h_c = -\frac{R}{n'r}(-8W_{040}\rho^3)\tag{11-62}$$

边缘光线上点离轴高度，满足下式

$$h_m = -\frac{R}{n'r}(-12W_{040}\rho^2 + 4W_{040})\tag{11-63}$$

最小弥散斑满足 $h_c = h_m$，由上面两个方程得

$$-\frac{R}{n'r}(-8W_{040}\rho^3) = -\frac{R}{n'r}(-12W_{040}\rho^2 + 4W_{040})$$

$$-8W_{040}\rho^3 = -12W_{040}\rho^2 + 4W_{040}$$

$$2\rho^3 - 3\rho^2 + 1 = 0 \Rightarrow (2\rho + 1)(\rho - 1)^2 = 0 \Rightarrow \rho_1 = 1, \rho_2 = -1/2\tag{11-64}$$

很显然 ρ 不能取值为 1，因为那是边缘光线。由上式可知，最小弥散斑发生在 0.5 孔径带光产生的焦散包络线点上。将 $\rho_2 = -1/2$ 带入公式（11-61），并结合公式（10-3），可知最小弥散斑处离焦波像差为

$$W_{020} = -6W_{040}\rho^2 \mid_{\rho=-1/2} = -\frac{3}{2}W_{040}\tag{11-65}$$

此时，最小弥散斑半径为

$$r_{MB} = h_c \mid_{\rho=-1/2} = -\frac{R}{n'r}W_{040}\tag{11-66}$$

11.3.2　在 Zemax 中查看离焦

在 Zemax 中，可以通过"快速聚焦"方法，由软件寻找"最小弥散斑"和"最小 RMS"位置。使用方法为"优化→快速聚焦"命令，如图 11-4 所示。在最右边，向下箭头，可以选择"光斑半径"，即为选择求解最小弥散斑位置；或者选择"RMS 波前"，即为选择求解最小 RMS 位置。除此之外，里面还可以选择"仅 X 方向光斑"或者"仅 Y 方向光斑"。当选择其中的任意一个，像面会自动移到求解位置。

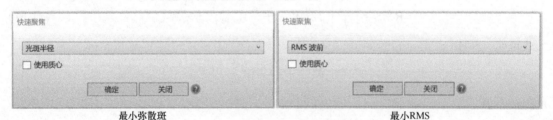

图 11-4　快速聚焦

前述的计算最小光斑位置，还可以通过"RMS vs. 离焦"图来查看，如图 11-5，它是通过命令"分析→ RMS→RMS vs. 离焦"打开的。在"RMS vs. 离焦"图形的最下方的，"状态栏"上面，有三个按钮，分别为"绘图"、"经典"和"文本"。点开文本，可以打开离焦数据，如图 11-6 所示。

图 11-3 考察的是轴上视场，所以我们看图 11-6 的"视场 1"。图中默认的为"RMS 光斑半径 vs. 焦点"，所以算的是光斑半径。光斑半径最小的位置对应着最小弥散斑。从数据中来看，最小光斑为 53.3092μm，此时离焦量为 −1.2475mm。

下面，我们来手动计算最小弥散斑离焦量：

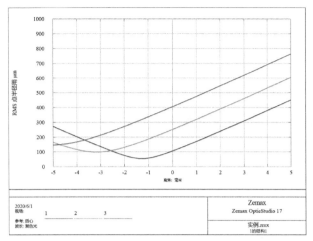

图 11-5　RMS vs. 离焦

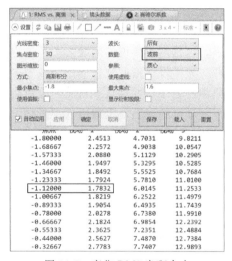

图 11-6　离焦数据　　　　　　　　　　图 11-7　离焦 RMS 光斑大小

① 由表 10-1，我们查得该透镜的球差波像差为 $W_{040} = 0.003946$。

② 代入公式（11-65），可得最小弥散斑时，离焦波像差为 $W_{020} = -3W_{040}/2 = -0.005919$。

③ 代入公式（10-4），并查看状态栏知 F/♯=4.9523，则离焦量为 $\delta = 8(F/♯)^2 W_{020} = -1.161321$mm，与图 11-6 中离焦量相近。

RMS 最小离焦量，使用的是 RMS 波前计算方法，并非简单的取光斑半径，它的原理我们在后面还会再说。单击左上角的"设置"，打开设置对话框，将"数据"从"光斑半径"选择为"波前"，如图 11-7 所示。单击"确定"后，数据发生了更新。找到 RMS 最小处为 1.7832λ，此时离焦量为 -1.12000mm。

下面，我们来手动计算 RMS 最小离焦量：

① 由表 10-1，我们查得该透镜的球差波像差为 $W_{040} = 0.003946$。

② 代入公式（11-58），可得 RMS 最小时，离焦波像差为 $W_{020} = -4W_{040}/3 = -0.00526133$。

③ 代入公式（10-4），则离焦量为 $\delta = 8(F/♯)^2 W_{020} = -1.032285$mm，与图 11-7 中离焦量相近。

第12章

像质评价 I

第 7 章和第 8 章详细介绍了塞德像差理论，给出七种描述分指标，它们分别是：球差、彗差、像散、场曲、畸变、轴向色差和垂轴色差。理论上来说，只要把这七种指标都校正到零，则光学系统就达到了衍射极限成像。事实上，实际的光学系统很难做到，尤其是成像要求完美，再加上体积、质量、像面照度、温差变化等有严苛要求的光学系统，难度就更大了。既然七种指标达不到零，那达到多少即可满足要求，即像差的容限（或叫允差）在什么范围，这是本章要说的问题之一，这也是历史较悠久的一种评价方法。从 20 世纪末，大量的西方光学设计商业软件开始涌入中国，它们也带来了新的评价方法，这些方法更加适合计算机编制程序，并且直观易懂，简单有效，比如：光线扇形图、点列图、能量环等等。随着波像差理论的成熟，也被引入到光学设计软件中，并且催生了很多综合评价方法，如：斯特列尔比、波前图、光程差图、点扩散函数、MTF、相干图像分析等等。现在，可用的评价方法越来越多，需要注意的是，针对不同类型的系统，它们关注的评价指标不一样，可能选用的评价方案也有差别。本章选取几种重要的评价方法，重点介绍它们的原理及使用方法。

12.1 像差容限

12.1.1 瑞利判据

像差在什么范围内，可以认为成像完善，也就是像差的允许范围，英国科学家瑞利给出了著名的判别方法，称为瑞利判据（Rayleigh criterion）。像差的允许范围称作容限，又称作允差、公差等，它们是一个意思。瑞利判据指出，当实际波面与参考（理想）波面偏差 W' 小于 $\lambda/4$ 时，可以认为成像完善，即

$$W' \leqslant \frac{1}{4}\lambda \tag{12-1}$$

12.1.2 球差容限

由公式（10-12），有球差波像差 W_{I} 和塞德初级球差 $\delta L'$ 满足下式

$$W'_{\mathrm{I}} = \frac{n'}{2l'^2} \int_0^{h_{\mathrm{m}}} \delta L' \, dh^2 \tag{12-2}$$

上式说明，如果绘出 $\delta L'$-h^2 曲线，则 $\delta L'$ 曲线和 h^2 坐标轴围起来的面积就是 $W'_{\mathrm{I}}(2l'^2/n')$，如图 12-1 所示。假如理想像面由近轴像点 A'_0 发生了 δ 离焦，移动到实际像点 A'，则总的波像差 W' 就等于球差波像差 W'_{I}，再加上离焦产生的波像差 W'_δ。由公式（10-3），可得离

焦 δ 产生的波像差为

$$W_{\delta}' = -\frac{n'u'^2}{2}\delta \tag{12-3}$$

上式中用到了 $r/R \approx u'$。则总的波像差为

$$W' = W_{I}' + W_{\delta}' = \frac{n'}{2l'^2}\int_0^{h_m}\delta L'\mathrm{d}h^2 - \frac{n'}{2}u'^2\delta = \frac{n'}{2l'^2}\int_0^{h_m}(\delta L' - \delta)\mathrm{d}h^2 \tag{12-4}$$

上式中用到了 $h = l'u'$。上式说明，如果像面发生离焦，只需要在球差积分公式（12-2）中被积的初级球差减去离焦量即可，或者看成整个球差曲线平移了离焦量的积分，见图 12-2。在图 12-2 中，为理想像面向左移 $-\delta$ 距离，其阴影部分面积就是离焦后的总的波像差。

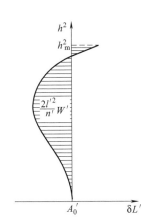

图 12-1　波像差为球差的积分

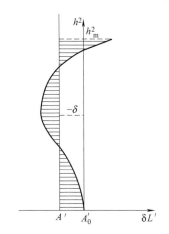

图 12-2　离焦 δ 的积分

① 初级球差占主。对于一些小孔径系统或者小相对孔径系统，它的高级球差比较小，如果光学系统的初级球差没有校正，则以初级球差占主要部分。此时，由球差的级数展开公式（8-27），高级球差较小，只保留第一项

$$\delta L' = A_1 h^2 \tag{12-5}$$

由上式可以看出，$\delta L'$-h^2 曲线是一条直线，如图 12-3 所示。对于直线性球差曲线，它引起的球差波像差最小位置很好获得。如图 12-3，我们只需要将理想像面移动到球差曲线中点位置，此时的球差波像差积分值为零，即总波像差 $W' = 0$。可以想象，从 $0h^2_{max}$ 孔径开始向上积分，当积分到中点 Q 时，波像差达到最大值，再向上积分，波像差符号变号，将会抵消一部分。中点处的波像差应该为 $\triangle A_0' Q A'$ 的面积，有

$$\frac{2l'^2}{n'}W' = S_{\triangle A_0' Q A'} = \frac{1}{2} \times \frac{1}{2}\delta L'\frac{1}{2}h^2_{max} \Rightarrow W' = \frac{n'}{16} \times \frac{h^2_{max}}{l'^2}\delta L' = \frac{n'u'^2}{16}\delta L' \tag{12-6}$$

由瑞利判据，令上式小于等于 $\lambda/4$，可得边缘初级球差的容限，即

$$W' = \frac{n'u'^2}{16}\delta L' \leqslant \frac{\lambda}{4} \Rightarrow \delta L' \leqslant \frac{4\lambda}{n'u'^2} = 4\Delta \tag{12-7}$$

式中，Δ 见公式（10-41），即焦深。

② 高级球差占主时。当边缘球差得到校正，将在某带光产生最大剩余高级球差。对于高级球差占主，公式（8-27）至少需要保留前两项

$$\delta L' = A_1 h^2 + A_2 h^4 \tag{12-8}$$

当边缘光线校正了球差，有 $A_2 = -A_1/h^2_{max}$，代入上式得

$$\delta L' = A_1 h^2 - A_1 h^4 / h_{\max}^2 \tag{12-9}$$

由上式可以看出，$\delta L'$-h^2 曲线是一条抛物线，如图 12-4 所示。抛物线公式（12-9），与 h^2 轴有两个交点，即

$$\delta L' = A_1 h^2 - A_1 h^4 / h_{\max}^2 = 0 \Rightarrow h^2 = 0, h^2 = h_{\max}^2$$

这也符合边缘球差为零的要求。在图 12-4 中，为了找到波像差最小位置，我们将理想像面离焦，假若向左从 A_0' 移动到 A' 时，波像差最小。由对称性，我们只要让抛物线轴 OS 上下部分分别积分为零即可，即 $S_{ORN} = S_{NA_0'A'}$。从图中，可以想象，从 $0h_{\max}^2$ 孔径开始向上积分，当积分到 N 点，波像差达到极大值。经过 N 点后，波像差反号，值减小，到达轴 OS 时面积 S_{ORN} 刚好完全抵消面积 $S_{NA_0'A'}$，波像差为零。再向上积分，波像差又开始增加，当积分到 M 点，波像第二次达到极大值。经过 M 点后，波像差反号，值减小，到达边缘时，波像差再次为零。因此，波像差最小时，有关系 $S_{ORN} = S_{NA_0'A'}$。设球差 $-\delta L' = a$，半孔径 $h_{\max}^2/2 = b$，$RN = Kb$，由抛物线性质得

$$\frac{b^2}{a} = \frac{(Kb)^2}{TN} \Rightarrow TN = K^2 a, \ A_0'A' = (1 - K^2)a \tag{12-10}$$

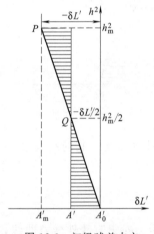

图 12-3　初级球差占主

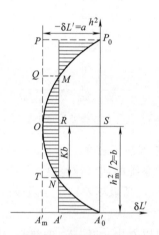

图 12-4　高级球差占主

又由抛物线性质得

$$S_{ORN} = \frac{2}{3} S_{ORNT} = \frac{2}{3} K^3 ab \tag{12-11}$$

$$S_{NA_0'A'} = S_{RSA_0'A'} + S_{ORN} - S_{OSA_0'} = (1 - K^2)ab + \frac{2}{3}K^3 ab - \frac{2}{3}ab \tag{12-12}$$

由前述分析的最小波像差条件，$S_{ORN} = S_{NA_0'A'}$，得

$$\frac{2}{3}K^3 ab = (1 - K^2)ab + \frac{2}{3}K^3 ab - \frac{2}{3}ab \Rightarrow K = \frac{1}{\sqrt{3}} \tag{12-13}$$

此时最大波像差为 N 点或 M 点获得，绝对值大小一样，我们就取 N 点。最大波像差为

$$\frac{2l'^2}{n'}W' = S_{ORN} = \frac{2}{9\sqrt{3}}\delta L_P'\frac{h_{\max}^2}{2} \Rightarrow W' = \frac{n'u'^2}{18\sqrt{3}}\delta L_P' \tag{12-14}$$

由瑞利判据得

$$W' = \frac{n'u'^2}{18\sqrt{3}}\delta L_P' \leqslant \frac{\lambda}{4} \Rightarrow \delta L_P' \leqslant \frac{9\sqrt{3}}{2} \times \frac{\lambda}{n'u'^2} \approx 7.8\Delta \tag{12-15}$$

在很多光学设计书籍中，上式取 6Δ，原因在于离焦的位置并未使球差波像差达到零。如果边缘球差仍然存在，需要边缘球差校正到一倍焦深以内

$$\delta L' \leqslant \frac{\lambda}{n'u'^2} = \Delta \tag{12-16}$$

12.1.3　望远和显微物镜的像差容限

① 初级球差容限满足公式（12-7）　　$\delta L' \leqslant \dfrac{4\lambda}{n'u'^2} = 4\Delta$　　(12-17)

② 高级球差容限满足公式（12-15）　　$\delta L'_P \leqslant \dfrac{9\sqrt{3}}{2} \times \dfrac{\lambda}{n'u'^2} \approx 7.8\Delta$　　(12-18)

③ 彗差容限，弧矢彗差满足　　$K'_S \leqslant \dfrac{\lambda}{2n'u'} = \dfrac{u'}{2}\Delta$　　(12-19)

④ 正弦差满足　　$SC' \leqslant \dfrac{\lambda}{2n'u'y'} = \dfrac{u'}{2y'}\Delta$　　(12-20)

有时用经验公式　　$|SC'| \leqslant 0.0025$　　(12-21)

⑤ 初级色差　　$\Delta l'_{FC} \leqslant \dfrac{\lambda}{n'u'^2} = \Delta$　　(12-22)

⑥ 色球差　　$\delta F'_{FC} \leqslant \dfrac{4\lambda}{n'u'^2} = 4\Delta$　　(12-23)

⑦ 二级光谱色差　　$\Delta l'_{FCD} \leqslant \dfrac{\lambda}{n'u'^2} = \Delta$　　(12-24)

⑧ 波色差　　$W'_{FC} \leqslant \dfrac{\lambda}{4} \sim \dfrac{\lambda}{2}$　　(12-25)

12.1.4　望远和显微目镜的像差容限

① 球差、彗差、正弦差、轴向色差容限同物镜容限。

② 像散小于 2～4 个视度　　$x'_{ts} \leqslant \dfrac{2f'^2_{目}}{1000} \sim \dfrac{4f'^2_{目}}{1000}$　　(12-26)

③ 场曲小于 2～4 个视度　　$x_t{}', x_s{}' \leqslant \dfrac{2f'^2_{目}}{1000} \sim \dfrac{4f'^2_{目}}{1000}$　　(12-27)

④ 畸变　　$|\delta\beta'| \leqslant 5\%$　　(12-28)

⑤ 垂轴色差　　$\dfrac{\Delta y'_{FC}}{f'} \times 3438 \leqslant 2' \sim 4'$　　(12-29)

12.1.5　照相物镜的像差容限

照相物镜一般将物体成像于感光体或光电探测器上，如胶片、CCD、CMOS 等，像面都是由颗粒度或者像素组成。人眼的视网膜细胞大小一般为 $1\sim3\mu m$，而感光像面的像素比这个大很多，因此它的像差容限也大很多。另外，照相物镜一般视场较大，口径较大，相对孔径较大，F 数较小，属于大像差系统。并且感光器件千差万别，所以评价照相物镜的像差容限就面临复杂性，也很难找到统一的标准。虽然在像差容限上，找不到一个评价界限，但是根据像素的大小，可以借用综合的评价方法，比如能量环、MTF、像面分析等。这些综

合方法，本就是以像素大小为评价基础，或者以信息传递为考虑对象，避开了单一的像差指标。一般照相物镜的像差容限，依据经验来说，有以下要求：

① 初级球差可放宽到 $8\Delta\sim16\Delta$，高级球差可以放宽到 $12\Delta\sim24\Delta$。

② 畸变小于 $2\%\sim3\%$，比目视系统的 5% 要求严格一些。

③ 像素对角线长度为直径的包围能量环大于 0.8 以上。

④ MTF 能达到截止频率，在人眼适应频率 $1/(250\times0.00029)=13.79\text{lp/mm}$ 处，MTF $\geqslant0.9$。

以上也不是绝对的评价方法，要根据具体要求，选择合适的参数及容限。

12.2　光线扇形图

如图 12-5，在物空间有一个离轴的点光源 B，它发出的经过入瞳中心的光线称作主光线。主光线和光轴决定了主平面，主平面与入瞳相交的线称作子午交线。围绕主光线上下，在子午交线上等距的取一些点与物点 B 相连，就形成了一束光线。这束光线形状像"扇子"，故称作子午扇形光束。现在将子午径向坐标进行归一化，主光线上面最边缘的点对应的子午扇形边缘光线即为"1 带光"光线；主光线下面最边缘的点对应的子午扇形边缘光线即为"-1 带光"光线。子午扇形光束里的每一条光线，经过光学系统之后，将在理想像面上产生一个实际的像点。根据对称性，所有子午扇形光束的像点必然在子午面内，即在理想像面的 Y' 坐标轴上，如图 12-5 所示。

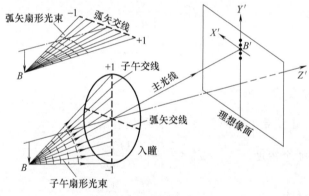

图 12-5　光线扇形图

设主光线的像点为 B'，其他光线的像点将位于 B' 上面或者下面，它们与 B' 的距离差，就是横向光线像差中的子午分量，即公式 (7-28) 或者公式 (10-20)。很显然，每一条子午带光（归一化子午瞳孔坐标，设坐标为 $P_y=-1\sim+1$）就对应一个横向像差的子午分量 $\delta Y'_{PY}$，如果将它们的关系（$\delta Y'_{PY}\text{-}P_y$）绘出一条曲线，就是子午光线扇形图，如图 12-6（a）所示。

对于弧矢面，可以做相同的处理，将通过主光线的弧矢面与入瞳的交线称作弧矢交线。在主光线左右取点对并与物点相连，就组成弧矢扇形光束，如图 12-5 左上图。将每一条弧矢光线与理想像面相交的像点到子午面的距离 $\delta X'_{PX}$，与归一化的弧矢瞳孔坐标（$P_x=-1\sim+1$）形成函数关系。绘出 $\delta X'_{PX}\text{-}P_x$ 曲线，就是弧矢光线扇形图，如图 12-6（b）所示。由于弧矢光线对关于子午面对称，所以弧矢光线扇形图一定关于子午面绝对值对称。

光线扇形图不仅可以看到横向像差的分布情况，以及横向像差的绝对大小，还可以从中找到与塞德初级几何差像的关系。图 12-7 为最大子午光线对在像空间的光路图，从图中的

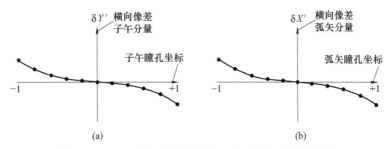

图 12-6　（a）子午光线扇形图；（b）弧矢光线扇形图

几何关系可得

$$\frac{\delta Y'_{+1}-\delta Y'_{-1}}{2P_y}=\frac{X'_T}{l'-X'_T}\approx\frac{X'_T}{l'}\Rightarrow X'_T=\frac{\delta Y'_{+1}-\delta Y'_{-1}}{2P_y}l' \tag{12-30}$$

在子午光线扇形图上，如图 12-8，连接曲线上最大子午光线对 PQ，连线的斜率为

$$\text{Slope}1=\frac{\delta Y'_{+1}-\delta Y'_{-1}}{2P_y} \tag{12-31}$$

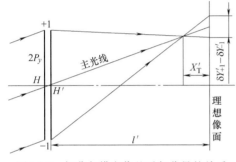

图 12-7　场曲与横向像差子午分量的关系

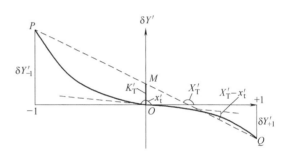

图 12-8　子午光线扇形图

这说明，直线 PQ 的斜率与场曲 X'_T 成正比，代表场曲的大小。可以想象，如果光线对逐渐向主光线靠拢，最终到达曲线的零点 O，此时变为细光束。因此，曲线在零点 O 的切线斜率与细光束子午场曲 x'_t 成正比，代表细光束子午场曲的大小。在图中，连线 PQ 和 O 点切线的夹角，表示宽光束子午场曲与细光束子午场曲之差，即子午球差 $X'_T-x'_t$。另外，由公式（7-39），得

$$K'_T=\frac{1}{2}(\delta Y'_{M+}+\delta Y'_{M-})-\delta Y'_z=\frac{1}{2}(\delta Y'_{+1}+\delta Y'_{-1}) \tag{12-32}$$

其中，对于主光线，有 $\delta Y'_z=0$。上式就是 PQ 连线中点 M 的高度，正是彗差，代表彗差的大小。

从以上分析可知，光线扇形图越靠近横轴越平坦，说明轴外像差越好。当然，观察扇形图，首先要看的是纵轴的绝对大小，它就像地图的比例尺一样，只有在同比例尺下，才可以比较像差的大小。

在 Zemax 里查看光线扇形图，可以通过命令"分析→像差分析→光线像差图"或者命令"分析→光线迹点→光线像差图"命令，打开"光线光扇图"。图 12-9 是第 2 章中实例单片镜的光线扇形图。从图中左下角可以看出，它为像面的"横向光扇图"，就是我们所说的光线扇形图，最大缩放比例为 $\pm2000\mu m$（比例尺）。图中共有三对，分别为视场 0°、7.07°和 10°。每一对的左图为子午光线扇形图，右图为弧矢光线扇形图。横坐标为瞳孔坐标，纵

坐标为横向像差的子午分量或弧矢分量。每一张图中，三种颜色代表三种色光。

横向像差的具体数据，可以通过单击"光线光扇图"最下面的"文本"按钮，打开光扇图数据列表，里面详细罗列了各种视场各个波长的子午分量和弧矢分量数据。

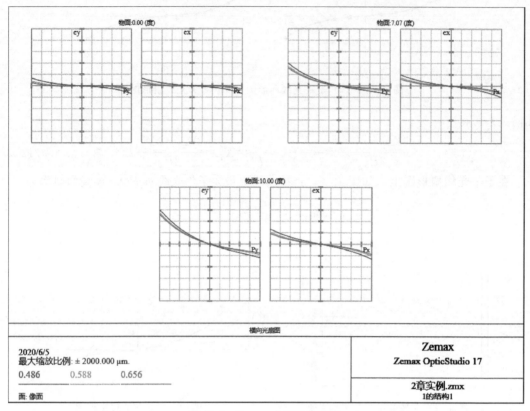

图 12-9　Zemax 中光线扇形图

12.3　点列图

如图 12-10，假定我们使用均匀的横竖直线在入瞳面上画出方形网格。从轴外点光源 B 发出的光线，交入瞳的每一个网格中心，经光学系统之后，每一条出射光线将在像平面上形成一个像点。由于入射光线是入瞳面的二维分布，在像面上将会得到一个二维像点分布图，称作"点列图"。光斑的大小和分布形状与光学系统的像差有直接关系，由理想成像理论，点列图分布区域越小，存在的像差就越小；点列图越圆，某些轴外像差就越小；点列图越集中，成像质量越好。可以想象，对于无像差系统，点列图将会变成圆孔衍射的同心圆环。此时，通常用艾里斑来代替像点。在入瞳面上使用均匀方形网格是最普遍的，不过也有其他的网格分布形状，如图 12-11，这些入瞳网格划分方法都曾经使用过。

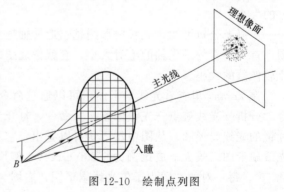

图 12-10　绘制点列图

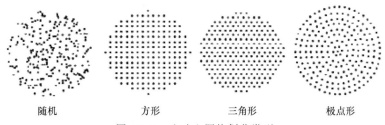

图 12-11 入瞳上网格划分类型

在 Zemax 光学设计软件中，评估点列图的尺寸大小有两种方法，一种称作几何半径（geometric radius，GEO 半径），一种称作均方根差半径（root meam square radius，RMS 半径）。不管是哪一种半径来评估，都需要指明一个参考点，即圆心。如图 12-12，在 Zemax 中，使用的参考点有两种，一种为主光线（chief ray），一种为质心（centriod）。主光线作为参考点，就是将主光线与理想像面的交点看作参考中心。质心作为参考点，是将整个图形用数学方法计算它的质心，然后用作参考中心。从图 12-12 可以看出，主光线像点和质心并不在同一点上，设它们的距离为 Δ，因此两种参考点算出来的半径值会有一个偏差。

用主光线像点作为参考点，即圆心，如图 12-13，然后找点列图中最远的一点到圆心的距离，就是 GEO 半径。很明显，GEO 半径是纯粹从几何学角度来评估点列图大小，而点图的集中度用这种方法有时候不够合理，比如大部分光线都比较集中，只有个别光线偏离圆心很远，则 GEO 半径也将会很大。

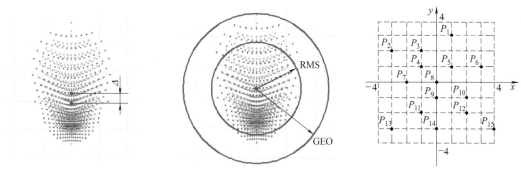

图 12-12 质心和主光线参考点偏差   图 12-13 RMS 半径和 GEO 半径   图 12-14 RMS 计算方法

为了滤掉个别光线对评估结果的影响，可以用 RMS 半径来评估点列图大小。设参考点的坐标为 (x_0, y_0)，任意一个像点坐标为 (x_i, y_i)，总共有 n 个像点，则其 RMS 半径为

$$\text{RMS} = \sqrt{\frac{\sum\left[(x_i - x_0)^2 + (y_i - y_0)^2\right]}{n}} \tag{12-33}$$

如图 12-14，设有 $P_1 \sim P_{15}$ 共 15 个点，对应的坐标如表 12-1，如果刚好坐标原点就是参考点，则原点坐标为 $(0, 0)$，代入公式（12-33），可算得 RMS 半径为

$$\text{RMS} = \sqrt{\frac{\sum\left[1^2 + 3^2 + (-3)^2 + 2^2 + \cdots + 4^2 + (-3)^2\right]}{15}} = 2.792848$$

表 12-1 $P_1 \sim P_{15}$ 点坐标

坐标	P_1	P_2	P_3	P_4	P_5	P_6	P_7	P_8	P_9	P_{10}	P_{11}	P_{12}	P_{13}	P_{14}	P_{15}
x	1	−3	−1	−1	1	3	−2	0	0	2	−1	2	−3	0	4
y	3	2	2	1	1	1	0	0	−1	−1	−2	−2	−3	−3	−3

在 Zemax 中，查看点列图的方法为命令"分析→光线迹点"中点列图部分，它主要包括：

① 标准点列图。如图 12-15，包括各种视场和色光的点列图形。最下面，有单位、对应视场的 RMS 半径和 GEO 半径、缩放条（比例尺）、参考点等。单击左上角的设置按钮，就可以打开图 12-16 所示的设置对话框。它们的意义如下：

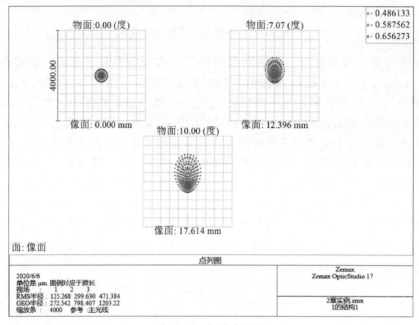

图 12-15　标准点列图

图 12-16　标准点列图设置

• 光线密度：数值越大，入瞳面划分网格越密，点列图越密。

• 样式：划分方法，包括平方、六边和杂乱，分别指方形网格、六边形网格和随机产生光线。

• 颜色显示：选择颜色显示方案，包括按视场、波长、结构等颜色显示。

• 参照：指定参考点，有主光线、质心、中心、顶点四种可选，前两种用的最多。

• 使用偏振：是否使用偏振。

• 方向余弦：是否以方向余弦来显示。

• 显示艾里斑：是否在图中显示艾里斑，如果勾选，图中会出现一个黑圈，代表艾里斑的大小。

• 波长：指定波长。

• 视场：指定视场。

• 表面：指定切面，点列图显示的是指定切面上的点列图。

• 显示缩放：有比例尺、方框、截面、周期四种可选，如果选择比例尺，下面可以指定缩放比例。

- 图形缩放：指定比例尺。
- 散射光线：是否考虑散射光线。
- 使用标注：是否显示标注。

② 光迹图。用来观看任一表面的光线相交情况，评估渐晕和面孔径的关系。

③ 离焦点列图。如图 12-17 所示，离焦点列图包括各种视场离焦时的点列图，离焦的大小可以通过左上角的"设置"按钮来输入。"设置"对话框中，其他项的意义同"标准点列图"。

④ 全视场点列图。将全部视场以同一种比例尺绘出来的点列图。

⑤ 矩阵点列图。绘制不同视场不同波长的点列图。

⑥ 结构矩阵点列图。绘制多重结构的点列图。

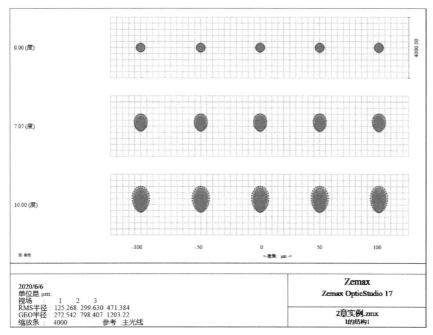

图 12-17　离焦点列图

12.4　能量集中度

能量集中度，又称能量环、包围能量，指能量在一点的集中情况。能量集中度与点列图有异曲同工之效，点列图越小的光学系统，能量集中度必然很高，反之亦然。根据理想成像理论，一个点物应该成像为一个点像，不过即便是没有像差的光学系统，像点也至少为艾里斑。对于实际的光学系统，一个点物在理想像面上将形成复杂的点列图。在评估点列图尺寸时，一般指定参考点，比如主光线像点、质心等。

能量集中度，就是以指定参考点为中心，向外画圆，它所包围的能量占点列图总能量的比率。需要注意的是，能量是以一个物点发出的，在像面上形成的能量。能量集中度曲线，横坐标为所画圆的半径，纵坐标为包围能量比率，如图 12-18 所示。在图中，绘出了像面上三个视场点和衍射极限的能量集中度曲线。可以想象，当曲线与衍射极限重合时，表示光学系统无像差，只存在衍射效应。

命令"分析→圈入能量"里，有与能量集中度有关的功能，包括：

① 衍射。以物理光学计算能量集中度，以衍射能量包围作为比率，它的图形见图 12-18。可以通过左上角"设置"里的"最大距离"设置横坐标（包围半径）最大值。设置按钮里其他参数的意义可以参考点列图。如果你想看圈入能量的具体数据，可以单击"衍射圈入能量"下面的"文本"，打开圈入能量数据文档。在数据文档中，罗列了每隔 0.01 倍的"最大距离"半径，对应的能量集中度值。

② 几何。以点列图光线数量来计算能量集中度，以光线数量的个数比作为比率，绘出的曲线，称作"几何圈入能量"。很明显，几何能量集中度，没有考虑到衍射效应，将所有光线的像点同等对待，这也造成了计算结果与真实的能量集中性有偏差。

③ 几何线/边缘扩散。以物空间一个线性物体或者一个边缘物体为对象，计算它们的几何响应曲线。

④ 扩展光源。用扩展光源来计算包围能量，与几何像分析特性类似。

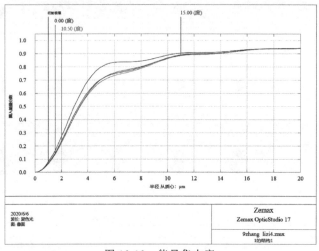

图 12-18 能量集中度

12.5 斯特列尔比

如果光学系统没有像差，镜筒就是限制光束的孔径。对于物空间一个点光源，在像面上将形成圆孔衍射图样。圆孔的衍射图样是同心圆环，其中，中心亮斑的能量约占总能量的 84%，称为艾里斑，如图 12-19 所示，设此时艾里斑的强度为 I_0。艾里斑的直径为 $R = 1.22\lambda/D$，其中，λ 为入射光波长，D 为光学系统的入瞳直径。

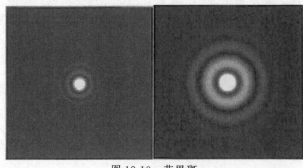

图 12-19 艾里斑

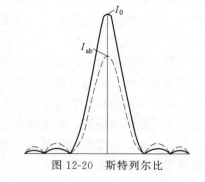

图 12-20 斯特列尔比

当光学系统具有小像差，衍射圆环的能量将会重新分布，中心的艾里斑能量将被部分地转移到外环上。首先承接的就是第一亮环带，所以第一亮环带的能量有所增加，亮度也会增大，如图 12-19。像差的存在，使艾里斑的强度有所减小。如果继续增加像差，艾里斑的能量继续外泄。如图 12-20 所示，设具有像差的光学系统艾里斑的光强为 I_{ab}，没有像差时的光强为 I_0，定义斯特列尔比（Strehl ratio）为，具有像差的艾里斑光强度 I_{ab} 比上无像差时的艾里斑光强度 I_0，符号为 S. R.，即

$$S. R. = \frac{I_{ab}}{I_0} \tag{12-34}$$

显然，斯特列尔比是一个介于 0 与 1 之间的数值，有时写成百分比。上式计算起来是很麻烦的，如果整个入瞳是均匀光照明的，则上式可以写成更有用的下式·

$$S. R. = \exp\left[-(2\pi\sigma)^2\right] \tag{12-35}$$

式中，σ^2 是波前方差，满足

$$\sigma^2 = \overline{W^2} - \overline{W}^2 \tag{12-36}$$

上面加杠表示取平均值，W 为出瞳波像差函数，即公式（10-25）。其中

$$\overline{W}^2 = \left[\left(\frac{1}{\pi}\right) \int_0^1 \int_0^{2\pi} W\rho\,d\rho\,d\varphi\right]^2$$

$$\overline{W^2} = \left(\frac{1}{\pi}\right) \int_0^1 \int_0^{2\pi} W^2 \rho\,d\rho\,d\varphi$$

如果像差很小时，当 $\sigma \leqslant 0.10$ 时，公式（12-36）可以展开取前两项

$$S. R. = 1 - (k\sigma)^2 + \frac{1}{2}(k\sigma)^4 - \frac{1}{6}(k\sigma)^6 + \cdots = 1 - (2\pi\sigma)^2 \tag{12-37}$$

上式是使用最多的斯特列尔比估算公式，不过在使用时，需要注意它的适用条件。从上式可以看出，当 σ 较大将得到较小的斯特列尔比，而此时又超出了它的适用范围，这说明斯特列尔比在值比较小的时候，失去了准确性。我们将 $\sigma = 0.10$ 代入公式（12-37），可得

$$S. R. = 1 - (2\pi\sigma)^2 = 0.6052$$

只要计算所得的斯特列尔比小于 0.6052，误差就会很大，值越小误差越大，失去了参考意义。

在 Zemax 中，查看斯特列尔比的地方有以下几个：

① Zernike 数据。在"Zernike Fringe 系数""Zernike Standard 系数"和"Zernike Annular 系数"数据里都有斯特列尔比。以三种数据都在"分析→波前图"里。

② 惠更斯 PSF。在惠更斯 PSF 图形的下面，就有斯特列尔比数据，命令"分析→点扩散函数→惠更斯 PSF"。

③ 惠更斯 PSF 截面图。同上，在其图形的下面，也有斯特列尔比数据，命令"分析→点扩散函数→惠更斯 PSF 截面图"

④ 斯特列尔比对离焦曲线。通过命令"分析 → RMS → RMS vs. 离焦"，打开"RMS vs. 离焦"图，单击左上角的"设置"按钮，打开如图 12-21 的设置对话框，在"数据"里选择"斯特列尔比"，就可以

图 12-21　RMS vs. 离焦中设置斯特列尔比曲线

绘制斯特列尔比对离焦的曲线，如图 12-22 所示。也可以单击图形最下面的"文本"，打开数据文档，查看斯特列尔比的具体数据。

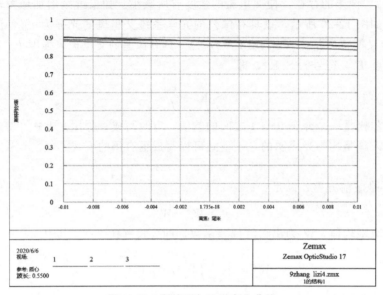

图 12-22　斯特列尔比对离焦曲线

第13章

像质评价 II

在第 12 章，我们介绍了像差容限、光线扇形图、点列图等，多是从几何光线的角度来评价成像质量。这一章我们从波动光学的角度出发，介绍一些常用的成像质量评价方法，比如点扩散函数、MTF、扩展图像分析等。从信息光学角度出发，光学系统实际上是一个传递信息的过程，那在传递信息时，有无失真或者失真的大小就表征了光学系统质量的好坏。在评价信息传递过程时，不能从像面上的信息的绝对状况直观判别，而应该从像面与物面上信息的对比中得到光学系统质量的好坏。也就是说，光学系统的质量，只取决于传递的百分比，不取决于信息量的绝对值。根据理想成像理论，一个物方点光源在理想状况下，应该成像为一个像点。但是由于衍射效应、像差的存在，在理想像面上将会形成斑点，而非一个无限小的点。这种，点光源产生的在理想像面的二维光强分布，称作点扩散函数；点扩散函数反映了理想成像的"点成点"满足情况。MTF 称作调制传递函数，在评价光学系统质量方面显得越来越重要，尤其是成像光学系统。经过信息光学研究发现，MTF 实质上是对比度的传递，即还原真实物空间的能力。

13.1 对比度

在邻近区域内，光强最大值和最小值之差与最大值和最小值之和的比值，称为光的对比度（contrast ratio），用 M 表示。对比度还有其他叫法，如调制度、反衬度和反差度等。如果在邻近区域内，光强最大值为 $I_{\max}$，光强最小值为 $I_{\min}$，则对比度的定义式为

$$M = \frac{I_{\max} - I_{\min}}{I_{\max} + I_{\min}} \tag{13-1}$$

在电视机、电脑显示器等监视器上，都有设置对比度的功能。它不像亮度，是所有像素

(a)

(b)

图 13-1　对比度不同的图像

点都增加一个能量值。调节对比度，是使亮的点更亮，暗的点更暗，从而使各点反差更大。如图 13-1（a）为对比度较差的图像，经过对比度调整之后，变成图 13-1（b），它明显看上去质量有所改善。与对比度有关的一个值为锐度，它的原理实际上是调节图像边缘的对比度，从而使图像更加清晰的一种算法。

13.2 傅里叶变换

13.2.1 傅里叶变换的定义

如果函数 $f(x,y)$ 在笛卡尔坐标平面上满足狄利克雷条件，即在定义域连续或者只有有限个第一类间断点、有限个极值点，且绝对可积，则函数 $f(x,y)$ 的二维傅里叶变换（Fourier transform）为

$$F(u,v)=\int_{-\infty}^{+\infty}\int_{-\infty}^{+\infty}f(x,y)\mathrm{e}^{-j2\pi(ux+vy)}\mathrm{d}x\mathrm{d}y \qquad (13\text{-}2)$$

$F(u,v)$ 称为 $f(x,y)$ 的像函数、频谱密度函数，或者简称"频谱"。有时候，将函数 $f(x,y)$ 所在笛卡尔空间 (x,y) 称作时域空间，将函数 $F(u,v)$ 所在的笛卡尔空间 (u,v) 称作频域空间。对于光学系统成像，一般为稳定的空间强度，所以在此我们将时域空间称作空域空间。在公式（13-2）中，$\mathrm{e}^{-j2\pi(ux+vy)}$ 称作傅里叶变换的核。如果引入傅里叶变换符号 $\mathscr{F}$，则上式可以写作

$$F(u,v)=\mathscr{F}\big[f(x,y)\big] \qquad (13\text{-}3)$$

由数学理论，类似地，可以定义二维傅里叶逆变换为

$$f(x,y)=\frac{1}{(2\pi)^2}\int_{-\infty}^{+\infty}\int_{-\infty}^{+\infty}F(u,v)\mathrm{e}^{j2\pi(ux+vy)}\mathrm{d}u\mathrm{d}v \qquad (13\text{-}4)$$

一般情况下，用傅里叶变换研究光场的分布为相对变化分布，不考虑绝对的光场强弱，所以上式中积分外面的常数 $1/(2\pi)^2$ 可以省去不写。傅里叶逆变换用符号 $\mathscr{F}^{-1}$ 表示，则上式可以写作

$$f(x,y)=\mathscr{F}^{-1}\big[F(u,v)\big] \qquad (13\text{-}5)$$

傅里叶变换的存在问题是一个数学问题，狄利克雷条件在数学上可能比较苛刻，但是自然界的物理本质保证了傅里叶变换存在的可能性。而对于一些特殊情况，如阶跃函数等，可以借助于广义 δ 函数来进行傅里叶变换。后述若无特别说明，一般认为傅里叶变换总是存在的。

13.2.2 卷积

在数学上，两个函数 $f(x)$ 和 $h(x)$ 的卷积（convolution）仍然为一个函数，设为 $g(x)$，则一维卷积的定义为

$$g(x)=\int_{-\infty}^{+\infty}f(\alpha)h(x-\alpha)\mathrm{d}\alpha \qquad (13\text{-}6)$$

卷积一般用星号（＊）表示，所以上式又可以写作

$$g(x)=f(x)*h(x) \qquad (13\text{-}7)$$

像面通常为二维平面，所以需要引入二维卷积。设两个函数 $f(x,y)$ 和 $h(x,y)$ 的卷积仍然为一个函数，记作 $g(x,y)$，则二维卷积的定义为

$$g(x,y)=\int_{-\infty}^{+\infty}\int_{-\infty}^{+\infty}f(\alpha,\beta)h(x-\alpha,y-\beta)\mathrm{d}\alpha\mathrm{d}\beta=f(x,y)*h(x,y) \qquad (13\text{-}8)$$

卷积运算有一个重要的性质，又称作卷积定理。设 $F(u,v)=\mathscr{F}\big[f(x,y)\big]$，$H(u,$

$v)=\mathscr{F}[h(x,y)]$，则有

$$\mathscr{F}[f(x,y)*h(x,y)]=F(u,v)\cdot H(u,v) \tag{13-9}$$

$$\mathscr{F}[f(x,y)\cdot h(x,y)]=\frac{1}{2\pi}F(u,v)*H(u,v) \tag{13-10}$$

公式（13-9）说明，两个函数卷积的傅里叶变换等于它们频谱的直积。公式（13-10）说明，两个函数直积的傅里叶变换等于它们频谱的卷积除以 2π。在计算像面上的二维光强相对分布，可以略去常数项。

13.2.3 线性系统

将一个函数变换为另一个函数的过程称作系统。如果系统在变换过程中满足线性，称作线性系统，光学系统就是一种线性系统。线性系统对输入的信号变换具有两个特点：一是叠加性，即一个输入的信号的变换并不影响另一个输入信号的变换；二是均匀性，即线性系统对输入信号的缩放因子保持不变。光学系统也具有以上两个特点，光具有独立传播的特性，所以具有叠加性；在一对共轭面上，理想成像时的特性（垂轴放大率）保持不变，所以具有均匀性。

设物面上笛卡尔坐标分布为 $f(x,y)$，由广义 δ 函数的性质，下面等式成立

$$f(x,y)=\int_{-\infty}^{+\infty}\int_{-\infty}^{+\infty}f(\alpha,\beta)\delta(x-\alpha,y-\beta)\mathrm{d}\alpha\mathrm{d}\beta \tag{13-11}$$

上式可以看成物面上一点处的分布值 $f(x,y)$ 为 δ 函数的线性叠加，其中叠加基为 $\delta(x-\alpha,y-\beta)$，对应的系数为 $f(\alpha,\beta)\mathrm{d}\alpha\mathrm{d}\beta$，积分取遍整个物平面。设物面分布 $f(x,y)$ 经过线性系统的光学系统后，在像面上产生的分布为 $g(x',y')$，并设光学系统的变换符号为 $\mathscr{L}$，则可得像面分布为

$$g(x',y')=\mathscr{L}[f(x,y)]=\mathscr{L}\Big[\int_{-\infty}^{+\infty}\int_{-\infty}^{+\infty}f(\alpha,\beta)\delta(x-\alpha,y-\beta)\mathrm{d}\alpha\mathrm{d}\beta\Big] \tag{13-12}$$

由线性系统的均匀性，并考虑到光场分布为相对分布，所以光学系统的变换对函数 $f(x,y)$ 具有相同的倍率。而比例常数在光场计算时可以略去，所以上式中线性符号可以只作用于 δ 函数，得

$$g(x',y')=\int_{-\infty}^{+\infty}\int_{-\infty}^{+\infty}f(\alpha,\beta)\mathscr{L}[\delta(x-\alpha,y-\beta)]\mathrm{d}\alpha\mathrm{d}\beta \tag{13-13}$$

记 δ 函数的线性变换为 $h(x',y';\alpha,\beta)$，有

$$h(x',y';\alpha,\beta)=\mathscr{L}[\delta(x-\alpha,y-\beta)] \tag{13-14}$$

上式的意义很明确，由 δ 函数的定义，$\delta(x-\alpha,y-\beta)$ 为物面上一点 (α,β) 处的脉冲信号，它经过光学系统变换后，在像面上获得的光场分布为 $h(x',y';\alpha,\beta)$。所以称 $h(x',y';\alpha,\beta)$ 为脉冲响应函数，或者称作点扩散函数（point spread function，PSF）。PSF 就是物面上一个点光源在像面上产生的光场分布。由公式（13-13）和公式（13-14），可得

$$g(x',y')=\int_{-\infty}^{+\infty}\int_{-\infty}^{+\infty}f(\alpha,\beta)h(x',y';\alpha,\beta)\mathrm{d}\alpha\mathrm{d}\beta \tag{13-15}$$

13.2.4 线性平移不变性

在光学系统成像时，如果物平面分布函数 $f(x,y)$ 发生了一个整体平移，即分布函数变为 $f(x-x_0,y-y_0)$，x_0 为沿 x 轴的平移量，y_0 为沿 y 轴的平移量。则像面上对应的分布 $g(x',y')$ 也只发生平移（无旋转、扭曲等），即平移后分布为 $g(x'-Mx_0,y'-$

My_0），其中 M 是垂轴放大率。满足以上条件的系统称为线性平移不变性系统，或者叫空间平移不变性。则公式（13-15）变为

$$g(x',y')=\int_{-\infty}^{+\infty}\int_{-\infty}^{+\infty}f(\alpha,\beta)h(x'-M\alpha,y'-M\beta)\mathrm{d}\alpha\mathrm{d}\beta \tag{13-16}$$

如果选取合适的坐标尺度，可以使垂轴放大率 $M=1$，则上式可以简化为

$$g(x',y')=\int_{-\infty}^{+\infty}\int_{-\infty}^{+\infty}f(\alpha,\beta)h(x'-\alpha,y'-\beta)\mathrm{d}\alpha\mathrm{d}\beta=f(x',y')*h(x',y') \tag{13-17}$$

理想光学系统成像具有线性平移不变性，如果光学系统存在像差，比如畸变，则线性平移不变性被打破。将公式（13-17）两边作傅里叶变换，并利用卷积定理（13-9），得

$$G(u',v')=F(u',v')\cdot H(u',v') \tag{13-18}$$

其中，$G(u',v')=\mathscr{F}[g(x',y')]$。则可得点扩散函数的频谱密度为

$$H(u',v')=\frac{G(u',v')}{F(u',v')} \tag{13-19}$$

13.3　衍射理论

13.3.1　基尔霍夫公式

德国物理学家基尔霍夫从纯数学的角度出发，利用熟知的格林公式，得到了光在传播过程中的完善解。基尔霍夫衍射公式不像惠更斯-菲涅耳衍射公式那样具有假设性，而是直接通过数学公式得到精确解。如图 13-2，有一个点光源 S 照明了平面屏幕 MN，在屏幕后方一点 Q 的光场为屏幕 MN 上波前传播到 Q 子波的相干叠加。为了构建一个封闭的曲线，作一个圆，加上平面屏幕 MN 即可。在封闭的曲线上（图 13-2 封闭虚线）应用格林公式，具体推导过程不再赘述，可查阅物理光学等相关书籍。设 P 为平面屏幕上任意一点，法线为 $\boldsymbol{n}$ 方向，S、Q 到 P 的距离为 r_0、r，可得 Q 点的光强为

$$\widetilde{E}(Q)=\frac{1}{j\lambda}\int_{\Sigma}\widetilde{E}(P)\frac{e^{jkr}}{r}\times\frac{\cos(n,r)-\cos(n,r_0)}{2}\mathrm{d}s \tag{13-20}$$

式中，Σ 为对平面屏幕（原本为整个封闭曲线，而除了平面屏幕上，其他处光场贡献为零，所以仅剩平面屏幕）积分；$\widetilde{E}(P)$ 为 P 点的复振幅；$\widetilde{E}(Q)$ 为 Q 点的复振幅；(n,r_0) 为 n 和 r_0 的夹角；(n,r) 为 n 和 r 的夹角。$\widetilde{E}(P)$ 满足点光源 S 传播到 P 点的球面波强度

$$\widetilde{E}(P)=A_0\frac{e^{jkr_0}}{r_0} \tag{13-21}$$

式中，A_0 为传播 1m 处的振幅。

如果点光源 S 足够远，比如垂直于平面屏幕的平行光束入射，则夹角 (n,r_0) 接近于 $180°$，有 $\cos(n,r_0)\approx-1$。如果观察点 Q 也为旁轴，如图 13-3 所示，则夹解 (n,r) 接近于 $0°$，有 $\cos(n,r)\approx+1$。经过近轴处理之后，公式（13-20）中倾斜因子

$$K(\theta)=\frac{\cos(n,r)-\cos(n,r_0)}{2}\approx1$$

可以略去。公式（13-20）可以改造成

$$\widetilde{E}(Q)=\iint_{\Sigma}\widetilde{E}(P)h(P,Q)\mathrm{d}s \tag{13-22}$$

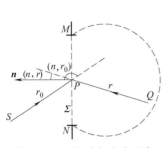

图 13-2　基尔霍夫公式示意

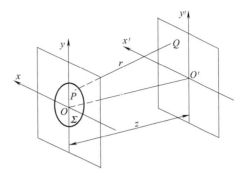

图 13-3　衍射屏与观察屏

从上式可以看出，衍射是一种线性系统。其中

$$h(P,Q) = \frac{1}{j\lambda} \times \frac{e^{jkr}}{r} \qquad (13\text{-}23)$$

和前面的分析类似，可以将公式（13-23）看成点扩散函数。图 13-3 为仅画出平面屏幕和观察点所在屏幕的图形，并分别在衍射屏和观察屏上建立坐标系，如图所示。衍射屏上任意一点 P 到观察点 Q 的距离 r 可以用空间坐标两点间的距离表示出来

$$r = \sqrt{(x'-x)^2 + (y'-y)^2 + z^2} \qquad (13\text{-}24)$$

在近轴情况下，$r \approx z$。则点扩散函数公式（13-23）可以写作

$$h(x,y;x',y') = h(x'-x,y'-y) = \frac{1}{j\lambda z}\exp\left[jk\sqrt{(x'-x)^2+(y'-y)^2+z^2}\right] \qquad (13\text{-}25)$$

公式（13-22）也可以写作

$$\widetilde{E}(x',y') = \iint_{\Sigma} \widetilde{E}(x,y) h(x'-x,y'-y)\,\mathrm{d}x\,\mathrm{d}y \qquad (13\text{-}26)$$

13.3.2　菲涅耳和夫琅禾费近似

公式（13-24）可以作近似处理，在近轴情况下有 $z \gg |x'-x|$，$z \gg |y'-y|$，将 z 提出根号之外并展开为泰勒级数的形式

$$r = z\left[1 + \frac{(x'-x)^2 + (y'-y)^2}{z^2}\right]^{1/2} = z\left\{1 + \frac{(x'-x)^2 + (y'-y)^2}{2z^2} - \frac{\left[(x'-x)^2 + (y'-y)^2\right]^2}{8z^4} + \cdots\right\}$$

$$(13\text{-}27)$$

如果 z 足够大，则上式中第三项以及更高阶项为无穷小，可以略去，这种近似处理称作菲涅耳近似，此时

$$r = z + \frac{(x'-x)^2 + (y'-y)^2}{2z} \qquad (13\text{-}28)$$

将上式代入到公式（13-25），可得菲涅耳近似下的点扩散函数为

$$h(x'-x,y'-y) = \frac{e^{jkz}}{j\lambda z}\exp\left[jk\,\frac{(x'-x)^2 + (y'-y)^2}{2z}\right] \qquad (13\text{-}29)$$

代入公式（13-26）可得菲涅耳衍射光强公式

$$\widetilde{E}(x',y') = \frac{e^{jkz}}{j\lambda z}\iint_{\Sigma} \widetilde{E}(x,y)\exp\left[jk\,\frac{(x'-x)^2 + (y'-y)^2}{2z}\right]\mathrm{d}x\,\mathrm{d}y \qquad (13\text{-}30)$$

公式（13-28）可以继续做近似处理，将等式右边平方和展开。如果衍射孔不大，则可以略去 (x^2+y^2)，这种近似处理称作夫琅禾费近似，可得

$$r = z + \frac{(x'^2 + y'^2) - 2(xx' + yy') + (x^2 + y^2)}{2z} \approx z + \frac{(x'^2 + y'^2) - 2(xx' + yy')}{2z}$$

(13-31)

将上式代入到公式（13-25），可得夫琅禾费近似下的点扩散函数为

$$h(x'-x, y'-y) = \frac{e^{jkz}}{j\lambda z} \exp\left(jk \frac{x'^2 + y'^2}{2z}\right) \exp\left(-jk \frac{xx' + yy'}{z}\right)$$

(13-32)

代入公式（13-26）可得夫琅禾费衍射光强公式

$$\widetilde{E}(x', y') = \frac{e^{jkz}}{j\lambda z} \iint_{\Sigma} \widetilde{E}(x, y) \exp\left[jk \frac{(x'^2 + y'^2) - 2(xx' + yy')}{2z}\right] \mathrm{d}x\,\mathrm{d}y$$

(13-33)

13.3.3 透镜的相位变换

如图 13-4，物点 A 发出的球面波，传播距离 l 后到达透镜。如果透镜没有像差，它将经过透镜的变换之后，变成会聚的球面波，在传播 l' 的距离之后并最终会聚于像点 A'。只有透镜没有像差时，出射的球面波才完美，并且像点才足够小。从图中可以看出，透镜就相当于一个变换，它将发散的球面波变换为会聚的球面波。为了研究透镜的变换作用，在透镜前后表面顶点处分别作两个平面 P_1 和 P_2，这样整个过程就可以看成三个相继的分过程：

(1) 从物点 A 传播到平面 P_1

若 A 为点光源，则平面 P_1 上的光强可以由球面波方程（13-21）再乘上矢高位相因子组成，如图 13-5，有

$$\widetilde{E}(S) = \frac{A}{-l} e^{-jkl}, ST \approx HO = \text{Sag} = \frac{x^2 + y^2}{-2l}$$

$$\widetilde{E}(P_1) = \frac{A}{-l} \exp(-jkl) \exp\left(-jk \frac{x^2 + y^2}{2l}\right)$$

(13-34)

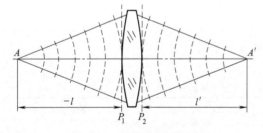

图 13-4 透镜的相位变换

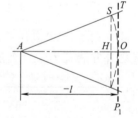

图 13-5 球面波在 P_1 面上的近似

(2) 从物点平面 P_2 传播到像点 A'

此过程可以将像点 A' 看成点光源逆向传播到平面 P_2，方程和公式（13-34）相同，只是方向为逆向而已，则平面 P_2 上的光强分布为

$$\widetilde{E}(P_2) = \frac{A'}{l'} \exp(-jkl') \exp\left(-jk \frac{x^2 + y^2}{2l'}\right)$$

(13-35)

需要说明的是，上式中的负号是逆向传播引入的，而公式（13-34）中的负号为物距的符号规则引入的，意义不同。

(3) 透镜的变换作用，即平面 P_1 到平面 P_2 的过程

假设透镜为薄透镜，则平面 P_1 和平面 P_2 上对应位置处坐标相同，所以透镜的变换作用可以看成为平面 P_1 到平面 P_2 的透过率。公式（13-35）除以公式（13-34）得

$$t(x,y)=\frac{\widetilde{E}(P_2)}{\widetilde{E}(P_1)}=-\frac{A'l}{Al'}\exp\left(-jk\frac{l'}{l}\right)\exp\left[-jk\frac{x^2+y^2}{2}\left(\frac{1}{l'}-\frac{1}{l}\right)\right] \tag{13-36}$$

在上式中，由于常量对光强的相对分布没有影响，所以去掉所有常量因子。并且由应用光学中的高斯公式得

$$\frac{1}{l'}-\frac{1}{l}=\frac{1}{f'} \tag{13-37}$$

式中，f' 为透镜的像方焦距。则将上式代入到公式（13-36），并略去常量因子得

$$t(x,y)=\exp\left(-jk\frac{x^2+y^2}{2f'}\right) \tag{13-38}$$

上式即为透镜的相位变换。

如果考虑透镜孔径的限制，需要引入光瞳函数，用 $P(x,y)$ 表示，意义为：在孔径范围内，$P(x,y)=1$；在孔径范围外，为零。表示为函数的形式为

$$P(x,y)=\begin{cases}1,\text{透镜孔径内}\\0,\text{其他}\end{cases} \tag{13-39}$$

结合光瞳函数，则透镜的相位变换为

$$t(x,y)=P(x,y)\exp\left(-jk\frac{x^2+y^2}{2f'}\right) \tag{13-40}$$

13.4　点扩散函数

13.4.1　点扩散函数计算公式

由前述得知，点扩散函数就是物平面上一个点光源在像平面上获得的光场分布。为了求得点扩散函数，我们利用图 13-6，假定透镜是无像差的薄透镜（不考虑厚度）。建立如图坐标系，物平面为 (x,y)，透镜面为 (x_l,y_l)，像平面为 (x',y')。设物距为 $-l$，像距为 l'。在物平面上有一点 $B(\alpha,\beta)$，则以该点为点光源的物函数可以表示为 $\delta(x-\alpha,y-\beta)$。该点发出的球面波传播到透镜面，传播过程满足菲涅耳衍射公式（13-30）

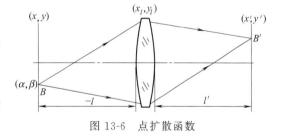

图 13-6　点扩散函数

$$\delta\widetilde{E}(x_l,y_l)=\frac{e^{-jkl}}{-j\lambda l}\int_{-\infty}^{+\infty}\int_{-\infty}^{+\infty}\delta(x-\alpha,y-\beta)\exp\left[jk\frac{(x_l-x)^2+(y_l-y)^2}{-2l}\right]\mathrm{d}x\mathrm{d}y$$

$$=-\frac{e^{-jkl}}{j\lambda l}\exp\left[jk\frac{(x_l-\alpha)^2+(y_l-\beta)^2}{-2l}\right] \tag{13-41}$$

到达透镜面的波前，经过透镜的相位变换之后，即公式（13-40），可得透镜面后面的光强满足

$$\delta\widetilde{E}'(x_l,y_l)=\delta\widetilde{E}(x_l,y_l)\cdot t(x_l,y_l)=P(x_l,y_l)\exp\left(-jk\frac{x_l^2+y_l^2}{2f'}\right)\delta\widetilde{E}(x_l,y_l)$$

$$\tag{13-42}$$

然后由透镜后表面到像面，传播过程满足菲涅耳衍射公式（13-30），得点扩散函数为

$$h(\alpha,\beta;x',y') = \frac{e^{jkl'}}{j\lambda l'}\int_{-\infty}^{+\infty}\int_{-\infty}^{+\infty}\delta\widetilde{E}'(x_l,y_l)\exp\left[jk\frac{(x'-x_l)^2+(y'-y_l)^2}{2l'}\right]\mathrm{d}x_l\mathrm{d}y_l$$

$$(13\text{-}43)$$

将公式（13-41）代入到公式（13-42），再将公式（13-42）代入到公式（13-43），并积分可得最终的点扩散函数为

$$h(\alpha,\beta;x',y') = \frac{e^{jk(l'-l)}}{\lambda^2 ll'}\exp\left(jk\frac{x'^2+y'^2}{2l'}\right)\exp\left(-jk\frac{\alpha^2+\beta^2}{2l}\right)\times$$

$$\int_{-\infty}^{+\infty}\int_{-\infty}^{+\infty}P(x_l,y_l)\exp\left[j\frac{k}{2}(x_l^2+y_l^2)\left(\frac{1}{l'}-\frac{1}{l}-\frac{1}{f'}\right)\right]$$

$$\exp\left\{-jk\left[\left(\frac{x'}{l'}-\frac{\alpha}{l}\right)x_l+\left(\frac{y'}{l'}-\frac{\beta}{l}\right)y_l\right]\right\}\mathrm{d}x_l\mathrm{d}y_l \qquad (13\text{-}44)$$

上式在计算时较复杂，需要进行简化处理。由于点扩散函数为像面的光强分布，它为复振幅分布的模的平方，所以出现常数指数函数时，会自动消去。又由于 $\alpha=x'/M$，$\beta=y'/M$，M 为垂轴放大率，代入公式（13-44）的第三个指数因子后，也可以略去。因此可以舍去以下项

$$e^{jk(l'-l)},\exp\left(jk\frac{x'^2+y'^2}{2l'}\right),\exp\left(-jk\frac{\alpha^2+\beta^2}{2l}\right)$$

由透镜成像的高斯公式（13-37），积分号内第一个指数值为1，可以略去。所以点扩散函数可以化简为

$$h(\alpha,\beta;x',y') = \frac{1}{\lambda^2 ll'}\int_{-\infty}^{+\infty}\int_{-\infty}^{+\infty}P(x_l,y_l)\exp\left\{-jk\left[\left(\frac{x'}{l'}-\frac{\alpha}{l}\right)x_l+\left(\frac{y'}{l'}-\frac{\beta}{l}\right)y_l\right]\right\}\mathrm{d}x_l\mathrm{d}y_l$$

$$(13\text{-}45)$$

如果令 $M=l'/l$，$x_0'=M\alpha$，$y_0'=M\beta$，很显然 $B'(x_0',y_0')$ 为物点 $B(\alpha,\beta)$ 对应的理想像点。则上式可以改造成

$$h(x'-x_0',y'-y_0') = \frac{1}{\lambda^2 ll'}\int_{-\infty}^{+\infty}\int_{-\infty}^{+\infty}P(x_l,y_l)\exp\{-j\frac{2\pi}{\lambda l'}[(x'-x_0')x_l+(y'-y_0')y_l]\}\mathrm{d}x_l\mathrm{d}y_l$$

$$(13\text{-}46)$$

在透镜面上，如果令

$$\widetilde{x}=\frac{x_l}{\lambda l'},\widetilde{y}=\frac{y_l}{\lambda l'} \qquad (13\text{-}47)$$

则得点扩散函数为

$$h(x'-x_0',y'-y_0') = |M|\int_{-\infty}^{+\infty}\int_{-\infty}^{+\infty}P(\lambda l'\widetilde{x},\lambda l'\widetilde{y})\exp\{-j2\pi[(x'-x_0')\widetilde{x}+(y'-y_0')\widetilde{y}]\}\mathrm{d}\widetilde{x}\mathrm{d}\widetilde{y}$$

$$(13\text{-}48)$$

如果孔径足够大，则有 $P(\lambda l'\widetilde{x},\lambda l'\widetilde{y})=1$，又考虑到透镜无像差，上式变为

$$h(x'-x_0',y'-y_0') = |M|\int_{-\infty}^{+\infty}\int_{-\infty}^{+\infty}\exp\{-j2\pi[(x'-x_0')\widetilde{x}+(y'-y_0')\widetilde{y}]\}\mathrm{d}\widetilde{x}\mathrm{d}\widetilde{y}$$

$$= |M|\delta(x'-x_0',y'-y_0') \qquad (13\text{-}49)$$

这显然就是理想成像，物点 $B(\alpha,\beta)$ 对应的像点为 $B'(x_0',y_0')$，大小为 $|M|$ 倍。

13.4.2　在 Zemax 中查看点扩散函数

在 Zemax 中，"分析"选项卡里有"点扩散函数"组，主要包括如下算法及其截面图。

① FFT PSF，快速傅里叶变换（fast fourier transform，FFT）法。该方法可以看作公式（13-48）的近似处理，它的运算速度较快，但是近似处理后可能导致计算不够精确。

该方法主要做了两种近似处理：

a. 以垂直于主光线的面作为计算像平面，而非垂直于光轴的理想像平面。如果主光线在理想像面的入射角不为零，则 FFT 算法计算的是倾斜像平面。

b. FFT 算法只在远场近轴情况下，精度才足够好，如果横向像差较大，FFT 算法精度无法保证。也就是说，当主光线法线（约小于 20°）、出瞳像差可忽略、横向像差足够小，FFT 点扩散函数才是精确的并且计算快于惠更斯 PSF。

第 9 章实例的 FFT PSF 经典绘图见图 13-7。

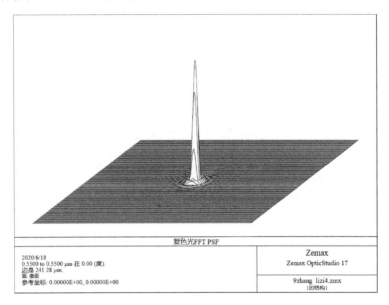

图 13-7　Zemax 中的 FFT PSF 经典绘图

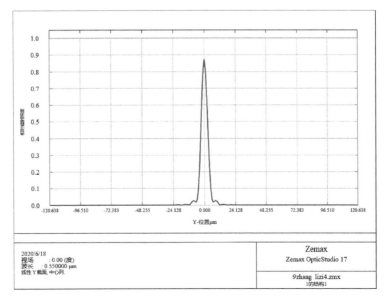

图 13-8　子午面内的 FFT PSF 截面图

② FFT PSF 截面图。通过某切面的 FFT PSF 图形，默认状态下为通过中心 $B'(x_0', y_0')$ 的 FFT PSF 图形。可以通过左上角的"设置"按钮设置偏离中心的切面以观察其他切面的 FFT PSF 图形。另外，在默认状态下，是弧矢面内的 FFT PSF 图形，要想改为子午面内，仍然可以通过左上角的"设置"按钮里面的"类型"更改为"Y-线性"即可。子午面内的 FFT PSF 截面图如图 13-8 所示。

③ 惠更斯 PSF（图 13-9）。从惠更斯-菲涅耳衍射积分推导的点扩散函数，事实上就是公式（13-48）。惠更斯 PSF 计算速度慢于 FFT PSF，但是没有作近似处理，精确度比 FFT PSF 高。

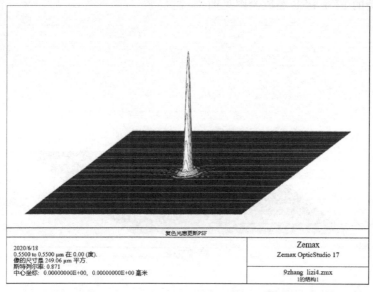

图 13-9　Zemax 中的惠更斯 PSF 经典绘图

④ 惠更斯 PSF 截图面（图 13-10）。意义和设置方法同 FFT PSF，只是算法改为了公式（13-48）。

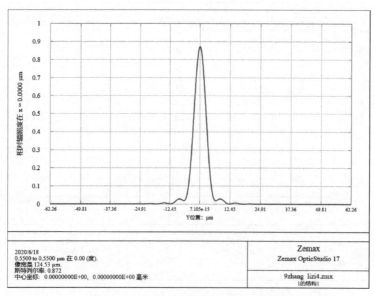

图 13-10　子午面内惠更斯 PSF 截面图

13.5　光学传递函数

13.5.1　调制传递函数

理论上，在讨论光学传递函数时，需要讨论两种情况，即光源为相干光时的相干成像系统和光源为非相干光时的非相干成像系统。由于篇幅所限，也因为大部分光源为非相干光，所以在此仅讨论非相干成像系统。对于透镜系统，相干光为振幅的传递过程，而对于非相干光则为光强度的传递过程。在公式（13-17）中，定义物平面上的光强度为 $I(x, y)$，像平面上的光强度为 $I'(x', y')$，则非相干线性不变系统满足

$$I'(x', y') = \int_{-\infty}^{+\infty}\int_{-\infty}^{+\infty} I(\alpha, \beta) h_{\mathrm{I}}(x'-\alpha, y'-\beta) \mathrm{d}\alpha \mathrm{d}\beta = I(x', y') * h_{\mathrm{I}}(x', y')$$

(13-50)

式中，积分本为物平面坐标 $B(\alpha, \beta)$ 的积分，事实上从数学角度来说，(α, β) 为其他平面上坐标变量也不影响计算结果，所以我们将 (α, β) 换为像面上 (α, β) 点对应的理想像点坐标 $B'(x'_0, y'_0)$，并将物面积分换成整个像平面积分，等式仍然成立；$h_{\mathrm{I}}(x'-\alpha, y'-\beta)$ 为强度脉冲响应，或者叫强度点扩散函数，它与复振幅点扩散函数公式（13-48）的关系为绝对值的平方，即

$$h_{\mathrm{I}}(x'-x'_0, y'-y'_0) = |h(x'-x'_0, y'-y'_0)|^2$$

(13-51)

经过以上处理，则公式（13-50）可以变为

$$I'(x', y') = \int_{-\infty}^{+\infty}\int_{-\infty}^{+\infty} I(x'_0, y'_0) h_{\mathrm{I}}(x'-x'_0, y'-y'_0) \mathrm{d}x'_0 \mathrm{d}y'_0 = I(x', y') * h_{\mathrm{I}}(x', y')$$

(13-52)

对公式（13-52）两边取傅里叶变换得

$$G'(u', v') = G(u', v') H_{\mathrm{I}}(u', v')$$

(13-53)

其中

$$G'(u', v') = \mathscr{F}[I'(x', y')], G(u', v') = \mathscr{F}[I(x', y')], H_{\mathrm{I}}(u', v') = \mathscr{F}[h_{\mathrm{I}}(x', y')]$$

(13-54)

在上式的三个傅里叶变换中，右边均为强度，是非负实数，它们的傅里叶变换频谱必然有一个零频分量，具有所有频谱分量中最大的强度幅值，即满足

$$G'(0,0) \geqslant G'(u', v'), G(0,0) \geqslant G(u', v'), H_{\mathrm{I}}(0,0) \geqslant H_{\mathrm{I}}(u', v')$$

(13-55)

而真正有意义的信息并不是零频分量，而是高频分量携带的信息，所以将高频分量与零频分量的比值称为归一化频谱，它代表了有用信息所占的比例。我们将公式（13-54）进行归一化得

$$\mathscr{G}'(u', v') = \frac{G'(u', v')}{G'(0,0)}, \mathscr{G}(u', v') = \frac{G(u', v')}{G(0,0)}, \mathscr{H}(u', v') = \frac{H_{\mathrm{I}}(u', v')}{H_{\mathrm{I}}(0,0)}$$

(13-56)

在公式（13-53）中，令 $u'=0$，$v'=0$，可得 $G'(0, 0) = G(0, 0) H_{\mathrm{I}}(0, 0)$，并利用公式（13-56）可得

$$\mathscr{G}'(u', v') = \mathscr{G}(u', v') \cdot \mathscr{H}(u', v')$$

(13-57)

在信息光学里，将 $\mathscr{H}(u', v')$ 称为非相干成像系统的光学传递函数（optical transfer function，OTF）。由于傅里叶变换后的频谱一般为复数，所以 $\mathscr{H}(u', v')$ 有实部也有虚部，可以写作

$$\mathcal{H}(u',v')=M(u',v')\exp[j\varphi(u',v')] \tag{13-58}$$

很明显有

$$M(u',v')=\frac{|H_{\mathrm{I}}(u',v')|}{H_{\mathrm{I}}(0,0)}=\frac{|\mathcal{G}'(u',v')|}{|\mathcal{G}(u',v')|} \tag{13-59}$$

$$\varphi(u',v')=\arg\mathcal{G}'(u',v')-\arg\mathcal{G}(u',v') \tag{13-60}$$

式中，$M(u',v')$ 称作调制传递函数（modulation transfer function，MTF）；$\varphi(u',v')$ 称作相位传递函数（phase transfer function，PTF）。MTF 表征了光学系统对对比度的传递，PTF 表征了光学系统对波面施加的相移。

13.5.2　一个计算实例

设物平面上光强分布函数为余弦函数，但是我们需要写成像平面上参数的函数形式

$$I(x_0',y_0')=a_0+a_1\cos[2\pi(u_0'x_0'+v_0'y_0')+\varphi_0(u_0',v_0')] \tag{13-61}$$

由上式，可以得物平面的最大光强和最小光强为

$$I_{\max}=a_0+a_1,\quad I_{\min}=a_0-a_1$$

则物平面的对比度为

$$M_{\mathrm{o}}=\frac{I_{\max}-I_{\min}}{I_{\max}+I_{\min}}=\frac{a_1}{a_0} \tag{13-62}$$

将公式（13-61）作傅里叶变换，得其频谱为

$$G(u',v')=\mathcal{F}[I(x_0',y_0')]$$

$$=a_0\delta(u',v')+\frac{a_1}{2}\{\delta(u'-u_0',v'-v_0')\exp[j\varphi_0(u_0',v_0')]+$$

$$\delta(u'+u_0',v'+v_0')\exp[-j\varphi_0(u_0',v_0')]\} \tag{13-63}$$

由公式（13-54）和公式（13-56），可得

$$H_{\mathrm{I}}(u',v')=\mathcal{F}[h_{\mathrm{I}}(x',y')]=H_{\mathrm{I}}(0,0)\mathcal{H}(u',v') \tag{13-64}$$

将上式和公式（13-63）共同代入公式（13-53），由于常数 $H_{\mathrm{I}}(0,0)$ 不影响光场分布，略去。得

$$G'(u',v')=a_0\delta(u',v')\mathcal{H}(u',v')+\frac{a_1}{2}\mathcal{H}(u',v')\{\delta(u'-u_0',v'-v_0')\exp[j\varphi_0(u_0',v_0')]+$$

$$\delta(u'+u_0',v'+v_0')\exp[-j\varphi_0(u_0',v_0')]\}$$

对上式作傅里叶逆变换，可得像平面光强分布

$$I'(x',y')=\mathcal{F}^{-1}[G'(u',v')]=a_0\int_{-\infty}^{+\infty}\int_{-\infty}^{+\infty}\delta(u',v')\mathcal{H}(u',v')\exp[j2\pi(u'x'+v'y')]\mathrm{d}u'\mathrm{d}v'+$$

$$\frac{a_1}{2}\int_{-\infty}^{+\infty}\int_{-\infty}^{+\infty}\delta(u'-u_0',v'-v_0')\mathcal{H}(u',v')\exp[j\varphi_0(u_0',v_0')]\exp[j2\pi(u'x'+v'y')]\mathrm{d}u'\mathrm{d}v'+$$

$$\frac{a_1}{2}\int_{-\infty}^{+\infty}\int_{-\infty}^{+\infty}\delta(u'+u_0',v'+v_0')\mathcal{H}(u',v')\exp[-j\varphi_0(u_0',v_0')]\exp[j2\pi(u'x'+v'y')]\mathrm{d}u'\mathrm{d}v'$$

$$\tag{13-65}$$

利用 δ 函数的筛选性质，积分得

$$I'(x',y')=a_0\mathcal{H}(0,0)+\frac{a_1}{2}\mathcal{H}(u_0',v_0')\exp[j\varphi_0(u_0',v_0')]\exp[j2\pi(u_0'x'+v_0'y')]+$$

$$\frac{a_1}{2}\mathcal{H}(-u_0',-v_0')\exp[-j\varphi_0(u_0',v_0')]\exp[-j2\pi(u_0'x'+v_0'y')] \tag{13-66}$$

由于零频传递函数为 1，即 $\mathscr{H}(0,0)=1$。又调制传递函数具有偶函数的性质，所以 $M(-u_0',-v_0')=M(u_0',v_0')$。利用光学传递函数的定义式（13-58），可将上式化简为

$$\mathscr{H}(0,0)=1,\mathscr{H}(u_0',v_0')=M(u_0',v_0')\exp[j\varphi(u_0',v_0')],\mathscr{H}(-u_0',-v_0')=M(u_0',v_0')\exp[-j\varphi(u_0',v_0')]$$
$$I'(x',y')=a_0+a_1M(u_0',v_0')\cos[2\pi(u_0'x'+v_0'y')+\varphi_0(u_0',v_0')+\varphi(u_0',v_0')]$$

（13-67）

上式中 (u_0',v_0') 在像平面上可以取任意值，所以可将其换成 (u',v')，得

$$I'(x',y')=a_0+a_1M(u',v')\cos[2\pi(u'x'+v'y')+\varphi_0(u',v')+\varphi(u',v')] \quad (13\text{-}68)$$

由上式，可以得像平面的最大光强和最小光强为

$$I'_{\max}=a_0+a_1M(u',v'),I'_{\min}=a_0-a_1M(u',v')$$

则像平面的对比度为

$$M_i=\frac{I'_{\max}-I'_{\min}}{I'_{\max}+I'_{\min}}=\frac{a_1}{a_0}M(u',v')=M_{\mathrm{o}}M(u',v') \quad (13\text{-}69)$$

或者

$$M(u',v')=\frac{M_i}{M_{\mathrm{o}}} \quad (13\text{-}70)$$

这说明，调制传递函数就是像平面上的对比度与物平面上的对比度之比，即 MTF 为对比度的传递。

13.5.3　衍射受限的光学传递函数

由信息光学可知，光学传递函数（OTF）与光瞳函数 $P(x_l,y_l)$ 之间满足下列关系

$$\mathscr{H}(u',v')=\frac{\displaystyle\int_{-\infty}^{+\infty}\int_{-\infty}^{+\infty}P(x_l,y_l)P(x_l+\lambda l'u',y_l+\lambda l'v')\mathrm{d}x_l\mathrm{d}y_l}{\displaystyle\int_{-\infty}^{+\infty}\int_{-\infty}^{+\infty}P(x_l,y_l)\mathrm{d}x_l\mathrm{d}y_l} \quad (13\text{-}71)$$

很显然，上式的分母就是光瞳的面积，记作 S_P；分子为光瞳函数 $P(x_l,y_l)$ 和平移至中心 $(-\lambda l'u',-\lambda l'v')$ 的光瞳函数之积，即为两者交叠的面积，记作 $S(u',v')$，则光学传递函数可以表示为

$$\mathscr{H}(u',v')=\frac{S(u',v')}{S_P} \quad (13\text{-}72)$$

这说明，频率为 (u',v') 的光学传递函数可以用交叠面积比上光瞳面积来求，如图 13-11 所示。当频率 (u',v') 变化时，平移中心 $(-\lambda l'u',-\lambda l'v')$ 也发生变化，从而交叠面积也发生变化，因此光学传递函数为频率 (u',v') 的函数。另外，从上面的求解过程也可以看出，衍射受限的非相干成像系统求解光学传递函数为面积之比，是一个非负实数，并不影响相位变化。也就是只考虑调制传递函数 MTF，不需要考虑相位传递函数 PTF。由公式（13-72）很容易得到，当 $u'=v'=0$ 时，第二个光瞳函数并没有移动，很显然 $\mathscr{H}(0,0)=1$。在其他频率处，第二个光瞳就会发生移动，产生交叠面积，显然这个交叠面积是小于整个光瞳面积的，即 $\mathscr{H}(u',v')\leqslant\mathscr{H}(0,0)$。这也符合 MTF 的特点，即在零频时值为 1，其他频率时是 $0\sim1$ 之间的数值。可以想象，当频率逐渐增大，将导致两个光瞳函数逐渐远离，当远离到刚好完全分开，此时交叠面积 $S(u',v')=0$，光学传递函数 $\mathscr{H}(u',v')=0$，此时的频度称为"截止频率"。也就是说，在截止频率之外，光学传递函数为零，像面上不存在这些频率成分。

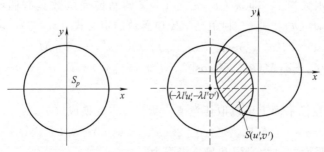

图 13-11　衍射受限的光学传递函数求法

13.5.4　在 Zemax 中使用 MTF

在 Zemax 中，计算 MTF 曲线有三种方法，在软件中也分别是"分析→MTF 曲线"命令的三个部分，如图 13-12 所示。这三种方法分别是：快速傅里叶变换法，即 FFT MTF法；惠更斯 MTF 法；几何 MTF 法。它们的使用及说明如下：

① FFT MTF 法。快速傅里叶变换法，在惠更斯衍射积分基础上进行了近似处理，计算速度快于惠更斯 MTF 法。FFT MTF 法的近似方法和点扩散函数的近似方法一样，前述 PSF 的讨论也适用于此。FFT MTF 法在低频时精度很高，在高频时精度不如惠更斯 MTF 法。

② 惠更斯 MTF 法。利用惠更斯衍射积分算法计算 MTF，即公式（13-59）的计算方法，也是最原始、精确的计算公式。

③ 几何 MTF 法。利用几何像差的方法计算出来的 MTF，当像差较大时，如波像差大于 10λ 时较准确，对于小像差系统不适用。

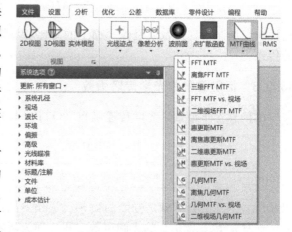

图 13-12　MTF 曲线的三种算法

第 9 章实例的 FFT MTF 如图 13-13 所示，惠更斯 MTF 如图 13-14 所示，几何 MTF 如图 13-15 所示。由于该实例为小像差系统，明显几何 MTF 与前两种 MTF 有较大的误差，尤其是在高频部分，此时不能用几何 MTF 来评该系统。另外，FFT MTF 在低频部分与惠更斯 MTF 完全一样，但是在高频部分差距明显，FFT MTF 的截止频率约 190lp/mm，小于惠更斯 MTF 的截止频率约 500lp/mm。那么具体选择哪一种方法来评价该实例呢？需要看该镜头在什么环境下使用，如果主要使用在低频段，两者都可以用，如果在高频段使用，最好用惠更斯 MTF。

在 MTF 中有一个参数叫截止频率，即像空间所能显示的最大空间频率，从前述衍射受限系统的光学传递函数计算中，也可以证明它的存在。在 Zemax 中，可以用以下公式来估算截止频率

$$u'_{\max},v'_{\max}\approx\frac{1}{\lambda\cdot(\text{Working F}/\#)}\tag{13-73}$$

Working F/# 为工作 F 数，见公式（2-1）。例如在第 9 章的实例中，波长为 $\lambda=550\text{nm}$，

$F/\sharp = 10$，则截止频率为 $u'_{\max}$，$v'_{\max} \approx 181.82 \mathrm{lp/mm}$，这与惠更斯 MTF 和几何 MTF 中的截止频率值非常接近。

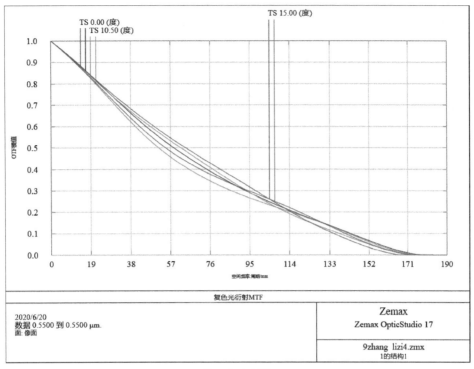

图 13-13　第 9 章实例的 FFT MTF

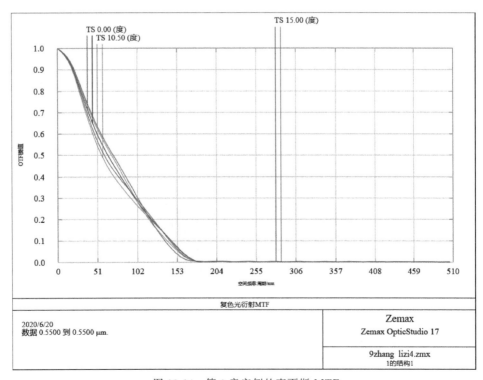

图 13-14　第 9 章实例的惠更斯 MTF

图 13-12 中的选项，其意义如下，具体的使用方法可以查阅 Zemax 随机手册。

① FFT MTF，快速傅里叶变换法绘制 MTF 曲线。

② 离焦 FFT MTF，快速傅里叶变换法 MTF 对离焦曲线。

③ 三维 FFT MTF，快速傅里叶变换法绘制三维 MTF，FFT MTF 就是三维 FFT MTF 在子午或者弧矢面内的剖面曲线，如图 13-16 所示。

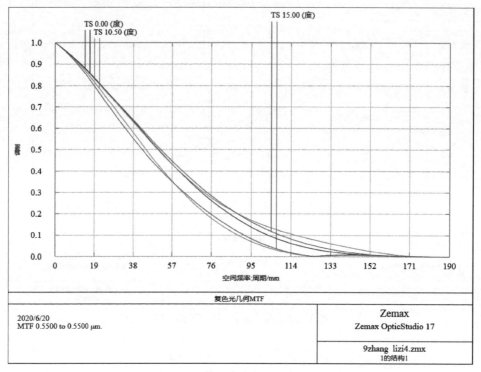

图 13-15 第 9 章实例的几何 MTF

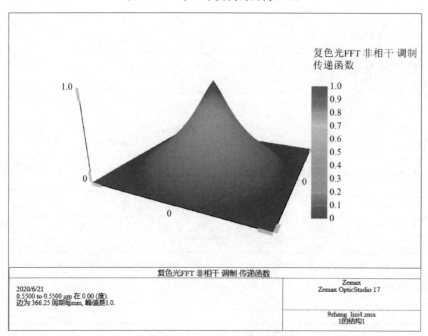

图 13-16 三维 FFT MTF

④ FFT MTF vs. 视场，快速傅里叶变换法绘制 MTF 对视场的曲线。

⑤ 二维视场 FFT MTF，相当于三维 FFT MTF 在底面的投影图或者等高图，以灰度或者伪彩图绘制二维的 FFT MTF 投影图。

⑥ 惠更斯 MTF，用惠更斯直接积分算法计算 MTF。

⑦ 离焦惠更斯 MTF，用惠更斯直接积分算法计算 MTF 对离焦曲线，如图 13-17 所示。

⑧ 二维惠更斯 MTF，以灰度或者伪彩图绘制二维的惠更斯 MTF 投影图。

⑨ 惠更斯 MTF vs. 视场，惠更斯直接积分算法绘制 MTF 对视场的曲线。

⑩ 几何 MTF，以光线像差方法计算 MTF 曲线。

⑪ 离焦几何 MTF，以光线像差方法计算 MTF 对离焦曲线。

⑫ 几何 MTF vs. 视场，以光线像差方法绘制 MTF 对视场曲线。

⑬ 二维视场几何 MTF，以灰度或者伪彩图绘制二维的几何 MTF 投影图。

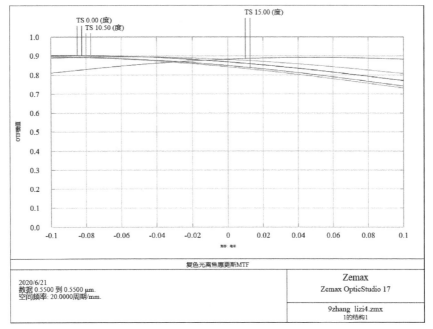

图 13-17　离焦惠更斯 MTF

第14章

透镜的初级像差

在第 7 章和第 8 章，我们讨论了塞德像差理论。不过在那两章，仅仅给出了七种像差的定义及其计算公式，并没有进行更多的讨论。在本章，我们将塞德初级像差理论应用于"单面"情况，包括平面反射镜、单折射球面、球面反射镜和单非球面等。通过单面像差的影响，进而分析像差为零的情况，对设计光学系统具有重要的指导意义。然后，讨论了具有双面的光学元件的像差特性，包括薄透镜、平行平板和场镜等。事实上，大部分光学系统可以从薄透镜系统开始分析，正因为此薄透镜的像差具有一定的意义。一般棱镜都可以展开为平行平板，如果光学系统中包含有平行平板、内反射镜、棱镜等，都可以最终变成平行平板来研究它，所以平行平板的像差需要介绍。场镜是一种放置于焦平重合位置或者像面附近的一个平凸或者平凹的单透镜，在本章简单讨论了它的像差特性。最后，介绍了光阑位置移动对初级像差的影响和厚透镜的像差分析等。

14.1 初级像差系数

在第 7 章，由公式（7-34）～公式(7-38)，可得单折射球面的初级单色像差系数为

① $S_{\mathrm{I}} = luni(i-i')(i'-u)$ （14-1）

② $S_{\mathrm{II}} = S_{\mathrm{I}} \dfrac{i_z}{i}$ （14-2）

③ $S_{\mathrm{III}} = S_{\mathrm{II}} \dfrac{i_z}{i} = S_{\mathrm{I}} \dfrac{i_z^2}{i^2}$ （14-3）

④ $S_{\mathrm{IV}} = J^2 \dfrac{n'-n}{n'nr}$ （14-4）

⑤ $S_{\mathrm{V}} = (S_{\mathrm{III}} + S_{\mathrm{IV}}) \dfrac{i_z}{i}$ （14-5）

由公式（7-68）和公式（7-69），有

$$i-i' = -ni\Delta\frac{1}{n}, \quad i'-u = -\Delta\frac{u}{n}\bigg/\Delta\frac{1}{n} \Rightarrow (i-i')(i'-u) = ni\Delta\frac{u}{n}$$

上式代入公式（14-1）得

$$S_{\mathrm{I}} = lu(ni)^2\Delta\frac{u}{n}$$ （14-6）

14.2　单折射面的初级像差

14.2.1　球差

由公式（14-6）可知，单个折射面球差 $S_{I}=0$ 满足：

① $h=lu=0$，近轴光线，理想成像。

② $l=0$，$l'=0$，物平面和像平面都在折射面顶点处。

③ $i=0$，$i'=0$，光线垂直于折射面入射，此时相当于沿着辅轴入射，球差也为零。在这种情况下，射向球心的光线并从球心射出去，物平面和像平面重合并都在球心处。

④ $\Delta(u/n)=0$，满足此条件的位置称为齐明位置，或者叫齐明点、等明点、不晕点等。由公式（3-17）有

$$u=\frac{h}{l},u'=\frac{h}{l'}$$

将上式代入齐明条件，得

$$\Delta\frac{u}{n}=\frac{u'}{n'}-\frac{u}{n}=\frac{h}{n'l'}-\frac{h}{nl}=0\Rightarrow n'l'-nl=0 \tag{14-7}$$

由应用光学的高斯公式，物距 l 和像距 l' 满足

$$\frac{n'}{l'}-\frac{n}{l}=\frac{n'-n}{r} \tag{14-8}$$

联立以上两个方程可得齐明点位置

$$l=\frac{n+n'}{n}r,l'=\frac{n+n'}{n'}r \tag{14-9}$$

或者

$$nl=n'l' \tag{14-10}$$

由齐明条件可以构造"齐明透镜"，齐明透镜没有球差，它在光学设计当中经常使用，尤其是显微物镜中。齐明透镜的使用方法主要有以下三种：

a. 利用第③条 $i=0$ 和第④条齐明条件公式（14-9）构造齐明透镜。这种情况又分以下两种情况。

ⅰ. 前齐明后球心，即透镜前一面满足齐明条件，后一面光线通过球心，这种情况一般为负透镜，如图 14-1 所示。对于前齐明，有 $n'>n$，由公式（14-10）有 $l>l'$，这说明一般情况下出射光线相对于入射光线为发散，即为负透镜。

ⅱ. 前球心后齐明，即透镜前一面光线通过球心，后一面满足齐明条件，这种情况一般为正透镜，如图 14-2 所示。对于后齐明，有 $n'<n$，由公式（14-10）有 $l<l'$，这说明一般情况下出射光线相对于入射光线为会聚，即为正透镜。

b. 利用第②条 $l=0$ 和第④条齐明条件公式（14-9）构造"超半球齐明透镜"，如图 14-3 所示。超半球齐明透镜相当于一个球面切去了一个球冠，第一面为平面。物平面与

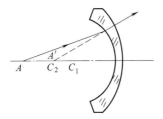

图 14-1　前齐明后球心负透镜

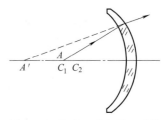

图 14-2　前球心后齐明正透镜

第一面重合，并刚好位于第二面的齐明位置处。对于第一面有 $l=0$ 不产生球差，对于第二面满足齐明条件也不产生球差。假设超半球齐明透镜的半径为 r，折射率为 n，对于第二面有物距

$$-l=\frac{1+n}{n}(-r) \Rightarrow -l=\left(\frac{1}{n}+1\right)(-r)=-\frac{r}{n}-r$$

这说明，图 14-3 中，AC 的距离为

$$AC=\frac{|r|}{n} \tag{14-11}$$

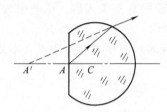

图 14-3　超半球齐明透镜

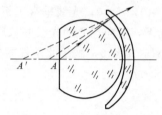

图 14-4　超半球齐明透镜加前球心后齐明

c. 如果结合 a、b 两种情况，可以构造出图 14-4 的齐明组合透镜。物平面位于超半球齐明透镜的前平面上，它从超半球齐明透镜的出射光线刚好满足后面正透镜的前球心后齐明条件。这种结构多见于高倍显微物镜中。

球差的符号判断需要考虑前面的因子 $-1/(n'_k u'^2_k)$，即公式（14-6）的符号反号，判断过程不再赘述，可以通过表 14-1 来进行。当物点位于球心和齐明点之间，对于会聚光束球差为正，发散光束球差为负；反之，当物点位于球心和齐明点之外，对于会聚光束球差为负，发散光束球差为正。我们判断一下第 7 章实例图 7-13，对于第一面，物在无穷远，所以物点在球心和齐明点之外，该面对光线起会聚作用，所以球差为正。对于第二面，物点和球心在折射面的两侧，所以物点也在物点和齐明点之外，该面对光线也是会聚作用，所以第二面球差也为正。表 7-1 的计算数据验证了以上判断。需要注意的是，球心和齐明点在折射面的同一侧，也即折射面弯向的一方。

表 14-1　球差符号的判断方法

物点位置	会聚光束	发散光束
球心和齐明点之间	球差为正	球差为负
球心和齐明点之外	球差为负	球差为正

14.2.2　彗差

将公式（14-6）代入公式（14-2）得

$$S_{\text{II}}=S_{\text{I}}\frac{i_z}{i}=lun^2 ii_z\Delta\frac{u}{n} \tag{14-12}$$

单个折射面彗差 $S_{\text{II}}=0$ 满足：

① $h=lu=0$，近轴光线，理想成像。

② $l=0$，$l'=0$，物平面和像平面都在折射面顶点处。

③ $i=0$，$i'=0$，光线垂直于折射面入射，此时相当于沿着辅轴入射，物平面和像平面重合并都在球心处。

④ $\Delta(u/n)=0$，物平面满足齐明条件。

⑤ $i_z = 0$，$i'_z = 0$，主光线垂直于折射面入射，即主光线通过球心，光阑位于球心处。

从上面可以看出，前四种情况也是球差为零的条件，利用前四个条件可以构造球差和彗差同时为零的透镜。

从公式（14-12）可以看出，当 i、i_z 同号时，彗差和球差同号；当 i、i_z 异号时，彗差和球差异号。

14.2.3　像散

将公式（14-6）代入到（14-3），可得

$$S_{\text{III}} = S_{\text{I}} \frac{i_z^2}{i^2} = lun^2 i_z^2 \Delta \frac{u}{n} \tag{14-13}$$

单个折射面像散 $S_{\text{III}} = 0$ 满足

① $h = lu = 0$，近轴光线，理想成像。

② $l = 0$，$l' = 0$，物平面和像平面都在折射面顶点处。

③ $\Delta(u/n) = 0$，物平面满足齐明条件。

④ $i_z = 0$，$i'_z = 0$，主光线垂直于折射面入射，即主光线通过球心，光阑位于球心处。

从公式（14-13）可以看出，像散的符号和球差的符号永远一致。

14.2.4　场曲

由公式（14-4），Petzval 场曲系数与其他四个系数没有直接的关系，所以需要单独讨论。一般光学系统都是由一个一个的透镜组成，为了简单化，我们先讨论一个透镜的情况。设有一个单薄透镜，它的前后面曲率半径为 r_1 和 r_2，折射率为 n，环境折射率为 n_0，则将公式（14-4）分别应用于透镜的第一面和第二面，得

$$S_{\text{IV}} = J^2 \sum \frac{n'-n}{n'nr} = J^2 \left(\frac{n-n_0}{n_0 n r_1} + \frac{n_0-n}{n_0 n r_2} \right) = \frac{J^2}{n} \times \frac{n-n_0}{n_0} \left(\frac{1}{r_1} - \frac{1}{r_2} \right) = J^2 \frac{\varPhi}{n} \tag{14-14}$$

其中

$$\varPhi = \frac{n-n_0}{n_0} \left(\frac{1}{r_1} - \frac{1}{r_2} \right)$$

上式称为透镜制造方程（lens-maker's equation），为单透镜的光焦度。当单薄透镜放置在空气中，$n_0 = 1$，有

$$\varPhi = (n-1) \left(\frac{1}{r_1} - \frac{1}{r_2} \right) \tag{14-15}$$

如果光学系统由 k 个光学元件组成，则只需对公式（14-14）进行求和即可

$$S_{\text{IV}} = J^2 \sum_{1}^{k} \frac{\varPhi_i}{n} \tag{14-16}$$

从上式可以看出，Petzval 场曲与光焦分配和玻璃材料有关。一般玻璃材料的折射率在 1.4～1.7 之间，差别不大。如果将折射率看成常数，则可以提到求和号外面

$$S_{\text{IV}} \approx \frac{J^2}{n} \sum \varPhi = \frac{J^2}{n} \varPhi_{\text{tot}} \tag{14-17}$$

式中，$\varPhi_{\text{tot}}$ 为总光焦度。上式说明，Petzval 场曲基本为一个常数，很难校正，所以在进行场曲平化时，必须引入额外的透镜以平化场曲，我们在后面章节中还会再说。不过，通过公式（14-16），可以合理地搭配光焦度分配，使 Petzval 场曲尽可能小。比如使用正负光焦度分离透镜组以降低 Petzval 场曲，它比全部由正透镜或者全部由负透镜系统的 Petzval

场曲要小；再比如可以使用厚透镜，相当于分离的正负透镜组也可以达到相同的效果。

由公式 (14-17)，Petzval 场曲的符号由总光焦度决定，考虑到常数因子 $-1/(2n'_k u_k^2)$，则正透镜系统的 Petzval 场曲为负，负透镜系统的 Petzval 场曲为正。

14.2.5　畸变

由公式 (14-5)，可得畸变系数为

$$S_V = (S_{III} + S_{IV}) \frac{i_z}{i} \tag{14-18}$$

从上式可以看出，单个折射面畸变 $S_V = 0$ 完全满足的方法不多。首先，$S_{III} \neq -S_{IV}$，像散和 Petzval 场曲在一般情况下很难平衡。不过，可以令 $i_z = 0$，$i'_z = 0$，主光线垂直于折射面入射，主光线通过球心，光阑位于球心处，可以使畸变 $S_V = 0$。另外，如果像散 $S_{III} = 0$，在某些情况下球差、彗差也为零，虽然不能完全消除畸变，但是可以将畸变大小减小到允许的范围内。

14.3　球面反射镜的初级像差

14.3.1　球面反射镜

在红外、紫外波段使用的光学系统，或者天文望远镜等，经常使用反射镜。那么球面反射镜的像差也需要讨论。一般情况下，使用反射镜的光学系统多应用于物体在无限远处，如图 14-5 所示，所以仅讨论这一种情况。当 $l = -\infty$ 时，有

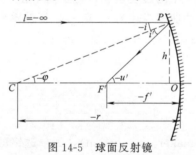

图 14-5　球面反射镜

$$lu = h, n = 1, i = \varphi = \frac{h}{r}, i - i' = 2i = \frac{2h}{r}, i' - u = i' = -\frac{h}{r}, \Phi = \frac{1}{f'} = \frac{2}{r}, n' = -1$$

$$S_I = luni(i-i')(i'-u) = -\frac{2h^4}{r^3} = -\frac{1}{4} h^4 \Phi^3 \tag{14-19}$$

同理，可得其他像差系数为

$$S_{II} = S_I \frac{i_z}{i} = -\frac{2h^4}{r^3} i_z \frac{r}{h} = -\frac{2h^3 i_z}{r^2} = -\frac{1}{2} h^3 \Phi^2 i_z \tag{14-20}$$

$$S_{III} = S_I \frac{i_z^2}{i^2} = -\frac{2h^4}{r^3} i_z^2 \frac{r^2}{h^2} = -\frac{2h^2 i_z^2}{r} = -h^2 \Phi i_z^2 \tag{14-21}$$

$$S_{IV} = J^2 \frac{n'-n}{n'nr} = \frac{2J^2}{r} = J^2 \Phi \tag{14-22}$$

$$S_V = (S_{III} + S_{IV}) \frac{i_z}{i} = \left(-\frac{2h^2 i_z^2}{r} + \frac{2J^2}{r} \right) i_z \frac{r}{h} = \left(-2h i_z^2 + \frac{2J^2}{h} \right) i_z \tag{14-23}$$

公式（14-19）～公式（14-23）就是球面反射镜的初级像差公式。

14.3.2　平面反射镜

如果球面反射镜 $r \to \infty$，即变成平面镜。在公式（14-19）～公式（14-22）中，都有因子 $\Phi = 2/r$，所以球差、彗差、像散和 Petzval 场曲都为零。另外，用平面镜成像，$l = -\infty$，平面镜即是光阑，所以 $i_z \approx 0$，畸变也为零。因此，对于平面反射镜有

$$S_{\mathrm{I}} = S_{\mathrm{II}} = S_{\mathrm{III}} = S_{\mathrm{IV}} = S_{\mathrm{V}} = 0$$

另外，无论是球面反射镜，还是平面反射镜，不存在色散，即 $\mathrm{d}n = \mathrm{d}n' = 0$，所以反射镜没有色差，即

$$C_{\mathrm{I}} = C_{\mathrm{II}} = 0$$

由以上分析可以看到，平面反射镜成像没有像差，成理想像。

14.3.3　非球面的初级像差

公式（14-1）～公式（14-5）为单折射球面的初级像差系数。对于非球面，相当于在球面基础上附加了一个改变量。为了简化，仅考虑二次曲面，具体的推导过程不再赘述，在此直接给出结果。设球面的单色像差系数为 $S_{\mathrm{I}} \sim S_{\mathrm{V}}$，二次曲面的单色像差系数为 $S_{\mathrm{I}}^{\mathrm{a}} \sim S_{\mathrm{V}}^{\mathrm{a}}$，二次曲面离心率为 e，球面顶点的曲率为 $C = 1/R$，$\Delta n = n' - n$，则二次曲面的初级像差系数为

$$S_{\mathrm{I}}^{\mathrm{a}} = S_{\mathrm{I}} - h^4 e^2 C^3 \Delta n \tag{14-24}$$

$$S_{\mathrm{II}}^{\mathrm{a}} = S_{\mathrm{II}} - h^3 h_z e^2 C^3 \Delta n \tag{14-25}$$

$$S_{\mathrm{III}}^{\mathrm{a}} = S_{\mathrm{III}} - h^2 h_z^2 e^2 C^3 \Delta n \tag{14-26}$$

$$S_{\mathrm{IV}}^{\mathrm{a}} = S_{\mathrm{IV}} \tag{14-27}$$

$$S_{\mathrm{V}}^{\mathrm{a}} = S_{\mathrm{V}} - h h_z^3 e^2 C^3 \Delta n \tag{14-28}$$

14.4　薄透镜的初级像差

在第 7 章，公式（7-77）～公式（7-81）为 PW 参数表示的塞德球差、彗差、像散、Petzval 场曲和畸变的初级单色像差系数，它适用于任意情况。不过，在一般情况下，在进行定量计算时，经常将光学系统近似看成薄透镜系统，进行简化计算。事实上，薄透镜近似下的计算与实际的光学系统差距不是很大。薄透镜近似就是将透镜的厚度忽略，将之看成没有厚度的透镜。对于相靠比较近的透镜可以将之归于同一个薄透镜组，每一个薄透镜组的投射高 h、h_z 可以看成是不变的常数，并可以提到求和号外面。这样，就可以将光学系统看成有限个薄透镜组组成。

在简化之前，我们先将第 7 章公式（7-77）～公式（7-81）重新写下来

① $S_{\mathrm{I}} = hP$ \tag{14-29}

② $S_{\mathrm{II}} = h_z P - JW$ \tag{14-30}

③ $S_{\mathrm{III}} = \dfrac{h_z^2}{h} P - 2J \dfrac{h_z}{h} W + J^2 \dfrac{1}{h} \Delta \dfrac{u}{n}$ \tag{14-31}

④ $S_{\mathrm{IV}} = J^2 \dfrac{n' - n}{n' n r}$ \tag{14-32}

⑤ $S_V = \dfrac{h_z^3}{h^2}P - 3J\dfrac{h_z^2}{h}W + J^2\dfrac{h_z}{h}\left(\dfrac{3}{h}\Delta\dfrac{u}{n} + \dfrac{n'-n}{n'nr}\right) - J^2\dfrac{1}{h^2}\Delta\dfrac{1}{n^2}$ (14-33)

下面针对薄透镜系统进行简化处理。

① 将相靠比较近的透镜看成薄透镜组，薄透镜组的投射高 h、h_z 看成是不变的常数，可以提到求和号外面。薄透镜组的每一面 PW 参数之和作为整个薄透镜组的 PW 参数。比如，设光学系统的某个薄透镜组有 k 个折射面，则该薄透镜组的 PW 参数可以表示为

$$P = \sum_1^k\left(\dfrac{\Delta u}{\Delta(1/n)}\right)^2\Delta\dfrac{u}{n}, W = \sum_1^k\left(\dfrac{\Delta u}{\Delta(1/n)}\right)\Delta\dfrac{u}{n}$$ (14-34)

式中，PW 参数不再是单折射面的 PW 参数，而是整个薄透镜组的 PW 参数。将薄透镜组作为一个"透镜"来处理，可以大大简化计算量和计算难度。

② 公式（14-31）S_{III} 中第三项也可做近似处理。设某个薄透镜组有 k 个折射面，则有

$$J^2\sum_1^k\dfrac{1}{h}\Delta\dfrac{u}{n} = J^2\dfrac{1}{h}\sum_1^k\Delta\dfrac{u}{n} = J^2\dfrac{1}{h}\left[\left(\dfrac{u_1'}{n_1'} - \dfrac{u_1}{n_1}\right) + \left(\dfrac{u_2'}{n_2'} - \dfrac{u_2}{n_2}\right) + \cdots + \left(\dfrac{u_k'}{n_k'} - \dfrac{u_k}{n_k}\right)\right]$$

由第 3 章的转面公式可知 $n_1' = n_2$，$n_2' = n_3$，$\cdots$，$n_{k-1}' = n_k$，和 $u_1' = u_2$，$u_2' = u_3$，$\cdots$，$u_{k-1}' = u_k$，代入上式可得 $u_1'/n_1' = u_2/n_2$，$u_2'/n_2' = u_3/n_3$，$\cdots$，$u_{k-1}'/n_{k-1}' = u_k/n_k$。所以上式消去相等式后仅余两项

$$J^2\sum_1^k\dfrac{1}{h}\Delta\dfrac{u}{n} = J^2\dfrac{1}{h}\left(\dfrac{u_k'}{n_k'} - \dfrac{u_1}{n_1}\right)$$

一般情况下 $n_1 = n_k' = 1$，又 $u_k'/h = 1/l_k' \approx 1/l'$，$u_1/h = 1/l_1 \approx 1/l$，所以上式可以写成

$$J^2\sum_1^k\dfrac{1}{h}\Delta\dfrac{u}{n} = J^2\Phi$$ (14-35)

式中，$\Phi = 1/l' - 1/l$，为薄透镜组的总光焦度。

③ 公式（14-32）S_{IV} 也可以进一步简化。由公式（14-17），并令 $\mu = 1/n \approx 0.7$，$\Phi_{\text{tot}} = \Phi$，则 S_{IV} 可以写作

$$S_{\text{IV}} = J^2\mu\Phi \approx 0.7J^2\Phi$$ (14-36)

④ 公式（14-33）最后一项也可以简化。设某个薄透镜组有 k 个折射面，则有

$$J^2\sum_1^k\dfrac{1}{h^2}\Delta\dfrac{1}{n^2} = J^2\dfrac{1}{h^2}\sum_1^k\Delta\dfrac{1}{n^2} = 0$$

上式中利用了 $n_1 = n_k' = 1$。

经过简化处理之后，公式（14-29）～公式（14-33）可以写成薄透镜组的形式：

① $S_I = hP$ (14-37)

② $S_{\text{II}} = h_zP - JW$ (14-38)

③ $S_{\text{III}} = \dfrac{h_z^2}{h}P - 2J\dfrac{h_z}{h}W + J^2\Phi$ (14-39)

④ $S_{\text{IV}} = J^2\mu\Phi$ (14-40)

⑤ $S_V = \dfrac{h_z^3}{h^2}P - 3J\dfrac{h_z^2}{h}W + J^2\dfrac{h_z}{h}\Phi(3+\mu)$ (14-41)

14.5　平行平板的初级像差

平行平板在光学系统中也较常见，比如保护玻璃、内平面反射镜、分划板、滤光片等。

平行平板参与到光学系统，不能简单地等效为空气层，因为它也可能产生像差。另外，如果光学系统中存在棱镜，一般将棱镜进行展开，棱镜的展开相当于一块平行平板。因此，平行平板的初级像差也应该进行讨论。当光学系统中存在平行平板，一般先将平行平板的初级像差计算出来，然后令透镜部分的初级像差等于平行平板初级像差的负值，使之弥补平行平板的像差。

如图 14-6，平行平板相当于两个半径无限大的折射球面，所以球面系统的初级像差计算公式（14-1）~公式（14-5）同样适用于折射平面。设平行平板的厚度为 d，折射率为 n，由图 14-6 得

$$l_1 u_1 = h_1, l_2 u_2 = h_2, i_1' = i_1/n, i_2 = i_2'/n, u_1 = -i_1, u_2 = -i_2, i_1 = i_2', h_2 = h_1 - du_1'$$

将公式（14-1）应用于平行平板的两个面得

$$S_{\mathrm{I}}^{\mathrm{p}} = S_{\mathrm{I}1} + S_{\mathrm{I}2} = h_1 n_1 i_1 (i_1 - i_1')(i_1' - u_1) + h_2 n_2 i_2 (i_2 - i_2')(i_2' - u_2)$$

$$= h_1 i_1 \left(i_1 - \frac{i_1}{n}\right)\left(\frac{i_1}{n} + i_1\right) + h_2 i_2' \left(\frac{i_2'}{n} - i_2'\right)\left(i_2' + \frac{i_2'}{n}\right)$$

$$= h_1 i_1^3 \left(1 - \frac{1}{n}\right)\left(\frac{1}{n} + 1\right) + h_2 i_2'^3 \left(\frac{1}{n} - 1\right)\left(1 + \frac{1}{n}\right)$$

$$= h_1 i_1^3 \left(\frac{n^2 - 1}{n^2}\right) - h_2 i_2'^3 \left(\frac{n^2 - 1}{n^2}\right) = \left(\frac{n^2 - 1}{n^2}\right)(h_1 - h_2)(-u_1)^3$$

$$= \left(\frac{n^2 - 1}{n^2}\right)du_1'(-u_1)^3 = \left(\frac{n^2 - 1}{n^2}\right)d\frac{u_1}{n}(-u_1)^3 = -\frac{n^2 - 1}{n^3}du_1^4 \tag{14-42}$$

由图 14-6，可得

$$\frac{i_{z1}}{i_1} = \frac{-u_{z1}}{-u_1} = \frac{u_{z1}}{u_1}, \frac{i_{z2}}{i_2} = \frac{i_{z2}'/n}{i_2'/n} = \frac{i_{z2}'}{i_2'} = \frac{i_{z1}}{i_1} = \frac{-u_{z1}}{-u_1} = \frac{u_{z1}}{u_1} \tag{14-43}$$

由公式（14-2）得

$$S_{\mathrm{II}}^{\mathrm{p}} = S_{\mathrm{II}1} + S_{\mathrm{II}2} = S_{\mathrm{I}1}\frac{i_{z1}}{i_1} + S_{\mathrm{I}2}\frac{i_{z2}}{i_2} = \frac{u_{z1}}{u_1}(S_{\mathrm{I}1} + S_{\mathrm{I}2}) = \frac{u_{z1}}{u_1}\left(-\frac{n^2 - 1}{n^3}du_1^4\right) = -\frac{n^2 - 1}{n^3}du_1^3 u_{z1}$$

$$\tag{14-44}$$

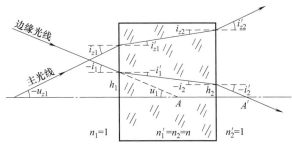

图 14-6　平行平板

同理可得平行平板的 $S_{\mathrm{III}}^{\mathrm{p}}$、$S_{\mathrm{IV}}^{\mathrm{p}}$ 和 $S_{\mathrm{V}}^{\mathrm{p}}$，最后总结如下

① $$S_{\mathrm{I}}^{\mathrm{p}} = -\frac{n^2 - 1}{n^3}du_1^4 \tag{14-45}$$

② $$S_{\mathrm{II}}^{\mathrm{p}} = -\frac{n^2 - 1}{n^3}du_1^3 u_{z1} \tag{14-46}$$

③ $$S_{\mathrm{III}}^{\mathrm{p}} = -\frac{n^2 - 1}{n^3}du_1^2 u_{z1}^2 \tag{14-47}$$

④ $S_{\mathrm{IV}}^{\mathrm{p}}=0$ （14-48）

⑤ $S_{\mathrm{V}}^{\mathrm{p}}=-\dfrac{n^{2}-1}{n^{3}}du_{1}u_{z1}^{3}$ （14-49）

下面讨论平行平板的色差。设物空间和像空间都是空气，无色差，则 $dn_{1}=0$，$dn_{2}'=0$，由公式（8-8）可知平行平板的轴向色差为

$$C_{\mathrm{I}}^{\mathrm{p}}=C_{\mathrm{I}1}+C_{\mathrm{I}2}=h_{1}n_{1}i_{1}\left(\dfrac{dn_{1}'}{n_{1}'}-\dfrac{dn_{1}}{n_{1}}\right)+h_{2}n_{2}i_{2}\left(\dfrac{dn_{2}'}{n_{2}'}-\dfrac{dn_{2}}{n_{2}}\right)=-h_{1}u_{1}\dfrac{dn}{n}+h_{2}u_{2}'\dfrac{dn}{n}$$

$$=-\dfrac{dn}{n}u_{1}(h_{1}-h_{2})=-\dfrac{dn}{n}u_{1}du_{1}'=-\dfrac{dn}{n}u_{1}d\dfrac{u_{1}}{n}=-\dfrac{n_{\mathrm{F}}-n_{\mathrm{C}}}{n^{2}}du_{1}^{2}=-\dfrac{n-1}{\nu n^{2}}du_{1}^{2}$$

（14-50）

上式中 ν 为平板材料的阿贝数。由公式（8-21）可得

$$C_{\mathrm{II}}^{\mathrm{p}}=C_{\mathrm{II}1}^{\mathrm{p}}+C_{\mathrm{II}2}^{\mathrm{p}}=C_{\mathrm{I}1}\dfrac{i_{z1}}{i_{1}}+C_{\mathrm{I}2}\dfrac{i_{z2}}{i_{2}}=\dfrac{u_{z1}}{u_{1}}(C_{\mathrm{I}1}+C_{\mathrm{I}2})=\dfrac{u_{z1}}{u_{1}}\left(-\dfrac{n-1}{\nu n^{2}}du_{1}^{2}\right)=-\dfrac{n-1}{\nu n^{2}}du_{1}u_{z1}$$

（14-51）

如果平行平板用在平行光入射的情况下，如周视瞄准镜的前棱镜、保护玻璃窗、道威棱镜等，有 $l=-\infty$，则 $u_{1}=0$，由公式（14-45）～公式（14-51），有

$$S_{\mathrm{I}}^{\mathrm{p}}=S_{\mathrm{II}}^{\mathrm{p}}=S_{\mathrm{III}}^{\mathrm{p}}=S_{\mathrm{IV}}^{\mathrm{p}}=S_{\mathrm{V}}^{\mathrm{p}}=C_{\mathrm{I}}^{\mathrm{p}}=C_{\mathrm{II}}^{\mathrm{p}}=0$$ （14-52）

14.6　场镜的像差

在光学系统中有一类特殊的透镜，一般放置于像面上或者像面附近，与像面重合或者相近的面为平面，另一面为凸面或者凹面，这样的透镜称为场镜。场镜用得比较多的为两种情况：一种为放置于望远镜物镜目镜焦点重合处的平凸场镜，目的是减小目镜的口径；一种为放置于像面之前的凹平场镜，目的是平化场曲。不管是哪一种，像都成在于场镜的平面上或平面附近，可以看作 $l=0$，$l'=0$。由 14.2 小节可知场镜的球差、彗差和像散为零，但是存在 Petzval 场曲和因 Petzval 场曲引起的畸变。由公式（8-8），当 $l=0$，$l'=0$ 时，轴向色差和垂轴色差也为零，因此对于场镜有

$$S_{\mathrm{I}}=S_{\mathrm{II}}=S_{\mathrm{III}}=C_{\mathrm{I}}=C_{\mathrm{II}}=0, S_{\mathrm{IV}}=J^{2}\mu\Phi, S_{\mathrm{V}}=J^{2}\dfrac{h_{z}}{h}\mu\Phi$$ （14-53）

14.7　光阑位置对初级像差的影响

由公式（14-1）～公式（14-5），S_{I} 和 S_{IV} 中只包含边缘光线的参数，没有主光线的参数，所以 S_{I} 和 S_{IV} 与光阑位置无关，当光阑移动时保持不变。S_{II}、S_{III} 和 S_{V} 中含因子 i_{z}，显然当光阑移动时会引起它们变化。设所有不加"＊"的为光阑未移动的参数，所有加"＊"的为光阑移动后的参数。定义光阑移动因子为

$$S=\dfrac{u_{z}^{*}-u_{z}}{u}=\dfrac{h_{z}^{*}-h_{z}}{h}=\dfrac{i_{z}^{*}-i_{z}}{i}$$ （14-54）

光阑移动因子不仅上式中同一空间孔径角、投射高和入射角满足不变性，同时所有空间都具有不变性，即光阑移动因子是一个不变量。

光阑移动因子的证明可以由图 14-7 中几何关系来进行，由图可得

$$y=(l_{z1}-l_1)u_{z1}=(l_{z1}^*-l_1)u_{z1}^*$$

由上式右边等号得

$$h_{z1}^*-h_{z1}=l_{z1}^*u_{z1}^*-l_{z1}u_{z1}=l_1u_{z1}^*-l_1u_{z1}=\frac{h_1}{u_1}(u_{z1}^*-u_{z1})\Rightarrow S=\frac{h_{z1}^*-h_{z1}}{h_1}=\frac{u_{z1}^*-u_{z1}}{u_1}$$

又有光路计算公式（3-13），并利用上式得

$$i_{z1}^*-i_{z1}=\frac{l_{z1}^*-r}{r}u_{z1}^*-\frac{l_{z1}-r}{r}u_{z1}=\frac{h_{z1}^*-h_{z1}}{r}-(u_{z1}^*-u_{z1})=\frac{h_1}{ru_1}(u_{z1}^*-u_{z1})-(u_{z1}^*-u_{z1})$$

$$=\frac{l_1-r}{r}(u_{z1}^*-u_{z1})=\frac{l_1-r}{r}u_1\frac{u_{z1}^*-u_{z1}}{u_1}=i_1S\Rightarrow S=\frac{i_{z1}^*-i_{z1}}{i_1}$$

前面证明了光阑移动因子中三式相等，事实上，光阑移动因子在光学系统任意空间中保持不变，是个不变量。它的证明在此不再赘述，可以参阅相关书籍。

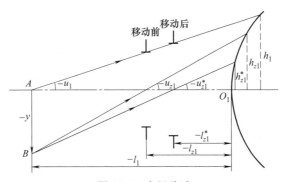

图 14-7　光阑移动

由公式（14-54），将之应用于光学系统的每一个空间，可得

$$i_{z1}^*=Si_1+i_{z1},i_{z2}^*=Si_2+i_{z2},\cdots,i_{zk}^*=Si_k+i_{zk} \tag{14-55}$$

将上式代入到公式（14-1）～公式（14-5），可得光阑移动后的初级像差系数 S_{I}^*～S_{V}^* 为

① $S_{\text{I}}^*=S_{\text{I}}$ (14-56)

② $S_{\text{II}}^*=S_{\text{II}}+SS_{\text{I}}$ (14-57)

③ $S_{\text{III}}^*=S_{\text{III}}+S^2S_{\text{I}}+2SS_{\text{II}}$ (14-58)

④ $S_{\text{IV}}^*=S_{\text{IV}}$ (14-59)

⑤ $S_{\text{V}}^*=S_{\text{V}}+S^3S_{\text{I}}+3S^2S_{\text{II}}+3SS_{\text{III}}+SS_{\text{IV}}$ (14-60)

当光阑移动时，由公式（8-8），轴向色差系数只和边缘光线参数有关，与主光线参数无关，所以光阑移动轴向色差不变。由公式（8-21），垂轴色差与轴向色差相差一个因子 i_z/i，这与彗差公式（14-2）和球差公式（14-1）是一样的，所以光阑移动效果也应该是一样的，所以有

$$C_{\text{I}}^*=C_{\text{I}} \tag{14-61}$$

$$C_{\text{II}}^*=C_{\text{II}}+SC_{\text{I}} \tag{14-62}$$

由公式（14-56）～公式（14-62），下面对光阑移时像差的变化进行讨论：

① 光阑移动时，球差、Petzval 场曲和轴向色差不变，即 $S_{\text{I}}^*=S_{\text{I}}$，$S_{\text{IV}}^*=S_{\text{IV}}$，$C_{\text{I}}^*=C_{\text{I}}$。

② 当球差为零时，即 $S_{\mathrm{I}}=0$，彗差在光阑移动时也不变。当球差不为零时，即 $S_{\mathrm{I}}\neq 0$，可由公式（14-57）解出彗差为零的位置

$$S_{\mathrm{II}}^{*}=S_{\mathrm{II}}+SS_{\mathrm{I}}=0\Rightarrow S=\frac{h_{z1}^{*}-h_{z1}}{h_{1}}=-\frac{S_{\mathrm{II}}}{S_{\mathrm{I}}}\Rightarrow h_{z1}^{*}=h_{z1}-\frac{S_{\mathrm{II}}}{S_{\mathrm{I}}}h_{1}\Rightarrow l_{z1}^{*}=\frac{h_{z1}^{*}}{h_{z1}^{*}-y}l_{1}$$

(14-63)

此时光阑移动量为

$$\Delta l_{z1}=l_{z1}-l_{z1}^{*}$$

(14-64)

③ 由像散公式（14-58），可得以下三种情况

a. 当 $S_{\mathrm{I}}=S_{\mathrm{II}}=0$，$S_{\mathrm{III}}^{*}=S_{\mathrm{III}}$，像散在光阑移动时不变。

b. 当 $S_{\mathrm{I}}=0$，$S_{\mathrm{II}}\neq 0$，则消像散满足

$$S_{\mathrm{III}}^{*}=S_{\mathrm{III}}+2SS_{\mathrm{II}}=0\Rightarrow S=-\frac{S_{\mathrm{III}}}{2S_{\mathrm{II}}}$$

(14-65)

c. 当 $S_{\mathrm{I}}\neq 0$，$S_{\mathrm{II}}\neq 0$，由像散公式 $S_{\mathrm{III}}^{*}=S_{\mathrm{III}}+S^{2}S_{\mathrm{I}}+2SS_{\mathrm{II}}=0$，可以解出两个光阑移动因子，也就有两个消像散位置。

④ 由畸变公式（14-60），可得以下四种情况

a. 当 $S_{\mathrm{I}}=S_{\mathrm{II}}=S_{\mathrm{III}}=S_{\mathrm{IV}}=0$，$S_{\mathrm{V}}^{*}=S_{\mathrm{V}}$，畸变在光阑移动时不变。

b. 当 $S_{\mathrm{I}}=S_{\mathrm{II}}=0$，$S_{\mathrm{III}}\neq 0$ 或 $S_{\mathrm{IV}}\neq 0$，有一个消畸变位置

$$S_{\mathrm{V}}^{*}=S_{\mathrm{V}}+3SS_{\mathrm{III}}+SS_{\mathrm{IV}}=0\Rightarrow S=-\frac{S_{\mathrm{V}}}{3S_{\mathrm{III}}+S_{\mathrm{IV}}}$$

(14-66)

c. 当 $S_{\mathrm{I}}=0$，$S_{\mathrm{II}}\neq 0$，由畸变公式 $S_{\mathrm{V}}^{*}=S_{\mathrm{V}}+3S^{2}S_{\mathrm{II}}+3SS_{\mathrm{III}}+SS_{\mathrm{IV}}=0$，可以解出两个光阑移动因子，也就有两个消畸变位置。

d. 当 $S_{\mathrm{I}}\neq 0$ 时，由畸变公式 $S_{\mathrm{V}}^{*}=S_{\mathrm{V}}+S^{3}S_{\mathrm{I}}+3S^{2}S_{\mathrm{II}}+3SS_{\mathrm{III}}+SS_{\mathrm{IV}}=0$，可以解出三个光阑移动因子，也就有三个消畸变位置。

⑤ 由垂轴色差公式（14-62），当 $C_{\mathrm{I}}=0$，垂轴色差在光阑移动时也不变，即 $C_{\mathrm{II}}^{*}=C_{\mathrm{II}}$。当 $C_{\mathrm{I}}\neq 0$，可得消垂轴色差位置为

$$C_{\mathrm{II}}^{*}=C_{\mathrm{II}}+SC_{\mathrm{I}}=0\Rightarrow S=-\frac{C_{\mathrm{II}}}{C_{\mathrm{I}}}$$

(14-67)

14.8　厚透镜

在应用光学中，将厚透镜的两个面看成为两个独立的系统，然后用两个理想系统的组合公式，可以推导出厚透镜的光焦度公式。因为此公式为应用光学的内容，一般应用光学书籍都会有，在此不再赘述，直接给出。设某个厚透镜前后半径为 r_1 和 r_2，厚度为 d，折射率为 n，则它的光焦度为

$$\Phi=\frac{1}{f'}=(n-1)\left(\frac{1}{r_1}-\frac{1}{r_2}\right)+\frac{(n-1)^2 d}{nr_1 r_2}$$

(14-68)

对于薄透镜，是忽略掉第二项的。而对于厚透镜，由于 d 较大，所以不能忽略。从上式可以看出，第二项是恒正的值。若图 14-8 的厚透镜 $r_1>r_2$，则上式第一项是负值，对于薄透镜它的光焦度也就为负值了，但是对于厚透镜，当 d 足够大，存在总光焦度为正的可能性。

厚透镜主要有两种使用方法：

① 利用厚透镜校正场曲。由公式（14-14），厚透镜的 Petzval 场曲为

$$S_{\rm IV} = \frac{J^2}{n}(n-1)\left(\frac{1}{r_1}-\frac{1}{r_2}\right) \tag{14-69}$$

从上式可以看出，只有当 $r_1 = r_2$ 时，$S_{\rm IV} = 0$。也就是说，可以特意指定两个半径的大小，使 $S_{\rm IV}$ 为被弥补 Petzval 场曲的负值，从而达到 Petzval 场曲的平衡。

② 利用厚透镜自消色差去校正球差、彗差。由第 11 章图 11-2 可知，透镜弯曲可以使球差最小，也可以使彗差为零。但是单纯地引入一个厚透镜，也会相应地引入色差，甚至很大。其实，我们可以引入一个自消色差的厚透镜，它本身消除了色差，又利用它的两个半径去弯曲消球差、彗差。为了使厚透镜自消色差，令公式（14-68）的一阶导数为零，得

$$\frac{{\rm d}\varPhi}{{\rm d}n} = \left(\frac{1}{r_1}-\frac{1}{r_2}\right) + \frac{n^2-1}{n^2}\times\frac{d}{r_1 r_2} = 0 \Rightarrow r_2 - r_1 = -\frac{n^2-1}{n^2}d \tag{14-70}$$

比如，对于成都光明产的 H-K9L 玻璃，折射率 $n_{\rm d} = 1.5168$，代入上式得 $r_2 - r_1 = -0.5653d$。

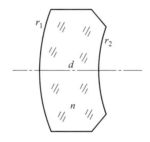

图 14-8 厚透镜

≡ 第 15 章 ≡

分离镜片和场曲平化

这一章我们讨论几种常用的镜头设计技巧，包括分离镜片、弯曲光学系统、场曲平化和光学系统对称结构等。分离镜片是使用广泛的一种方法，在某种结构的潜力被挖掘完之后，要么选择非球面等使面形复杂化，要么使用分离镜片，其目的只有一个，增加自由度以校正像差。弯曲光学系统在第 11 章曾经提到过，只是在那里仅考虑单片透镜的弯曲，以寻找球差最小值或者彗差零点。在这一章，将会看到弯曲光学系统不仅仅只考虑单片透镜，而是针对整个光学系统进行弯曲。光学系统弯曲时，并不改变它的一阶特性，只引起与弯曲有关的像差的值的变化，这是一种十分有用的方法。由上一章可知，Petzval 场曲是一种十分顽固的不容易校正的像差，我们可以考虑使用场镜进行校正。在像平面或者像平面附近，放置上一个凹平透镜，利用它可以将场曲进行平化。同时，在这一章会介绍两种场曲平化的 Zemax 操作数：FCGT 和 FCGS。最后，分析了光学系统对称结构的优势，对于大像差系统，优先选择光学系统具有对称性或近似对称性。对称的光学系统，垂轴像差会自动消除，更多的自由度将会被用于轴向像差，会大大减小像差校正的难度。

15.1 分离镜片

15.1.1 单片镜

下面我们以一个设计实例演示分离镜片的过程。需要设计的镜头技术要求如下。

焦距：$f' = 100$mm。

F 数：$f/4$。

视场：$0°$。

波长：$\lambda = 0.587\mu m$。

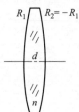

图 15-1 单片镜

玻璃：成都光明 H-ZF6，$n_d = 1.7552$。

像质：$W_{040} \leqslant \lambda/4$；RMS$\leqslant 5\mu m$；在 50lp/mm 处 MTF$\geqslant 0.6$。

设光学系统是单片镜，初始状态为双面等凸的镜片，如图 15-1 所示，即两个半径满足 $R_2 = -R_1$，代入透镜制造方程得

$$R_1 = 2(n-1)f' = 151.04\text{mm}, R_2 = -151.04\text{mm}$$

令透镜的厚度 $d = 6$mm，系统孔径直接用像空间 F 数为 4，视场为 $0°$，波长为 d 光，像距用 M 求解。将数据输入到 Zemax 软件中，得如图 15-2 所示的镜头数据。

使用优化函数向导设置默认的优化函数，"类型"为"RMS"，"标准"为"光斑半径"，

"参考"为"质心",并勾选"假设轴对称"选项。由于系统简单,默认的优化函数只有 3 行,都是 TRAC 操作数。在优化函数中加入有效焦距(EFFL)和球差(SPHA)两行,并刷新数据,可以看到此时的焦距和球差波像差。使用"分析→光线迹点→标准点列图"可以看查看 RMS 数据;使用"分析→MTF 曲线→FFT MTF"图下方的"文本"可以查看 50lp/mm 时的 MTF 数据。重要的初始系统结果数据如下:

$$f' = 100.861 \text{mm}, W_{040} = 12.197\lambda, \text{RMS} = 145.671\mu\text{m}, \text{MTF} = 0.056526$$

面数据概要:

表面	类型	曲率半径	厚度	玻璃	净口径	延伸区	机械半直径
物面	STANDARD	无限	无限		0	0	0
光阑	STANDARD	151.04	6	H-ZF6	25.21532	0	25.21532
2	STANDARD	-151.04	99.13735		24.85805	0	25.21532
像面	STANDARD	无限			0.4730286	0	0.4730286

图 15-2 单片镜初始数据

设置 EEFL 的目标值为 100mm,权重为 1;保持 SPHA 的权重为 0,仅观察球差的数据,不作优化。设置两个半径为变量,进行优化。优化后的镜头数据如图 15-3 所示。

面数据概要:

表面	类型	曲率半径	厚度	玻璃	净口径	延伸区	机械半直径
物面	STANDARD	无限	无限		0	0	0
光阑	STANDARD	72.22235	6	H-ZF6	24.99997	0	24.99997
2	STANDARD	1594.656	96.42538		24.25331	0	24.99997
像面	STANDARD	无限			0.2439038	0	0.2439038

图 15-3 单片镜优化数据

单片镜优化后的重要结果数据如下:

$$f' = 99.9999 \text{mm}, W_{040} = 6.300\lambda, \text{RMS} = 75.123\mu\text{m}, \text{MTF} = 0.082586$$

可以看出,焦距已经达到目标要求;球差和点列图都降低为初始结构的 1/2 左右;在 50lp/mm 处的 MTF 也从 0.057 提高到 0.083,不过不太明显。这说明相比于初始结构,优化后的像质得到了一定的提升,但是与技术要求中的像质目标还有差距。

15.1.2 双片镜

设镜头是由两片镜组成,称作双片镜。在计算初始结构时,令两个镜片完全一样,而且都是双面等凸的镜片,如图 15-4 所示。此时 $R_1 = -R_2 = R_3 = -R_4$,双片镜中每一片的光焦度为

$$\Phi_{1,2} = \frac{\Phi}{2} = \frac{1}{2f'} = 0.005$$

将上式代入到透镜制造方程可得

$$R_1 = 2(n-1)/\Phi_{1,2} = 302.08 \text{mm}$$

其他半径由 $R_1 = -R_2 = R_3 = -R_4$ 也自然可以求得。给每个透镜的厚度为 $d = 6$mm,两片镜间空气间隔为 1mm,其他参数如单片镜。将以上数据输入到 Zemax 软件,可得镜头数据为图 15-5。

图 15-4 双片镜

面数据概要:

表面	类型	曲率半径	厚度	玻璃	净口径	延伸区	机械半直径
物面	STANDARD	无限	无限		0	0	0
光阑	STANDARD	302.08	6	H-ZF6	25.38727	0	25.38727
2	STANDARD	-302.08	1		25.18932	0	25.38727
3	STANDARD	302.08	6	H-ZF6	24.99623	0	24.99623
4	STANDARD	-302.08	97.59128		24.40314	0	24.99623
像面	STANDARD	无限			0.3159571	0	0.3159571

图 15-5 双片镜初始数据

双片镜的初始数据如下：
$$f'=101.549\text{mm}, W_{040}=8.261\lambda, \text{RMS}=97.425\mu m, \text{MTF}=0.067346$$

在默认的优化函数里插入 EFFL 和 SPHA 两个操作数。设置 EEFL 的目标值为 100mm，权重为 1；保持 SPHA 的权重为 0，仅观察球差的数据，不作优化。设置四个半径为变量，进行优化。优化后的镜头数据如图 15-6。

面数据概要：

表面	类型	曲率半径	厚度	玻璃	净口径	延伸区	机械半直径
物面	STANDARD	无限	无限		0	0	0
光阑	STANDARD	146.217	6	H-ZF6	25	0	25
2	STANDARD	3015.769	1		24.59502	0	25
3	STANDARD	69.36804	6	H-ZF6	24.34179	0	24.34179
4	STANDARD	125.5343	92.42343		23.12404	0	24.34179
像面	STANDARD	无限			0.03714871	0	0.03714871

图 15-6　双片镜优化数据

优化后的重要数据如下：
$$f'=100\text{mm}, W_{040}=0.978\lambda, \text{RMS}=11.462\mu m, \text{MTF}=0.317796$$

从上面数据可以看出，优化后的双片镜相比于优化后的单片镜，像质的变化十分巨大。首先焦距达到 100mm 的目标要求；其次球差从 6.300λ 降到了 0.978λ，降为原来的 $1/6$，达到一个波长以下；RMS 半径从 $75.123\mu m$ 降到了 $11.462\mu m$，约为原来 $1/7$；FFT MTF 在 50lp/mm 处从 0.082586 提高到 0.317796，这个提高显然是十分巨大的。不过，双片镜除了焦距完全达到目标值以外，其他要求仍然没有达到，所以我们继续分离镜片。

15.1.3　三片镜

下面分离为三片镜。设镜头由三个镜片组成，称为三片镜。在初始状态，设三个镜片完全一样，都是双面等凸透镜，如图 15-7 所示，因此有

$$R_1=-R_2=R_3=-R_4=R_5=-R_6$$

三个镜片完全一样，每一个镜片的光焦度为总光焦度的 $1/3$，即

$$\Phi_{1,2,3}=\frac{\Phi}{3}=\frac{1}{3f'}=\frac{1}{300}$$

将上式代入到透镜制造方程得

$$R_1=2(n-1)/\Phi_{1,2,3}=453.12$$

其他半径由 $R_1=-R_2=R_3=-R_4=R_5=-R_6$ 获得。令三个透镜的厚度为 $d=6\text{mm}$，两个镜片空气间隔为 1mm，其他参数如前。将以上数据输入到 Zemax 软件，可得镜头数据为图 15-8。

图 15-7　三片镜

$R_2=-R_1$　$R_5=R_1$
R_1
$R_6=-R_1$
d　d　d
n　n　n
$R_3=R_1$　$R_4=-R_1$

面数据概要：

表面	类型	曲率半径	厚度	玻璃	净口径	延伸区	机械半直径
物面	STANDARD	无限	无限		0	0	0
光阑	STANDARD	453.12	6	H-ZF6	25.57123	0	25.57123
2	STANDARD	-453.12	1		25.43422	0	25.57123
3	STANDARD	453.12	6	H-ZF6	25.3188	0	25.3188
4	STANDARD	-453.12	1		24.90867	0	25.3188
5	STANDARD	453.12	6	H-ZF6	24.6816	0	24.6816
6	STANDARD	-453.12	96.07653		24.00126	0	24.6816
像面	STANDARD	无限			0.2857717	0	0.2857717

图 15-8　三片镜初始数据

三片镜的初始重要数据如下：
$$f'=102.285\text{mm}, W_{040}=7.495\lambda, \text{RMS}=88.142\mu m, \text{MTF}=0.072099$$

在默认的优化函数里插入 EFFL 和 SPHA 两个操作数。设置 EEFL 的目标值为 100mm，权重为 1；保持 SPHA 的权重为 0，仅观察球差的数据，不作优化。设置六个半径为变量，进行优化处理。优化后的镜头数据如图 15-9 所示。

面数据概要:

表面	类型	曲率半径	厚度	玻璃	净口径	延伸区	机械半直径
物面	STANDARD	无限	无限		0	0	0
光阑	STANDARD	218.4342	6	H-ZF6	25	0	25
2	STANDARD	4487.064	1		24.72098	0	24.72098
3	STANDARD	104.1745	6	H-ZF6	24.58	0	24.58
4	STANDARD	188.4876	1		23.73852	0	24.58
5	STANDARD	65.30111	6	H-ZF6	23.45784	0	23.45784
6	STANDARD	88.54019	88.26848		22.04349	0	23.45784
像面	STANDARD	无限			0.0001758478	0	0.0001758478

图 15-9   三片镜优化数据

优化后的重要数据如下:

$$f' = 100\text{mm}, W_{040} = 0.006202\lambda, \text{RMS} = 0.056\mu m, \text{MTF} = 0.848660$$

从上面数据可以看出，除了焦距完全满足外，球差、RMS 和 MTF 都大大优于技术要求中像质的目标，设计完成。图 15-10 是优化后镜头的 2D 视图，左图为单片镜，中图为双片镜，右图为三片镜。从图中可以看到，优化后的结构都会打破完全一样的双面等凸镜片结构，尤其是越在后面的镜片越会向像面弯曲以校正球差和彗差。图 15-11 为优化后的三片镜 FFT MTF，可以看到 MTF 曲线与衍射极限已经重合，像质达到了衍射极限。

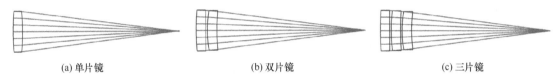

(a) 单片镜   (b) 双片镜   (c) 三片镜

图 15-10   优化后镜头的 2D 视图

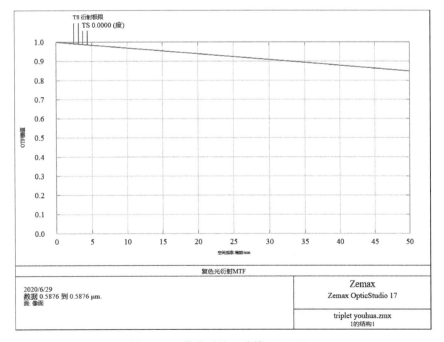

图 15-11   优化后的三片镜 FFT MTF

从上面的演示过程可以看出，分离镜片的片数越多，校正像差的自由度越多，越有利于校正像质。不过，需要注意的是，并不是所有的情况都可以通过分离镜片来完成。比如对体积、重量要求较高的航空相机，在轻便的需求下不能通过分离镜片来实现；再比如对尺寸要求较高的便携轻薄手机摄像头，更多的镜片虽然可以校正像质，但是也会增加总厚度、总重要。在不计重量、体积、尺寸、成本等情况下，理论上可以通过分离镜片设计任何需要的系统。比如对成像质量要求极致的投影光刻镜头，如图 15-12 所示，它通常由数十片镜片来完成像质需求，使用的方法就是分离镜片。

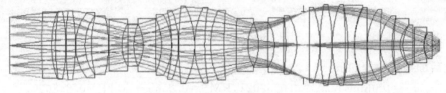

图 15-12　光刻镜头

15.2　弯曲光学系统

在第 11 章，我们看到一个单片镜是如何通过改变形状因子，从而改变它的球差和彗差的。这种改变形状因子的方法，称作弯曲透镜。那么，一个包含多个镜片的光学系统，是否也可以弯曲，在不影响一阶成像特性的情况下改变像差呢？多个镜片，在弯曲的时候需要同时保持成像特性，就不能用形状因子来做，因为每一个镜片的形状因子不同，弯曲的方向和弯曲量都需要考虑。为了简化处理，我们统一弯曲方向和弯曲量。

在第 14 章，计算 Petzval 场曲时，我们将光学系统看成光学元件的组成，在此我们仍然这样来做。设光学系统有 k 个光学元件组成，则总的光焦度可以写成

$$\Phi = \sum_1^k \Phi_i = \sum_1^k (n_i - 1)(C_{i1} - C_{i2}) \tag{15-1}$$

为了整体弯曲光学系统，将每一个参与光焦度的折射面都增加一个曲率改变量 ΔC，这样曲率的改变必然影响像差的变化，达到校正的目的，同时保持了成像特性不变，即

$$\Phi_{+\Delta C} = \sum_1^k (n_i - 1)\big[(C_{i1} + \Delta C) - (C_{i2} + \Delta C)\big] = \sum_1^k (n_i - 1)(C_{i1} - C_{i2}) = \Phi \tag{15-2}$$

需要说明的是：

① 同步弯曲，并不是最佳的弯曲方式，因为每一个透镜都有自己的最佳弯曲方向和弯曲量，强制同步弯曲只是一种折中的方案。

② 在弯曲光学系统时，有两个弯曲方向，即 $\pm \Delta C$。先试验一个方向，如果发现整体像差变大，则另一个方向必然是整体像差变小的方向，否则该处就是像差极小值点，不必弯曲了。

③ 当找到像差变小的弯曲方向，就可以一直做下去，并最终获得像差极小值点。此时获得的像差极小值点，不一定是光学系统全局的极小值点，只是在初始结构出发点附近获得的极小值点。

④ 在大像差系统时，不适宜做系统弯曲，因为系统弯曲只是微小地改变像差。在穷尽

各种方法之后，想使像差更进一步，可以试着用弯曲光学系统进一步改善成像质量。

下面举一个实例演示弯曲光学系统。弯曲之前的系统为第 9 章所获得的最终结果，并且是经过优化处理和全局优化的，这说明在优化算法中已经达到了几乎最好的结果。那我们来看，是否可以通过弯曲光学系统获得更好像质。第 9 章获得的最终透镜数据如图 15-13 所示。弯曲光学系统的演示过程列于表 15-1。

从表 15-1 可以看出，在第 9 章的最终实例中，得到的球差为 0.678λ。我们将第 9 章实例所有半径取倒数，变成曲率，然后都增加 $+0.0001$，再取倒数，换算回半径，输入到 Zemax，得此时球差为 0.544λ。很显然，球差降低了，这说明光学系统弯曲方向是对的。我们下面继续向此方向弯曲，曲率再加 $+0.0001$，即在原始曲率上增加 $+0.0002$，得到球差为 0.354λ，球差进一步降低。继续做，当曲率 $+0.0004$ 时，即做第四次弯曲时，球差变为 -0.011λ，球差反号。这说明，在曲率 $+0.0003$ 和曲率 $+0.0004$ 之间，球差可以取到零值。理论上，如果曲率增加的足够精细，球差是可以等于零的。

面数据概要：

表面	类型	曲率半径	厚度	玻璃	净口径	延伸区	机械半直径
物面	STANDARD	无限	无限		0	0	0
1	STANDARD	33.93589	9.109548	H-ZF6	38.1893	0	38.1893
2	STANDARD	26.41852	29.21381		31.0212	0	38.1893
光阑	STANDARD	无限	30.78212		19.69095	0	19.69095
4	STANDARD	-107.8423	10	H-ZF6	37.79241	0	41.61993
5	STANDARD	-55.07107	225.2683		41.61993	0	41.61993
像面	STANDARD	无限			105.6017	0	105.6017

图 15-13　第 9 章获得镜头数据

表 15-1　实例演示弯曲系统

弯曲 过程	第 1 面		第 2 面		第 4 面		第 5 面		球差
	曲率	半径	曲率	半径	曲率	半径	曲率	半径	
第 9 章曲率	0.0295	33.93589	0.0379	26.41852	-0.0093	-107.8423	-0.0182	-55.07107	0.678λ
曲率 $+0.0001$	0.0296	33.78378	0.0380	26.31579	-0.0092	-108.6957	-0.0181	-55.24862	0.544λ
曲率 $+0.0002$	0.0297	33.67003	0.0381	26.24672	-0.0091	-109.89010	-0.0180	-55.55556	0.354λ
曲率 $+0.0003$	0.0298	33.55705	0.0382	26.17801	-0.0090	-111.11111	-0.0179	-55.86592	0.170λ
曲率 $+0.0004$	0.0299	33.44482	0.0383	26.10966	-0.0089	-112.35955	-0.0178	-56.17978	-0.011λ
曲率 $+0.0005$	0.0300	33.33333	0.0384	26.04167	-0.0088	-113.63636	-0.0177	-56.49718	-0.187λ

通过以上弯曲光学系统的演示过程，可以看到，在光学系统优化处理完成之后，仍然可以通过弯曲光学系统获得更好的像质。

15.3　场曲平化

15.3.1　Petzval 半径

第 3 章实例中的镜头数据见图 15-14，是一个双面等凸透镜。使用命令"分析→像差分析→赛德尔系数"，可以得到相关的赛德像差系数数据文档。在该文档的上面，如图 15-15 所示，可以找一个叫作"佩兹伐（Petzval）半径"的参数，我们记它为 R_{p}，它的数值为 $R_{\mathrm{p}} = -150.4185$。下面，我们就讨论一下该数值的由来。

面数据概要：

表面	类型	曲率半径	厚度	玻璃	净口径	延伸区	机械半直径
物面	STANDARD	无限	无限		0	0	
光阑	STANDARD	102.5	5	H-K9L	20.17548	0	20.81642
2	STANDARD	-102.5	98.33753		20.81642	0	20.81642
像面	STANDARD	无限			37.63514	0	37.63514

图 15-14 第 3 章实例镜头数据

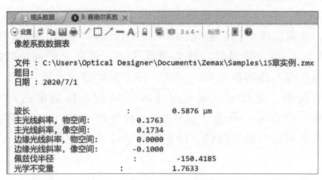

图 15-15 第 9 章获得透镜数据

设光学系统有 k 个薄透镜组成，由第 14 章公式（14-16），可得

$$\sum_1^k \frac{\Phi_i}{n_i} = \frac{S_{\text{IV}}}{J^2} \tag{15-3}$$

由第 7 章公式（7-17），可得 Petzval 场曲为

$$x'_{\text{p}} = -\frac{1}{2n'u'^2} S_{\text{IV}} = -\frac{n'y'^2}{2n'^2 u'^2 y'^2} S_{\text{IV}} = -\frac{n'y'^2}{2J^2} S_{\text{IV}} \tag{15-4}$$

我们再看图 15-16，很显然，Petzval 场曲就是 Petzval 曲线的矢高，由矢高的公式（5-2）得

$$x'_{\text{p}} = \frac{y'^2}{2R_{\text{p}}}$$

$$\frac{1}{R_{\text{p}}} = \frac{2x'_{\text{p}}}{y'^2} = -\frac{2}{y'^2} \frac{n'y'^2 S_{\text{IV}}}{2J^2} = -\frac{n'S_{\text{IV}}}{J^2} = -n' \sum_1^k \frac{\Phi_i}{n_i} \tag{15-5}$$

如果像空间为空气，则 $n'=1$，可得 Petzval 半径的常用表达式为

$$\frac{1}{R_{\text{p}}} = -\sum_1^k \frac{\Phi_i}{n_i} \tag{15-6}$$

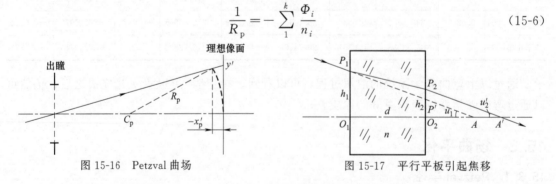

图 15-16 Petzval 曲场   图 15-17 平行平板引起焦移

比如，对于第 3 章实例，有 $\Phi=0.01$，$n=1.5168$，代入得

$$R_{\text{p}} = -\left(\frac{\Phi}{n}\right)^{-1} = -\left(\frac{0.01}{1.5168}\right)^{-1} = -151.68$$

上式计算所得的 Petzval 半径 $R_{\text{p}} = -151.68$，与图 15-15 中 Zemax 软件所得的 Petzval 半径 $R_{\text{p}} = -150.4185$ 十分接近。误差主要是软件可以通过复杂化公式或者精确的光线追迹

来求解，而手动计算公式（15-6）具有近似性。

Petzval 半径反映了 Petzval 场曲的大小。Petzval 半径越大，说明像面越平，当 $R_p = \infty$ 时，Petzval 曲面就是理想像面；Petzval 半径越小，说明像面越弯曲，形变越大。

15.3.2　平行平板引起的焦移

在进行场曲平化之前，先求一下平行平板引起的焦面移动。如图 15-17，是平行平板中光线的行走路线，入射光与第一面交点为 P_1，物点为 A。经折射后入射于第二面，交点为 P_2，再次经过折射后，交光轴于像点 A'。在第一面使用近轴光路计算公式（3-21），并注意到 $\Phi_1 = 0$，$n_1 = 1$，$n_1' = n$，得

$$nu_1' - u_1 = 0 \Rightarrow u_1' = \frac{u_1}{n} = u_2 \tag{15-7}$$

利用转面公式（3-22），从 P_1 过渡到 P_2，即第二面

$$h_2 = h_1 - du_1' = h_1 - \frac{u_1}{n}d \tag{15-8}$$

对第二面使用近轴光路计算公式（3-21），并注意到 $\Phi_2 = 0$，$n_2 = n$，$n_2' = 1$，得

$$u_2' - nu_2 = 0 \Rightarrow u_2' = nu_2 = n\frac{u_1}{n} = u_1 \tag{15-9}$$

从第二面过渡到像平面

$$0 = h_2 - O_2A' \cdot u_2' \Rightarrow O_2A' = \frac{h_2}{u_1} = \frac{h_1}{u_1} - \frac{d}{n} \tag{15-10}$$

从 P_1 过渡到 P'，利用转面公式（3-22）得

$$P'O_2 = h_1 - du_1 \tag{15-11}$$

由图 15-17 得 O_2A

$$O_2A = \frac{P'O_2}{u_1} = \frac{h_1}{u_1} - d \tag{15-12}$$

平行平板引起的焦移为

$$\delta = O_2A' - O_2A = d - \frac{d}{n} = \frac{n-1}{n}d \tag{15-13}$$

15.3.3　场曲平化方程

在第 14 章，我们知道使用场镜可以进行场曲平化，但是并没有介绍如何设计这样的场曲平化镜片。如图 15-18 左边，为某镜头的 Petzval 场曲光轴上半部分，由于对称性，不需要考虑下半部分。在像高为 y' 的任一高度，Petzval 场曲近似等于 Petzval 曲线的矢高 Sag。由矢高公式（5-2），有

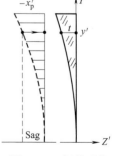

$$\text{Sag} = \frac{y'^2}{2R_p} \tag{15-14}$$

由上一小节可知，要想使像点移动 Sag 的距离，可以使用平行平板，设对应的厚度为 t。由公式（15-13），求解出 $t = d$，得

$$t = d = \frac{n}{n-1}\delta = \frac{n}{n-1} \times \frac{y'^2}{2R_p}$$

图 15-18　场曲平化

写成函数的形式为

$$t(y') = \frac{n}{2(n-1)R_p} y'^2 \tag{15-15}$$

上式给出了玻璃厚度作为近轴像高的函数。这说明，可以通过引入足够的玻璃厚度，以移动当前焦点向后到近轴像平面。就是说，可以通在像平面附近，放置一个凹平负透镜来实现场曲平化。由公式（15-15），显然凹平透镜的凹面方程为抛物线型。不过，在 Petzval 场曲不太大时，尤其是在近轴附近，可以用球面方程来代替抛物面方程。改写公式（15-15）为下式

$$t(y') = \frac{y'^2}{2\left(\dfrac{n-1}{n}R_p\right)} \tag{15-16}$$

这显然是一个矢高的公式，对应的球面半径记作 R_F，可得

$$R_F = \frac{n-1}{n} R_p \tag{15-17}$$

15.3.4　Zemax 中的场曲平化操作数

在 Zemax 软件中，对 Petzval 场曲有两个重要的场曲平化操作数：PETC 和 PETZ；对场曲有三个重要的场曲平化操作数：FCUR、FCGT 和 FCGS。它们的意义如下。

① PETC，Petzval 曲率，Petzval 半径的倒数。

② PETZ，Petzval 半径。

③ FCUR，以波长为单位的场曲。

④ FCGT，子午场曲。

⑤ FCGS，弧矢场曲。

在 Zemax 中，可以通过命令"分析→像差分析→场曲/畸变"，查看场曲曲线。

15.4　对称结构

对称光学系统是指整个光学系统前后对称，完全一样，此时一般对称轴为中间的孔径光阑，如图 15-19。如果中间有一个透镜，则对称轴一般为透镜的中剖线。整个光学系统就是相对于孔径光阑（或中剖线）镜像产生，称孔径光阑前面为前半部分，后面为后半部分。在图 15-19 中，已经画出了 $\beta = -1$ 时主光线和任意一条近轴光线，设主光线参数都加 z 下标，近轴光线不加。从图中很容易看出，对于近轴光线，前半部分和后半部分参数完全一样，如前半部分为 l，u，i，l'，u'，i'，后半部分也是 l，u，i，l'，u'，i'。但是，对于主光线，前半部分和后半部分的参数大小一样，符号相反，如前半部分为 l_z，u_z，i_z，l'_z，u'_z，i'_z，则后半部分为 $-l_z$，$-u_z$，$-i_z$，$-l'_z$，$-u'_z$，$-i'_z$。由上面两条光线参数的符号变化，可以分析像差的变化情况。

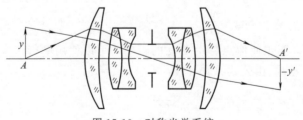

图 15-19　对称光学系统

① 由公式（14-1），球差参数中不含有主光线参数，所以前后两部分对应光学元件的球差大小一样，即整个光学系统的球差为前半部分球差的 2 倍。

② 由公式（14-2），彗差为球差和因子 i_z/i 之积，后半部分由于 i 符号不变，i_z 符号变号，所以因子 i_z/i 变号，则前后半部分彗差相消，即整个光学系统的彗差为零。

③ 由公式（14-3），像散为球差和因子 i_z^2/i^2 之积，后半部分球差不变号，因子 i_z^2/i^2 是平方也不变号，所以整个光学系统的像散为前半部分像散的 2 倍。

④ 由公式（14-4），Petzval 场曲为 $S_{\text{IV}}=J^2(n'-n)/(n'nr)$，后半部分拉格朗日不变量 J 保持不变，r 反号，$(n'-n)$ 反号，$n'n$ 不变，所以 Petzval 场曲保持不变，即整个光学系统的 Petzval 场曲为前半部分 Petzval 场曲的 2 倍。

⑤ 由公式（14-5），畸变中像散和 Petzval 场曲都不变号，而因子 i_z/i 变号，所以整个光学系统的畸变为零。

⑥ 由公式（8-8），轴向色差参数中不含有主光线参数，所以前后两部分对应光学元件的轴向色差大小一样，即整个光学系统的轴向色差为前半部分轴向色差的 2 倍。

⑦ 由公式（8-21），垂轴色差为轴向色差和因子 i_z/i 之积，后半部分由于 i 符号不变，i_z 符号变号，所以因子 i_z/i 变号，则前后半部分垂轴色差相消，即整个光学系统的垂轴色差为零。

由以上分析，设前半部分像差系数都加"F"（front）符号，后半部分像差系数都加"B"（back）符号，整个光学系统的像差系数不加任何符号。对于对称光学系统，则有以下关系

$$\begin{cases} S_{\text{I}}=2S_{\text{I}}^{\text{F}}=2S_{\text{I}}^{\text{B}} \\ S_{\text{II}}=0 \\ S_{\text{III}}=2S_{\text{III}}^{\text{F}}=2S_{\text{III}}^{\text{B}} \\ S_{\text{IV}}=2S_{\text{IV}}^{\text{F}}=2S_{\text{IV}}^{\text{B}} \\ S_{\text{V}}=0 \\ C_{\text{I}}=2C_{\text{I}}^{\text{F}}=2C_{\text{I}}^{\text{B}} \\ C_{\text{II}}=0 \end{cases} \qquad (15\text{-}18)$$

需要注意的是，以上结果都是在 $\beta=-1$ 的情况下获得的，对于其他情况下的物像关系，有近似的结果。也就是说，彗差、畸变和垂轴色差近似为零，其余像差需要重点校正。或者，当 $\beta\neq-1$ 时，适当地打破对称性，以获得最佳的像质位置。由于减少了校正的像差个数，所以有利于达到目标像质。

第16章

消色差 I

在第8章，介绍了初级色差理论，包括评价色差的两个指标：轴向色差和垂轴色差。初级色差理论只能是"事后评估"，即是在光学系统出现之后，计算它的初级色差，以评估它们是否在要求范围之内。如何在光学系统初级结构构建之前就考虑到消色差，这是一个非常有用的技术问题。如果在初始结构之前就完成了消色差设计，当初始结构完成之后色差自然消除或者很小，那么在以后的设计过程中就不用过多地考虑色差问题。这一章，就是要解决这个问题，这也是光学系统设计的重要步骤之一。在这一章开始，先介绍两片镜消色差条件，将会得到一对消色差方程，按此方程可以获得消色差双片镜或组合双片镜，广泛地应用于简单的望远物镜、目镜等。对于大像差系统，在光学系统消色差之后，有可能存在二级光谱色差问题，比如某些照相镜头。接下来，讨论了消二级光谱问题。在此部分引入了部分色散的概念，并绘出部分色散图，从图中可以挑选消二级光谱玻璃组合。更多的玻璃组合可以参考附录 D。

16.1 密接双片镜消初级色差

16.1.1 消色差约束条件

由透镜制造方程，可得薄透镜的光焦度为

$$\Phi = (n-1)(C_1 - C_2) \tag{16-1}$$

式中，C_1、C_2 为薄透镜的前后面曲率；n 为薄透镜材料的折射率。对上式进行微分，由于考虑色差，折射率是变化量，半径为常量

$$d\Phi = (C_1 - C_2)dn \tag{16-2}$$

对于可见光波段，一般选择 F、d、C 光作为校正波长，F、C 光为波段的两端，所以 $dn = n_F - n_C$，代入上式得

$$d\Phi = (C_1 - C_2)(n_F - n_C) = (C_1 - C_2)(n_F - n_C)\frac{n_d - 1}{n_d - 1} = (n_d - 1)(C_1 - C_2)\frac{n_F - n_C}{n_d - 1} = \frac{\Phi_d}{\nu_d} \tag{16-3}$$

设有一对密接薄透镜进行消色差，前一个薄透镜加下标"1"，后一个薄透镜加下标"2"，总值不加任何下标。由光焦度公式，得

$$\Phi = \Phi_1 + \Phi_2 \tag{16-4}$$

上式取微分，并代入公式（16-3）得

$$d\Phi = d\Phi_1 + d\Phi_2 = \frac{\Phi_1}{\nu_1} + \frac{\Phi_2}{\nu_2}$$

要想达到消色差，则需要总光焦度的改变为零，即 $\mathrm{d}\Phi=0$，所以有

$$\frac{\Phi_1}{\nu_1}+\frac{\Phi_2}{\nu_2}=0 \qquad (16\text{-}5)$$

公式（16-4）和公式（16-5）就组成了消色差方程。一旦选定玻璃组合，就可以联立求得消色差光焦度满足的条件

$$\Phi_1=\frac{\nu_1}{\nu_1-\nu_2}\Phi \qquad (16\text{-}6)$$

$$\Phi_2=\frac{\nu_2}{\nu_2-\nu_1}\Phi \qquad (16\text{-}7)$$

16.1.2 消色差设计实例

下面我们以一个实例设计演示消色差的计算过程，需要设计的镜头技术要求如下：

焦距：$f'=400\mathrm{mm}$。

F 数：$f/10$。

视场：$0°$。

波长：F、d、C。

消色差：轴向色差 $W_{020}\leqslant\Delta$，Δ 为焦深。

在进行消色差时，尽量选用火石玻璃和冕牌玻璃的组合，不选择同为火石玻璃或者同为冕牌玻璃的组合。原因在于，公式（16-6）和公式（16-7）中，火石玻璃和冕牌玻璃的阿贝数差（$\Delta\nu=\nu_1-\nu_2$）较大，分母值较大，就会使两个镜片的光焦度值较小，进而焦距变大。具有长焦距的光学系统，光线偏折较小，不易于破坏近轴性，有利于校正各类像差。

我们选用成都光明产 H-K9L 和 H-ZF1 玻璃，它们的 d 光折射率和阿贝数如下：

$$\text{H-K9L：} n_1=1.5168, \nu_1=64.212; \text{H-ZF1：} n_2=1.6477, \nu_2=33.842 \qquad (16\text{-}8)$$

由于总光焦度 $\Phi=1/400=0.0025$，将以上数据代入公式（16-6）和公式（16-7），可得

$$\Phi_1=\frac{\nu_1}{\nu_1-\nu_2}\Phi=0.005286, \Phi_2=\frac{\nu_2}{\nu_2-\nu_1}\Phi=-0.002786$$

$\Phi_1>0$，第一片为正透镜；$\Phi_2<0$，第二片为负透镜。可以验证 $\Phi_1+\Phi_2=0.0025=\Phi$。设第一片正透镜为双面等凸透镜，类似于上一章中分离镜片的方法，可得其半径为

$$R_1=-R_2=2(n_1-1)/\Phi_1=195.5354$$

第二片为负透镜，为了不发生"飞边"现象，令负透镜的前一面（即系统第三面）半径为 $R_3=R_2=-195.5354$，代入透镜制造方程，可以求得负透镜的后一面（即系统第四面）半径为

$$\Phi_2=(n_2-1)\left(\frac{1}{R_3}-\frac{1}{R_4}\right)\Rightarrow R_4=-1230.3310$$

在 Zemax 的透镜数据编辑器中输入刚刚计算的半径 R_1、R_2、R_3、R_4，并令所有厚度为 0，像距使用 M 求解，两片透镜的玻璃材料分别为成都光明 H-K9L、H-ZF1。在"设置→系统选项→系统孔径→孔径值"中输入入瞳直径 $D=f'/(F/\sharp)=400/10=40\mathrm{mm}$。保持 $0°$ 视场不变。在"设置→系统选项→波长"中选择"F，d，C（可见）"。输入完成后的镜头数据如图 16-1。

查看状态栏可以看到，此时焦距为 400.001mm，和目标值完全一样。此时 F/♯ 为 9.98845，与目标值也几乎一样。打开"优化→评价函数编辑器"，在里面输入"AXCL"操

面数据概要：

表面	类型	曲率半径	厚度	玻璃	净口径	延伸区	机械半直径
物面	STANDARD	无限	无限		0	0	0
光阑	STANDARD	195.5354	0	H-K9L	40	0	40.14508
2	STANDARD	-195.535	0		40.14508	0	40.14508
3	STANDARD	-195.535	0	H-ZF1	40.14508	0	40.14508
4	STANDARD	-1230.331	400.0007		40.104	0	40.14508
像面	STANDARD	无限			0.01737984	0	0.01737984

图 16-1　计算消色差双片镜镜头数据

作数，即轴向色差操作数，并刷新数据，可以看到此时轴向色差为 $\Delta l'_{FC}=0.003258\text{mm}=3.258\mu m$。由公式（1-8），可得焦深为

$$\Delta=4\lambda(F/\#)^2=4\times0.5876\mu m\times10^2=235.04\mu m$$

很显然 $\Delta l'_{FC}\ll\Delta$，满足初级色差的像差容限公式（12-22），也就是技术要求中提出的轴向色差目标要求。事实上，我们可以通过图形直观地看到已经消色差，通过命令"分析→像差分析→色焦移"，打开图 16-2 的色焦移随波长变化的曲线。色焦移随波长变化曲线反映了不同色光的焦点随波长的变化情况，其中焦移为 0 代表理想像面，也就是 d 光的焦平面；其他色光的焦点与理想像面的偏差就是色焦移的值。从图 16-2 可以看出，F 光（$0.4861\mu m$）和 C 光（$0.6563\mu m$）的横坐标值几乎一样，即 F 光和 C 光的焦点几乎重合在一起，也就是已经消初级色差，如图 16-3 所示。不过，F 光和 C 光的焦点虽然重合，但是并不在理想像面上，它们与理想像面的距离差约为二级光谱的大小，也是下一节内容。

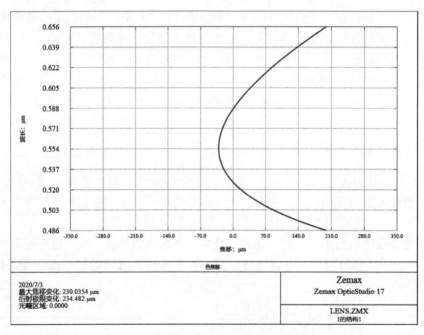

图 16-2　计算消色差双透镜的色焦移曲线

16.1.3　加入厚度

在上小节，我们给定除像距外的所有厚度为零，这是不符合实际情况的，在本小节我们给定一个具体的厚度值。令第一片正透镜的厚度为 5mm，第二片负透镜的

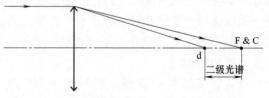

图 16-3　消色差后又产生了二级光谱

厚度为 2mm，两镜片间空气层轴上间隔为 0.01mm，将以上数据输入到镜头数据中，得到如图 16-4 所示的镜头数据。

面数据概要：

表面	类型	曲率半径	厚度	玻璃	净口径	延伸区	机械半直径
物面	STANDARD	无限	无限		0	0	0
光阑	STANDARD	188.8362	5	H-K9L	40	0	40
2	STANDARD	-199.9653	0.01		39.78713	0	40
3	STANDARD	-199.9653	2	H-ZF1	39.78497	0	39.78497
4	STANDARD	-1554.688	395.3563		39.63918	0	39.78497
像面	STANDARD	无限			0.01897162	0	0.01897162

图 16-4　加入厚度后的镜头数据

加入厚度之后，轴向色差会发生改变，为此我们令第 1、2、4 面为"变量"求解，第 3 面为"拾取"求解。使用命令"优化→优化向导"，打开优化向导与操作数对话框。在优化函数向导中设置为默认的优化函数，如选择类型为"RMS"、标准为"光斑半径"、参考为"质心"，并勾选"假定轴对称"右边的复选框，则优化函数为 9 行的"TRAC"操作数。在默认的优化函数中加入焦距（EFFL）和轴向色差（AXCL）操作数，并设置 EFFL 目标值为 400，设置 AXCL 目标值为 0，它们的权重都设置为 1。然后使用命令"优化→执行优化"，进行优化处理，优化后的镜头数据如图 16-5 所示。转到"评价函数编辑器"查看，此时焦距为 400，轴向色差为 0.00009759mm，几乎为零。

面数据概要：

表面	类型	曲率半径	厚度	玻璃	净口径	延伸区	机械半直径
物面	STANDARD	无限	无限		0	0	0
光阑	STANDARD	188.8362	5	H-K9L	40	0	40
2	STANDARD	-199.9653	0.01		39.78713	0	40
3	STANDARD	-199.9653	2	H-ZF1	39.78497	0	39.78497
4	STANDARD	-1554.688	395.3563		39.63918	0	39.78497
像面	STANDARD	无限			0.01897162	0	0.01897162

图 16-5　加入厚度后优化的镜头数据

在优化函数中加入"EFLY"操作数，可以查看单个镜片的焦距。在优化函数中，插入一行空操作数，输入"类型"为"EFLY"，"面 1"为"1"，"面 2"为"2"，刷新数据，可得第一片正透镜的焦距为 188.755mm。同理，再插入一行空操作数，输入"类型"为"EFLY"，"面 1"为"3"，"面 2"为"4"，刷新数据，可得第二片负透镜的焦距为 -354.511mm。

16.1.4　弯曲消色差

由表 11-3，薄透镜的 Buchdahl 球差系数为

$$S_{\mathrm{I}} = \frac{1}{4} h^4 \Phi^3 \sigma_{\mathrm{I}}, \sigma_{\mathrm{I}} = aX^2 - bXY + cY^2 + d \tag{16-9}$$

式中，a、b、c、d 为仅与折射率有关的公式，可查表 11-3 参数获得。对于成都光明 H-K9L 和 H-ZF1，有

H-K9L：$n_1 = 1.5168, a_1 = 8.6811, b_1 = 12.8427, c_1 = 4.3186, d_1 = 8.6141$

H-ZF1：$n_2 = 1.6477, a_2 = 5.2771, b_2 = 9.9238, c_2 = 4.2138, d_2 = 6.4716$

对于图 16-5 的消色差双片镜，我们想保持消色差的同时弯曲透镜使球差达到极小值或者零值。由公式（16-9），将之应用于第一片正透镜和第二片负透镜，得

$$S_{\mathrm{I}} = S_{\mathrm{I}1} + S_{\mathrm{I}2} = \frac{1}{4} h^4 (\Phi_1^3 \sigma_{\mathrm{I}1} + \Phi_2^3 \sigma_{\mathrm{I}2}) \tag{16-10}$$

由上式可以看出，当选择合适的 X_1 或者 X_2，代入上式并令其为零，将得到一个一元二次方程，就可以解得两个对应的值。也就是说，应该有不止一个球差零值点。不过，需要注意的是，给定的一个形状因子必须合理，否则不一定有球差零值点，也可能只有一个球差极小值点（抛物线形）。

对于公式（16-10）的求解，可以采取两种方法：

① 给定两镜片的形状因子 X_1、X_2 中的一个，可由 $S_I = 0$ 求得另一个，此时应该有两个解，但是解是否合理需要计算后确定。

② 由公式（16-10），要使 $S_I = 0$，可以令 $\sigma_{I1} = \sigma_{I2} = 0$，分别求解出 X_1、X_2，每一个形状因子有两个解，将会存在四种组合。具体解是否合理，需要具体情况决定。

16.2 消二级光谱

16.2.1 二级光谱色差的概念

由图 16-3，当 F 光和 C 光交点重合时，消除了初级色差，但是距离理想像面还有一个距离，这个距离称作二级光谱（secondary spectrum）。很显然二级光谱是一个长量单位，它的符号规则为：以理想像面（通常用 d 光交点作为理想像面）为起点，F 光和 C 光交点在右为正，在左为负。从图 16-3 中的几何关系可以直接写出二级光谱的公式

$$\Delta L'_{FCD} = \frac{1}{2}(L'_F + L'_C) - L'_d \tag{16-11}$$

式中，L'_F、L'_d 和 L'_C 分别为 F 光、d 光和 C 光的像距。

16.2.2 消二级光谱方法

如图 16-3，如果将 F、d 和 C 三种光线交点校正重合在一起，就称作"消二级光谱"，或者称作"复消色差"（apochromat）。要想消二级光谱，需要引入一个叫部分色散（partial dispersion）的概念。在第 4 章，我们将某种透明介质中，两种不同波长折射率之差，称为该介质对这两种色光的色散。比如波长 λ_1 的折射率为 $n_{\lambda 1}$，波长 λ_2 的折射率为 $n_{\lambda 2}$，则它们的色散为

$$\Delta n_{12} = n_{\lambda 1} - n_{\lambda 2} \tag{16-12}$$

其中，F 光的折射率 n_F 与 C 光的折射率 n_C 之差称作中部色散

$$\Delta n_{FC} = n_F - n_C \tag{16-13}$$

定义任意两个波长 λ_1、λ_2 的色散 $n_{\lambda 1} - n_{\lambda 2}$ 与中部色散 $n_F - n_C$ 之比称作部分色散，记作 $P_{\lambda 1 \lambda 2}$。比如 F、d 光部分色散，以及 d、C 光部分色散可以写作

$$P_{Fd} = \frac{n_F - n_d}{n_F - n_C}, P_{dC} = \frac{n_d - n_C}{n_F - n_C} \tag{16-14}$$

在成都光明官方的部分色散图中，给出的是 g（435.84nm）、F 光的部分色散，即

$$P_{gF} = \frac{n_g - n_F}{n_F - n_C} \tag{16-15}$$

将成都光明的可见光玻璃部分色散 P_{gF} 作为纵坐标，阿贝数 ν_d 作为横坐标，画出的图形叫作部分色散图，如图 16-6 所示。在部分色散图上，每一个点代表一种玻璃。除了个别远离的点之外，大部分玻璃都围绕在一条直线附近，这条直线称作正常玻璃线（normal glass line）。

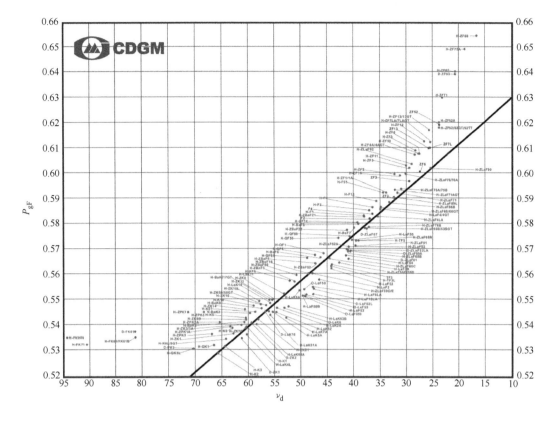

图 16-6　成都光明产玻璃部分色散图

那么如何消二级光谱呢？在前面我们得到了消初级色差的条件，即公式（16-6）和公式（16-7）。由透镜制造方程，两片薄透镜的光焦度也可以写作

$$\Phi_{d1} = (n_{d1} - 1)(C_1 - C_2) \tag{16-16}$$

$$\Phi_{d2} = (n_{d2} - 1)(C_3 - C_4) \tag{16-17}$$

由公式（16-16），从中求出第一片薄透镜的曲率差，并将消色差公式（16-6）和阿贝数的定义公式（4-6）代入，同时记 $\Delta \nu = \nu_1 - \nu_2$，得

$$C_1 - C_2 = \frac{\Phi_{d1}}{n_{d1} - 1} = \frac{\nu_1}{\Delta \nu} \times \frac{\Phi_d}{n_{d1} - 1} = \frac{n_{d1} - 1}{(n_F - n_C)\Delta \nu} \times \frac{\Phi_d}{n_{d1} - 1} = \frac{\Phi_d}{(n_F - n_C)\Delta \nu} \tag{16-18}$$

同理可得第二片薄透镜的曲率差为

$$C_3 - C_4 = \frac{-\Phi_d}{(n_F - n_C)\Delta \nu} \tag{16-19}$$

对于消色差双片镜，它的 d 光和 C 光光焦度为

$$\Phi_d = (n_{d1} - 1)(C_1 - C_2) + (n_{d2} - 1)(C_3 - C_4) \tag{16-20}$$

$$\Phi_C = (n_{C1} - 1)(C_1 - C_2) + (n_{C2} - 1)(C_3 - C_4) \tag{16-21}$$

上两式作差得

$$\Delta \Phi_{dC} = \Phi_d - \Phi_C = [(n_{d1} - 1) - (n_{C1} - 1)](C_1 - C_2) + [(n_{d2} - 1) - (n_{C2} - 1)](C_3 - C_4)$$

$$= (n_{d1} - n_{C1})(C_1 - C_2) + (n_{d2} - n_{C2})(C_3 - C_4) \tag{16-22}$$

将公式（16-18）和公式（16-19）求得的曲率差代入上式，得

$$\Delta\Phi_{dC} = (n_{d1} - n_{C1})\frac{\Phi_d}{(n_{F1} - n_{C1})\Delta\nu} - (n_{d2} - n_{C2})\frac{\Phi_d}{(n_{F1} - n_{C1})\Delta\nu}$$

$$= P_{dC1}\frac{\Phi_d}{\Delta\nu} - P_{dC2}\frac{\Phi_d}{\Delta\nu} = (P_{dC1} - P_{dC2})\frac{\Phi_d}{\Delta\nu} = \Delta P_{dC}\frac{\Phi_d}{\Delta\nu} \qquad (16\text{-}23)$$

式中，$\Delta P_{dC} = P_{dC1} - P_{dC2}$ 为部分色散之差。从上面的推导过程可以看出，将 d 换成 g，C 换成 F，公式保持不变，即

$$\Delta\Phi_{gF} = \Delta P_{gF}\frac{\Phi_d}{\Delta\nu} \qquad (16\text{-}24)$$

要想消二级光谱，即当 F、C 光焦点重合时，也与 d 光焦点重合，即需要 $\Delta\Phi_{dC} = 0$。由公式（16-23），需要满足 $\Delta P_{dC} = 0$，即两种材料的部分色散差为零。换句话说，需要两种材料的部分色散相等，反映到图 16-6 中，就是需要两种材料的玻璃点相连平行于横轴。

16.2.3　消二级光谱实例

在消初级色差实例中，使用了玻璃材料 H-K9L 和 H-ZF1，它们在部分色散图中纵坐标相距较远，ΔP_{dC} 较大，由公式（16-23），$\Delta\Phi_{dC}$ 较大，即二级光谱较大。从图 16-2 也可以看出，二级光谱约为 $230\mu m$。我们将玻璃 H-K9L 和 H-ZF1 画在简图 16-7 中，明显地看到两者垂直相差较大。

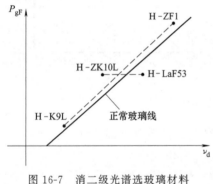

图 16-7　消二级光谱选玻璃材料

由公式（16-23），要想消二级光谱，需要在部分色散图中按照以下方法挑选玻璃材料：

① 挑选部分色散值相等或者接近的玻璃材料，反映到部分色散图上，就是两者相连尽量平行于横轴，比如图 16-7 中的玻璃 H-ZK10L 和 H-LaF53。

② 在满足第①条情况下，两者尽可能远，即阿贝数差尽量大，光焦度就会更小，焦距也会更长，有利于像差校正。

下面，我们就用玻璃材料 H-ZK10L 和 H-LaF53 进行消二级光谱，两种材料的参数如下：

$$\text{H-ZK10L:} n_1 = 1.6228, \nu_1 = 56.952; \text{H-LaF53:} n_2 = 1.7433, \nu_2 = 49.238 \qquad (16\text{-}25)$$

将上面数据代入公式（16-6）和公式（16-7），得

$$\Phi_1 = \frac{\nu_1}{\nu_1 - \nu_2}\Phi = 0.01845735, \Phi_2 = \frac{\nu_2}{\nu_2 - \nu_1}\Phi = -0.01595735$$

设第一片透镜为双面等凸透镜，将上式代入透镜制造方程，可得第一片透镜的前后半径

$$R_1 = -R_2 = 2(n_1 - 1)/\Phi_1 = 67.4853$$

令第二片透镜的前一面半径和第一片透镜的后一面半径相等

$$R_3 = R_2 = -67.4853$$

将上式代入透镜制造方程，可得第二片透镜的第二面半径

$$\Phi_2 = (n_2 - 1)\left(\frac{1}{R_3} - \frac{1}{R_4}\right) \quad \Rightarrow \quad R_4 = 150.3712$$

将以上数据输入到 Zemax，可得镜头数据如图 16-8。

令第一片正透镜的厚度为 8mm，第二片负透镜的厚度为 3mm，两片透镜间空气层为 0.01mm。令第 1、2、4 面为"变量"求解，第 3 面为"拾取"求解。在优化函数向导中设

面数据概要：

表面	类型	曲率半径	厚度	玻璃	净口径	延伸区	机械半直径
物面	STANDARD	无限	无限		0	0	0
光阑	STANDARD	67.4853	0	H-ZK10L	40	0	41.49499
2	STANDARD	-67.485	0		41.49499	0	41.49499
3	STANDARD	-67.485	0	H-LAF53	41.49499	0	41.49499
4	STANDARD	150.3712	400.0067		40.69294	0	41.49499
像面	STANDARD	无限			2.03697	0	2.03697

图 16-8　消二级光谱镜头

置为默认的优化函数，选择"RMS"、"光斑半径"、"质心"组合，并勾选"假定轴对称"。在默认的优化函数中加入焦距（EFFL）和轴向色差（AXCL）操作数，并设置 EFFL 目标值为 400，设置 AXCL 目标值为 0，它们的权重都设置为 1。然后使用命令"优化→执行优化"，进行优化处理，优化后的镜头数据如图 16-9 所示。转到"评价函数编辑器"查看，此时焦距为 400，轴向色差为 0.011mm。我们再看一下二级光谱情况，通过命令"分析→像差分析→色焦移"打开色焦移图，如图 16-10。从图中可以看出，二级光谱校正得非常好。

面数据概要：

表面	类型	曲率半径	厚度	玻璃	净口径	延伸区	机械半直径
物面	STANDARD	无限	无限		0	0	0
光阑	STANDARD	48.8235	8	H-ZK10L	40	0	40
2	STANDARD	-60.49816	0.01		39.88795	0	40
3	STANDARD	-60.49816	3	H-LAF53	39.87198	0	39.87198
4	STANDARD	81.31945	367.2589		37.64197	0	39.87198
像面	STANDARD	无限			0.4391052	0	0.4391052

图 16-9　优化后的消二级光谱镜头

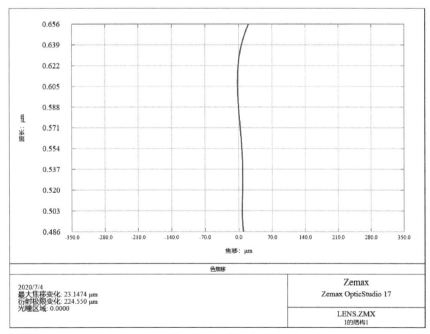

图 16-10　优化后的消二级光谱镜头色焦移

16.2.4　如何获得二级光谱数值

那么，如何获得二级光谱的具体值？可以有三种方法。

① 在消初级色差之后，在 Zemax 软件中分别令波长为 d 光和 C 光（或者 F 光），它们

的像距之差即是二级光谱。在图 16-5 的数据中，令波长为 d 光，可得像距为 $L'_{\mathrm{d}}=395.3563\mathrm{mm}$；然后令波长为 C 光，可得像距为 $L'_{\mathrm{C}}=395.5543\mathrm{mm}$。以上两个像距之差为

$$\Delta L'_{\mathrm{dC}}=L'_{\mathrm{d}}-L'_{\mathrm{C}}=-0.198\mathrm{mm}=-198\mu\mathrm{m}$$

此即二级光谱值。

② 直接公式计算。由光焦度公式求微分，并代入公式（16-23）得

$$\Phi=\frac{1}{f'}\ \Rightarrow\ \Delta\Phi=-\frac{1}{f'^2}\Delta f'\ \Rightarrow\ \Delta f'_{\mathrm{dC}}=-\Delta\Phi_{\mathrm{dC}}f'^2_{\mathrm{d}}=-\Delta P_{\mathrm{dC}}\frac{\Phi_{\mathrm{d}}}{\Delta\nu}f'^2_{\mathrm{d}}=-\frac{\Delta P_{\mathrm{dC}}}{\Delta\nu}f'_{\mathrm{d}}$$

$$(16\text{-}26)$$

因此得，二级光谱的计算公式为

$$\Delta f'_{\mathrm{dC}}=-\frac{\Delta P_{\mathrm{dC}}}{\Delta\nu}f'_{\mathrm{d}} \tag{16-27}$$

如对图 16-5 的镜头数据，通过查取成都光明玻璃数据页表，可得

$$\text{H-K9L：}P_{\mathrm{dC1}}=0.3080,\ \text{H-ZF1：}P_{\mathrm{dC2}}=0.2926,\ \Delta\nu=30.37$$
$$\Delta P_{\mathrm{dC}}=P_{\mathrm{dC1}}-P_{\mathrm{dC2}}=0.0154,\ f'=400$$

将以上数据代入公式（16-27）得

$$\Delta f'_{\mathrm{dC}}=-\frac{\Delta P_{\mathrm{dC}}}{\Delta\nu}f'_{\mathrm{d}}=-\frac{0.0154}{30.37}\times400=-202.83\mu\mathrm{m}$$

以上计算数据与第①种方法获得的二级光谱数值十分相近。

我们再算一下消二级光谱镜头，图 16-9 镜头数据下的二级光谱值。通过查取成都光明玻璃数据，可得

$$\text{H-ZK10L：}P_{\mathrm{dC1}}=0.3025,\ \text{H-LaF53：}P_{\mathrm{dC2}}=0.3018,\ \Delta\nu=7.714$$
$$\Delta P_{\mathrm{dC}}=P_{\mathrm{dC1}}-P_{\mathrm{dC2}}=0.0007,\ f'=400$$

将以上数据代入公式（16-27）得

$$\Delta f'_{\mathrm{dC}}=-\frac{\Delta P_{\mathrm{dC}}}{\Delta\nu}f'_{\mathrm{d}}=-\frac{0.0007}{7.714}\times400=-36.30\mu\mathrm{m}$$

很明显，经过消二级光谱后的镜头，二级光谱远远小于未进行消二级光谱后的镜头，二级光谱降为原来的 1/5。

③ 从色焦移文本本档数据中计算获得。

对于图 16-5 镜头数据，打开它的色焦移图，在图中最下面选择"文本"选项卡，里面罗列了色焦移数据。从色焦移数据中，找到最接近 d 光的焦移为 0.00115720mm，同时找到 C 光的焦移为 0.19792246，两者相差即是二级光谱，得 0.00115720－0.19792246＝－196.77μm，这与前面所得值相近。

还有一个需要注意的问题，无论通过 Zemax 追迹光线，还是通过公式计算二级光谱，都是用 d 光的焦点与 C 光焦点距离差来评估二级光谱的。事实上，如图 16-2，d 光的焦点并不在最左端，查看色焦移数据可知最左端对应的波长为 0.5543μm。此时，最右端到 C 光的距离为 230.0354μm，与前面获得的二级光谱（从 d 光算起）相差约 30μm。

另外需要注意的是，按照公式（16-11）计算二级光谱更加准确。我们上面给出的三种获取二级光谱的方法均以 d 光和 C 光焦点差来评估，这是基于完全消除初级色差的前提条件。如果初级色差较大，建议用公式（16-11）计算二级光谱，其中 F 光的焦点位置获取方法同上。

16.2.5 何时需要校正二级光谱

对于大部分光学系统，二级光谱不需要过分考虑，除了它严重影响了像质。那么如何分辨二级光谱对像质产生了严重影响呢？我们看图 16-11，F&C 光在理想像面（一般选择 d 光所在面）上引起的光斑大小可以近似为 d 光在 F&C 面上引起的光斑大小 $2\varepsilon_d$，从图中可得

$$2\varepsilon_d = 2\Delta f'_{dC}\frac{1}{2F/\#} = \frac{|\Delta f'_{dC}|}{F/\#} \tag{16-28}$$

而衍射效应引起的艾里斑（Airy disk）直径为

$$\text{Airy} = 2.44\lambda(F/\#) \tag{16-29}$$

以上两个公式相除得

$$\frac{2\varepsilon_d}{\text{Airy}} = \frac{|\Delta f'_{dC}|}{2.44\lambda(F/\#)^2} \tag{16-30}$$

上式就是判断是否需要校正二级光谱的公式。比如图 16-5 的镜头数据，$\Delta f'_{dC}=-202.83\mu m$，$\lambda=0.5876\mu m$，F 数为 10，代入得

$$\frac{2\varepsilon_d}{\text{Airy}} \approx 1.4$$

上式说明，在 d 光像平面上，二级光谱引起的光斑直径大于艾里斑的光斑直径，约为其 1.4 倍。这就说明，限制成像质量的已经不再是衍射极限，而是二级光谱，所以二级光谱需要校正。而对于图 16-9 的镜头数据，代入可得 $2\varepsilon_d/\text{Airy}\approx 0.25$，这说明二级光谱引起的光斑大小不足以超过艾里斑大小，无需校正（事实上，是之前校正过的）二级光谱。

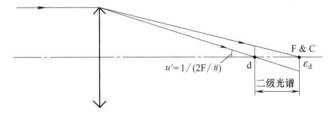

图 16-11 二级光谱引起的光斑变化

第 17 章

消色差 II

本章接着上一章的内容，继续讨论消色差的问题。上一章介绍了薄双片镜消初级色差，那是在密接的情况下并忽略掉两镜片间空气层的影响，并且得到了一对消初级色差方程组，即公式（16-6）和公式（16-7）。那么，当双片镜距离较远时，系统的总光焦度已经不满足公式（16-4），而应该满足公式（14-68），所以双分离镜消色差方程组需要另行推导。这种双片镜距离较远，不能用密接的情况来求解，称作分离双片镜消色差。在上一章，我们利用部分色散理论，演示了如何挑选玻璃材料来消除二级光谱，称作复消色差。复消色差就是使色焦移 F、d 和 C 三色光焦点重合。在本章，可以考虑用密接三片镜来复消色差，也可以得到三色光重合的焦平面。

17.1 分离双片镜消初级色差

17.1.1 分离双片镜消色差条件

如图 17-1，当组成消初级色差的双片镜距离较远，已经不能用密接消色差公式进行求解。此时，需要考虑到分离的距离 d。由光焦度的定义式，得

$$\Phi = \frac{1}{f'} \quad \Rightarrow \quad \mathrm{d}\Phi = -\frac{1}{f'^2}\mathrm{d}f'$$

代入公式（16-3），并两边同乘以投射高 h 得

$$\frac{1}{f'^2}\mathrm{d}f' = -\mathrm{d}\Phi = -\frac{\Phi_\mathrm{d}}{\nu_\mathrm{d}} \quad \Rightarrow \quad \frac{h^2}{f'^2}\mathrm{d}f' = -\frac{h^2\Phi_\mathrm{d}}{\nu_\mathrm{d}}$$

对于像空间，有 $u' \approx h/f'$，代入上式得

$$\mathrm{d}f' = -\frac{1}{u'^2} \times \frac{h^2\Phi_\mathrm{d}}{\nu_\mathrm{d}} \tag{17-1}$$

将公式（17-1）和第 8 章公式（8-9）类比，当像空间 $n'=1$ 时，有

$$C_\mathrm{I} = \frac{h^2\Phi_\mathrm{d}}{\nu_\mathrm{d}} \tag{17-2}$$

所以图 17-1 的分离双片镜，消色差需满足

$$C_\mathrm{I} = C_{\mathrm{I}1} + C_{\mathrm{I}2} = \frac{h_1^2\Phi_1}{\nu_1} + \frac{h_2^2\Phi_2}{\nu_2} = 0 \tag{17-3}$$

此时，分离双片镜投射高不能看成相等，需要分别求解。另外，双片镜满足理想组合光焦度公式

$$\Phi_1 + \Phi_2 - d\Phi_1\Phi_2 = \Phi \tag{17-4}$$

公式（17-3）和公式（17-4）就组成了分离双片镜消色差方程组。在已知分离间距 d，要求光焦度 Φ，通过外形尺寸计算获得投射高 h_1、h_2，选定玻璃组合后，就可以联立以上两个方程求得满足消色差的光焦度，进而求解各面半径，完成消色差预设计。很显然，当 $d=0$ 时，$h_1=h_2$，上面的消色差条件就变成了密接透镜消色差条件。

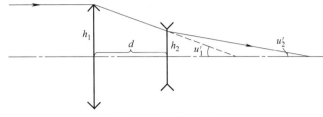

图 17-1　分离双片镜

17.1.2　分离双片镜消色差解

由图 17-1，对于第一片透镜，应用光路计算公式（3-21），注意到 $n_1=n_1'=1$，$u_1=0$，得

$$u_1'=h_1\Phi_1 \tag{17-5}$$

从第一片透镜转面到第二片透镜，应用转面公式（3-22）得

$$h_2=h_1-du_1'=h_1-dh_1\Phi_1=h_1(1-d\Phi_1) \tag{17-6}$$

令 $d/f_1=\kappa$，则有

$$d=\kappa f_1'=\frac{\kappa}{\Phi_1} \tag{17-7}$$

将上式代入公式（17-6）得

$$h_2=h_1(1-\kappa) \tag{17-8}$$

将上式代入消色差约束条件之色差系数公式（17-3）得

$$\frac{h_1^2\Phi_1}{\nu_1}+\frac{h_1^2(1-\kappa)^2\Phi_2}{\nu_2}=0 \quad\Rightarrow\quad \frac{\Phi_1}{\nu_1}+(1-\kappa)^2\frac{\Phi_2}{\nu_2}=0 \tag{17-9}$$

另外，公式（17-7）代入消色差约束条件之光焦度公式（17-4）得

$$\Phi=\Phi_1+\Phi_2-d\Phi_1\Phi_2=\Phi_1+(1-\kappa)\Phi_2 \tag{17-10}$$

从公式（17-10）中求出 Φ_1，并代入到公式（17-9）中，解出 Φ_2 得

$$\frac{\Phi-(1-\kappa)\Phi_2}{\nu_1}+(1-\kappa)^2\frac{\Phi_2}{\nu_2}=0 \quad\Rightarrow\quad \Phi_2=\frac{\nu_2}{(1-\kappa)\left[\nu_2-(1-\kappa)\nu_1\right]}\Phi \tag{17-11}$$

在上式中，令 $\kappa=0$，公式（17-11）就过渡到公式（16-7），密接透镜的情况

$$\Phi_2=\frac{\nu_2}{\nu_2-\nu_1}\Phi$$

下面求 Φ_1，由公式（17-10），求解 Φ_1 得

$$\Phi_1=\Phi-(1-\kappa)\Phi_2=\Phi-(1-\kappa)\frac{\nu_2\Phi}{(1-\kappa)\left[\nu_2-(1-\kappa)\nu_1\right]}=\left[1-\frac{\nu_2}{\nu_2-(1-\kappa)\nu_1}\right]\Phi=\frac{-(1-\kappa)\nu_1}{\nu_2-(1-\kappa)\nu_1}\Phi \tag{17-12}$$

在上式中，令 $\kappa=0$，公式（17-12）就过渡到公式（16-6），密接透镜的情况

$$\Phi_1=\frac{-\nu_1}{\nu_2-\nu_1}\Phi=\frac{\nu_1}{\nu_1-\nu_2}\Phi$$

17.1.3　同种材料消色差

在密接双片镜消色差公式（16-6）和公式（16-7）中，不可能使用同一种材料消色差，因为分母为两个阿贝数之差，同种材料将导致两片镜光焦度为无限大，焦距无限小，不可能实现。但是分离双片镜存在同种材料消色差的可能性。我们看分离双片镜消色差条件，即公式（17-11）和公式（17-12），当为同一种材料时，有 $\nu_1 = \nu_2$，则

$$\Phi_1 = \frac{-(1-\kappa)}{\kappa}\Phi, \quad \Phi_2 = \frac{1}{\kappa(1-\kappa)}\Phi \tag{17-13}$$

如果总光焦度 $\Phi > 0$，为会聚系统，要保持公式（17-13）第一式为正透镜，需要

$$\begin{cases} 1-\kappa > 0, \kappa < 0 \\ 1-\kappa < 0, \kappa > 0 \end{cases} \Rightarrow \begin{cases} \kappa < 0 \\ \kappa > 1 \end{cases}$$

要想保持公式（7-13）第二式为负透镜，需要

$$\begin{cases} 1-\kappa > 0, \kappa < 0 \\ 1-\kappa < 0, \kappa > 0 \end{cases} \Rightarrow \begin{cases} \kappa < 0 \\ \kappa > 1 \end{cases}$$

由公式（17-7），第一片为正透镜 $f_1 > 0$，空气间隔 $d > 0$，所以 $\kappa > 0$，上两式条件只能保留下面的条件。即当 $\kappa > 1$ 时，可以用同一种玻璃材料消色差。不过，这个条件也有局限性，因为当 $\kappa > 1$ 时说明空气间隔大于第一片透镜焦距，整个光学系统必然很长，体积庞大。

将公式（17-13）中两个光焦度相除得

$$\frac{\Phi_1}{\Phi_2} = -(1-\kappa)^2 \quad \Rightarrow \quad \Phi_1 = -(1-\kappa)^2 \Phi_2 \tag{17-14}$$

比如 $\kappa = 1.5$，则有 $\Phi_2 = -4\Phi_1$，第一片透镜的光焦度是第二片透镜光焦度的四分之一。由于前者是正透镜，后者是负透镜且光焦度大，加剧了入射光束的发散性。因此，获得的像面是虚的。这就是为什么不可以使用胶片或 CCD 之类的接收器来记录像。不过，如果它作为整个系统的一个组件，这样的系统还是有用途的。例如，如果你使用人眼观察虚像，则在视网膜上会形成实像。

17.1.4　设计实例

设计一个消色差摄远物镜，它的技术要求如下。

焦距：$f' = 400\text{mm}$。

F 数：$f/15$。

视场：$0°$。

波长：F、d、C。

摄远比：$L/f' = 0.6$，L 为物镜的总长度（从第一面到像平面距离），f' 为物镜的总焦距。

消色差：轴向色差 $W_{020} \leqslant \Delta$，Δ 为焦深。

在计算中，第一片透镜的参数都加"1"下标，第二片透镜的参数都加"2"下标，整个系统的参数不加任何下标。由应用光学可知，第二片透镜到理想像面（也是焦平面）的距离为

$$l'_2 = f'\left(1 - \frac{d}{f'_1}\right) \tag{17-15}$$

式中，d 是摄远物镜两透镜间间距。由技术要求中，为了推导方便，令 $L/f' = \alpha = 0.6$，

表示摄远比，可得

$$\frac{L}{f'}=\frac{d+l_2'}{f'}=\frac{d+f'\left(1-\dfrac{d}{f_1'}\right)}{f'}=1+\frac{d}{f'}-\frac{d}{f_1'}=\alpha \tag{17-16}$$

由公式（17-7）

$$\kappa=d\Phi_1=\frac{-(1-\kappa)\nu_1}{\nu_2-(1-\kappa)\nu_1}d\Phi \quad \Rightarrow \quad d\Phi=\kappa\frac{\nu_2-(1-\kappa)\nu_1}{-(1-\kappa)\nu_1} \tag{17-17}$$

将公式（17-7）和公式（17-17）代入公式（17-16），可得

$$1+\kappa\frac{\nu_2-(1-\kappa)\nu_1}{-(1-\kappa)\nu_1}-\kappa=\alpha \tag{17-18}$$

我们仍然选择第 15 章中消初级色差的玻璃材料组合，即 H-K9L 和 H-ZF1，它们的参数如下

$$\text{H-K9L}:n_1=1.5168,\nu_1=64.212;\text{H-ZF1}:n_2=1.6477,\nu_2=33.842 \tag{17-19}$$

将两个阿贝数代入公式（17-18），可以解得 κ：

$$1+\kappa\left[\frac{\nu_2}{-(1-\kappa)\nu_1}+1\right]-\kappa=1-\frac{\kappa\nu_2}{(1-\kappa)\nu_1}=\alpha$$

$$\kappa=\frac{(1-\alpha)\nu_1}{(1-\alpha)\nu_1+\nu_2}=0.4315 \tag{17-20}$$

将上式获得的 κ 分别代入公式（17-11）和公式（17-12），可得两片镜的光焦度

$$\Phi_1=\frac{-(1-\kappa)\nu_1}{\nu_2-(1-\kappa)\nu_1}\Phi=0.0342632$$

$$\Phi_2=\frac{\nu_2}{(1-\kappa)\left[\nu_2-(1-\kappa)\nu_1\right]}\Phi=-0.0558703$$

设第一片正透镜为双面等凸薄透镜，由透镜制造方程，可得其半径为

$$R_1=-R_2=2(n_1-1)/\Phi_1=30.1665$$

设第二片负透镜为双面等凹薄透镜，由透镜制造方程，可得其半径为

$$R_3=-R_4=2(n_1-1)/\Phi_2=-23.1858$$

由公式（17-1），可得间距 d 为

$$d=\kappa/\Phi_1=12.5937$$

将以上数据输入到 Zemax，并注意技术要求中 F 数 15，视场 0° 和波长 F、d、C 的输入，在"系统孔径"中选择"近轴工作 F/♯"，"孔径值"输入 15。输入完成后，所得镜头数据如图 17-2。使用优化函数向导设置默认的优化函数，"类型"为"RMS"，"标准"为"光斑半径"，"参考"为"质心"，并勾选"假设轴对称"选项。在优化函数中加入有效焦距（EFFL）和轴向色差（AXCL）两行，刷新数据可以看到焦距和轴向色差值。此时，相关重要的参数如下：

面数据概要：

表面	类型	曲率半径	厚度	玻璃	净口径	延伸区	机械半直径
物面	STANDARD	无限	无限		0	0	0
光阑	STANDARD	30.1665	0	H-K9L	26.65108	0	28.88453
2	STANDARD	-30.166	12.5937		28.88453	0	28.88453
3	STANDARD	-23.1858	0	H-ZF1	1.905006	0	1.905006
4	STANDARD	23.186	227.2666		1.874338	0	1.905006
像面	STANDARD	无限			366.5421	0	366.5421

图 17-2　分离消色差初始数据

$$f'=399.766\text{mm}, \text{AXCL}=403\mu\text{m}, \text{TOTR}=239.86, L/f'=0.6$$

令第一片正透镜厚度为 6mm，第二片负透镜厚度为 3mm。设置四个半径为变量。设置焦距 EFFL 的目标值为"400"，权重为"1"；设置轴向色差 AXCL 的目标值为"0"，权重为"1"；插入一行，设置其类型为"TOTR"，即总追迹长度 L，目标值为"240"，权重为"1"。然后进行优化，完成后再进行全局优化，可以得到最终的镜头数据，如图 17-3。

面数据概要：

表面	类型	曲率半径	厚度	玻璃	净口径	延伸区	机械半直径
物面	STANDARD	无限	无限		0	0	0
光阑	STANDARD	20.94431	6	H-K9L	26.66683	0	26.66683
2	STANDARD	-209.8984	12.5937		26.24931	0	26.66683
3	STANDARD	-21.23464	3	H-ZF1	15.63444	0	15.63444
4	STANDARD	49.09019	218.4004		14.83106	0	15.63444
像面	STANDARD	无限			0.5878661	0	0.5878661

图 17-3　分离消色差优化数据

优化后，相关重要的参数如下：

$$f'=400.002\text{mm}, \text{AXCL}=-30\mu\text{m}, \text{TOTR}=239.994, L/f'=0.6$$

分离消色差摄远物镜的 2D 视图，示于图 17-4。

图 17-4　分离消色差的 2D 视图

我们看一下，轴向色差是否在一倍的焦深以内。由焦深的公式（1-8），得

$$\Delta=4\lambda(\text{F}/\#)^2=4\times0.5876\mu\text{m}\times15^2=528.84\mu\text{m}$$

很显然，无论初始结构还是优化后的结构，轴向色差都在一倍的焦深之内，达到目标设计要求。

17.2　密接三片镜复消色差

17.2.1　部分色差约束条件

由透镜制造方程，可得薄透镜的光焦度为

$$\Phi=(n-1)(C_1-C_2) \tag{17-21}$$

式中，C_1、C_2 为薄透镜的前后面曲率，n 为薄透镜材料折射率。对上式进行微分，由于考虑色差，折射率是变化量，半径为不变量

$$\mathrm{d}\Phi=(C_1-C_2)\mathrm{d}n \tag{17-22}$$

对于 d、C 光，应用于上式得

$$\mathrm{d}\Phi_{\text{dC}}=(C_1-C_2)(n_\text{d}-n_\text{C}) \tag{17-23}$$

由部分色散公式（16-14），得 $n_\text{d}-n_\text{C}=P_{\text{dC}}$ $(n_\text{F}-n_\text{C})$，代入上式得

$$\mathrm{d}\Phi_{\text{dC}}=(C_1-C_2)P_{\text{dC}}(n_\text{F}-n_\text{C})=(C_1-C_2)P_{\text{dC}}(n_\text{F}-n_\text{C})\frac{n_\text{d}-1}{n_\text{d}-1}$$

$$=(n_\text{d}-1)(C_1-C_2)\frac{P_{\text{dC}}}{\nu_\text{d}}=\frac{P_{\text{dC}}}{\nu_\text{d}}\Phi_\text{d} \tag{17-24}$$

对于密接双片镜，有光焦度公式 $\Phi=\Phi_1+\Phi_2$，对 d、C 光进行微分得

$$\mathrm{d}\Phi_{\mathrm{dC}} = \mathrm{d}\Phi_{\mathrm{dC1}} + \mathrm{d}\Phi_{\mathrm{dC2}} = \frac{P_{\mathrm{dC1}}}{\nu_1}\Phi_1 + \frac{P_{\mathrm{dC2}}}{\nu_2}\Phi_2 \tag{17-25}$$

同理，对于密接三片镜，有光焦度公式 $\Phi = \Phi_1 + \Phi_2 + \Phi_3$，对 d、C 光进行微分得

$$\mathrm{d}\Phi_{\mathrm{dC}} = \mathrm{d}\Phi_{\mathrm{dC1}} + \mathrm{d}\Phi_{\mathrm{dC2}} + \mathrm{d}\Phi_{\mathrm{dC3}} = \frac{P_{\mathrm{dC1}}}{\nu_1}\Phi_1 + \frac{P_{\mathrm{dC2}}}{\nu_2}\Phi_2 + \frac{P_{\mathrm{dC3}}}{\nu_3}\Phi_3 \tag{17-26}$$

上式就是部分色差约束条件，它是密接三片镜复消色差的条件之一。从上式可以看出，要想消二级光谱，即复消色差，需要 $\mathrm{d}\Phi_{\mathrm{dC}} = 0$，即要求

$$\frac{P_{\mathrm{dC1}}}{\nu_1}\Phi_1 + \frac{P_{\mathrm{dC2}}}{\nu_2}\Phi_2 + \frac{P_{\mathrm{dC3}}}{\nu_3}\Phi_3 = 0 \tag{17-27}$$

17.2.2　复消色差约束条件

在上一章，我们推导了密接双片镜的消初级色差条件，如下

$$\begin{cases} \Phi_1 + \Phi_2 = \Phi \\[2mm] \dfrac{\Phi_1}{\nu_1} + \dfrac{\Phi_2}{\nu_2} = 0 \end{cases} \tag{17-28}$$

我们将之推广到密接三片镜，并加上公式（17-27），就组成了密接三片镜复消色差条件，如下

$$\begin{cases} \Phi_1 + \Phi_2 + \Phi_3 = \Phi \\[3mm] \dfrac{\Phi_1}{\nu_1} + \dfrac{\Phi_2}{\nu_2} + \dfrac{\Phi_3}{\nu_3} = 0 \\[3mm] \dfrac{P_{\mathrm{dC1}}}{\nu_1}\Phi_1 + \dfrac{P_{\mathrm{dC2}}}{\nu_2}\Phi_2 + \dfrac{P_{\mathrm{dC3}}}{\nu_3}\Phi_3 = 0 \end{cases} \tag{17-29}$$

这组公式中，第一个公式为光焦度公式，这个是成像特性决定的；第二个公式为消初级色差公式，它保证了 F、C 光焦点重合；第三个公式是消二级光谱公式，它进一步保证了 d 光与 F & C 焦点重合。如果公式（17-29）中三个等式均成立，则不仅消除了初级色差，也消除了二级光谱，即复消色差。从第三个公式可以看出，密接三片镜消二级光谱和密接双片镜消二级光谱方法一样，就是在部分色散图上寻找部分色散值相等或相近的玻璃材料。因为当三个部分色散相等时，公式（17-29）的第三式可以变成

$$P_{\mathrm{dC1}} \approx P_{\mathrm{dC2}} \approx P_{\mathrm{dC3}} \quad \Rightarrow \quad P_{\mathrm{dC1}}\left(\frac{\Phi_1}{\nu_1} + \frac{\Phi_2}{\nu_2} + \frac{\Phi_3}{\nu_3}\right) = 0 \quad \Rightarrow \quad \frac{\Phi_1}{\nu_1} + \frac{\Phi_2}{\nu_2} + \frac{\Phi_3}{\nu_3} = 0$$

上式就是复消色差条件公式（17-29）中第二个公式，已经满足。

当复消色差后，镜头的 F、d 和 C 光焦点重合，如图 17-5 所示。

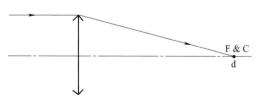

图 17-5　复消色差使 F、d 和 C 光焦点重合

17.2.3　复消色差方程组的解

在上一小节，我们得到了复消色差方程组，即公式（17-29），这是一个三元一次方程组，它的求解并不难。既然是线性方程组，可以利用线性代数中的克莱姆法则求解。

设 **D** 为公式（17-29）的系数矩阵

$$D = \begin{pmatrix} 1 & 1 & 1 \\ \dfrac{1}{\nu_1} & \dfrac{1}{\nu_2} & \dfrac{1}{\nu_3} \\ \dfrac{P_{dC1}}{\nu_1} & \dfrac{P_{dC2}}{\nu_2} & \dfrac{P_{dC3}}{\nu_3} \end{pmatrix} \tag{17-30}$$

上式展开为

$$D = \left(\frac{P_{dC3}}{\nu_2 \nu_3} - \frac{P_{dC2}}{\nu_3 \nu_2} \right) + \left(\frac{P_{dC1}}{\nu_3 \nu_1} - \frac{P_{dC3}}{\nu_1 \nu_3} \right) + \left(\frac{P_{dC2}}{\nu_2 \nu_1} - \frac{P_{dC1}}{\nu_1 \nu_2} \right) = \frac{\Delta P_{dC32}}{\nu_3 \nu_2} + \frac{\Delta P_{dC13}}{\nu_1 \nu_3} + \frac{\Delta P_{dC21}}{\nu_1 \nu_2}$$

$$\tag{17-31}$$

下面求三个行列式，以便计算三个光焦度的值：

$$D_1 = \begin{vmatrix} \Phi & 1 & 1 \\ 0 & \dfrac{1}{\nu_2} & \dfrac{1}{\nu_3} \\ 0 & \dfrac{P_{dC2}}{\nu_2} & \dfrac{P_{dC3}}{\nu_3} \end{vmatrix} = \frac{\Delta P_{dC32}}{\nu_3 \nu_2} \Phi, \quad D_2 = \begin{vmatrix} 1 & \Phi & 1 \\ \dfrac{1}{\nu_1} & 0 & \dfrac{1}{\nu_3} \\ \dfrac{P_{dC1}}{\nu_1} & 0 & \dfrac{P_{dC3}}{\nu_3} \end{vmatrix} = \frac{\Delta P_{dC13}}{\nu_1 \nu_3},$$

$$D_3 = \begin{vmatrix} 1 & 1 & \Phi \\ \dfrac{1}{\nu_1} & \dfrac{1}{\nu_2} & 0 \\ \dfrac{P_{dC1}}{\nu_1} & \dfrac{P_{dC2}}{\nu_2} & 0 \end{vmatrix} = \frac{\Delta P_{dC21}}{\nu_1 \nu_2} \tag{17-32}$$

利用克莱姆法则，可得密接三片镜的三个光焦度 Φ_1、Φ_2 和 Φ_3 为

$$\Phi_1 = \frac{D_1}{D} = \frac{\dfrac{\Delta P_{dC32}}{\nu_3 \nu_2} \Phi}{\dfrac{\Delta P_{dC32}}{\nu_3 \nu_2} + \dfrac{\Delta P_{dC13}}{\nu_1 \nu_3} + \dfrac{\Delta P_{dC21}}{\nu_1 \nu_2}} = \frac{\nu_1 \Delta P_{dC32}}{\nu_1 \Delta P_{dC32} + \nu_2 \Delta P_{dC13} + \nu_3 \Delta P_{dC21}} \Phi \tag{17-33}$$

$$\Phi_2 = \frac{D_2}{D} = \frac{\nu_2 \Delta P_{dC13}}{\nu_1 \Delta P_{dC32} + \nu_2 \Delta P_{dC13} + \nu_3 \Delta P_{dC21}} \Phi \tag{17-34}$$

$$\Phi_3 = \frac{D_3}{D} = \frac{\nu_3 \Delta P_{dC21}}{\nu_1 \Delta P_{dC32} + \nu_2 \Delta P_{dC13} + \nu_3 \Delta P_{dC21}} \Phi \tag{17-35}$$

17.2.4 设计实例

设计一个密接复消色差三片式物镜，它的技术要求如下。

焦距：$f' = 400\text{mm}$。

F 数：$f/10$。

视场：$0°$。

波长：F、d、C。

消色差：轴向色差 $W_{020} \leqslant \Delta$，二级光谱 $\Delta l'_{FCD} \leqslant \Delta$，其中 Δ 为焦深。

由前述分析，根据复消色差公式（17-29）中第三个公式，在挑选玻璃时，尽量选择 $P_{dC1} \approx P_{dC2} \approx P_{dC3}$。综合考虑，我们选择了表 17-1 的三种玻璃组合，它们分别为德国肖特厂的 SSKN5、日本小原厂的 FPL53 和国产成都光明的 H-ZK14，其他重要参数列于表中。

表 17-1 密接三片镜复消色差玻璃选择

序号	生产商	玻璃库	玻璃牌号	ν_d	P_{dC}	n_d	ΔP_{dC}
1	德国肖特	Schott	SSKN5	50.883	0.302094	1.6584	$\Delta P_{dC32}=-0.002692$
2	日本小原	Ohara	FPL53	94.960	0.308158	1.4387	$\Delta P_{dC13}=-0.003372$
3	成都光明	CDGM	H-ZK14	60.633	0.305466	1.6031	$\Delta P_{dC21}=+0.006064$

首先求公式（17-33）～公式（17-35）中的分母，得

$$\nu_1 \Delta P_{dC32} + \nu_2 \Delta P_{dC13} + \nu_3 \Delta P_{dC21} = -0.136977 - 0.320205 + 0.367679 = -0.089504$$

因此，三个光焦度由公式（17-33）～公式（17-35）计算得

$$\Phi_1 = \frac{-0.136977}{-0.136977-0.320205+0.367679} \times 0.0025 = 0.003826, f_1' = 261.368\text{mm}$$

$$\Phi_2 = \frac{-0.320205}{-0.136977-0.320205+0.367679} \times 0.0025 = 0.008944, f_2' = 111.808\text{mm}$$

$$\Phi_3 = \frac{+0.367679}{-0.136977-0.320205+0.367679} \times 0.0025 = -0.010270, f_3' = -97.372\text{mm}$$

样验一下上面三个光焦度之和，$\Phi_1 + \Phi_2 + \Phi_3 = 0.0025$，正是总光焦度。从三个焦距的符号可知，有两片透镜为正透镜，一片透镜为负透镜。虽然，我们计算时默认为1、2、3就是三个镜片的摆放次序。事实上，对于密接的系统，这种顺序是可以交换的，即1、3、2或者2、3、1等对色差的影响很小。为了有利于像差，我们不选择"正-正-负"的结构，而是将负透镜放置在中间，即"正-负-正"结构，如图17-6所示。

假定中间的负透镜为双面等凹透镜，由透镜制造方程，可得半径为

$$R_2 = -R_3 = 2(n_c-1)f_c' = -117.4501$$

由第一片正透镜的焦距和第二面半径（上式），可得第一面半径为

$$\frac{1}{R_1} = \frac{1}{R_2} + \frac{1}{(n_a-1)f'} \quad \Rightarrow \quad R_1 = -369.9371$$

同理可以得到第四面半径为

$$\frac{1}{R_4} = \frac{1}{R_3} - \frac{1}{(n_b-1)f_b'} \quad \Rightarrow \quad R_4 = -84.2245$$

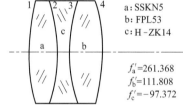

图 17-6 正-负-正结构复消色差

将以上数据输入到 Zemax，并注意技术要求中 F 数 10，视场 0°和波长 F、d、C 的输入。令三片镜的厚度均为 0，透镜空气间距为 0.01mm。输入完成后，所得镜头数据如图 17-7 所示。

面数据概要:

表面	类型	曲率半径	厚度	玻璃	净口径	延伸区	机械半直径
物面	STANDARD	无限	无限		0	0	0
光阑	STANDARD	-369.9371	0	SSKN5	39.97276	0	39.97276
2	STANDARD	-117.4501	0.01		39.92276	0	39.97276
3	STANDARD	-117.4501	0	H-ZK14	39.92117	0	40.03265
4	STANDARD	117.4501	0.01		40.03265	0	40.03265
5	STANDARD	117.4501	0	FPL53	40.03536	0	40.03536
6	STANDARD	-84.2245	399.7381		39.72578	0	40.03536
像面	STANDARD	无限			2.073738	0	2.073738

图 17-7 三片复消色差初始结构

使用优化函数向导设置默认的优化函数，"类型"为"RMS"，"标准"为"光斑半径"，"参考"为"质心"，并勾选"假设轴对称"选项。在优化函数中加入有效焦距（EFFL）和轴向色差（AXCL）两行，刷新数据可以看到焦距和轴向色差值。此时，相关

重要的参数如下

$$f' = 399.728\text{mm}, \text{AXCL} = 4.887\mu\text{m}$$

轴向色差已经很小了，我们看一下它的色焦移图，如图 17-8，也佐证了这一点。不过，从色焦移图上可以看出，仍然存在一定的二级光谱。

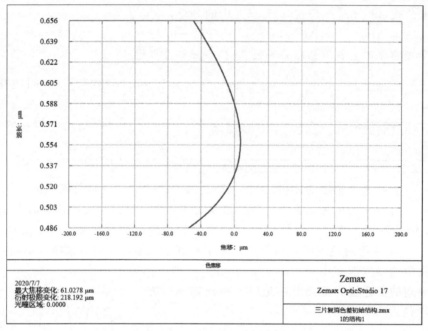

图 17-8　初始结构的色焦移

我们在优化函数中使用三次 EFLY，以获取三个镜片的焦距值。EFLY 操作数，"面1"参数为起点面号，"面 2"参数为终点面号，表示从面 1 到面 2 的焦距值。第一个 EFLY 操作数，面号从 1 到 2，表示第 1 面到第 2 面间的焦距。第二个 EFLY 操作数，面号从 3 到 4。第三个 EFLY 操作数，面号从 5 到 6。从图 17-9 可以看出：1 到 2 面的焦距

	类型	面1	面2				目标	权重	评估	%献
1	DMFS ▾									
2	BLNK ▾	序列评价函数: RMS 光斑半径: 质心参考高斯求积 3 环 6 臂								
3	BLNK ▾	无空气及玻璃约束.								
4	BLNK ▾	视场操作数 1.								
5	EFFL ▾		2				0.000	0.000	399.728	0.000
6	AXCL ▾	0	0	0.000			0.000	0.000	4.887E-03	0.000
7	EFLY ▾	1	2				0.000	0.000	261.352	0.000
8	EFLY ▾	3	4				0.000	0.000	-97.370	0.000
9	EFLY ▾	5	6				0.000	0.000	111.795	0.000
10	TRAC ▾		1	0.000	0.000	0.336	0.000	0.000	0.291	0.012	0.057
11	TRAC ▾		1	0.000	0.000	0.707	0.000	0.000	0.465	0.106	7.412
12	TRAC ▾		1	0.000	0.000	0.942	0.000	0.000	0.291	0.251	25.923
13	TRAC ▾		2	0.000	0.000	0.336	0.000	0.000	0.291	0.011	0.051
14	TRAC ▾		2	0.000	0.000	0.707	0.000	0.000	0.465	0.105	7.270
15	TRAC ▾		2	0.000	0.000	0.942	0.000	0.000	0.291	0.250	25.700
16	TRAC ▾		3	0.000	0.000	0.336	0.000	0.000	0.291	0.012	0.057
17	TRAC ▾		3	0.000	0.000	0.707	0.000	0.000	0.465	0.107	7.448
18	TRAC ▾		3	0.000	0.000	0.942	0.000	0.000	0.291	0.252	26.082

图 17-9　优化函数中观察透镜焦距

为 261.352；3 到 4 面的焦距为 −97.370；5 到 6 面的焦距为 111.795，都与计算值几乎相同。

现在，我们将厚度考虑进去，令第一片正透镜和第三片正透镜厚度为 10mm，第二片负透镜厚度为 5mm。为了在优化过程中校正二级光谱，需要考虑其他操作数。轴向色差操作数 AXCL，只是控制两种波长的焦点重合，而我们需要三种波长的焦点重合。这时候，我们考虑操作数 PARR 和 DIFF 的组合来完成。PARR 操作数被用来指定，像平面上感兴趣的不同色光光线的近轴径向光线高。因此，为了使它起作用，我们必须指定瞳孔面内的至少一个径向光线高，我们选定 $\rho=1$。像平面是 Zemax 里镜头数据的面号 7。PARR 使用了两对，每两种色光用一对，它们的权重不用赋值。操作数 DIFF，表示两行操作数作差，应用于每一对 PARR 下面，为其上两个 PARR 之差，它的目标值设置为 0，权重设置为 1，如图 17-10 所示。在图 17-10 中，第 9、10 行操作数作差，是使在像平面上 F、d 光边缘光线交点重合；第 12、13 行操作数作差，是使在像平面上 d、C 光边缘光线交点重合。

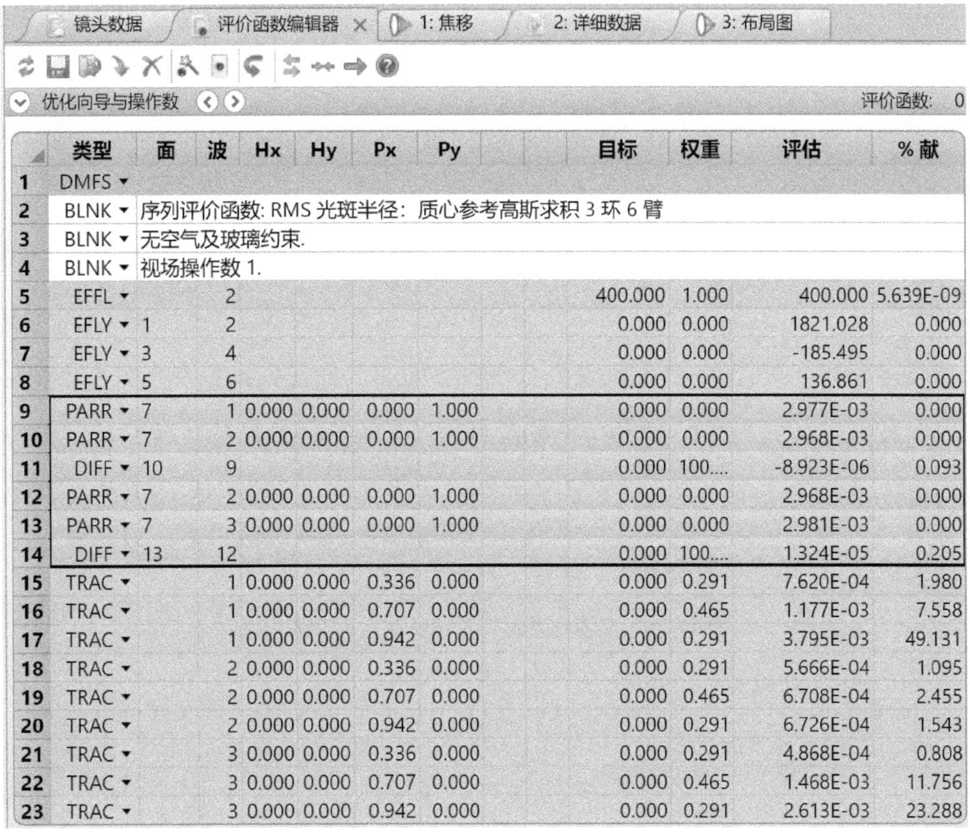

	类型	面	波	Hx	Hy	Px	Py		目标	权重	评估	% 献
1	DMFS ▾											
2	BLNK ▾	序列评价函数: RMS 光斑半径: 质心参考高斯求积 3 环 6 臂										
3	BLNK ▾	无空气及玻璃约束.										
4	BLNK ▾	视场操作数 1.										
5	EFFL ▾		2						400.000	1.000	400.000	5.639E-09
6	EFLY ▾	1	2						0.000	0.000	1821.028	0.000
7	EFLY ▾	3	4						0.000	0.000	-185.495	0.000
8	EFLY ▾	5	6						0.000	0.000	136.861	0.000
9	PARR ▾	7		1	0.000	0.000	0.000	1.000	0.000	0.000	2.977E-03	0.000
10	PARR ▾	7		2	0.000	0.000	0.000	1.000	0.000	0.000	2.968E-03	0.000
11	DIFF ▾	10	9						0.000	100....	-8.923E-06	0.093
12	PARR ▾	7		2	0.000	0.000	0.000	1.000	0.000	0.000	2.968E-03	0.000
13	PARR ▾	7		3	0.000	0.000	0.000	1.000	0.000	0.000	2.981E-03	0.000
14	DIFF ▾	13	12						0.000	100....	1.324E-05	0.205
15	TRAC ▾			1	0.000	0.000	0.336	0.000	0.000	0.291	7.620E-04	1.980
16	TRAC ▾			1	0.000	0.000	0.707	0.000	0.000	0.465	1.177E-03	7.558
17	TRAC ▾			1	0.000	0.000	0.942	0.000	0.000	0.291	3.795E-03	49.131
18	TRAC ▾			2	0.000	0.000	0.336	0.000	0.000	0.291	5.666E-04	1.095
19	TRAC ▾			2	0.000	0.000	0.707	0.000	0.000	0.465	6.708E-04	2.455
20	TRAC ▾			2	0.000	0.000	0.942	0.000	0.000	0.291	6.726E-04	1.543
21	TRAC ▾			3	0.000	0.000	0.336	0.000	0.000	0.291	4.868E-04	0.808
22	TRAC ▾			3	0.000	0.000	0.707	0.000	0.000	0.465	1.468E-03	11.756
23	TRAC ▾			3	0.000	0.000	0.942	0.000	0.000	0.291	2.613E-03	23.288

图 17-10 优化函数中设置消二级光谱

设置 1、2、4、6 面半径为变量，拾取求解 3 面与 2 面相等、5 面与 4 面相等，然后进行优化处理。需要注意的是，为了更好地校正二级光谱，可以将 DIFF 的权重增加，比如从 1 增加到 10，甚至 100。当 DIFF 权重增加到 100 时，我们得到图 17-11 的色焦移曲线。从图中可以看出，二级光谱已经校正到一个波长以下，远远小于焦深大小。最终的复消色差三片镜镜头数据，如图 17-12，它的 2D 视图如图 17-13。

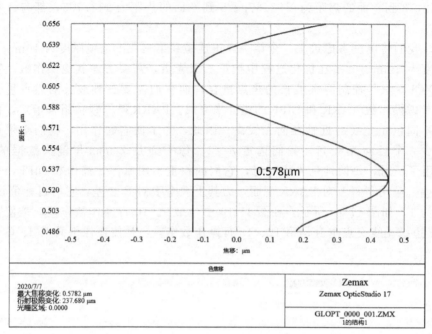

图 17-11　复消色差的三片镜优化后的色焦移

面数据概要：

表面	类型	曲率半径	厚度	玻璃	净口径	延伸区	机械半直径
物面	STANDARD	无限	无限		0	0	0
光阑	STANDARD	352.6726	10	SSKN5	40	0	40
2	STANDARD	494.0033	0.01		39.55845	0	40
3	STANDARD	494.0033	5	H-ZK14	39.55824	0	39.55824
4	STANDARD	90.86968	0.01		39.26309	0	39.55824
5	STANDARD	90.86968	10	FPL53	39.26512	0	39.27396
6	STANDARD	-171.0915	393.3246		39.27396	0	39.27396
像面	STANDARD	无限			0.01060603	0	0.01060603

图 17-12　复消色差的三片镜优化后的镜头数据

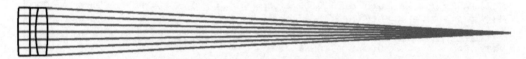

图 17-13　复消色差的三片镜优化后的 2D 视图

第 18 章

PWC 分 解

前面几章详细介绍了像差理论、波像差和像质评价等。不过这些理论或者方法都有一个前提条件，就是光学系统的结构已经确定，即（r，d，n）参数是已知的，这样才可以用那些公式计算像差的大小，从而评估像质的好坏。那么，有没有一种方法，可以从像质要求出发，逆向求解结构（r，d，n）参数呢？也许，这是光学设计的终极目标，不过前辈科学家和工程师们已经有了一些探索，比如 PWC 分解技术。在第 7 章中，已经引入了 PW 因子表示的初级塞德像差系数，即公式（7-77）～公式（7-81）。理论上，从对光学系统的像差要求，可以求解方程组获得对应的 PW 因子值。如果能从 PW 因子出发，进而获得光学系统的结构（r，d，n）参数，则是本章要讨论的重点内容。在进行 PWC 分解之前，需要对从像差系数中求解的 PWC 因子进行规化处理，以便获得更方便的求解方法。最后，我们用 PWC 理论对双胶合透镜组进行运算，以演示此种分解方法的求解过程。

18.1 PWC 因子的规化

18.1.1 PW 因子

由第 7 章和第 14 章可知，PW 因子一般指单折射面或者薄透镜组，所以分解 PW 因子必须将镜头看成薄透镜组，否则误差性很大。设薄透镜组有 k 个折射面，由第 7 章，我们定义的 PW 因子为

$$\begin{cases} P = \sum ni(i-i')(i'-u) = \sum \left(\dfrac{\Delta u}{\Delta(1/n)}\right)^2 \Delta \dfrac{u}{n} \\ W = \sum -(i-i')(i'-u) = \sum -\dfrac{P}{ni} = \sum \left(\dfrac{\Delta u}{\Delta(1/n)}\right)\Delta \dfrac{u}{n} \end{cases} \tag{18-1}$$

则用 PW 因子表示的五种塞德初级单色像差系数为

① $\displaystyle\sum_{1}^{k} S_{\text{I}} = \sum_{1}^{k} hP$ （18-2）

② $\displaystyle\sum_{1}^{k} S_{\text{II}} = \sum_{1}^{k} h_z P - J\sum_{1}^{k} W$ （18-3）

③ $\displaystyle\sum_{1}^{k} S_{\text{III}} = \sum_{1}^{k} \dfrac{h_z^2}{h}P - 2J\sum_{1}^{k} \dfrac{h_z}{h}W + J^2 \sum_{1}^{k} \dfrac{1}{h}\Delta \dfrac{u}{n}$ （18-4）

④ $\displaystyle\sum_{1}^{k} S_{\text{IV}} = J^2 \sum_{1}^{k} \dfrac{n'-n}{n'nr}$ （18-5）

⑤ $\sum\limits_1^k S_V = \sum\limits_1^k \dfrac{h_z^3}{h^2}P - 3J\sum\limits_1^k \dfrac{h_z^2}{h}W + J^2\sum\limits_1^k \dfrac{h_z}{h}\left(\dfrac{3}{h}\Delta\dfrac{u}{n} + \dfrac{n'-n}{n'nr}\right) - J^2\sum\limits_1^k \dfrac{1}{h^2}\Delta\dfrac{1}{n^2}$

$$(18\text{-}6)$$

18.1.2　有限距离的 PW 因子规化

从公式（18-1）可以看出，因子 PW 不仅与镜头的内部结构有关系，而且还与外部参数有关系。为了使 PW 因子只与内部结构有关系，将外部参数进行所谓的"规化"处理，使处理后的 PW 仅与镜头结构（r，d，n）参数有关。这样，分解 PW 因子，无需考虑外部参数的影响，在求解完之后，相对于外部参数进行缩放即可。外部参数规化处理主要为以下三种。

① 将光学系统所有面曲率半径都除以总焦距 f'，这样整个系统的焦距就规化为 $f'=1$。求解完成之后，所有曲率半径乘以目标焦距即可。

② 因为所有密接薄透镜的投射高 h 近似相等，它的大小并不影响求解过程，也将之规化处理，即取 $h=1$。求解完成之后，口径进行扩充即可。

③ 由光路计算公式（3-21），假设薄透镜组物像空间折射率均为空气，即 $n'=n=1$，则有

$$n'u'-nu=h\Phi \quad\Rightarrow\quad \dfrac{u'}{h\Phi}-\dfrac{u}{h\Phi}=1 \tag{18-7}$$

参考前两条的规化处理方法，公式（18-7）就相当于孔径角也作了规化处理，处理后的参数上面都加一杠，则有

$$\bar{u}=\dfrac{u}{h\Phi},\ \bar{u}'=\dfrac{u'}{h\Phi} \tag{18-8}$$

由公式（18-1），PW 因子与角度之间满足 $P\propto u^3$，$W\propto u^2$，所以当孔径角规化处理后，PW 因子做规化处理后变为新的因子，和孔径角一样，新的因子上面加一杠。

$$\bar{P}=\dfrac{P}{(h\Phi)^3},\ \bar{W}=\dfrac{W}{(h\Phi)^2} \tag{18-9}$$

当镜头在空气中，垂轴放大率 β 等于角放大率 γ 的倒数，即

$$\beta=\dfrac{l'}{l}=\dfrac{u}{u'}=\dfrac{\bar{u}(h\Phi)}{\bar{u}'(h\Phi)}=\dfrac{\bar{u}}{\bar{u}'}=\dfrac{1}{\gamma}=\bar{\beta} \tag{18-10}$$

上式说明，规化处理后垂轴放大率保持不变，也就是物像的相对位置不变。

18.1.3　位置变化对 PW 因子的规化

仅对镜头的焦距和投射高进行规化还是不行的，因为各种成像系统的物像位置千差万别。不同的成像位置将导致不同的 PW 因子，为此我们选定一个特殊的位置作为参考位置，那就是物体在无限远的时候。假设经过有限距离的规化处理后的 PW 因子为 $\bar{P}$ 和 $\bar{W}$，物体在无限远时候的 PW 因子为 $\bar{P}_\infty$ 和 $\bar{W}_\infty$，如果我们找到两个位置的 PW 因子之间的关系，那么只需考虑 $\bar{P}_\infty$ 和 $\bar{W}_\infty$ 即可。我们将规化到 $\bar{P}$ 和 $\bar{W}$ 的因子统统变换成物体在无限远时候的 $\bar{P}_\infty$ 和 $\bar{W}_\infty$，统一起来后，就可以寻找 $\bar{P}_\infty$ 和 $\bar{W}_\infty$ 和物体结构参数之间的关系。

如图 18-1 所示，设单折射面对两对物像位置进行成像，其中物点 A 的像为 A'，物点 B 的像为 B'。对两对共轭位置分别应用光路计算公式（3-21），并注意到在投射高 h 相同时有

$$n'u'_A - nu_A = h\Phi, n'u'_B - nu_B = h\Phi \quad \Rightarrow \quad n'u'_A - nu_A = n'u'_B - nu_B$$

或
$$n(u_B - u_A) = n'(u'_B - u'_A) = \alpha \tag{18-11}$$

上式的等号两边是折射面同一边的量，因此具有不变性，记不变量为 α。设薄透镜组有 k 个折射面，则有

$$\alpha = n_1(u_{B1} - u_{A1}) = n'_1(u'_{B1} - u'_{A1}) = n_2(u_{B2} - u_{A2}) = \cdots = n'_k(u'_{Bk} - u'_{Ak})$$

由公式（18-11），可得

$$u_B = u_A + \frac{\alpha}{n}, u'_B = u'_A + \frac{\alpha}{n'} \tag{18-12}$$

将上式代入到公式（18-1）中的 P 因子得

$$P_B = \sum \left(\frac{u'_B - u_B}{\Delta(1/n)}\right)^2 \left(\frac{u'_B}{n'} - \frac{u_B}{n}\right) = \sum \left(\frac{u'_A - u_A}{\Delta(1/n)} + \alpha\right)^2 \left[\left(\frac{u'_A}{n'} - \frac{u_A}{n}\right) + \alpha\left(\frac{1}{n'^2} - \frac{1}{n^2}\right)\right]$$

$$= \sum \left(\frac{\Delta u_A}{\Delta(1/n)} + \alpha\right)^2 \left(\Delta \frac{u_A}{n} + \alpha \Delta \frac{1}{n^2}\right)$$

$$= \sum \left(\frac{\Delta u_A}{\Delta(1/n)}\right)^2 \Delta \frac{u_A}{n} + \alpha \sum \left(\frac{\Delta u_A}{\Delta(1/n)}\right)^2 \Delta \frac{1}{n^2} + 2\alpha \sum \frac{\Delta u_A}{\Delta(1/n)} \Delta \frac{u_A}{n} +$$

$$2\alpha^2 \sum \frac{\Delta u_A}{\Delta(1/n)} \Delta \frac{1}{n^2} + \alpha^2 \sum \Delta \frac{u_A}{n} + \alpha^3 \sum \Delta \frac{1}{n^2} \tag{18-13}$$

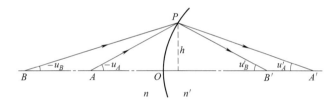

图 18-1　位置变化对 PW 因子的影响

上式中，分别一一说明如下。

第一项：$\sum \left(\dfrac{\Delta u_A}{\Delta(1/n)}\right)^2 \Delta \dfrac{u_A}{n} = P_A$

第二项：$\alpha \sum \left(\dfrac{\Delta u_A}{\Delta(1/n)}\right)^2 \Delta \dfrac{1}{n^2} = \alpha \sum \dfrac{\Delta u_A}{\Delta(1/n)} \Delta u_A \left(\dfrac{1}{n'} + \dfrac{1}{n}\right) = \alpha \sum \dfrac{\Delta u_A}{\Delta(1/n)} (u'_A - u_A) \dfrac{n' + n}{nn'}$

$$= \alpha \sum \frac{\Delta u_A}{\Delta(1/n)} \left[\left(\frac{u'_A}{n'} - \frac{u_A}{n}\right) + \left(\frac{u'_A}{n} - \frac{u_A}{n'}\right)\right]$$

$$= \alpha \sum \frac{\Delta u_A}{\Delta(1/n)} \left(2\Delta \frac{u_A}{n} - (u'_A + u_A)\Delta \frac{1}{n}\right)$$

$$= 2\alpha W_A - \alpha \sum \Delta u_A^2 = 2\alpha W_A - \alpha(u'^2_{Ak} - u^2_{A1})$$

第三项：$2\alpha \sum \dfrac{\Delta u_A}{\Delta(1/n)} \Delta \dfrac{u_A}{n} = 2\alpha W_A$

第四项：$2\alpha^2 \sum \dfrac{\Delta u_A}{\Delta(1/n)} \Delta \dfrac{1}{n^2} = 2\alpha^2 \sum \Delta u_A \left(\dfrac{1}{n'} + \dfrac{1}{n}\right) = 2\alpha^2 \sum (u'_A - u_A) \dfrac{n' + n}{nn'}$

$$= 2\alpha^2 \sum \left[\left(\frac{u'_A}{n'} - \frac{u_A}{n}\right) + \left(\frac{u'_A}{n} - \frac{u_A}{n'}\right)\right]$$

$$= 2\alpha^2 \sum \Delta \frac{u_A}{n} + 2\alpha^2 \sum \frac{n'u'_A - nu_A}{nn'} = 2\alpha^2 h\Phi + 2\alpha^2 \sum \frac{(n'-n)h}{n'r} \times \frac{1}{n}$$

$$= 2\alpha^2 h\Phi + 2\alpha^2 h \sum \frac{\Phi_i}{n}$$

第五项：$\alpha^2 \sum \Delta \frac{u_A}{n} = \alpha^2 (u'_{Ak} - u_{A1}) = \alpha^2 h\Phi$

第六项：由于 $n'_k = n_1 = 1$，$\Delta \frac{1}{n^2} = 0$，所以 $\alpha^3 \sum \Delta \frac{1}{n^2} = 0$

将以上所求六项代入到公式（18-13）得

$$P_B = P_A + 2\alpha W_A - \alpha(u'^2_{Ak} - u^2_{A1}) + 2\alpha W_A + 2\alpha^2 h\Phi + 2\alpha^2 h \sum \frac{\Phi_i}{n} + \alpha^2 h\Phi$$

$$= P_A + \alpha[4W_A - h\Phi(u'_{Ak} + u_{A1})] + \alpha^2 h\Phi(3 + 2\mu) \tag{18-14}$$

其中
$$\mu = \frac{1}{\Phi} \sum \frac{\Phi_i}{n} \tag{18-15}$$

将公式（18-12）代入到公式（18-1）中的 W 因子，并利用计算 P_B 时推导的第一项到第六项公式，得

$$W_B = \sum \left(\frac{\Delta u_B}{\Delta(1/n)}\right) \Delta \frac{u_B}{n} = \sum \left(\frac{\Delta u_A}{\Delta(1/n)} + \alpha\right) \left(\Delta \frac{u_A}{n} + \alpha \Delta \frac{1}{n^2}\right)$$

$$= \sum \frac{\Delta u_A}{\Delta(1/n)} \Delta \frac{u_A}{n} + \alpha \frac{\Delta u_A}{\Delta(1/n)} \Delta \frac{1}{n^2} + \alpha \sum \Delta \frac{u_A}{n} + \alpha^2 \Delta \frac{1}{n^2}$$

$$= W_A + \alpha h\Phi + \alpha h \sum \frac{\Phi_i}{n} + \alpha h\Phi = W_A + \alpha h\Phi(2 + \mu) \tag{18-16}$$

最终我们得到一对 PW 因子的变换公式

$$\begin{cases} P_B = P_A + \alpha[4W_A - h\Phi(u'_{Ak} + u_{A1})] + \alpha^2 h\Phi(3 + 2\mu) \\ W_B = W_A + \alpha h\Phi(2 + \mu) \end{cases} \tag{18-17}$$

式中，物空间为空气时，$\alpha = u_{B1} - u_{A1}$。从上面公式可知，已知一对共轭位置 A、A' 的 PW 因子，利用上式可以求任意共轭位置 B、B' 的 PW 因子。举一个特例，当物点 B 在无限远时，有 $u_{B1} = 0$，$\alpha = -u_{A1}$，代入上式得

$$\begin{cases} P_\infty = P_A - u_{A1}[4W_A - h\Phi(u'_{Ak} + u_{A1})] + u^2_{A1} h\Phi(3 + 2\mu) \\ W_\infty = W_A - u_{A1} h\Phi(2 + \mu) \end{cases} \tag{18-18}$$

同理，在公式（18-17）中，如果物点 A 在无限远时，即已知无限时的 PW 因子，求有限远物点 B 的 PW 因子。此时 $u_{A1} = 0$，$u'_{Ak} = h\Phi$，$\alpha = u_{B1}$，代入公式（18-17）得

$$\begin{cases} P_B = P_\infty + u_{B1}[4W_\infty - h^2\Phi^2] + u^2_{B1} h\Phi(3 + 2\mu) \\ W_B = W_\infty + u_{B1} h\Phi(2 + \mu) \end{cases} \tag{18-19}$$

18.1.4 薄透镜组的 PW 规化过程

下面总结一下薄透镜组的 PW 规化过程。

① 由像差要求，求解 PW 方程组，获得 PW 因子数值。

② 将 PW 因子利用公式（18-9）规划为有限距离的情况，即 $\overline{P}$、$\overline{W}$，就是将所有半径都除以焦距 f'，规化为总焦距 $f' = 1$；投射高也规化为 1，即 $h = 1$。

③ 将 $\overline{P}$、$\overline{W}$ 规化为物在无限远时的因子 $\overline{P}_\infty$ 和 $\overline{W}_\infty$。当物像空间均为空气时，有公式 (18-7)，$\overline{u}'_k - \overline{u}_1 = 1$，所以 $\overline{u}'_k + \overline{u}_1 = \overline{u}'_k - \overline{u}_1 + 2\overline{u}_1 = 1 + 2\overline{u}_1$，又 $h\Phi = 1$，代入公式 (18-18) 得

$$\begin{cases} \overline{P}_\infty = \overline{P} - \overline{u}_1(4\overline{W} - 1) + \overline{u}_1^2(5 + 2\mu) \\ \overline{W}_\infty = \overline{W} - \overline{u}_1(2 + \mu) \end{cases} \tag{18-20}$$

反之，如果已知 $\overline{P}_\infty$、$\overline{W}_\infty$ 求 $\overline{P}$、$\overline{W}$，可以利用公式（18-19）。在规化条件下，公式 (18-19) 变为

$$\begin{cases} \overline{P} = \overline{P}_\infty + \overline{u}_1(4\overline{W}_\infty - 1) + \overline{u}_1^2(3 + 2\mu) \\ \overline{W} = \overline{W}_\infty + \overline{u}_1(2 + \mu) \end{cases} \tag{18-21}$$

经过上面的规化过程，我们从像差要求中获得的 P、W，最终规化为 $\overline{P}_\infty$、$\overline{W}_\infty$。剩下的问题就是寻找 $\overline{P}_\infty$、$\overline{W}_\infty$ 和镜头结构参数之间的关系了。

18.1.5　逆向追迹光路时的 PW 因子

当出射光线为平行光束时，像空间无法会聚成像面（像面在无限远），比如望远目镜和显微目镜，这时候常常使用逆向追迹光路。此时，在逆向追迹光路时，如果不考虑镜头弥补其他像差，则无虑关注正逆追迹问题；如果需要考虑镜头弥补其他像差，如弥补物镜剩余像差、棱镜像差、场镜像差、分划板像差等，就需要考虑追迹光路的正逆问题。

设所有正向光线追迹时参数加以"＋"下标，逆向光路追迹时参数加以"－"下标。可以想象，将整个正向光路沿 Zemax 中 Y 轴完全镜像，则存在以下关系
$$i_- = -i'_+,\ i'_- = -i_+,\ u_- = -u'_+,\ u'_- = -u_+,\ r_- = -r_+,\ n_- = n'_+,\ n'_- = n_+$$
由公式 (18-1)，代入上式得

$$\left(\frac{\Delta u}{\Delta(1/n)}\right)_- = \frac{u'_- - u_-}{\dfrac{1}{n'_-} - \dfrac{1}{n_-}} = \frac{-u_+ - (-u'_+)}{\dfrac{1}{n_+} - \dfrac{1}{n'_+}} = -\frac{u'_+ - u_+}{\dfrac{1}{n'_+} - \dfrac{1}{n_+}} = -\left(\frac{\Delta u}{\Delta(1/n)}\right)_+$$

$$\left(\Delta\frac{u}{n}\right)_- = \frac{u'_-}{n'_-} - \frac{u_-}{n_-} = \frac{-u_+}{n_+} - \frac{-u'_+}{n'_+} = \frac{u'_+}{n'_+} - \frac{u_+}{n_+} = \left(\Delta\frac{u}{n}\right)_+$$

$$P_- = P_+,\ W_- = -W_+ \tag{18-22}$$

上式说明，逆向追迹光路时 P 因子与正向追迹光路时一样，W 因子则刚好反号。

18.1.6　初级色差系数的规化

由公式（8-8），并代入公式（7-68）中的 ni，初级轴向色差系数为

$$C_{\mathrm{I}} = \sum luni\Delta\frac{\mathrm{d}n}{n} = -\sum h\frac{\Delta u}{\Delta(1/n)}\Delta\frac{\mathrm{d}n}{n} \tag{18-23}$$

由公式（8-21），并代入公式（7-72），得初级垂轴色差为

$$C_{\mathrm{II}} = C_{\mathrm{I}}\frac{i_z}{i} = \sum hni\Delta\frac{\mathrm{d}n}{n}\frac{i_z}{i} = -\sum h_z\frac{\Delta u}{\Delta(1/n)}\Delta\frac{\mathrm{d}n}{n} - J\sum\Delta\frac{\mathrm{d}n}{n} \tag{18-24}$$

对于薄透镜组，可以将投射高 h、h_z 提到求和号外面。首先，我们考虑一个单片薄透镜情况，有以下关系

$$n_1=n_2'=1, \; n_1'=n_2=n, \; \mathrm{d}n_1=0, \; \mathrm{d}n_1'=\mathrm{d}n_2=\mathrm{d}n, \; \mathrm{d}n_2'=0$$

$$\sum \frac{\Delta u}{\Delta(1/n)}\Delta\frac{\mathrm{d}n}{n}=\frac{u_1'-u_1}{\dfrac{1}{n}-1}\times\frac{\mathrm{d}n}{n}+\frac{u_2'-u_2}{1-\dfrac{1}{n}}\times\frac{-\mathrm{d}n}{n}=-(u_2'-u_1)\frac{\mathrm{d}n}{n-1}=-h\frac{\Phi}{\nu} \quad (18\text{-}25)$$

$$\sum\Delta\frac{\mathrm{d}n}{n}=\frac{\mathrm{d}n_1'}{n_1'}-\frac{\mathrm{d}n_1}{n_1}+\frac{\mathrm{d}n_2'}{n_2'}-\frac{\mathrm{d}n_2}{n_2}=0$$

公式（18-25）中，$\nu=(n-1)/\mathrm{d}n$ 是阿贝数。将公式（18-25）和上式代入公式（18-23）、公式（18-24），可得初级轴向色差和初级垂轴色差系数为

$$C_{\mathrm{I}}=h^2\sum\frac{\Phi_i}{\nu} \quad (18\text{-}26)$$

$$C_{\mathrm{II}}=hh_z\sum\frac{\Phi_i}{\nu} \quad (18\text{-}27)$$

对上面两式进行规化，令所有半径均除以总焦距 f'，相当于 $f'=1$，$\Phi=1$，即相当于对光焦度规化处理。同时，投射高也作规化处理为 $h=1$。则公式（18-26）规化为

$$\overline{C}_{\mathrm{I}}=\frac{1}{\Phi}\sum\frac{\Phi_i}{\nu} \quad (18\text{-}28)$$

所以有 $$\sum\frac{\Phi_i}{\nu}=\overline{C}_{\mathrm{I}}\Phi \quad\Rightarrow\quad C_{\mathrm{I}}=h^2\Phi\overline{C}_{\mathrm{I}} \quad (18\text{-}29)$$

由公式（18-27），同样对初级垂轴色差系数进行规化处是，令所有半径均除以总焦距 f'，相当于 $f'=1$，$\Phi=1$。投射高均作规划处理为 $h=1$、$h_z=1$。则有

$$\overline{C}_{\mathrm{II}}=\frac{1}{\Phi}\sum\frac{\Phi_i}{\nu}=\overline{C}_{\mathrm{I}} \quad (18\text{-}30)$$

所以有 $$\sum\frac{\Phi_i}{\nu}=\overline{C}_{\mathrm{II}}\Phi \quad\Rightarrow\quad C_{\mathrm{II}}=hh_z\Phi\overline{C}_{\mathrm{II}} \quad (18\text{-}31)$$

18.1.7 计算实例

设有一个焦距 $f'=100$，$f/5$ 的望远物镜，它已经对物在无限远校正了球差和彗差。现在我们将它应用于 $\beta=-1\times$ 的转像镜头，计算物面从无限远移动到 $l=-2f'$ 时的球差和正弦差。

① 先求转像镜头的物像方孔径角 u、u'。

由焦距和 F 数，可得镜头上投射高为

$$h=\frac{D}{2}=\frac{f'}{2(\mathrm{F}/\sharp)}=10$$

由于转像镜头满足 $\beta=-1\times$，所以有

$$\beta=\frac{y'}{y}=\frac{nu}{n'u'}=\frac{u}{u'}=-1 \quad\Rightarrow\quad u'=-u$$

由光路计算公式（3-21），可得

$$u'-u=h\Phi$$

上两个公式联立，可求得孔径角 u、u' 为

$$u=-\frac{h\Phi}{2}=-\frac{10\times0.01}{2}=-0.05, \quad u'=\frac{h\Phi}{2}=0.05$$

由规化公式（18-8），可得规化的物方孔径角

$$\overline{u}_1 = \frac{u_1}{h\Phi} = \frac{-0.05}{10 \times 0.01} = -\frac{1}{2}$$

② 求转像镜头的 $\overline{P}$、$\overline{W}$。由于该镜头最初用于望远物镜，它已经对无限远校正了球差和彗差，所以

$$\overline{P}_\infty = 0, \quad \overline{W}_\infty = 0$$

在公式（18-21）中，有因子 μ，即公式（18-15）。对于密接薄透镜组有

$$\mu = \frac{1}{\Phi} \sum \frac{\Phi_i}{n} \approx \frac{1}{n} \times \frac{1}{\Phi} \sum \Phi_i = \frac{1}{n} \approx 0.67$$

在上式中，假定折射率约 $1.4 \sim 1.7$，变化不大，提到求和号外面，并取平均折射率 $n = 1.5$，代入可得 $\mu \approx 0.67$。将以上数据代入规化公式（18-21），可得 $\overline{P}$、$\overline{W}$：

$$\overline{P} = \overline{P}_\infty + \overline{u}_1(4\overline{W}_\infty - 1) + \overline{u}_1^2(3 + 2\mu) = -0.5 \times (-1) + (-0.5)^2 \times (3 + 1.34) = 1.585$$

$$\overline{W} = \overline{W}_\infty + \overline{u}_1(2 + \mu) = -0.5 \times (2 + 0.67) = -1.335$$

③ 求 PW 因子，利用规化公式（18-9）。在公式中，有 $h\Phi$ 因子

$$h\Phi = 10 \times 0.01 = 0.1$$

$$P = (h\Phi)^3 \overline{P} = (0.1)^3 \times 1.585 = 1.585 \times 10^{-3}$$

$$W = (h\Phi)^2 \overline{W} = (0.1)^2 \times (-1.335) = -1.335 \times 10^{-2}$$

④ 求球差和彗差。将以上数据代入到球差公式（7-10），并代入公式（18-2），得

$$\delta L' = -\frac{hP}{2n_k'u_k'^2} = -\frac{10 \times 1.585 \times 10^{-3}}{2 \times 1 \times (0.05)^2} = -3.17$$

当孔径光阑与镜头重合时，$h_z = 0$。由公式（7-46），并代入公式（18-3），可得弧矢彗差为

$$K_S' = -\frac{-JW}{2n'u'}$$

由于 $J = n'u'y'$，正弦差公式（7-48）$SC' = K_S'/y'$，代入上式，可得正弦差为

$$SC' = \frac{K_S'}{y'} = \frac{W}{2} = \frac{-1.335 \times 10^{-2}}{2} = -0.006675$$

很明显，球差和正弦差均远远大于像差容限，所以直接使用时像差较大。

18.2　双胶合透镜组的 PW 计算

18.2.1　变量选取

双胶合透镜组，总共有三个半径和两种材料，它是满足 PWC 计算的最简单形式，广泛用于各类镜头或者镜头部件中。有关 PWC 的规化问题，上一小节已经详细讨论，在此主要介绍 $\overline{P}_\infty$、$\overline{W}_\infty$ 和 $\overline{C}_1$ 与双胶合透镜的结构参数的关系。

设双胶合透镜三个半径分别为 r_1、r_2 和 r_3，对应的曲率分别为 $C_1 = 1/r_1$、$C_2 = 1/r_2$ 和 $C_3 = 1/r_3$；两种材料的折射率分别为 n_1、n_2，对应的阿贝数分别为 ν_1、ν_2；两片透镜的光焦度分别为 Φ_1、Φ_2。在规化情况下，由光焦度公式

$$\Phi = \Phi_1 + \Phi_2 = 1$$

或者
$$\Phi_2 = 1 - \Phi_1 \tag{18-32}$$

这说明，在总光焦度要求下，两个光焦度只有一个是独立变量，比如我们选定 Φ_1 作为变

量，则 Φ_2 就看成常量。

在选定玻璃材料并确定光焦度后，由透镜制造方程，三个半径仅有一个半径是独立。通常选定第二个半径 r_2 为变量，其他两个半径由下式求得

$$\begin{cases} \Phi_1 = (n_1 - 1)\left(\dfrac{1}{r_1} - \dfrac{1}{r_2}\right) \\[2mm] \Phi_2 = 1 - \Phi_1 = (n_2 - 1)\left(\dfrac{1}{r_2} - \dfrac{1}{r_3}\right) \end{cases} \tag{18-33}$$

从上面分析，我们选定了两个变量 Φ_1 和 r_2，将它们组合成一个参数，称作 Q 因子，用来替代第二面半径 r_2 作为变量，它的定义式为

$$Q = \frac{1}{r_2} - \Phi_1 = C_2 - \Phi_1 \quad \Rightarrow \quad C_2 = Q + \Phi_1 \tag{18-34}$$

下面，将其他要求的量表示成变量 Φ_1 和 Q 的参数形式。将上式代入公式（18-33），得

$$\begin{cases} \dfrac{1}{r_1} = \dfrac{n_1 \Phi_1}{n_1 - 1} + Q \\[3mm] \dfrac{1}{r_3} = \dfrac{n_2 \Phi_1}{n_2 - 1} - \dfrac{1}{n_2 - 1} + Q \end{cases} \tag{18-35}$$

18.2.2　PWC 因子和结构参数的关系

首先，我们看轴向色差系数的规化因子 $\overline{C}_{\mathrm{I}}$，由公式（18-28），当规化后有 $\Phi = 1$，所以

$$\overline{C}_{\mathrm{I}} = \sum \frac{\Phi_i}{\nu} = \frac{\Phi_1}{\nu_1} + \frac{\Phi_2}{\nu_2} = \frac{\Phi_1}{\nu_1} + \frac{1 - \Phi_1}{\nu_2} = \Phi_1\left(\frac{1}{\nu_1} - \frac{1}{\nu_2}\right) + \frac{1}{\nu_2} \tag{18-36}$$

下面把 P_∞ 和 W_∞ 也表示为结构参数 Φ_1 和 Q 的函数。由光路计算公式（3-21）

$$n'u' - nu = h\frac{n' - n}{r} \tag{18-37}$$

对于第一个折射面，有 $u = 0$，$u' = u_1'$，$n = 1$，$n' = n_1$，由规化条件 $h = 1$，并将公式（18-35）中的 $1/r_1$ 代入上式得

$$n_1 u_1' = \frac{n_1 - 1}{r_1} = n_1 \Phi_1 + (n_1 - 1)Q \quad \Rightarrow \quad u_1' = \Phi_1 + \left(1 - \frac{1}{n_1}\right)Q = u_2$$

对于第二个折射面，有 $u = u_2 = u_1'$，$u' = u_2'$，$n = n_1$，$n' = n_2$，由规化条件 $h = 1$，并将公式（18-35）中的 $1/r_2$ 代入上式得

$$n_2 u_2' - n_1 u_2 = \frac{n_2 - n_1}{r_2} \quad \Rightarrow \quad u_2' = \Phi_1 + \left(1 - \frac{1}{n_2}\right)Q$$

根据规化条件，有 $u_3' = h\Phi = 1$，又 $u_3 = u_2'$，将以上公式代入（18-1）得

$$P_\infty = \sum_1^3 \left(\frac{u' - u}{1/n' - 1/n}\right)^2 \left(\frac{u'}{n'} - \frac{u}{n}\right), \quad W_\infty = \sum_1^3 \left(\frac{u' - u}{1/n' - 1/n}\right)\left(\frac{u'}{n'} - \frac{u}{n}\right)$$

将获得的第一、二、三面参数代入到上式，并化简，最终得到下式

$$\begin{cases} \overline{P}_\infty = aQ^2 + bQ + c \\[2mm] \overline{W}_\infty = dQ + e \\[2mm] \overline{C} = \dfrac{\Phi_1}{\nu_1} + \dfrac{1 - \Phi_1}{\nu_2} \end{cases} \tag{18-38}$$

其中
$$a = 1 + 2\frac{\Phi_1}{n_1} + 2\frac{1-\Phi_1}{n_2} \tag{18-39}$$

$$b = \frac{3}{n_1-1}\Phi_1^2 - \frac{3}{n_2-1}(1-\Phi_1)^2 - 2(1-\Phi_1) \tag{18-40}$$

$$c = \frac{n_1}{(n_1-1)^2}\Phi_1^3 + \frac{n_2}{(n_2-1)^2}(1-\Phi_1)^3 + \frac{n_2}{n_2-1}(1-\Phi_1)^2 \tag{18-41}$$

$$d = -1 - \frac{\Phi_1}{n_1} - \frac{1-\Phi_1}{n_2} \tag{18-42}$$

$$e = -\frac{1}{n_1-1}\Phi_1^2 + \frac{1}{n_2-1}(1-\Phi_1)^2 + (1-\Phi_1) \tag{18-43}$$

公式（18-38）第一式是一个关于 Q 的一元二次方程，它可以配方。同时，第二式也作变形得

$$\begin{cases} \overline{P}_\infty = a(Q-Q_0)^2 + P_0 \\ \overline{W}_\infty = d(Q-Q_0) + W_0 \end{cases} \tag{18-44}$$

其中
$$P_0 = c - \frac{b^2}{4a}, Q_0 = -\frac{b}{2a}, \quad W_0 = \frac{1-\Phi_1}{3} - \frac{3-a}{6}Q_0 \tag{18-45}$$

公式（18-38）或者公式（18-44）中，左边为规化的 PW 因子，与像差直接相关联；右边为镜头的结构参数 n_1、n_2、Φ_1 和 Q。理论上，由已知的 PW 因子可以求解镜头的结构参数。

18.2.3　PWC 因子与玻璃材料的关系

从公式（18-44）第二式中求解 $Q-Q_0$，然后代入到第一式，可得

$$\overline{P}_\infty = \frac{4a}{(a+1)^2}(\overline{W}_\infty - W_0)^2 + P_0 \tag{18-46}$$

在公式（18-39）和公式（18-42）中，取折射率平均值为 $n \approx 1.48$，则

$$a \approx 1 + 2\frac{\Phi_1}{n} + 2\frac{1-\Phi_1}{n} = 1 + \frac{2}{n} \approx 2.35 \quad \Rightarrow \quad \frac{4a}{(a+1)^2} \approx 0.85$$

$$d \approx -1 - \frac{\Phi_1}{n} - \frac{1-\Phi_1}{n} = -1 - \frac{1}{n} \approx -1.67$$

因此，公式（18-44）可以写为

$$\begin{cases} \overline{P}_\infty = 2.35(Q-Q_0)^2 + P_0 \\ \overline{W}_\infty = -1.67(Q-Q_0) + W_0 \end{cases} \tag{18-47}$$

经过计算发现：

当冕牌玻璃在前时
$$W_0 \approx 0.1, \overline{P}_\infty = 0.85(\overline{W}_\infty - 0.1)^2 + P_0 \tag{18-48}$$

当火石玻璃在前时
$$W_0 \approx 0.2, \overline{P}_\infty = 0.85(\overline{W}_\infty - 0.2)^2 + P_0 \tag{18-49}$$

18.2.4　双胶合透镜组 PWC 计算过程

下面我们整理一下，在已知 PWC 因子时，如何求解玻璃材料和结构参数。

① 通过对镜头的像差要求，求解 PWC 方程组（即 S_{I}、S_{II}、C_{I} 对要求值组成的方程组，不一定三式为零，根据弥补要求可能等于其他值），获得 PWC 因子值。

② 将 PWC 因子规化到 $\overline{P}_\infty$、$\overline{W}_\infty$ 和 $\overline{C}$。

③ 由 $\overline{P}_\infty$、$\overline{W}_\infty$ 求 P_0

$$\overline{P}_\infty = 0.85(\overline{W}_\infty - W_0)^2 + P_0 \tag{18-50}$$

需要注意的是，在上式中，当冕牌玻璃在前时，W_0 取 0.1；当火石玻璃在前时，W_0 取 0.2。

④ 由 P_0 和 $\overline{C}$，查光学设计手册或者本书附录 C 中的 P_0 表，挑选出合适的玻璃组合，并从组合的相关参数查出 Q_0 的值。

⑤ 由公式（18-47），从已知的 $\overline{P}_\infty$、$\overline{W}_\infty$、P_0 和 Q_0，求解得 Q

$$Q = Q_0 \pm \sqrt{\frac{\overline{P}_\infty - P_0}{2.35}}, \quad Q = Q_0 - \frac{\overline{W}_\infty - W_0}{1.67} \tag{18-51}$$

很明显，由上式前一个公式，可以得到两个 Q 值；由上式后一个公式，只能得到一个 Q 值。由前面两个 Q 值中选择一个和后一个 Q 值相近的，然求它们的平均值作为最终的 Q 值。

⑥ 由第④步已经确定的玻璃组合和 $\overline{C}$ 值，求两片透镜的光焦度

$$\Phi_1 = \left(\overline{C} - \frac{1}{\nu_2}\right) / \left(\frac{1}{\nu_1} - \frac{1}{\nu_2}\right), \Phi_2 = 1 - \Phi_1 \tag{18-52}$$

⑦ 由获得的 Q 值、玻璃折射率、光焦度，求三个半径 r_1、r_2 和 r_3：

$$\frac{1}{r_2} = \Phi_1 + Q, \quad \frac{1}{r_1} = \frac{n_1 \Phi_1}{n_1 - 1} + Q, \quad \frac{1}{r_3} = \frac{n_2 \Phi_1}{n_2 - 1} - \frac{1}{n_2 - 1} + Q \tag{18-53}$$

⑧ 以上求解是规化的镜头，它的 $f' = 1$，为了应用于实际的镜头，需要对求解结果进行缩放。设需要设计的镜头真实焦度为 f'，则三个半径需要缩放

$$r_1 = f'/C_1, \quad r_2 = f'/C_2, \quad r_3 = f'/C_3 \tag{18-54}$$

18.2.5　设计实例

如图 18-2，设计一个双胶合望远物镜，在它后面 25mm 处放置一个五角棱镜。要求用物镜弥补五角棱镜产生的像差。双胶合望远物镜的技术要求如下。

焦距：$f' = 120$mm。

F 数：$f/4$。

视场：$2\omega = 3.6°$。

波长：可见光 F、d、C。

像质：尽量使像差得到校正。

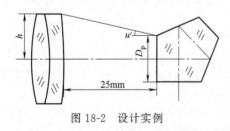

图 18-2　设计实例

(1) 计算五角棱镜的像差

由图 18-2，一般望远物镜的光阑都放置在物镜框上，所以物镜的口径为

$$D = 2h = f'/(F/\#) = 30\text{mm} \quad \Rightarrow \quad h = 15\text{mm}$$

从物镜出射的边缘光线的孔径角为

$$u' = \frac{h}{f'} = \frac{15}{120} = 0.125$$

当考虑到视场角的存在，轴外光束也需要考虑，在没有渐晕时，五角棱镜的通光口径应该为轴上光束的口径加上视场引起的口径的改变量，即

$$D_p = 2 \times (15 - 25 \times 0.125) + 2 \times 25 \times \tan 1.8° = 25.3213\text{mm}$$

由五角棱镜的展开式，可得光在五角棱镜中所走的长度为

$$L = (2 + \sqrt{2})D_p = 86.4523\text{mm}$$

如果选用成都光明产玻璃材料 H-K9L，它的折射率 $n_d = 1.5168$，阿贝数 $\nu = 64.212$。则五角棱镜的等效空气层为

$$l = L/n = 56.9965$$

由公式（14-45），可得五角棱镜的球差系数为

$$S_{\mathrm{I}}^{\mathrm{p}} = -\frac{n^2-1}{n^3}du_1^4 = -\frac{1.5168^2-1}{1.5168^3} \times 86.4523 \times 0.125^4 = -0.007867$$

由公式（14-46），可得五角棱镜的彗差系数为

$$S_{\mathrm{II}}^{\mathrm{p}} = -\frac{n^2-1}{n^3}du_1^3 u_{z1} = -\frac{1.5168^2-1}{1.5168^3} \times 86.4523 \times 0.125^3 \times \frac{1.8 \times \pi}{180} = -0.001977$$

由公式（14-50），可得五角棱镜的初级轴向色差系数为

$$C_{\mathrm{I}}^{\mathrm{p}} = -\frac{n-1}{\nu n^2}du_1^2 = -\frac{1.5168-1}{64.212 \times 1.5168^2} \times 86.4523 \times 0.125^2 = -0.013869$$

（2）计算双胶合物镜的初始结构

五角棱镜的像差，要使用双胶合物镜来弥补，所以对双胶合物镜的像差要求为

$$S_{\mathrm{I}} = 0.007867, \quad S_{\mathrm{II}} = 0.001977, \quad C_{\mathrm{I}} = 0.013869$$

① 求 PW 因子。由公式（18-2），可得

$$P = \frac{S_{\mathrm{I}}}{h} \approx 0.0005244$$

由无限远的像高公式得

$$y' = f'\tan\omega = 120 \times \tan 1.8° = 3.7712\text{mm}$$

所以，拉格朗日不变量为

$$J = n'u'y' = 1 \times 0.125 \times 3.7712 = 0.4714$$

由公式（18-3），可得

$$S_{\mathrm{II}} = h_z P - JW \quad \Rightarrow \quad W = -\frac{S_{\mathrm{II}}}{J} = -\frac{0.001977}{0.4714} = -0.004194$$

② 规化 PWC 因子为 $\overline{P}_\infty$、$\overline{W}_\infty$ 和 $\overline{C}$。由于望远物镜本身就是物在无限远的系统，所以无需从有限距离规化到无限距离，直接由公式（18-9）求得

$$\overline{P}_\infty = \frac{P}{(h\Phi)^3} = \frac{P}{u'^3} = \frac{0.0005244}{0.125^3} = 0.268493$$

$$\overline{W}_\infty = \frac{W}{(h\Phi)^2} = \frac{-0.004194}{0.125^2} = -0.268416$$

由公式（18-29），可得色差的规化

$$\overline{C}_{\mathrm{I}} = \frac{C_{\mathrm{I}}}{h^2\Phi} = \frac{0.013869}{15^2} \times 120 = 0.007397$$

③ 由 $\overline{P}_\infty$、$\overline{W}_\infty$ 求 P_0。

由公式（18-50），并选择冕牌玻璃在前的情况，即 $W_0 = 0.1$，代入可得

$$P_0 = \overline{P}_\infty - 0.85(\overline{W}_\infty - 0.1)^2 = 0.153122$$

④ 查 P_0 表，获得玻璃组合。P_0、Q_0 表可以在光学设计手册中找到。在一些光学设计的教程或专著中也附有简表，但是没有光学设计手册中的数据全面、精细。在本书后面的附录表 C，也是一个 P_0、Q_0 简表，简表就是玻璃组合罗列不全或精度做了取舍。在查 P_0、Q_0 表时，不可能精确吻合，查取的数据都是近似值。在本例中，$\overline{C}_I = 0.007397$，$P_0 = 0.153122$ 时，查附录 C 的简表发现，偏差较大，我们在设计手册（参考文献 [3]）中可得如下玻璃组合

H-K9L：$n_1 = 1.5168$，$\nu_1 = 64.212$；BaF7：$n_2 = 1.6141$，$\nu_2 = 40.026$；$Q_0 = -4.638458$，$\Phi_1 = 2.1278$

⑤ 求解 Q。由公式（18-51），得

$$Q = Q_0 \pm \sqrt{\frac{\overline{P}_\infty - P_0}{2.35}} = \begin{cases} -4.41689 \\ -4.86003 \end{cases}, \quad Q = Q_0 - \frac{\overline{W}_\infty - W_0}{1.67} = -4.41785$$

我们取相近的两个作平均值得

$$Q = \frac{-4.41689 - 4.41785}{2} = -4.41737$$

⑥ 求 Φ_1。

由查表获得的 $\Phi_1 = 2.1278$，是在 $\overline{C}_I = 0.005$，$P_0 = 0.169929$ 近似情况下的 Φ_1，我们用公式（18-52）重新求 Φ_1

$$\Phi_1 = \left(\overline{C} - \frac{1}{\nu_2} \right) \bigg/ \left(\frac{1}{\nu_1} - \frac{1}{\nu_2} \right) = 1.86887$$

⑦ 求三个半径 r_1、r_2 和 r_3。

$$\frac{1}{r_2} = \Phi_1 + Q \quad \Rightarrow \quad r_2 = -0.392388$$

$$\frac{1}{r_1} = \frac{n_1 \Phi_1}{n_1 - 1} + Q \quad \Rightarrow \quad r_1 = 0.93655$$

$$\frac{1}{r_3} = \frac{n_2 \Phi_1}{n_2 - 1} - \frac{1}{n_2 - 1} + Q \quad \Rightarrow \quad r_3 = -0.88213$$

⑧ 缩放半径，将三个半径都乘以总焦距 $f' = 120\text{mm}$，可得真实的半径值。

$$R_1 = r_1 f' = 0.93655 \times 120 = 112.386$$
$$R_2 = r_2 f' = -0.392388 \times 120 = -47.0866$$
$$R_3 = r_3 f' = -0.88213 \times 120 = -105.856$$

（3）查看并优化计算结果

将上面计算数据输入到 Zemax 软件中，可以得到图 18-3 所示的镜头数据。此时并未给出双胶合透镜的厚度，因为计算就是以薄透镜组来计算的。查看双胶合物镜的一阶参数，通过"分析→报告→系统数据报告"命令查看。此时双胶合望远物镜的焦距为 120.0069mm，工作 F/♯ 为 3.9793，与我们的目标基本一致。它的像差数据可以通过"分析→像差分析→赛德尔系数"命令查看，如图 18-4 所示。从塞德尔像差系数可以看出，球差为 47.487μm，彗差为 $-6.008\mu m$，轴向色差为 $-9.141\mu m$。我们计算一下焦深

$$\Delta = \frac{\lambda}{n' u'^2} = \frac{0.5876\mu m}{1 \times 0.125^2} = 37.6064\mu m$$

由第 12 章的像差容限中公式（12-17）球差容限 $\delta L' \leqslant 4\Delta$，公式（12-19）彗差容限 $K'_S \leqslant u' \Delta/2$ 和公式（12-22）初级色差容限 $\Delta l_{FC}' \leqslant \Delta$，之前获得的像差均在容限之内，像质良好。

图 18-5 是计算的初始镜头数据的惠更斯 MTF 曲线，在 50lp/mm 处均 MTF＞0.3。

面数据概要：

表面	类型	曲率半径	厚度	玻璃	净口径	延伸区	机械半直径
物面	STANDARD	无限	无限		0	0	0
光阑	STANDARD	112.386	0	H-K9L	30.06347	0	30.40663
2	STANDARD	-47.0866	0	BAF7	30.40663	0	30.40663
3	STANDARD	-105.856	25		30.29097	0	30.40663
4	STANDARD	无限	86.4523	H-K9L	25.29731	0	25.29731
5	STANDARD	无限	38.01028		14.52928	0	25.29731
像面	STANDARD	无限			8.137454	0	8.137454

图 18-3 计算的双胶合望远物镜初始镜头数据

赛德尔像差系数：

表面	SPHA S1	COMA S2	ASTI S3	FCUR S4	DIST S5	CLA (CL)	CTR (CT)
光阑	0.008011	0.001886	0.000444	0.000674	0.000263	-0.010623	-0.002501
2	-0.070465	0.004010	-0.000228	-0.000188	0.000024	0.034783	-0.001980
3	0.117806	-0.013882	0.001636	0.000799	-0.000287	-0.038027	0.004481
4	-0.013110	0.003296	-0.000829	0.000000	0.000208	0.007876	-0.001980
5	0.005245	-0.001319	0.000332	-0.000000	-0.000083	-0.003151	0.000792
像面	0.000000	0.000000	0.000000	0.000000	0.000000	0.000000	0.000000
累计	0.047487	-0.006008	0.001354	0.001285	0.000125	-0.009141	-0.001188

赛德尔像差系数（波长）：

表面	W040	W131	W222	W220P	W311	W020	W111
光阑	1.704315	1.605180	0.377953	0.286639	0.223975	-9.039839	-4.257007
2	-14.990977	3.412793	-0.194236	-0.079828	0.020141	29.599719	-3.369284
3	25.062411	-11.813026	1.392001	0.339830	-0.244116	-32.359743	7.626291
4	-2.789106	2.804999	-0.705246	0.000000	0.177316	6.702173	-3.370182
5	1.115863	-1.122222	0.282154	-0.000000	-0.070940	-2.681400	1.348340
像面	0.000000	0.000000	0.000000	0.000000	0.000000	0.000000	0.000000
累计	10.102506	-5.112276	1.152626	0.546640	0.106376	-7.779089	-2.021842

图 18-4 计算初始镜头数据的像差

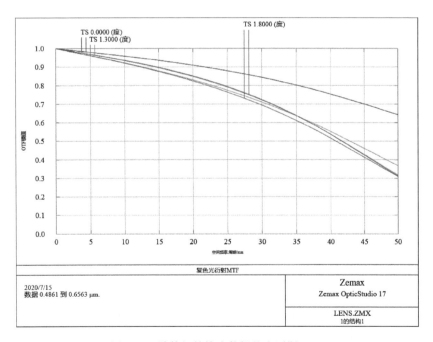

图 18-5 计算初始镜头数据的惠更斯 MTF

下面给定双片镜的厚度。如果透镜过厚，会增加整体尺寸和重量；如果透镜过薄，容易引起透镜的形变，甚至碎裂。一般情况下，正透镜的边缘最小厚度约为有效口径的 0.05～0.12，负透镜的最小中心厚度约为有效口径的 0.08～0.18。在此，我们给定第一片正透镜的厚度为 5mm，第二片负透镜的厚度为 3mm。

　　打开默认的优化函数，并增加焦距操作数据 EFFL，目标值 120，权重 1；球差操作数据 SPHA，目标值 0，权重 1；彗差操作数 COMA，目标值 0，权重 1；轴向色差操作数 AXCL，目标值 0，权重 1。优化函数列表如图 18-6 所示。设置三个半径为变量求解，进行优化处理。优化后的镜头数据如图 18-7 所示。此时，焦距为 119.9986mm，工作 F/♯为 4.0088，均与目标值一致。优化处理后的塞德像差系数，如图 18-8 所示，像差系数均较小，像质较好。图 18-9 是优化处理后的惠更斯 MTF 曲线，1.8°视场 MTF＞0.4@50lp/mm，其他视场 MTF＞0.5@50lp/mm。

| | 镜头数据 | 1: 详细数据 | 2: 布局图 | 5: 惠更斯MTF | 评价函数编辑器 ✕ |

▽ 优化向导与操作数				评价函数:	3.90250845613203	
	类型 ▾	波		目标	权重	评估	% 献
1	DMFS ▾						
2	BLNK ▾	序列评价函数: RMS 光斑半径: 质心参考高斯求积 3 环 6 臂					
3	BLNK ▾	无空气及玻璃约束.					
4	BLNK ▾	视场操作数 1.					
5	EFFL ▾	2		120.000	1.000	121.232	1.397
6	SPHA ▾ 0	2		0.000	1.000	9.396	81.173
7	COMA ▾ 0	2		0.000	1.000	-4.312	17.096
8	AXCL ▾ 0	0 0.000		0.000	1.000	0.579	0.309
9	TRAC ▾	1 0.000 0.000 0.336 0.000		0.000	0.097	0.022	4.228E-05
10	TRAC ▾	1 0.000 0.000 0.707 0.000		0.000	0.155	0.090	1.165E-03

图 18-6　优化函数列表

面数据概要:

表面	类型	曲率半径	厚度	玻璃	净口径	延伸区	机械半直径
物面	STANDARD	无限	无限		0	0	0
光阑	STANDARD	80.57753	5	H-K9L	30.08906	0	30.08906
2	STANDARD	-45.18946	3	BAF7	29.99977	0	30.08906
3	STANDARD	-148.017	25		29.81371	0	30.08906
4	STANDARD	无限	86.4523	H-K9L	24.92614	0	24.92614
5	STANDARD	无限	34.50477		14.13293	0	24.92614
像面	STANDARD	无限			7.593071	0	7.593071

图 18-7　优化处理后的镜头数据

赛德尔像差系数:

表面	SPHA S1	COMA S2	ASTI S3	FCUR S4	DIST S5	CLA (CL)	CTR (CT)
光阑	0.021736	0.003669	0.000619	0.000940	0.000263	-0.014816	-0.002501
2	-0.086756	0.004116	-0.000195	-0.000195	0.000019	0.036321	-0.001723
3	0.072828	-0.009741	0.001303	0.000571	-0.000251	-0.030923	0.004136
4	-0.012630	0.003130	-0.000776	0.000000	0.000192	0.007586	-0.001880
5	0.004763	-0.001180	0.000292	-0.000000	-0.000072	-0.002861	0.000709
像面	0.000000	0.000000	0.000000	0.000000	0.000000	0.000000	0.000000
累计	-0.000059	-0.000005	0.001244	0.001315	0.000151	-0.004693	-0.001260

赛德尔像差系数（波长）:

表面	W040	W131	W222	W220P	W311	W020	W111
光阑	4.624285	3.122627	0.527152	0.399791	0.223975	-12.608369	-4.257007
2	-18.456783	3.502994	-0.166212	-0.083179	0.015780	30.908569	-2.933136
3	15.493641	-8.289131	1.108676	0.243033	-0.213298	-26.315088	7.039314
4	-2.686937	2.663306	-0.659971	0.000000	0.163542	6.455771	-3.199497
5	1.013232	-1.004321	0.248872	-0.000000	-0.061671	-2.434443	1.206516
像面	0.000000	0.000000	0.000000	0.000000	0.000000	0.000000	0.000000
累计	-0.012562	-0.004525	1.058517	0.559645	0.128328	-3.993561	-2.143810

图 18-8　优化处理后的塞德像差系数

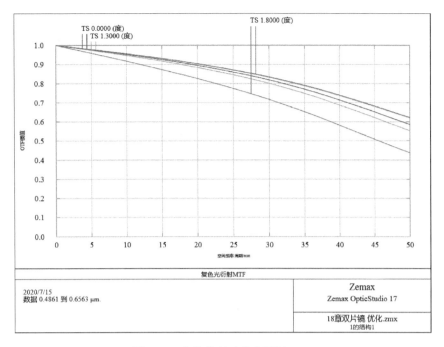

图 18-9　优化处理后的惠更斯 MTF

18.3　单透镜的 PWC 计算

除了双胶合透镜之外，使用最多的就是单片镜求解。单透镜是可以看成为双胶合透镜的特殊情况，即在 $\Phi_1=1$、$\Phi_2=0$、$n_1=n$ 情况下，双胶合透镜可以简化为单透镜求解。由公式（18-53），去掉所有的下标，可是单透镜时的半径公式

$$\frac{1}{r_2}=1+Q，\quad \frac{1}{r_1}=\frac{n}{n-1}+Q \tag{18-55}$$

由 C 因子规化公式（18-38），有

$$\overline{C}=\frac{1}{\nu} \tag{18-56}$$

同理，公式（18-39）～公式（18-41）变为

$$a=1+\frac{2}{n}，\quad b=\frac{3}{n-1}，\quad c=\frac{n}{(n-1)^2} \tag{18-57}$$

公式（18-45）也可以变为

$$P_0=c-\frac{b^2}{4a}=\frac{n}{(n-1)^2}\left[1-\frac{9}{4(n+2)}\right] \tag{18-58}$$

$$Q_0=-\frac{b}{2a}=-\frac{3n}{2(n-1)(n+2)} \tag{18-59}$$

$$W_0=-\frac{3-a}{6}Q_0=\frac{1}{2(n+2)} \tag{18-60}$$

对于单透镜情形，W_0 就取冕牌玻璃和火石玻璃在前的平均值，即 0.15，这样公式（18-50）就变成

$$\overline{P}_\infty = 0.85(\overline{W}_\infty - 0.15)^2 + P_0 \tag{18-61}$$

对于单透镜，也有与公式（18-47）类似的公式

$$\begin{cases} \overline{P}_\infty = 2.35(Q - Q_0)^2 + P_0 \\ \overline{W}_\infty = -1.67(Q - Q_0) + 0.15 \end{cases} \tag{18-62}$$

同理，由 $\overline{P}_\infty$、$\overline{W}_\infty$ 求 Q，从公式（18-62）中解出即可

$$Q = Q_0 \pm \sqrt{\frac{\overline{P}_\infty - P_0}{2.35}}, \quad Q = Q_0 - \frac{\overline{W}_\infty - 0.15}{1.67} \tag{18-63}$$

有关单透镜的实例，在此不再赘述，可以参考双胶合透镜的计算方法。

第19章

光学自动设计

在第 9 章，我们介绍了 Zemax 中优化函数的构建，在本章我们会说明优化函数的由来。用计算机技术进行光学自动设计是光学设计的一次里程碑式的革命，它是最优化数学理论和计算机程序语言的一次完美结合，也使光学设计技术从神秘的"艺术殿堂"降落到普通的"人间"。光学自动设计技术使不太具备深厚的光学设计理论的光学设计师，也可以设计出可行能用的镜头。同时，它也推动了光学设计技术从专有技术变成光学工程师们最有价值的普遍技术之一。光学自动设计就是在输入镜头的初始结构参数之后，计算机软件会通过特殊的算法自动修改镜头的参数，并逐步使之像差趋向于目标值的过程。从手动计算到光学自动设计，一般认为经历了三个阶段：第一个阶段为利用像差公式编程以代替手工计算像差；第二个阶段为计算像差变化量表，以确定像差变化的方向和校正依据；第三个阶段为自动求解结构参数并修改以达到校正的目的。光学自动设计脱胎于最优化理论，它是最优化理论中实用化的技术之一。在历史上，应用最多的光学自动设计方法为：阻尼最小二乘法和适应法，几乎所有的光学设计软件都以阻尼最小二乘法作为推荐的自动设计方法。阻尼最小二乘法的最大优点在于可以应用于大部分情况下的，自变量小于"像差"（所有要求的参数都可以统统称之为像差）数量的情形，这也是最为常见的情况。适应法主要用于自变量多于像差数量的情况，一般这样的光学系统潜力比较大，像差容易校正，所以很多光学设计软件只是将适应法作为辅助的光学自动设计方法之一。2017 版 Zemax，更是将适应法剔除掉，而引入了一种新的光学自动设计方法，即"正交下降法"。

19.1 光学自动设计的数学问题

为了利用最优化理论，必须先把光学自动设计过程抽象为数学问题。首先，我们将镜头固有的内在的参数，如半径、厚度、折射率等称为"结构参数"，或者叫 (r, d, n) 参数，它们的改变直接影响了像差的大小。其次，我们将所有对光学系统的要求统统称之为"像差"，它不仅仅包括塞德几何像差、波像差等，还包括各种评价指标、一阶成像特性、约束限制条件等等。设某光学系统有 N 个可以改变的结构参数，分别记作 x_1，x_2，$\cdots$，x_N，设光学系统有 M 个像差要求，分别记作 f_1，f_2，$\cdots$，f_M，很显然，每一个像差的值都可以经过结构参数计算得到，所以像差可以写作结构参数的函数形式，即

$$\begin{cases} f_1 = f_1(x_1, x_2, \cdots, x_N) \\ f_2 = f_2(x_1, x_2, \cdots, x_N) \\ \quad\quad\cdots \\ f_M = f_M(x_1, x_2, \cdots, x_N) \end{cases} \tag{19-1}$$

需要注意的是，上式不一定是线性方程组，可能是复杂的函数关系。当满足了其中的一个等式，即某像差达到了目标值，另一个等式可能变得很大。从数学角度来说，当 $M < N$ 时，上式有无穷个解；当 $M = N$ 时有唯一解；当 $M > N$ 时，无解。事实上，大多数情况，镜头的结构参数数量十分有限，而对镜头的要求却很多，所以 $M > N$ 的情况占绝大多数。当 $M > N$ 时，无解，并不代表就此放弃，这时候就需要利用最优化理论来求它们在满足一定条件下的极小值问题。很显然，当某一个像差达到了它的极小值，另一个像差可能向大的方向改变，这就需要平衡它们之间的关系以达到"综合的极小值"。如何来保证或者来描述这个"综合的极小值"，就需要构建一个数值，它的大小就代表了"综合的极小值"的偏离情况，称为优化函数（merit function），又称作评价函数、价值函数或者目标函数，记作 $\varphi = MF$。什么情况下是"综合的极小值"呢？如果结构参数 x_1，x_2，$\cdots$，x_N 使得 $\varphi(x_1,$ x_2，$\cdots$，$x_N)$ 达到综合极小值，则其他任意结构参数 x_1'，x_2'，$\cdots$，x_N' 求得的优化函数 $\varphi(x_1'$，x_2'，$\cdots$，$x_N')$ 满足

$$\varphi(x_1,x_2,\cdots,x_N) \leqslant \varphi(x_1',x_2',\cdots,x_N') \tag{19-2}$$

我们用一个综合的优化函数来评价光学系统的好坏，优化函数数值越小，代表光学系统质量越好。我们的任务就是改变结构参数，以寻找优化函数最小值位置，也就是综合极小值位置。

优化函数的构建有多种形式，目前比较通用的优化函数形式如下

$$\begin{aligned} \varphi(x_1,x_2,\cdots,x_N) &= \mu_1(f_1-f_{10})^2 + \mu_2(f_2-f_{20})^2 + \cdots + \mu_M(f_M-f_{M0})^2 \\ &= \sum_1^M \mu_i(f_i-f_{i0})^2 \end{aligned} \tag{19-3}$$

上式实际上就是公式（9-5），说明如下。

① 在上式中，f_{10}，f_{20}，$\cdots$，f_{M0} 分别为像差 f_1，f_2，$\cdots$，f_M 的目标值，即期望达到的数值。用像差值和目标值作差，表示当前值与目标值的差距。很显然，差距越小越好，当像差均达到目标值时，上式 $\varphi(x_1$，x_2，$\cdots$，$x_N) = 0$。

② 像差函数差加平方，是为了去除各个像差与目标值差的正负号的影响，不至于互相消除而淹没。因为像差差值有正有负，不做平方相加有可能互相抵消，不能全面体现各个要求的满足情况。

③ 由于各个像差单位不一样、数量级不一样、重要性不一样，在每一个像差前面相乘的 μ_1，μ_2，$\cdots$，μ_M 因子称为"权重"（weight）以平衡它们的差异，使它们具有相同的量级同等地参与像差校正。比如要求 400mm 的焦距，则 ±0.5mm 已经很小了，而正弦差需要 $SC' \leqslant 0.0025$，它的数量级很小，所以两者不能直接写到公式（19-3）中。另外，不同的光学系统，像差的重要性不同，如小像差系统、小孔径系统、小视场系统等都有自己关注的重要像差点，其他像差可以附带关注甚至不予考虑。可以对重要的像差给以大的权重，不重要的像差给以小的权重。

④ 公式（19-3）中，权重因子 μ_1，μ_2，$\cdots$，μ_M 通常进行归一化处理，目的是为了降低大权重值对优化函数数值的影响，不以权重值给的过大而导致优化函数数值过大，即

$$\mu_i = \frac{\mu_i'}{\sum_1^M \mu_i'}, i=1,2,\cdots,M \tag{19-4}$$

式中，μ_1'，μ_2'，$\cdots$，μ_M' 为未归一化前的权重。

⑤ 在 Zemax 中，通过公式（19-3）求得的优化函数，还需要做开方，才能得到软件中

优化函数的值。在本章主要以数学理论为主，开不开方意义不大，将公式（19-3）左边全部函数统一仍然记作 $\varphi\,(x_1,\,x_2,\,\cdots,\,x_N)$。

在公式（19-4）中，权重取何值为好？如果纯由手动给出，将是一件十分烦琐且技术性很强的工作，所以一般光学设计软件并不要求一定由人工给出权重因子。Zemax 的优化函数一般包括两个部分，一个是默认的优化函数列表（通常为 TRAC 或者 TRAR 操作数），它的权重已经由软件默认设置好了；另一个为设计师手工添加的操作数，它需要输入权重因子，否则视权重因子为零，该项不起作用。

如果是默认的权重因子，需要软件提前设置好，一种设置方法为：将像差容限平方取倒数作为默认的权重因子。如某像差 f_i 的容限范围为 $\Delta f_i=(f_{i\max}-f_{i\min})\,/2$，则取默认权重为

$$\mu_i'=\frac{1}{(\Delta f_i)^2} \tag{19-5}$$

如果是设计师手工添加的操作数，一般它的权重因子由两部分组成，一部分为设计师需要输入的权重 τ_i，又叫"本征权"，它反映了像差的重要性；另一部分为默认权重 σ_i，它用以平衡权重的量纲和数量级，由软件设计好或者由软件自动调整修改，无须人工干预，又叫"修正权"。本征权和修正权组成了如下的权重公式

$$\mu_i'=\tau_i\sigma_i \tag{19-6}$$

本征权由光学设计师在优化函数编辑器中的"权重"列输入，默认为零。修正权可以在校正过程中不变或者随着校正过程发生变化。比如构建修正权的一种方法为

$$\sigma_i=(\mid\nabla f_i\mid^2)^{-1}=\left[\sum_1^N\left(\frac{\partial f_i}{\partial x_j}\right)^2\right]^{-1} \tag{19-7}$$

当然上式只是构建方法之一，其中 ∇ 符号表示梯度计算，$\partial f_i/\partial x_j$ 表示第 i 种像差对第 j 个结构参数的变化率。上式的修正权是随着像差校正过程不断变化的，因为偏导数最终会用差商来替代，而差商是不断变化的。

需要注意的是，f_1，f_2，$\cdots$，f_M 涵盖了所有对镜头的要求，也包括一些约束条件。约束条件有两种：一种为等式约束，如垂轴放大率 $\beta=-5\times$，焦距 $f'=400\mathrm{mm}$ 等；另一种为不等式约束，如后截距 $L_k'\geqslant10\mathrm{mm}$，总追迹长度 $T_{\mathrm{tot}}\leqslant200\mathrm{mm}$ 等。用 S. T. 表示约束条件，则 p 个等式约束和 q 个不等式约束可以写作

$$\text{S. T.}\begin{cases}b_k=b_k(x_1,x_2,\cdots,x_N)=0,k=1,2,\cdots,p\\c_1=c_1(x_1,x_2,\cdots,x_N)\geqslant0,\ l=1,2,\cdots,q\end{cases} \tag{19-8}$$

需要注意的是，当第 l 个不等式约束条件 $c_1\leqslant0$，可以改写成 $-c_1\geqslant0$，所以不等式约束可统一写成公式（19-8）。

19.2　多元函数的极值理论

在工程技术问题中，经常遇到多元函数的极值问题，如空间中充满多种介质时光线从一点到另一点路线最短问题，相同面积下体积最小问题，铁路如何建设才能照顾到人口、城市、资源、环境等诸多因素等等。光学自动设计也是一种多元函数的极值问题，每一种结构参数 x_1，x_2，$\cdots$，x_N 都是一个自变量，每一种像差要求 f_1，f_2，$\cdots$，f_M 都是一个函数，即是 N 个自变量 M 个函数的极值问题。下面给出多元函数的极值问题数学理论，在此仅给出，不作证明，有兴趣的读者可以参阅高等数学或最优化理论方面的书籍。

高等数学给出了多元函数极值存在的条件：设优化函数 $\varphi(x_1,x_2,\cdots,x_N)$ 定义于区域 D 上，函数 φ 在区域的内点 x_{10}，x_{20}，$\cdots$，x_{N0} 处达到它的极小值，则存在 $\delta>0$，使得在 x_{10}，x_{20}，$\cdots$，x_{N0} 邻域内，即

$$|x_1-x_{10}|<\delta,|x_2-x_{20}|<\delta,\cdots,|x_N-x_{N0}|<\delta$$

时的每一个邻域内的点 x_1，x_2，$\cdots$，x_N 必有

$$\varphi(x_1,x_2,\cdots,x_N)\geqslant\varphi(x_{10},x_{20},\cdots,x_{N0})$$

则称函数 $\varphi(x_1,x_2,\cdots,x_N)$ 在 x_{10}，x_{20}，$\cdots$，x_{N0} 处达到极小值，x_{10}，x_{20}，$\cdots$，x_{N0} 称为函数 $\varphi(x_1,x_2,\cdots,x_N)$ 的极小值点。

若函数 $\varphi(x_1,x_2,\cdots,x_N)$ 在 $x_{10},x_{20},\cdots,x_{N0}$ 处对所有变量一阶偏导数存在，则函数 φ 在 x_{10}，x_{20}，$\cdots$，x_{N0} 处达到极小值的必要条件为 φ 在 x_{10}，x_{20}，$\cdots$，x_{N0} 处的一阶偏导数均等于零，即

$$\begin{cases} \varphi'_{x1}(x_{10},x_{20},\cdots,x_{N0})=0 \\ \varphi'_{x2}(x_{10},x_{20},\cdots,x_{N0})=0 \\ \quad\cdots \\ \varphi'_{xN}(x_{10},x_{20},\cdots,x_{N0})=0 \end{cases} \qquad (19\text{-}9)$$

需要注意的是，当满足公式（19-9）时，x_{10}，x_{20}，$\cdots$，x_{N0} 称为函数 $\varphi(x_1,x_2,\cdots,x_N)$ 的驻点。驻点不一定为极小值点，也可能是极大值点、普通驻点，但是极小值点需满足公式（19-9），所以为必要非充分条件。

例：求函数 $f(x_1,x_2)=3x_1^2+4x_2^2$ 的极值。

令函数 f 对 x_1、x_2 的一阶偏导数为零，即

$$\frac{\partial f}{\partial x_1}=6x_1=0 \quad\Rightarrow\quad x_1=0$$

$$\frac{\partial f}{\partial x_2}=8x_1=0 \quad\Rightarrow\quad x_2=0$$

所以 $(0,0)$ 为函数 $f(x_1,x_2)$ 的驻点，又有 $f(0,0)\leqslant f(x_1,x_2)$，所以 $(0,0)$ 是函数的极小值。

对于约束条件公式（19-8），首先可以把不等式约束改变成等式约束，比如下式的改写方法：

$$c_l(x_1,x_2,\cdots,x_N)=\max\{c_l,\,0\},\ l=1,2,\cdots,q \qquad (19\text{-}10)$$

这样等式和不等式约束条件公式（19-8），可以统一写作等式约束条件

$$\text{S. T.}\ \ b_k=b_k(x_1,x_2,\cdots,x_N)=0,k=1,2,\cdots,p+q=m \qquad (19\text{-}11)$$

对于等式约束，可以有两种处理方案。

① 直接代入法。如果能从 m 个约束条件中解出 m 个自变量，比如 x_1，x_2，$\cdots$，x_m 可以从中解出

$$\begin{cases} x_1=x_1(x_{m+1},x_{m+2},\cdots,x_N) \\ x_2=x_2(x_{m+1},x_{m+2},\cdots,x_N) \\ \quad\cdots \\ x_m=x_m(x_{m+1},x_{m+2},\cdots,x_N) \end{cases} \qquad (19\text{-}12)$$

将上式代入到优化函数中

$$\begin{aligned} \varphi=\varphi[&x_1(x_{m+1},x_{m+2},\cdots,x_N),x_2(x_{m+1},x_{m+2},\cdots,x_N),\cdots, \\ &x_m(x_{m+1},x_{m+2},\cdots,x_N),x_{m+1},x_{m+2},\cdots,x_N] \end{aligned} \qquad (19\text{-}13)$$

上式的优化函数就变成了无约束条件的极值问题，自变量变成了 $N-m$ 个。不过，若约束方程组是非线性方程组，则求解是相当复杂，甚至难以获得解析解。

② 不定乘数法。若优化函数 $\varphi(x_1,x_2,\cdots,x_N)$ 的约束条件为公式（19-11），构造新的函数为

$$\Phi(x_1,x_2,\cdots,x_N)=\varphi(x_1,x_2,\cdots,x_N)+\sum_1^m\lambda_i b_i(x_1,x_2,\cdots,x_N) \quad (19\text{-}14)$$

式中，$\lambda_i(i=1,2,\cdots,m)$ 为不定乘子，将上式对变量 $x_1,x_2,\cdots,x_N$ 分别求一阶偏导数并令其为零，得

$$\frac{\partial\Phi}{\partial x_i}=0,i=1,2,\cdots,N \quad (19\text{-}15)$$

从上式可以得到 N 个方程，从中解出 $x_1,x_2,\cdots,x_N$ 为 $\lambda_1,\lambda_2,\cdots,\lambda_m$ 的函数，即

$$\begin{cases}x_1=x_1(\lambda_1,\lambda_2,\cdots,\lambda_m)\\ x_2=x_2(\lambda_1,\lambda_2,\cdots,\lambda_m)\\ \qquad\cdots\\ x_N=x_N(\lambda_1,\lambda_2,\cdots,\lambda_m)\end{cases} \quad (19\text{-}16)$$

将上式反代回约束条件（19-11），就会得到 $\lambda_1,\lambda_2,\cdots,\lambda_m$ 为变量的 m 个方程

$$\begin{cases}b_1(\lambda_1,\lambda_2,\cdots,\lambda_m)=0\\ b_2(\lambda_1,\lambda_2,\cdots,\lambda_m)=0\\ \qquad\cdots\\ b_m(\lambda_1,\lambda_2,\cdots,\lambda_m)=0\end{cases} \quad (19\text{-}17)$$

从上式可以确定 $\lambda_1,\lambda_2,\cdots,\lambda_m$ 的值，将之代入到公式（19-16），可得优化函数的解 $x_1,x_2,\cdots,x_N$。

例：求函数 $\varphi(x_1,x_2)=x_1^2+x_2^2-12x_1+16x_2$，在圆周 $x_1^2+x_2^2=25$ 上的极大值和极小值。

由题意知，函数 $\varphi(x_1,x_2)$ 的极值是在约束条件 $x_1^2+x_2^2=25$ 上的极值问题，可以利用不定乘数法，构建新的函数为

$$\Phi(x_1,x_2)=x_1^2+x_2^2-12x_1+16x_2+\lambda(x_1^2+x_2^2-25)$$

分别对 x_1 和 x_2 求偏导数，并令其为零得

$$\frac{\partial\Phi}{\partial x_1}=2x_1-12+2\lambda x_1=0 \quad\Rightarrow\quad x_1=\frac{6}{1+\lambda}$$

$$\frac{\partial\Phi}{\partial x_2}=2x_2+16+2\lambda x_2=0 \quad\Rightarrow\quad x_2=\frac{-8}{1+\lambda}$$

将 x_1、x_2 上式驻点方程代入到圆周约束方程得

$$\left(\frac{6}{1+\lambda}\right)^2+\left(\frac{-8}{1+\lambda}\right)^2=25 \quad\Rightarrow\quad \lambda_1=1,\lambda_2=-3$$

当 $\lambda_1=1$ 时，代入 x_1、x_2 公式得点 $P_1(3,-4)$，此时 $\varphi(3,-4)=-75$。当 $\lambda_2=-3$ 时，代入 x_1、x_2 公式得点 $P_1(-3,4)$，此时 $\varphi(-3,4)=125$。由于两者都是驻点，所以函数 $\varphi(x_1,x_2)$ 在圆周 $x_1^2+x_2^2=25$ 上的极大值为 125，极小值为 -75。

19.3　最小二乘法

从前述可知，光学自动设计就是最优化问题，就是寻找结构参数 $x_1,x_2,\cdots,x_N$ 使

优化函数 $\varphi(x_1, x_2, \cdots, x_N)$ 达到最小值，即

$$\varphi(x_1, x_2, \cdots, x_N) = \mu_1(f_1 - f_{10})^2 + \mu_2(f_2 - f_{20})^2 + \cdots + \mu_M(f_M - f_{M0})^2 = \sum_1^M \mu_i(f_i - f_{i0})^2$$

为了求解方便，我们将权重因子 μ_1，μ_2，$\cdots$，μ_M 和目标值 f_{10}，f_{20}，$\cdots$，f_{M0} 都吸收进像差函数中，并不改变写法。这样，上式就变成了以下形式

$$\varphi(x_1, x_2, \cdots, x_N) = f_1^2(x_1, x_2, \cdots, x_N) + f_2^2(x_1, x_2, \cdots, x_N) + \cdots +$$

$$f_M^2(x_1, x_2, \cdots, x_N) = \sum_1^M f_i^2(x_1, x_2, \cdots, x_N) \tag{19-18}$$

一般情况下，像差数量大于自变量个数，即 $M > N$。由多元函数的极值理论，上式的极小值满足

$$\frac{\partial \varphi}{\partial x_1} = 0, \frac{\partial \varphi}{\partial x_2} = 0, \quad \cdots, \quad \frac{\partial \varphi}{\partial x_N} = 0 \tag{19-19}$$

或者展开写为

$$\begin{cases} f_1 \dfrac{\partial f_1}{\partial x_1} + f_2 \dfrac{\partial f_2}{\partial x_1} + \cdots + f_M \dfrac{\partial f_M}{\partial x_1} = 0 \\[2mm] f_1 \dfrac{\partial f_1}{\partial x_2} + f_2 \dfrac{\partial f_2}{\partial x_2} + \cdots + f_M \dfrac{\partial f_M}{\partial x_2} = 0 \\[2mm] \qquad\qquad\qquad \cdots \\[2mm] f_1 \dfrac{\partial f_1}{\partial x_N} + f_2 \dfrac{\partial f_2}{\partial x_N} + \cdots + f_M \dfrac{\partial f_M}{\partial x_N} = 0 \end{cases} \tag{19-20}$$

上式是 N 个自变量 N 个方程，如果每一个像差 f_i 都是线性函数，上式非常好求解，利用线性代数中的克莱姆法则即可求解。不过，像差 f_i 通常为非线性的，公式（19-20）的求解就变得复杂化，需要对其进行改造。

（1）最小二乘法

设 x_{10}，x_{20}，$\cdots$，x_{N0} 为镜头的初始结构参数，将任意像差函数 $f_i(x_1, x_2, \cdots, x_N)$ 在初始点附近展开为泰勒级数，并只保留线性项，可得

$$f_i(x_1, x_2, \cdots, x_N) = f_{i0} + \frac{\partial f_{i0}}{\partial x_1}\Delta x_1 + \frac{\partial f_{i0}}{\partial x_2}\Delta x_2 + \cdots + \frac{\partial f_{i0}}{\partial x_N}\Delta x_N, i = 1, 2, \cdots, M$$

$$\tag{19-21}$$

其中 f_{i0} 为第 i 个像差 $f_i(x_1, x_2, \cdots, x_N)$ 的初始值；$\partial f_{i0}/\partial x_j = (\partial f_i/\partial x_j)|_{x_{10}, x_{20}, \cdots, x_{N0}}$，为第 i 个像差对第 j 个自变量求导后，代入初始结构参数获得的值；$\Delta x_j = x_j - x_{j0}$，表示第 j 个自变量的改变量。由上式，在初始点附近

$$\frac{\partial f_i}{\partial x_j} \approx \frac{\partial f_{i0}}{\partial x_j} \tag{19-22}$$

公式（19-21）和公式（19-22）相乘得

$$f_i \frac{\partial f_i}{\partial x_j} = \left(f_{i0} + \frac{\partial f_{i0}}{\partial x_1}\Delta x_1 + \frac{\partial f_{i0}}{\partial x_2}\Delta x_2 + \cdots + \frac{\partial f_{i0}}{\partial x_N}\Delta x_N \right)\frac{\partial f_{i0}}{\partial x_j}$$

$$= \frac{\partial f_{i0}}{\partial x_1}\frac{\partial f_{i0}}{\partial x_j}\Delta x_1 + \frac{\partial f_{i0}}{\partial x_2}\frac{\partial f_{i0}}{\partial x_j}\Delta x_2 + \cdots + \frac{\partial f_{i0}}{\partial x_N}\frac{\partial f_{i0}}{\partial x_j}\Delta x_N + \frac{\partial f_{i0}}{\partial x_j}f_{i0}$$

$$\tag{19-23}$$

将上式遍历所有的像差 f_i 和自变量 j，并代入到公式（19-20）得

$$\sum_1^M \left(\frac{\partial f_{i0}}{\partial x_1}\right)^2 \Delta x_1 + \sum_1^M \frac{\partial f_{i0}}{\partial x_1}\frac{\partial f_{i0}}{\partial x_2}\Delta x_2 + \cdots + \sum_1^M \frac{\partial f_{i0}}{\partial x_1}\frac{\partial f_{i0}}{\partial x_N}\Delta x_N + \sum_1^M \frac{\partial f_{i0}}{\partial x_1}f_{i0} = 0$$

$$(19\text{-}24)$$

$$\sum_1^M \frac{\partial f_{i0}}{\partial x_1}\frac{\partial f_{i0}}{\partial x_2}\Delta x_1 + \sum_1^M \left(\frac{\partial f_{i0}}{\partial x_2}\right)^2 \Delta x_2 + \cdots + \sum_1^M \frac{\partial f_{i0}}{\partial x_2}\frac{\partial f_{i0}}{\partial x_N}\Delta x_N + \sum_1^M \frac{\partial f_{i0}}{\partial x_2}f_{i0} = 0$$

$$(19\text{-}25)$$

$$\cdots$$

$$\sum_1^M \frac{\partial f_{i0}}{\partial x_1}\frac{\partial f_{i0}}{\partial x_N}\Delta x_1 + \sum_1^M \frac{\partial f_{i0}}{\partial x_2}\frac{\partial f_{i0}}{\partial x_N}\Delta x_2 + \cdots + \sum_1^M \left(\frac{\partial f_{i0}}{\partial x_N}\right)^2 \Delta x_N + \sum_1^M \frac{\partial f_{i0}}{\partial x_N}f_{i0} = 0$$

$$(19\text{-}26)$$

公式（19-24）～公式（19-26）为自变量改变量的线性方程组，可以通过克莱姆法求出 Δx_1，Δx_2，…，Δx_N，因此可以得到新的结构参数为

$$\begin{cases} x_1 = x_{10} + \Delta x_1 \\ x_2 = x_{20} + \Delta x_2 \\ \cdots \\ x_N = x_{N0} + \Delta x_N \end{cases} \qquad (19\text{-}27)$$

以新的结构参数作为起点，重新计算公式（19-24）～公式（19-26），又会得到新的自变量改变量和新的结构参数。以此法反复迭代，即是所谓的最小二乘法。

那么最小二乘法迭代到何时为止呢？

① 一直迭代到结构参数 x_1，x_2，…，x_N 代入优化函数 $\varphi(x_1,x_2,\cdots,x_N)$ 时，优化函数几乎不变，即

$$|\varphi(x_1',x_2',\cdots,x_N') - \varphi(x_1,x_2,\cdots,x_N)| \leqslant \varepsilon \qquad (19\text{-}28)$$

式中，$\varphi(x_1',x_2',\cdots,x_N')$ 为当前的优化函数；$\varphi(x_1,x_2,\cdots,x_N)$ 为上一步获得的优化函数；ε 为给定的迭代终止条件，一般是一个数值很小的数。

② 或者迭代到完全满足了像差容限，即

$$|f_1 - f_{10}| \leqslant \varepsilon_1, |f_2 - f_{20}| \leqslant \varepsilon_2, \cdots, |f_N - f_{N0}| \leqslant \varepsilon_N \qquad (19\text{-}29)$$

式中，f_1，f_2，…，f_N 为当前像差值；f_{10}，f_{20}，…，f_{N0} 为目标像差值；ε_1，ε_2，…，ε_N 分别为 f_1，f_2，…，f_N 的像差容限。

（2）用差商代替导数

在计算公式（19-24）～公式（19-26）时，存在多次求导，但是像差并不能表示出结构参数的解析函数，也不能用数学上的求导公式来求。这时，通常用差商来代替，就是用像差改变量比上自变量改变量，它类似于用平均值代替瞬时值，即下式

$$\frac{\partial f_i(x_1,x_2,\cdots,x_N)}{\partial x_j} = \frac{f_i(x_1,\cdots x_{j-1},x_j+\Delta x_j,x_{j+1},\cdots,x_N) - f_i(x_1,x_2,\cdots,x_N)}{\Delta x_j}$$

$$(19\text{-}30)$$

在上式中，我们用差商近似代替偏导数，其中 Δx_j 为作差商的步长。根据经验，考虑到误差的舍取精度，一般若自变量 x_j 表示曲率，可取 $\Delta x_j = 10^{-4}$ mm；若自变量为厚度，则可取 $\Delta x_j = 10^{-3}$ mm。

（3）最小二乘法的矩阵表示

利用向量-矩阵表示方法，最小二乘法就表示的清晰简明，令

$$X = (x_1, x_2, \cdots, x_N)^T, \quad X' = (x'_1, x'_2, \cdots, x'_N)^T, \quad \Delta X' = X' - X \tag{19-31}$$

$$f = (f_1, f_2, \cdots, f_M)^T, \quad f' = (f'_1, f'_2, \cdots, f'_M)^T \tag{19-32}$$

$$A = \begin{pmatrix} \dfrac{\partial f_1}{\partial x_1} & \dfrac{\partial f_1}{\partial x_2} & \cdots & \dfrac{\partial f_1}{\partial x_N} \\[2mm] \dfrac{\partial f_2}{\partial x_1} & \dfrac{\partial f_2}{\partial x_2} & \cdots & \dfrac{\partial f_2}{\partial x_N} \\[2mm] \vdots & \vdots & & \vdots \\[2mm] \dfrac{\partial f_M}{\partial x_1} & \dfrac{\partial f_M}{\partial x_2} & \cdots & \dfrac{\partial f_M}{\partial x_N} \end{pmatrix}, \quad A' = \begin{pmatrix} \dfrac{\partial f'_1}{\partial x_1} & \dfrac{\partial f'_1}{\partial x_2} & \cdots & \dfrac{\partial f'_1}{\partial x_N} \\[2mm] \dfrac{\partial f'_2}{\partial x_1} & \dfrac{\partial f'_2}{\partial x_2} & \cdots & \dfrac{\partial f'_2}{\partial x_N} \\[2mm] \vdots & \vdots & & \vdots \\[2mm] \dfrac{\partial f'_M}{\partial x_1} & \dfrac{\partial f'_M}{\partial x_2} & \cdots & \dfrac{\partial f'_M}{\partial x_N} \end{pmatrix} \tag{19-33}$$

公式（19-31）～公式（19-33）中，加撇号的为迭代后新的结构参数 X'、像差 f' 和偏导数变换矩阵 A'；不加撇号的为迭代前结构参数 X、像差 f 和偏导数变换矩阵 A。

由上述向量-矩阵定义后，优化函数可以写作

$$\varphi(x_1, x_2, \cdots, x_N) = f_1^2 + f_2^2 + \cdots + f_M^2 = (f_1, f_2, \cdots, f_M)(f_1, f_2, \cdots, f_M)^T = f^T f \tag{19-34}$$

$$\nabla \varphi = 2Af \tag{19-35}$$

公式（19-24）～公式（19-26）可以写成矩阵的形式为

$$A^T A \Delta X' + A^T f = 0 \tag{19-36}$$

上式求解得

$$\Delta X' = -(A^T A)^{-1} A^T f \tag{19-37}$$

则新的结构参数为

$$X' = \Delta X' + X \tag{19-38}$$

总结最小二乘法计算步骤为：

① 给定初始结构 $X_0 = (x_{10}, x_{20}, \cdots, x_{N0})^T$，设置迭代次数为 $k = 0$，计算 f、$\nabla \varphi(X_0)$、A。

② 当优化函数几乎不变，即 $|\varphi(X') - \varphi(X)| \leqslant \varepsilon$，$\varepsilon$ 为给定的小量；或者像差都达到容限以内，$|f_1 - f_{10}| \leqslant \varepsilon_1$，$|f_2 - f_{20}| \leqslant \varepsilon_2$，$\cdots$，$|f_N - f_{N0}| \leqslant \varepsilon_N$，则停止计算，否则继续循环迭代。

③ 计算矩阵 $A^T A$，Af，并求解公式（19-37），得到 $\Delta X'$。

④ 令 $X' = \Delta X' + X$，迭代次数加 $k + 1 \rightarrow k$，计算 f'、$\nabla \varphi(X')$、A'。转向第②步继续循环迭代。

19.4　阻尼最小二乘法

在上节最小二乘法中，求解公式（19-24）～公式（19-26）是 ΔX 的线性方程组。如果初始点 X_0 就在优化函数极小值点附近，优化函数关于 X 近似为二次函数（抛物线型），此时在局部小范围内可以看作为线性逼近，最小二乘法在使用中没有问题。但是，如果优化函数的非线性很高，不能作线性逼近，则求解 ΔX 的线性方程组将会得到误差很大的结果甚至出现发散无解的情况。在非线性很高时，即便求解出 ΔX，也可能出现 ΔX 的过大或过小，呈现难以继续的状况。为此，限制 ΔX 的大小使之近似接近线性逼近，这种限制方法就是在 ΔX 前面增加一个限制项，称作阻尼项，这种方法就称作阻尼最小二乘法。

(1) 阻尼最小二乘法

在优化函数公式（19-18）中，加入对 $\Delta \boldsymbol{X}$ 的阻尼项 $p\Delta \boldsymbol{X}^{\mathrm{T}}\Delta \boldsymbol{X}$，即

$$\psi(\boldsymbol{X}) = \varphi(\boldsymbol{X}) + p\Delta \boldsymbol{X}^{\mathrm{T}}\Delta \boldsymbol{X} \tag{19-39}$$

式中，因子 p 称作阻尼因子，一般为一个合适的正数。对上式作梯度运算，可得

$$\nabla \psi(\boldsymbol{X}) = \nabla \varphi(\boldsymbol{X}) + p\Delta \boldsymbol{X} \tag{19-40}$$

公式（19-36）加入阻尼项后，变成了

$$(\boldsymbol{A}^{\mathrm{T}}\boldsymbol{A} + pI)\Delta \boldsymbol{X}' + \boldsymbol{A}^{\mathrm{T}}\boldsymbol{f} = 0 \tag{19-41}$$

式中，$\boldsymbol{I}$ 为 $N \times N$ 的单位矩阵。上式仍然是线性方程组，不过当 p 足够大时，总会存在 $|\boldsymbol{A}^{\mathrm{T}}\boldsymbol{A} + pI| \neq 0$，为非奇异矩阵，也就解决了前述的问题。

上式求解，可得 $\Delta \boldsymbol{X}'$

$$\Delta \boldsymbol{X}' = -(\boldsymbol{A}^{\mathrm{T}}\boldsymbol{A} + pI)^{-1}\boldsymbol{A}^{\mathrm{T}}\boldsymbol{f} \tag{19-42}$$

进而得到新的结构参数

$$\boldsymbol{X}' = \Delta \boldsymbol{X}' + \boldsymbol{X} \tag{19-43}$$

从上面可以看出，除了在优化函数中引入阻尼项之外，计算过程与最小二乘法没有什么两样，只是在计算中考虑阻尼项即可。

(2) 阻尼因子

在公式（19-39）中加入了阻尼因子 p，也就存在了新的问题，那就是阻尼因子如何选择。如果阻尼因子选择得过小，则阻尼因子起不到限制作用，过渡到最小二乘法；如果阻尼因子选择得过大，由公式（19-42），则校正步长 $\Delta \boldsymbol{X}'$ 变得很小，收敛速度很慢，耗时很长，效率很低。

① 可以将自变量 $\boldsymbol{X}$ 中不同类型的结构参数进行分类，比如曲率类、厚度类、折射率类等，不同的类型给以不同的阻尼因子，这种区别有利于平衡它们之间的差异。

② 通过判定非线性程度，以实时修改阻尼因子。当优化函数变化线性程度较好时，保持阻尼因子不变；当线性程度较差，需要修改阻尼因子以适应新的情况。一般定义非线性程度为下式

$$\theta = \frac{\varphi - \varphi'}{\varphi - \varphi_L} \tag{19-44}$$

式中，φ 为前一次迭代后获得的优化函数，φ' 为本次迭代后获得的优化函数，φ_L 为本次迭代后优化函数的线性项。上式分子为一次迭代产生的优化函数改变量，分母为仅考虑线性系统时一次迭代后产生的优化函数改变量，两者相除，即为接近线性系统的程度，即非线性程度。一般当 $\theta \leqslant 0.5$ 时，线性程度较差，阻尼因子增大，$p \rightarrow 4p$；当 $0.5 < \theta \leqslant 0.9$ 时，线性程度较好，阻尼因子保持不变，$p \rightarrow p$；当 $\theta > 0.9$ 时，线性程度过好，阻尼因子减小，$p \rightarrow 0.25p$。

19.5　正交下降法

在旧版本的 Zemax 软件中，会提供适应法的光学自动设计。事实上，几乎所有的曾经出现的光学设计软件中，都内含过适应法。但是，新的 Zemax 软件已经不再内置适应法，因为适应法一般要求 $M \leqslant N$，即像差数量小于结构参数数量，这在大多数情况下都不满足。

在 Zemax 软件中，提供了一种新的方法，叫作正交下降法（orthogonal descent，OD）。正交下降法利用变量的正交规化和解空间的离散采样来减小优化函数，它并不计算优化函数的偏导数。对于非序列系统光线可能在像素边缘成离散分布，无法计算梯度或者精度不够出现锯齿状，而正交下降法正适合此情况。

在 Zemax 中存在两种优化算法，即阻尼最小二乘法（damped least square，DLS）和正交下降法。阻尼最小二乘法的原理，我们在上节已经详细介绍了，它是用求解梯度或者偏微分方程组来寻找优化函数变小的方向，是一种渐变性地连续改变优化函数的方法。但是在非序列系统优化时，使用 DLS 存在一定的缺陷，这是因为非序列中的评价数据都是用检测器测试的，检测器是由一系列像素组成的，像素之间的值是不连续的，此时 DLS 的连续渐变评价方法就不准确了，存在误差。OD 优化使用变量正交规化与解空间像素离散采样来寻找优化函数变小的方向，正好适用此法。

阻尼最小二乘法，就是求解偏导数线性方程组，并且方程的数量和自变量的数量不是一致的。一般情况下方程数量比自变量的数量多，所以在优化时就是求解不定方程组，使之解达到综合的最小值。要想求解出最合理的结构参数组合，就需要对光学系统的成像特性有比较深入的了解，以便建立的方程（每一个方程对应着光学系统的一个要求，就是一个优化目标）之间没有冲突，也就是说各个方程和约束之间最好保持线性无关性。但是，由前面的像差理论可知，各个像差之间可能存在一定的依赖关系，如畸变和场曲、焦距和 F/♯、像面照度和 F/♯ 等都存在一定的内在关系。如果 DLS 方法中，方程组的非线性程度比较高，则影响 DLS 的收敛速度，甚至由于方程之间的冲突而导致不收敛。为了应对以上问题，凭经验可以这样来做：

① 在选定初始结构之后，先用一阶光学特性参数和结构参数作为评价函数进行优化，如焦距、F/♯、垂轴放大率、总追迹长度、后截距、工作距等。此优化是保证光学系统满足成像特性要求。

② 在优化进行到一定程度之后，一阶光学特性基本满足了要求，光学系统结构也变得合理。然后，降低一阶光学特性参数和结构参数的权重，有时候甚至去掉它们中的不太重要的要求（如透镜厚度，厚点薄点可能影响不大），以重点校正成像像质。在进行像差校正时，需要注意各种像差之间的关联性，以便选择合理的像差组合，提高优化过程的收敛速度。

使用 OD 方法应用于非序列系统，需要考虑以下问题：

① OD 优化也是局部优化，即初始结构将影响 OD 优化收敛的位置。要想得到全局极小值点，需要进行全局搜索。

② 在锤形优化和全局搜索时，可以选择 DLS 优化算法也可以选择 OD 优化算法。

③ 对于成像系统，如果优化函数处处是光滑的和连续的，DLS 优化算法一般好于 OD 优化算法。而 OD 优化算法特别适合于噪声式、不连续的优化函数，比如非序列系统中的照明系统。

④ DLS 优化可以利用计算机的多线程，即它可以同时使用计算机的多个 CPU。DLS 是计算优化函数的梯度，Zemax 可以利用不同的 CPU 计算不同的变量偏导数。而 OD 优化需要顺序地计算每一个变量的参数，所以它不能在变量级别上使用多线程。不过，当使用"NSTR"操作数追迹非序列系统时，是多线程的。

⑤ DLS 优化算法已经发展很久了，是一种成熟、通用的优化算法。OD 优化器仅起步于 2007 年 2 月，发展时间相对较短，也许存在不足。

19.6　全局搜索

不管是 DLS 优化还是 OD 优化都是局部优化，即从初始结构出发向优化函数小的方向行走，最终达到一个局部最小值，该值未必是全局最小值。如图 19-1，等高线代表优化函数等值曲线，其中 A、B、C 分别为优化函数的三个最小值点。很显然，当初始结构选择不同的位置，将会得到不同的最小值，比如从 A_0 出发将到达 A，从 B_0 出发将到达 B，从 C_0 出发将到达 C。从图中可以看出，从某一点出发不会越过高优化函数值的"山峰"到达其他的"谷底"，因为优化函数向值减小的方向移动，所以从初始结构出发不一定获得全局最小值点，而是它所能到达的局部最小值点。为了寻找全局最小值点，在 Zemax 软件中提供了全局搜索的功能。

全局搜索（global search）就是在解空间内寻找全局极小值点。到目前为止，已经提出并实践了很多种全局优化算法，如模拟退火法、随机抽样法、区间穷举法、逃逸函数法、人工神经网络法等等，这些具体的方法在此不再一一赘述，有兴趣的读者可以查阅相关更专业的书籍或文献。不过，对于光学设计师，在使用 Zemax 软件时，只需要了解以下两个问题就可以了。

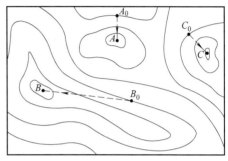

图 19-1　全局搜索

(1) 全局优化和锤形优化的区别

① 全局优化，通过命令"优化→全局优化"打开。如图 19-2 所示，其中"算法"可以选择阻尼最小二乘法或者正交下降法。"内核数目"为选定的 CPU 内核数量，数量越多，则占用电脑的资源更多，优化速度越快。"保存数目"为保存优化函数最小的结构数目。"目标"为校正的像差数量。"变量"为设置的变量数量。"初始评价函数"指全局优化前的评价函数值。"系统"指寻找到的结构数量。"迭代"表示迭代的次数。"状态"表示优化的最后保存时间和线程。"执行时间"指最近一次保存的耗时。"当前评价函数"指保存优化函数最小的结构文件名及对应的优化函数值。

全局优化是竭力寻找新的、潜在的镜头结构，并不注重在一个局部最小值附近使之达谷

全局优化			当前评价函数:
算法:	阻尼最小二乘法		GLOPT_0000_001:　0.007625388
内核数目:	8		GLOPT_0000_002:　0.007625388
保存数目:	10		GLOPT_0000_003:　0.007625388
目标:	63		GLOPT_0000_004:　0.007625388
变量:	3		GLOPT_0000_005:　0.007625388
初始评价函数:	0.007625388		GLOPT_0000_006:　0.007625388
系统:	189620		GLOPT_0000_007:　0.007625388
迭代:	596		GLOPT_0000_008:　0.007625388
状态:	最后保存: 0.09 分		GLOPT_0000_009:　0.007625388
	分析线程5		GLOPT_0000_010:　0.007625388
执行时间:	5.438 sec		
☑ 自动更新　　开始　　复位　　停止　　退出 ⑦			

图 19-2　全局优化

底。哪怕对于一个极其粗糙的初始结构，比如所有面均为平面的初始结构（可以用最后一面半径求解指定系统的近似焦距），利用全局优化也可以找到可能不错的镜头结构。全局优化很少能找到解空间全局极小值点，因为它的努力方向为寻找新的结构系统，而并非在某个最小值点附近使之收敛。

② 锤形优化，通过命令"优化→锤形优化"打开。如图 19-3 所示，其中"算法"可以选择阻尼最小二乘法或者正交下降法。"内核数目"为选定的 CPU 内核数量，数量越多，则占用电脑的资源更多，优化速度越快。"目标"为校正的像差数量。"变量"为设置的变量数量。"初始评价函数"指全局优化前的评价函数值。"系统"指寻找到的结构数量。"状态"表示软件优化的运行状态。"执行时间"指最近一次保存的耗时。"当前评价函数"指进行锤形优化时即时的优化函数值。

图 19-3　锤形优化

在通过"全局优化"后，你可能得到一到两个重点考察的系统方案。需要注意的是，并非一定采用优化函数最小的方案，综合考虑结构的合理性、制造的难易度等，选定一个最有前景的系统方案。然后，通过锤形优化使之达到局部的谷底。综合来看，就是使用全局优化寻找最佳的系统方案，然后通过锤形优化达到局部最小值。不过，由于时间所限、电脑性能所限，也许你获得的最终结果并不是解空间极小值点，但是能够达到技术要求的使用条件就可以。

(2) 如何使全局优化算法最大化提高镜头的性能

① 如果可以的话，将孔径光阑放置在第一面上，入瞳也在第一面。如果入瞳是嵌入光学系统内部的，可以增加一个虚面为孔径光阑，并将它到第 2 面（实际上是光学系统的第一面）的厚度设置为负值。由于这种处理在优化时无需计算入瞳位置和大小，将会减小工作量，有利于增强光学系统的成像质量。同时，也可以将此厚度设置为变量，让其自动寻找最佳的入瞳位置。这种技术对于具有大瞳孔畸变的系统无效，如广角镜头。

② 对最后一个玻璃面曲率用边缘光线角求解，用以替代 EEFL 操作数控制焦距的大小。这样，虽然舍掉了一个变量，但是极大地降低了校正的难度。使用 EFFL 操作数需要额外追迹一条光线，将降低优化函数的质量。

③ 像距用边缘光线高求解，即像面上边缘光线高度为零，则大多数镜头轴上点成像在 0.7 带光像差校正的很好。此方法可以保持焦距为需要的焦距，并且可以提高全局优化算法的性能。对于锤形优化，需要将像距设置为变量以寻找最佳的离焦位置。

④ 使用 MNCT 和 MNET 操作数，它们可以避免负的中心厚度和边缘厚度，Zemax 在全局搜索时会保持在这些边界限制的范围内搜索。如果没有特别的限制，Zemax 在搜索时可能会进入不可接受的解空间区域，所以获得的解也没有意义。

⑤ 优化函数越简单越好，就使用 Zemax 默认的 2 或 3 个环带构建优化函数，常常是一

种比较好的选择。在使用锤形优化时，可以考虑使用更多的环带。

⑥ 尽量去做几次长时间的全局搜索。一个设计师对于同一个光学系统可能会尝试不同的镜头结构，去寻找不同的更有可能的设计形式。最后，通过长时间的全局搜索"保证"优化函数不再降低，在这个阶段，锤形优化更适合此任务。

⑦ 尽量用实际的玻璃，不用模型材料，特别是在做锤形优化时。在用锤形优化时，如果用模型材料，在竭力优化后还需要替换回实际的玻璃，然后再重新优化。因此，实际的玻璃是必要的，尤其在后期镜头形式被决定以后。

⑧ 在锤形优化时，可以随时中断并重新开始，这个过程并不丢失任何信息。作为算法处理过程，它会自动保存每一个最新的优化设计。

⑨ 如果全局优化被中断，搜索可以从中断处恢复，不一定从头开始。

⑩ 有些计算机在一段时间后，没有从键盘或者鼠标输入任何操作，则计算机会进入到"睡眠"状态，这种特性在使用 Zemax 时应该禁用。

⑪ 最后，再次强调全局搜索不一定搜索到每一个光学系统的全局最优解，而只是获得某个局部最小解。甚至小的优化函数也未必有大的优化函数合适，有时候优化函数变小却镜头结构变得恶化，这就需要光学设计师养成随时存档或者记录的好习惯。这种方法与光学设计技巧无关，良好的习惯将会少走很多弯路。

下 篇

光学系统设计

望远物镜设计

从本章开始，我们介绍具体的镜头设计，包括各类物镜、目镜、照明系统、红外系统、激光光学系统、折衍混合系统等的特点及其设计方法。在这一章，我们来介绍最为传统的光学系统之一，即望远系统，它的物镜的特性、类型及其设计方法。由应用光学可知，望远物镜为无限远的光线入射并会聚于像方焦平面上，这是一个典型的平行光入射系统。因为是观察无限远物体，所以视场角通常不大。望远系统为无焦系统，由它的成像特性，物镜与目镜的相对孔径是相等的，而目镜的出瞳直径一般很小，所以望远物镜的相对孔径一般不大。望远物镜根据焦距和相对孔径的大小可以选择不同的镜头类型，如双胶合型、双分离型、双单型、三分离型、摄远型等等。在本章的最后，举例演示望远物镜的设计过程。作为光学设计师，在设计具体的系统时，不可以固化于设计实例，应该随机应变，根据技术要求随时调整设计方案。

20.1 望远物镜的成像特性

望远系统为观看远处物体，当物体足够远时，可以看作平行光入射于望远物镜上，最终会聚于像方焦平面。由以上分析可知，望远物镜有以下特性。

（1）小视场

由于望远系统是观看远处物体的，一般视场要求不大。若设物方视场角为 2ω，像方视场角为 $2\omega'$，望远系统的视放大率为 $\varGamma$，则以上三个量满足

$$\varGamma=\frac{\tan\omega'}{\tan\omega} \tag{20-1}$$

一般的常用目镜视场角为 $2\omega'<70°$，对于 $\varGamma=8\times$ 的望远系统，有 $2\omega<10°$，即通常望远系统的视场角不大于 $10°$。军用望远镜视场角稍大，可能超过 $10°$，但一般不会超过 $12°$。民用望远镜视场角更小，通常小于 $8°$，以 $4°\sim6°$ 常见。天文望远镜的视场角，由于倍率很高，一般 $\varGamma>200\times$，视场角 $2\omega<0.5°$。

（2）小相对孔径

由图 20-1，很显然，望远物镜的相对孔径与望远目镜的相对孔径相等，即

$$\frac{D}{f'_\text{物}}=\frac{D'}{f'_\text{目}} \tag{20-2}$$

一般情况下，眼睛在白天强光时瞳孔直径约为 2mm，在夜晚弱光时瞳孔直径约为 8mm，平均约为 4mm，即出瞳直径 $D'\approx4\text{mm}$。其次，目镜的焦距不宜过大，否则望远系统的视放大率上不去；目镜的焦距也不宜过小，否则设计制造难度也会加大。目镜的焦距一

般为 15～35mm，约为 25mm 左右。则物镜的相对孔约为

$$\frac{D}{f'_{物}} \approx \frac{4}{25} \approx \frac{1}{6}$$

这是一个比较小的相对孔径。一般情况下，望远物镜的相对孔径小于 1 : 5。

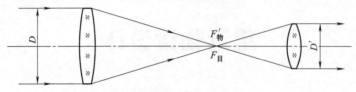

图 20-1　望远系统的相对孔径

（3）需要校正的像差为球差、彗差和轴向色差

由于小视场和小相对孔径的原因，望远物镜的主要像差为轴上点像差，即球差和轴向色差。另外，对于轴外点，有以下结果：

① 由第 8 章公式（8-31），可知彗差 $K'_S = A_1 y h^2 + A_2 y h^4 + A_3 y^3 h^2 + \cdots$，取第一项 $K_S' \propto y$。

② 由第 8 章公式（8-36），可知像散 $x'_{ts} = A_1 y^2 + A_2 y^4 + A_3 y^6 + \cdots$，取第一项 $x'_{ts} \propto y^2$。

③ 由第 15 章公式（15-4），可知场曲 $x'_p = -\dfrac{n' y'^2}{2J^2} S_{\text{IV}}$，$x'_p \propto y'^2$。

④ 由第 8 章公式（8-38），可知畸变 $\delta Y'_z = A_1 y^3 + A_2 y^5 + A_3 y^7 + \cdots$，取第一项 $\delta Y'_z \propto y^3$。

很显然，像散、场曲为视场的两次方及以上，畸变为视场的三次方及以上，彗差为视场的一次方及以上。如果忽略掉视场的两次方及以上，则仅校正彗差即可。另外，垂轴色差也不需要校正。综合来看，对于望远物镜，需要校正的主要像差为球差、彗差和轴向色差。

如果在望远系统中存在平行平板、转向棱镜、分划板等，还需要用望远物镜的像差来弥补它们的像差。

20.2　望远物镜的类型

由于望远物镜为小视场和小相对孔径系统，所以需要校正的像差比较少，因此结构也相对简单。正因为此，前述的初级像差理论很好地符合望远物镜的计算，设计的难度也不大。不过，根据不同的使用条件，为了最大限度地降低成本，应该选择合适的望远物镜类型。以下为较常用的望远物镜类型。

（1）双胶合物镜

如图 20-2，双胶合物镜由两个单透镜胶合而成，其中一片为正透镜，一片为负透镜。正透镜通常用冕牌玻璃，负透镜通常用火石玻璃。双胶合物镜有两种放置方法，正透镜向外或者正透镜向里。双胶合物镜是最常用的望远物镜类型。

双胶合物镜适当地选择玻璃组合，可以消除球差、彗差和色差，满足望远物镜的使用要求。但是，双胶合物镜不能消除像散、场曲等轴外像差，一般其视场不超过 10°～12°，相对孔径不大于 1 : 3。如果望远镜后面放置有棱镜，棱镜的像散与物镜的像散符号刚好相反，抵消了一部分物镜像散，视场可以达到 15°～20°。当望远物镜的口径太大时，不适合采用双

胶合的物镜，一般双胶合物镜的口径不超过 100mm。口径太大时，胶合不牢，容易脱胶。同时，当温度改变时，胶合面容易产生应力，影响像质。

（2）双分离物镜

如图 20-3 所示，是双分离物镜，它是由一片正透镜和一片负透镜中间不胶合而隔开一个空气层组成。在双分离物镜中，又增加了一个半径和两透镜间空气间隔作为像差校正的变量，所以可以降低孔径高级球差和校正一部分轴外像差。双分离物镜的相对孔径可以达到 1:3～1:2。双分离物镜对玻璃组合要求不像双胶合物镜那样严格，一般采用折射率差和色散差都较大的玻璃对，这样有利于增大半径，减小高级球差。双分离物镜空气间隙的大小和两个透镜的同心度对成像质量影响很大，装配调整比较困难。双分离物镜多用于平行光管物镜。

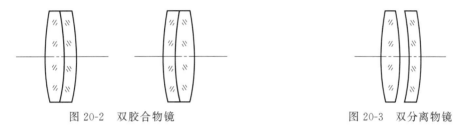

图 20-2　双胶合物镜　　　　图 20-3　双分离物镜

（3）三片式物镜

如图 20-4 所示，三片式物镜由一个单透镜和一个双胶合透镜组成。双胶合透镜可以在前，也可以在后。合理分配光焦度和选择适当的玻璃组合，在同样的条件下，半径可以做得大些，可以减小高级像差和色差。三片式物镜由于校正像差的变量较多，能够提高相对孔径到 1:2，是目前使用最多的大相对孔径望远物镜。相对孔径的提高不利于增加视场角，一般视场角 $2\omega<5°$。

（4）三分离物镜

如图 20-5 所示，三分离物镜，一般为两片正透镜和一片负透镜组成，排列方式多样。三分离物镜的优点是自由度的进一步增加，能够较好地控制高级像差，相对孔径可以达到 1:2～1:1.5，视场角 $2\omega<4°$。缺点是三片不胶合，对中心困难，折射面过多导致光能损失大和杂散光较多。

在相对孔径不大的情况下，三分离物镜选择适当的玻璃组合和合理的分配光焦度，可以校正二级光谱色差。校正二级光谱色差会导致每片透镜光焦度增大，半径减小，不能适用较大相对孔径的要求。

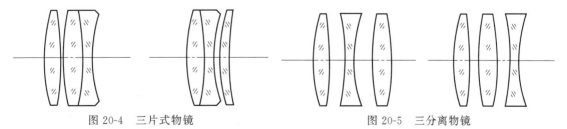

图 20-4　三片式物镜　　　　图 20-5　三分离物镜

（5）摄远物镜

物镜第一面顶点到像面的距离称为物镜的总长度，一般物镜的总长度都大于物镜的焦距。在高倍望远镜中，要求物镜焦距很长，所以望远镜就会体积很大、重量很重。为了减小物镜的总长度，采用了一种称为摄远物镜的结构，如图 20-6，它是由一个正透镜组和一个负透镜组构成。前正透镜组和后负透镜组一般都是双胶合透镜。摄远物镜可以使物镜的像方主平面向前移动，从而使像面向前移动，导致总长度小于物镜焦距。设物镜的总长度为 L，物镜的焦距为 f'，一般可以做到 L/f' 达到 $1:1.3\sim1:1.5$。

摄远物镜的优点是，有两个双胶合透镜，不但可以校正球差、慧差、色差外，还可以校正像散和场曲，而且视场角也比较大。摄远物镜的缺点是，相对孔径不超过 $1:7$。

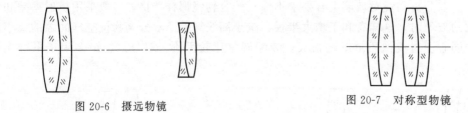

图 20-6 摄远物镜   图 20-7 对称型物镜

（6）对称型物镜

如图 20-7 所示，对称型物镜一般由两个双胶合透镜构成，主要用于焦距短，视场要求较大的情况。一般视场角要求 $2\omega>20°$ 时，需要使用对称型望远物镜。当焦距 $f'<50\mathrm{mm}$ 时，相对孔径可以达到 $D/f'<1:5$，视场角可以达到 $2\omega>30°$。

20.3 大相对孔径望远物镜设计

在第 18 章，我们曾经设计过一个含有五角棱镜的双胶合望远物镜。通过棱镜像差计算、双胶合物镜 PW 计算、分解 PW，最终获得了双胶合物镜的结构参数。作为适用小相对孔径的双胶合望远物镜结构，在光学系统中使用的频率比较多，它也可以作为组件参与到复杂透镜的组合当中。因此，读者需要掌握它的设计方法，在此不再赘述，可参阅第 18 章。

20.3.1 初始系统

在这一节，我们设计一个相对孔径较大的望远物镜，所以双胶合望远物镜结构就无法胜任，需要采用其他更加复杂的结构形式。需要设计的望远物镜如下。

焦距：$f'=120\mathrm{mm}$。

F 数：$f/2.5$。

视场：$2\omega=4°$。

波长：可见光 F、d、C。

像质：尽量使像差得到校正，满足望远物镜的像差容限。

由于相对孔径达到了 $1:2.5$，并且为了留有一定的余地，我们选择了三片式望远物镜。由前述望远物镜的类型可知，三片式望远物镜的相对孔径可以达到 $1:2$，完全满足需求，选择的结构为图 20-4 的左图形式。由于片数增加到三片，镜头有些复杂化。可以通过 PW 计算求解镜头的结构参数，将前面双胶合部分看作一个透镜，与后面的单片镜组成了密接双分离结构，求解双分离后再进行双胶合部分的 PW 分解。很显然，整个计算过程需要分两次来完成。三片式望远物镜有 5 个半径作为变量，通过选择玻璃组合满足色差校正和光焦度分配，再通过透镜的弯曲校正球差。通常情况下，令前面单片镜的光焦度为总光焦度的 0.4 倍，即 $\Phi_单=0.4\Phi_总$。另外较多情况下，让两个正透镜的玻璃材料相同用冕牌玻璃，负透镜用火石玻璃。三片式望远物镜的 PW 分解公式如下

$$\Phi=\Phi_1+\Phi_{23}=\Phi_1+\Phi_2+\Phi_3 \tag{20-3}$$

$$C=\frac{\Phi_1}{\nu_1}+\frac{\Phi_2}{\nu_2}+\frac{\Phi_3}{\nu_3} \tag{20-4}$$

$$P_\infty=\Phi_1^3 P_{1\infty}+\Phi_{23}^3 P_{23\infty}-4\Phi_1\Phi_{23}^2 W_{23\infty}+(3+2\mu_{23})\Phi_1^2\Phi_{23}-\Phi_1\Phi_{23}^2 \tag{20-5}$$

$$W_\infty=\Phi_1^2 W_{1\infty}+\Phi_{23}^2 W_{23\infty}-(2+\mu_{23})\Phi_1\Phi_{23} \tag{20-6}$$

式中，Φ_1、Φ_2、Φ_3 分别是三片镜的光焦度；Φ_{23} 为后面双胶合透镜的光焦度；ν_1、ν_2、ν_3 分别是三片镜的阿贝数；$P_{1\infty}$、$W_{1\infty}$ 为第一片单透镜的 PW 参数，$P_{23\infty}$、$W_{23\infty}$ 为后面双胶合透镜的 PW 参数，P_∞、W_∞、C 分别是总的 PWC 参数；μ_1、μ_{23} 分别为第一片单透镜和后面双胶合透镜的 μ 参数 [满足公式 (18-15)]。计算过程留给读者来完成。

在此，我们使用光学设计时最为常用的方法，即从已有镜头中选择相近的镜头，然后通过修改、优化、微调来完成最终的设计。查找光学设计手册，选择的三片望远物镜如表 20-1。

表 20-1 初始三片望远物镜

半径/mm	厚度/mm	玻璃材料(成都光明)	口径/mm
68.55	12	H-K9L	70
−369.8	0.7		
49.2	17.8	H-K9L	61
−90.16	5.8	H-ZF1	61
65.31			
$f'=89.68\text{mm}$, $f/1.3$, $2\omega=8°$, $l'_\text{F}=58.58\text{mm}$			

20.3.2 缩放系统

将表 20-1 的数据输入到 Zemax 软件中，需要修改视场角为 $2\omega=4°$，即使用半视场角 $0°$、$1.4°$、$2°$。入瞳直径取 70mm，波长取可见光的 F、d 和 C。此时，可以看到，系统焦距为 $f'=89.68\text{mm}$，为了得到 $f'=120\text{mm}$，将整个系统放大 $120/89.68=1.338$ 倍。

缩放系统的方法为，在使用"设置→镜头数据"命令后，打开如图 20-8 的"镜头数据"输入文档，在上面有一排按钮。其中图标为 ⊕ 形状的按钮就是按照焦距缩放的命令，点开后如图 20-9 左图所示，显示为"改变焦距"对话框。焦距后面的数字就是当前的系统焦距值，将之改为 120mm，如图 20-9 右图，点击确定，系统的焦距即放大到 120mm。放大完镜头后，还需要更改系统的入瞳直径为 $f'/(F/\sharp)=48\text{mm}$。放大后的镜头数据，即为图 20-8 中的数据。

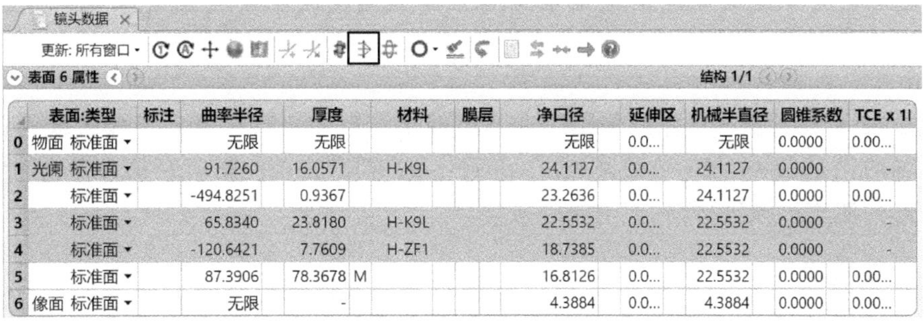

	表面:类型	标注	曲率半径	厚度	材料	膜层	净口径	延伸区	机械半直径	圆锥系数	TCE x 1
0	物面 标准面 ▼		无限	无限			无限	0.0...	无限	0.0000	0.00...
1	光阑 标准面 ▼		91.7260	16.0571	H-K9L		24.1127	0.0...	24.1127	0.0000	-
2	标准面 ▼		-494.8251	0.9367			23.2636	0.0...	24.1127	0.0000	0.00...
3	标准面 ▼		65.8340	23.8180	H-K9L		22.5532	0.0...	22.5532	0.0000	0.00...
4	标准面 ▼		-120.6421	7.7609	H-ZF1		18.7385	0.0...	22.5532	0.0000	0.00...
5	标准面 ▼		87.3906	78.3678 M			16.8126	0.0...	22.5532	0.0000	0.00...
6	像面 标准面 ▼		无限				4.3884	0.0...	4.3884	0.0000	0.00...

图 20-8 缩放后的镜头数据

放大后系统的像差如表 20-2，它们是在"评价函数编辑器"中分别加入 SPHA、

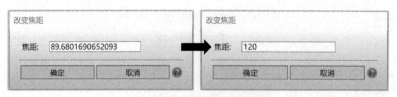

图 20-9 按焦距大小缩放系统

COMA、AXCL、ASTI、FCUR、DIST 和 LACL 操作数，刷新后获得的数据，其中 $\lambda = 0.5876\mu m$ 为 d 光的波长，也是可见光波段的中心波长。从数值上来看，数值都比较小，差不多已经满足了需求。

表 20-2 放大后初始系统的像差

参数	焦距	球差	彗差	轴向色差	像散	场曲	畸变	垂轴色差
数值	120mm	6.4698λ	-0.6634λ	0.5907mm	6.0902λ	1.3886λ	0.0120λ	-0.0103mm

20.3.3 优化处理

下面对上一节缩放后的系统进行优化处理。在优化处理之前，将厚度值保留十分位，百分位进行四舍五入。使用"优化→优化向导"命令，打开"优化向导与操作数"对话框。设置："类型"为"RMS"；"标准"为"光斑半径"；"参考"为"质心"；"假设轴对称"勾选，其他不变。单击下面的"确定"按钮。进入到"评价函数编辑器"里。由前述，对于望远物镜主要校正球差、彗差和轴向色差，同时还需要加上焦距以保证其不变。因此，在第一阶段，我们在默认的评价函数编辑器中加入 EFFL、SPHA、COMA 和 AXCL 四个操作数作为主要校正像差，设置其目标值为 120、0、0、0，权重均为 1。其余操作数（ASTI、FCUR、DIST 和 LACL）虽然也插入其中，但是仅作观察之用。使用"优化→执行优化"命令进行优化处理，很快获得结果，如图 20-10 所示。它的像差如表 20-3 所示。

面数据概要：

表面	类型	曲率半径	厚度	玻璃	净口径	延伸区	机械半直径
物面	STANDARD	无限	无限		0	0	0
光阑	STANDARD	65.14653	16.1	H-K9L	48.32452	0	48.32452
2	STANDARD	-561.9762	0.9		45.8859	0	48.32452
3	STANDARD	73.70483	23.8	H-K9L	44.06738	0	44.06738
4	STANDARD	-51.88727	7.8	H-ZF1	36.07456	0	44.06738
5	STANDARD	76.79329	72.7991		31.51972	0	44.06738
像面	STANDARD	无限			8.825698	0	8.825698

图 20-10 优化处理后的镜头数据

表 20-3 优化处理后的像差

参数	焦距	球差	彗差	轴向色差	像散	场曲	畸变	垂轴色差
数值	120.0012mm	0.001425λ	-0.0004410λ	0.0790mm	6.4742λ	1.2943λ	0.0253λ	-0.0196mm

从表 20-3 可以看出，在保持焦距不变的情况下，球差、彗差得到了极大改善，均已接近零值。轴向色差也从 0.591mm 降到了 0.079mm。而其他像差虽有变化，变化的数量级上不大，对总的像差影响较小。

20.3.4 校正色差

由上一小节，轴向色差虽然降到了 0.079mm，但是仍然存在一定的数量。为了使色差进一步降低，我们做以下步骤后，再进行优化。

① 替换前面单片镜玻璃为成都光明的 H-ZK10L。由于是选用已有的镜头，在校正色差

时，单片镜单独是无法消色差的，为此我们尽量减小单片镜的色散值。单片镜在保证焦距不变时，高的折射率意味着大的曲率半径，即小的像差，所以单片镜的折射率尽量大。玻璃 H-ZK10L 的折射率为 1.6228，比 H-K9L 的折射率 1.5168 大；H-ZK10L 的中部色散为 0.010943，比 H-K9L 的中部色散 0.008050 稍大一点。

② 将面 3 和面 4 所在行的玻璃材料设置为变量。双胶合透镜玻璃材料的改变将由软件算法自动完成消色差组合。如果不设置玻璃材料的边界条件，即玻璃参数的变化区间，则在进行优化时可能使玻璃材料变成不可实现的理想材料。为此，在"评价函数编辑器"中加入玻璃材料的限制条件，它们分别如下：

- MNIN，限制最小 d 光折射率；
- MXIN，限制最大 d 光折射率；
- MNAB，限制最小阿贝数；
- MXAB，限制最大阿贝数；
- MNPD，限制最小部分色散；
- MXPD，限制最大部分色散。

设置的结果如图 20-11 所示，然后进行优化处理。优化后，面 3 行和面 4 行材料均为优化后的折射率数值和阿贝数。单击面 3 的材料单元格，按"Ctrl＋Z"按键组合，去掉变量求解，则材料会自动填充最相近的玻璃材料，变为成都光明的"D-ZPK1A"玻璃。同理，对面 4 行材料单位格，按"Ctrl＋Z"按键组合，变为肖特厂的"LASF32"

图 20-11　使用操作数限制玻璃材料

玻璃。由数字型的理想玻璃替换为实际的玻璃，像差会有所改变，需要再次进行优化处理。优化后的镜头数据如图 20-12 所示，优化后的像差如表 20-4 所示。

从表 20-4 可以看出，球差、彗差和轴向色差均已接近零，尤其轴向色差从 0.079mm 进一步降低到 0.007625mm，降低为原来的 1/10。垂轴色差也有所下降。其余像差变化不大，对整个系统的像差影响较小。设计过程结束。

面数据概要：

表面	类型	曲率半径	厚度	玻璃	净口径	延伸区	机械半直径
物面	STANDARD	无限	无限		0	0	0
光阑	STANDARD	487.0154	16.1	H-ZK10L	48.0414	0	48.1148
2	STANDARD	-180.2426	0.9		48.1148	0	48.1148
3	STANDARD	53.8744	23.8	D-ZPK1A	46.85762	0	46.85762
4	STANDARD	-136.6584	7.8	LASF32	39.08334	0	46.85762
5	STANDARD	82.0551	81.94831		34.90264	0	46.85762
像面	STANDARD	无限			8.510653	0	8.510653

图 20-12　校正色差的镜头数据

表 20-4　校正色差的像差数据

参数	焦距	球差	彗差	轴向色差	像散	场曲	畸变	垂轴色差
数值	120.0001mm	0.0003347λ	−0.00002949λ	0.007625mm	6.5100λ	1.2375λ	0.008737λ	−0.0143mm

20.4　内调焦摄远物镜设计

在第 17 章，我们用双分离消色差的方法，设计了一个消色差的摄远物镜。但是，并非双分离消色差结构是最好的结构，由第 17 章例子可以看到，前后正负透镜为了消色差而靠得太近，不利于摄远物镜像差的校正，即在消色差时其他像差可能很大。在这一小节，我们不是求双分离消色差条件来设计摄远物镜，而是对前后两透镜都由单片镜改为双胶合镜，它们分别消色差，以达到总消色差的目的。

本节设计一个内调焦摄远物镜，满足以下技术要求。

焦距：$f'=250\text{mm}$。

F 数：$f/5$。

视场：$2\omega=2°$。

摄远比：$L/f'=0.6$。

波长：可见光 F、d、C。

像质：尽量使像差得到校正，满足望远物镜的像差容限。

20.4.1 光焦度分配

如图 20-13 所示，设前面正透镜组焦距为 f_1'，后面负透镜组焦距为 f_2'，两镜片组间距为 d。以下长度单位均为毫米（mm），不再注明。由应用光学中组合系统的焦距公式得

$$f'=\frac{f_1'f_2'}{\Delta}=\frac{f_1'f_2'}{f_1'+f_2'-d}=250 \tag{20-7}$$

由摄远比要求，可得

$$L=0.6f'=d+f'\left(1-\frac{d}{f_1'}\right) \tag{20-8}$$

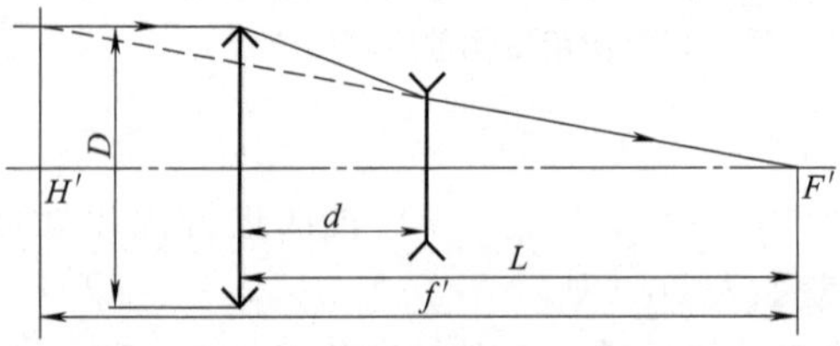

如果是内调焦望远物镜，还需要满足内调焦"准距条件"，即下式

$$L-2d+\frac{\delta f_1'}{\delta+f_1'}=0 \tag{20-9}$$

式中，δ 为仪器转轴到物镜后主面的间距，可酌情选取

$$\delta\approx\frac{L}{2}\sim\frac{L}{2}+20 \tag{20-10}$$

图 20-13 摄远物镜结构

比如取 $\delta=L/2$，代入公式（20-9）得

$$L-2d+\frac{Lf_1'}{L+2f_1'}=0 \tag{20-11}$$

联立公式（20-8）和公式（20-11），可得

$$d=\frac{3}{4}L-\frac{L(4f'-L)}{3f'+\sqrt{17f'^2-2f'L+L^2}} \tag{20-12}$$

$$f_1'=\frac{(f'+L)L+L\sqrt{17f'^2-2f'L+L^2}}{2(4f'-L)} \tag{20-13}$$

将上两式代入到公式（20-7），可得

$$f_2'=\frac{f_1'-d}{f_1'-f'}f' \tag{20-14}$$

将 $f'=250$ 和 $L=0.6f'=150$，代入公式（20-12）~公式（20-14），得

$$d = 98.3647, \quad f'_1 = 123.9695, \quad f'_2 = -50.7909 \tag{20-15}$$

20.4.2 求解初始结构

(1) 前正透镜组

由公式（20-15），前正透镜组需要焦距为 $f'_1 = 123.9695$mm。若入瞳就在前正透镜组上，可知入瞳直径为 $D = f'/(\text{F}/\sharp) = 50$mm。焦距和入瞳直径都与 20.3 节中大相对孔径望远物镜的焦距 $f' = 120$mm 和入瞳直径 $D = 48$mm 相近，所以前正透镜组就用 20.3 节中的设计实例，不过需要改造。

使用 20.3 节的设计，令入瞳直径 $D = 50$mm，视场取 $0°$、$0.7°$、$1°$，波段取可见光 F、d、C。由于视场减小，所以各曲率半径会增加，厚度不需要原来那么厚，取三片镜的厚度分别为 8mm、8mm、5mm，空气间隔也改为 0.1mm，这些厚度的减小对像差影响较小。将以上参数输入到 Zemax 软件中。

设置默认的优化函数，然后插入操作数 EFFL、SPHA、COMA、AXCL、ASTI、FCUR、DIST 和 LACL。令焦距、球差、彗差和轴向色差的权重为 1，焦距的目标值为 123.9695mm，其余像差目标值为零。然后设置所有曲率半径为变量求解，使用"优化→执行优化"进行优化处理，优化的镜头数据如图 20-14，像差列于表 20-5。从表 20-5 可以看出，焦距和像差都满足得很好。

面数据概要：

表面	类型	曲率半径	厚度	玻璃	净口径	延伸区	机械半直径
物面	STANDARD	无限	无限		0	0	0
光阑	STANDARD	107.8558	8	H-ZK10L	50.10297	0	50.10297
2	STANDARD	-637.1593	0.1		49.37068	0	50.10297
3	STANDARD	69.40442	8	D-ZPK1A	47.8677	0	47.8677
4	STANDARD	-336.0136	5	LASF32	46.49047	0	47.8677
5	STANDARD	100.0164	105.8001		43.18419	0	47.8677
像面	STANDARD	无限			4.404088	0	4.404088

图 20-14 前正透镜组镜头数据

表 20-5 前正透镜组像差数据

参数	焦距	球差	彗差	轴向色差	像散	场曲	畸变	垂轴色差
数值	123.9695mm	0.0001876λ	-0.00001848λ	0.002367mm	1.4139λ	0.4038λ	0.001222λ	-0.002701mm

(2) 后负透镜组

后负透镜组需要满足以下要求：

焦距：$f'_2 = -50.7909$。

孔径：$D_2 = \dfrac{f'_1 - d}{f'_1} D = 10.3271$。

物距：$l_2 = f'_1 - d = 25.6048$。

因此，后负透镜组的相对孔径为 $D_2 / f'_2 = 1:4.92$，双胶合透镜组即可满足要求。很显然，后负透镜组是有限距离成像，很难从设计手册等中查找相近的镜头，需要进行 PW 分解。由于前后透镜组分别消像差，所以后负透镜组需要校正球差、彗差和轴向色差，在 PW 求解时令其为零。

① 由像差需求，求解 PWC 方程组。后负透镜组校正球差、彗差和轴向色差，所以有 $S_I = S_{II} = C_I = 0$。由公式（18-2）、公式（18-3）和公式（8-9），可得 PWC 参数需要满足

$$P = W = C = 0 \tag{20-16}$$

由规化条件（18-9）和（18-29），规化后的 PWC 满足

$$\overline{P}=\overline{W}=\overline{C}=0 \tag{20-17}$$

② 规化 PWC 到 $\overline{P}_\infty$、$\overline{W}_\infty$ 和 $\overline{C}$。后负透镜组是有限距离成像，上式中的 PWC 也是物平面在有限远时的参数，需要将其规化为物平面在无限远时的参数。由公式（18-20）有

$$\begin{cases} \overline{P}_\infty=\overline{P}-\overline{u}_1(4\overline{W}-1)+\overline{u}_1^2(5+2\mu) \\ \overline{W}_\infty=\overline{W}-\overline{u}_1(2+\mu) \end{cases} \tag{20-18}$$

由后负透镜组的参数 $f_2'=-50.7909$，$l_2=f_1'-d=25.6048$，$h_2=D_2/2=5.1636$，可得

$$u_1=\frac{h_2}{l_2}=0.2017, \quad h_2\Phi_2=\frac{h_2}{f_2'}=-0.1017, \quad \overline{u}_1=\frac{u_1}{h_2\Phi_2}=-1.9833$$

将所有参数代入到公式（20-18），取 $\mu=0.67$，及公式（20-17），得

$$\overline{P}_\infty=22.9550, \quad \overline{W}_\infty=5.2954, \quad \overline{C}=0$$

③ 由 $\overline{P}_\infty$、$\overline{W}_\infty$ 求 P_0。由公式（18-50），取 $W_0=0.15$ 为平均值，可以求得

$$P_0=\overline{P}_\infty-0.85(\overline{W}_\infty-W_0)^2=0.4511$$

④ 由 P_0 和 $\overline{C}$，查表得玻璃材料

由 $P_0=0.4511$ 和 $\overline{C}=0$，查光学设计手册或者附录 C 中的 P_0 表，可得玻璃材料组合前 H-ZF5、后 H-BaK7，并可同时获得 Q_0 值为

H-ZF5：$n_1=1.7400$，$\nu_1=28.30$；H-BaK7：$n_2=1.5688$，$\nu_2=56.04$，$Q_0=4.43$

⑤ 求解得 Q。将以上参数代入到公式（18-51）前一式得

$$Q_+=7.5232, \quad Q_-=1.3368$$

将以上参数代入到公式（18-51）后一式得

$$Q_i=1.3489$$

取相近的两个 Q，并取平均值得

$$Q=\frac{Q_-+Q_i}{2}=1.3429$$

⑥ 求光焦度分配。由公式（18-52），可得光焦度分配为

$$\Phi_1=\left(\overline{C}-\frac{1}{\nu_2}\right)\bigg/\left(\frac{1}{\nu_1}-\frac{1}{\nu_2}\right)=-1.0202, \quad \Phi_2=1-\Phi_1=2.0202$$

⑦ 求曲率半径。由公式（18-53），可得三个曲率半径为

$$\frac{1}{r_2}=\Phi_1+Q=0.3227 \quad \Rightarrow \quad r_2=3.0989$$

$$\frac{1}{r_1}=\frac{n_1\Phi_1}{n_1-1}+Q=-1.0560 \quad \Rightarrow \quad r_1=-0.9470$$

$$\frac{1}{r_3}=\frac{n_2\Phi_1}{n_2-1}-\frac{1}{n_2-1}+Q=-3.2290 \quad \Rightarrow \quad r_3=-0.3097$$

⑧ 缩放半径。由公式（18-54），将第⑦步所得半径都乘以后负透镜组的总焦距 $f_2'=-50.7909$，进行半径缩放得

$$r_1=48.099, \quad r_2=-157.396, \quad r_3=15.7299$$

由于后负透镜组口径不大，根据光学设计手册中正透镜边缘厚度公差和负透镜中心厚度公差，取前单片正透镜厚度为 $d_1=2.5\text{mm}$，后单片负透镜厚度为 $d_2=1\text{mm}$。

⑨ 后负透镜组光学特性。在 Zemax 软件中进行模拟时，需要知道镜头的成像特性。后负透镜组的结构参数，包括曲率半径、厚度、玻璃材料已经由前述计算中获得。很显然，后

负透镜组的入瞳就在透镜上，所以入瞳直径为 $D_2=10.3271\text{mm}$。由于后负透镜组为有限距离成像，需要用物高作为视场。它的物高也就是前正透镜组的像高，由视场角要求可得

$$y_2=y_1'=-f_1'\tan\omega=-123.9695\times\tan(-1°)=2.1639$$

后负透镜组所用的波段为可见光波段，使用 F、d、C 光进行消色差。

⑩ 用 Zemax 进行初始结构模拟。将计算的镜头数据、$D_2=10.3271$、$y_2=2.1639$、可见光波段（F、d、C 光）等输入到 Zemax 软件中，模拟的镜头数据如图 20-15 所示，2D 视图见图 20-16，像差见表 20-6。

面数据概要：

表面	类型	曲率半径	厚度	玻璃	净口径	延伸区	机械半直径
物面	STANDARD	无限	-25.6048		4.3278	0	4.3278
光阑	STANDARD	48.099	2.5	H-ZF5	10.26278	0	10.26278
2	STANDARD	-157.396	1	H-BAK7	9.777422	0	10.26278
3	STANDARD	15.7299	37.90351		9.318709	0	10.26278
像面	STANDARD	无限			7.225533	0	7.225533

图 20-15 后负透镜组初始模拟结果

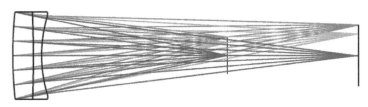

图 20-16 后负透镜组初始 2D 视图

表 20-6 后负透镜组初始像差

参数	焦距	球差	彗差	轴向色差	像散	场曲	畸变	垂轴色差
数值	−53.9508mm	1.7088λ	1.4726λ	0.0853mm	−2.5779λ	−1.1190λ	0.0718λ	0.001266mm

从表 20-6 可以看出，除了焦距与目标值差别稍大之外，像差都不大，这也说明 PWC 计算法可信度较高。下面，只需要再做一下优化处理，基本上可以达到使用的需求。值得注意的是，对比表 20-4 可知，后负透镜组的像散和场曲刚好与前正透镜组的像散和场曲符号相反，它们会相互抵消一部分，从而使之更小。

⑪ 用 Zemax 对初始结构进行优化处理。设置三个半径为变量求解。在“评价函数编辑器”中，设置默认的优化函数，然后插入操作数 EFFL、SPHA、COMA、AXCL、ASTI、FCUR、DIST 和 LACL。令焦距、球差、彗差和轴向色差的权重为 1，焦距的目标值为 −50.7909，其余像差目标值为零，设置的最终结果示于图 20-17。然后使用命令“优化→执行优化”，进行优化处理，结果也在图 20-17 上。镜头数据如图 20-18 所示。将像差重新

镜头数据 | 1: 布局图 | 评价函数编辑器

优化向导与操作数　　评价函数: 0.0797763329683197

	类型		波	Hx	Hy	Px	Py	目标	权重	评估	% 献
4	BLNK	视场操作数 1.									
5	EFFL		2					-50.7909	1.0000	-50.7904	6.3426E-04
6	SPHA	0	2					0.0000	1.0000	0.0698	10.7082
7	COMA	0	2					0.0000	1.0000	-0.0132	0.3832
8	AXCL	0	0	0.0000				0.0000	1.0000	-0.1977	86.0135
9	ASTI	0	2					0.0000	0.0000	-2.6774	0.0000
10	FCUR	0	2					0.0000	0.0000	-1.1639	0.0000
11	DIST	0	2	0				0.0000	0.0000	0.0921	0.0000
12	LACL	0	0					0.0000	0.0000	-5.6744E-04	0.0000

图 20-17 优化处理时的评价函数

列于表 20-7 中。

面数据概要：

表面	类型	曲率半径	厚度	玻璃	净口径	延伸区	机械半直径
物面	STANDARD	无限	-25.6048		4.3278	0	4.3278
光阑	STANDARD	32.33361	2.5	H-ZF5	10.23167	0	10.23167
2	STANDARD	52.44818	1	H-BAK7	9.605695	0	10.23167
3	STANDARD	13.77441	38.14095		9.167708	0	10.23167
像面	STANDARD	无限			7.526042	0	7.526042

图 20-18　优化处理后的镜头数据

表 20-7　优化处理后的像差

参数	焦距	球差	彗差	轴向色差	像散	场曲	畸变	垂轴色差
数值	-50.7904mm	0.0698λ	-0.0132λ	-0.1977mm	-2.6774λ	-1.1639λ	0.0921λ	0.0005674mm

从表 20-7 可以看出，焦距已经达到目标值，除轴向色差外，其余像差都不大，满足要求。由公式（12-22），轴向色差的容限为一倍焦深，即

$$u_2' = \frac{D}{2f'} = \frac{50}{2 \times 250} = 0.1$$

$$\Delta l_{FC}' \leqslant \Delta = \frac{\lambda}{n'u'^2} = \frac{0.005876\text{mm}}{1 \times 0.1^2} = 0.5876\text{mm}$$

显然，表 20-7 中的轴向色差是小于一倍焦深的，完全满足需要。

20.4.3　前后透镜组合成为摄远物镜

下面将前正透镜组和后负透镜组合成为摄远物镜。在对接时，前组最后一面和后组第一面之间的距离并非薄透镜计算时的 $d = 98.3647$mm，前组透镜的镜片厚度会占用一定的间隔，所以应该由下式给出

$$d_0 = d - 8 - 0.1 - 8 - 5 = 77.2647 \approx 77$$

对接后，组合的镜头数据如图 20-19 所示，2D 视图如图 20-20 所示，像差列于表 20-8。

面数据概要：

表面	类型	曲率半径	厚度	玻璃	净口径	延伸区	机械半直径
物面	STANDARD	无限	无限		0	0	0
光阑	STANDARD	107.8558	8	H-ZK10L	50.10297	0	50.10297
2	STANDARD	-637.1593	0.1		49.37068	0	50.10297
3	STANDARD	69.40442	8	D-ZPK1A	47.8677	0	47.8677
4	STANDARD	-336.0136	5	LASF32	46.49047	0	47.8677
5	STANDARD	100.0164	77		43.18419	0	47.8677
6	STANDARD	32.33361	2.5	H-ZF5	14.86242	0	14.86242
7	STANDARD	52.44818	1	H-BAK7	13.98681	0	14.86242
8	STANDARD	13.77441	48.55221		13.04398	0	14.86242
像面	STANDARD	无限			8.988213	0	8.988213

图 20-19　组合摄远物镜的镜头数据

表 20-8　组合摄远物镜的像差

参数	焦距	L	球差	彗差	轴向色差	像散	场曲	畸变	垂轴色差
数值	236.8405mm	150.152mm	-1.3419λ	-4.3268λ	-0.3136mm	-3.5074λ	-0.7556λ	0.6129λ	-0.0158mm

下面做优化处理，设置所有半径为变量求解。在"评价函数编辑器"中，设置默认的优化函数，然后插入操作数 EFFL、TOTR（即总长度 L）、SPHA、COMA、AXCL、ASTI、FCUR、DIST 和 LACL。令 EFFL、TOTR、SPHA、COMA 和 AXCL 的权重为 1，EFFL 的目标值为 250mm，TOTR 的目标值为 150mm（保证摄远比），其余像差目标值为零。然后使用命令"优化→执行优化"，进行优化处理，优化后的镜头数据如图 20-21 所示。像差列于表 20-9 中。

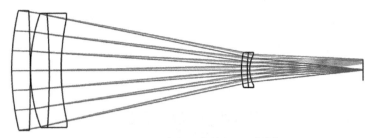

图 20-20　组合摄远物镜的 2D 视图

面数据概要：

表面	类型	曲率半径	厚度	玻璃	净口径	延伸区	机械半直径
物面	STANDARD	无限	无限		0	0	0
光阑	STANDARD	95.91748	8	H-ZK10L	50.11629	0	50.11629
2	STANDARD	-681.9147	0.1		49.33911	0	50.11629
3	STANDARD	66.50861	8	D-ZPK1A	47.61824	0	47.61824
4	STANDARD	-513.0475	5	LASF32	46.07031	0	47.61824
5	STANDARD	86.63514	77		42.47228	0	47.61824
6	STANDARD	-38.23671	2.5	H-ZF5	13.72634	0	13.72634
7	STANDARD	-19.59475	1	H-BAK7	13.61984	0	13.72634
8	STANDARD	53.25817	48.40002		13.22303	0	13.72634
像面	STANDARD	无限			8.83462	0	8.83462

图 20-21　优化后的摄远物镜镜头数据

表 20-9　优化后的摄远物镜的像差

参数	焦距	L	球差	彗差	轴向色差	像散	场曲	畸变	垂轴色差
数值	250mm	150mm	0.0001611λ	-0.00003307λ	0.001137mm	3.3379λ	-0.7836λ	0.0968λ	-0.008616mm

从表 20-9 可以看到，像差都很小，完全满足设计需要。

第21章

显微物镜设计

显微镜是传统的光学仪器，它是用来观看微小物体的，在科学研究、工业设备等方面得到了广泛应用。事实上，显微镜相当于一个两级放大镜，微小物体先由显微物镜进行放大成像于目镜的前焦平面上，然后目镜相当于普通的放大镜来观看它。显微镜在出厂时，通常物镜、目镜是可以更换的，所以会有不同的倍率组合。为了保证可更换性，一般约定显微物镜的共轭距保持不变，比如国际上大部分约定为 190mm 左右，我国约定为 185mm 或者 195mm，它们的机械筒长均为 160mm。还有一种常见的显微镜称作无限筒长显微镜，该显微镜有它自身的优点。在保持共轭距的情况下，显微物镜的倍率越大，焦距越短。在本章，我们主要介绍了显微物镜的成像特性，以及显微物镜的类型，最后举例演示显微物镜的设计方法。

21.1 光学显微镜的两种形式

(1) 普通型显微镜

普通型显微镜原理如图 21-1 所示，它是由显微物镜和目镜构成。物体经过显微物镜放大并成像于目镜的前焦平面上，目镜作为观察放大镜用来观看此像，从而物体经过了显微物镜的垂轴放大和目镜的视放大，共两级放大。我国约定显微物镜的共轭距为 185mm、195mm（参考国家标准 GB 2609—81），多以 195mm 为主。显微物镜的机械筒长为物镜的安装定位面到显微镜镜筒上端面的距离，国家标准 GB/T 2609—2015 规定机械筒长为 160mm，机械筒长约为物镜到像面的距离。普通型显微镜放大倍率为物镜的垂轴放大率与目镜的视放大率之积，即

$$\Gamma = \beta_{物} \Gamma_{目} \tag{21-1}$$

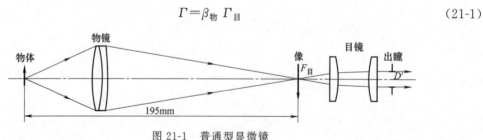

图 21-1 普通型显微镜

(2) 无限筒长型显微镜

无限筒长型显微镜原理如图 21-2 所示，它是由显微物镜、镜筒透镜和目镜构成。物体放置到显微物镜的前焦平面上，被显微物镜成像于无限远。在显微物镜的后面又放置一个叫作镜筒透镜的镜头，它将像成像于目镜的前焦平面上。无限筒长型显微镜的主要优点为显微

镜中的各种光学附件，如暗视场光束分离器、偏振光分离器、用于 DIC（微差干涉衬度）的棱镜、检偏振镜以及其他附加滤色镜等，都可以放置在显微物镜和镜筒透镜之间的平行光束空间。由于成像光束没有受到光学附件的干扰，物像的质量不会受到损害，从而简化了物镜设计中色差和像差的校正。

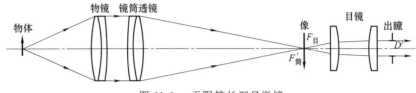

图 21-2　无限筒长型显微镜

我国一般规定镜筒透镜的焦距为 250mm。对于显微物镜和镜筒透镜成像，设物高为 y，像高 y'，最大物高像高时中间平行光束的倾角为 θ，则由无限远的物高公式和像高公式可得

$$y = f'_{物}\tan\theta, \quad y' = f_{镜筒}\tan\theta$$

$$\beta = \frac{y'}{y} = \frac{f_{镜筒}}{f'_{物}} = -\frac{250}{f'_{物}} \tag{21-2}$$

21.2　显微物镜的像差特性

由于显微镜是观察微小物体的，所以显微物镜的视场较小，主要需要校正轴上点像差，如球差、彗差和轴向色差。另外，为了提高显微镜的倍率，一般像距远远大于物距，所以显微物镜的焦距较小。小的焦距将产生大的相对孔径，显微物镜的相对孔径约为 $D/f' \approx 2NA$，如 $NA = 0.25$，则 $D/f' = 1:2$，一般它的相对孔径比望远物镜大。大的相对孔径将导致高级像差产生，所以需要考虑高级球差、色球差、高级彗差等的校正。对于轴外像差，如像散、场曲、垂轴色差等，一般较小，并且显微镜允许边缘视场的像质可以适当下降，所以轴外像差不作为主要校正的像差。不过，可以在像差校正时，稍微兼顾一下即可。

对于一些要求较高的显微物镜，如在显微观察的同时还需要进行拍照、录像等，不但需要保证边缘视场成像清晰，还需要保证整个视场没有形变。此时轴外像差，如场曲、像散和垂轴色差等，也需要同时校正。这种显微物镜通常称为平场显微物镜。

21.3　高级像差的控制

由上一小节知，在显微物镜设计时可能需要考虑高级像差，如高级球差、色球差和高级彗差等。那么，在 Zemax 软件中如何控制高阶像差呢？事实上，Zemax 软件中并没有直接控制高级像差的操作数，这就需要光学设计师根据 Zemax 已有的操作数进行构建。高级像差就是当最大视场、最大孔径像差校正到零时，在其他视场和其他孔径仍然存在像差，称作剩余像差。剩余像差由高级像差决定的，所以校正剩余像差就是校正高级像差。

21.3.1　高级像差类型

以下为常用的高级像差。

① 轴上点的孔径高级球差：$\delta L'_{sn} = \delta L'_{(0.7071h, 0y)} - 0.5\delta L'_{(1h, 0y)}$ $\qquad$ (21-3)

② 子午视场高级球差：$\delta L'_{Ty} = \delta L'_{T(1h, 1y)} - \delta L'_{(1h, 0y)}$ $\qquad$ (21-4)

③ 弧矢视场高级球差：$\delta L'_{Sy} = \delta L'_{S(1h,1y)} - \delta L'_{(1h,0y)}$ (21-5)

④ 孔径高级正弦差：$SC'_{sn} = SC'_{0.7071h} - 0.5SC'_{1h}$ (21-6)

⑤ 子午孔径高级彗差：$K'_{Tsnh} = K'_{T(0.7071h,1y)} - 0.5K'_{T(1h,1y)}$ (21-7)

⑥ 子午视场高级彗差：$K'_{Tsny} = K'_{T(1h,0.7071y)} - 0.7071K'_{T(1h,1y)}$ (21-8)

⑦ 高级子午场曲：$x'_{tsn} = x'_{t0.7071y} - 0.5x'_{t1y}$ (21-9)

⑧ 高级弧矢场曲：$x'_{ssn} = x'_{s0.7071y} - 0.5x'_{s1y}$ (21-10)

⑨ 高级畸变：$\delta y'_{zsn} = \delta y'_{z0.7071y} - \delta y'_{z1y}$ (21-11)

⑩ 色球差：$\delta L'_{FC} = \Delta L'_{FC(1h)} - \Delta l'_{FC(0h)}$ (21-12)

⑪ 色畸变：$\Delta y'_{FCsn} = \Delta y'_{FC(0.7071y)} - 0.7071\Delta y'_{FC(1y)}$ (21-13)

在公式（21-3）~公式（21-13）中，h 代表孔径坐标；y 代表视场坐标。h 和 y 前面的数字代表归一化的孔径和视场坐标，就是选取的带光，一般为 0、0.7071、1。在 Zemax 中归一化孔径坐标就是 Px 和 Py；归一化的视场坐标就是 Hx 和 Hy。需要注意的是，在欧美的光学设计理论中，高级像差是公式（10-25）的像差级数展开中，更高阶项产生的，在公式（10-25）仅体现了初级像差，高阶项未列出。事实上，在公式（10-25）中 $W(y,\rho,\theta) = \sum W_{ijk}y^i\rho^j\cos^k\theta$，除了已经罗列的初级像差和离焦外，其余均称为高级像差，$i+j+k$ 和数越大，阶数越高。遗憾的是，在 Zemax 软件中并没有查看高级像差的功能，也没有能有效地校正高级像差的操作数。

21.3.2 在 Zemax 中高级像差的控制方法

由于 Zemax 软件中并没有高级像差的操作数，所以我们必须利用已有的操作数来构建。经过光线追迹之后，像平面上的光线参数可以通过已有操作数很方便地获得，因此垂轴高级像差可以通过这些操作数求得。而求解轴向高级像差，需要利用轴向像差与对应垂轴像差的关系来求，如图 21-3 所示，是纵向像差与垂轴像差的关系。由图 21-3，很容易得到

$$\delta L' = \frac{\Delta Y'}{\tan\theta} \tag{21-14}$$

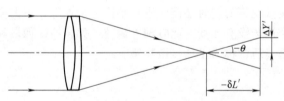

图 21-3 轴上点球差与垂轴球差的关系

像空间的方向余弦（$\cos\theta$）可以通过"RAGC"操作数获得，反余弦可得像方孔径角 θ，像平面上的垂轴像差（$\Delta Y'$）可以通过"TRAY"操作数获得，从而纵向像差（$\delta L'$）可由公式（21-14）求解获得。在此，我们仅给出高级球差、色球差和高级彗差的 Zemax 软件实现，其余的由读者举一反三。在演示这些高级像差实现时，需要使用的 Zemax 操作数列于表 21-1 中。

表 21-1 构造高级像差时需要的操作数

操作数	参数 1	参数 2	参数 3	参数 4	参数 5	参数 6	说明
TRAY	波	Hx	Hy	Px	Py		相对于主光线交点的 Y 方向横向像差，单位波长
TRCY	波	Hx	Hy	Px	Py		相对于质心的 Y 方向横向像差，单位波长
REAY	面	波	Hx	Hy	Px	Py	"面"号、"波"长的局部实际光线 Y 坐标，透镜单位
LONA	波		带光				纵向像差，透镜单位
RAGC	面	波	Hx	Hy	Px	Py	全局 z 方向"面"号、"波"长的方向余弦

续表

操作数	参数 1	参数 2	参数 3	参数 4	参数 5	参数 6	说明
ACOS	Op#	Flag					反余弦函数,Op#代表行号;Flag＝0,单位弧度;否则为角度
TANG	Op#	Flag					正切函数,Op#代表行号;Flag＝0,单位弧度;否则为角度
DIVI	操作数#1	操作数#2					操作数#1÷操作数#2
CONS							无参数,常数值,和目标值一致
PROD	操作数#1	操作数#2					操作数#1×操作数#2
DIFF	操作数#1	操作数#2					操作数#1-操作数#2

在 Zemax 中实现高级像差控制时，使用的实例镜头数据如图 21-4，它实际上是上一章的大相对孔径望远物镜，经过厚度变小并优化后所得的结果。

表面	类型	曲率半径	厚度	玻璃	净口径	延伸区	机械半直径
物面	STANDARD	无限	无限		0	0	0
光阑	STANDARD	92.43487	8	H-K9L	48.22351	0	48.22351
2	STANDARD	-282.8562	0.1		47.70498	0	48.22351
3	STANDARD	60.98901	10	H-K9L	46.03042	0	46.03042
4	STANDARD	-125.3314	5	H-ZF1	44.38672	0	46.03042
5	STANDARD	83.99146	98.70163		40.61353	0	46.03042
像面	STANDARD	无限			8.492691	0	8.492691

图 21-4　演示高级像差的实例

21.3.3　高级球差的构建

为了构建高级球差，首先把纵向球差构建出来。事实上，在 Zemax 软件中有一个纵向像差操作数，即 LONA，它表示给定视场、给定孔径的光线在像空间交点到理想像面的距离。当视场给定为 0 视场、孔径给定为 1 带光时，则 LONA 获得的目标值就是纵向球差。LONA 和 SPHA 是有区别的，SPHA 操作数表示各面球差系数 S_I 之和，需要通过计算才可以获得球差，而 LONA 可直接获得应用光学中定义的球差值。

如图 21-5，是 Zemax 中高级球差的控制方法。其中，第 14 行为操作数 LONA，可以看到其值为 0.2767mm。第 16～20 行为 0 视场、孔径 1 带光的纵向球差实现。第 16 行为 0 视场、孔径 1 带光的垂轴像差。第 17 行为像空间 Z 坐标的方向余弦，该行的面为像面或者镜头最后一面，视场和孔径选择和第 16 行完全一样。第 18 行为第 17 行的反余弦值，第 19 行为第 18 行的正切值，此两行只要 Flag 一致就可以。第 20 行为公式（21-14）所求的纵向球差值，为 0.2767mm，和 LONA 操作数获得的完全一样。

控制高级球差，需要在 Zemax 软件中构建公式（21-3），$\delta L'_{sn} = \delta L'_{(0.7071h, 0y)} - 0.5\delta L'_{(1h, 0y)}$，即求得 0.7071 孔径的纵向球差，并减去 1 孔径球差的一半。如图 21-5，第 22～29 行为 Zemax 中高级球差的实现。第 22 行为 0 视场、孔径 0.7071 带光的垂轴像差。第 23 行为像空间 Z 坐标的方向余弦，视场和孔径选择和第 22 行完全一样。第 24 行为第 23 行的反余弦值，第 25 行为第 24 行的正切值，此两行只要 Flag 一致就可以。第 26 行为公式（21-14）所求的 0.7071 带光的纵向球差值。第 27 行，定义了常数 0.5。第 28 行为孔径 1 带光纵向球差乘以 0.5。第 29 行为 0.7071 带光球差减去 1 带光球差的一半，即为公式（21-3）。

21.3.4　色球差的构建

如图 21-5 中，第 31～41 行是色球差的构建方法。第 31 行为色光 1 的 0 视场、孔

| 镜头数据 | 评价函数编辑器 × | | | | | | | | |

优化向导与操作数 ◀ ▶　　　　　　　　　　　　　　　　　　　　　　评价函数: 0.0175364233162778

	类型	波	Hx	Hy	Px	Py	目标	权重	评估	%献
13	BLNK ▼ 全孔径球差 用LONA操作数									
14	LONA ▼ 2		1.0000				0.0000	0.0000	0.2767	0.0000
15	BLNK ▼ 全孔径球差 用垂轴像差构建									
16	TRCY ▼	2	0.0000	0.0000	0.0000	1.0000	0.0000	0.0000	0.0563	0.0000
17	RAGC ▼ 6	2	0.0000	0.0000	0.0000	1.0000	0.0000	0.0000	0.9799	0.0000
18	ACOS ▼ 17	1					0.0000	0.0000	11.5061	0.0000
19	TANG ▼ 18	1					0.0000	0.0000	0.2036	0.0000
20	DIVI ▼ 16	19					0.0000	0.0000	0.2767	0.0000
21	BLNK ▼ 控制高级球差									
22	TRCY ▼	2	0.0000	0.0000	0.0000	0.7071	0.0000	0.0000	9.1037E-03	0.0000
23	RAGC ▼ 6	2	0.0000	0.0000	0.0000	0.7071	0.0000	0.0000	0.9900	0.0000
24	ACOS ▼ 23	1					0.0000	0.0000	8.1250	0.0000
25	TANG ▼ 24	1					0.0000	0.0000	0.1428	0.0000
26	DIVI ▼ 22	25					0.0000	0.0000	0.0638	0.0000
27	CONS ▼						0.5000	0.0000	0.5000	0.0000
28	PROD ▼ 27	20					0.0000	0.0000	0.1384	0.0000
29	DIFF ▼ 26	28					0.0000	0.0000	-0.0746	0.0000
30	BLNK ▼ 以下为控制色球差									
31	TRCY ▼	1	0.0000	0.0000	0.0000	1.0000	0.0000	0.0000	0.1046	0.0000
32	TRCY ▼	3	0.0000	0.0000	0.0000	1.0000	0.0000	0.0000	0.0545	0.0000
33	DIVI ▼ 31	19					0.0000	0.0000	-1.4023	0.0000
34	DIVI ▼ 32	19					0.0000	0.0000	-0.7307	0.0000
35	DIFF ▼ 33	19					0.0000	0.0000	-0.6715	0.0000
36	BLNK ▼ 轴向色差AXCL由于符号规则的差别，需要乘以-1									
37	AXCL ▼ 0	0	0.0000				0.0000	0.0000	6.0272E-03	0.0000
38	CONS ▼						-1.0000	0.0000	-1.0000	0.0000
39	PROD ▼ 37	38					0.0000	0.0000	-6.0272E-03	0.0000
40	BLNK ▼ 色球差									
41	DIFF ▼ 35	39					0.0000	0.0000	-0.6655	0.0000

图 21-5　在 Zemax 中高级球差和色球差的构建

径 1 带光垂轴像差，第 32 行为色光 3 的 0 视场、孔径 1 带光垂轴像差。第 33 行为色光 1 的球差，第 34 行为色光 3 的球差，第 35 行为色光 1、3 在 0 视场、孔径 1 带光的球差之差。第 37 行为近轴轴向色差，由于欧美在定义孔径角时，与中俄定义的角度符号相反，所以近轴轴向色差符号相反，需要乘以 -1。第 38 行，定义常数 -1。第 39 行，近轴轴向色差乘以 -1。第 41 行，全孔径球差之差与近轴轴向色差之差，即为色球差 $\delta L'_{FC} = \Delta L'_{FC(1h)} - \Delta l'_{FC(0h)}$。

21.3.5　子午高级彗差的构建

由公式（7-39），子午彗差可以写成

$$K'_T = \frac{1}{2}(\delta Y'_{M+} + \delta Y'_{M-}) - \delta Y'_z = \frac{1}{2}(\delta Y'_{M+} - \delta Y'_z + \delta Y'_{M-} - \delta Y'_z)$$

$$= \frac{1}{2}(TRCY_{+1} + TRCY_{-1}) \tag{21-15}$$

基于以上公式，子午高级彗差的构建方法示于图 21-6，为优化函数编辑器中，操作数第 43 行～第 56 行。由公式（21-7），$K'_{Tsnh} = K'_{T(0.7071h,1y)} - 0.5K'_{T(1h,1y)}$，要求得高级彗差，需要求得 1 视场、孔径 ±1 带光形成的彗差和 1 视场、孔径 ±0.7071 带光形成的彗差。第 44～48 行为全孔径的彗差，利用了公式（21-15）。同理，第 50～53 行为 0.7071 孔径彗差。由公式（21-7），可得高级彗差为第 56 行操作数。

图 21-6　在 Zemax 中高级彗差的构建

21.4　显微物镜的成像特性

（1）倍率

显微镜的视放大率为 $\Gamma = \beta_物 \Gamma_目$，其中 $\beta_物$ 为显微物镜的垂轴放大率，$\Gamma_目$ 为显微目镜的视放大率。因此，显微物镜的垂轴放大率 $\beta_物$ 是其一个重要成像特性。由前述可知，一般会约定物镜满足一定的共轭距。设显微物镜的共轭距为 L，焦距为 $f_物'$，则其和 $\beta_物$ 满足下式

$$f'_物 = \frac{-\beta_物}{(1-\beta_物)^2} L \tag{21-16}$$

（2）数值孔径

数值孔径（number aperture，NA）的定义为

$$NA = n\sin U \tag{21-17}$$

式中，n 为物空间折射率；U 为物方孔径角。为了提高数值孔径 NA，可以浸液以提高物空间折射率或者增大物镜口径以提高物方孔径角。国产生物显微镜的放大率和数值孔径已经标准化，部分数据示于表 21-2。

表 21-2　国产生物显微镜的放大率和数值孔径

放大率	$100\times$	$63\times$	$40\times$	$10\times$	$3\times$
数值孔径	1.25	0.85	0.65	0.25	0.10

若设显微物镜的入瞳就在物镜框上，直径为 D。由于对于显微物镜有像距远远大于物距，所以有物距 $l \approx f$。设物空间为空气，则由数值孔径的定义式（21-17）得

$$NA = \sin U = \frac{D/2}{-l} \approx \frac{D}{2f'} \quad \Rightarrow \quad \frac{D}{f'} \approx 2NA \tag{21-18}$$

由上式，对于中倍以上显微物镜，$NA > 0.25$，有 $D/f' > 1:2$。可以看出，显微物镜的相对孔径比较大，大部分情况大于望远物镜，因此高级像差就会相应地产生。正因为如此，显微物镜的设计难度大于望远物镜。

（3）线视场

线视场是显微物镜能够看清楚的最大范围，这个范围一般用物镜能够看清楚的最大直径

$2y_{max}$ 来表示。如果显微镜分划板（即视场光阑）直径为 $2y'_{max}$，物镜的垂轴放大率为 $\beta_物$，则线视场满足

$$2y_{max} = \frac{2y'_{max}}{\beta_物} \tag{21-19}$$

由于受到分划板和目镜的限制，一般显微物镜的线视场不超过 20mm。

（4）出瞳直径

显微镜的出瞳直径为

$$D' = \frac{500}{\Gamma} \cdot NA \tag{21-20}$$

显微镜一般光照充足，所以人眼的瞳孔直径小于正常自然光照情况下的直径，一般情况下显微镜出瞳直径 $D' \leqslant 1mm$。当 $D' = 1mm$ 时，$\Gamma = 500NA$。再如 $\Gamma = 1600\times$ 的显微镜，若用 $100\times$ 的浸油物镜，数值孔径 $NA = 1.25$，则出瞳直径 $D' = 0.39mm$。

（5）分辨率

显微物镜的衍射分辨率为

$$\sigma = \frac{0.61\lambda}{NA} \tag{21-21}$$

（6）工作距离

显微物镜第一个表面顶点到物体的距离称为工作距离。工作距离是一个重要的参数。对于低倍小数值孔径的物镜，它的工作距离一般较长，可以达到 15mm 以上。对于高倍大数值孔径的物镜，它的工作距离通常很短，可以小到 0.1mm，甚至更短。

21.5　显微物镜的类型

显微物镜是小视场和大孔径系统，主要以校正轴上点像差为主。根据像差的校正情况，显微物镜可以分为消色差物镜、复消色差物镜和平场物镜。

21.5.1　消色差物镜

消色差物镜只校正了球差、彗差和初级色差。根据倍率和数值孔径可以分为低倍、中倍、高倍和浸液四种。

① 低倍消色差物镜。结构上是简单的双胶合结构，放大率可以达到 $3\times \sim 6\times$，数值孔径可达到 $0.1 \sim 0.15$。如图 21-7（a）所示。

② 中倍消色差物镜。结构上是由两组双胶合透镜组构成。由于增加了自由度，有利于校正像差，所以放大率可以达到 $6\times \sim 12\times$，数值孔径可达到 $0.2 \sim 0.3$。如图 21-7（b）所示。这种双胶合透镜构成的中倍消色差物镜又称为"里斯特"物镜。

③ 高倍消色差物镜。这种物镜是改造过的里斯特型显微物镜，在物镜接物面的一边加上一个半球形透镜，承接物面的是平面，另一面为不晕面，满足不晕条件。这种物镜又称为"阿米西"物镜，它可以提高里斯特镜的孔径角为 n^2 倍，其中 n 为半球形透镜的折射率。阿米西物镜可以提高放大率到 $40\times \sim 60\times$，数值孔径增大到 $0.6 \sim 0.8$。如图 21-7（c）所示。

④ 浸液消色差物镜。由数值孔径的定义 $NA = n\sin U$，在空气中 NA 不可能大于 1。为了增加数值孔径，在物镜和物体之间浸上某种液体，提高了物方折射率，也就增大了数值孔

径。这种物镜又称作"阿贝"浸液物镜，它可以提高放大率到 $90\times \sim 100\times$，数值孔径增大到 $1.2\sim 1.4$。如图 21-7（d）所示。

21.5.2 复消色差物镜

消色差物镜仅仅校正了初级色差，就是第 8 章中的轴向色差，二级光谱色差并没有校正。校正二级光谱色差的显微物镜称为复消色差物镜。复消色差物镜通常用在专业显微镜上，比如金相显微镜。高倍复消色差物镜放大率可达 $90\times$，数值孔径可达 1.3。

21.5.3 平场物镜

前面两种物镜在校正像差时，主要校正了球差、彗差、色差和二级光谱色差，并没有校正场曲，所以获得清晰像的像面是弯曲的。如果用眼

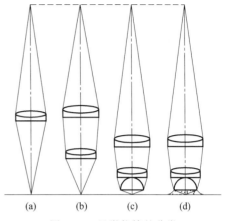

图 21-7 显微镜的分类

睛观看时，可以用手动调焦的方式，获得不同的成像清晰的区域。但是对于显微照相、摄影或者投影等等，需要获得平面的清晰图像，就需要消除场曲。消除场曲的方法是，在物镜中加入若干个弯月形透镜来实现，这种显微物镜称作平场物镜。

21.6 低倍消色差显微物镜设计

这一小节，我们设计一种低倍消色差显微物镜。由上一小节可知，使用双胶合透镜即可满足要求。双胶合显微物镜和双胶合望远物镜设计方法完全一样，只是在计算 PWC 参数时，望远物镜是物在无限远，而显微物镜是物在有限距离处。分解 PWC 的方法，在前面章节中多次演示，在此不再重复演示，而是从光学设计手册中选择一个相近的镜头。

设计一个低倍消色差显微物镜，满足如下参数：

倍率：$\beta_物 = -4\times$。

数值孔径：$NA = 0.1$。

共轭距：$L = 195\text{mm}$。

线视场：$2y_{\max} = 8\text{mm}$。

波长：可见光 F、d、C。

像质：尽量使像差得到校正，满足显微物镜的像差容限。

21.6.1 一阶参数计算

我们先求显微物镜的一阶参数。由公式（21-16），可得物镜的焦距为

$$f'_物 = \frac{-\beta_物}{(1-\beta_物)^2}L = 31.2\text{mm}$$

由于垂轴放大率满足

$$\beta = -\frac{f}{x} = -\frac{f}{l-f} = \frac{f'}{l+f'} \quad \Rightarrow \quad l = -f'\left(1-\frac{1}{\beta}\right) \tag{21-22}$$

所以有工作距离 l 和像距 l' 为

$$l = -f'_{物}\left(1 - \frac{1}{\beta_{物}}\right) = -39\,\text{mm}, \quad l' = \beta_{物}\,l = 156\,\text{mm}$$

由上式可知，像距比物距大很多，并且由于倍率的影响，当物距有一个微小的变化，像距遵照轴向放大率（$\alpha = \beta^2$）变化，变化较大。因此，类似这种物像距差别较大时，将长的一方置于物方，短的一方置于像方。我们将采用反向光路的设计方法，此时物距、像距、倍率及物方孔径角如下

$$l = -156, \quad l' = 39, \quad \beta = \frac{1}{\beta_{物}} = -0.25\times, \quad \sin U = \frac{\sin U'}{\Gamma} = \beta \cdot NA = \frac{NA}{\beta_{物}} = -0.025$$

21.6.2　初始系统

在光学设计手册中，选择如表 21-3 的初始双胶合显微物镜。从数据来看，选定的显微物镜与我们需要设计的显微物镜十分接近，只存在细微的差别。

表 21-3　初始双胶合显微物镜

半径/mm	厚度/mm	玻璃材料（成都光明）	口径/mm
23.33	2.4	H-K9L	8
−11.803	1.2	H-ZF1	8
−31.12			

$f' = 31.94\,\text{mm}, \beta = -4\times, NA = 0.1, S = 38.55\,\text{mm}, L = 197.27\,\text{mm}$

21.6.3　优化处理

将表 21-3 的双胶合显微物镜输入到 Zemax 软件中，然后做以下事情：

① 将整个系统进行"翻转"，使用"镜头数据"编辑器中 ⟷ 图标，或者直接使用快捷键"Ctrl＋Shift＋B"，打开"反向排列元件"对话框，设置"起始面"为"1"，"终止面"为"3"，点击"确定"按钮，即将整个镜头翻转。

② 设置物距为156mm，则像距会自动变为39.0079mm，很显然是将镜头看成薄透镜系统计算获得的。

③ 设置"系统孔径"的"孔径类型"为"物方空间 NA"，"孔径值"为0.025。

④ 由技术要求，线视场为 $2y = 8\,\text{mm}$，为了保证视场，反向追迹光路时直接用像高作为视场。设置"视场类型"为"近轴物高"，值为0、2.8284mm、4mm。

⑤ 设置"波长"为可见光 F、d、C。

设置完以上步骤之后，可以得到初始系统的镜头数据如图 21-8 所示，此时的像差列于表 21-4。

面数据概要：

表面	类型	曲率半径	厚度	玻璃	净口径	延伸区	机械半直径
物面	STANDARD	无限	156		31.48432	0	31.48432
光阑	STANDARD	31.12	1.2	H-ZF1	7.865268	0	8.108568
2	STANDARD	11.803	2.4	H-K9L	7.949596	0	8.108568
3	STANDARD	-23.33	39.00795		8.108568	0	8.108568
像面	STANDARD	无限			8.59653	0	8.59653

图 21-8　低倍显微镜的初始结构

表 21-4　初始系统的像差

参数	焦距	球差	彗差	轴向色差	共轭距	倍率
数值	31.8878mm	3.2406λ	−7.2019λ	0.0430mm	198.6079mm	−0.2541

⑥ 使用“优化→优化向导”命令，打开“优化向导与操作数”对话框。设置：“类型”为“RMS”；“标准”为“光斑半径”；“参考”为“质心”；“假设轴对称”勾选，其他不变。单击下面的“确定”按钮。进入到“评价函数编辑器”里。由前述，对于低倍显微物镜主要校正球差、彗差和轴向色差，同时还需要加上焦距以保证其不变，TTHI 操作数以保证共轭距为 195mm，PMAG 操作数以保证垂轴放大率为－0.025×。因此，在默认的评价函数编辑器中加入 EFFL、TTHI、PMAG、SPHA、COMA 和 AXCL 六个操作数作为主要校正像差，其中设置 EFFL 的目标值为 31.2、TTHI 的目标值为 195（面 1 为 0，面 2 为 3，即 0～3 面全部厚度）、PMAG 的目标值为－0.25、其余三个像差的目标值均为零。所有以上操作数的权重均设置为 1。由于加入了 EFFL、TTHI 和 PMAG 三个操作数，所以可以将所有厚度均设置成变量，设置的优化函数如图 21-9 所示。设置 1、2、3 面曲率半径和全部厚度为变量求解，然后进行优化处理。

优化后的镜头数据如图 21-10 所示，它的像差列于表 21-5，它的 2D 视图如图 21-11。

镜头数据　评价函数编辑器　1: 布局图　2: 详细数据

优化向导与操作数　　评价函数: 0.019207690936337

	类型	面1	面2			目标	权重	评估	% 献
1	DMFS								
2	BLNK	序列评价函数: RMS 光斑半径：质心参考高斯求积 3 环 6 臂							
3	BLNK	默认单独玻璃厚度边界约束，无空气约束.							
4	EFFL		2			31.2000	1.0000	31.2000	8.5076E-06
5	PMAG		2			-0.2500	1.0000	-0.2528	0.0991
6	TTHI	0	3			195.0000	1.0000	195.0000	1.7576E-07
7	SPHA	0	2			0.0000	1.0000	1.1097E-04	1.5788E-04
8	COMA	0	2			0.0000	1.0000	-1.6881E-04	3.6533E-04
9	AXCL	0	0	0.0000		0.0000	1.0000	-7.8977E-05	7.9968E-05
10	BLNK								
11	MNCG	0	0			1.0000	1.0000	1.0000	0.0000
12	MXCG	0	0			10.0000	1.0000	10.0000	0.0000
13	MNEG	0	0	0.0000	0	1.0000	1.0000	1.0000	0.0000
14	MNCG	1	1			1.0000	1.0000	1.0000	0.0000
15	MXCG	1	1			10.0000	1.0000	10.0000	0.0000
16	MNEG	1	1	0.0000	0	1.0000	1.0000	1.0000	0.0000
17	MNCG	2	2			1.0000	1.0000	1.0000	0.0000
18	MXCG	2	2			10.0000	1.0000	10.0000	0.0000
19	MNEG	2	2	0.0000	0	1.0000	1.0000	0.9297	63.4034
20	MNCG	3	3			1.0000	1.0000	1.0000	0.0000
21	MXCG	3	3			10.0000	1.0000	10.0000	0.0000
22	MNEG	3	3	0.0000	0	1.0000	1.0000	1.0000	0.0000

图 21-9　优化后的低倍显微物镜

表面	类型	曲率半径	厚度	玻璃	净口径	延伸区	机械半直径
物面	STANDARD	无限	154.6465		8.099121	0	8.099121
光阑	STANDARD	15.17608	1.304382	H-ZF1	7.786745	0	7.786745
2	STANDARD	7.883166	2.036474	H-K9L	7.532837	0	7.786745
3	STANDARD	-88.77958	37.01267		7.465592	0	7.786745
像面	STANDARD	无限			2.091568	0	2.091568

图 21-10　优化后的低倍显微物镜

表 21-5　优化后的低倍显微物镜的像差

参数	焦距	球差	彗差	轴向色差	共轭距	倍率
数值	31.2mm	0.0001110λ	－0.0001688λ	0.00007898mm	195mm	－0.2528

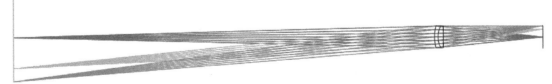

图 21-11　低倍显微物镜的 2D 视图

从表 21-5 可以看出，低倍显微物镜的一阶参数中，焦距、共轭距和要求的完全一样，倍率也基本在要求范围内，三种主要校正像差都很小，可以满足使用要求。

21.7 高倍显微物镜设计

在本小节，设计一个$-40\times$的显微物镜，采用的方法仍然是查找一个相近的系统作为初始系统。由于高倍显微物镜焦距更短，此时透镜的厚度影响较大，已经不能看作薄透镜系统，用PWC计算实际误差较大。另外，由于焦距短，透镜曲率小，所以高级像差需要同时考虑。

设计一个高倍消色差显微物镜，满足如下参数：

倍率：$\beta_物 = -40\times$。

数值孔径：$NA = 0.65$。

共轭距：$L = 195\text{mm}$。

线视场：$2y_{\max} = 1.50\text{mm}$。

波长：可见光 F、d、C。

像质：尽量使像差得到校正，满足显微物镜的像差容限。

21.7.1 一阶参数计算

先求显微物镜的一阶参数。由公式（21-16），可得物镜的焦距为

$$f'_物 = \frac{-\beta_物}{(1-\beta_物)^2}L = 4.6401\text{mm}$$

所以有工作距离 l 和像距 l' 为

$$l = -f'_物\left(1-\frac{1}{\beta_物}\right) = -4.7561\text{mm}, \quad l' = \beta_物\, l = 190.2440\text{mm}$$

仍然采用反向光路的设计方法，此时物距、像距、倍率及物方孔径角如下

$$l = -190.2440, \quad l' = 4.7561, \quad \beta = \frac{1}{\beta_物} = -0.025\times, \quad \sin U' = NA = 0.65$$

$$\gamma = \frac{l}{l'} = \frac{\tan U'}{\tan U} \quad \Rightarrow \quad \sin U = -0.02138$$

21.7.2 初始系统

在光学设计手册中，高倍率显微物镜可以选择的不多，我们选择如表 21-6 的初始显微物镜。该显微物镜是无限筒长型显微物镜，所以在适应共轭距为 $L = 195\text{mm}$ 时，倍率有变化，像差也变化较大。从表 21-6 可以看到，倍率、数值孔径和像高都优于待设计物镜，应该有期待的结果。

表 21-6 初始高倍显微物镜

半径/mm	厚度/mm	玻璃材料/成都光明	口径/mm
13.708	1.31	H-ZF2	6.81
5.42	4.45	H-BAK3	6.58
-4.182	0.92	H-ZF2	6.57
95.5	0.26		7.02
7.907	2.62	H-BAK5	7.41
-29.907	0.88		7.16
2.911	2.96	H-K9L	5.73
-5.896	0.41	H-ZF1	6.39

续表

半径/mm	厚度/mm	玻璃材料/成都光明	口径/mm
9.8	0.056		4.54
1.752	1.39	H-ZF2	3.50
1.383			1.60
$f'=3.967\text{mm},\beta=-63\times,NA=0.85,S=0.169\text{mm},2y=1.60\text{mm},L=\infty$			

将表 21-6 的显微物镜输入到 Zemax 软件中，然后按以下步骤来做：

① 设置物距为 190.2440mm。

② 设置"系统孔径"的"孔径类型"为"物方空间 NA"，"孔径值"为 0.02138。

③ 设置由技术要求中线视场为 $2y_{max}=1.50\text{mm}$。"打开视场数据编辑器"，设置"视场类型"为"近轴像高"，Y 视场值分别设置为 0mm、0.53mm、0.75mm。

④ 设置"波长"为可见光 F、d、C。

设置完以上步骤之后，可以得到初始系统的镜头数据，此时的像差列于表 21-7。从表中可以看出，初始系统的倍率约为 $-50\times$，共轭距为 205.7501mm，球差较大为 26.8689λ，其余像差不算太大，说明此系统与我们所要求的系统差别不大。

表 21-7　初始高倍显微镜的像差

参数	焦距	共轭距	倍率	球差	彗差	轴向色差	高级球差	高级彗差	色球差
数值	3.8549mm	205.7501mm	−0.0202	26.8689λ	1.8519λ	−0.0168mm	0.0006386mm	$1.430\times 10^{-6}\text{mm}$	0.001914mm

21.7.3　优化处理

下面进行优化处理，使用"优化→优化向导"命令，打开"优化向导与操作数"对话框。设置："类型"为"RMS"；"标准"为"光斑半径"；"参考"为"质心"；"假设轴对称"勾选，其他不变。单击下面的"确定"按钮。进入到"评价函数编辑器"里。对于高倍显微物镜除了校正球差、彗差和轴向色差外，还需要同时加入高级球差、高级彗差和色球差来校正。另外，用 TTHI 操作数保证共轭距为 195mm，用 PMAG 操作数以保证垂轴放大率为 $-0.025\times$。由于加入了 PMAG 操作用以控制倍率，所以焦距 EFFL 可以不参与校正。为了平衡数量级和重要性，PMAG 的权重给 1000，SPHA 和 COMA 的权重给 0.001，轴向色差 AXCL 变化很小给 0，其余 TTHI、高级球差（第 27 行）、高级彗差（第 54 行）和色球差（第 39 行）均给 1。除了默认的评价函数之外的设置方法，示于图 21-12。

设置所有半径和厚度均为变量求解。其中，也设置物距、像距为变量求解，由于高倍显微物镜已经无法看成薄透镜系统，所以一阶参数计算获得的焦距、物距、像距均误差较大，所以焦距在优化时不作要求，物距和像距就让软件自动寻找最佳位置。使用"优化→执行优化"处理，获得优化后的镜头数据，如图 21-13 所示。

将图 21-12 中的对应像差值列于表 21-8。从表中可以看出，共轭距和倍率已经达到精确的要求值，其余像差都非常小，完全满足要求。优化后的高倍显微物镜的 2D 视图，如图 21-14 所示。

表 21-8　优化后高倍显微镜的像差

参数	焦距	共轭距	倍率	球差	彗差
数值	4.5335mm	195mm	−0.025	0.008998λ	0.00008743λ
参数	轴向色差	高级球差	高级彗差	色球差	
数值	0.004101mm	−0.0007367mm	−0.00003390mm	−0.0009758mm	

图 21-12 中的评价函数编辑器截图：

#	类型							目标	权重	评估	% 献
5	PMAG	2						-0.0250	1000.0000	-0.0250	0.0872
6	TTHI 0	11						195.0000	1.0000	195.0000	1.5770E-06
7	SPHA 0	2						0.0000	1.0000E-03	8.9977E-03	0.0258
8	COMA 0	2						0.0000	1.0000E-03	8.7428E-05	2.4312E-06
9	AXCL 0	0.0000						0.0000	0.0000	4.1011E-03	0.0000
10	BLNK										
11	BLNK 全孔径球差 用LONA操作数										
12	LONA 2	1.0000						0.0000	0.0000	8.6404E-03	0.0000
13	BLNK 全孔径球差 用垂轴像差构建										
14	TRCY	2	0.0000	0.0000	0.0000	1.0000		0.0000	0.0000	0.0145	0.0000
15	RAGC 12	2	0.0000	0.0000	0.0000	1.0000		0.0000	0.0000	0.5124	0.0000
16	ACOS 15	1						0.0000	0.0000	59.1781	0.0000
17	TANG 16	1						0.0000	0.0000	1.6761	0.0000
18	DIVI 14	17						0.0000	0.0000	8.6404E-03	0.0000
19	BLNK 控制高级球差										
20	TRCY	2	0.0000	0.0000	0.0000	0.7071		0.0000	0.0000	2.7231E-03	0.0000
21	RAGC 12	2	0.0000	0.0000	0.0000	0.7071		0.0000	0.0000	0.7962	0.0000
22	ACOS 21	1						0.0000	0.0000	37.2310	0.0000
23	TANG 22	1						0.0000	0.0000	0.7599	0.0000
24	DIVI 20	23						0.0000	0.0000	3.5835E-03	0.0000
25	CONS							0.5000	0.0000	0.5000	0.0000
26	PROD 18	25						0.0000	0.0000	4.3202E-03	0.0000
27	DIFF 24	26						0.0000	1.0000	-7.3670E-04	0.1726
28	BLNK 以下为控制色球差										
29	TRCY	1	0.0000	0.0000	0.0000	1.0000		0.0000	0.0000	9.3810E-03	0.0000
30	TRCY	3	0.0000	0.0000	0.0000	1.0000		0.0000	0.0000	0.0179	0.0000
31	DIVI 29	17						0.0000	0.0000	5.5971E-03	0.0000
32	DIVI 30	17						0.0000	0.0000	0.0107	0.0000
33	DIFF 31	7						0.0000	0.0000	-5.0769E-03	0.0000
34	BLNK 轴向色差AXCL由于符号规则的差别，需要乘以-1										
35	AXCL 0	0.0000						0.0000	0.0000	4.1011E-03	0.0000
36	CONS							-1.0000	0.0000	-1.0000	0.0000
37	PROD 35	36						0.0000	0.0000	-4.1011E-03	0.0000
38	BLNK 色球差										
39	DIFF 33	37						0.0000	1.0000	-9.7577E-04	0.3028
40	BLNK										
41	BLNK 全孔径子午慧差										
42	TRCY	2	0.0000	1.0000	0.0000	1.0000		0.0000	0.0000	2.1796	0.0000
43	TRCY	2	0.0000	1.0000	0.0000	-1.0000		0.0000	0.0000	0.7203	0.0000
44	SUMM 42	43						0.0000	0.0000	2.8998	0.0000
45	CONS							0.5000	0.0000	0.5000	0.0000
46	PROD 44	45						0.0000	0.0000	1.4499	0.0000
47	BLNK 0.7071孔径子午慧差										
48	TRCY	2	0.0000	1.0000	0.0000	0.7071		0.0000	0.0000	0.7256	0.0000
49	TRCY	2	0.0000	1.0000	0.0000	-0.7071		0.0000	0.0000	0.7242	0.0000
50	SUMM 48	49						0.0000	0.0000	1.4499	0.0000
51	PROD 50	45						0.0000	0.0000	0.7249	0.0000
52	BLNK 高级慧差										
53	PROD 45	46						0.0000	0.0000	0.7250	0.0000
54	DIFF 51							0.0000	1.0000	-3.3901E-05	3.6556E-04

评价函数: 0.000540258103005518

图 21-12 高倍显微物镜的评价函数

表面	类型	曲率半径	厚度	玻璃	净口径	延伸区	机械半直径
物面	STANDARD	无限	178.9696		59.96029	0	59.96029
光阑	STANDARD	23.1017	1.134072	H-ZF2	7.779084	0	8.549605
2	STANDARD	-453.1524	2.789379	H-BAK3	7.844363	0	8.549605
3	STANDARD	-5.013471	0.4999973	H-ZF2	7.92077	0	8.549605
4	STANDARD	-563.5265	0.00999834		8.549605	0	8.549605
5	STANDARD	11.09404	1.089327	H-BAK5	8.979354	0	8.979354
6	STANDARD	23.43479	0.01000283		8.945819	0	8.979354
7	STANDARD	7.009067	4.000067	H-K9L	9.109014	0	9.109014
8	STANDARD	-5.735743	2.998082	H-ZF1	9.061929	0	9.109014
9	STANDARD	-12.31115	0.009953639		8.392064	0	9.109014
10	STANDARD	2.6972	3.190068	H-ZF2	5.391443	0	5.391443
11	STANDARD	4.14315	0.2994497		2.932688	0	5.391443
像面	STANDARD	无限			4.359158	0	4.359158

图 21-13 优化后的高倍显微物镜的镜头数据

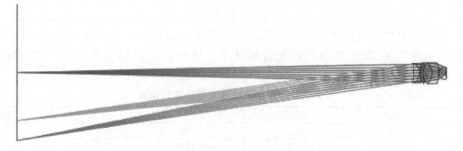

图 21-14 优化后的高倍显微物镜的 2D 视图

目 镜 设 计

无论望远系统还是显微系统都需要目镜，所以目镜的设计也很常见。由应用光学可知，在两种系统中目镜扮演同样的角色，所以它们没有本质的区别。本章所设计的目镜，同时适用于望远系统和显微系统。目镜是承接物镜进行二次成像，它相当于一个放大镜。一般都是将物体通过物镜成像于目镜的前焦平面上，以平行光出射，这样有利于眼睛长时间观看不疲劳。正因为如此，一般在设计目镜的时候，都进行逆光路设计，即将整个目镜系统翻转。目镜在承接眼睛时，由于瞳孔大小的限制，所以目镜的出瞳很小，约为 2～8mm，所以目镜的相对孔径不大，属于小相对孔径系统。为了提高总倍率的需要，目镜的焦距不宜过长，一般约为 15～30mm。其次，为了提高视放大率到人眼分辨角，目镜的视场角一般较大，属于大视场系统。本章首先介绍目镜的成像特点和像差校正特点，然后介绍了常用的目镜结构形式，最后以设计冉斯登目镜、对称目镜和无畸变目镜演示了目镜的设计方法。

22.1 目镜的光学特性

22.1.1 短焦距

由目视光学仪器的原理可知，对于望远镜，若其物镜的焦距为 $f'_物$，目镜的焦距为 $f'_目$，视放大率为 Γ，则它们满足下式

$$f'_目 = -\frac{f'_物}{\Gamma} \tag{22-1}$$

视放大率 Γ 越大，显然目镜的焦距 $f'_目$ 越短，一般望远镜视放大率 $\Gamma \geqslant 3\times$，目镜的焦距一般不大于 30mm。其次，目镜要求出瞳在外面，并且满足一定的出瞳距离要求，所以目镜的焦距也不会太短，目镜的焦距一般不小于 15mm。即望远目镜的焦距约为 15～30mm。

对于显微镜，目镜相当于一个放大镜，它的焦距 $f'_目$ 和视放大率 Γ 满足下式

$$f'_目 = \frac{250}{\Gamma} \tag{22-2}$$

显微镜一般配备的目镜视放大率 $\Gamma \geqslant 5\times$，所以有 $f'_目 \leqslant 50$mm。最为常见的为目镜视放大率 $\Gamma = 10\times$，所以有目镜的焦距约为 $f'_目 \approx 25$mm。总之，短焦距是目镜的光学特点之一。

22.1.2 小相对孔径

仅考虑目镜，并作逆向光路设计，则出瞳就成为了入瞳。目镜是与人眼睛相匹配的，人眼的瞳孔一般随外界环境光线的强弱而变化。在白天，人眼的瞳孔直径约为 2mm；在夜晚，人眼的瞳孔直径约为 8mm。一般在正常使用情况下，人眼的瞳孔直径约为 2～4mm，比如

军用望远镜一般要求出瞳直径为 4mm。显微镜有照明光源，光线强度大于自然界环境光线，所以通过显微镜观看时，人眼瞳孔直径约为 $1\sim2$mm，出瞳直径很小。结合目镜为短焦距系统，比如取人眼瞳孔直径为 $D'=1$mm，目镜焦距为 $f'_{目}\approx25$mm，则相对孔径为 $D'/f'_{目}=1：25$。一般情况下，目镜的相对孔径小于 $1：5$。

22.1.3 大视场角

对于望远镜，由视放大率 Γ 的定义，若物方视场角为 2ω，像方视场角为 $2\omega'$，它们满足下式

$$\tan\omega'=\Gamma\tan\omega \tag{22-3}$$

一般望远镜的物方视场角都不大，约 $2\omega<12°$，所以像方视场角约为物方视场角的 Γ 倍，即 $2\omega'\approx\Gamma\cdot2\omega$。虽然物方视场角不大，但是大的视放大率 Γ 会导致大的像方视场角，比如 $2\omega=10°$，$\Gamma=5\times$，则 $2\omega'\approx50°$。

对于显微镜，若物镜的倍率为 $\beta_{物}$，线视场为 $2y$，分划板直径为 $2y'$，目镜的焦距为 $f'_{目}$，则像方视场角 $2\omega'$ 满足下式

$$\tan\omega'=\frac{\beta_{物}\ y}{f'_{目}} \tag{22-4}$$

由前述分析可知，目镜的焦距变化不大，若取为 $f'_{目}=15$mm，线视场取 $2y=2$mm，物镜的倍率取 $\beta_{物}=10\times$，则由上式可得 $2\omega'=67.38°$，这个视场角已经很大。由于目镜焦距变化有限，随着物镜倍率的增大和物空间线视场的增加，目镜的视场角会急剧增大。

一般情况下，目镜的视场角在 $40°$ 左右，广角目镜的视场角在 $60°$ 左右，特广角目镜的视场角可以达到 $100°$。大视场角是目镜的重要成像特点。

22.1.4 入瞳和出瞳远离透镜组

无论望远镜还是显微镜，目镜的入瞳一般在物镜框上，入瞳与目镜的距离等于或大于物镜焦距与目镜焦距之和。眼睛是需要放置在出瞳位置进行观看的，所以出瞳也要求在目镜外面。有时候，为了不碰到眼睫毛或者避免如枪炮后坐力带来的振动等影响，出瞳距离还有硬性的要求。一般民用的观看用望远镜或显微镜，目镜的出瞳距离约为 $8\sim20$mm，而对于军用望远镜则要求出瞳距离 $\geqslant20$mm。

目镜的入瞳和出瞳均在目镜外面，这将导致目镜的整体孔径的增加，甚至使目镜的孔径大于目镜的焦距。由初级像差理论可知，孔径增加将增加像差，从而导致像差校正的难度加大。

22.2 目镜的像差特点

根据目镜的光学特点，目镜的像差特点如下。

① 轴上点像差不大。由于目镜的出瞳直径很小，相对孔径较小，所以目镜的轴上点像差不大，比如球差和轴向色差。其次，目镜以校正轴外点像差为主，轴外像差难以校正时，必然增加目镜的复杂性，复杂化目镜就使轴上点像差更容易满足。

② 轴外点像差较大。由于目镜的视场角大，光线在透镜边缘的入射角较大，所以轴外点像差较大，如彗差、像散、场曲、畸变和垂轴色差。另外，入瞳和出瞳远离目镜，导致目镜的孔径增大，也会增加边缘光线的入射角，从而增大轴外像差。因此，目镜以校正轴外像

差为主，为了达到满足，有时候会复杂化目镜的结构，比如增加透镜的片数等。

③ 场曲一般不进行校正。首先，场曲不影响清晰度，目视光学仪器多以眼睛观看，眼睛的适应性较强。其次，目镜的孔径相对于焦距较大，高级像差较大，为了综合平衡像差，即使复杂化目镜，要想使所有轴外像差达到完美也是很困难的，所以在不得已的情况下，可以牺牲场曲。

④ 畸变要求较松。畸变也是不影响清晰度的，对目视光学仪器可以放松要求，比如可以按表 22-1 来要求。

表 22-1　目镜的畸变要求

视场角 $2\omega'$	畸变 $\delta\beta'$	视场角 $2\omega'$	畸变 $\delta\beta'$
$\leqslant 40°$	$\leqslant 5\%$	$>70°$	$>10\%$
$60°\sim70°$	$\leqslant 10\%$		

⑤ 重点校正彗差、像散和垂轴色差。目镜主要以校正轴外像差为主，又由于场曲不进行校正和畸变要求较松，所以目镜重点校正彗差、像散和垂轴色差。由于目镜的出瞳直径较小，初级彗差不大，在三种待校正像差中居于次要位置。

⑥ 设计望远目镜时酌情考虑与物镜的像差互补。望远物镜通常结构简单，主要校正球差、彗差和轴向色差，其他像差，如像散、垂轴色差等多少会残存一些，尤其当物镜后面放置棱镜、平行平板等，轴外像差会有所增加。此时，可以考虑利用目镜有益于校正轴外像差的优点，弥补物镜的残存像差。

⑦ 设计显微目镜需要独立校正像差。显微镜的物镜、目镜要求更换以变换倍率，这就不可能考虑到补偿问题，所以显微目镜需要独立校正像差。

⑧ 目镜需要对 F（486.1nm）、d（587.6nm）、C（656.3nm）光进行设计。目镜对 F、C 光消色差，对 d 光消单色像差。在我国早期的光学设计书中，对于目视光学系统，一般设计光谱为 F、D（589.3nm）、C 或者 F、e（546.1nm）、C。其实人眼最敏感的波长为555nm，e 光最为接近，但是 e 光在现实中较难获得，在进行光学测量时成本较高。后来，大量的欧美光学设计软件涌入国内，它们多以 F、d、C 光设计。所以使用 Zemax 光学设计软件时，也沿用此方法。

⑨ 逆向光路设计目镜。由于目镜出射光线为平行光束，物体在前焦平面上，所以逆向光路设计时十分方便。由应用光学中的光路可逆定律，这种设计方法也是没有问题的。对于显微目镜，需要独立校正像差，逆向光路设计即可。对于望远目镜，当与望远物镜进行互补时，需要注意像差正负号的问题。轴向总像差等于望远物镜像差加上望远目镜像差（逆光路像差）；垂轴总像差等于望远物镜像差减去望远目镜像差（逆光路像差）。

22.3　目镜的类型

由上一小节可知，目镜主要校正彗差、像散和垂轴色差。有没有最简单的单片镜可以完成以上工作呢？显然是不可能的，至少校正色差就需要两种玻璃材料的组合来完成。不过，要想达到彗差和像散到较小的值，可以参考图 11-2 像差与形状因子的关系。从图 11-2 可知，对于单片镜，彗差为零时的形状因子为 0.83，而像散与形状因子无关。对于目镜，如果再选择合适的入瞳距离（逆光路追迹，实则为出瞳距离），则可以同时让彗差和像散为零或者接近零。

事实上，对于单片镜用于摄像系统时，如何达到最佳像质，在历史上曾经有人研究过。

1812 年，英国人渥拉斯顿（Wollaston）发明了光阑在前的弯月镜头对远距离景物成像，这种弯月镜头称为后风景物镜，如图 22-1 所示。当摄影技术产生后，后风景物镜被广泛使用，并被证明产生了比双凸镜头更优异的像质。其后，又出现了一种光阑在后的成像镜头，称作前风景物镜，如图 22-2 所示。风景物镜是单片镜对无限远物体成像时，所能获取的最佳的球面单透镜。如果选择合适的光阑位置，球差、彗差和像散可以基本上完全消除。

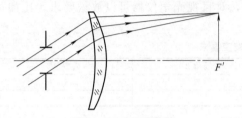

图 22-1　后风景物镜

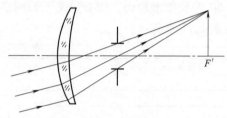

图 22-2　前风景物镜

很显然，前风景物镜不适合作目镜，因为目镜要求光阑（出瞳位置）和像面（前焦平面）必须在目镜的两侧，只有后风景物镜满足这种放置。因为彗差为零的形状因子为 0.83，逆光路时接近 -1，如果考虑到制作方便，取形状因子为 -1，即为平-凸透镜，此时接近彗差为零，同时像散保持不变。这就是最简单的单片镜用作目镜的情况，如图 22-3 所示。

22.3.1　冉斯登目镜

如图 22-1，后风景物镜用作目镜时，为了最大限度地降低像差，必然目镜镜片会向光阑靠拢。这样在每一面上的入射角会变小，同时也减小了镜片的孔径，从而降低整体像差。逐渐靠拢光阑，导致像面 F' 距离异常的大，甚至大于目镜的焦距，同时也会增加像的大小。此时，就需要在像面 F' 上放置一个场镜，仍然做成凸-平的样子，其中平面与像面 F' 重合。场镜的加入，主要是在光线到达像面 F' 前再进行一次会聚，从而减小像的大小，以便和物镜所成像的大小匹配。场镜只产生场曲，不产生其他像差。然而，有时候会在像面 F' 上放置分划板，不能靠得太近，这就需要场镜离像面 F' 有一定的工作距离，如图 22-4，这种目镜称作冉斯登目镜。

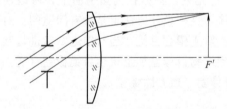

图 22-3　改成平-凸的后风景物镜作目镜

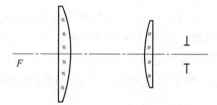

图 22-4　冉斯登目镜

冉斯登目镜是无法校正垂轴色差的。由公式（18-27），将初级垂轴色差公式应用于冉斯登目镜，标号 1 代表场镜，标号 2 代表目镜镜片，有

$$C_{\text{II冉斯登}} = h_1 h_{z1} \frac{\Phi_1}{\nu_1} + h_2 h_{z2} \frac{\Phi_2}{\nu_2} \tag{22-5}$$

很显然，结合图 22-3 可以知道，冉斯登目镜中，边缘光线和主光线的投射高均在光轴上方同号。冉斯登目镜的两个镜片均是平-凸正透镜，它们的像方焦距也均为正值，所以光焦度也同为正号。阿贝数更均为正值。因此，冉斯登目镜中两个镜片的垂轴色差同号相加，不可能互相抵消。

一般在制作冉斯登目镜时，将目镜镜片和场镜装配到一个镜筒上，看成一个整体，所以图 22-4 中的冉斯登目镜也包括场镜在内。冉斯登目镜的视场角可以达到 $2\omega' = 30° \sim 40°$，相对出瞳距离可以达到 $l'_z/f'_目 = 1/3$。冉斯登目镜一般用作测量读数使用，比如大地测量仪器。

22.3.2　惠更斯目镜

由公式（22-5）知，要想使两片式目镜消垂轴色差，需要公式中两项异号。由于主光线投射高 h_{z1}、h_{z2} 必然在光轴的同一侧，所以同号。两片透镜又均为正透镜，光焦度 Φ_1、Φ_2 为正。那么只有当边缘光线投射高 h_1、h_2 异号时，才存在消垂轴色差的可能性。边缘光线发起于物面中心，边缘光线投射高异号说明光线在两片镜中间与光轴相交，将形成会聚的像面，如图 22-5 左图。在图 22-5 左图中，边缘光线穿过目镜时，在内部交光轴于 F 点，使边缘光线投射高 h_1、h_2 异号。由于出射光线应该为平行光束，所以 F 点就是接目透镜的前焦点。

如图 22-5 右图即是惠更斯目镜，它仍然是由两个平凸透镜组成，两透镜的平面均面向出瞳方向，边缘光线在两透镜中间穿过光轴。与物镜靠近的透镜称为场镜，与出瞳靠近的透镜称为接目镜。场镜对光线作一次会聚成像，成像于场镜和接目镜中间，使光束的口径进一步缩小。场镜所成的像刚好位于接目镜的前焦平面上，接目镜相当于放大镜的作用。

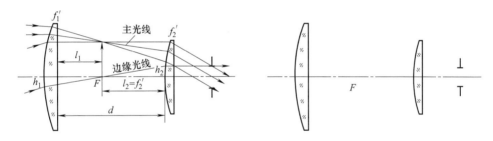

图 22-5　惠更斯目镜

如果设场镜的焦距为 f'_1，接目镜的焦距为 f'_2，两镜片间距为 d，则惠更斯目镜消垂轴色差需要满足

$$d = \frac{f'_1 + f'_2}{2} \tag{22-6}$$

由上式可得求得 F 到场镜、接目镜的距离为

$$l_1 = \frac{f'_1 - f'_2}{2}, l_2 = f'_2 \tag{22-7}$$

惠更斯目镜可以同时校正彗差、像散和垂轴色差，这也是能同时校正这三种像差的最简单形式。惠更斯目镜的视场角可以达到 $2\omega' = 40° \sim 50°$，相对出瞳距离可以达到 $l'_z/f'_目 = 1/4$。由于惠更斯目镜的实像面位于目镜内部，所以在目镜前面形成不了实像面，无法安置分划板。惠更斯目镜被广泛用于观察显微镜中。

22.3.3　凯涅尔目镜

冉斯登目镜由于结构简单，在校正像差上比较困难。于是，把冉斯登目镜的接目镜由单透镜改成双胶合透镜，就变成了图 22-6 所示目镜，称作凯涅尔目镜。由于目镜增加了一种材质和一个胶合面作为变量校正像差，所以凯涅尔目镜的像质肯定优于冉斯登目镜，而且结构紧凑。

凯涅尔目镜的视场角可以达到 $2\omega'=40°\sim50°$，相对出瞳距离可以达到 $l'_z/f'_目=1/2$。

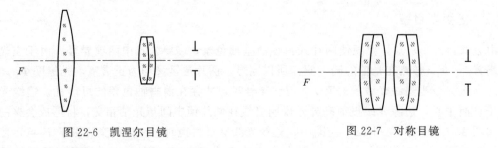

图 22-6　凯涅尔目镜　　　　　　　　　图 22-7　对称目镜

22.3.4　对称目镜

对称目镜是目前使用最多的一种目镜结构，它的结构如图 22-7 所示。对称目镜一般用对称的完全相同的双胶合透镜相对放置而成，一般正透镜在里负透镜在外，也有极少数负透镜在里正透镜在外的或者并排放置的。由于对称目镜有一对双胶合透镜，可以通过玻璃组合来消轴向色差，轴向色差校正的同时垂轴色差也获得了校正。每一个双胶合透镜有三个曲率半径和两个玻璃厚度，可以用来消彗差和像散。因此，对称目镜可以很好地校正彗差、像散和垂轴色差，比上面的其他类型的目镜像质都好。又由于对称目镜的对称性，只需加工两种镜片即可，加工制造方便，所以对称目镜被广泛地使用。

对称目镜的视场角可以达到 $2\omega'=40°\sim42°$，相对出瞳距离可以达到 $l'_z/f'_目=3/4$。对称目镜相对出瞳距离更大，主要用于军事瞄准等系统中。

22.3.5　无畸变目镜

无畸变目镜是由两组密接透镜组构成，接目镜为平凸透镜，场镜为三胶合透镜，它的结

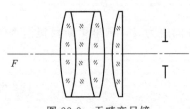

图 22-8　无畸变目镜

构如图 22-8 所示。无畸变目镜具有较大的工作距离、较长的出射光瞳距离和较小的畸变及场曲。无畸变目镜并非完全校正畸变，只是畸变较小，在中等视场 40° 时畸变约为 $3\%\sim4\%$。无畸变目镜中存在三胶合透镜组，它可以在焦距较小的情况下获得较好的像差质量。

无畸变目镜的视场角达到 $2\omega'=40°$，相对出瞳距离可达到 $l'_z/f'_目=4/5$。无畸变目镜由于畸变较小，常用于测量仪器中。其次，由于焦距较小，可用于小体积高倍率的望远镜、显微镜中。

22.3.6　广角目镜

如图 22-9，目镜进一步复杂化，校正像差的自由度更多，所以它可以达到更大的视场，称为广角目镜。其中，图 22-9（a）称为艾尔弗目镜，图 22-9（b）称为特广角目镜。

艾尔弗目镜的视场角可以达到 $2\omega'=65°\sim72°$，相对出瞳距离可以达到 $l'_z/f'_目=3/4$。特广角目镜的视场角可以达到 $2\omega'=80°$，相对出瞳距离可以达到 $l'_z/f'_目=1$。

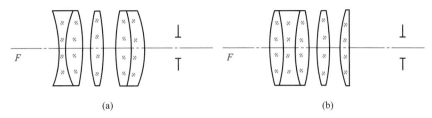

$$(a) \qquad\qquad\qquad\qquad (b)$$

图 22-9　广角目镜

22.4　冉斯登目镜的设计

22.4.1　冉斯登目镜的技术要求

要求设计一个用于 $10\times$ 望远物镜的冉斯登目镜，满足如下参数：

焦距：$f'=20\mathrm{mm}$。

视场角：$2\omega'=30°$。

出瞳直径：$D=2\mathrm{mm}$。

出瞳距离：$l'_z=8\mathrm{mm}$。

工作距离：$S\geqslant4\mathrm{mm}$。

波长：可见光 F、d、C。

像质：尽量使像差得到校正，满足目镜的像差容限。

我们使用逆光路设计，此时出瞳即为入瞳，入瞳直径为 $2\mathrm{mm}$，入瞳距离为 $8\mathrm{mm}$。由技术要求，此时入射视场角应该取 $0°$、$10.61°$、$15°$。波段取可见光 F、d、C。目镜的工作距离 S 为正向追迹时目镜的第一面顶点到前焦平面的距离，这个距离用以保证在目镜前焦平面上安装分划板和进行至少 ±5 个视度的调节。由望远镜倍率为 $10\times$，所以物镜的焦距为 $f'_{物}=10\times20=200\mathrm{mm}$，Zemax 中操作数 EXPP 以像面为原点，所以逆向光路时出瞳距离为

$$l_{z\mathrm{EXPP}}=f'_{物}=200\mathrm{mm}$$

22.4.2　冉斯登目镜的初始系统

由于冉斯登目镜的场镜和接目镜距离较远，不能看作密接薄透镜系统，所以用 PW 计算获得的目镜结构误差较大。不过，我们可以简单地计算给出初始系统数据，当然初始数据存在一定的偏差，之后再用 Zemax 软件进行优化处理以获得想要的结果。

由于冉斯登目镜要求焦距为 $f'=20\mathrm{mm}$，所以光焦度为 $\varPhi=1/20=0.05$。假设组成冉斯登目镜的两片镜平均分配光焦度，则有

$$\varPhi_1=\varPhi_2=\varPhi/2=0.025$$

选取最常用的玻璃材料，成都光明的 H-K9L，$n_\mathrm{d}=1.5168$。由透镜制造方程可以求得两片镜的曲率半径为

接目镜：$\quad \varPhi_1=(n_\mathrm{d}-1)\left(\dfrac{1}{\infty}-\dfrac{1}{R_2}\right),\quad R_2=-\dfrac{n_\mathrm{d}-1}{\varPhi_1}=-20.672\mathrm{mm}$

场镜：$\quad\quad \varPhi_2=(n_\mathrm{d}-1)\left(\dfrac{1}{R_3}-\dfrac{1}{\infty}\right),\quad R_3=\dfrac{n_\mathrm{d}-1}{\varPhi_2}=20.672\mathrm{mm}$

令两片透镜的厚度均为 $2.5\mathrm{mm}$，由于逆向光路时像方主平面靠近接目镜，所以取两片透镜间空气距离为

$$d \approx f'_\text{目} - d_1 - l_z' = 20 - 2.5 - 8 = 9.5\text{mm}$$

在 Zemax 软件中,"系统孔径"取"入瞳直径","孔径值"填入 2。"视场"的"类型"选取"角度",并使用 0°、10.61°、15°三个视场。波段取可见光 F、d、C。最后,将以上计算结果输入到 Zemax 中,得到图 22-10 的初始系统。此时的成像特性列于表 22-2,从表中可以看到,焦距和像差都存在偏差。其次,出瞳距离我们要求为 200mm,而此时为 5.928mm,偏差更大,必须予以校正。

面数据概要:

表面	类型	曲率半径	厚度	玻璃	净口径	延伸区	机械半直径
物面	STANDARD	无限	无限		0	0	0
光阑	STANDARD	无限	8		2	0	2
2	STANDARD	无限	2.5	H-K9L	6.287187	0	7.049497
3	STANDARD	−20.672	9.5		7.049497	0	7.049497
4	STANDARD	20.672	2.5	H-K9L	10.69928	0	10.76915
5	STANDARD	无限	15.65687		10.76915	0	10.76915
像面	STANDARD	无限			11.71343	0	11.71343

图 22-10　冉斯登目镜的初始系统

表 22-2　冉斯登目镜初始系统的成像特性

参数	焦距	入瞳距离	出瞳距离	球差	彗差	像散	垂轴色差	畸变
数值	22.6952mm	8mm	5.928mm	0.0356λ	−0.1994mm	$−0.4254\lambda$	0.054mm	−4.1722%

22.4.3　第一阶段优化

设置默认的优化函数,与之前的例题设置方法完全一样,在此不再赘述。在"评价函数编辑器"中插入以下操作数:

① 焦距,EFFL,目标值 20,权重 1。

② 出瞳距离,EXPP,目标值 200,权重 1。EXPP 以像面为原点,为物镜焦距 200。

③ 工作距,MNCA,空气层最小中心厚度,应用于第 5 面厚度,即像距,目标值 4,权重 1。

④ 两镜片间距,MXCA,空气层最大中心厚度,应用于第 3 面厚度,目标值 20,权重 1。

然后,设置第 3、4 面半径为变量,第 3 面厚度为变量,进行优化处理。优化处理完成后,将得到如图 22-11 的优化镜头数据,它的成像特性列于表 22-3。从表 22-3 可以看到,冉斯登目镜的一阶特性已经完全满足,即焦距、入瞳距离和出瞳距离。但是像差变化不大,彗差从−0.1994mm 降到了 0.1584mm,像散从−0.4254λ 增加到−1.3266λ,垂轴色差几乎没变。

面数据概要:

表面	类型	曲率半径	厚度	玻璃	净口径	延伸区	机械半直径
物面	STANDARD	无限	无限		0	0	0
光阑	STANDARD	无限	8		2	0	2
2	STANDARD	无限	2.5	H-K9L	6.287187	0	6.99169
3	STANDARD	−13.25399	17.60058		6.99169	0	6.99169
4	STANDARD	14.72812	2.5	H-K9L	11.74297	0	11.74297
5	STANDARD	无限	4.62622		11.56843	0	11.74297
像面	STANDARD	无限			10.60958	0	10.60958

图 22-11　第一阶段优化后的镜头数据

表 22-3　第一阶段优化后的成像特性

参数	焦距	入瞳距离	出瞳距离	球差	彗差	像散	垂轴色差	畸变
数值	20mm	8mm	200mm	0.1121λ	0.1584mm	$−1.3266\lambda$	0.0502mm	−1.3602%

22.4.4　第二阶段优化

在第一阶段校正像差时，并没有将彗差、像散和垂轴色差作为活动操作数进行校正，所以它们变化不大或略有增加。在第二阶段，我们将 COMA（彗差）、ASTI（像散）和 LACL（垂轴色差）的权重均设置为 1，令其成为活动操作数参与像差校正。由于增加了待校正的数量，所以要增加自变量，令面 1、2、4、5 的厚度为变量求解，然后在"评价函数编辑器"中对其进行边界限制，具体做法如下：

① 入瞳距离，MNCA，应用于第 1 面厚度，目标值为 8，权重为 1。
② 透镜最小中心厚度，MNCG，应用于第 2～4 面，目标值为 1.5，权重为 1。
③ 透镜最大中心厚度，MXCG，应用于第 2～4 面，目标值为 3.5，权重为 1。
④ 彗差，COMA，目标值为 0，权重为 1。
⑤ 像散，ASTI，目标值为 0，权重为 1。
⑥ 轴向色差，LACL，目标值为 0，权重为 1。

设置面 1、2、4、5 厚度为变量求解，然后作优化处理。在进行优化时，先使用"优化→执行优化"命令进行阻尼最小二乘法优化，停止后再使用"锤形优化"进一步挖掘镜头潜力。最后，得到的镜头数据如图 22-12 所示，它的像差特性列于表 22-4，它的 2D 视图如图 22-13 所示。经过第二阶段优化，发现彗差和像散已经达到要求，只是垂轴色差有点大。这与前述的分析一致，冉斯登目镜无法校正垂轴色差。

面数据概要：

表面	类型	曲率半径	厚度	玻璃	净口径	延伸区	机械半直径
物面	STANDARD	无限	无限		0	0	0
光阑	STANDARD	无限	11.95222		2	0	2
2	STANDARD	无限	3.500002	H-K9L	8.405175	0	9.454051
3	STANDARD	-23.67425	10.56813		9.454051	0	9.454051
4	STANDARD	14.11264	3.500008	H-K9L	13.48604	0	13.48604
5	STANDARD	无限	13.07827		13.18459	0	13.48604
像面	STANDARD	无限	无限		9.972165	0	9.972165

图 22-12　第二阶段优化后的镜头数据

表 22-4　第二阶段优化后的成像特性

参数	焦距	入瞳距离	出瞳距离	球差	彗差	像散	垂轴色差	畸变
数值	19.9997mm	8mm	200mm	0.0290λ	-0.007689mm	-0.0009618λ	0.0762mm	0%

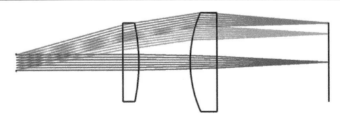

图 22-13　第二阶段优化后的 2D 视图

22.5　对称目镜的设计

22.5.1　对称目镜的技术要求

设计一个用于 5× 枪瞄准镜用对称目镜，满足如下参数：
焦距：$f' = 25$mm。

视场角：$2\omega' = 40°$。

出瞳直径：$D = 4\text{mm}$。

出瞳距离：$l'_z \geqslant 20\text{mm}$。

波长：可见光 F、d、C。

像质：尽量使像差得到校正，满足目镜的像差容限。

仍然使用逆光路设计，此时入瞳直径为 4mm，入瞳距离为 ≥20mm，暂定为 20mm。由视场角要求，取入射视场角为 0°、14.142°、20°。波段取可见光 F、d、C。由对称目镜的对称性，工作距离 $S \approx 20\text{mm}$。由望远镜倍率为 $5\times$，所以物镜的焦距为 $f'_{物} = 5 \times 25 = 125\text{mm}$，因此目镜在逆向光路追迹时 EXPP 表示的出瞳距离为

$$l_{z\text{EXPP}} = f'_{物} = 125\text{mm}$$

22.5.2　初始对称目镜

从光学设计手册中选取一个相近的对称目镜，它的镜头数据列于表 22-5 中，成像特性列于表 22-6。在此，我们强令入瞳距离为 20mm，另外由于玻璃材料的细微差别，导致了焦距值与手册中有偏差。从表 22-6 可以看到，垂轴色差不大，这说明胶合透镜是经过消色差的，这也是选取的基础。球差和像散有一点大，这是由于玻璃材料的细微差别和入瞳位置的变化导致的，这可以通过 Zemax 软件自动设计来校正。

表 22-5　初始对称目镜

半径/mm	厚度/mm	玻璃材料/成都光明	口径/mm
76.64	1.5	H-ZF3	25
24.60	7.5	H-K9L	25
−30.62	0.1		25
30.62	7.5	H-K9L	25
−24.60	1.5	H-ZF3	25
−76.64			25
$f' = 25.01\text{mm}, D = 6\text{mm}, 2\omega' = 40°, l'_z = 18.89\text{mm}, S = -26.1\text{mm}$			

表 22-6　对称目镜初始结构成像特性

参数	焦距	入瞳距离	出瞳距离	球差	彗差	像散	垂轴色差	畸变
数值	28.3575mm	20mm	47.9273mm	0.1481λ	-1.0911mm	-9.4882λ	-0.0112mm	-4.2917%

22.5.3　优化处理

将初始对称目镜数据输入到 Zemax 软件中，设置入瞳直径为 4mm，视场为 0°、14.142°、20°，波段取可见光 F、d、C。需要注意的是，当我们将所有需要的操作数权重都设计为 1 时，会出现有一些操作数数值很小，有一些操作数数值很大。为了平衡它们的关系，使各项值接近目标值，我们选用图 22-14 的优化函数设置。从图 22-14 可以看到，EF-FL、第 1 面 MNCA 和第 2~6 面 MNEG 的权重均提高到 100，甚至 COMA 的权重提高到 1000；而 ASTI、DIST 的权重降低到 0.1，甚至 SPHA 的权重降低到 0。权重的数值是反复试验的结果，是为了使难以校正的像差给以高权重，容易校正的像差给以低权重，从而达到像差的相互平衡，使各项要求达到均衡地满足。设置 2~4 面的半径为变量求解，5~7 面的半径为"拾取"求解，以保持对称性。设置 1~4 面和像距 7 面的厚度为变量求解，5、6 面厚度为"拾取"求解，以保持对称性。然后使用"优化→执行优化"进行优化处理。

经过优化处理后，最终获得的镜头数据如图 22-15 所示，它的成像特性列于表 22-7。从

表 22-7 可以看到，焦距、入瞳距离和出瞳距离均得到很好的满足，整体像差也满足得很好。在优化过程中，正是牺牲有限的像散、畸变而使其他操作数获得满足的。畸变$|-1.0732\%|$$<5\%$，在要求的范围内。像散表面上看似很大，实际上并不大，因为它要乘以波长 $\lambda_d=0.5876\mu m$，为$-5.3347\times0.5876\mu m=-3.1347\mu m$。由公式（12-26），目镜的像散的容限为 2～4 个视度，即满足

$$x'_{ts}\leqslant\frac{2f'^{2}_{目}}{1000}\sim\frac{4f'^{2}_{目}}{1000}=1.2508\sim2.5016mm$$

显然像散相比于容限，已经很小了，是满足的。

优化后的对称目镜 2D 视图，如图 22-16 所示。

图 22-14　对称目镜优化时用的评价函数

面数据概要：

表面	类型	曲率半径	厚度	玻璃	净口径	延伸区	机械半直径
物面	STANDARD	无限	无限		0	0	0
光阑	STANDARD	无限	19.9948		4	0	4
2	STANDARD	26.77081	6.222071	H-ZF3	19.95977	0	20.69449
3	STANDARD	13.62248	6.876235	H-K9L	20.29573	0	20.69449
4	STANDARD	-42.36112	0.0470325		20.69449	0	20.69449
5	STANDARD	42.36112	6.876235	H-K9L	21.54487	0	24.16758
6	STANDARD	-13.62248	6.222071	H-ZF3	21.54901	0	24.16758
7	STANDARD	-26.77081	14.99519		24.16758	0	24.16758
像面	STANDARD	无限			20.64842	0	20.64842

图 22-15　对称目镜优化后的镜头数据

表 22-7　对称目镜优化后的成像特性

参数	焦距	入瞳距离	出瞳距离	球差	彗差	像散	垂轴色差	畸变
数值	25.0061mm	19.9954mm	125.0710mm	0.1293λ	-0.0004537mm	-6.7007λ	-0.0132mm	-0.1592%

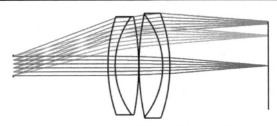

图 22-16　第二阶段优化后的 2D 视图

22.6　无畸变目镜的设计

22.6.1　无畸变目镜的技术要求

设计一个测量显微镜用无畸变目镜，满足如下参数：

焦距：$f'=16\text{mm}$。

视场角：$2\omega'=40°$。

出瞳直径：$D=2\text{mm}$。

出瞳距离：$l'_z \geqslant 8\text{mm}$。

入瞳距离：$l_z=180\text{mm}$。

波长：可见光 F、d、C。

像质：尽量使像差得到校正，满足目镜的像差容限。

仍然使用逆光路设计，此时入瞳直径为 2mm，入瞳距离为=8mm。由视场角要求，取入射视场角为 0°、14.142°、20°。波段取可见光 F、d、C。保持逆向出瞳距离为 $l_z=180\text{mm}$。

22.6.2　初始无畸变目镜

从光学设计手册中选取一个相近的无畸变目镜，它的镜头数据列于表 22-8。将该无畸变目镜的镜头数据输入到 Zemax 软件中，查看它的成像特性，列于表 22-9。从表 22-9 可以看到，入瞳距离是强制所得，焦距和出瞳距离都差别较大，需要进一步校正。从像差上来看，除了彗差有点大外，其他像差都不大，均在要求范围内，所以此镜头校正起来并不难。

表 22-8　初始无畸变目镜

半径/mm	厚度/mm	玻璃材料（成都光明）	口径/mm
∞	2.5	H-BaK8	15.5
−11.429	0.12		15.5
16.293	4	H-K7	16.8
−7.980	1	F3	16.8
7.980	4	H-K7	16.8
−16.293			16.8
$f'=12.47\text{mm}, D=2\text{mm}, 2\omega'=36°, l'_z=7.11\text{mm}, S=-10.4\text{mm}$			

表 22-9　无畸变目镜初始结构成像特性

参数	焦距	入瞳距离	出瞳距离	球差	彗差	像散	垂轴色差	畸变
数值	12.3705mm	8mm	19.9981mm	0.2190λ	0.5363mm	−2.3191λ	−0.008613mm	−4.2573%

22.6.3　优化处理

将表 22-8 初始无畸变目镜数据输入到 Zemax 软件中，设置入瞳直径为 2mm，视场为 0°、14.142°、20°，波段取可见光 F、d、C。为了平衡像差，使各项值接近目标值，我们选用图 22-17 的优化函数设置。从图 22-17 可以看到，EFFL、第 2～6 面 MNEG 和 DIST 的权重均提高到 100，COMA 的权重提高到 1000；ASTI 的权重降低到 0.1，SPHA 的权重降低到 0。设置 3～5 面的半径为变量求解，6、7 面的半径为"拾取"求解，以保持三胶合透镜的对称性。设置 1～5 面和像距 7 面的厚度为变量求解，6 面厚度为"拾取"求解于 4 面，以保持三胶合透镜的对称性。然后使用“优化→执行优化”进行优化处理。

经过优化处理后，最终获得的镜头数据如图 22-18 所示，它的成像特性列于表 22-10。从表 22-10 可以看到，焦距和出瞳距离均满足要求，入瞳距离为 13.5897mm＞8mm，满足要求。表 22-10 所列目镜的主要像差均比较小，满足目镜的设计要求。优化后的无畸变目镜 2D 视图，如图 22-19 所示。

镜头数据　1: 布局图　评价函数编辑器　2: 详细数据

优化向导与操作数　　评价函数: 0.037447882608

	类型		波	Hx	Hy	Px	Py	目标	权重	评估	% 献
1	DMFS										
2	BLNK	序列评价函数: RMS 光斑半径: 质心参考高斯求积 3 环 6 臂									
3	BLNK	无空气及玻璃约束.									
4	BLNK	视场操作数 1.									
5	EFFL		2					16.000	100.000	15.998	0.015
6	MNCA	1	1					8.000	1.000	8.000	0.000
7	EXPP							0.000	0.000	172.003	0.000
8	SUMM	6	7					180.000	1.000	180.003	6.056E-04
9	BLNK										
10	MNEG	2	6	0.000	0			0.100	100.000	0.090	0.536
11	MNEA	3	3	0.000	0			0.100	1.000	0.100	0.000
12	MNCA	7	7					3.500	1.000	3.500	0.000
13	MXCG	2	6					3.500	1.000	4.490	53.308
14	MNCG	2	6					2.000	1.000	1.988	8.313E-03
15	BLNK										
16	SPHA	0	2					0.000	0.000	0.064	0.000
17	COMA	0	2					0.000	1000.000	1.395E-03	0.106
18	ASTI	0	2					0.000	0.050	-4.020	43.980
19	LACL	0	0					0.000	1.000	0.055	0.162
20	DIST	0	2	0				0.000	100.000	-1.970E-03	0.021

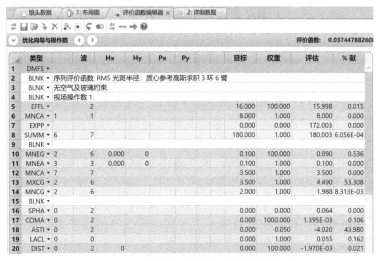

图 22-17　无畸变目镜优化时用的评价函数

面数据概要：

表面	类型	曲率半径	厚度	玻璃	净口径	延伸区	机械半直径
物面	STANDARD	无限	无限		0	0	0
光阑	STANDARD	无限	13.58972		2	0	2
2	STANDARD	无限	1.987641	H-BAK8	11.89251	0	12.2286
3	STANDARD	-15.75268	0.1		12.2286	0	12.2286
4	STANDARD	26.59354	4.489667	H-K7	12.71741	0	14.27886
5	STANDARD	-7.384857	3.5	F3	12.71592	0	14.27886
6	STANDARD	-21.78613	3.499911	H-K7	13.77368	0	14.27886
7	STANDARD	-21.97856	9.984604		14.27886	0	14.27886
像面	STANDARD	无限			12.7928	0	12.7928

图 22-18　无畸变目镜优化后的镜头数据

表 22-10　无畸变目镜优化后的成像特性

参数	焦距	入瞳距离	出瞳距离	球差	彗差	像散	垂轴色差	畸变
数值	15.9983mm	13.5897mm	180.0030mm	0.0644λ	0.001395mm	−4.0205λ	−0.0550mm	−0.001970%

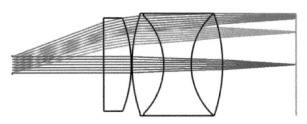

图 22-19　无畸变目镜优化后的 2D 视图

≡ 第 **23** 章 ≡

照相物镜设计

望远镜、显微镜和照相机是最为传统的光学仪器。照相机已经发明了近两百年，记录下了无数的美好瞬间和伟大时刻。大概在 1995 年前后，照相机发展出现一个分水岭，之前市面上出售的照相机多为光学相机，使用胶片作为感光材质，以此为底片冲洗出一张张照片。1995 年之后，数码相机逐渐占领了市场，像素值不断刷新翻倍，价格也逐渐从高不可攀到亲民廉价。事实上，现代衍生的一些相关电子产品，如监控系统、电脑摄像头、手机摄像头、录像机等均可以归于照相机系统，本质上没有区别。照相机的光学系统只有一个物镜，不存在目镜，但是由于照相机使用的状况千差万别，使得照相物镜的结构差别很大，比如航空照相机与手机摄像头就有本质的不同。在这一章，主要介绍照相物镜的光学特性和成像特性，并演示照相物镜的设计方法。

23.1 照相物镜的光学特性

23.1.1 幅面大小

照相物镜的成像幅面的大小就是感光胶片的尺寸或者光电探测器的有效尺寸。成像幅面一般是长宽比为 4∶3 的矩形区域，如图 23-1 所示。如果幅面长为 $L=4\text{mm}$，宽为 $H=3\text{mm}$，由勾股定理，则幅面的对角线为 $2r=5\text{mm}$。如表 23-1 中，对于老式的胶片相机，标准 135♯ 胶片的幅面是 36mm×24mm，35mm 电影胶片的幅面是 22mm×16mm。为了获取清晰、分辨率高的图像，航空摄影胶片的幅面一般都很大。

图 23-1 幅面大小

目前来说，胶片照相机已经淘汰，数码相机已经普及到千家万户。数码相机是利用光电成像器件，如 CCD 或者 CMOS 等，感受光线的强弱，然后转化为电信号，经过处理再还原为图像的方法，如图 23-1（a）、（b）。光电探测器的成像幅面也是一个矩形，与胶片不同的是，它是由小方形的像素元组成，像素大小为 $p×p$，如图 23-1（c）所示。像素的大小通常是微米级别。光电探测器幅面约定长和宽 $L \times H = 12.8 \text{mm} \times 9.6 \text{mm}$ 是标准的幅面大小，对角线为 16mm，称作 1 英寸，写作 1″ 表示。那么 1/4″ 的幅面表示对角线为标准幅面的四分之一，即 $2r = 4 \text{mm}$，长和宽可以通过标准长宽比 4 : 3 求得，即

$$L = 1.6r, \quad H = 1.2r \tag{23-1}$$

在进行照相物镜设计时，为了涵盖成像幅面上所有的区域，要求照相物镜的成像区域为以感光矩形对角线一半 r 为半径所画的圆形，所以照相物镜的像高应该用对角线长度 $2r$。

表 23-1　照相机常见幅面尺寸

	幅面类型	长×宽/mm×mm	幅面类型	长×宽/mm×mm
胶片	135♯胶片	36×24	16mm 电影胶片	10.4×7.5
	120♯胶片	60×60	35mm 电影胶片	22×16
	航空摄影胶片	180×180	航空摄影胶片	230×230
	芯片尺寸	对角线长/mm	幅面大小 长×宽/mm×mm	
	1/4″	4	3.2×2.4	
	1/3.2″	5	4×3	
CCD&CMOS	1/3″	5.33	4.27×3.2	
	1/2.7″	5.93	4.74×3.56	
	1/2″	8	6.4×4.8	
	1/1.8″	8.89	7.11×5.33	

23.1.2　焦距

照相物镜焦距 f' 是照相机的重要特性参量。照相机是对无限远物体成像，所以像距 $l' \approx f'$。一般照相机置于空气中，所以它的垂轴放大率为

$$\beta = \frac{l'}{l} = \frac{f'}{l} \tag{23-2}$$

由上式可知，要想获得大比例尺照片，需要增加物镜焦距。所以一般遥感相机它的焦距都很大，可达数百毫米。而对于手机摄像头，光电探测器尺寸很小，所以照相镜头的焦距也很小。

23.1.3　视场角

视场角决定了成像范围。当相机选定了探测器，它的幅面大小就确定了。令幅面对角线的一半为像高 y'，如图 23-1，$y' = r$。一般照相机置于空气中，由无限远共轭的像高公式，可得

$$\tan\omega = -\frac{y'}{f'} \tag{23-3}$$

从上式也可以看出，幅面大小限制了视场角，视场角又决定了成像范围，所以成像幅面就是视场光阑。为了拍摄更大范围的图像，一般照相物镜的视场角很大。

23.1.4　相对孔径

定义入瞳直径 D 与像方焦距 f' 之比称作相对孔径，记作 RA，即

$$RA = \frac{D}{f'} \tag{23-4}$$

由照相物镜的像平面光照度公式，像平面照度与相对孔径的平方成正比。物镜根据相对孔径的大小可以分为：普通物镜，相对孔径 $D/f' = 1 : 8 \sim 1 : 3.5$；强光物镜，相对孔径 $D/f' = 1 : 3.5 \sim 1 : 1.4$；超强光物镜，相对孔径在 $D/f' = 1 : 1.4 \sim 1 : 0.8$。

23.1.5　F 数

F 数在照相机领域又称作"光圈"，它的定义为相对孔径的倒数，即

$$F = \frac{f'}{D} \tag{23-5}$$

23.1.6　分辨率

照相物镜的分辨率为

$$N = \frac{1500}{F} \text{lp/mm} \tag{23-6}$$

由上式可知，分辨率与 F 数成反比。如果设照相机的总分辨率为 N_{camera}，照相物镜的分辨率为 N_{lens}，由上式确定，成像幅面的分辨率 N_{area}，由胶片的颗粒度或者光电探测器的像素决定，如像素大小为 $5\mu\text{m} \times 5\mu\text{m}$，则它的幅面分辨率为 $1000/(2 \times 5) = 100\text{lp/mm}$。上面三种分辨率的关系，由经验得

$$\frac{1}{N_{\text{camera}}} = \frac{1}{N_{\text{lens}}} + \frac{1}{N_{\text{area}}} \tag{23-7}$$

23.1.7　景深

景深由下式决定：

$$\Delta = \frac{2Z}{D} \times \frac{l(l+f')}{f'} \tag{23-8}$$

式中，D 为照相物镜的入瞳直径；f' 为照相物镜的像方焦距；Z 为像面容许的像素大小；l 为考察的物平面。景深为考察物平面前后能够获得清晰像的范围。

23.2　照相物镜的类型

23.2.1　匹兹瓦物镜

图 23-2 是国外第一个用像差理论设计的镜头，称为匹兹瓦（Petzval）物镜。匹兹瓦物镜校正了球差、彗差和像散，但是没有校正场曲，所以边缘光线场曲较大。匹兹瓦物镜相对孔径较大，在近轴区域成像优良，至今仍然在使用，如电影放映物镜等。

匹兹瓦物镜的相对孔径可以达到 1:3.4，视场角 $2\omega = 25°$。匹兹瓦物镜有很多变形，如后组双分离变胶合、前组胶合变双分离或者在像面前面加一个场曲校正负透镜等等。经过变形的匹兹瓦物镜的相对孔径可达 1:2，视场角 $2\omega = 16°$。

23.2.2　库克三片式物镜

图 23-3 是著名的库克（Cooke）三片式物镜，通常两边的两片是正透镜，中间的一片是负透镜。由于摆放巧妙，整个物镜呈近似对称式，有利于垂轴像差的校正。库克三片式物镜的孔径光阑一般在物镜内部，以放置于负正透镜中间居多，也有放置于正负透镜中间的。库克三片式物镜是可以消除所有七种塞德几何差的最简单形式，相对孔径较大，像质较好。

库克三片式物镜的相对孔径可以达到 1:4，视场角 $2\omega = 40°\sim50°$。库克三片式物镜也有很多变形，变形后的相对孔径可以达到 1:2.8。

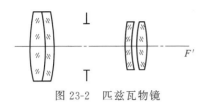

图 23-2　匹兹瓦物镜

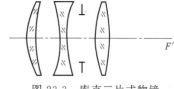

图 23-3　库克三片式物镜

23.2.3　天塞物镜和海利亚物镜

将库克三片式物镜第三片变成胶合透镜，如图 23-4 所示，称作天塞（Tessar）物镜。前后两片正透镜都变成胶合透镜，称为海利亚（Heliar）物镜，如图 23-5 所示。天塞物镜的轴外像差得到了校正，如场曲和畸变等，成像质量优于简单的库克三片式物镜。海利亚物镜结构更对称，视场进一步增大，主要用于空间遥感上。

天塞物镜和海利亚物镜的相对孔径可以达到 1∶3.5～1∶2.8，视场角 $2\omega=55°$。

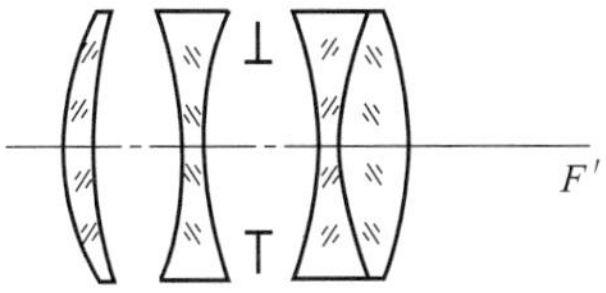

图 23-4　天塞物镜

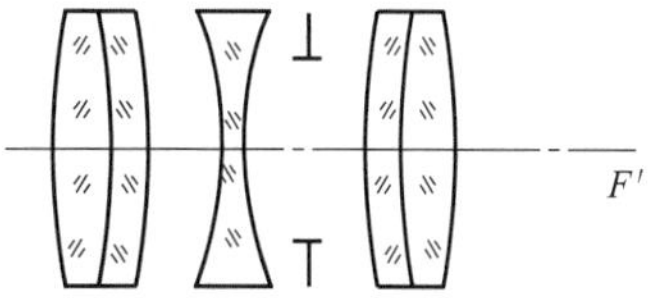

图 23-5　海利亚物镜

23.2.4　双高斯物镜

双高斯（double Gauss）物镜也接近对称式，孔径光阑位于镜头中间。如图 23-6（a）是标准的双高斯物镜结构。相比以上几种物镜，双高斯物镜的透镜片数明显增多，更加有利于校正像差，所以双高斯物镜能够获得大相对孔径和大视场的照相镜头。

双高斯物镜的相对孔径可以达到 1∶2，视场角 $2\omega=40°$。双高斯物镜有很多变形，如图 23-6（b）～（d）。镜头复杂化要么是为了增大相对孔径，要么是为了增加视场角。经过复杂化，双高斯物镜的相对孔径最大可以达到 1∶1，视场角最大可以增加到 $2\omega=60°$。

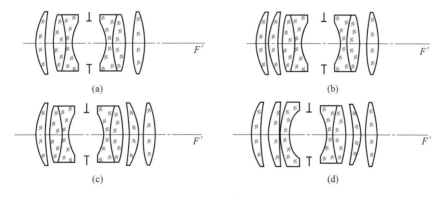

（a）

（b）

（c）

（d）

图 23-6　双高斯物镜

23.2.5　摄远物镜

摄远（telephoto）物镜主要用于焦距长的物镜中，它是由前正透镜组和后负透镜组构成，组成了摄远结构。摄远物镜的镜筒长度可以小于物镜的焦距，如图 23-7（a）所示。为了进一步提高像质，或者为了提高相对孔径，有时候会复杂化摄远物镜，如图 23-7（b）～（d）。

摄远物镜的相对孔径比较小，约为 1：6，视场角可以达到 30°。复杂化的摄远物镜，相对孔径可以达到 1：3，但是视场会减小到 10°左右。

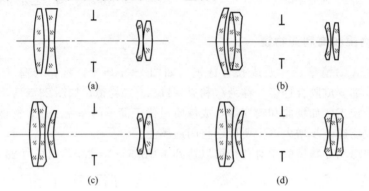

图 23-7 摄远物镜

23.2.6 托普岗物镜和鲁沙物镜

视场角 $2\omega > 60°$ 的物镜称为广角物镜，视场角 $2\omega > 90°$ 的物镜称为超广角物镜。如图 23-8 左图是托普岗（Topogan）广角物镜，它的视场角可以达到 $2\omega = 90°$，相对孔径为 1：6.5。如果复杂化中间的单片镜为胶合镜，则相对孔径可以进一步提高。

如图 23-9 是鲁沙（Russar）广角物镜，它的视场角可以达到 $2\omega = 120°$，相对孔径为 1：8。如果复杂化鲁沙物镜，它的相对孔径可以进一步提高到 1：5，但是视场角会有所降低。

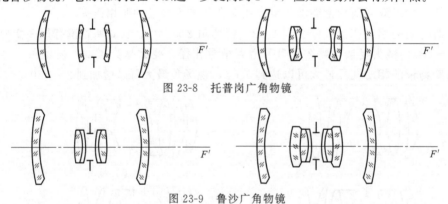

图 23-8 托普岗广角物镜

图 23-9 鲁沙广角物镜

23.2.7 松纳物镜

松纳（Sonnar）物镜主要应用于小视场和大相对孔径。如图 23-10（a），是典型的松纳物镜，它的视场 $2\omega' < 30°$，相对孔径可达 1：1.9。为了进一步提高相对孔径，复杂化松纳物镜为图 23-10（b）的形式，它的视场 $2\omega' < 25°$，相对孔径可以达到 1：1.1。

23.2.8 反摄远物镜

反摄远（retrofocus）物镜是具有前负透镜组和后正透镜组，刚好与摄远物镜相反，如

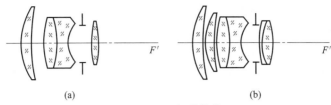

图 23-10　松纳物镜

图 23-11 所示。反摄远物镜可以同时实现大相对孔径和大视场，这为提高照相技术起到了很大的推动作用。反摄远物镜的焦距、系统长度和后工作距都较长，不适合小型化使用。

反摄远物镜有很多变型，它的视场可以达到 $2\omega' \approx 60^\circ \sim 80^\circ$，相对孔径可以达到 $1 : 1.7 \sim 1 : 3.5$。

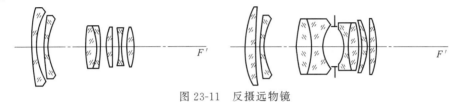

图 23-11　反摄远物镜

23.3　照相物镜的像差校正

照相物镜由于使用情况的差异很大，像差特性也千差万别，视场和相对孔径一般比较大，需要校正的像差也较多。不过，照相物镜结构复杂，镜片数量多，参与校正的自由度也多，一些初级像差校正起来并不困难。照相物镜有三个最重要的参数：焦距、相对孔径和视场，它们之间是相互制约的。同种结构及其复杂化时，当相对孔径增大时，意味着焦距变短，视场角会相应地减小，反之亦然。事实上，不同的结构之间也有类似的制约，除非使用反摄远结构并不断的复杂化镜头。上一小节中对各类照相物镜的介绍，就是让设计师对各种类型结构有一个宏观的把握，在设计照相物镜时根据技术要求选择不同的类型。

由于照相物镜的视场和相对孔径都大，所以物镜镜筒较长，已经不能看成薄透镜近似，使用前述的 PWC 分解方法误差较大。因此，一般在设计照相物镜时，都会挑选已有的成熟物镜作为设计的初始结构，可以获取的方式有：①光学设计手册中附录的镜头；②各类专利镜头；③光学设计软件附带的实例和镜头库；④LensView 等软件镜头库；⑤光学镜头手册书籍等。

由于照相物镜的像差校正与技术要求和选型结构有关系，并没有统一的像差校正类型和校正方案。不过校正过程一般可以分为以下两步。

(1) 基础像差校正

在这一阶段主要校正常规的全视场和全孔径像差，比如：①轴上点最大孔径球差；②轴上点最大孔径彗差；③轴外点最大视场的像散；④轴上点轴向色差；⑤全视场的垂轴色差。

在校正色差时，如果为胶片感光材料，需要对 g（435.8nm）、d（587.6nm）和 C（656.3nm）光进行消色差；如果为 CCD、CMOS 或者光电倍增管等探测器，需要对 F（486.1nm）、d 和 C 光进行消色差。其次，除了对图像形变要求很高的摄影测量用照相物镜，才将场曲和畸变作为基础像差进行校正，因为场曲和畸变不影响成像清晰度，对一般照相物镜可以放宽要求。

由于照相物镜的结构复杂，可用自由度较多，所以基础像差校正一般能较好地完成。如果经过多次努力仍然达不到要求，可以考虑更换更好的结构形式。

（2）高级像差校正和像差平衡

基础像差校正完成之后，初级像差得到了满足，此时可能某些高级像差较大，需要对其进行校正。事实上，并不是所有的高级像差都需要关注，根据照相物镜的需要选用重要的高级像差来校正。在校正高级像差时，基础像差必须同时参与校正，否则会顾此失彼。在这一阶段，像差平衡可以同时进行，根据各像差的变化灵敏度调整相关操作数的权重因子，甚至改变目标值，以达到相互平衡使之均在有效控制容限之内。

事实上，对于普通的照相物镜，可以适当地允许边缘视场的成像质量略低于中心视场的成像质量。另外，对于普通的照相物镜，也允许存在渐晕，即边缘视场的成像宽度小于中心视场的成像宽度。渐晕的目的就是通过光阑将成像像差较大的光线拦掉，以便提高像面边缘的质量。

23.4　双高斯物镜的设计

23.4.1　双高斯物镜的技术要求

要求设计一个焦距为 100mm 的双高斯照相物镜，满足如下参数：

焦距：$f' = 100$mm。

视场角：$2\omega' = 40°$。

相对孔径：1∶3.5。

后工作距：$l'_z \geqslant 20$mm。

波长：可见光 F、d、C。

像质：尽量使像差得到校正，满足照相物镜的像差容限。

由技术要求，通过焦距和相对孔径可以求得入瞳直径为 $D = f'/F = 100/2.5 = 28.72$mm，其实系统孔径也可以用"像方空间 F/♯"为 3.5 来设置。取双高斯物镜的视场角为 0°、14.142° 和 20°，消色差波段为 F、d 和 C。

23.4.2　初始双高斯物镜

从光学设计手册中，选取一个相近的双高斯物镜，列于表 23-2。从表中可以看到，视场和相对孔径略优于技术要求，应该校正起来难度不大。

将表 23-2 的初始双高斯物镜输入到 Zemax 软件中，设置孔径为"像方空间 F/♯"，孔径值为 3.5；视场为角度 0°、14.142° 和 20°；波段为 F、d 和 C。最后得到图 23-12 的镜头数据，初始双高斯物镜的成像特性列于表 23-3。从表 23-3 中可以看到，除了正弦差（Zemax中正弦差操作数为 OSCD）和畸变较小外，其他像差较大，需要校正。对于照相物镜，需要同时关注点列图和 MTF，在表 23-3 中也罗列了相关的数据。

表 23-2　初始双高斯物镜

半径/mm	厚度/mm	玻璃材料（成都光明）	口径/mm
54.95	9.7	H-ZK6	69.12
214.7	0.2		68.8
46.1	9.5	H-ZK10	53.88
382.2	5.9	H-ZF2	50.62
29.78	9.14		31.4
光阑	9		27.2

续表

半径/mm	厚度/mm	玻璃材料（成都光明）	口径/mm
−27	3.6	ZBAF2	27.7
−24.04	3.24		30.78
−22.02	2.3	H-F2	33.04
−130.24	8.6	H-ZK6	47.7
−32.32	0.7		60
279.6	8.4	H-ZK10	60
−89.13			
$f'=100.13\text{mm}, D/f'=1 : 2.5, 2\omega'=60°, l_z'=64.49\text{mm}$			

面数据概要：

表面	类型	曲率半径	厚度	玻璃	净口径	延伸区	机械半直径
物面	STANDARD	无限	无限		0	0	0
1	STANDARD	54.95	9.7	H-ZK6	53.75485	0	53.75485
2	STANDARD	214.7	0.2		50.14314	0	53.75485
3	STANDARD	46.1	9.5	H-ZK10	44.15428	0	44.15428
4	STANDARD	382.2	5.9	H-ZF2	38.65806	0	44.15428
5	STANDARD	29.78	9.14		27.86621	0	44.15428
光阑	STANDARD	无限	9		21.32971	0	21.32971
7	STANDARD	−27	3.6	ZBAF2	26.72329	0	29.09475
8	STANDARD	−24.04	3.24		29.09475	0	29.09475
9	STANDARD	−22.02	2.3	H-F2	30.64183	0	41.79818
10	STANDARD	−130.24	8.6	H-ZK6	38.95716	0	41.79818
11	STANDARD	−32.32	0.7		41.79818	0	41.79818
12	STANDARD	279.6	8.4	H-ZK10	50.47392	0	51.97781
13	STANDARD	−89.13	75.67764		51.97781	0	51.97781
像面	STANDARD	无限			79.23109	0	79.23109

图 23-12　初始双高斯物镜的镜头数据

表 23-3　初始双高斯物镜的成像特性

参数	焦距	球差	正弦差	像散	轴向色差	垂轴色差	场曲	畸变
数值	108.4725mm	17.1657λ	0.001465	−26.5163λ	−0.7063mm	0.0549mm	26.3324λ	−0.6697%

参数	1 视场 RMS	2 视场 RMS	3 视场 RMS	波前 RMS	3 视场惠更斯 MTF@100lp/mm		3 视场惠更斯 MTF@50lp/mm	
数值	206.683μm	409.507μm	540.152μm	5.0277λ	子午>0.16	弧矢>0.23	子午>0.67	弧矢>0.73

23.4.3　基础像差校正

由照相物镜的像差校正一节中所述，分别设置最大孔径球差（SPHA）、最大正弦差（OSCD）、最大视场像散（ASTI）、轴向色差（AXCL）和全视场垂轴色差（LACL）作为基础像差，使之在 Zemax 软件的"评价函数编辑器"中作为活动操作数，并令它们的目标值均为 0、权重均为 1。另外，需要保证焦距为 100mm，即操作数 EFFL 目标值为 100、权重也为 1。

设置所有曲率半径（除物平面、光阑和像平面外）为变量求解，作为校正的自由度。在"评价函数编辑器→优化向导"中，将"厚度边界"的"玻璃"和"空气"均勾选。设置玻璃"最小"为 2.3，"最大"为 10，"边缘厚度"为 1；设置空气"最小"为 0.2，"最大"为 10，"边缘厚度"为 0.2。在生成的默认优化函数中，找到第 13 面的"MNCA"（最小空气中心厚度），设置其"目标值"为 20；"MXCA"（最大空气中心厚度），设置其"目标值"为 60。然后，将所有厚度（除物平面外）均设置为变量求解，包括像距。

使用"优化→执行优化"命令进行优化处理，很快获得结果。优化后的镜头数据，如图23-13 所示，它的成像特性列于表 23-4。从表 23-4 中可以看到，除了轴向色差稍大一点外，其他像差都已经满足了要求。不过，从表 23-4，RMS 明显比优化前好很多，但是 MTF 有所降低。

面数据概要：

表面	类型	曲率半径	厚度	玻璃	净口径	延伸区	机械半直径
物面	STANDARD	无限	无限		0	0	0
1	STANDARD	282.5239	2.773715	H-ZK6	41.95798	0	41.95798
2	STANDARD	-216.5944	0.1939607		41.46343	0	41.95798
3	STANDARD	25.96194	7.495234	H-ZK10	33.87092	0	33.87092
4	STANDARD	-618.4659	3.943944	H-ZF2	32.61478	0	33.87092
5	STANDARD	36.6382	4.847316		24.94056	0	33.87092
光阑	STANDARD	无限	10.00603		21.51188	0	21.51188
7	STANDARD	-276.5734	10.01679	ZBAF2	24.85629	0	28.36274
8	STANDARD	-497.2865	10.0069		28.36274	0	28.36274
9	STANDARD	-16.72239	8.02564	H-F2	29.23456	0	43.00376
10	STANDARD	-26.26585	2.298639	H-ZK6	39.65342	0	43.00376
11	STANDARD	-30.42834	9.071099		43.00376	0	43.00376
12	STANDARD	90.86145	10.03689	H-ZK10	69.57782	0	69.7742
13	STANDARD	-284.6425	24.16921		69.7742	0	69.7742
像面	STANDARD	无限			74.49099	0	74.49099

图 23-13　优化后双高斯物镜的镜头数据

表 23-4　优化后双高斯物镜的成像特性

参数	焦距	球差	正弦差	像散	轴向色差	垂轴色差	场曲	畸变
数值	99.9874mm	0.0926λ	0.000144	-0.00644λ	-0.1705mm	-0.0235mm	18.0751λ	2.5797%

参数	1 视场 RMS	2 视场 RMS	3 视场 RMS	波前 RMS	3 视场惠更斯 MTF@100lp/mm		3 视场惠更斯 MTF@50lp/mm	
数值	$10.286\mu m$	$16.989\mu m$	$46.185\mu m$	0.3399λ	子午>0.15	弧矢>0.01	子午>0.55	弧矢>0.53

23.4.4　像差平衡

由表 23-4，基础像差优化后，场曲有些大。不影响清晰度的场曲和畸变并未参与基础像差校正，所以场曲在没有任何限制的情况下，会为了妥协其他像差而无节制的增加，那么在像差平衡阶段就需要加入场曲操作数参与校正。经过试验发现，当将场曲的目标值设置为 0，权重为 1，场曲可以得到较好的校正，但是其他像差尤其是畸变会无节制的增加。因此，在像差平衡阶段，也需要将畸变加入进去参与校正。从表 23-4 可以看到，有些像差很小，如球差、像散，而有一些像差较大，如 RMS。由公式（1-8），有一倍的焦深为

$$\Delta = 4\lambda(F/\#)^2 = 4 \times 3.5^2 \times 0.5876\mu m = 28.79\mu m$$

而球差和像散的公差为小于等于 $4\Delta = 115.16\mu m$，即认为在像差容限内。从表 23-4 可知，球差为 0.0926λ 和像散为 -0.00644λ，都远远小于 4Δ，所以可以适当减小它们的权重以换取其他像差的缩小。为了像差平衡，可以将像差过小的操作数权重调低，将像差较大的操作数权重调高，这个过程需要反复试验并平衡它们的数值。

在 Zemax 软件的"评价函数编辑器"中加入 FCUR（场曲）操作数，设置其目标值为 0，权重为 0.02；加入 DIST（畸变）操作数，设置其目标值为 0，权重为 0.05。场曲和畸变操作数的权重是反复试验和相互平衡要求给出的。在表 23-4 中，球差值极小，可以将其权重从 1 改为 0.001；彗差也较小，调整其权重为 0.01；调整像散的权重为 0.0001；轴向色差的权重调整为 100；垂轴色差的权重设置为 0，因为轴向色差校正时垂轴色差也会相应地校正。在像差操作数列表下面插入三行操作数，分别为 1 视场（0°）、2 视场（14.142°）和 3 视场（20°）的 RMS（操作数为 RSCE），分别设置它们的权重为 18000、10000 和 10000。像差平衡时，用到的评价函数构造，如图 23-14 所示。

对于广角照相物镜，是允许边缘光线存在渐晕的，我们设置全视场渐晕系数为 0.50，0.7071 视场渐晕系数为 0.2。打开"设置→系统选项→视场→打开视场数据编辑器"，在 14.142°视场设置"VCY"值为 0.2，20°视场设置"VCY"值为 0.50。

最后作优化处理，处理后的镜头数据如图 23-15 所示，它的成像特性列于表 23-5。从表

23-5 可以看到，球差、像散由于降低了权重，所以数值有所增大，但离像差容限 $4\Delta =$ $115.16\mu m$ 仍然很远。正弦差 $0.0005040 < 0.0025$。轴向色差和垂轴色差都小于一倍焦深 $\Delta = 28.79\mu m$。畸变 $|-1.6595\%| < 2\%$。完全达到技术要求。像差平衡后双高斯物镜的 2D 视图、RMS、MTF 见图 23-16～图 23-18。

	类型	面1	面2		目标	权重	评估	%献
1	DMFS ▾							
2	BLNK ▾	序列评价函数: RMS 波前差: 质心参考高斯求积 3 环 6 臂						
3	BLNK ▾	默认单独空气及玻璃厚度边界约束.						
4	EFFL ▾	1			100.0000	1.0000	99.9247	0.0874
5	SPHA ▾	1	2		0.0000	1.0000E-03	18.4462	5.2465
6	OSCD ▾		2	0.0000	0.0000	1.0000E-02	-5.0396E-04	3.9160E-08
7	ASTI ▾	0	2		0.0000	1.0000E-04	-10.3193	0.1642
8	AXCL ▾	0	0	0.0000	0.0000	100.0000	0.0227	0.7920
9	LACL ▾	0	2		0.0000	0.0000	5.2165E-03	0.0000
10	BLNK ▾							
11	FCUR ▾		0		0.0000	1.0000E-02	17.7950	48.8267
12	DIST ▾	0	2	0	0.0000	0.0500	-1.6595	2.1232
13	RSCE ▾	3	0	0.0000	1.0000	0.0000	1.8000E+04	8.0476E-03	17.9747
14	RSCE ▾	3	0	0.0000	0.7000	0.0000	1.0000E+04	8.4802E-03	11.0886
15	RSCE ▾	3	0	0.0000	0.0000	0.0000	1.0000E+04	7.0050E-03	7.5662

图 23-14　像差平衡用评价函数

面数据概要:

表面	类型	曲率半径	厚度	玻璃	净口径	延伸区	机械半直径
物面	STANDARD	无限	无限		0	0	0
1	STANDARD	48.29904	4.531824	H-ZK6	42.75838	0	42.75838
2	STANDARD	153.1795	0.190311		41.94711	0	42.75838
3	STANDARD	42.71793	9.783228	H-ZK10	38.65997	0	38.65997
4	STANDARD	88.7746	9.870313	H-ZF2	32.17841	0	38.65997
5	STANDARD	25.51855	10.03812		21.79183	0	38.65997
光阑	STANDARD	无限	10.03132		18.12311	0	18.12311
7	STANDARD	-60.18087	2.293759	ZBAF2	21.25625	0	22.78725
8	STANDARD	-47.36973	6.339159		22.78725	0	22.78725
9	STANDARD	-22.8409	7.975413	H-F2	26.5184	0	43.75356
10	STANDARD	382.2811	10.00163	H-ZK6	41.87542	0	43.75356
11	STANDARD	-34.34038	0.178346		43.75356	0	43.75356
12	STANDARD	268.1386	7.177437	H-ZK10	52.76946	0	53.22278
13	STANDARD	-74.80291	60.00938		53.22278	0	53.22278
像面	STANDARD	无限			71.43454	0	71.43454

图 23-15　像差平衡后双高斯物镜的镜头数据

表 23-5　像差平衡后双高斯物镜的成像特性

参数	焦距	球差	正弦差	像散	轴向色差	垂轴色差	场曲	畸变
数值	99.9247mm	18.4462λ	0.0005040	-10.3193λ	0.0227mm	0.005217mm	17.7950λ	-1.6595%

参数	1 视场 RMS	2 视场 RMS	3 视场 RMS	波前 RMS	3 视场惠更斯 MTF@100lp/mm		3 视场惠更斯 MTF@50lp/mm	
数值	7.860μm	9.485μm	8.514μm	0.2246λ	子午>0.37	弧矢>0.42	子午>0.78	弧矢>0.79

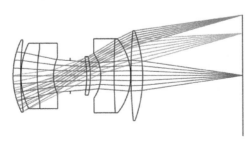

图 23-16　像差平衡后双高斯物镜的 2D 视图

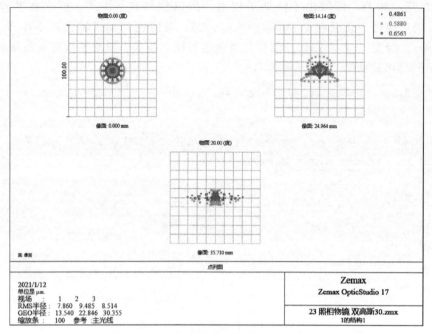

图 23-17　像差平衡后双高斯物镜的 RMS

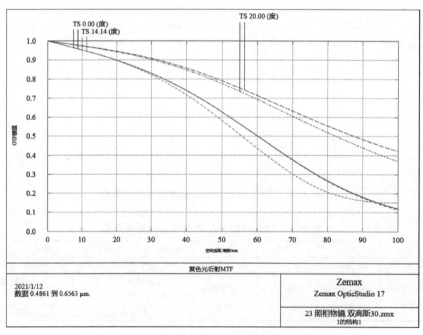

图 23-18　像差平衡后双高斯物镜的 MTF

23.5　反摄远物镜的设计

23.5.1　反摄远物镜的技术要求

要求设计一个焦距为 100mm 的反摄远照相物镜，满足如下参数：

焦距：$f'=100$mm。

视场角：$2\omega'=60°$。

相对孔径：1∶3.5。

后工作距：$l'_z \geqslant 100$mm。

波长：可见光 F、d、C。

像质：尽量使像差得到校正，满足照相物镜的像差容限。

由技术要求，通过焦距和相对孔径可以求得入瞳直径为 $D=f'/F=100/3.5=28.57$mm。事实上，也可以用"像空间 F 数"为 3.5 作为系统孔径，在后面设计中就是这样用的。取视场角为 0°、21.213°和 30°，消色差波段为 F、d 和 C。由技术要求，该物镜的视场角达到 60°，相对孔径达到 1∶3.5，在视场和相对孔径要求都很高时，需要选择反摄远物镜结构。

23.5.2　初始反摄远物镜

从光学设计手册中选取一个国外相近的反摄远物镜专利，列于表 23-6。将表 23-6 的初始反摄远物镜输入到 Zemax 软件中，设置"系统孔径"为"像方空间 F/♯"，"孔径值"为3.5。取视场角为 0°、21.213°和 30°，并设置全视场渐晕系数为 0.50，0.7071 视场渐晕系数为 0.2，即打开"设置→系统选项→视场→打开视场数据编辑器"，在 21.213°视场设置"VCY"值为 0.2，30°视场设置"VCY"值为 0.50。设置波段为 F、d 和 C，并设置 d 光的权重为 2。初始反摄远物镜的镜头数据，如图 23-19 所示，它的成像特性列于表 23-7。

表 23-6　初始反摄远物镜

半径/mm	厚度/mm	玻璃材料（Schott）	口径/mm
227.238	11.189	N-SK15	58.1
76.224	22.727		58.1
237.762	16.434	N-LAF2	44.9
5956.748	0.35		44.9
213.252	6.993	N-SK15	58.1
63.986	38.461		58.1
117.098	23.427	N-LAF34	49.5
−134.266	15.743	BK7	64.2
321.241	5.245		64.2
297.203	17.483	BK7	64.2
−106.388	8		64.2
光阑	12.28		64.2
−67.133	18.881	N-SF11	26.1
253.497	4.895		26.1
−244.755	11.888	LAK28	47.9
−76.923	0.35		47.9
875.524	12.238	N-LAK8	53.9
−127.295			53.9
$f'=99.3$mm，$D/f'=1∶2$，$2\omega'=74.5°$，$l'_z=133.4$mm			

23.5.3　基础像差校正

分别设置最大孔径球差（SPHA）、最大正弦差（OSCD）、最大视场像散（ASTI）、轴向色差（AXCL）和全视场垂轴色差（LACL）作为基础像差，使之在 Zemax 软件的"评价函数编辑器"中作为活动操作数，并令它们的目标值均为 0、权重均为 1。另外，需要保证焦距为 100mm，设置操作数 EFFL 目标值为 100、权重也为 1。

面数据概要：

表面	类型	曲率半径	厚度	玻璃	净口径	延伸区	机械半直径
物面	STANDARD	无限	无限		0	0	
1	STANDARD	227.238	11.189	N-SK15	106.4249	0	106.4249
2	STANDARD	76.224	22.727		89.5181	0	106.4249
3	STANDARD	237.762	16.434	N-LAF2	82.96933	0	82.96933
4	STANDARD	5956.748	0.35		76.95033	0	82.96933
5	STANDARD	213.252	6.993	N-SK15	73.98966	0	73.98966
6	STANDARD	63.986	38.461		65.64525	0	73.98966
7	STANDARD	117.098	23.427	N-LAF34	56.25934	0	56.25934
8	STANDARD	-134.266	15.743	BK7	51.50462	0	56.25934
9	STANDARD	321.241	5.245		44.04433	0	56.25934
10	STANDARD	297.203	17.483	BK7	41.80184	0	41.80184
11	STANDARD	-106.388	8		40.88891	0	41.80184
光阑	STANDARD	无限	12.28		37.8643	0	37.8643
13	STANDARD	-67.133	18.881	N-SF11	34.90707	0	39.97255
14	STANDARD	253.497	4.895		39.97255	0	39.97255
15	STANDARD	-244.755	11.888	LAK28	42.8867	0	48.09897
16	STANDARD	-76.923	0.35		48.09897	0	48.09897
17	STANDARD	875.524	12.238	N-LAK8	50.49644	0	54.0586
18	STANDARD	-127.295	133.4558		54.0586	0	54.0586
像面	STANDARD	无限			112.2486	0	112.2486

图 23-19　初始反摄远物镜的镜头数据

表 23-7　初始反摄远物镜的成像特性

参数	焦距	球差	正弦差	像散	轴向色差	垂轴色差	场曲	畸变
数值	99.3359mm	6.9531λ	0.0007756	-17.4198λ	0.3108mm	0.0980mm	33.1499λ	-2.1693%

参数	1 视场 RMS	2 视场 RMS	3 视场 RMS	波前 RMS	3 视场惠更斯 MTF@100lp/mm		3 视场惠更斯 MTF@50lp/mm	
数值	47.249μm	47.386μm	34.203μm	1.6937λ	子午>0.18	弧矢>0.20	子午>0.44	弧矢>0.68

　　设置所有曲率半径（除物平面、光阑和像平面外）为变量求解，作为校正的自由度。在"评价函数编辑器→优化向导"中，将"厚度边界"的"玻璃"和"空气"均勾选。设置玻璃"最小"为 3，"最大"为 25，"边缘厚度"为 1；设置空气"最小"为 0.2，"最大"为 40，"边缘厚度"为 0.2。在生成的默认优化函数中，找到第 18 面的"MNCA"（最小空气中心厚度），设置其"目标值"为 100；"MXCA"（最大空气中心厚度），设置其"目标值"为 200。然后，将所有厚度（除物平面外）均设置为变量求解，包括像距。

　　使用"优化→执行优化"命令进行优化处理，很快获得结果。优化后的镜头数据，如图 23-20 所示，它的成像特性列于表 23-8。从表 23-8 中可以看到，未参与像差校正的场曲和畸变较大，在下一阶段，即像差平衡阶段，需要参与校正。优化后的 RMS 优于初始系统，波前 RMS 从 1.6937λ 降到了 0.1698λ，降为了原来的十分之一，这说明 RMS 得到了极大改善。不过，MTF 有所降低。

表 23-8　优化反摄远物镜的成像特性

参数	焦距	球差	正弦差	像散	轴向色差	垂轴色差	场曲	畸变
数值	100mm	0.0000050λ	-0.0003790	-0.0000068λ	-0.000098mm	0.002955mm	19.4356λ	-8.6359%

参数	1 视场 RMS	2 视场 RMS	3 视场 RMS	波前 RMS	3 视场惠更斯 MTF@100lp/mm		3 视场惠更斯 MTF@50lp/mm	
数值	13.978μm	14.336μm	16.754μm	0.1698λ	子午>0.11	弧矢>0.08	子午>0.54	弧矢>0.51

23.5.4　像差平衡

　　由表 23-8，基础像差优化后，场曲和畸变有些大，不影响清晰度的场曲和畸变并未参与基础像差校正。球差、像散、轴向色差等也很小，而 RMS 稍大，在像差平衡阶段需要平

衡它们的关系。由公式（1-8），一倍的焦深为

$$\Delta = 4\lambda(F/\#)^2 = 4 \times 3.5^2 \times 0.5876\mu m = 28.79\mu m$$

球差和像散的公差为小于等于 $4\Delta = 115.16\mu m$。从表 23-8 可知，球差为 0.0000050λ 和像散为 -0.0000068λ，都远远小于 4Δ，所以可以适当减小它们的权重以换取其他像差的缩小。为了像差平衡，可以将像差过小的操作数权重调低，将像差较大的操作数权重调高，这个过程需要反复试验并平衡它们的数值。

面数据概要：

表面	类型	曲率半径	厚度	玻璃	净口径	延伸区	机械半直径
物面	STANDARD	无限	无限		0	0	0
1	STANDARD	845.0791	25	N-SK15	109.2122	0	109.2122
2	STANDARD	75.84396	8.266729		83.84659	0	109.2122
3	STANDARD	194.1148	24.95933	N-LAF2	83.77478	0	83.77478
4	STANDARD	642.7894	5.09364		75.29521	0	83.77478
5	STANDARD	227.6943	12.08073	N-SK15	71.10927	0	71.10927
6	STANDARD	65.12677	34.0187		62.50684	0	71.10927
7	STANDARD	110.2436	24.52075	N-LAF34	58.06809	0	58.06809
8	STANDARD	-153.9215	18.10288	BK7	54.1243	0	58.06809
9	STANDARD	208.4985	7.026897		47.23724	0	58.06809
10	STANDARD	227.3575	19.90176	BK7	46.47274	0	46.47274
11	STANDARD	-106.7143	0.1999981		46.16608	0	46.47274
光阑	STANDARD	无限	30.49157		45.4395	0	45.4395
13	STANDARD	-69.18415	13.24822	N-SF11	39.83712	0	47.15652
14	STANDARD	260.6943	2.099454		47.15652	0	47.15652
15	STANDARD	-337.7354	3.665058	LAK28	47.35534	0	47.95451
16	STANDARD	-83.97015	17.04583		47.95451	0	47.95451
17	STANDARD	251.8373	6.226816	N-LAK8	61.44378	0	61.67599
18	STANDARD	-143.7847	141.6879		61.67599	0	61.67599
像面	STANDARD	无限			105.5501	0	105.5501

图 23-20　优化后反摄远物镜的镜头数据

对于广角照相物镜，是允许边缘光线存在渐晕的，我们设置全视场渐晕系数为 0.50，0.7071 视场渐晕系数为 0.2。打开"设置→系统选项→视场→打开视场数据编辑器"，在 21.213°视场设置"VCY"值为 0.2，30°视场设置"VCY"值为 0.50。

在 Zemax 软件的"评价函数编辑器"中加入 FCUR、DIST 和 1、2、3 视场的 RSCE 操作数。在像差平衡时，不断修改它们的权重数值，当像差较小时，适当减小权重，当像差较大时，适当增加权重，直到满意为止。最终使用的评价函数构造，如图 23-21 所示。从图 23-21 中可以看到，SPHA、OSCD、ASTI 和 FCUR 的权重均降低到 0，数值也没有超过像差容限。而 EFFL 和 DIST 的权重提高到 10，RSCE 在三个视场的权重提高到更大，分别为 4000000、5000000 和 1000000，点列图才降到 $10\mu m$ 左右。

图 23-21　像差平衡时反摄远物镜使用的评价函数

像差平衡后，反摄远物镜的镜头数据如图 23-22 所示，它的成像特性列于表 23-9。从表 23-9 可以看到，初级像差有所升高，但是仍然在像差容限内，RMS 升高明显，MTF 变化不大。事实上，在进行像差平衡时，并未考虑 MTF 的校正，即并没有使用 MTFT（子午 MTF）和 MTFS（弧矢 MTF）操作数，所以 MTF 变化不明显。像差平衡后的反摄远照相物镜的点列图如图 23-23 所示，MTF 如图 23-24 所示，2D 视图如图 23-25 所示。

面数据概要：

表面	类型	曲率半径	厚度	玻璃	净口径	延伸区	机械半直径
物面	STANDARD	无限	无限			0	0
1	STANDARD	356.3218	25.73307	N-SK15	140.8884	0	140.8884
2	STANDARD	91.9749	8.045793		109.9971	0	140.8884
3	STANDARD	157.6759	22.0851	N-LAF2	110.1316	0	110.1316
4	STANDARD	90.65684	32.51278		95.0142	0	110.1316
5	STANDARD	-81.50282	23.17053	N-SK15	94.41426	0	103.835
6	STANDARD	-89.03375	39.94123		103.835	0	103.835
7	STANDARD	291.3374	25.78088	N-LAF34	94.2163	0	94.2163
8	STANDARD	-535.9503	26.28586	BK7	89.54333	0	94.2163
9	STANDARD	-983.4964	42.4891		81.24805	0	94.2163
10	STANDARD	88.70486	27.40163	BK7	61.68393	0	61.68393
11	STANDARD	-284.6319	19.4395		51.83094	0	61.68393
光阑	STANDARD	无限	0.03154707		42.21213	0	42.21213
13	STANDARD	-424.648	25.46621	N-SF11	42.41866	0	42.41866
14	STANDARD	77.76957	0.05139267		37.19755	0	42.41866
15	STANDARD	116.6354	24.75072	LAK28	37.16039	0	38.31188
16	STANDARD	-109.551	0.8909072		38.31188	0	38.31188
17	STANDARD	-63.78997	22.41217	N-LAK8	38.25831	0	46.01844
18	STANDARD	-93.62243	118.3281		46.01844	0	46.01844
像面	STANDARD	无限			109.1855	0	109.1855

图 23-22　像差平衡后反摄远物镜的镜头数据

表 23-9　像差平衡后反摄远物镜的成像特性

参数	焦距	球差	正弦差	像散	轴向色差	垂轴色差	场曲	畸变
数值	98.8564mm	4.6900λ	-0.0006696	-2.4453λ	0.0150mm	0.0576mm	10.0198λ	-3.9394%

参数	1 视场 RMS	2 视场 RMS	3 视场 RMS	波前 RMS	3 视场惠更斯 MTF@100lp/mm		3 视场惠更斯 MTF@50lp/mm	
数值	9.063μm	10.096μm	10.112μm	0.1532λ	子午>0.10	弧矢>0.14	子午>0.55	弧矢>0.62

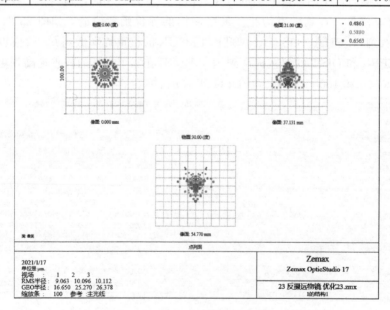

图 23-23　像差平衡后反摄远物镜的点列图

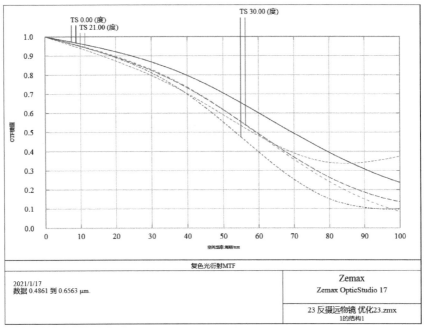

图 23-24　像差平衡后反摄远物镜的 MTF

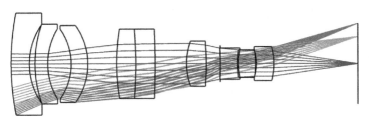

图 23-25　像差平衡后反摄远物镜的 2D 视图

第**24**章

投影和照明系统设计

传统的光学仪器，除了望远镜、显微镜和照相机，那便是投影仪了。在二十多年前，投影仪又叫作幻灯机，它将写在透明胶片（称作幻灯片）上的文字投影到屏幕上。后来随着计算机技术的发展，已经不满足于手写幻灯片了，就出现了直接连接电脑操控的投影仪，又称为 LCD 投影仪。LCD 投影仪是可以将事先编辑好的演示文稿，通过电脑上播放，并投影到屏幕上的光学仪器。在投影仪当中，难免会涉及到照明的方式及设计。电影放映机也可以归于投影系统，因为它的运行方式和投影仪没有本质的区别。在本章，我们回顾了曾经使用过的传统幻灯机，介绍了它的成像原理。然后，重点介绍现在最为常用的 3LD 投影仪，也就是我们日常使用的数字投影机。接着，简要介绍了数字光处理器（digital light processing，DLP）。最后，说一说菲涅耳透镜的原理及设计方法。

24.1 幻灯机

24.1.1 幻灯机的原理

图 24-1 所示是传统的幻灯机，其中（a）图为实物图，（b）图为光路图。幻灯机的原理为，光源发出的光经聚光镜后照亮幻灯片或者投影镜头的入瞳，幻灯片经投影镜头成像于屏幕上。为了提高获取更多的能量以提高屏幕照度，在光源的前面放置一个反光镜，使反射的

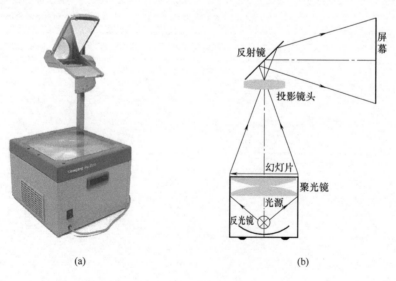

(a)   (b)

图 24-1 幻灯机原理

光也可以进入到聚光镜内。反光镜通常用球面或者抛物面反射镜。聚光镜是将光源成像于幻灯片上或者投影镜头的入瞳上，它不需要完美地校正像差，除了控制球差不太大外，其余像差无需考虑校正。事实上，大的像差反而有利于光照的均匀性。聚光镜一般采用一到数片透镜组成，为了减小体积和重量，可以使用后面要介绍的菲涅耳透镜。对于光学设计师来说，幻灯机真正需要设计的成像系统，就是投影镜头，它将幻灯片成像于屏幕上。很明显，投影镜头为有限距离共轭成像，并且需要严格地校正像差，比如影响清晰度的球差、彗差、像散等，引起形变的场曲和畸变等，以及导致成像紫边的轴向色差和垂轴色差等。

24.1.2 两种照明方式

由上述提到，聚光镜有两种成像方式，一种为将光源成像于投影镜头入瞳上，如图 24-1 (b)；另一种为将光源成像于幻灯片上。这两种照明方式分别称作柯勒照明和临界照明。

(1) 临界照明

如图 24-2，聚光镜将照明光源的灯丝成像于幻灯片上，直接照亮幻灯片，这种照明方法称为临界照明。这种照明多用于物体较小的情况，比如电影放映机就是用这种照明方式，由表 23-1 中可知，电影胶片尺寸一般是厘米级别。临界照明的光源一般用电弧或者短弧氙灯，自身发光较均匀，再加上物体尺寸较小，物面上容易获得均匀的照明。为了提高物面的光通量，通常在光源的前面加上球面反光镜，将光源置于球面反光镜的球心，则物面的光通量会增加约一倍。被照亮的物面经过投影物镜成像于屏幕上，是简单的物像共轭关系。

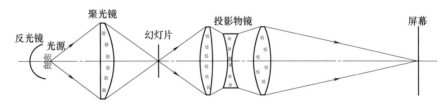

图 24-2 临界照明

(2) 柯勒照明

对于大尺寸的物体，比如幻灯片（A4 纸张大小为 $297\text{mm} \times 210\text{mm}$）尺寸为分米级别，临界照明无法保证物体上所有点都获得均匀的照明。为此，需采用另一种照明方式，如图 24-3，光源经聚光镜成像于投影镜头的入瞳上。相比于物体来说，入瞳的大小远远小于物体的大小，容易获得均匀的照明。对于柯勒照明，光源和投影物镜的入瞳相对于聚光镜是物像共轭关系，光源的像要充满入瞳并使之照明均匀；幻灯片和投影屏幕相对于投影镜头是物像共轭关系。同样，为了提高入瞳面的光通量，可以在光源的前面加上球面反光镜，使光源刚好位于球面反光镜的球心上，光通量加倍。

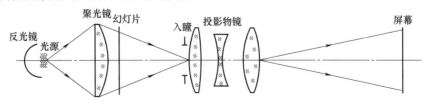

图 24-3 柯勒照明

24.1.3　投影物镜

投影镜头又称作投影物镜，投影物镜的技术要求主要有以下参数：

(1) 焦距

投影物镜的像方焦距，用 f' 表示。

(2) 放大率

投影物镜的垂轴放大率，用 β 表示。由前述分析可知，如果物镜到屏幕的距离为 l'，幻灯片到物镜的距离为 l，则 $l \approx -f'$，由放大率的高斯公式得

$$\beta = \frac{l'}{l} \approx -\frac{l'}{f'} \tag{24-1}$$

(3) 线视场

能被投影物体的最大尺寸，称为投影物镜的线视场，用 y_{max} 表示。一般根据需要已经选好了投影屏幕，常用的投影屏幕有 $\phi 400mm$、$\phi 800mm$、$\phi 1200mm$、$\phi 1500mm$ 等，前面的 ϕ 表示直径，代表矩形屏幕对角线长度，屏幕直径统一用 y' 表示。依据使用环境，确定屏幕到投影仪的距离，即 l'，由公式（24-1）挑选具有放大率为 β 的投影物镜，进而确定焦距 f'。所以线视场为

$$y_{max} = \frac{y'}{\beta} \tag{24-2}$$

(4) 相对孔径

对于投影物镜，物距约等于物镜焦距，即 $l \approx -f'$，若投影物镜入瞳直径为 D，则物方孔径角为

$$\sin U = -\frac{D}{2f'} \tag{24-3}$$

投影物镜的垂轴放大率为

$$\beta = \frac{1}{\gamma} = \frac{\tan U}{\tan U'} \approx \frac{\sin U}{\sin U'} \tag{24-4}$$

将公式（24-3）代入上式得

$$\sin U' = -\frac{D}{2f'} \times \frac{1}{\beta}$$

将上式代入到像面的光照度公式得

$$E_0' = \frac{\pi}{4} \tau L \left(\frac{D}{f'}\right)^2 \frac{1}{\beta^2} \tag{24-5}$$

式中，τ 为投影物镜的透过率系数；L 为投影物镜前空间光亮度。从上式可以看出，投影仪的像面照度与投影物镜的相对孔径平方成正比，与投影物镜的垂轴放大率平方成反比。

(5) 工作距离

把幻灯片与投影物镜的第一面顶点间的距离称为工作距离，用 S 表示。由前述分析可知，$S \approx |l| \approx f'$。

照相物镜为无限远物平面与像方焦平面的共轭成像，而投影仪的像距较长物面接近前焦平面，它就如倒置使用的照相物镜，所以在有些光学设计书籍中将它们放在一起称作"摄影和投影系统"。因此，第 23 章中的照相物镜理论上稍作改造后都可以作为投影镜头。

如果工作距要求较长，照相物镜将无能为力，需要重新设计投影镜头。此时，常用的投

影物镜有两种结构，图 24-4 是负-正-正结构投影物镜，即一个负透镜组和两个正透镜组组合而成；图 24-5 是正-负-正结构投影物镜，为组成投影物镜的三个透镜组中，两端的是正透镜组，中间的是负透镜组。负-正-正结构投影物镜工作距较长，有利于立体物体的投影。正-负-正结构投影物镜具有较大的孔径，像差校正也不错，但是后正透镜组一般较为复杂。

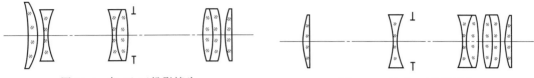

图 24-4　负-正-正投影镜头　　　　　　　　图 24-5　正-负-正投影镜头

24.1.4　投影镜头设计过程

设计幻灯机大致需要以下几个过程：

① 确定幻灯机使用环境，包括屏幕平均光照度 E、屏幕大小和摆放距离（像距 l'）等。

② 由使用环境，计算屏幕上总光通量，进而估算光源的类型（如白炽灯、卤钨灯、氙灯、炭精电弧、超高压水银灯、LED 光源、激光光源等）及功率。

③ 查找光源手册，确定光源的形状、尺寸及平均光亮度 L。

④ 光学系统的光亮度传递公式：

$$\frac{\tau L}{n^2} = \frac{L'}{n'^2} \tag{24-6}$$

式中，τ 为光学系统的透过率系数；L、L' 为物空间和像空间的光亮度；n、n' 为物空间和像空间的折射率。

估算聚光镜的透过率系数 τ_1 和投影物镜的透过率系数 τ，由公式（24-6）可算得投影物镜物空间和像空间的光亮度 L、L'。

⑤ 根据光学系统像面照度公式：

$$E = \frac{\pi}{4} \tau L \left(\frac{D}{l}\right)^2 \tag{24-7}$$

可确定投影镜头的相对孔径，进而确定投影镜头的入瞳直径 D 和焦距 $f' \approx |l|$。

以上设计过程存在估算，可能需要反复修改才最终确定，有必要时随时可调整参数。另外需要注意的是，设计投影镜头时，也应该逆光路设计，原因和目镜、显微物镜设计方法一样，长距离的物距改变对镜头的影响较小。设计实例留到下一小节来做，因为它们没有本质的区别。

24.2　投影仪

24.2.1　投影仪原理

事实上，幻灯机在教育、办公和娱乐中已不多见，早已经被投影仪替代。如图 24-6（a），是一种现代投影仪的外形，它的原理如图 24-6（b）所示。光源发出的光先经过滤光镜，滤掉红外波段和紫外波段，出射白光（white，W），经整形镜后，射到双色分光镜 1。双色分光镜 1 仅反射红光（red，R），其余光透射到双色分光镜 2。反射的红光经反光镜 1 照射到液晶板 R 上，透射进入合成棱镜。双色分光镜 2 仅反射绿光（green，G），透射蓝光

（blue，B）。反射的绿光照射到液晶板 G，透射进入到合成棱镜。透射的蓝光，经反光镜 2 和反光镜 3 反射后，照射到液晶板 B，透射进入到合成棱镜。红、绿、蓝三原色光在合成棱镜混合后经投影镜头投射到屏幕上。由于在投影仪中使用了三片 LCD 液晶板，所以又称为 3LD 投影仪。LCD 投影仪使用的液晶板多是高温多晶硅（hight temperature poly-silicon，HTPS），它是一种透射式成像器件。

合成棱镜重新合成为彩色图像，经过投影镜头投射到屏幕上。屏幕又称作幕布，每一个幕布厂家生产的尺寸有一点点差别，不过都是按照 60″、72″、84″、100″、120″和 150″系列标称，表 24-1 为某厂生产的幕布尺寸，仅供参考。幕布按照长宽的比例为 4∶3 和 16∶9 两种系列，可根据需要选用。

图 24-6 的投影仪为透射式投影仪，光线是透射过液晶板的，市面上的投影仪多为这种结构。事实上，还有一种 3LD 投影仪，它采用了三片反射式液晶板，光路的原理与透射式类似，在此不再赘述。

在投影仪中，光学设计师主要的任务仍然是设计投影镜头，它本质上和幻灯机投影镜头没有差别。

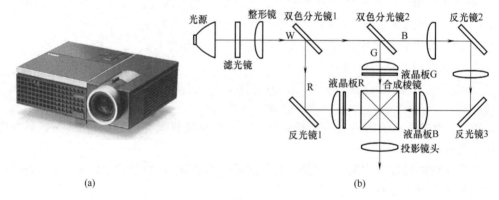

图 24-6　投影仪外形及原理

表 24-1　某厂投影仪幕布尺寸

比例	尺寸/in(″)	长×宽/m×m	黑边/cm
4∶3	60	1.20×0.90	2.5
	72	1.46×1.10	
	84	1.71×1.28	
	100	2.03×1.52	
	120	2.44×1.83	
	150	3.05×2.29	
16∶9	60	1.34×0.75	2.5
	72	1.59×0.90	
	84	1.86×1.05	
	100	2.21×1.25	
	120	2.65×1.49	
	150	3.32×1.87	

24.2.2　投影镜头设计实例

下面做一个投影镜头的设计实例，前期的计算过程略去，投影镜头满足如下参数：

F 数：$f/2$。

幕布：$100''$，$4:3$。

液晶屏：Epson，$0.55''$，分辨率 1024 像素 $\times$ 768 像素。

投射比：$1.8:1$。

工作距离：$S \geqslant 20\text{mm}$。

波长：可见光 F、d、C。

像质：尽量使像差得到校正，满足投影镜头的像差容限。

由技术要求，选用 $4:3$ 比例的 $100''$ 幕布，长 $\times$ 宽为 $2.03\text{m} \times 1.52\text{m}$，对角线为 2.536m。如果逆光路设计，以物高为视场，则选用 0m、896.6mm 和 1268mm。"系统孔径"选"像空间 F/$\sharp$"，孔径值填 2。波段取 F、d 和 C 光，其中 d 光的权重由 1 改为 2。

投射比的定义为，投影距离（即 l'）与投影宽度 W 之比，记作 P，则有

$$P = \frac{l'}{W} \tag{24-8}$$

对于实例，投射比 $P = 1.8:1$，幕布宽度为 $W = 2030\text{mm}$，所以投影距离为 $l' = PW = 3654\text{mm}$，所以在投射时物距为 3654mm。液晶屏选用 Epson 的 $0.55''$HTPS，则液晶屏对角线长度为 $0.55 \times 25.4 = 13.97\text{mm}$。进而算得投影镜头的焦距为

$$f' \approx 3654 \times \frac{13.97}{2536} = 20.1287\text{mm}$$

我们选用第 23 章中设计的双高斯照相物镜作为投影镜头的初始系统。在 Zemax 软件中，修改原来系统的"系统孔径"为"像空间 F/$\sharp$"，孔径值为 2；设置视场类型为"物高"，三个视场分别为 0mm、896.6mm 和 1268mm；设置波段为可见光，即 F、d 和 C 光；修改物距为 3654mm；修改"评价函数编辑器"中 EFFL 操作数的目标值为 20.1297。在"评价函数编辑器"中，找到 13 面的"MNCA"，修改目标值为 21；"MXCA"，修改目标值为 60。在进行优化时，时刻关注并调整各操作数的权重值，以达到像差平衡。设置所有面（除物面、光阑和像面外）为变更求解，设置所有厚度（除物距外）为变量求解。在优化处理时，先作"优化→执行优化"命令，优化完后再进行"优化→全局优化"命令，最后进行"优化→锤形优化"命令。经过优化后，获得投影镜头的"镜头数据"如图 24-7 所示，它的成像特性列于表 24-2 中。从表 24-2 可以看到，焦距的优化值虽然和计算值有一点出入，是因为计算的焦距本身就是近似值，我们在优化时 EFFL 给的权重并不高，甚至适当地调低。其他几何像差都在允许范围内，尤其畸变为 -0.2283%，已经调整到很小，这与投影观看本身要求高所决定。

对于数码成像，需要关注 RMS 和 MTF 两项指标。由技术要求，可知液晶屏长为 $L =$

面数据概要：

表面	类型	曲率半径	厚度	玻璃	净口径	延伸区	机械半直径
物面	STANDARD	无限	3654		2536	0	2536
1	STANDARD	37.89576	9.938424	H-ZK6	19.5595	0	19.5595
2	STANDARD	8.805658	8.638428		12.54167	0	19.5595
3	STANDARD	33.84596	9.477505	H-ZK10	15.71984	0	16.66385
4	STANDARD	-9.587686	1.587164	H-ZF2	16.0662	0	16.66385
5	STANDARD	-14.90273	8.457253		16.66385	0	16.66385
光阑	STANDARD	无限	2.060329		10.82424	0	10.82424
7	STANDARD	-8.664351	4.494682	ZBAF2	10.74698	0	12.45352
8	STANDARD	-11.21328	0.07562619		12.45352	0	12.45352
9	STANDARD	46.10142	2.070675	H-F2	11.93835	0	11.93835
10	STANDARD	7.352446	2.197466	H-ZK6	11.23199	0	11.93835
11	STANDARD	16.59717	0.3804973		11.23627	0	11.93835
12	STANDARD	24.8105	2.267114	H-ZK10	11.25946	0	11.36483
13	STANDARD	-26.32414	20.05949		11.36483	0	11.36483
像面	STANDARD	无限			13.06903	0	13.06903

图 24-7　优化后投影镜头的镜头数据

0.8×13.97＝11.176mm，而横向像素为 1024 像素，所以像元大小为 11.176mm/1024＝10.914μm。由表 24-2，所有视场的 RMS 均小于像元大小，达到设计要求。由像元大小 10.914μm，可以得到液晶屏的截止频率为 1000/（2×10.914）＝45.81lp/mm。在截止频率处，子午 MTF＞0.83，弧矢 MTF＞0.82。优化后，投影镜头的点列图如图 24-8 所示，MTF 如图 24-9 所示，2D 视图如图 24-10 所示。如果在 2D 视图中将物平面也显示出来，投影镜头将变得很小，几乎看不到，所以我们截去物平面，只显示投影镜头部分。

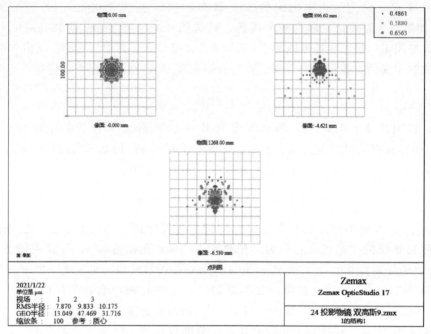

图 24-8 优化后投影镜头的点列图

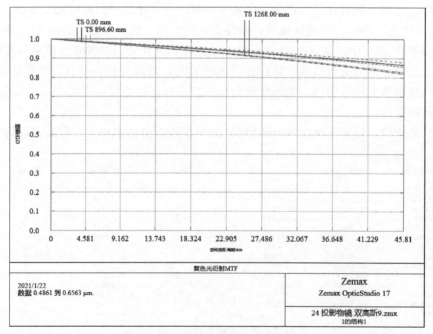

图 24-9 优化后投影镜头的 MTF

表 24-2　优化后投影镜头的成像特性

参数	焦距	球差	正弦差	像散	轴向色差	垂轴色差	场曲	畸变
数值	18.9530mm	0.4809λ	−0.0002462	6.9898λ	0.0680mm	−0.0229mm	9.5837λ	−0.2283%
参数	1 视场 RMS	2 视场 RMS	3 视场 RMS	波前 RMS	工作距离	3 视场惠更斯 MTF@45.81lp/mm		
数值	7.870μm	9.833μm	10.175μm	0.4614λ	20.06mm	子午>0.83	弧矢>0.82	

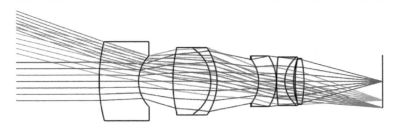

图 24-10　优化后投影镜头的 2D 视图

24.3　背投数字光处理器

24.3.1　数字微反射阵列

背投数字光处理器（digital light processing，DLP）是基于数字微反射镜阵列（digital micromirror device，DMD）技术而兴起的一种投影仪，它与 3LD 投影仪相比，有着自身的优点，所以得到了一定的重视。DMD 是美国德州仪器公司（Texas Instruments，TI）的 Larry Hornbeck 于 1987 年发明的用来完成显示数字可视化信息的装置，它是先把图像经过数字化处理，然后再用光把它反射投影出来。DMD 的制作方法是在 CMOS 标准半导体制程上，加上一个可以调节的反射镜面及旋转机构而制成。

如图 24-11，是 DMD 原理图。图 24-11（a）为 DMD 外形图，其中中间的矩形区域为成像区域，如果放大，就是图 24-11（b）的样子，它是由一个个小正方形的微反射镜面构成。DMD 历经了三代发展，方形微反射镜面的中心距也从 17μm 降到了 10.8μm，中心距的降低提高了像素密度，分辨率也会更高。每一个微反射镜面继续放大，就如图 24-11（c）所示，它是两个微反射镜面并排放在一起。微反射镜面制作在 CMOS 衬底上，由一些支架、铰链带动方形反射镜可以绕对角线旋转。

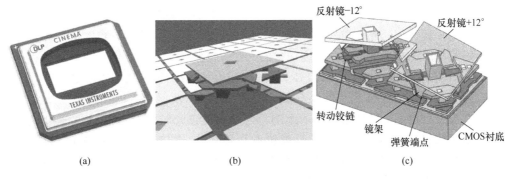

(a)　　　　　　　　(b)　　　　　　　　(c)

图 24-11　DMD 原理

微反射镜在不成像时，平行于 CMOS 衬底平面，偏转 0°，称作"平态"；当参与成像时，微反射镜可以绕对角线正向或者逆向转动±12°，分别称作"开态"和"关态"，如图24-12所示。入射光以24°角射向微反射镜，当在平态时，反射光也与微反射镜光轴夹角24°，经过长距离投射后，此时反射光无法到达屏幕参与成像。当在开态时，微反射镜正向旋转+12°，此时入射角也为12°，所以反射光线沿光轴射出，对应像元被照亮，可以到达屏幕参与投影成像。当在关态时，微反射镜逆向旋转-12°，此时入射角为36°，所以反射光线与光轴夹角为48°，经过长距离投射后，此时反射光无法到达屏幕参与成像。通过控制微反射镜的正向或者逆向旋转，可以实现CMOS图像的开启和闭合，再配合滤色转盘的分色效应，就可以实现彩色图像的投影。

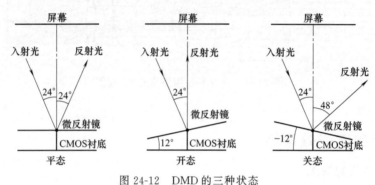

图 24-12　DMD 的三种状态

24.3.2　背投投影仪原理

基于DMD技术生产的投影仪称作背投投影仪，又称作DLP投影仪，它的原理如

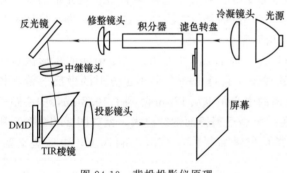

图 24-13　背投投影仪原理

图24-13所示。光源发出的光线先经过冷凝镜头，冷凝镜头的作用一方面是聚光，使光源发出的近似平行的光束会聚到滤色转盘上，照亮滤色转盘；另一方面起到阻隔强光的作用，避免滤色转盘过热变形。滤色转盘是一个圆形的转盘，上面平均分割成红、绿、蓝三原色滤光片，在投影仪运行时高速旋转。当滤色转盘转到红色滤光片时，仅透过红色的光线，其他类似，即在滤色转盘的后面在某一时刻是一种纯色的光，为三原色光之一。纯色光进入到积分器，目的是匀化光线，从积分器后端面出射的光亮度均匀。亮度均匀的光经过修整镜头、反光镜和中继镜头后，射到全内反射（total internal reflection，TIR）棱镜上。TIR棱镜有多个作用，它一方面使照明光束与成像光束分开，有利于提高对比度；另一方面可以使偏角大的光线不满足全反射条件，从而直接透射过去，降低杂散光的影响。匀化的纯色光经TIR棱镜反射后照亮DMD，同时由控制芯片将同步信号传递给微反射镜的旋转机构，以控制微反镜配合旋转。在红、绿、蓝三色光成像时，DMD微反射镜成开态，经过反射的CMOS图像再次穿过TIR棱镜，通过投影镜头投影到屏幕上。高速切换的三原色光图像，通过控制每个像元光线的通断及通断时间的间隔，可以形成不同亮度、灰度和对比度的图像，最终在屏幕上合成了正常的彩色投影图像。

很明显，图 24-13 中的 DLP 投影仪只有一条光路，而不是 3LD 投影仪的三条光路，所以结构简化了一些。事实上，DLP 也可以采用三片式 DMD 结构，那样会省去滤色转盘装置，每一个 DMD 反射一种色光图像，最终合成彩色图像。除此之外，DLP 投影仪相对于 3LD 投影仪还有以下优点：

① 降噪优势。DLP 投影仪固有的数字性质，使之具有完全的数字视频底层结构，可以达到显示数字信号的投影方法，同时具有最少的信号噪声。

② 精确的灰度等级。DLP 投影仪比 3LD 投影仪更有效，它不需要偏振光，每帧图像都是由数字产生，具有精确的数字灰度等级，精细的图像质量和精准的颜色再现。

③ 反射成像。DLP 投影仪是反射成像，光能利用率超过 60%，光能利用率高，而 3LD 投影仪中 LCD 需要用偏振光，至少已经损失了 50% 的光能。

④ 无缝拼接。DMD 方形微反射镜的边缘间隔约 ≤1μm，填充因子 ≥82%，相比 3LD 投影仪依靠 LCD 自身的分辨率不同，图像之间的拼接更加紧密，如图 24-14 所示。

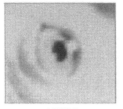
(a) DLP

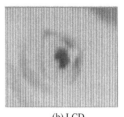
(b) LCD

图 24-14　DLP 和 LCD 的拼接对比

⑤ 性能可靠。在热冲击、温度循环、潮湿、机械冲击、振动及加速运动等测试环境下，均表现了良好的可靠性，运行寿命测试可以工作 20 年以上。

DLP 投影仪的投影镜头设计，本质上和前述的投影仪没有区别，只是在设计时需要考虑 DMD 反射面透射板和 TIR 棱镜参与光路的影响。图 24-15 为某专利中的 DLP 投影镜头。

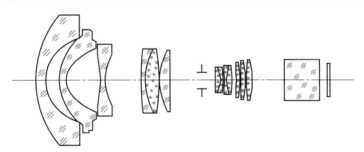

图 24-15　某专利中的 DLP 投影镜头

24.4　菲涅耳透镜设计

24.4.1　为什么使用菲涅耳透镜

在一些大孔径照明系统中，为了减小聚光镜的厚度和重量，常常使用菲涅耳透镜，如图 24-16 所示。如果我们用单片平凸透镜来聚光照明，如图 24-16（a），由于存在孔径球差，会发现聚焦点成散开的。如果我们特殊设计平凸透镜的凸面，使之满足球差为零的条件，选择一定数量的环带，将会得到如图 24-16（b）的样子，这种透镜称作"菲涅耳透镜"，又称作螺纹透镜。菲涅耳透镜不仅在选定的环带上消球差，同时切除掉凸面的"大肚子"，使聚光镜缩小了厚度也减轻了重量。做出来的菲涅耳透镜三维图形，如图 24-16（c）所示。

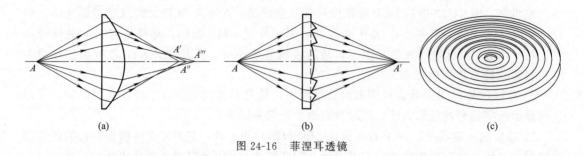

图 24-16　菲涅耳透镜

24.4.2　菲涅耳透镜设计理论

设计一个外径为 D，通光口径为 H，基面厚度为 d 的菲涅耳透镜，设其折射率为 n。该菲涅耳透镜要求将物点 A 发出的光线会聚于像空间的 A' 点，如图 24-17 所示。设物点 A 距离透镜第一面为 L_1，边缘光线在物空间的孔径角为 U_1，边缘光线在第一面的入射角为 I_1，像点 A' 到第二面基面（虚线）的沿轴距离为 L_2'。根据聚光状况，L_1 和 L_2' 在设计之前已经确定，在计算时当成已知量。

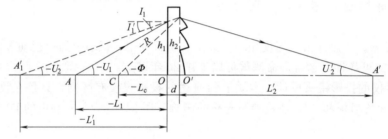

图 24-17　设计菲涅耳透镜

由图 24-17，设边缘光线在第一面的投射高为 h_1，第二面的投射高为 h_2，对于边缘光线孔径角 U_1，满足

$$\tan U_1 = \frac{h_1}{L_1} \tag{24-9}$$

式中，第一面的投射高为 h_1 需要估算给出，为了保证菲涅耳透镜边缘留有 $7\sim10\mathrm{mm}$ 的固定机械压片所用。由上式可以求得 U_1。由图 24-17，有 $I_1 = -U_1$，在第一面应用 Snell 定律得

$$\sin I_1' = \frac{\sin I_1}{n} \tag{24-10}$$

由图 24-17，有 $U_2 = U_1' = -I_1'$，并且有

$$L_1' = \frac{h_1}{\tan U_2} \tag{24-11}$$

则边缘光线在第二面上的投射高 h_2 为

$$h_2 = (L_1' - d)\tan U_2 \tag{24-12}$$

由设计要求，必须有 $h_2 \leqslant H/2$，否则重新调整 h_1 直到满足此条件。第二面的像方孔径角 U_2' 为

$$\tan U_2' = \frac{h_2}{L_2'} \tag{24-13}$$

下面求消球差的曲率半径 R。在第二面应用 Snell 定律得

$$n \sin I_2 = \sin I_2'　　　　　(24\text{-}14)$$

由公式（3-4）得 $I_2' = I_2 + U_2 - U_2'$，代入上式得

$$n \sin I_2 = \sin(I_2 + U_2 - U_2') = \sin[I_2 - (U_2' - U_2)] = \sin I_2 \cos(U_2' - U_2) - \cos I_2 \sin(U_2' - U_2)$$

合并化简得

$$\tan I_2 = \frac{-\sin(U_2' - U_2)}{n - \cos(U_2' - U_2)}　　　　　(24\text{-}15)$$

由光路追迹公式，法线角 Φ 满足

$$\Phi = I_2 + U_2　　　　　(24\text{-}16)$$

所以，由图 24-17 得

$$-R = \frac{h_2}{\sin(-\Phi)} \quad \Rightarrow \quad R = \frac{h_2}{\sin\Phi}　　　　　(24\text{-}17)$$

球心的位置可以由球心 C 到透镜第一面的顶点 O 的距离 L_c 确定，由图中关系得

$$-L_c + d = \frac{h_2}{\tan(-\Phi)} \quad \Rightarrow \quad L_c = \frac{h_2}{\tan\Phi} + d　　　　　(24\text{-}18)$$

反复应用公式（24-9）～公式（24-18），可以设计出菲涅耳透镜。不过，纹距该如何选取，即第二环螺纹的"h_1"该取多高合适，我们在下一小节具体设计实例中近似给出。

24.4.3　菲涅耳透镜设计实例

要求设计一个直径为 $D = 200\text{mm}$ 的聚光镜，它可以将距离为 $L_1 = -200\text{mm}$ 的点光源会聚于 $L_2' = 500\text{mm}$ 之处。菲涅耳透镜的基面厚度为 $d = 5\text{mm}$，通光口径为 $H = 186\text{mm}$。透镜的材料采用耐热的硬质玻璃，其折射率为 $n = 1.477$。

首先，用公式（24-9）～（24-18）计算菲涅耳透镜的边缘光线，将以上公式输入到数学软件中，或者使用计算机编程语言编制光线追迹小程序，则计算更加方便。如表 24-3，按照表中最左列的"命令行"输入到数学软件中，如 Mathematica、MathCAD、MatLab 等，编写成程序行。需要注意的是，以上命令行必须按照你选定的数学软件中命令行的语法修改，否则可能会报错。

由于通光口径为 186mm，所以边缘光线在两个面的投射高应该 $\leqslant 93\text{mm}$。很明显 $h_1 < h_2$，通光口径应该由 h_2 决定。不断修改程序中的 h_1，直到 h_2 接近 93mm。如表 24-3 中，当 $h_1 = 91.5\text{mm}$ 时，$h_2 = 92.9678\text{mm}$，十分接近 93mm，则停止修改 h_1，就用此数据。经过软件计算，我们得到三个重要的数据，第一面像距 $L_1' = -311.694\text{mm}$，第一面环带曲率半径 $R = -114.821\text{mm}$ 和球心位置 $L_c = -62.3855\text{mm}$。

那么，如何确定其他环带的投射高？如图 24-18，根据近轴光学理论，当物距和像距保持不变时，孔径角变化不影响成像位置。虽然菲涅耳透镜已经不可以看作近轴光学成像，但是差别也不算太大。当看作近轴光学成像时，物距像距不变，则半径不变。若设计菲涅耳透镜为四个环带，第一个环带与光轴交点为 O''，我们将基面顶点 O' 到 O'' 的距离 $O'O''$ 等分成四份，然后以圆心 C 为中心，C 到平分点为半径分别画圆，如图 24-18 所示。所画的每一个圆与基面（虚线）的交点，就是其他环带在基面上的投射点。

同样，螺纹齿高的确定也可以用近似的方法。如图 24-18，若考虑到近轴光学，则第一面像点 A_1' 也保持不变，连接 A_1' 和每一个第二面投射点并延长到下一个圆周上，即确定了齿高。在进行图纸加工时，需要具体算出齿高和齿隙，它们的算法可以借助于图 24-19。

表 24-3 计算菲涅耳透镜边缘光线

命令行	输出结果	说明
$L_1 = -200$	-200	第一面物距
$L_2' = 500$	500	第二面像距
$d = 5$	5	基面厚度
$n = 1.477$	1.477	折射率
$h_1 = 91.5$	91.5	第一面投射高
$U_1 = \arctan(h_1/L_1)$	-0.429073	第一面孔径角,公式(24-9)
$I_1 = -U_1$	0.429073	第一面入射角
$I_1' = \arcsin(\sin(I_1)/n)$	0.285535	第一面折射角,公式(24-10)
$U_2 = -I_1'$	-0.285535	第二面孔径角
$L_1' = h_1/\tan(U_2)$	-311.694	第一面像距,公式(24-11)
$h_2 = (L_1' - d)\tan(U_2)$	92.9678	第二面投射高,公式(24-12)
$U_2' = \arctan(h_2/L_2')$	0.183836	第二面像方孔径角,公式(24-13)
$I_2 = \arctan\left[\dfrac{-\sin(U_2' - U_2)}{n - \cos(U_2' - U_2)}\right]$	-0.658067	第二面入射角,公式(24-15)
$\Phi = I_2 + U_2$	-0.943602	法线角,公式(24-16)
$R = h_2/\sin(\Phi)$	-114.821	第一环带曲率半径,公式(24-17)
$L_c = h_2/\tan(\Phi) + d$	-62.3855	球心位置,公式(24-18)

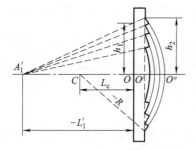

图 24-18 选取菲涅耳透镜环带

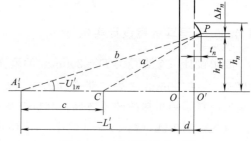

图 24-19 求解齿高和齿隙

如图 24-19 所示,是第 n 个环带的情况,由图中 $\triangle PA_1'C$ 应用余弦定理得

$$a^2 = b^2 + c^2 - 2bc\cos(U_{1n}')$$

上式的第 n 个环带的孔径角 U_{1n}' 可通过追迹光线得到。从上式求解出 b 得

$$b = c\left[\cos(U_{1n}') + \sqrt{\cos^2(U_{1n}') - 1 + (a/c)^2}\right], a = -R, c = L_c - L_1'$$

所以有齿高 t_n 和齿隙 Δh_n

$$t_n = b\cos(U_{1n}') - (d - L_1') \tag{24-19}$$

$$\Delta h_n = t_n \tan(U_{1n}') \tag{24-20}$$

≡ 第 *25* 章 ≡

变焦距系统设计

最初的光学系统都是定焦的，即焦距保持不变。定焦的光学系统只对一对共轭面消像差成像，当物面偏离这对共轭面时则成像变得模糊不清。随着人们对生活、工业和科研的需要，已经不满足于定焦的光学系统。比如在照相时想放大观看远处的物体，在录像时想拉近或者远离目标，在显微成像时想宏观把握和细致观看相结合，等等，都需要实时地改变物平面以变换共轭面。当物平面变换时，为了减小系统的复杂性，最好保持像平面不变，即要求像平面位置不变时同时和一系列物平面共轭并消像差。为了变换物平面，只有改变镜头的焦距，因此这种光学系统称作"变焦距系统"（zoom system）。变焦距系统通常至少包括两个透镜组，前一个透镜组作线性移动，负责改变焦距，称作"变倍组"；后一个透镜组同步作线性移动（光学补偿法）或者不同步作非线性移动（机械补偿法），以弥补像平面的漂移，称作"补偿组"。在这一章，我们详细地介绍了光学补偿法和机械补偿法的原理、计算方法，并结合实例来演示它们的设计方法。矩阵法设计变焦距系统是作者提出的一种新方法，它是借助于矩阵光学理论直接计算各组的焦距，是一种直观、简便的方法。

25.1 光学补偿法变焦距系统设计

25.1.1 光学补偿法原理

光学补偿法变焦距系统，是由一个透镜组作线性移动，如图 25-1 （a）所示，或者由两个透镜组用机械连接在一起同步作线性移动，如图 25-1 （b）、（c）。如果系统的第一个透镜组为正透镜组，称作正组在前，反之为负组在前。图 25-1 中所有系统的第一个透镜组均为正透镜组，都是正组在前系统。光学补偿变焦距系统，除去后固定组，或者从最后一个运动组朝前数，有几个透镜组就称作几组元系统。图 25-1 中，除去最后固定组，（a）为二组元系统，（b）为三组元系统，（c）为四组元系统。图 25-1 （c）中，第一个透镜组、中间透镜组和后固定组均为固定不动的正透镜组，它是一对负-负透镜组移动实现变焦的，该镜头称作正组在前的四组元光学补偿变焦距系统。

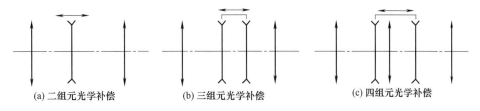

(a) 二组元光学补偿　　　　(b) 三组元光学补偿　　　　(c) 四组元光学补偿

图 25-1　光学补偿变焦距系统

经过研究发现，光学补偿的变焦距系统在变焦时只能保证有限的几个焦距时，像面保持重合，而在其他焦距时像平面存在偏离。保持像面重合的焦距数量刚好与组元的数目一致，如图 25-1（c），四组元光学补偿变焦距系统具有四个像面重合的焦距点。由于光学补偿法无法保证所有像面重合，所以在变焦时存在离焦而使成像质量下降的现象，限制了此类镜头的大范围使用。事实上，一般情况下优先考虑使用机械补偿法变焦距系统。

设计变焦距系统时，首先要进行高斯光学计算，即根据技术要求和已知条件选定组元数量，确定各组元的焦距、倍率，然后分别设计各组元，再最终组合成光学系统，从整体上进行像差校正。下面就对光学补偿法的高斯光学计算作一下详细的介绍，它是基于物像交换原则的原理。

如图 25-2（a），A 和 A' 相对于镜头是一对共轭点，由应用光学可知，在物像交换位置的图 25-2（b）中，共轭距保持不变，即像面位置保持不变，这种现象称作物像交换原则。设交换前所有的参数均不加星号，交换后所有的参数均加星号以示区别，根据交换原则，有

$$l^* = -l', l'^* = -l \tag{25-1}$$

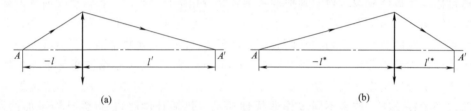

图 25-2　物像交换原则

在图 25-2（a）中，有焦距 f' 和垂轴放大率 β 为

$$f' = \frac{ll'}{l - l'}, \beta = \frac{l'}{l} \tag{25-2}$$

在图 25-2（b）中，有焦距 f' 和垂轴放大率 β^* 为

$$f' = \frac{l^* l'^*}{l^* - l'^*} = \frac{ll'}{l - l'}, \beta^* = \frac{l'^*}{l^*} = \frac{-l}{-l'} = \frac{1}{\beta} \tag{25-3}$$

由上式可知，在物像交换原则时，焦距不变，放大倍率从 β 变换到 $1/\beta$，相当于变换了 β^2 倍。这说明，通过单透镜组的移动也可以实现变焦，只是在满足物像交换原则时像面保持不变，其他位置像面会发生漂移。

我们再看二组元光学补偿系统，如图 25-3（a），在变倍组 f_2 前面加上一个前固定组 f_1'，变成二组元系统。在变倍组的后面加不加后固定组并不影响它的类别，仍然是二组元系统，所以在此处可以不考虑后固定组。如图 25-3 所示，若变倍组初始位置在 I 处，最大变倍时的位置在 II 处，由二组元系统只能有两个像面不变的重合焦点，正是此时的两个位置。如果

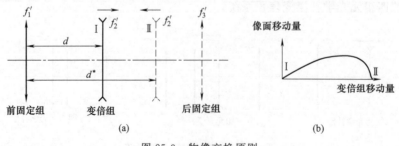

图 25-3　物像交换原则

将变倍组移动量作为横坐标，像面移动量作为纵坐标，则可以绘出图 25-3（b）的曲线，其中 Ⅰ 和 Ⅱ 所处的两端位置处值相等，此处放置像面并消像差，所以漂移量为零。

由双组元系统的组合光焦度得

$$\Phi = \Phi_1 + \Phi_2 - d\Phi_1\Phi_2 \tag{25-4}$$

替换成焦距为

$$f' = \frac{f_1'f_2'}{f_1' + f_2' - d} = f_1' \cdot \frac{-f_2}{-(d - f_1' + f_2)} = f_1' \cdot \frac{-f_2}{x_2} = f_1'\beta_2 \tag{25-5}$$

在上式中，利用了牛顿公式中的垂轴放大率公式 $\beta_2 = -f_2/x_2$，其中 x_2 是以变倍组物方焦点为参考原点的物距。对于 n 组元系统，有以下公式

$$f' = f_1'\beta_2\beta_3\beta_4\cdots\beta_n \tag{25-6}$$

从公式（25-5）可以看到，对于二组元系统，为了改变总焦距 f'，可以改变 f_1' 和 β_2。而 f_1' 是前固定组的焦距，保持不变，所以需要改变变倍组的放大率 β_2。由 $\beta_2 = l_2'/l_2$，因此需要移动变倍组。

如图 25-3，在初始位置时，有牛顿坐标

$$x_2 = -\Delta = -(d - f_1' + f_2) \tag{25-7}$$

$$x_2' = -\frac{f_2'^2}{x_2} = \frac{f_2'^2}{\Delta} \tag{25-8}$$

式中，Δ 为光学间隔，是第一个组元的像方焦点到第二个组元的物方焦点的沿轴距离。此时变倍组移动量 $x = 0$，不加下标的 x 表示变倍组沿光轴的移动量。当变倍组沿光轴移动任意距离 x 时，新的坐标均加星号，有牛顿坐标

$$x_2^* = -(\Delta + x) \tag{25-9}$$

$$x_2'^* = \frac{f_2'^2}{\Delta + x} \tag{25-10}$$

在初始位置时变倍组的像距为

$$L_2' = f_2' + x_2' = f_2' + \frac{f_2'^2}{\Delta} \tag{25-11}$$

在变倍组沿光轴移动任意距离 x 时的像距为

$$L_2'^* = f_2' + x_2'^* = f_2' + \frac{f_2'^2}{\Delta + x} \tag{25-12}$$

像面位置应该加上移动量 x，即

$$L_i' = L_2'^* + x = x + f_2' + \frac{f_2'^2}{\Delta + x} \tag{25-13}$$

则变倍组移动 x 距离时，像面的漂移量为

$$\Delta L' = L_i' - L_2' = x + \frac{f_2'^2}{\Delta + x} - \frac{f_2'^2}{\Delta} \tag{25-14}$$

要想保持像平面不变，则需要 $\Delta L = 0$，令此时的移动量为 $x_{\max}$ 即

$$x_{\max} + \frac{f_2'^2}{\Delta + x_{\max}} - \frac{f_2'^2}{\Delta} = 0$$

解之得

$$x_{\max} = -\Delta + \frac{f_2'^2}{\Delta} \tag{25-15}$$

这说明，当变倍组移动上式 x_{max} 时，像平面刚好和初始时像平面重合。从上式求解可以看到，只有一个解，这也证明了二组元系统只有两个重合的像面。将公式（25-14）绘出，横坐标为变倍组移动量 x，纵坐标为像面移动量 $\Delta L'$，则为图 25-3 的右图，它显然不是一个对称的曲线。需要说明的是，当变倍组移动量超过 x_{max}，则 x 会变成负值，像平面会越过初始像平面向里移动。

在初始位置时，垂轴放大率 β_2 为

$$\beta_2 = -\frac{x_2'}{f_2'} = -\frac{f_2'}{\Delta} \tag{25-16}$$

在变倍组移动上式 x_{max} 时，垂轴放大率 β_2^* 为

$$\beta_2^* = -\frac{x_2'^*}{f_2'} = -\frac{f_2'}{\Delta + x_{max}} \tag{25-17}$$

定义变倍比为新的焦距 f'^* 比上初始焦距 f'，记作 M。利用公式（25-6），有

$$M = \frac{f'^*}{f'} = \frac{f_1'\beta_2^*}{f_1'\beta_2} = \frac{\Delta}{\Delta + x_{max}} = \frac{\Delta^2}{f_2'^2} \tag{25-18}$$

在上式中代入 $\Delta = d - f_1' - f_2'$，并开方求解得 f_2'

$$f_2' = \frac{d - f_1'}{\pm\sqrt{M} + 1} \tag{25-19}$$

上式在计算时有两个值，一个是正值一个是负值，如果是正组在前负组变倍，取其中的负值；如果是负组在前正组变倍，取其中的正值。上式的总变倍比 M，在设计要求里是应该给出来的，已知量。如图 25-3，如果前固定组和变倍组间距 d 预先给出的话，则联立公式（25-4），可以求出 f_1' 和 f_2'。

25.1.2 计算实例

由于光学补偿法无法完全弥补像面的漂移，限制它的使用范围，一般用于低倍率、短焦距和小相对孔径系统的设计，成本低廉，比如变倍投影系统。一般光学补偿法的变倍比不超过 2 倍，最长焦距不超过 40cm。

计算一个负组在前正组变倍的二组元光学补偿变焦距系统，变倍比为 $M = 2\times$，初始短焦距为 $f_s' = 10$mm，初始间距为 $d = 10$mm。由于采用的是负组在前正组变倍，所以公式（25-19）取正号。将以上参数代入公式（25-4）和公式（25-19）得

$$f_2' = \frac{10 - f_1'}{\sqrt{2} + 1}$$

$$\frac{1}{f_1'} + \frac{1}{f_1'} - \frac{10}{f_1'f_2'} = \frac{1}{20}$$

联立上面两方程，求解出前固定组和变倍组焦距为

$$f_1' = -14.1421\text{mm}, f_2' = 10\text{mm}$$

下面求变倍组最大移动量 x_{max}

$$\Delta = d - f_1' - f_2' = 14.1421\text{mm}$$

$$x_{max} = -\Delta + \frac{f_2'^2}{\Delta} = -7.0711\text{mm}$$

验证一下短焦距时是否正确，由图 25-3

$$d^* = d + x_{\max} = f'_1 + f'_2 + \frac{{f'_2}^2}{d - f'_1 - f'_2} = 2.9289\text{mm}$$

$$\frac{1}{f'_1} = \frac{1}{f'_1} + \frac{1}{f'_2} - \frac{d^*}{f'_1 f'_2} = 0.05, f'_1 = 20\text{mm}$$

长焦距 $f'_1 = Mf'_s = 20\text{mm}$，完全符合要求。

由于光学补偿变焦距系统渐有淘汰之势，应用范围所限，在此不再进行详细的设计模拟，感兴趣的读者可以试着练习一下。

25.2 机械补偿法变焦距系统设计

25.2.1 机械补偿法原理

光学补偿法只能有数个像平面重合的焦距，在其他焦距时像平面会漂移。当像平面固定时，漂移的像面就存在离焦，从而降低像质。机械补偿法变焦距系统能够很好地解决这个问题，它能够在连续变焦时保持像平面稳定，因此得到了更广泛地重视和应用。一般情况下，在没有特别地指明下，都会优先选用机械补偿法变焦距系统。

机械补偿法有两种常见的结构，第一种是负组变倍正组补偿，如图 25-4（a），又称作"负-正型"结构；第二种是负组变倍负组补偿法，如图 25-4（b），又称作"负-负型"结构。除此之外，通常的机械补偿法变焦距系统还包括前固定组和后固定组，即完整的机械补偿法包括以下四个组元：前固定组、变倍组、补偿组和后固定组，如图 25-4 所示。在少数机械补偿法变焦距系统的变倍组前面，放置有调焦组，形成了五个组元系统。为了降低成本，或者安放尺寸有限，可以考虑舍去后固定组，

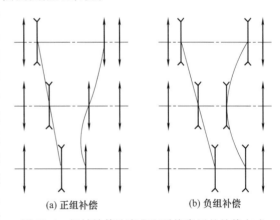

(a) 正组补偿　　　(b) 负组补偿

图 25-4　机械补偿法变焦距系统常用的补偿方式

如早期的数码相机伸缩镜头，通常没有后固定组。"负-负型"结构中，光线在系统内部存在两次发散，会拉长焦距值，所以系统焦距短时应该选用正组补偿，焦距长时可根据情况而定。

如图 25-4，机械补偿法的变倍组和补偿组是运动组元，其中变倍组作线性运动以实现系统焦距的连续变化，补偿组作非线性运动以弥补像平面的漂移。非线性运动必须使用凸轮装置来实现。

(1) 机械补偿法高斯光学计算

下面以机械补偿法二组元运动为例，详细介绍机械补偿法变焦距系统的设计方法。如图 25-5 所示，变倍组和补偿组在运动初始状态时的参数，左图为正组补偿，右图为负组补偿。从前固定组射过来的光线会聚于 A 点，它就是变倍组的物点，经变倍组和补偿组之后，会聚于 A' 点，它是补偿组的像点。在此推导过程中，不考虑前固定和后固定组，因为它们放置固定，容易获取参数。

在初始状态，设前固定组的焦距为 f'_1，变倍组焦距为 f'_2、放大率为 β_2，补偿组焦距为 f'_3、放大率为 β_3。在运动到某一位置时，设新的变倍组放大率为 β_2^*，补偿组放大率为 β_3^*。

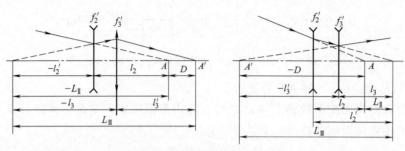

图 25-5 机械补偿法运动过程

由公式（25-6），初始时和新位置时的焦距分别为

$$f' = f'_1 \beta_2 \beta_3 , \quad f'^* = f'_1 \beta_2^* \beta_3^* \tag{25-20}$$

由公式（25-18），可得变倍比为

$$M = \frac{f'^*}{f'} = \frac{\beta_2^* \beta_3^*}{\beta_2 \beta_3} \tag{25-21}$$

令

$$B = \beta_2^* \beta_3^* = M\beta_2 \beta_3 \tag{25-22}$$

由高斯公式

$$\frac{1}{l'} - \frac{1}{l} = \frac{1}{f'} \Rightarrow 1 - \frac{l'}{l} = \frac{l'}{f'} \Rightarrow l' = f'(1-\beta) \tag{25-23}$$

$$\frac{1}{l'} - \frac{1}{l} = \frac{1}{f'} \Rightarrow \frac{l}{l'} - 1 = \frac{l}{f'} \Rightarrow l = f'\left(\frac{1}{\beta} - 1\right) \tag{25-24}$$

如果设初始位置时，前固定组和变倍组间距为 d_{s12}，变倍组和补偿组间距为 d_{s23}，补偿组和后固定组间距为 d_{s34}。当运动到某位置后，三个新的间距分别加上星号，即 d_{s12}^*、d_{s23}^* 和 d_{s34}^*。由公式（25-24）

$$\beta_2 = \frac{f'_2}{f'_2 + l_2} = \frac{f'_2}{f'_2 + f'_1 - d_{s12}} \tag{25-25}$$

$$\beta_3 = \frac{f'_3}{f'_3 + l_3} = \frac{f'_3}{f'_3 + f'_2(1-\beta_2) - d_{s23}} \tag{25-26}$$

从图 25-5，要想在变倍组和补偿组移动时保持像平面不变，即要求 A' 的位置不变。由于 A 为前固定组的像点，所以 A 是固定的，因此 A' 的位置不变也可以看作 A 到 A' 的距离 D 不变，由图中得

$$D = L_{\mathrm{II}} + L_{\mathrm{III}} = l'_2 - l_2 + l'_3 - l_3 \tag{25-27}$$

将公式（25-23）和公式（25-24）代入到上式得

$$D = f'_2\left(-\beta_2 + 2 - \frac{1}{\beta_2}\right) + f'_3\left(-\beta_3 + 2 - \frac{1}{\beta_3}\right) \tag{25-28}$$

运动后，β_2 变为 β_2^*，β_3 变为 β_3^*，则上式变为

$$D = f'_2\left(-\beta_2^* + 2 - \frac{1}{\beta_2^*}\right) + f'_3\left(-\beta_3^* + 2 - \frac{1}{\beta_3^*}\right) \tag{25-29}$$

将公式（25-22），求解出 β_3^*，代入上式，将得到一个关于 β_2^* 的一元二次方程，求解得

$$\beta_2^* = \frac{-[D-2(f'_2+f'_3)] \pm \left\{[D-2(f'_2+f'_3)]^2 - 4\left(f'_2 + \frac{f'_3}{B}\right)(f'_2 + Bf'_3)\right\}^{1/2}}{2\left(f'_2 + \frac{f'_3}{B}\right)} \tag{25-30}$$

由公式（25-22）可以求解 β_3^*

$$\beta_3^* = \frac{M\beta_2\beta_3}{\beta_2^*} \tag{25-31}$$

令变倍组移动量为 x，补偿组移动量为 y，正号为向右移动，负号为向左移动。由图 25-5，很显然 x 为变倍组物距的改变量的负值 $-dl_2$，y 为补偿组像距改变量的负值 $-dl_3'$，将公式（25-23）和（25-24）分别微分得

$$x = -dl_2 = -f_2'\left(\frac{1}{\beta_2^*} - \frac{1}{\beta_2}\right) \tag{25-32}$$

$$y = -dl_3' = f_3'(\beta_3^* - \beta_3) \tag{25-33}$$

在变焦过程中，需要时刻保证变倍组和补偿组不能相碰，即 $d_{s23}^* > 0$，有

$$d_{s23}^* = d_{s23} - x + y > 0 \tag{25-34}$$

由上面的公式（25-22）～公式（25-34），在给定初始状态时，可一步步求解出满足变倍比 M 时的焦距及状态数据。通过不断修改初始状态参数，以达到满足设计技术要求中的总变倍比，即可。以上求解过程，主要使用了几何光学中近轴光学的理论，又称作高斯光学，所以上面求解过程又称作高斯光学计算。

（2）机械补偿法解的区间

不过，在给定初始状态参数时，需要注意一些存在的制约关系，比如前固定组到变倍组的间距应该小于前固定组焦距，即 $d_{s12}^* < f_1'$，这样不会使光线在两者之间就与光轴相交，从而导致补偿组口径过大。在正组补偿时，补偿组到后固定组的间距应该小于补偿组的像距，即 $d_{s34}^* < l_3'$，以免成像发生翻转。以上制约关系，在计算时注意即可，还有一个重要的制约关系，即变倍组焦距 f_2' 与补偿组焦距 f_3' 的关系，又称作机械补偿法变焦距系统解的区间。

将公式（25-28）和公式（25-29）作差得

$$f_2'\left(\frac{1}{\beta_2^*} + \beta_2^* - \frac{1}{\beta_2} - \beta_2\right) + f_3'\left(\frac{1}{\beta_3^*} + \beta_3^* - \frac{1}{\beta_3} - \beta_3\right) = 0 \tag{25-35}$$

改写成 β_3^* 的方程为

$$\beta_3^{*2} - b\beta_3^* + 1 = 0 \tag{25-36}$$

上式中

$$b = -\frac{f_2'}{f_3'}\left(\frac{1}{\beta_2^*} - \frac{1}{\beta_2} + \beta_2^* - \beta_2\right) + \left(\frac{1}{\beta_3} + \beta_3\right) \tag{25-37}$$

解方程（25-36），可得

$$\beta_3^* = \frac{b \pm \sqrt{b^2 - 4}}{2} \tag{25-38}$$

从上式可以看到，要想有解，必须满足条件 $b^2 \geqslant 4$。上式中符号的选择依据为：在初始状态时，必须 $\beta_3^* = \beta_3$，在变倍过程中，当 b 的正、负号变化时，根号前正、负号也相应地变化。从公式（25-35），β_2^* 和 β_3^* 存在制约关系，我们来找当 β_2^* 变化时 β_3^* 的极值位置。将公式（25-35）微分，得

$$\frac{(1-\beta_2^{*2})}{\beta_2^{*2}}f_2' + \frac{(1-\beta_3^{*2})}{\beta_3^{*2}}f_3'\frac{d\beta_3^*}{d\beta_2^*} = 0 \tag{25-39}$$

极值位置取在一阶导数为零的驻点，即满足 $d\beta_3^*/d\beta_2^* = 0$。由上式，得 $1 - \beta_2^{*2} = 0$，即

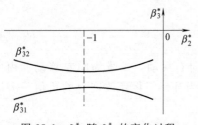

图 25-6　β_3^* 随 β_2^* 的变化过程

$\beta_2^* = \pm 1$，其中 $\beta_2^* = +1$ 说明物点在物方主面处，对于负组变倍系统，物像方主面之间距离较远，将导致整个系统过长。因此，补偿组放大率 β_3^* 在 $\beta_2^* = -1$ 处取得极值，如图 25-6 所示，β_{31}^* 和 β_{32}^* 分别为公式（25-38）的两个解。在 $\beta_2^* = -1$ 时，变倍组共轭距最短，补偿组移动量最大。很多正组补偿的变焦距系统常常把长焦位置取在 $\beta_2^* = -1$ 处，因为 β_2^* 越过 -1 倍后，β_3^* 会向相反的方向变化，对变倍产生负贡献。

为了讨论方便，进行归一化处理，将变倍组焦距归一化为 $f_2' = -1$，为简单起见令 $d_{s12} = 0$。将公式（25-25）、公式（25-26）代入到公式（25-37），并代入归一化 $f_2' = -1$ 和 $\beta_2^* = -1$，得

$$\frac{1 - \beta_2 + d_{s23}}{f_3' - 1 + \beta_2 - d_{s23}} - \frac{3 + \dfrac{1}{\beta_2} + d_{s23}}{f_3'} = b - 2$$

在上式中，令

$$A = 1 - \beta_2 + d_{s23}, \quad E = 3 + \frac{1}{\beta_2} + d_{s23} \tag{25-40}$$

$$\frac{A}{f_3' - A} - \frac{E}{f_3'} = b - 2 \tag{25-41}$$

由公式（25-38），有解的条件为 $b^2 \geqslant 4$，即 $b \geqslant 2$ 或者 $b \leqslant -2$。因此，在已给定 β_2、d_{s23} 条件下，f_3' 的取值需要满足以下三个解的区间：

① 负组补偿区间。

当 $b = 2$ 时，由（25-41），解之得

$$f_{30}' = \frac{AE}{E - A} \tag{25-42}$$

此时，由公式（25-38），有 $\beta_3^* = +1$，这说明补偿组物像距相等且同号，只能是补偿组在变倍组的左边，无意义。

当 $b > 2$ 时，$b - 2 > 0$，公式（25-41）左边大于零，等式变成不等式，解之得

$$f_3' > \frac{AE}{E - A} = f_{30}' \tag{25-43}$$

这种情况，通常取 $\beta_2 > -1$，由公式（25-40），$A > 0$，$E > 0$，$A > E$，所以 $f_3' < 0$，即为负组补偿。

② 正组补偿区间 I。

当 $b = -2$ 时，公式（25-41）的解为

$$f_{31}' = \frac{3A + E - \sqrt{(9A - E)(A - E)}}{8} \tag{25-44}$$

$$f_{32}' = \frac{3A + E + \sqrt{(9A - E)(A - E)}}{8} \tag{25-45}$$

此时，$f_{31}' > 0$ 和 $f_{32}' > 0$，为正组补偿。

③ 正组补偿区间 II。

当 $b < -2$，公式（25-41）变成不等式，解之得

$$f_3' < f_{31}',\ \text{或者}\ f_3' > f_{32}' \tag{25-46}$$

补偿组初始放大率不可能达到 $\beta_3 = \infty$。当 $\beta_3 = \infty$ 时，由公式（25-26），分母为零，即

$$f_3' + f_2'(1 - \beta_2) - d_{s23} = 0 \tag{25-47}$$

由于 $f_2' = -1$，当物体在无限远时，有 $l_2 = f_1'$，代入公式（25-25）得

$$\beta_2 = \frac{1}{1 - f_1'} \tag{25-48}$$

将以上参数代入到公式（25-47）得

$$f_{33}' = d_{s23} + \frac{f_1'}{f_1' - 1} \tag{25-49}$$

只有当 $f_3' < f_{33}'$ 时，β_3 才不为无穷大。

总结以上三种情况，结果如下：

① 负组补偿，$f_3' > f_{30}'$；

② 正组补偿，$f_3' \leqslant f_{31}'$；

③ 正组补偿，$f_{32}' \leqslant f_3' < f_{33}'$。

（3）估算前固定组和后固定组

前固定组和后固定组的焦距，可以依情况估算给出，以下的计算公式皆为估计公式，可酌情修改数值。如果物体在无限远，平行光入射于前固定组，所以前固定组焦距 f_1' 为

$$f_1' = d_{s12} + l_2 \tag{25-50}$$

在估算上式时，可取 d_{s12} 和 l_2 的最大值相加来作为前固定组焦距。

下面估算后固定组焦距。设补偿组边缘光线投射高为 h_3，后固定组边缘光线投射高为 h_4，补偿组和后固定组的间距为 d_{s34}，后固定组前后边缘光线的孔径角为 u_4、u_4'。由公式（3-21）

$$u_4' - u_4 = \frac{h_4}{f_4'} \tag{25-51}$$

在补偿组和后固定组之间，孔径角 u_4 满足

$$u_4 = -\frac{h_4 - h_3}{d_{s34}} \tag{25-52}$$

后固定组像方孔径角 u_4' 可以用入瞳直径 D 和总焦距 f' 来求

$$u_4' = \frac{D}{2f'} \tag{25-53}$$

将公式（25-52）、公式（25-53）代入公式（25-51），可得后固定组焦距估算值

$$f_4' = \frac{2h_4 f' d_{s34}}{D d_{s34} + 2h_4 f' - 2h_3 f'} \tag{25-54}$$

25.2.2 设计实例

要求设计一个 16mm 电影胶片用变焦距摄影物镜，满足如下参数：

焦距：$f' = 15 \sim 75\text{mm}$，$5\times$。

像面大小：$10.4\text{mm} \times 7.5\text{mm}$。

视场：像高 12.8mm，相当于视场角 $46.1° \sim 9.8°$。

相对孔径：$1:2.2$。

后工作距：$l_4' \geqslant 8\text{mm}$。

光学筒长：$L_0 \leqslant 105\text{mm}$。

波长：可见光 F、d、C。

像质：尽量使像差得到校正，满足照相物镜的像差容限。

(1) 参数选定

取 $f'_1 = 3.965$，$f'_2 = -1$，$d_{s12} = 0.2$，$d_{s23} = 2.75$，数值若存在问题，可以随时修改。由于负组补偿方式，虽然镜头长度短，但是镜头头部较大，各面平均曲率半径小，像差大且校正起来难度高一些，所以本例选择正组补偿方式。由公式（25-25）和公式（25-40），得

$$\beta_2 = \frac{f'_2}{f'_2 + f'_1 - d_{s12}} = \frac{-1}{-1 + 3.965 - 0.2} = -0.3617$$

$$A = 1 - \beta_2 + d_{s23} = 1 - (-0.3617) + 2.75 = 4.1117$$

$$E = 3 + \frac{1}{\beta_2} + d_{s23} = 3 + \frac{1}{-0.3617} + 2.75 = 2.9853$$

对于正组补偿，由公式（25-44）、公式（25-45）和公式（25-49）求解 f'_{31}、f'_{32} 和 f'_{33} 得

$$f'_{31} = \frac{3A + E - \sqrt{(9A - E)(A - E)}}{8} = 1.0177$$

$$f'_{32} = \frac{3A + E + \sqrt{(9A - E)(A - E)}}{8} = 2.7457$$

$$f'_{33} = d_{s23} + \frac{f'_1}{f'_1 - 1} = 4.0873$$

所以正组补偿满足 $f'_3 \leqslant 1.0177$ 或者 $2.7457 \leqslant f'_3 \leqslant 4.0873$，如果选择后者，$f'_3$ 过长，会增加系统总长度（因为技术要求中明确给出总长度小于等于 120mm）。其次，如果 f'_3 过短会增加设计难度，长焦有利于像差校正，所以我们取 $f'_3 = 1.010$，接近前者要求的上限。

(2) 高斯光学计算

按照公式（25-22）～公式（25-34）依次计算，可得变焦距系统在不同焦距下变倍组和补偿组的位置。为了简化，我们仅计算最大变倍比时，即焦距 $f' = 75\text{mm}$ 时的过程。

由公式（25-25）得

$$\beta_2 = \frac{f'_2}{f'_2 + f'_1 - d_{s12}} = -0.3617$$

由公式（25-26）得

$$\beta_3 = \frac{f'_3}{f'_3 + f'_2(1 - \beta_2) - d_{s23}} = -0.3256$$

由公式（25-28）得

$$D = f'_2\left(-\beta_2 + 2 - \frac{1}{\beta_2}\right) + f'_3\left(-\beta_3 + 2 - \frac{1}{\beta_3}\right) = 0.3239$$

取变倍比为最大

$$M = 75/15 = 5, \quad B = M\beta_2\beta_3 = 0.5888$$

在由公式（25-30）求解 β_2^*，对于负组变倍组，物点在右，像点在左，垂轴放大率为负值。公式（25-30）将解出一正一负值，舍去正值，保留负值得

$$\beta_2^* = \frac{-[D - 2(f'_2 + f'_3)] - \left\{[D - 2(f'_2 + f'_3)]^2 - 4\left(f'_2 + \dfrac{f'_3}{B}\right)(f'_2 + Bf'_3)\right\}^{1/2}}{2\left(f'_2 + \dfrac{f'_3}{B}\right)} = -0.9946$$

可以看到，我们取 $\beta_2^* \approx -1$，正是 β_3^* 的极值附近，并且没有越过 -1。由公式（25-31）得

$$\beta_3^* = \frac{M\beta_2\beta_3}{\beta_2^*} = -0.5920$$

由公式（25-32）得

$$x = -f_2'\left(\frac{1}{\beta_2^*} - \frac{1}{\beta_2}\right) = 1.7596$$

由公式（25-33）得

$$y = f_3'(\beta_3^* - \beta_3) = -0.2691$$

此时，d_{s12}^* 为

$$d_{s12}^* = d_{s12} + x = 1.9596$$

由公式（25-34）得

$$d_{s23}^* = d_{s23} - x + y = 0.7214$$

最终，五个焦距计算数的列于表 25-1 中。

表 25-1　归一化变倍组和补偿组的位置

f'	15	30	45	60	75
M	1	2	3	4	5
β_2^*	-0.3617	-0.5299	-0.6756	-0.8226	-0.9946
β_3^*	-0.3256	-0.4445	-0.5229	-0.5726	-0.5920
D	0.3239	0.3239	0.3239	0.3239	0.3239
x	0.0000	0.8777	1.2849	1.5494	1.7596
y	0.0000	-0.1201	-0.1993	-0.2495	-0.2691
d_{s12}^*	0.2000	1.0777	1.4849	1.7494	1.9596
d_{s23}^*	2.7500	1.7522	1.2658	0.9511	0.7214

（3）确定后固定组

由技术要求，要求后工作距 $l_4' \geqslant 8\text{mm}$，后工作距越短越有利于像差校正，在优化时后工作距极有可能就是 8mm，在此就取初始位置时 $l_4' = 8\text{mm}$。由光学筒长 $L_0 \leqslant 105\text{mm}$，同样光学筒长越长，越有利于像差校正，取 $L_0 = 105\text{mm}$。则补偿组和后固定组间距满足以下制约关系

$$-(d_{s12} + d_{23} + d_{s34})f_2' + l_4' = L_0 \tag{25-55}$$
$$-(0.2 + 2.75 + d_{s34})f_2' + 8 = 105$$

需要注意的是，公式（25-55）是将四个组元看成薄透镜，误差较大，所以计算结果与模拟结果有出入。若取 $f_2' = -25\text{mm}$，则由上式得 $d_{s34} = 0.93$，大于表 25-1 中 y 最大移动量 $|-0.2691|$，没有问题。下面追迹光线，获得重要物距和像距关系，并最终确定后固定组焦距。在此，并没有使用公式（25-54）来估算后固定组焦距，因为那样会增加计算量。首先，将归一化的长度量均乘以变倍组焦距，换算成实际量，如下

$f_1' = 99.125\text{mm}, f_2' = -25\text{mm}, f_3' = 25.25\text{mm}, d_{s12} = 5\text{mm}, d_{s23} = 68.75\text{mm}, d_{s34} = 23.25\text{mm}$

然后利用高斯公式，推导出从物距求像距的公式

$$\frac{1}{l'} - \frac{1}{l} = \frac{1}{f'} \quad \Rightarrow \quad l' = \frac{f'l'}{f' + l'} \tag{25-56}$$

从一个组元过渡到下一个组元的转面公式为

$$l_2 = f_1' - d_{s12}, \quad l_3 = l_2' - d_{s23}, \quad l_4 = l_3' - d_{s34} \tag{25-57}$$

当追迹光线到后固定组时，有

$$l'_4 = 8\text{mm}, f'_4 = \frac{l_4 l'_4}{l_4 - l'_4} \tag{25-58}$$

每一个组元的垂轴放大率为

$$\beta = \frac{l'}{l} \tag{25-59}$$

由相对孔径可以求得后固定组像空间孔径角，及像距 $l'_4 = 8\text{mm}$ 求得后固定组投射高 h_4 为

$$u'_4 = \frac{D}{2f'} = \frac{1}{2F} = 0.2273, h_4 = l'_4 u'_4 = 1.8182\text{mm}$$

然后利用以下光线追迹方程可以倒追得各组元的孔径角和投射高

$$u' - u = h\Phi, h = lu = l'u' \tag{25-60}$$

由技术要求，16mm 电影胶片的像面大小为 10.4mm×7.5mm，相当于对角线 12.8mm，像面半高为 $y' = 6.4\text{mm}$。由像面高度，结合放大率，可以求得各组元的物高和像高。应用公式（25-56）~公式（25-60），追迹光线可得表 25-2。表 25-2 中包括四个组元的物像距、倍率、物像高、物像方孔径角和投射高，以及最后求得的后固定组焦距 $f'_4 = 36.8003\text{mm}$。

表 25-2　初始位置各组元的参数

参数	前固定组	变倍组	补偿组	后固定组
物距	$l_1 = -\infty$	$l_2 = 94.125\text{mm}$	$l_3 = -102.792\text{mm}$	$l_4 = 10.2222\text{mm}$
像距	$l'_1 = 99.125\text{mm}$	$l'_2 = -34.0416\text{mm}$	$l'_3 = 33.4722\text{mm}$	$l'_4 = 8\text{mm}$
焦距	$f'_1 = 99.125\text{mm}$	$f'_2 = -25\text{mm}$	$f'_3 = 25.25\text{mm}$	$f'_4 = 36.8003\text{mm}$
倍率	—	$\beta_2 = -0.3617$	$\beta_3 = -0.3256$	$\beta_4 = 0.7826$
物高	—	$y_2 = 69.4389\text{mm}$	$y_3 = -25.1135\text{mm}$	$y_4 = 8.1778\text{mm}$
像高	$y'_1 = 69.4389\text{mm}$	$y'_2 = -25.1135\text{mm}$	$y'_3 = 8.1778\text{mm}$	$y'_4 = 6.4\text{mm}$
物孔径角	$u_1 = 0$	$u_2 = 0.0209$	$u_3 = -0.0579$	$u_4 = 0.1779$
像孔径角	$u'_1 = 0.0209$	$u'_2 = -0.0579$	$u'_3 = 0.1779$	$u'_4 = 0.2273$
投射高	$h_1 = 2.0766$	$h_2 = 1.9712$	$h_3 = 5.9543$	$h_4 = 1.8182\text{mm}$

（4）分组元设计

依据表 25-2，分别设计前固定组、变倍组、补偿组和后固定组四个组元，其中前固定组对无限远成像，后三个组元分别为有限距离成像。分组元设计可以考虑三种方案：

① 利用 PWC 分解法。依据初级像差理论进行 PWC 分解，获得消色差组合，并分别获得各镜片曲率半径。在进行 PWC 分解时，注意光焦度分配和表 25-2 中共轭面位置。最后合成完整的系统。

② 分组元设计法。利用设计望远物镜、显微物镜的方法，分别对四个组元进行分别设计，相当于设计四个镜头，分别满足表 25-2 的共轭面消像差成像。最后合成完整的系统。

③ 挑选法。从已知专利、书籍等资料中挑选相近的变焦距系统，如果很难找到相近的系统，可以挑选相近的分组元镜头。在挑选时，其实没有必要严重要求，只需要重点关注"消色差"这个条件，其余的像差可以在合成系统时整体上平衡校正。消色差与选玻璃有关系，一旦选定玻璃组合后，色差不太好校正，换玻璃又难度很大。

在此例中，我们使用第三种方法，从光学设计手册、镜头手册或书籍中找出四个组元分镜头，然后组合在一起。四个组元分镜头，可能有些焦距、物像距差别较大，但是它们的色差校正得很好。

（5）合成变焦距系统

将选定的四个组元分镜头，按照顺序组合在一起，即为 5× 变焦距系统的初始系统。然

后将它们的半径、厚度和玻璃材料输入到 Zemax 软件中。设置"系统孔径"为"像方空间 F/♯"，"孔径值"为 2.2。设置视场时，选择"视场类型"为"近轴像高"，视场为 0、4.525mm、6.4mm。波长为 F、d 和 C 光，并设置 d 光的权重为 2，其余不变。

使用命令"设置→添加所有结构变量"，打开"多重结构编辑器"。在多重结构编辑器中，在默认的"结构 1"后面添加"结构 2"和"结构 3"，方法为在窗口上点击右键选中"插入结构"，或者使用快捷命令图标 ↘。然后插入三行操作数，都是"THIC"操作数，分别为第 7、12、20 面厚度，即为 d_{s12}、d_{s23}、d_{s34}，表示它们在多重结构中是可以改变的，并设置它们为变量求解。

使用"优化→评价函数编辑器"命令，设置默认的优化函数。勾选"厚度边界"中的"玻璃"，令"最小"为 1，"最大"为 15，"边缘厚度"为 1。勾选"厚度边界"中的"空气"，令"最小"为 0.1，"最大"为 70，"边缘厚度"为 0.1。点击"确定"后，在"评价函数编辑器"里将出现三个结构对应的评价函数列表，它们都是以 CONF 操作数为开始的，"结构♯"分别为 1、2、3。在结构 1（即 CONF＝1）的下面插入 EFFL 操作数，设置目标值为 15，权重为 5；插入 TOTR 操作数，目标值为 105，权重为 1。在结构 2（即 CONF＝2）的下面插入 EFFL 操作数，设置目标值为 45，权重为 1；插入 TOTR 操作数，目标值为 105，权重为 1。在结构 3（即 CONF＝3）的下面插入 EFFL 操作数，设置目标值为 75，权重为 1；插入 TOTR 操作数，目标值为 105，权重为 1。在三个结构中，都插入 SPHA 操作数，设置权重为 0.0001；ASTI 操作数，权重为 0.0002；FCUR 操作数，权重为 0.0001；DIST 操作数，权重为 0.01；AXCL 操作数，权重为 5。

设置除物平面、光阑和像平面之外的所有面为变量求解，设置除物距、像距外的所有间距为变量求解，设置像距为 M 求解。然后使用命令"优化→执行优化"进行优化处理，自动结束后使用"全局优化"进行全局搜索，保留评价函数最小的结构数据，再进行"锤形优化"处理，最终得到图 25-7 的镜头数据。它的成像特性列于表 25-3 中，从表中可以看到，像差满足设计要求。短焦（焦距为 15mm）时的点列图，如图 25-8 所示，所有视场 RMS 点图半径均小于 11.5μm。短焦时的惠更斯 MTF，如图 25-9 所示，在 100lp/mm 时，均大于 0.2。5× 变焦距系统的 3D 视图，如图 25-10 所示，其中左图为焦距 15mm，中图为焦距 45mm，右图为焦距 75mm。

表 25-3　优化后 5× 变焦距系统成像特性

结构	焦距	球差	正弦差	像散	轴向色差	垂轴色差	场曲	畸变	TOTR
结构 1	15.0553mm	0.5832λ	−0.0008844	−5.2555λ	0.0444mm	0.0114mm	7.7799λ	−2.3422%	105.0250
结构 2	45.0030mm	−17.223λ	0.001979	−20.3958λ	0.00656mm	−0.0452mm	7.7799λ	1.4353%	105.0392
结构 3	74.9478mm	−20.470λ	−0.003850	−13.6545λ	0.1411mm	0.0545mm	7.7799λ	4.3469%	104.9952

25.2.3　凸轮曲线计算

设计变焦距系统的最后一步，就是计算凸轮曲线以提供给机加部门制作凸轮机构。所谓的凸轮曲线，就是当变倍组线性变化移动距离 x 时，补偿组为了弥补像平面稳定而相应地移动距离 y，y 与 x 的关系即是凸轮曲线关系。下面求解此关系，需参考图 25-11。

从图 25-11，当变倍组移动 x 时，补偿组相应地移动 y 以保持像平面不动。假设在初始状态时所有参数均已知，则在移动后所有的参数均加上星号，表示新位置。由图 25-11，可得几何关系

表面	类型	曲率半径	厚度	玻璃	净口径	延伸区	机械半直径
物面	STANDARD	无限	无限		0	0	0
1	STANDARD	58.19994	0.98	H-ZF4	43.33852	0	43.33852
2	STANDARD	35.5975	13.75	H-ZK9	40.69642	0	43.33852
3	STANDARD	139.784	0.07		34.03995	0	43.33852
4	STANDARD	77.39969	2.55	H-ZK9	33.05129	0	33.05129
5	STANDARD	106.0015	0.06		31.34699	0	33.05129
6	STANDARD	42.40056	6.04	H-ZK9	29.31435	0	29.31435
7	STANDARD	83.85149	0.1168813		24.58741	0	29.31435
8	STANDARD	123.9469	0.97	H-ZK3	24.88715	0	24.88715
9	STANDARD	13.49792	5.72		19.90213	0	24.88715
10	STANDARD	-39.58967	1	H-ZK6	19.86132	0	19.86132
11	STANDARD	34.47382	2.31	H-ZF5	19.45276	0	19.86132
12	STANDARD	667.3222	33.43562		19.30735	0	19.86132
光阑	STANDARD	无限	0.06		13.94007	0	13.94007
14	STANDARD	110.7091	1.6	H-LAK1	14.12567	0	14.45451
15	STANDARD	-72.34858	0.07		14.45451	0	14.45451
16	STANDARD	38.6833	0.97	H-ZF4	14.92676	0	15.34087
17	STANDARD	12.37497	4	H-ZK9	15.10401	0	15.34087
18	STANDARD	-675.6263	0.09		15.34087	0	15.34087
19	STANDARD	12.83284	1.26	H-LAK1	16.12792	0	16.12792
20	STANDARD	13.11109	0.4025538		15.6641	0	16.12792
21	STANDARD	14.6159	0.98	H-ZK7	15.67943	0	15.67943
22	STANDARD	10.2573	3.54	H-F2	14.97694	0	15.67943
23	STANDARD	25.09377	4.43		14.48856	0	15.67943
24	STANDARD	15.36093	0.98	H-LAK1	13.43613	0	13.43613
25	STANDARD	9.497967	1.82		12.53349	0	13.43613
26	STANDARD	24.36984	4.78	H-ZK7	12.61304	0	12.85888
27	STANDARD	-9.111851	0.98	H-ZF5	12.55995	0	12.85888
28	STANDARD	-46.16898	12.05993		12.85888	0	12.85888
像面	STANDARD	无限			12.47455	0	12.47455

图 25-7 5×变焦距系统

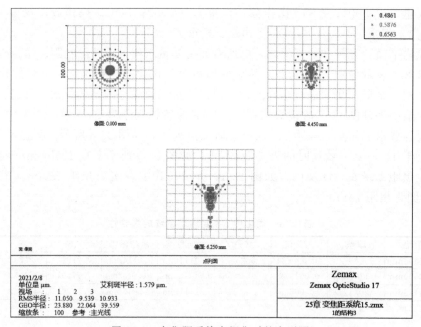

图 25-8 变焦距系统在短焦时的点列图

$$l_2^* = l_2 - x, l_3^* = l_2'^* + x - d_{s23} - y, l_3'^* = l_3' - y \tag{25-61}$$

由高斯公式，可得

$$\frac{1}{l_2'^*} - \frac{1}{l_2 - x} = \frac{1}{f_2'}, \frac{1}{l_3' - y} - \frac{1}{l_2'^* + x - d_{s23} - y} = \frac{1}{f_3'} \tag{25-62}$$

由上面两个公式消去 $l_2'^*$，并化简成 y 的方程为

$$ay^2 + by + c = 0 \tag{25-63}$$

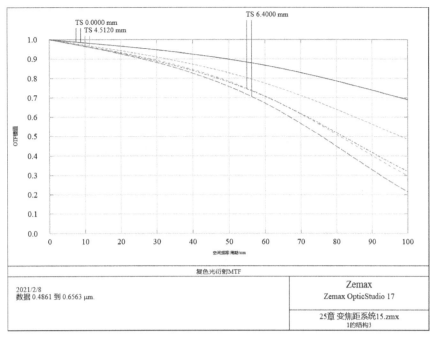

图 25-9　变焦距系统在短焦时的 MTF

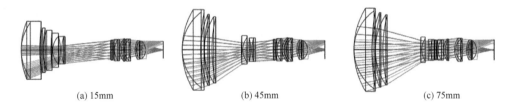

(a) 15mm　　　　　　　(b) 45mm　　　　　　　(c) 75mm

图 25-10　5×变焦距系统 3D 视图

其中

$$a = l_2 + f_2' - x, b = (l_3' - l_2 + d_{s23} + x)x - (l_2 + f_2')(l_3' - d_{s23}) - f_2' l_2,$$
$$c = (d_{s23} + l_2 - x)(l_3' - f_3')x - l_3' f_3' x \tag{25-64}$$

求解公式（25-63）得

$$y_{1,2} = \frac{-b \pm \sqrt{b^2 - 4ac}}{2a} \tag{25-65}$$

上式有两个根，y 取其中的最小值者：

$$y = \min(y_1, y_2) \tag{25-66}$$

　　下面以计算 5×变焦距系统的凸轮曲线为
例，计算 y 随 x 的变化量，其中 x 以 1mm 为

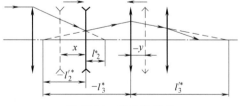

图 25-11　求凸轮曲线

步长。需要注意的是，经过合成系统并优化处理后，每一个组元的焦距、组间距与计算值有
变化，此时不能以前述的计算值作为凸轮计算的基础，而应该以新的数据为凸轮计算的基
础。此时，四个组元的焦距分别为 $f_1' = 68.6777$，$f_2' = -18.3598$，$f_3' = 33.5137$ 和 $f_4' =$
45.4089，以及组元间距分别为 $d_{s12} = 0.1169$，$d_{s23} = 33.4356$ 和 $d_{s34} = 0.4026$，以上单位均
为 mm。最终的计算结果列于表 25-4。从表中可以看到，当 x 线性增加从 0 到 31.08mm

时，y 非线性增加从 0 到 $-30.0091\mathrm{mm}$，负号代表向左移动。当 x 增加到 $31.09\mathrm{mm}$ 时，y 开始减小，向右移。所以补偿组在 $y=-30.0091$ 处获得极值。

表 25-4　5× 变焦距系统补偿组随变倍组移动量的变化

x/mm	y/mm	x/mm	y/mm	x/mm	y/mm
0	0	11.0	-20.2387	22.0	-27.4438
1.0	-2.2581	12.0	-21.0814	23.0	-27.8989
2.0	-6.0067	13.0	-21.8792	24.0	-28.3202
3.0	-10.7528	14.0	-22.6359	25.0	-28.7059
4.0	-12.3940	15.0	-23.3545	26.0	-29.0538
5.0	-13.8308	16.0	-24.0372	27.0	-29.3613
6.0	-15.1210	17.0	-24.6856	28.0	-29.6245
7.0	-16.2986	18.0	-25.3011	29.0	-29.8390
8.0	-17.3859	19.0	-25.8844	30.0	-29.9989
9.0	-18.3982	20.0	-26.4360	31.08	-30.0091
10.0	-19.3464	21.0	-26.9559	31.09	-28.7965

25.3　矩阵法变焦距系统设计

25.3.1　矩阵法原理

矩阵法是作者提出的一种新型的设计变焦距系统的方法，它的最大优点就是借助于商业的数学软件，可以方便快捷地确定变焦距系统的参数。如图 25-4，设变焦距系统由前固定组、变倍组、补偿组和后固定组组成，它们的焦距分别为 f_1'、f_2'、f_3' 和 f_4'，间距分别为 $d_{\mathrm{s}12}$、$d_{\mathrm{s}23}$ 和 $d_{\mathrm{s}34}$。由矩阵光学理论，可以写出从后固定组到前固定组的高斯矩阵为

$$\boldsymbol{M}=\begin{pmatrix} a & b \\ c & d \end{pmatrix}=\begin{pmatrix} 1 & 0 \\ -1/f_4' & 1 \end{pmatrix}\begin{pmatrix} 1 & d_{\mathrm{s}34} \\ 0 & 1 \end{pmatrix}\begin{pmatrix} 1 & 0 \\ -1/f_3' & 1 \end{pmatrix}\begin{pmatrix} 1 & d_{\mathrm{s}23} \\ 0 & 1 \end{pmatrix}\begin{pmatrix} 1 & 0 \\ -1/f_2' & 1 \end{pmatrix}\begin{pmatrix} 1 & d_{\mathrm{s}12} \\ 0 & 1 \end{pmatrix}\begin{pmatrix} 1 & 0 \\ -1/f_1' & 1 \end{pmatrix}$$

$$(25\text{-}67)$$

式中，a、b、c、d 称作高斯矩阵元。在求解上面矩阵元时，不必要完全把它展开，在用数学软件处理时，可以直接调用即可，比如以通用数学软件 Mathenatica 为例，有以下公式

$$a=\boldsymbol{M}[1,1],b=\boldsymbol{M}[1,2],c=\boldsymbol{M}[2,1],d=\boldsymbol{M}[2,2] \tag{25-68}$$

在高斯光学计算时，如果仅考虑变焦距系统的三个焦距位置，即短焦、中焦和长焦，则需要求解四个焦距加上三个位置的组间距，共 13 个变量。因此，需要寻找 13 个方程才可以求解，下面从矩阵光学中寻找方程。

由矩阵光学可知，高斯矩阵元与光学系统的总焦距 f'、后焦截距 l_{F}'（物在无限远时，就是系统最后一面到像平面的距离）之间的关系为

$$f'=-\frac{1}{c} \tag{25-69}$$

$$l_{\mathrm{F}}'=-\frac{a}{c} \tag{25-70}$$

令短焦、中焦和长焦三个位置分别代入公式（25-69）和公式（25-70），可得 6 个方程。由于从前固定组到后固定组，三个间距不管怎么变化，它们的总和不变，给定总和，又可以得到 3 个方程，即

$$d_{s12}+d_{s23}+d_{s34}=L_{totl} \tag{25-71}$$

由矩阵光学可知，光学系统的前焦平面到后焦平面的光线传输矩阵为

$$\boldsymbol{N}=\begin{pmatrix} 0 & f' \\ -1/f' & 0 \end{pmatrix}=\begin{pmatrix} 1 & -a/c \\ 0 & 1 \end{pmatrix}\boldsymbol{M}\begin{pmatrix} 1 & -d/c \\ 0 & 1 \end{pmatrix} \tag{25-72}$$

式中，$\boldsymbol{M}$ 为公式（25-67）的高斯矩阵。由光线传输矩阵 $\boldsymbol{N}$，它的 $\boldsymbol{N}[1,2]$ 就是系统的总焦距，分别在短焦、中焦和长焦情况下，令其为焦距值，如下

$$\boldsymbol{N}_s[1,2]=f'_s,\boldsymbol{N}_m[1,2]=f'_m,\boldsymbol{N}_1[1,2]=f'_1 \tag{25-73}$$

式中，下标 s 代表短焦，m 代表中焦，l 代表长焦。这样，我们已经得到了 12 个方程，其中的第 13 个方程可以用任一焦长时，矩阵 $\boldsymbol{N}$ 的后焦截距为零给出。

总共 13 个方程 13 个未知数，如果人工求解难度极大，可以利用数学软件进行求解，比如 Mathematica、MathCAD、MatLab 或者 Maple 等。

25.3.2　设计实例

下面举例演示，设计一个焦距为 8～24mm，$f/3.0$，像面大小为 $6\times6\text{mm}^2$ 的 3× 变焦距系统。为了使设计的系统最小化，令 3 个面间距之和为 8mm，后焦截距为 4mm。所设计的为摄像物镜，物平面在无限远，像平面即为后焦平面。采用四组元结构，包括前后固定组，经过数学软件求解后，得

$$f'_1=6.147\text{mm},f'_2=1.206\text{mm},f'_3=3.027\text{mm},f'_4=17.761\text{mm}$$

从上面求解结果看到，它不同于"负-正结构"或者"负-负结构"，但是为真实存在解。同时，利用数学软件可以得到不同焦长时，三个间距值，如表 25-5 所示。从表 25-5 可以看到，上面的组元间距不存在负值，解是合理的，理论上可以实现。

表 25-5　8～24mm 变焦系统各组元间距

焦距 间距	d_{s12}/mm	d_{s23}/mm	d_{s34}/mm
$f'=8\text{mm}$	4.1728	2.7524	1.0747
$f'=13\text{mm}$	4.3308	1.6294	2.0398
$f'=18\text{mm}$	4.4313	0.8626	2.7061
$f'=24\text{mm}$	4.5080	0.1357	3.3563

在高斯求解完成后，其余的设计过程与 25.3 节中设计过程完全一样。分组元设计中，可以利用 PWC 求解或者挑选已知相近的镜头作为组元，最后再合成为整个变焦距系统。在合成系统时，需要设置"系统孔径"为"像方空间 F/♯"，"孔径值"为 3.0。设置视场时，选择"视场类型"为"近轴像高"，视场为 0，3mm，4.24mm。波长为 F、d 和 C 光，并设置 d 光的权重为 2，其余不变。具体优化过程，由于篇幅所限，我们略去以上的过程，可以参考 25.3 节。

经过初始结构、优化处理、像差平衡等过程，最终获得图 25-12 的镜头数据。它的成像特性列于表 25-6。从表 25-6 可以看到，在三个焦长位置（8mm、16mm 和 24mm）处，像差都很小，完全满足像差容限。图 25-13 是 3× 变焦距系统在短焦（焦距 8mm）时的点列图，在三个视场均小于 $8.164\mu\text{m}$。图 25-14 是 3× 变焦距系统在短焦时的惠更斯 MTF，除了弧矢 3mm 视场外，其余视场在 100lp/mm 处均大于 0.35。图 25-15 是 3× 变焦距系统在三个焦长位置处的 3D 视图。

表 25-6 优化后 3× 变焦距系统成像特性

结构	焦距	球差	正弦差	像散	轴向色差	垂轴色差	场曲	畸变	TOTR
结构 1	8.0000mm	1.3017λ	0.001533	−11.1726λ	0.0395mm	0.0358mm	2.4222λ	−0.00005%	75.0000
结构 2	16.0000mm	1.7225λ	0.002402	−1.1576λ	0.0234mm	0.0104mm	2.4222λ	4.8176%	75.0000
结构 3	24.0000mm	0.0351λ	−0.0000088	0.1809λ	0.0150mm	−0.005243mm	2.4222λ	2.6504%	75.0000

表面	类型	曲率半径	厚度	玻璃	净口径	延伸区	机械半直径
物面	STANDARD	无限	无限		0	0	0
1	STANDARD	−5490.34	4	H-ZK1	33.84053	0	33.84053
2	STANDARD	−75.14924	0.1		32.44284	0	33.84053
3	STANDARD	61.20118	4	H-ZK9	27.03061	0	27.03061
4	STANDARD	−6144.448	2.33		24.35147	0	27.03061
5	STANDARD	−76.2523	1	H-ZF6	20.32975	0	20.32975
6	STANDARD	−122.8955	0.09998654		19.30987	0	20.32975
7	STANDARD	28.69005	1.46	H-ZK9	16.03326	0	16.03326
8	STANDARD	7.988469	5.29		11.99423	0	16.03326
9	STANDARD	−8.394949	4	H-QK3	11.89962	0	12.78637
10	STANDARD	−9.83968	26.61199		12.78637	0	12.78637
11	STANDARD	11.79941	4	H-ZK7	11.84251	0	11.84251
12	STANDARD	−16.02454	1	H-ZF5	11.73203	0	11.84251
13	STANDARD	−405.4635	4.998504		11.69895	0	11.84251
光阑	STANDARD	无限	2.8		11.44688	0	11.44688
15	STANDARD	11.31887	2.61	H-LAF2	11.23227	0	11.23227
16	STANDARD	−121.7993	1.39		10.74065	0	11.23227
17	STANDARD	−10.75291	1	BAF7	10.64074	0	10.64074
18	STANDARD	6.078228	1.39	H-LAF2	10.43428	0	10.64074
19	STANDARD	−322.2498	4.309522		10.21725	0	10.64074
像面	STANDARD	无限			8.459376	0	8.459376

图 25-12 8～24mm 变焦系统镜头数据

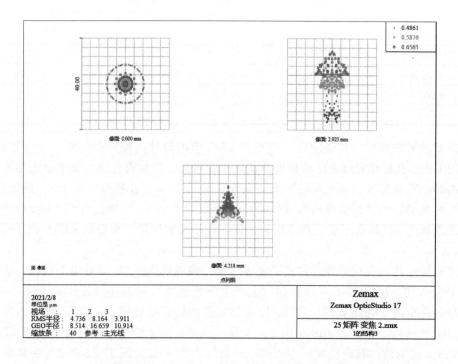

图 25-13 8～24mm 变焦系统短焦时的点列图

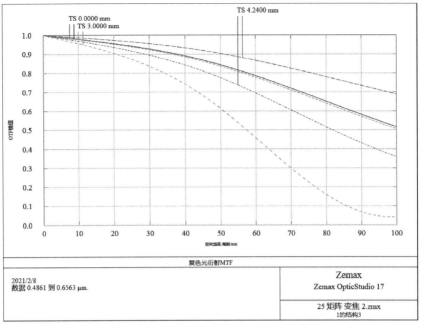

图 25-14　8～24mm 变焦系统短焦时的 MTF

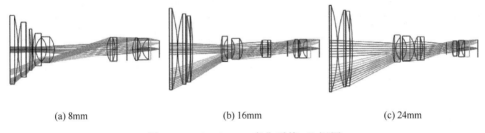

(a) 8mm　　　　　　　(b) 16mm　　　　　　　(c) 24mm

图 25-15　8～24mm 变焦系统 3D 视图

第26章

红外物镜设计

红外光学系统首先来自于武器装备的需求。除了白天作战外，夜晚作战更具有隐蔽性，可以借助夜色发动突然袭击。但是在夜晚行动时，夜色不仅对自己有利，也同时保护了敌人。为此，夜视武器系统应运而生，它就是红外系统。红外光学系统应用于非可见光的红外波段内成像，主要工作于 $3\sim5\mu m$ 和 $8\sim14\mu m$ 两个大气窗口的夜视系统中。由于红外光学系统工作于红外波段，利用物体自身的辐射，可以被动成热像，从而满足在漆黑不见五指的夜晚看到敌人的需要。红外光学系统是由红外光学材料制作而成，主要是透红外波段的特制玻璃，如锗、硅、熔融石英等，它们的设计方法和可见光波段系统没有本质的区别。随着红外技术的发展，它的热成像性质被用在除战争以外的其他方面，如医生用红外热像仪诊断病情、测量体温，监控仪用热成像在夜间进行监控，警察用热像仪在夜间蹲点布控，电路板、机械系统等用热像仪发现高温区以加强热稳定性设计，等等。红外系统的具体应用不属于本书的范畴，本章主要介绍如何设计红外光学系统，即红外镜头。在这一章，首先介绍红外光学材料，因为在设计红外光学系统中，必须使用红外材料。然后，介绍红外镜头的主要类型，包括透射式和反射式两大类型。最后，实例演示红外镜头的设计方法。

26.1 红外光学材料

26.1.1 红外材料简介

红外光学系统脱胎于军用夜视系统的需求，随着逐步的发展，已经不仅仅限于军事应用，也不限于夜视上使用。红外系统是利用红外波段成像的，物体辐射的红外线本身能量较弱，在穿越大气时被大气吸收很多，所以到达红外镜头并被镜头摄取的能量更少。为此，必须选择大气透过率强的红外波段进行成像。经过大气光学研究，如图 26-1，大气对近红外波段（波长 $0.76\sim3\mu m$）的 $1.5\sim2.5\mu m$、中波红外（MWIR，$3\sim6\mu m$）的 $3\sim5\mu m$ 和长波红外（LWIR，$6\sim20\mu m$）的 $8\sim14\mu m$ 波段透过率较大，适合用来成像，称作"大气窗口"。红外热成像系统就是利用大气透射窗口，用得最多的是 $3\sim5\mu m$ 和 $8\sim14\mu m$ 两个大气窗口。红外热成像系统利用红外镜头收集物体发出的红外波段能量，然后成像于红外探测器上，经过处理转化为图像显示出来。

红外镜头用光学材料不能使用可见光波段的光学玻璃材料，必须使用透过红外波段的材料。在设计红外镜头时，用得较多的红外材料有锗、硅、氟化钙、硒化锌、硫化锌、熔融石英等。图 26-2 是常用红外光学材料的透过率曲线，通过该图可以大致选择所需大气窗口的红外材料。也可以利用图 26-3 的红外光学材料玻璃图，已经把常用的红外材料按照两个大气窗口（$3\sim5\mu m$ 和 $8\sim14\mu m$）分类好，其中空心圆为 $3\sim5\mu m$ 窗口用材料，实心圆为 $8\sim$

$14\mu m$ 窗口用材料。常用的红外材料特性列于表 26-1。

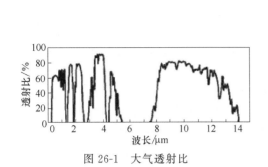

图 26-1 大气透射比

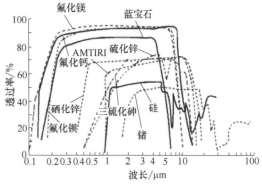

图 26-2 常用红外材料的透过率曲线

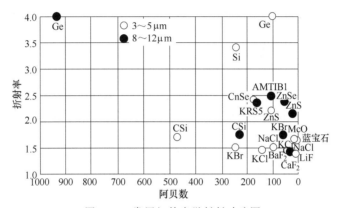

图 26-3 常用红外光学材料玻璃图

表 26-1 常用红外光学材料及特性

材料	Zemax 牌号	波段	折射率 n_4	阿贝数 ν_4	折射率 n_{10}	阿贝数 ν_{10}	$\mathrm{d}n/\mathrm{d}t/℃^{-1}$	热膨胀系数/K^{-1}
锗	GERMANIUM	2～23	4.0244	101	4.0032	1001	0.000396	5.7×10^{-6}
硅	SILICON	1.1～23	3.4255	250	3.4179	2200	0.000150	2.62×10^{-6}
硫化锌	ZNS_IR	0.35～14	2.2518	113	2.2002	165	0.0000433	6.6×10^{-6}
硒化锌	ZNSE	0.5～20	2.4332	117	2.4065	57.9	0.000060	7.1×10^{-6}
AMTIR 1	AMTIR 1	0.75～14	2.5144	198	2.4975	70.5	0.000072	12×10^{-6}
氟化镁	MGF2	0.11～9.5	1.3488	13.5	—	—	0.000020	9.4×10^{-6}
蓝宝石	SAPPHIRE	0.14～6	1.6752	7.65	—	—	0.000013	6.65×10^{-6}
氟化钙	CAF2	0.13～12	1.4096	22.2	—	—	0.000011	18.9×10^{-6}
熔石英	F_SILICA	0.14～2.5	1.4060	—	—	—	0.000097	0.51×10^{-6}

注：表中，折射率和阿贝数中的下标 4 代表波长 $4\mu m$，10 代表波长 $10\mu m$。

26.1.2 常用红外材料

在光学设计中，几种常用的红外光学材料如下：

① 锗（Ge）。锗是一种最常用的红外光学材料，它的透射光谱范围为 $2～23\mu m$，涵盖了中波红外和长波红外。由于锗在 $4\mu m$ 和 $10\mu m$ 的阿贝数差别很大，如表 26-1，所以锗在中波和长波表现了不同的特性。在中波可用作负透镜，类似消色差中"火石玻璃"；在长波中可作正透镜，类似消色差中"冕牌玻璃"。锗的折射率在红外材料中是比较大的，达到

4.0 以上，折射率大有利于光线偏折角小从而减小球面曲率半径，有利于像差校正。锗的 dn/dt 较大，对温差变化较大的环境中，需要进行无热化设计。锗的优点是硬度高、导热性好、具有疏水性。锗在 $10.6\mu m$ 吸收较小，可用作 CO_2 激光透射镜。

② 硅（Si）。硅也是较常用的一种红外光学材料，它的透射光谱范围为 $1.1\sim23\mu m$。不过，在长波窗口 $8\sim14\mu m$ 硅存在吸收，所以主要用于中波窗口 $3\sim5\mu m$。硅材料硬度高，导热性能好，密度低，不溶于水。另外单晶硅在 $30\sim300\mu m$ 的远红外波段，透光性很好，这是其他红外材料所不具有的。硅的折射率虽然低于锗，但是高于其他红外材料，高折射率是有利于校正像差的。其次，与锗相比，硅的色散较低。

③ 硫化锌（ZnS）。一般指通过化学气相沉积（CVD）生产的硫化锌，在有些书或资料中，称为"CVD 硫化锌"。它的透射光谱范围为 $0.35\sim14\mu m$。硫化锌具有纯度高、密度适中、易加工、硬度高、不溶于水、价格低、环境适应好等优点。硫化锌广泛用于红外镜片、红外窗口、整流罩等制作。硫化锌在长波窗口 $8\sim14\mu m$ 较常用到，常用作红外镜头中。

④ 硒化锌（ZnSe）。它的透射光谱范围为 $0.5\sim20\mu m$，略宽于硫化锌，折射率也略高于硫化锌。硒化锌具有纯度高、易加工等优点。硒化锌最大的优点在于透光性好，吸收系数极小，光传输损耗小，是高功率 CO_2 激光光学元件的首选材料。硒化锌折射率均匀和一致性较好，也用于前视红外热成像系统中保护窗口。

⑤ AMTIR 1。它的透射光谱范围为 $0.75\sim14\mu m$。AMTIR 1 是由锗、砷和硒按照 33：12：55 材料比例生产而成。AMTIR 1 从近红外就开始透光，常用于近红外波段。另外，AMTIR 1 的色散较小，温度折射率系数较小，对环境温差适应性较好。

⑥ 氟化镁（MgF_2）和氟化钙（CaF_2）。它们的透过波段涵盖了从紫外到中波红外。它们具有硬度高、抗机械冲击和热冲击能力强。这两种材料在紫外波段的光学性能都很好，是目前已知的紫外截止波段的光学晶体，透过率高，荧光辐射小，是紫外光探测器、紫外光激光器和紫外光学系统的理想材料。氟化镁是一种双折射晶体。

⑦ 蓝宝石（sapphire）。一种硬度较高的红外材料。它的透射光谱范围为 $0.14\sim6\mu m$，可以透过从深紫外到中波红外。蓝宝石的最大优点是，发热量低，即在高温下有很低的热发生率。因此，蓝宝石可用于高温工作状况。蓝宝石的主要缺点是价格贵，由于硬度高难以加工。蓝宝石也具有双折射特性。

⑧ 熔融石英（fused silica）。是氧化硅的玻璃态（非晶态）。它的透射光谱范围为 $0.14\sim2.5\mu m$。熔融石英能透过可见光和近红外，不能透过中波红外和远红外，所以不能用作两个窗口的镜头设计。熔融石英的热膨胀系数小，纯度高，抗高温蠕变能力高。熔融石英的缺点有温度较低时导热性较差，热容量小。

26.1.3　在 Zemax 中使用红外材料

在 Zemax 软件中，红外光学材料主要存在位置及其查看和使用方法如下。

① 个别红外材料在玻璃库"MISC. AGF"中，如：CAF2、SILICA、F_SILICA。

② LIGHTPATH，"数据库→材料库→分类→LIGHTPATH. AGF"，如：BD1、BD2、BD2_L。

③ UMICORE，"数据库→材料库→分类→UMICORE. AGF"，如：GASIR1、GASIR2。

④ SCHOTT_IRG，"数据库→材料库→分类→SCHOTT_IRG. AGF"，如：IRG22、IRG23、IRG24。如图 26-4，为肖特玻璃厂的 IRG 系列红外光学材料透过率曲线。

⑤ INFRARED，"数据库→材料库→分类→INFRARED. AGF"，常用的红外光学材料

都在这里面，如：GERMANIUM、SILICON、F_SILICA 等，表 26-1 所列红外材料均在此玻璃库中，如图 26-5。

事实上，虽然红外光学材料可选择性较多，但是考虑到成本和获得的方便性，尽量不采用冷门的厂家生产的红外材料，也不采用不太常用的红外材料，尽量选用锗、硅、氟化钙和融石英等。

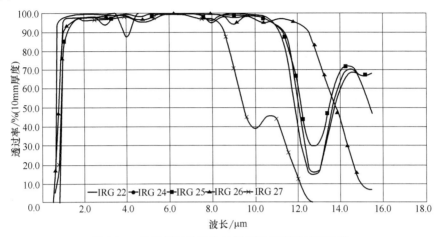

图 26-4　肖特厂红外光学材料 IRG 系列透过率曲线

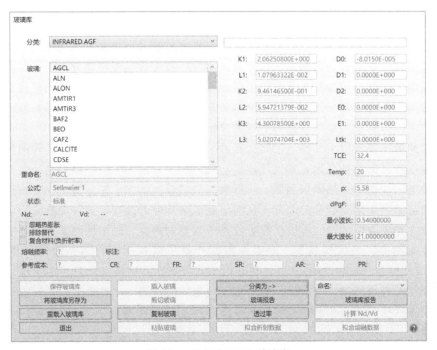

图 26-5　INFRARED 玻璃库

26.2　红外镜头

26.2.1　红外镜头的作用

红外系统的工作原理，可以参考图 26-6。被观察目标辐射的红外波经大气传输后进入

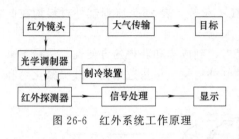

图 26-6 红外系统工作原理

到红外镜头，并被红外镜头成像于红外探测器上。有时候为了提供目标的方位信息等，在红外镜头与红外探测器之间放置一个称作光学调制器的装置。光学调制器一般由圆盘形或者长条形装置，上面刻有透射和阻挡光线的交替图案。通过光学调制器的移动，可以获取目标的交替辐射光，以识别目标的方位信息等。有些红外探测器带有制冷装置，尤其老式的制冷型探测器，如 $8 \sim 14 \mu m$ 波段工作的锑化铟探测器的工作温度为 77K，需要制冷。不过，带有杜瓦瓶的制冷装置显得笨重，非制冷型探测器得到了重视和发展。红外镜头将目标成像于红外探测器上，然后经过信号处理，如放大、滤波、提取等算法，最终输送到显示器上显示出来。

从红外系统的原理可以看到，红外镜头的作用就是将目标成像于红外探测器上。通常目标较远，红外镜头相当于物体在无限远成像，像平面在后焦平面上，所以红外镜头本质上就是照相物镜。在成像过程中，光学调制器并不增加光程或者改变光线的前进方向，所以在镜头设计中无须考虑它的存在。红外镜头除了成像的作用外，有时还辅助确定目标的方位，实现对目标的捕获等。红外镜头是红外系统的核心部件，它的好坏直接决定了红外系统的质量。

26.2.2 红外探测器

红外光学系统的接收器为红外探测器。红外探测器的种类很多，比如按响应波段可以分为近红外探测器、中波红外探测器和远红外探测器；按工作温度可以分为低温探测器、中温探测器和室温探测器；按探测单元数量可以分为单元探测器、多元探测器和凝视型阵列探测器；按是否需要制冷可以分为制冷型探测器和非制冷型探测器。红外探测器是将入射的红外光线转换成电信号，然后经信号处理后送到显示屏显示。

红外探测器主要有以下几种：①热探测器，由吸收的红外光线使敏感元件测度升高，从而引起与温度有关的参数变化，如气体体积、气体压强、温差电阻、温差电动势等。这类探测器有热敏电阻探测器、热偶探测器、热释电探测器等。②光子探测器，在吸收红外光线后导致固体的电子产生运动状态的改变，从而引起电学参数的改变，这种现象称为固体的内光电效应。由内光电效应的强弱可以探测吸收光子数量的多少。光子探测器有光电子发射探测器、光电导探测器、光伏探测器、光磁探测器和量子阱探测器件等。③红外焦平面阵列（infrared focal plane array，IRFPA），是利用窄禁带半导体材料（如 HgCdTe 等）的内光电效应来实现红外光线转换为电信号，从而实现对物体的探测。红外焦平面阵列主要有制冷型红外焦平面阵列探测器、非制冷型红外焦平面阵列探测器和多量子阱（MQW）红外焦平面阵列探测器。

26.2.3 红外镜头的类型

红外镜头按照折反方式，可以分为折射式红外镜头、反射式红外镜头和折反混合式红外镜头。折射式红外镜头使用红外光学材料，按照普通的透射式镜片设计红外镜头，如图 26-7（a），理论上与第 23 章的照相物镜没有本质的区别，所以红外镜头又称作红外物镜。折射式红外镜头多以 Cooke 三片式常见，由正-负-正三片折射镜片组成。由于红外系统本身摄取的环境光线有限，能量较低，为了摄取更多能量，红外镜头的口径设计得较大，难免会增加镜头的整体尺寸和重量。另外，透射式红外材料也会吸收一部分能量，降低像平面的照度，于是全反射式红外镜头得到了应用。反射式红外镜头就是所有成像工作面均是反射面，如图 26-7（b），这样可以折叠以缩小尺寸，同时避免了色差和材料吸收。反射式红外镜头可以做到更小的 F 数。反射式红外镜头多以卡塞格林系统和牛顿望远系统多见，由两片非球面反射镜组成。如果在红外镜头中即有折射式镜片又有反射面，则称之为折反混合式红外镜头，如图 26-7（c）。折反混合式红外镜头多以在反射式基础上，接物方增加施密特校正板或者像平面前放置像差校正组元构成。

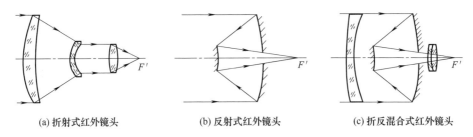

(a) 折射式红外镜头　　　　　(b) 反射式红外镜头　　　　　(c) 折反混合式红外镜头

图 26-7　红外镜头的三种类型

折射式红外镜头主要有单片式球面或者非球面透镜、双胶合或者双分离物镜、Cooke 三片式物镜、双高斯物镜和松纳物镜等，如图 26-8 所示。反射式红外镜头主要有牛顿系统、卡塞格林系统和格里高利系统等，如图 26-9 所示。折反混合式红外物镜主要有施密特系统、曼金系统和包沃斯-马克苏托夫系统等，如图 26-10 所示。

红外镜头按照成像方式可以分为一次成像红外镜头、二次成像红外镜头、广角红外镜头、双波段红外镜头、变焦距红外镜头等。

一次成像红外镜头，顾名思义，光线在镜头内部不成像，仅在像平面上成像。该红外镜头一般 F 数大于 1，视场小于 $20°$，焦距在 $25\sim200$mm 之间，结构简单，在不采用非球面或者二元光学面的情况下，使用三片折射式即能达到设计要求。在没有冷光阑的情况下，第一个镜片框就是光阑，如果有冷光阑，则冷光阑处即是孔径光阑。此时，光阑在整个系统后面，将导致前面镜片口径加大，像差校正难度增加。三片式多采用 Cooke 三片式结构，由正-负-正三片透镜，在中波红外，可采用 Si-Ge-Si 组合，在长波红外，可采用 Ge-AMTIR1-Ge 组合。

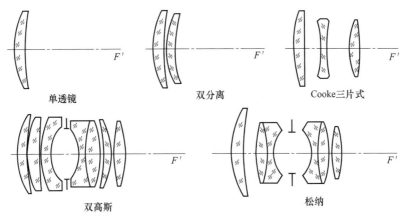

单透镜　　　　　双分离　　　　　Cooke三片式

双高斯　　　　　松纳

图 26-8　折射式红外镜头

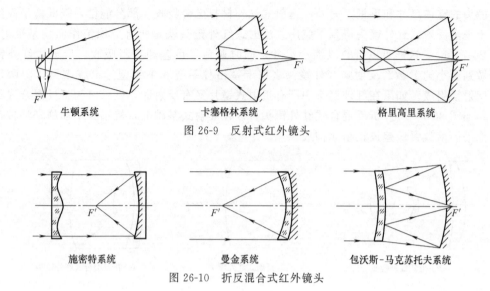

牛顿系统　　　　　　　　卡塞格林系统　　　　　　　格里高里系统

图 26-9　反射式红外镜头

施密特系统　　　　　　　　曼金系统　　　　　　包沃斯-马克苏托夫系统

图 26-10　折反混合式红外镜头

二次成像红外镜头，一般由一个一次成像红外镜头加一个望远系统组成，可以有效地解决口径增大、焦距过长的问题。为了控制第一个镜片的口径，可以在 Zemax 软件中用 ENPP 操作数，将入瞳面指定在第一个镜片上。但是，二次成像镜头片数过多，系统较长，不适合便携式红外设备。如果进一步增大口径和增加焦距的话，可以考虑采用折反混合式红外系统，比如在卡塞格林系统的基础上使用二次成像，将有效地解决技术要求和成像质量的平衡。

当视场角大于 $60°$，称作广角红外镜头；当视场角大于 $90°$，称作特广角红外镜头。比如某些夜视监控系统就需要视场角超大，必须使用广角红外镜头。在像平面大小一定的情况下，为了提高视场角，必须缩短焦距，所以广角红外镜头的焦距都很短。同时，为了保持一定的后工作距，则需要采用反摄远结构。

双波段红外镜头是同一个红外镜头，可同时在中波红外和长波红外环境下使用。红外镜头对中波红外和长波红外同时消像差，在两个波段成像时像平面保持不变。双波段系统在 Zemax 软件中的设计方法是，借助于多重结构来完成，使用多重结构中的 WAVE 操作数。

变焦距红外镜头就是具有焦距可变的红外镜头，和第 25 章的变焦距系统一样，只是在设计时需要选用红外光学材料即可。

26.2.4　红外镜头的特性

(1) 幅面大小

红外光学系统的像平面大小，又称作幅面大小，是由红外探测器的尺寸大小或者扫描尺寸大小决定的。幅面大小可以参考表 23-1 中 CCD&CMOS 尺寸，不过也不排除非标准尺寸，这就需要光学设计师按照红外探测器的尺寸进行计算。红外探测器的成像幅面是一个矩形（也有是正方形的），它由方形的像素元组成，像素的大小通常是微米级别。如果定义红外探测器的对角线为 $2r$，长 L 和宽 H 为标准长宽比 $4：3$，则有

$$L = 1.6r, H = 1.2r \tag{26-1}$$

为了涵盖成像幅面上所有的区域，要求红外物镜的成像区域为以感光矩形对角线一半 r 为半径所画的圆形，所以红外镜头的像高应该用对角线长度 $2r$。

(2) 焦距

红外镜头焦距 f' 是红外镜头的重要特性参量。由于红外镜头对无限远物体成像，所以

像距 $l' \approx f'$。

（3）视场角

视场角决定了成像范围。当选定了红外探测器，它的幅面大小就确定了。令幅面对角线的一半为像高 $y'=r$，由无限远共轭的像高公式，可得

$$\tan\omega = -\frac{y'}{f'} \tag{26-2}$$

式中，ω 称作物方视场角，简称视场角，它决定了在物空间具有 ω 平面角的锥形光束才可以进入到红外镜头参与成像。从上式可以看到，幅面大小限制了视场角，视场角又决定了成像范围，所以成像幅面就是视场光阑。

（4）相对孔径

定义入瞳直径 D 与像方焦距 f' 之比称作相对孔径，记作 RA，即

$$RA = \frac{D}{f'} \tag{26-3}$$

由像平面光照度公式，像平面照度与相对孔径的平方成正比。

（5）F 数

F 数为相对孔径的倒数，即

$$F = \frac{f'}{D} \tag{26-4}$$

红外镜头由于工作在低能量环境下，为了尽可能地收集能量，需要红外镜头的相对孔径尽量大，即 F 数尽量小，所以红外镜头的 F 数一般在 1 附近。

（6）景深

景深由下式决定

$$\Delta = \frac{2Z}{D} \times \frac{l(l+f')}{f'} \tag{26-5}$$

式中，D 为照相物镜的入瞳直径；f' 为照相物镜的像方焦距；Z 为像面容许的像素大小；l 为考察的物平面。景深为考察物平面前后能够获得清晰像的范围。

26.3 定焦红外镜头设计

26.3.1 定焦红外镜头技术要求

要求设计一个焦距为 200mm 的红外物镜，适用于意大利 Selex 公司的 MW/LW CCD 红外探测器，有效像素 640×512，像素大小 $30\mu m \times 30\mu m$，并满足如下参数：

焦距：$f'=200mm$。

视场角：$2\omega = 7.04°$。

相对孔径：$1 : 3$。

远红外：$8 \sim 12\mu m$。

像质：尽量使像差得到校正，满足红外镜头的像差容限。

由技术要求，可得红外探测器的长 L、宽 H 和对角线长 $2r$ 为

$$L = 640 \times 30\mu m = 19.2mm, H = 512 \times 30\mu m = 15.36mm$$

$$2r = \sqrt{19.2^2 + 15.36^2} \approx 24.588mm, r \approx 12.3mm$$

所以在 Zemax 软件中，"视场数据编辑器"里，取"视场类型"为"近轴像高"，三个视场

分别为 0、8.7mm 和 12.3mm。事实上，视场也可以用"角度"类型，由红外探测器对角线长度 $2r$ 及系统焦距，可得视场角为

$$\tan\omega=\frac{r}{f'} \quad \Rightarrow \quad \omega=3.519°$$

上式中以角度表示的视场角，刚好为技术要求的视场角 $2\omega=7.04°$。我们在 Zemax 软件中模拟此例使用近轴像高作为视场，最大视场为 12.3mm。

系统孔径就用技术要求中的 F 数，即"孔径类型"选择"像方空间 F/#"，"孔径值"为 3。波长使用长波红外波段，在"波长数据"对话框中，勾选前三行，分别填入 $8\mu m$、$10.5\mu m$ 和 $12\mu m$。

26.3.2　定焦红外镜头初始结构

由于此定焦红外镜头，视场角仅为 7.04°，不大，有利于像差校正；并且焦距为 200mm，焦距较长也有利于像差校正，所以该红外镜头设计难度不大。对于常规的红外镜头，优先考虑正-负-正的 Cooke 三片式。由前述可知，对于长波红外波段，可采用 Ge-AMTIR1-Ge 材料组合。

新建一个镜头文件，在"孔径类型"选择"像方空间 F/#"，"孔径值"输入 3。在"视场数据编辑器"里，取"视场类型"为"近轴像高"，输入三个视场分别为 0、8.7mm 和 12.3mm。在"波长数据"对话框中，勾选前三行，分别填入 $8\mu m$、$10.5\mu m$ 和 $12\mu m$。在"镜头数据"编辑器里插入 6 行，按图 26-11 输入镜头数据。对于 Cooke 三片式镜头，光阑放置在最后一片前面，会减小后面光学镜片的尺寸，降低成本。从图 26-11，第 7 面半径输入 -600，像距用 M 求解后，可得焦距为 199.551mm，接近目标值 200mm，作为优化起点正好。

表面	类型	曲率半径	厚度	玻璃	净口径	延伸区	机械半直径
物面	STANDARD	无限	无限		0	0	0
1	STANDARD	无限	0	GERMANIUM	66.517	0	66.517
2	STANDARD	无限	0		66.517	0	66.517
3	STANDARD	无限	0	AMTIR1	66.517	0	66.517
4	STANDARD	无限	0		66.517	0	66.517
光阑	STANDARD	无限	0		66.517	0	66.517
6	STANDARD	无限	0	GERMANIUM	66.517	0	66.54539
7	STANDARD	-600	199.551		66.54539	0	66.54539
像面	STANDARD	无限			28.204	0	28.204

图 26-11　定焦红外镜头初始镜头数据

26.3.3　定焦红外镜头优化

由定焦红外镜头的初始镜头数据给出方法，可知该镜头数据极为粗略，像差必然偏差较大。经过查看可知，正弦差、轴向色差较大，已经超出了像差容限；RMS 点图半径也达到 $712.399\mu m$，远远超过像元大小 $30\mu m$；MTF 在 17lp/mm 处均小于 0.1，所以需要进行优化处理。

使用"优化→评价函数编辑器"命令，设置默认的优化函数。勾选"厚度边界"中的"玻璃"，令"最小"为 1，"最大"为 15，"边缘厚度"为 1。勾选"厚度边界"中的"空气"，令"最小"为 0.2，"最大"为 55，"边缘厚度"为 0.2。点击"确定"按钮进入到评价函数编辑器，找到第 7 面的"MXCA"操作数，修改其目标值为 200。在默认的优化函数前面插入 EF-FL 操作数，目标值为 200，权重为 1；插入 SPHA、OSCD、ASTI、FCUR、DIST、AXCL 和 LACL 七种塞德几何像差，目标值均为 0，权重均为 1。然后使用命令"优化→执行优化"进行优化处理，为了尽可能地挖掘该镜头的潜力，做完执行优化后，可以接着做全局优化和锤形

优化。最终，我们得到图 26-12 的镜头数据，它的像差如图 26-13 所示。

表面	类型	曲率半径	厚度	玻璃	净口径	延伸区	机械半直径
物面	STANDARD	无限	无限		99.61264	0	0
1	STANDARD	147.5049	15	GERMANIUM	99.61264	0	99.61264
2	STANDARD	171.0426	55		92.45543	0	99.61264
3	STANDARD	54.67126	8.07	AMTIR1	59.70419	0	59.70419
4	STANDARD	44.4839	55		52.15476	0	59.70419
光阑	STANDARD	无限	55		33.52658	0	33.52658
6	STANDARD	-379.57	15	GERMANIUM	38.48184	0	39.95272
7	STANDARD	-198.1824	74.06029		39.95272	0	39.95272
像面	STANDARD	无限			24.66322	0	24.66322

图 26-12　定焦红外镜头优化后镜头数据

	评价函数编辑器 ×	镜头数据	1: 布局图	2: 点列图	3: 惠更斯MTF	4: 波前图

优化向导与操作数　评价函数: 0.00193427891568156

	类型	面1	面2	目标	权重	评估	% 献
4	EFFL ▾		1	200.0000	1.0000	200.0000	3.8697E-05
5	SPHA ▾ 0		1	0.0000	1.0000	8.3324E-04	0.3492
6	OSCD ▾	1	0.0000	0.0000	1.0000	2.5143E-04	0.0318
7	ASTI ▾ 0		1	0.0000	1.0000	-2.3473E-04	0.0277
8	FCUR ▾ 0		1	0.0000	1.0000	-8.0601E-04	0.3267
9	DIST ▾ 0		0	0.0000	1.0000	1.3178E-03	0.8734
10	AXCL ▾ 0	0	0.0000	0.0000	1.0000	-1.4635E-04	0.0108
11	LACL ▾ 0	0		0.0000	1.0000	-9.4876E-04	0.4527
12	BLNK ▾						
13	EFLY ▾ 1		2	0.0000	0.0000	241.1615	0.0000
14	EFLY ▾ 3		4	0.0000	0.0000	-302.8562	0.0000
15	EFLY ▾ 6		7	0.0000	0.0000	129.8687	0.0000

图 26-13　定焦红外镜头的评价函数

从图 26-13 可以看到，七种塞德几何像差都很小，完全达到设计要求。我们在评价函数编辑器里插入三行 EFLY 操作数，面 1 分别设置为 1、3、6，面 2 分别设置为 2、4、7，如图 26-13。其中面 1 到面 2 的第一个镜片的焦距为 241.1615mm，面 3 到面 4 的第二个镜片的焦距为 −302.8562mm，面 6 到面 7 的第三个镜片的焦距为 129.8687mm，显然是正-负-正的 Cooke 三片式结构。图 26-14 是该红外镜头的点列图，三个视场的 RMS 半径分别为 11.211μm、11.405μm 和 11.628μm，小于 30μm 的像元大小。从点列图可以看到，所有点均落在艾里斑里面。图 26-15 是该红外镜头的惠更斯 MTF，所有视场的 MTF 在 17lp/mm

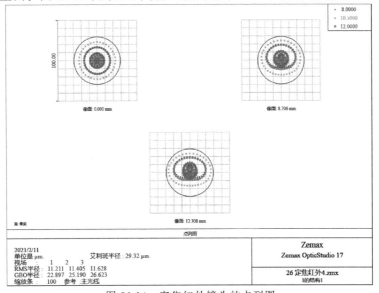

图 26-14　定焦红外镜头的点列图

均大于 0.35。图 26-16 是该红外镜头的衍射能量环，它代表从像元中心向外在一定半径内包围的点光源的能量百分比，从图中可以看到，在 $30\mu m$ 半径内，所有视场包围的能量百分比均大于 78.7％。图 26-17 是该红外镜头的 2D 视图。

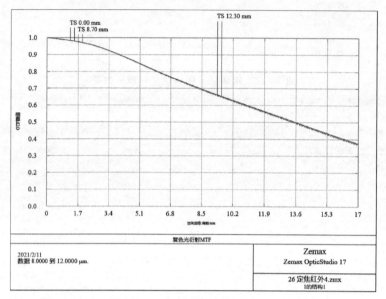

图 26-15　定焦红外镜头的 MTF

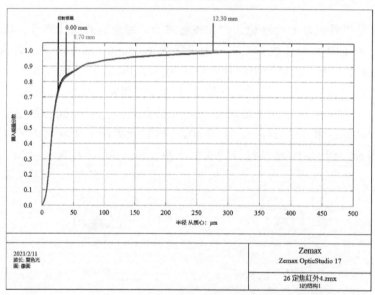

图 26-16　定焦红外镜头的包围能量环

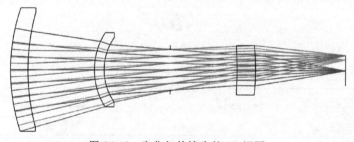

图 26-17　定焦红外镜头的 2D 视图

26.4　变焦红外镜头设计

26.4.1　变焦红外镜头技术要求

要求设计一个焦距为 15～150mm 的 10× 凝视型中波红外变焦距物镜，适用红外探测器参数为有效像素 320×240，像素大小 30μm×30μm，波段 3.7～4.8μm，并满足如下参数：

焦距：15～150mm。

视场角：$2\omega=4.6°\sim43.6°$。

相对孔径：1：2.8。

后工作距：$l'_4\geqslant20$mm。

光学筒长：$L_0\leqslant235$mm。

中波红外：3.7～4.8μm。

像质：尽量使像差得到校正，满足红外镜头的像差容限。

由技术要求，可得红外探测器的长 L、宽 H 和对角线长 $2r$ 为

$$L=320\times30\mu m=9.6mm, H=240\times30\mu m=7.2mm$$

$$2r=\sqrt{9.6^2+7.2^2}=12mm, r=6mm$$

所以在 Zemax 软件中，"视场数据编辑器"里，取"视场类型"为"近轴像高"，三个视场分别为 0、4.24mm 和 6mm。视场也可以用"角度"类型，由红外探测器对角线长度 $2r$ 及系统焦距 15～150mm，可得视场角为

$$\tan\omega=\frac{r}{f'} \Rightarrow \omega\approx2.3°\sim21.8°$$

上式中以角度表示的视场角，刚好与技术要求的视场角 $2\omega=4.6°\sim43.6°$ 一致。在此例中，用 Zemax 软件模拟时使用近轴像高作为视场，最大视场为 6mm。

系统孔径就用技术要求中的 F 数，即"孔径类型"选择"像方空间 F/♯"，"孔径值"为 2.8。波长使用 3.7～4.8μm 的中波红外波段，在"波长数据"对话框中，勾选前三行，分别填入 3.7μm、4.25μm 和 4.8μm。

26.4.2　高斯光学计算

由于该红外镜头的变倍比较大，$M=10\times$，在长焦时焦距达到 150mm，焦距比较长。我们在此选用负组补偿，因为负的补偿组会发散光束，从而达到增加焦长的作用。设计变焦距系统主要分两步：第一步需要利用第 25 章的高斯光学计算方法确定补偿组解的区间，确定补偿组焦距，最后确定后固定组的焦距；第二步，分组元设计及合成系统后，优化并平衡像差。

在初始状态，即焦距为 15mm 时，在归一化条件下，取前固定组焦距为 $f'_1=2.35$，$f'_2=-1$，$d_{s12}=0.06$，$d_{s23}=1.90$，将以上数据代入公式（25-42），可得 f'_{30}

$$\beta_2=\frac{f'_2}{f'_2+f'_1-d_{s12}}=-0.7752, A=1-\beta_2+d_{s23}=3.6752, E=3+\frac{1}{\beta_2}+d_{s23}=3.6100$$

$$f'_{30}=\frac{AE}{E-A}=-203.508$$

在负组补偿时，只需要 $f_3' > f_{30}' = -203.508$ 即可，我们取 $f_3' = -1.80$。为了缩小后固定组的口径，我们将令后工作距 $l_4' = 20\text{mm}$，光学筒长 $L_0 = 235\text{mm}$，由公式（25-55）得

$$-(0.06 + 1.9 + d_{s34})f_2' + 20 = 235$$

上式为 d_{s34} 和 f_2' 的制约关系。取 $f_2' = -34\text{mm}$，则 $d_{s34} = 4.36$。需要注意的是，如果某一个组元内部镜片间距较大，即偏离密接薄透镜组，则上式计算的结果误差较大。将归一化数据乘以 f_2' 得

$$f_1' = 79.9, f_2' = -34, f_3' = -61.2, d_{s12} = 2.04, d_{s23} = 64.6, d_{s34} = 148.24$$

很显然 d_{s34} 过大，计算值与模拟值应该有出入。代入第 25 章的公式（25-56）~公式（25-60），追迹光路可得后固定组焦距为 $f_4' = 7.6757$。为了简化系统结构，我们前三个组元采用单片镜，如果达不到需要可以借助于非球面。红外材料采用硅（SILICON）和锗（GERMANIUM）两种玻璃。

26.4.3　设计结果

由于前三个组元均为单透镜，可以假设它们为等凸或者等凹的正负透镜，利用透镜制造方程求解曲率半径。前固定组，选用硅材料，变倍组和补偿组选用锗材料。前三个组元过于简单，所以后固定组必须复杂化用于校正像差，我们采用硅-锗-硅的三片式组合。经过分组元设计再组合成系统，然后优化处理，获得如图 26-18 所示的镜头数据。其中仅用了一片非球面，即第 2 面，选择的方法为使用"优化→寻找最佳非球面"命令。该 10× 红外变焦镜头是由 6 片透镜组成的，它的像差特性列于表 26-2。从表中可以看到，短焦、中焦和长焦的三个位置下，焦距和总光学筒长（TOTR）都保持得很好。三个焦距下，像差都校正的很好，塞德几何像差的评估可以参考焦深 $\Delta \approx 4\lambda(F/\#)^2 = 133.28\mu m$。图 26-19 是优化后 10× 红外变焦镜头在短焦时的点列图，所有视场的 RMS 半径均小于 $18.320\mu m$，小于一个像素的大小 $30\mu m$。图 26-20 是优化后 10× 红外变焦镜头在短焦时的惠更斯 MTF，除了子午最大视场的 MTF 为 0.16 外，其余均大于 0.37。事实上，中焦和长焦的像质优于短焦，因为长的焦距有利于像差校正，从表 26-2 和表 26-3 都可以看到。表 26-3 是优化后 10× 红外变焦镜头在三个视场时的 RMS 半径和惠更斯 MTF，MTF 取最大截止频率 17lp/mm 处的数值，其中 T 代表子午，S 代表弧矢。从表中可以看到，中焦和长焦的像质更好。该红外变焦镜头的 3D 视图，如图 26-21 所示，其中（a）图焦距为 15mm，（b）图焦距为 75mm，（c）图焦距为 150mm。

表面	类型	曲率半径	厚度	玻璃	净口径	延伸区	机械半直径
物面	STANDARD	无限	无限		0	0	
1	STANDARD	101.8367	8.4	SILICON	52.85046	0	52.85046
2	EVENASPH	199.0185	0.1999769		48.91603		
3	STANDARD	97.93175	12	GERMANIUM	46.21713		
4	STANDARD	45.73699	65		36.40723		
5	STANDARD	-60.40581	2	GERMANIUM	12.45127		
6	STANDARD	-91.58738	38.51003		12.64898		
光阑	STANDARD	无限	5.78		26.57587		
8	STANDARD	136.9126	12	SILICON	30.46204		
9	STANDARD	-161.549	7.14		30.49586		
10	STANDARD	-62.29049	12	GERMANIUM	27.55597		
11	STANDARD	-93.59897	50		30.37789		
12	STANDARD	32.33923	1.97	SILICON	26.66589	0	26.66589
13	STANDARD	45.33496	20		26.01752	0	26.66589
像面	STANDARD	无限			12.07118	0	12.07118

表面　2 EVENASPH
系数在 r 2 ：　0
系数在 r 4 ：　3.0170857e-08
系数在 r 6 ：　-5.7505108e-13
系数在 r 8 ：　5.2674818e-17
系数在 r 10 ：　0
系数在 r 12 ：　0
系数在 r 14 ：　0
系数在 r 16 ：　0

图 26-18　优化后 10× 变焦红外镜头的镜头数据

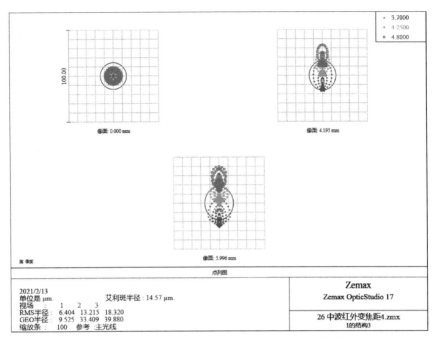

图 26-19　优化后 10×变焦红外镜头短焦时的点列图

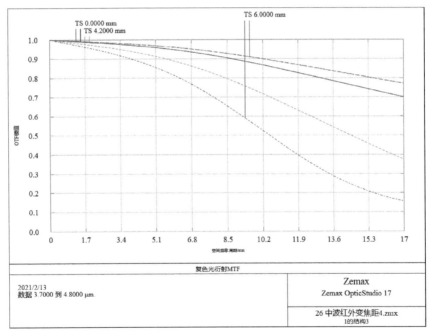

图 26-20　优化后 10×变焦红外镜头短焦时的 MTF

表 26-2　优化后 10×红外变焦距系统成像特性

结构	焦距	球差	正弦差	像散	轴向色差	垂轴色差	场曲	畸变	TOTR
结构 1	15.0001mm	0.2019λ	0.002105	0.8487λ	0.0265mm	0.0340mm	0.1484λ	−0.2112%	235.0000
结构 2	75.0000mm	0.1535λ	0.001481	0.0530λ	−0.00610mm	0.00662mm	0.1484λ	−0.0120%	235.0000
结构 3	150.000mm	−0.1086λ	−0.0005183	0.1932λ	0.00526mm	−0.0144mm	0.1484λ	−0.0330%	235.0000

表 26-3　优化后 10×红外变焦距系统 RMS 半径和惠更斯 MTF

焦距	RMS 半径/μm			惠更斯 MTF@17lp/mm					
	0mm 视场	4.2mm 视场	6.0mm 视场	0mm 视场		4.2mm 视场		6.0mm 视场	
				T	S	T	S	T	S
15mm	6.404	13.215	18.320	0.70	0.70	0.37	0.77	0.16	0.77
75mm	2.764	9.036	12.268	0.79	0.79	0.76	0.77	0.61	0.77
150mm	5.630	6.160	9.758	0.78	0.78	0.67	0.78	0.55	0.76

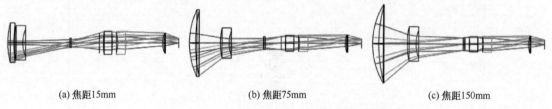

(a) 焦距15mm　　　　　　　(b) 焦距75mm　　　　　　　(c) 焦距150mm

图 26-21　优化后 10×变焦红外镜头的 3D 视图

第 **27** 章

折反系统设计

在前面的各类光学系统设计中，都是以透射光学材料为基础的，而反射光学元件在光学系统中的应用并没有介绍。事实上，反射光学元件有它自身的天然优势，在一些光学系统中还必须使用它们，比如大型的天文望远镜。在一些需要体积小、重量轻、像质要求高的地方，反射系统也发挥着重要的作用，比如空间光学系统中的成像光谱仪、遥感中的光栅光谱仪等。反射面的使用可以折叠光路，有效地降低系统的纵向尺寸，仅使用薄薄的反射面，也可以极大地减轻系统的重量，这在空间光学系统中是十分吸引人的优势。在一些透射光学材料无法涉入的波段领域，反射系统起到了无可比拟的作用，比如红外波段、THz 波段、紫外波段等。鉴于反射系统的应用前景，本章简要介绍了反射系统设计的原理，反射面的塞德几何像差，以及反射面在光学设计中作用。如果将反射面和透射式的折射面放置在一个系统中，称作折反射系统，它借助反射面有效地降低色差和二级光谱的特性，可以很好地提高成像质量。

27.1 反射元件

27.1.1 反射元件的优点

反射元件就是光线在其上面反生发射并回到原来空间的光学元件，而不是折射进另一个空间，包括平面反射镜、凸面反射镜、凹面反射镜等。理论上，棱镜也可以归于反射元件，但是不在此章讨论之列。还有类似于反射光栅等，也可以说是反射元件，但是光栅具有色散，并且仅仅完成一定的功能，并不参与校正像差和成像，也不在本章的讨论之列。

反射元件有它自身的优点：

① 反射元件没有色差。考虑到空气的稀薄性，不同波长的光线在空气中行走基本没有色差，而反射元件对光线的反射也不产生色散，所以反射元件成像没有色差。

② 反射元件适用波段宽。透射镜片除了色差，还有一个问题，就是只能在透过的波段内使用，而对其他波段具有强的吸收性。反射元件可以利用镀膜技术，使从紫外波段到红外波段的宽范围内，都可以反射成像，不受材料的限制。

③ 反射元件透过率高。透射镜片不仅在表面反射时有光能损失，而且自身对光也有吸收性，有些材料的吸收率还很高。反射元件经过镀银或镀铝膜后可以达到 95％ 以上的反射率，这对提高光学系统的透过率都有意义。

④ 反射元件易于制造。反射元件比透射镜片更容易制造，尤其对于非球面面形。光学玻璃一般具有脆性，切削加工容易破碎。反射元件就不受材质的限制，理论上任何材质均可以用来制作反射元件，只需要加工后镀反射膜即可。另外，对于大口径的光学系统，比如天

文望远镜，口径达到米级以上，如果用光学玻璃将变得极其笨重，镜片容易变形，口径又大，轴外像质很难保证，反射元件正当其用。

⑤ 反射元件可以压缩系统尺寸和降低系统重量。在一些尺寸有限的空间内使用时，可以利用反射元件折叠光路，从而压缩光学系统的尺寸。在一些承重性有限的载体上，可以利用反射元件降低系统重量。

⑥ 反射元件可以辅助完成一定的功能，比如转折光路、稳像、变换成像方向等。

27.1.2　反射元件的应用

目前来说，反射元件在现实中并不多，主要它的优势应用领域与我们现实生活相距较远。总的来看，反射元件主要有以下几个方面的应用：

(1) 大型天文望远镜

大型天文望远镜的口径通常都很大，从几百毫米到数米以上，比如美国的哈勃望远镜口径为 2.4m。所以，反射面成为制作大型天文望远镜的首选。

(2) 紫外和红外仪器

在可利用的透过材料较少的紫外和红外波段，反射元件起到了重要作用，甚至成为了唯一之选。红外材料可选性不多，在两个大气窗口，能够实用化的红外材料有限，并且部分材料有着一定的缺陷，如透过率不高、易碎、硬度太高难加工、有双折射等。紫外材料更是极少，普通材料对紫外线吸收特强，能够透过深紫外的也就融石英、CaF_2 等，能够透过极紫外的几乎没有，如极紫外（extreme ultraviolet，EUV）光刻机，运行于十几纳米甚至几纳米的波长下，只能选择反射式光学系统，如图 27-1（a）是某国外极紫外光刻机的光路图，几乎全部使用了反射元件。

(3) 折叠光路

可以折叠光路减小系统的体积和重量。如图 27-1（b），是国内某研究所设计的折叠式监控镜头，它是由数个非球面反射镜构成。由于反复压缩横向尺寸，该监控镜头可以做到很薄，并嵌入到墙体内达到隐藏的目的。

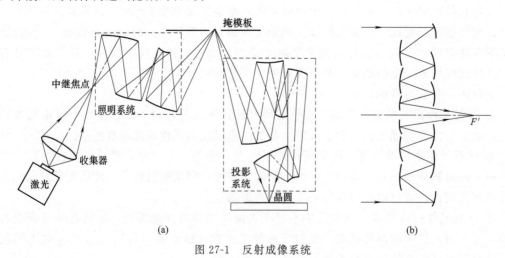

(a)　　　　　　　　　　　　　　(b)

图 27-1　反射成像系统

(4) 光谱仪

光栅光谱仪器是几乎全部由反射元件组成的光学仪器，它一般由光源、准直镜、光栅、聚光镜、探测器组成。除了光源和探测器外，都使用了反射元件。其实在最初光谱仪产生时，使用的是棱镜分光，透镜准直和聚光，但是透射的光存在色散，会使光源的光谱失真，因此全部采用了反射元件。

27.2　等光程原理

27.2.1　等光程条件

光程是指光线行进的几何路程与该路程的折射率之积，如果设光线在折射率为 n 的介质中行进，传播了距离 L，则光程用 OPD（optical path distance）表示为

$$\text{OPD} = nL \tag{27-1}$$

由波动光学可知，对于成像光学系统，有以下两个重要的知识：

① 从物点到像点的所有路径的光程相等。如图 27-2（a）所示，从物点 A 发出了上下两条光线并相交于像点 A'，对于理想成像，则 A 到 A' 的两条路线的光程相等。

② 光波在传播时，两个波前之间的光程相等。所谓的波前就是光波在传播到一定距离后，所有与光源等光程的点连接而成的曲线。波前曲线垂直于穿过它的光线，光线就是波前的法线，如图 27-2 所示。

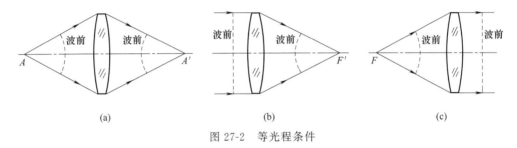

图 27-2　等光程条件

图 27-2（b）中，将像方焦点 F' 对应的物点看成物方无限远的轴上点，则组成了物像共轭关系。图 27-2（c）中，将物方焦点 F 对应的像点看成为像方无限远的轴上点，也组成了物像共轭关系。在以上两对共轭成像中，也满足物点到像点的光程相等和任意两个波前的光程相等。

27.2.2　抛物面等光程条件

对于图 27-3（a）所示的抛物面，设它的方程为

$$y^2 = 2pz \tag{27-2}$$

其中，坐标系的原点在反射面的顶点 O 处，竖直向上为 y 轴，从左向右为 z 轴，这种建立方法和 Zemax 软件保持一致。由解析几何学，它的焦点在 $p/2$ 处，即焦距为

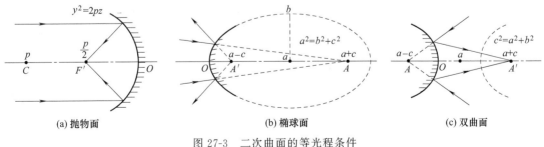

(a) 抛物面　　　　　　　　　　(b) 椭球面　　　　　　　　　　(c) 双曲面

图 27-3　二次曲面的等光程条件

$$f' = \frac{p}{2} \tag{27-3}$$

由上式可知，对于抛物线，平行于光轴的平行光束将会聚于焦点 F' 处，所以物方无限远的轴上物点与 F' 共轭，光程相等。顶点处的曲率半径 R_0 正好等于 p，为焦距的 2 倍。

$$R_0 = p \tag{27-4}$$

27.2.3 椭球面等光程条件

椭球面的剖面为椭圆，对于图 27-3（b）的椭圆，设它的方程为

$$\frac{(z-a)^2}{a^2} + \frac{y^2}{b^2} = 1 \tag{27-5}$$

其中，坐标系的原点在反射面的顶点 O 处，竖直向上为 y 轴，从左向右为 z 轴。由图 27-3（b），根据解析几何知识，所有射向椭圆一个焦点 A 的光线，都将通过另一个焦点 A'，所以 A 和 A' 组成了一对物像共轭点，它们之间的光程相等。设椭圆的长轴长为 a，短轴长为 b，焦点到椭圆中心的距离为 c。则有 A 的坐标为 $a+c$，A' 的坐标为 $a-c$，椭圆中心的坐标为 a。a、b 和 c 满足

$$a^2 = b^2 + c^2 \tag{27-6}$$

定义椭圆的离心率（又称为偏心率）为

$$e = \frac{c}{a} \tag{27-7}$$

由解析几何，椭圆在顶点 O 处的曲率半径为

$$R_0 = \frac{b^2}{a} \tag{27-8}$$

将公式（27-6）解出 $b^2 = a^2 - c^2$，代入到公式（27-8），并和公式（27-7）联立得

$$a - c = \frac{R_0}{1+e}, \quad a + c = \frac{R_0}{1-e} \tag{27-9}$$

$$a = \frac{R_0}{1-e^2}, \quad c = \frac{eR_0}{1-e^2} \tag{27-10}$$

27.2.4 双曲面等光程条件

双曲面的剖面为双曲线，对于图 27-3（c）的双曲线，设它的方程为

$$\frac{(z-a)^2}{a^2} - \frac{y^2}{b^2} = 1 \tag{27-11}$$

其中坐标系的原点在左半支反射面的顶点 O 处，竖直向上为 y 轴，从左向右为 z 轴。由图 27-3（c），根据解析几何知识，所有射向双曲线一个焦点 A 的光线，都将通过另一个焦点 A'，所以 A 和 A' 组成了一对物像共轭点，它们之间的光程相等。设双曲线顶点到中心的距离为 a，过顶点作横轴垂线交两条渐近线间距离为 b，焦点到中心的距离为 c。则有 A 的坐标为 $a-c$，A' 的坐标为 $a+c$，双曲线中心的坐标为 a。a、b 和 c 满足

$$c^2 = a^2 + b^2 \tag{27-12}$$

定义双曲线的离心率（又称为偏心率）为

$$e = \frac{c}{a} \tag{27-13}$$

由解析几何，双曲线在顶点 O 处的曲率半径为

$$R_0 = \frac{b^2}{a} \tag{27-14}$$

将公式（27-12）解出 $b^2 = c^2 - a^2$，代入到公式（27-14），并和公式（27-13）联立得

$$c - a = \frac{R_0}{1+e}, c + a = \frac{R_0}{1-e} \tag{27-15}$$

$$a = \frac{R_0}{e^2 - 1}, c = \frac{eR_0}{e^2 - 1} \tag{27-16}$$

27.3 折反射镜头

27.3.1 折反式望远物镜

反射式元件应用于望远镜物镜，主要有三种系统，如图 27-4 所示。在这三种系统中，望远物镜都是由两个反射镜构成的，首先承接光线的口径较大的反射镜称作"主镜"，通常在后面，第二个反射镜称作"副镜"。对于望远镜，物空间的光线来自于无限远，所以主镜只能用抛物面，副镜可以用椭球面和双曲面。

① 牛顿（Newton）望远系统。如图 27-4（a），物镜是由一个抛物面主镜加一个倾斜 45°的平面反射镜副镜构成。无限远的光线经抛物面反射后，会聚于它的等光程焦点处。平面反射镜主要用来引出光路，以便放置目镜观看。平面反射镜成理想像，没有像差。如果物方视场角也很小，如小于 $1'$ 甚至更小，则抛物面为近轴成像，成像也接近理想。因此，这类望远系统的视场角不宜过大，因为没有过多的校正像差的元件。

② 卡塞格林（Cassegrain）望远系统。如图 27-4（b），物镜是由一个抛物面主镜和一个双曲面副镜构成。抛物面的焦点刚好位于双曲面的左边焦点处。由等光程条件，平行于光轴的平行光束将会聚于抛物面的焦点处。对于双曲面，刚好是所有光线射向左边焦点，则反射光线将全部反射并会聚于右边焦点。同样，在视场角不大的情况下，成像可以达到要求。

③ 格里高利（Gregory）望远系统。如图 27-4（c），物镜是由一个抛物面主镜和一个椭球面副镜构成。抛物面的焦点刚好在椭球面的左边焦点处。由椭球面的等光程条件，则所有反射光线将全部通过并会聚于右边焦点。同样，格里高利系统的视场角也不能太大。

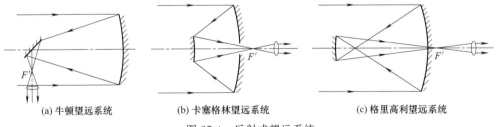

(a) 牛顿望远系统　　(b) 卡塞格林望远系统　　(c) 格里高利望远系统

图 27-4　反射式望远系统

由前述，反射式望远物镜口径较大，视场角受到极大的限制，一般小于 $1°$，为分度或秒度量级。为了提高视场角，有两种方法：一种是将主镜和副镜由二次曲面变成高次曲面，增加的高阶项系数可以用来增加自由度以校正像差；另一种是将主镜改成球面反射镜以降低加工难度，再插入折射元件来弥补球面反射镜的像差。一般在反射式望远物镜中，常用的可加入以下三种折射元件：

① 施密特校正板。如图 27-5（a），主镜改成球面后，在球面的球心处放置一个非球面校正板，并将入瞳置于校正板上，称作施密特校正板。由于此种放置方法不产生彗差、像散、轴向色差和垂轴色差，只有少量色球差，主要用来校正球面的球差。施密特校正板近轴的光焦度接近零，不影响系统的总焦距。放置施密特校正板后，可以提高整个系统的相对孔径和视场角，比如相对孔径可以达到 1:2，视场角可以提高到度量级。

② 马克苏托夫弯月透镜。如图 27-5（b），马克苏托夫发现，采用一片球面的弯月形透镜也可以校正球差和彗差，称作马克苏托夫弯月透镜。由于采用了透射球面镜，所以它不能校正所有带光的球差，只能校正系统边缘球差，必然存在剩余球差，也存在色球差。由于自由度有限，所以轴外像差只能校正彗差，像散得不到校正。如果马克苏托夫弯月透镜采用与主反射镜同心的球面，可以校正球差的同时不产生轴外像差。此类望远物镜相对孔径可以达到 1:4，视场角提高有限。

③ 曼金透镜。如图 27-5（c），在一些红外系统中，望远物镜使用了一种叫作曼金透镜的结构。它是将一个弯月形负透镜贴合在反射主镜上面，它主要有两个作用：一个是降低加工难度，减少成本；一个是利用折射透镜的前一面和厚度校正系统边缘像差。当光阑和曼金透镜反射面重合时，不存在畸变和垂轴色差，如果特殊选择曼金透镜的折射率，可以使球差、正弦差同时得到校正。曼金透镜可以提高相对孔径到 1:1，视场角也得到进一步提高。

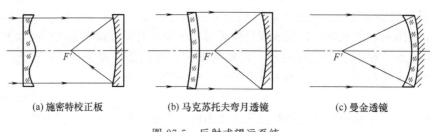

(a) 施密特校正板　　　　(b) 马克苏托夫弯月透镜　　　　(c) 曼金透镜

图 27-5　反射式望远系统

27.3.2　折反式照相物镜

照相物镜有时候也使用折反系统。由于仅仅使用反射系统会导致视场角很小，所以照相物镜一般是折反混合系统。照相物镜使用反射面，通常有三个目的：一个是折叠光路以缩小系统尺寸；另一个是利用反射面没有色差、二级光谱，可以辅助校正色差并提高系统相对孔径；再一个就是利用反射面完成一定功能。第一个目的可以参考图 27-1（b），正是折叠光路的典型案例，另两个目的如图 27-6 所示。

如图 27-6（a），是使用较多的折反式照相物镜。这种物镜前部分和后部分为折射式镜片，以提高相对孔径和校正像差，中部分为反射元件以折叠光路并减小色差。通常将第二个反射镜直接做在前部的最后一面上，镀反射膜。在设计这类物镜时，需要注意杂散光光阑的处理。如图 27-6（a），在镜头内部需要安置 M 和 N 两个消杂光光阑，这两个光阑都蹭着边缘光线而设置。另外，一般这种物镜第二个反射镜的遮光部分约为第一个反射镜口径的 1/3。

如图 27-6（b），是一个在前部分放置角隅棱镜的折反混合物镜。角隅棱镜是一个三面互相垂直的反射棱镜，它就像是砍掉的一个墙角。为了光路的圆对称性，可以将角隅棱镜的三个角去掉，形成圆形的孔径，这样也可以增加通光孔径，见图 27-6（b）的左上角。角隅棱镜主要用来稳像，它可以在物体移动时拍下清晰的像。

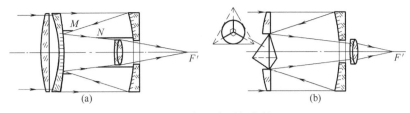

图 27-6 折反式照相物镜

27.3.3 折反式显微物镜

在显微物镜中用反射元件，主要有三个目的：一个是利用反射元件无色差的特点；另一个是利用反射元件适用波段宽的特性，可以从紫外到红外均适用；再一个就是可以提高工作距离。

如图 27-7（a）是一种结构简单的反射式显微物镜，它的倍率达到 $50\times$，数值孔径达到 0.56。由于是全反射元件构成，所以适应波段可以从 $0.15\sim10\mu m$。

图 27-7（b）是一种折反混合式显微物镜，它的倍率达到 $53\times$，数值孔径达到 0.72。该物镜的透镜材料选用了融石英和 GaF_2，适应波段可以从 $0.25\mu m$ 到可见光。

图 27-7（c）是一种长工作距离的折反混合显微物镜，它的倍率达到 $40\times$，数值孔径达到 0.52。

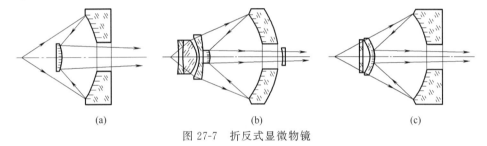

图 27-7 折反式显微物镜

27.4 折反系统的设计

27.4.1 施密特校正板设计

施密特校正板放置在球面的主反射镜的球心处，所以主光线通过施密特校正板的中心，任意一条主光线都可以看成光轴。此时，将孔径光阑设置在施密特校正板上，将很好地解决轴外像差。又由于反射主镜无色差，施密特校正板也不产生色差，仅残留少量的色球差，轴向色差也得到了满足。因此，只余下轴上像差的球差需要校正，如图 27-8。在图中，F' 为

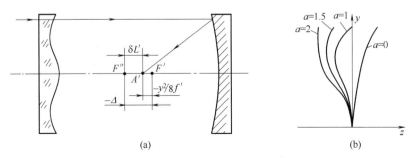

图 27-8 施密特校正板的设计

理想的近轴焦点，F'' 为选定的参考焦点，A' 为边缘光线实际的交点。由公式（14-19），可得实际交点 A' 相对于近轴焦点 F' 的球差系数为

$$S_{\mathrm{I}} = -\frac{y^4}{4f'^3} \tag{27-17}$$

在求上式时，利用了 $f' = r/2$，$\Phi = 1/f'$，并换主镜上的投射高 h 为 Zemax 里的 y 坐标。由公式（7-8），可得在相对于近轴焦点的球差为

$$\delta L_0' = -\frac{1}{2n'u'^2}S_{\mathrm{I}} = -\frac{1}{2(-1)}\left(-\frac{y^4}{4f'^3}\right)\frac{f'^2}{y^2} = -\frac{y^2}{8f'} \tag{27-18}$$

在反射时，有 $n' = -n = -1$，又 $u' \approx y/f'$。由图 27-8 中的几何关系，有

$$-\Delta = \delta L' - \frac{y^2}{8f'} \quad \Rightarrow \quad \delta L' = \frac{y^2}{8f'} - \Delta \tag{27-19}$$

上式为实际交点 A' 相对于选定的参考焦点 F'' 的球差。由公式（10-12），可得球差与对应波像差的关系为

$$W' = \frac{n'}{2l'^2}\int_0^{h_m}\delta L'\mathrm{d}h^2 \approx \frac{-1}{2f'^2}\int_0^y \delta L'\mathrm{d}y^2 = -\frac{y^4}{32f'^3} + \frac{16f'y^2\Delta}{32f'^3} \tag{27-20}$$

若设施密特校正板的折射率为 n，则在口径为 y 处的厚度 z_y 可由下式给出

$$z_y = -\frac{W'}{n-1} = \frac{y^4 - 16f'y^2\Delta}{32(n-1)f'^3} \tag{27-21}$$

如果令

$$a = \frac{16f'\Delta}{y_0^2} \tag{27-22}$$

式中，y_0 为校正板的最大口径，则公式（27-21）可以改写成

$$z_y = \frac{y^4 - ay^2y_0^2}{32(n-1)f'^3} \tag{27-23}$$

施密特校正板前表面为平面，后表面为曲面，上式即为它的曲面面形，代入相关参数就可以得到校正板。其中参数 a 由公式（27-22）给出，它是一个与参考焦点相对于理想焦点的离焦量 Δ 有关的参数。a 的取值影响了曲面面形，讨论如下。

① 当 $a = 0$ 时，即 $\Delta = 0$，无离焦。由公式（27-23），$z_y \propto y^4$，是一个四次抛物面。在校正板的顶点，曲率半径为 ∞，如图 27-8（b）。

② 当 $a = 1$ 时，即 $\Delta = y_0^2/(16f')$，由公式（27-23），求其驻点，即一阶导数为零，得

$$\frac{dz_y}{dy} = 0 \quad \Rightarrow \quad y = \frac{\sqrt{2}}{2}y_0 \tag{27-24}$$

即以 $\sqrt{2}/2 = 0.7071$ 带光的焦点为焦点，并且此时最大非球面偏离量就在 0.7071 带。如果以平面为非球面的起始面，$a = 1$ 时非球面偏离量最小，加工最容易。

③ 当 $a = 1.5$ 时，此时施密特校正板的色差最小，证明有点复杂，可参阅相关文献，在此仅给出结果。

④ 当 $a = 2$ 时，即 $\Delta = y_0^2/(8f')$，由公式（27-18），$\delta L_0' = -\Delta$，这说明以 $y = y_0$ 带光焦点为参考焦点。

事实上，公式（27-23）是近似解，在口径不太大的时候直接求解没有问题，但是对于加工精度高的大口径系统，需要另行推导出校正板的严格解。

27.4.2　两镜反射系统设计

折反系统以望远物镜使用最多。从左向右的无限远光线射到第一个反射镜上，光线将变成从右向左传播，而望远物镜需要成实像，所以必须增加一个反射镜，使光路再次变得从左向右传播，因此两镜系统在望远物镜中最为多见，意义和实用价值也最重要。作为望远物镜，我们假定以下两条自然满足：①物体位于无限远；②光阑位于主镜上。

(1) 消像差条件

如图 27-9，定义两个参数 α 和 β，满足下式

$$\alpha = \frac{l_2}{f_1'} = \frac{2l_2}{R_{10}} \approx \frac{h_2}{h_1} \tag{27-25}$$

$$\beta = \frac{l_2'}{l_2} \tag{27-26}$$

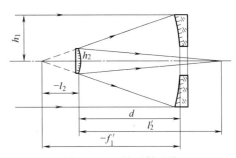

图 27-9　两镜反射系统

式中，R_{10} 为主镜的顶点曲率半径；其余参数都标于图 27-9。很显然，α 为两者投射高之比，表示与遮光比有关；β 就是副镜的垂轴放大率。副镜的顶点曲率半径满足

$$R_{20} = \frac{\alpha\beta}{1+\beta} R_{10} \tag{27-27}$$

由于两镜反射系统无须考虑色差，仅考虑球差、彗差、像散、场曲和畸变。公式 (7-77)～公式 (7-81) 为初级单色像差，在此考虑高一阶的三级像差，公式如下

$$① \sum_{1}^{k} S_{\mathrm{I}} = \sum_{1}^{k} hP + \sum_{1}^{k} h^4 K \tag{27-28}$$

$$② \sum_{1}^{k} S_{\mathrm{II}} = \sum_{1}^{k} yP - J \sum_{1}^{k} W + \sum_{1}^{k} h^3 yK \tag{27-29}$$

$$③ \sum_{1}^{k} S_{\mathrm{III}} = \sum_{1}^{k} \frac{y^2}{h} P - 2J \sum_{1}^{k} \frac{y}{h} W + J^2 \sum_{1}^{k} \Phi + \sum_{1}^{k} h^2 y^2 K \tag{27-30}$$

$$④ \sum_{1}^{k} S_{\mathrm{IV}} = J^2 \sum_{1}^{k} \frac{n'-n}{n'nr} \tag{27-31}$$

$$⑤ \sum_{1}^{k} S_{\mathrm{V}} = \sum_{1}^{k} \frac{y^3}{h^2} P - 3J \sum_{1}^{k} \frac{y^2}{h} W + J^2 \sum_{1}^{k} \frac{y}{h} \left(3\Phi + \frac{n'-n}{n'nr} \right) - J^2 \sum_{1}^{k} \frac{1}{h^2} \Delta \frac{1}{n^2} + \sum_{1}^{k} hy^3 K \tag{27-32}$$

式 (27-32) 中，最后一项增加的正是像差的三级项，其中 J 为拉格朗日不变量，P、W 为公式 (7-70)，以及

$$\Phi = \frac{1}{h} \Delta \frac{u}{n}, \quad K = -\frac{e^2}{R_0^3} \Delta n \tag{27-33}$$

式中，e 为二次曲面的离心率；R_0 为顶点的曲率半径。对于两镜反射系统，将所有主镜的参数加下标 1，副镜的参数加下标 2，则有 $n_2' = n_1 = 1$，$n_1' = n_2 = -1$，在归一化条件下，即 $y_1 = h_1 = 1$，$f' = 1$ 时，可得 $f_1' = 1/\beta$，$u_1' = u_2 = \beta$，$u_2' = 1$，$J = 1$，$y_2 = -(1-\alpha)/\beta$，$R_{20} = 2\alpha/(1+\beta)$，将以上参数代入到公式 (7-70)、公式 (27-33) 和公式 (27-28)～公式 (27-32) 得

$$P_1 = -\frac{\beta^3}{4}, P_2 = \frac{(1-\beta)^2(1+\beta)}{4}, W_1 = \frac{\beta^2}{2}, W_2 = \frac{1-\beta^2}{2}$$

$$\Phi_1 = -\beta, \Phi_2 = \frac{1+\beta}{\alpha}, K_1 = \frac{e_2^2}{4}\beta^3, K_2 = -\frac{e_2^2(1+\beta)^3}{4\alpha^3}$$

① $S_{\mathrm{I}} = \frac{\alpha(\beta-1)^2(\beta+1)}{4} - \frac{\alpha(\beta+1)^3}{4}e_2^2 - \frac{\beta^3}{4}(1-e_1^2)$ (27-34)

② $S_{\mathrm{II}} = \frac{1-\alpha}{\alpha}\left[\frac{\alpha(\beta+1)^3}{4\beta}e_2^2 - \frac{\alpha(\beta-1)^2(\beta+1)}{4\beta}\right] - \frac{1}{2}$ (27-35)

③ $S_{\mathrm{III}} = \left(\frac{1-\alpha}{\alpha}\right)^2\left[\frac{\alpha(\beta-1)^2(\beta+1)}{4\beta^2} - \frac{\alpha(\beta+1)^3}{4\beta^2}e_2^2\right] - \frac{(1-\alpha)(\beta+1)(\beta-1)}{\alpha\beta} - \frac{\alpha\beta-\beta-1}{\alpha}$

                                                       (27-36)

④ $S_{\mathrm{IV}} = \beta - \frac{1+\beta}{\alpha}$ (27-37)

⑤ $S_{\mathrm{V}} = \left(\frac{1-\alpha}{\alpha}\right)^3\left[\frac{\alpha(\beta+1)^2}{4\beta^3}e_2^2 - \frac{\alpha(1-\beta)^2(1+\beta)}{4\beta^3}\right] - \frac{3}{2}\frac{(1-\alpha)^2(1-\beta)(1+\beta)}{\alpha^2\beta^2} - \frac{2(1-\alpha)(1+\beta)}{\alpha^2\beta}$

                                                       (27-38)

由公式（27-34）～公式（27-38），可得消像差条件。事实上，消像差条件从消一种像差到消四种像差，总共有 29 种组合，感兴趣的读者可以阅读相关书籍。在此，仅列出消一种像差的条件，如下

① $S_{\mathrm{I}} = 0, e_2^2 = \frac{(e_1^2-1)\beta^3 + \alpha(1-\beta)^2(1+\beta)}{\alpha(1+\beta)^3}$ (27-39)

② $S_{\mathrm{II}} = 0, e_2^2 = \frac{2\beta + (1-\alpha)(\beta-1)^2(\beta+1)}{(1-\alpha)(1+\beta)^3}$ (27-40)

③ $S_{\mathrm{III}} = 0, e_2^2 = \frac{4\beta(1-\alpha+\beta) + (1-\alpha)^2(\beta-1)^2(\beta+1)}{(1-\alpha)^2(1+\beta)^3}$ (27-41)

④ $S_{\mathrm{IV}} = 0, \alpha = \frac{\beta+1}{\beta}$ (27-42)

⑤ $S_{\mathrm{V}} = 0, e_2^2 = \frac{2\beta(3-3\alpha+\beta+3\alpha\beta) + (1-\alpha)^2(1-\beta)^2}{(1-\alpha)^2(1+\beta)^2}$ (27-43)

(2) 两镜系统

牛顿系统的副镜为平面镜，不在此讨论。对于卡塞格林系统和格里高利系统，有主镜为抛物面，由表 5-1，有 $e_1^2 = 1$。如果仅考虑消球差，将 $e_1^2 = 1$ 代入公式（27-39）得

$$e_2^2 = \frac{(1-\beta)^2}{(1+\beta)^2} \tag{27-44}$$

将上式代入到彗差公式（27-40），得彗差为

$$S_{\mathrm{II}} = -\frac{1}{2} \tag{27-45}$$

① 卡塞格林系统，它的副镜是凸面，并且对主镜焦距起放大作用，所以有 $\beta < -1$，由公式（27-44），恒有 $e_2^2 > 1$。由表 5-1，副镜应该是凸的双曲面。

② 格里高利系统，它的副镜在主镜的焦点左边，将主镜焦距放大，有 $\beta > 1$，$-1 < \alpha < 0$，由公式（27-44），恒有 $0 < e_2^2 < 1$，由表 5-1，副镜为扁长椭圆面。又由于 α 是负值且 β 是正值，由公式（27-27），副镜顶点曲率与主镜顶点曲率异号，副镜为凹面的扁长椭圆面。

③ 主镜为球面。除以上两种最常用的系统外，还有其他的情况，如当主镜为球面时，有 $e_1^2=0$，代入公式（27-39）可得消球差时，副镜离心率满足

$$e_2^2=\frac{-\beta^3+\alpha(1-\beta)^2(1+\beta)}{\alpha(1+\beta)^3} \tag{27-46}$$

④ 副镜为球面，即 $e_2^2=0$，代入公式（27-39），则有

$$e_1^2=\frac{\beta^3-\alpha(1-\beta)^2(1+\beta)}{\beta^3} \tag{27-47}$$

⑤ 双球面，特殊给出的 α、β，可以保证在消球差的同时，主镜和副镜均为球面。由公式（27-46），已经令 $e_1^2=0$，若再令 $e_2^2=0$，则有制约关系

$$\frac{-\beta^3+\alpha(1-\beta)^2(1+\beta)}{\alpha(1+\beta)^3}=0 \tag{27-48}$$

满足上式关系，可以消球差时，主镜和副镜均为球面，比如令 $\beta=-3$，即副镜放大倍率为 $-3\times$，代入上式，可得遮光因子 $\alpha=0.84375$。

27.5　施密特-卡塞格林系统设计

27.5.1　施密特-卡塞格林系统技术要求

要求设计一个焦距为 200mm 的施密特-卡塞格林系统，满足如下参数：

焦距：$f'=200\mathrm{mm}$。

视场角：$2\omega=2°$。

相对孔径：$1:4$。

波段：可见光 F、d、C。

像质：尽量使像差得到校正，满足望远物镜的像差容限。

由技术要求，很容易求得施密特-卡塞格林物镜的入瞳直径为

$$D=\frac{f'}{F/\sharp}=50\mathrm{mm}$$

在设置系统孔径时，可以用"入瞳直径"为 50mm 来设置，也可以直接用"像方空间 F/♯"为 4 来设置，结果一样。视场很显然为 0°、0.7071° 和 1°。波段就使用可见光 F、d 和 C，或者将 d 光改为 0.55μm。设置波段主要是考虑到施密特校正板残留的小的色球差，如果是纯两反射镜系统可以只使用一个波长，也没有问题。

27.5.2　施密特校正板设计

由技术要求，有 $f'=200\mathrm{mm}$，从入瞳直径可得 $y_0=25\mathrm{mm}$。若选用常用的成都光明产的玻璃 H-BaK7，则折射率为 $n=1.5688$。取 $a=1.5$，此时色差最小。将以上参数代入到公式（27-23）得

$$z_y=\frac{y^4-ay^2y_0^2}{32(n-1)f'^3}=-6.4383\times10^{-6}y^2+6.8675\times10^{-9}y^4$$

可以看到，上式的施密特校正板是四次抛物面，系数很小。由于系数很小，完全可以将平行平板作为起始位置，然后设置 2 次方向和 4 次方向的系数为变量求解，让 Zemax 软件自动优化完成校正板设计。在 Zemax 软件中，使用偶次非球面面形，它的方程为公式（5-8）去掉 6 次方以上的高阶项，并令起始时顶点曲率半径为 $r=\infty$，即顶点曲率 $C=0$，所以有

$$Z=\beta_1 r^2+\beta_2 r^4$$

对比上式和设计的校正板方程，可得

$$\beta_1=-6.4383\times10^{-6}, \beta_2=6.8675\times10^{-9}$$

27.5.3　主镜和副镜设计

由前述分析，对于卡塞格林系统，β 参数为副镜的倍率，且 $\beta<-1$，取 $\beta=-3$，代入公式（27-44），有 $e_2^2=4$。由总焦距 $f'=200\text{mm}$ 和 β 参数，可求得主镜焦距为

$$f_1'=\frac{f'}{\beta}=-\frac{200}{3}\text{mm}$$

卡塞格林系统主镜一般为球面反射镜，焦距为半径的 2 倍，则主镜的曲率半径为

$$R_{10}=2f_1'=-133.3333\text{mm}$$

校正板放置在球心处，即主镜前 133.3333mm 处。如果取遮光参数 $\alpha=0.5$，则副镜口径为

$$D_2\approx\alpha D=25\text{mm}$$

副镜双曲面顶点的曲率半径由公式（27-27）得

$$R_{20}=\frac{0.5\times(-3)}{1+(-3)}R_{10}=-100\text{mm}$$

由图 27-9 中几何关系，有

$$d=-f_1'+l_2=-f_1'(1-\alpha)=-33.3333\text{mm}$$

27.5.4　初始数据

将上一小节计算的数据输入到 Zemax 软件中。系统孔径用"入瞳直径"，设置"孔径值"为 50mm。视场为 0°、0.7071°和 1°。波段为可见光 F、d 和 C。输入的结果如图 27-10 所示，其中 1～2 面为施密特校正板，它的 2 阶和 4 阶系数在图 27-10 的右边。第 3 面为一个遮光面，是为副镜遮光的，以免光线穿过副镜。第 4 面为主反射镜，第 5 面为副反射镜。它的 2D 视图，如图 27-11 所示。

表面	类型	曲率半径	厚度	玻璃	净口径	延伸区	机械半直径
物面	STANDARD	无限	无限		0	0	0
光阑	STANDARD	无限	4	H-BAK7	50		
2	EVENASPH	无限	98		50.08933		
3	STANDARD	无限	35.3333		25		
4	STANDARD	-133.3333	-33.3333	MIRROR	54.7574		
5	STANDARD	-100	100.2936	MIRROR	28.44702		
像面	STANDARD	无限			8.99067	0	8.99067

表面　2 EVENASPH	
系数在 r 2 :	6.4383e-06
系数在 r 4 :	6.8675e-09
系数在 r 6 :	0
系数在 r 8 :	0

图 27-10　施密特-卡塞格林系统初始数据

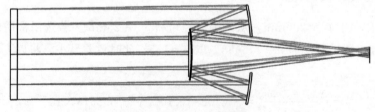

图 27-11　施密特-卡塞格林系统初始 2D 视图

在输入数据时，需要注意以下几点：

① 一般施密特校正板第一面为平面，第二面才是非球面。

② 第 2 面厚度和第 3 面厚度之和为校正板到主镜的距离，应该为主镜的半径长，即

133.3333mm，图 27-10 中有 98＋35.3333＝133.3333mm。

③ 面 3 的遮光板设置方法为，使用命令"表面 3 属性→孔径→孔径类型→圆形遮光"，并令"最小半径"为 0，"最大半径"为 12.5，表示遮光比为 0.5。

④ 主镜要设置中心透光，同样在面 4 里设置"表面 4 属性→孔径→孔径类型→圆形孔径"，并令"最小半径"为 10，"最大半径"为 27.4。

初始的施密特-卡塞格林系统像差特性，已列于表 27-1。从表中可以看到，塞德几何像差除正弦差（表征彗差）有点大、球差稍微大一点点外，其余像差均已在要求之内。不过，该系统的 RMS 半径很大，约为 $1000\mu m$；MTF 也过小，达不到要求，所以此镜头不能直接使用，必须进行像差校正。

表 27-1　施密特-卡塞格林系统初始像差

参数	焦距	球差	正弦差	像散	轴向色差	垂轴色差	场曲	畸变
数值	200.2936mm	67.7803λ	-0.0286	3.3331λ	-0.005242mm	-0.000001mm	0.4047λ	-0.0635%

参数	1 视场 RMS	2 视场 RMS	3 视场 RMS	波前 RMS	3 视场惠更斯 MTF@100lp/mm		3 视场惠更斯 MTF@50lp/mm	
数值	$847.567\mu m$	$901.111\mu m$	$921.910\mu m$	19.3122λ	子午＞0.15	弧矢＞0.07	子午＞0.47	弧矢＞0.43

27.5.5　优化处理

在做优化处理之前，需要对镜头数据和优化函数做一下设置，包括以下步骤：

① 利用"优化向导与操作数"设置默认的优化函数，勾选"厚度边界"中的"空气"，设置"最小"为 1，"最大"为 130，"边缘厚度"为 1。找到第 5 面的"MNCA"，设置目标值为 90。

② 在评价函数编辑器里，插入 EFFL 操作数，设置其目标值为 200，权重为 1。

③ 在评价函数编辑器里，插入 COLT 操作数，设置其目标值为－1.05，以保证 Conic 常数小于－1，即保证该面为双曲面。

④ 在镜头数据里，对第 4 面厚度进行"拾取"求解，设置"从表面"为 3，"缩放因子"为－1，"偏移量"为 2。该操作是保证遮光面 3 与副镜 5 之间距离保持为 2mm，不随优化过程而改变。

⑤ 为了保证校正板在主镜球心上，对第 4 面半径进行"同轴面"求解，"在表面"设置为 1。

⑥ 设置第 2、4、5 面半径，第 2、3、5 面厚度，第 2 面的非球面系数 2 阶项、4 阶项等为变量求解，然后进行优化处理。

经过优化处理后，得到图 27-12 的镜头数据，校正板的非球面 2 阶和 4 阶项系数也在图 27-12 右边。从镜头数据可以看到，第 3 面和第 4 面的厚度始终保持 2mm 的距离差。由于第 4 面使用了同轴面求解，则第 2、3、4 面之和 4＋130＋34.78＝168.78 正好等于第 4 面半径－168.78 的负值，这说明第 1 面正好位于主镜的球心处。经过优化后，校正板的非球面顶点曲率已经不再是∞，而是 7589.959mm，接近∞。

表面	类型	曲率半径	厚度	玻璃	净口径		延伸区	机械半直径
物面	STANDARD	无限	无限		0			0
光阑	STANDARD	无限	4	H-BAK7	50	表面　2 EVENASPH	0	0
2	EVENASPH	7589.959	130		50.08951	系数在 r　2 ：　　－6.5997973e-05		
3	STANDARD	无限	34.78		25	系数在 r　4 ：　　3.8215355e-08		
4	STANDARD	-168.78	-32.78	MIRROR	56.20697	系数在 r　6 ：　　0		
5	STANDARD	-178.5639	122.31	MIRROR	35.74538	系数在 r　8 ：　　0		
像面	STANDARD	无限			6.977559		0	6.977559

图 27-12　施密特-卡塞格林系统优化后的镜头数据

27.5.6 像质评价

表 27-2 是优化后的施密特-卡塞格林系统的像差特性。从塞德几何像差上来说，像差都很小，相比于初始系统得到了很大改善，尤其是正弦差已经校正到小于 0.0025 的容限内。点列图和 MTF 获得了质的飞跃，RMS 半径在 3 个视场上均小于 4.117μm，惠更斯 MTF 在最大视场下，$> 0.28 @ 100\text{lp/mm}$，$> 0.69 @ 50\text{lp/mm}$。图 27-13 是优化后的点列图，图 27-14 是优化后的 MTF。图 27-15 是优化后的 2D 视图。

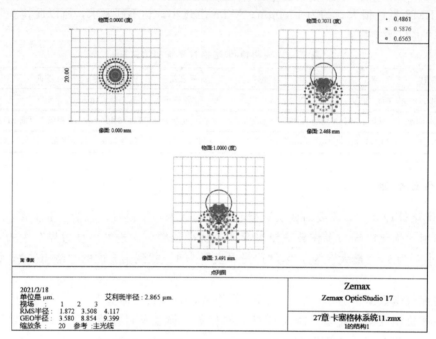

图 27-13 施密特-卡塞格林系统优化后的点列图

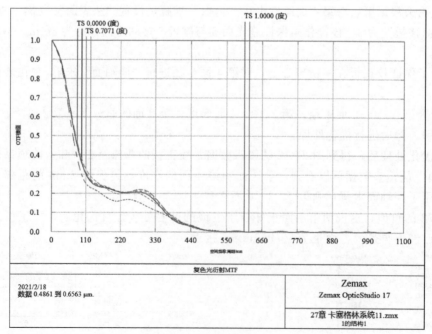

图 27-14 施密特-卡塞格林系统优化后的 MTF

表 27-2　施密特-卡塞格林系统优化后像差

参数	焦距	球差	正弦差	像散	轴向色差	垂轴色差	场曲	畸变
数值	200.0000mm	-0.3057λ	-0.0007312	0.3733λ	0.000099mm	2.0972×10^{-8} mm	-0.0526λ	-0.0132%

参数	1 视场 RMS	2 视场 RMS	3 视场 RMS	波前 RMS	3 视场惠更斯 MTF@100lp/mm		3 视场惠更斯 MTF@50lp/mm	
数值	$1.872\mu m$	$3.508\mu m$	$4.117\mu m$	0.0259λ	子午＞0.28	弧矢＞0.34	子午＞0.69	弧矢＞0.73

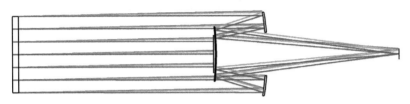

图 27-15　施密特-卡塞格林系统优化后的 2D 视图

激光光学系统设计

激光是二十世纪的伟大发明，它的应用推动了一系列革命性的技术出现，如全息技术等。1960 年，美国的梅曼（Maiman）在前人汤斯（Townes）和肖洛（Schawlow）的理论基础上，研制出了世界上公认的第一台激光器，即红宝石激光器。由于激光发出的光束具有单色性好、方向性好、能量密度高、亮度高等优点，被大量用在现代科研、技术和工业领域。在使用激光时，难免会对激光束进行偏折、会聚、放大、成像等操作，这就必然涉及到透镜、反射镜等光学元件。光源为激光的光学系统称作"激光光学系统"，它本质上是仍然是传统玻璃材料经过设计并制造的光学系统，只是按照激光束的特性而设计，在加工时需要镀上抗激光的薄膜即可。鉴于激光光学系统的重要性，在本书中有必要作一点介绍。在本章开始，先介绍了激光束的传播特性，从而可以看到它与普通光源的差别。然后，重点介绍了激光束经过光学系统的变换，这是光学设计师必须了解的知识。由于激光束自身的特性，使得它通过光学系统时，表现出与普通光源不同的特性，这是在设计激光光学系统时必须考虑的内容。最后，介绍了两种常用的激光光学系统，一种是利用倒置望远系统进行激光扩束，以降低激光束的发散角；另一种是激光扫描系统，在激光表演、激光加工等领域较为常见。

28.1 激光束的传播特性

图 28-1（a）是激光器的原理图，图 28-1（b）为激光束的分布图。激光器由三大部分构成：激光晶体、泵浦光源和谐振腔。激光晶体是激光器的工作物质，当光在里面传播时会发生增益，即会产生受激放大，光会越来越强。泵浦光源是用来照射激光晶体的，给它源源不断地提供能量，泵浦光将激光晶体基态的电子轰击到高能级，类似于水泵将水从低处抽运到高处，所以这个过程又称作泵浦或者抽运等。光从激光晶体的一端传播到另一端，能量的增益不足以输出激光，为此在激光晶体的两端加上一对反射镜，称为谐振腔，它使光在谐振腔内反复往返振荡，多次经过激光晶体以获取足够的增益，才输出激光。谐振腔的一端是全反射镜，入射其上的全部光线均反射回去；另一端是约 3%～15% 透过率的反射镜，这样就

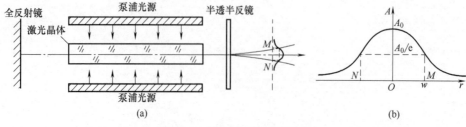

图 28-1　激光原理及高斯光束

会有部分光透射出去，透出去的光能就是输出的激光能量。

激光束能量分布如图 28-1（b）所示，在激光器输出的方向，任意取一个截面 MN，其能量分布是非均匀的，从光轴沿径向逐渐衰减。激光束截面没有明显的边界，沿径向强度成高斯分布。设光轴上光振幅为 A_0，则径向 r 处的光振幅 A_r 为

$$A_r = A_0 e^{-\frac{r^2}{w^2}} \tag{28-1}$$

式中，w 是指某个特定的半径。上式中，如果令 $r=w$，则有

$$A_w = \frac{A_0}{e} \tag{28-2}$$

这说明，w 就是当振幅 A_r 下降为轴上振幅 A_0 的 $1/e$ 时的径向坐标。此时 $r=w$，称 w 为此截面处的光束截面半径。也就是说，没有边界的高斯光束就是以半径 w 来作为该处的光束半径，超过半径 w 的能量舍去不再进行考虑。

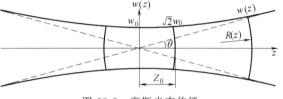

图 28-2　高斯光束传播

在整个高斯光束中，总有一个位置的光束截面半径最小，称此处的光束截面半径为"束腰"，记作 w_0，如图 28-2 所示。在束腰处建立坐标系，沿光轴从左向右为 z 坐标，束腰处从下向上为 $w(z)$ 坐标，交点为原点。设光束截面半径在坐标 z 处为 $w(z)$，则光束截面半径 $w(z)$ 满足下式

$$w^2(z) = w_0^2 \left[1 + \left(\frac{\lambda z}{\pi w_0^2} \right)^2 \right] \tag{28-3}$$

式中，λ 为激光波长。距离束腰沿光轴长度为 z 处的波面中心曲率半径 $R(z)$，也是激光束的等相位面半径为

$$R(z) = z \left[1 + \left(\frac{\pi w_0^2}{\lambda z} \right)^2 \right] \tag{28-4}$$

定义 $\sqrt{2} w_0$ 处的 z 坐标为共焦参数，又称为瑞利长度，记作 Z_0，如图 28-2。在公式（28-3）中，令 $w(z) = \sqrt{2} w_0$，可得共焦参数为

$$Z_0 = \frac{\pi w_0^2}{\lambda} \tag{28-5}$$

由公式（28-3）可知，高斯光束截面半径是一个双曲线

$$\frac{w^2(z)}{w_0^0} - \frac{z^2}{Z_0^2} = 1 \tag{28-6}$$

双曲线的渐进线与光轴的夹角称为高斯光束的发散角，记作 θ。由解析几何可知发散角满足

$$\theta \approx \tan\theta = \lim_{z \to \infty} \frac{dw}{dz} = \frac{\lambda}{\pi w_0} \tag{28-7}$$

激光束在传播时，任意位置处的光束截面半径 $w(z)$ 和波面中心曲率半径 $R(z)$ 是两个重要参数，在很多时候它们都需要计算。为了统一简化计算，可以将这两个参数合二为一，构建如下的参数

$$\frac{1}{q(z)} = \frac{1}{R(z)} - i \frac{\lambda}{\pi w^2(z)} \tag{28-8}$$

式中，定义的新参数称作 q 参数，它里面包含了以上两个重要参数。在计算时，只需要

获得激光束的 q 参数，它的实部就是波面中心曲率半径 $R(z)$，它的虚部含有光束截面半径 $w(z)$。由公式（28-4）

$$R(z)=z+\frac{Z_0^2}{z} \tag{28-9}$$

很显然，在束腰处，$z=0$，代和上式得 $R(0)=\infty$，这说明在束腰处等相位面半径是平面。而此时 $w(0)=w_0$，由公式（28-8）可得束腰处的 q 参数为

$$q(0)=q_0=iZ_0 \tag{28-10}$$

28.2 激光束经过光学系统的变换

28.2.1 沿同种介质激光束传播的变换

将公式（28-3）和公式（28-4）代入到公式（28-8）的 q 参数定义式，经过简单的运算可得

$$q(z)=i\frac{\pi w_0^2}{\lambda}+z=q_0+z \tag{28-11}$$

这说明，沿同种介质传播不发生折射时，激光束从束腰传播 z 距离后的 q 参数就等于束腰处的 q 参数 q_0 加上传播的距离 z。如果激光束从 z_1 处传播到 z_2 处，则它们的 q 参数满足

$$q(z_2)=q_0+z_2=(q_0+z_1)+(z_2-z_1)=q(z_1)+(z_2-z_1) \tag{28-12}$$

这说明，z_2 处的 q 参数就等于 z_1 处的 q 参数加上传播距离 z_2-z_1。设传播距离 $L=z_2-z_1$，由矩阵光学，传播距离为 L 的矩阵为

$$\boldsymbol{T}_L=\begin{pmatrix} A & B \\ C & D \end{pmatrix}=\begin{pmatrix} 1 & L \\ 0 & 1 \end{pmatrix} \tag{28-13}$$

则公式（28-12）可以改写为

$$q(z_2)=q(z_1)+(z_2-z_1)=\frac{1\cdot q(z_1)+L}{0\cdot q(z_1)+1}=\frac{Aq(z_1)+B}{Cq(z_1)+D}$$

上式称作 ABCD 定律。如果 z_1 处的 q 参数简写作 q_1，z_2 处的 q 参数简写作 q_2，则上式改写成

$$q_2=\frac{Aq_1+B}{Cq_1+D} \tag{28-14}$$

28.2.2 一般光学系统对激光束的变换

由矩阵光学可知，任何复杂的光学系统，包括单透镜，均可以用一个传输矩阵来表示，称作 ABCD 矩阵。如图 28-3，物空间的激光束经过一个 ABCD 矩阵变换后，变成像空间的激光束。设物空间的折射率为 n_1，激光束束腰 w_{10}，束腰处 q 参数 q_{10}，束腰距离光学系统第一面物距为 l；像空间的折射率为 n_2，激光束束腰 w_{20}，束腰处 q 参数 q_{20}，束腰距离光学系统最后一面像距为 l'。

由激光原理可知，激光束从物空间到像空间仍然满足 ABCD 定律，即公式（28-14）。由图 28-3，激光束从物方束腰

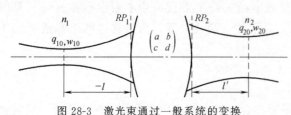

图 28-3　激光束通过一般系统的变换

到像方束腰的传输矩阵为

$$\boldsymbol{S}'=\begin{pmatrix} A & B \\ C & D \end{pmatrix}=\begin{pmatrix} 1 & l' \\ 0 & 1 \end{pmatrix}\begin{pmatrix} a & b \\ c & d \end{pmatrix}\begin{pmatrix} 1 & -l \\ 0 & 1 \end{pmatrix}=\begin{pmatrix} a+cl' & b-al+dl'-cll' \\ c & d-cl \end{pmatrix} \tag{28-15}$$

式中，$\begin{pmatrix} a & b \\ c & d \end{pmatrix}$ 是光学系统的矩阵，$\begin{pmatrix} A & B \\ C & D \end{pmatrix}$ 是物方束腰到像方束腰的矩阵，由公式（28-15），有

$$q_{20}=\frac{Aq_{10}+B}{Cq_{10}+D} \quad \Rightarrow \quad \frac{1}{q_{20}}=\frac{C+D/q_{10}}{A+B/q_{10}} \tag{28-16}$$

在束腰处，令

$$\frac{1}{q_{10}}=x_{10}-iy_{10}, \frac{1}{q_{20}}=x_{20}-iy_{20}$$

将上式代入到公式（28-16），并利用 ABCD 矩阵的行列式为 1，即 $AD-BC=1$，可得

$$x_{20}=\frac{(A+Bx_{10})(C+Dx_{10})+BDy_{10}^2}{(A+Bx_{10})^2+B^2y_{10}^2} \tag{28-17}$$

$$y_{20}=\frac{y_{10}}{(A+Bx_{10})^2+B^2y_{10}^2} \tag{28-18}$$

仅考虑束腰到束腰的变换，物空间有 $x_{10}=0$，$y_{10}=1/Z_{10}$，Z_{10} 为物空间激光束的共焦参数；像空间有 $x_{20}=0$，$y_{20}=1/Z_{20}$，Z_{20} 为像空间激光束的共焦参数。由公式（28-17），令 $x_{20}=0$，有分子为零得

$$ACZ_{10}^2+BD=0 \tag{28-19}$$

公式（28-18）也可化为共焦参数的关系为

$$Z_{20}=\frac{A^2Z_{10}^2+B^2}{Z_{10}} \tag{28-20}$$

由以上两式，将公式（28-15）中的矩阵元代入，可得光学系统的成像特性为

$$l'=-\frac{acZ_{10}^2+(b-al)(d-cl)}{c^2Z_{10}^2+(d-cl)^2} \tag{28-21}$$

$$w_{20}=\frac{w_{10}}{\sqrt{c^2Z_{10}^2+(d-cl)^2}} \tag{28-22}$$

由公式（28-22），可得光学系统的垂轴放大倍率为

$$\beta=\frac{w_{20}}{w_{10}}=\frac{1}{\sqrt{c^2Z_{10}^2+(d-cl)^2}} \tag{28-23}$$

28.2.3　单薄透镜对激光束的变换

设单薄透镜的焦距为 f'，由矩阵光学，则其传播矩阵为

$$\boldsymbol{T}_{\mathrm{F}}=\begin{pmatrix} 1 & 0 \\ -1/f' & 1 \end{pmatrix} \tag{28-24}$$

将上式代入到公式（28-21），可得物像关系为

$$\frac{1}{l'}-\frac{1}{l}\frac{(f'+l)l}{(f'+l)l+Z_{10}^2}=\frac{1}{f'} \tag{28-25}$$

从上式可以看到，激光束通过单透镜变换时，不能完全按照近轴光学的理论来求解，它还包

括一个附加因子。若 $Z_{10} \to 0$，则上式变为近轴光学的高斯公式，激光束传播的高斯光束也过渡到光的直线传播。若 $l \to \infty$，则附加因子也会趋向于1，也可以过渡到直线传播。同样，公式（28-22）和（28-23）可以改写成

$$w_{20} = w_{10} \frac{f'}{\sqrt{(f'+l)^2 + Z_{10}^2}} \tag{28-26}$$

$$\beta = \frac{f'}{\sqrt{Z_{10}^2 + (f'+l)^2}} \tag{28-27}$$

若 $Z_{10} \to 0$，则上式过渡到直线传播的垂轴放大率

$$\beta = \frac{f'}{f'+l} = -\frac{f}{x} = \frac{l'}{l} \tag{28-28}$$

下面，我们研究一下公式（28-27），当 f' 一定时，β 随 l 的变化。对公式（28-27）求一阶导数并令其为零得

$$\frac{\mathrm{d}\beta}{\mathrm{d}l} = -\frac{2f'(f'+l)}{(Z_{10}^2 + (f'+l)^2)^{3/2}} = 0$$

可知，公式（28-27）存在一个极大值，此时

$$l = -f', \quad \beta_{\max} = \frac{f'}{Z_{10}} = \frac{\lambda f'}{\pi w_0^2} \tag{28-29}$$

要想单透镜对光具有会聚作用，即 $w_{20} < w_{10}$，则有 $\beta_{\max} < 1$，即 $f' < Z_{10}$。这说明，当透镜焦距小于物空间激光束共焦参数时，将对激光束有会聚作用，得到一个比物空间束腰更小的输出激光束腰。β 随 l 的变化，绘成曲线，如图28-4所示。

从图28-4，当 $l = 0$ 时，垂轴放大率为 β_0，满足

$$\beta_0 = \frac{f'}{\sqrt{Z_{10}^2 + f'^2}} \tag{28-30}$$

如果 $f' \geqslant Z_{10}$，则 $\beta_{\max} \geqslant 1$，并不是所有的 l 都会成缩小像，由图28-4，必然存在 $\beta = +1$ 的成像位置。由公式（28-27），令 $\beta = +1$，求解得

$$l_{\pm 1} = -f' \pm \sqrt{f'^2 - Z_{10}^2} \tag{28-31}$$

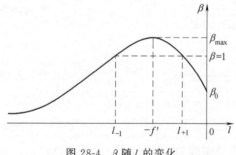

图 28-4　β 随 l 的变化

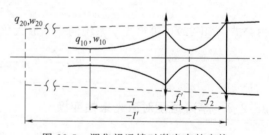

图 28-5　调焦望远镜对激光束的变换

28.2.4　调焦望远镜对激光束的变换

倒置望远镜在激光扩束、准直和发射等方面应用广泛，显得比较重要。如图28-5，是一个短焦距"目镜"在前长焦距"物镜"在后的倒置望远镜，在两镜的中间是经过调焦的，即焦平面重合。设两镜的间距为 d_0，目镜的焦距为 f_1'，物镜的焦距为 f_2'，则调焦后的望远镜有光学间隔 Δ 为

$$\Delta = d_0 - f_1' - f_2' = 0 \tag{28-32}$$

调焦望远镜的变换矩阵为

$$\boldsymbol{S}' = \begin{pmatrix} a & b \\ c & d \end{pmatrix} = \begin{pmatrix} 1 & 0 \\ -1/f_2' & 1 \end{pmatrix} \begin{pmatrix} 1 & d_0 \\ 0 & 1 \end{pmatrix} \begin{pmatrix} 1 & 0 \\ -1/f_1' & 1 \end{pmatrix} = \begin{pmatrix} 1 - \dfrac{d_0}{f_1'} & d_0 \\ -\dfrac{1}{f_1'} - \dfrac{1}{f_2'} + \dfrac{d_0}{f_1' f_2'} & 1 - \dfrac{d_0}{f_2'} \end{pmatrix} \tag{28-33}$$

利用公式（28-32），很容易化简得

$$a = 1 - \frac{d_0}{f_1'} = \frac{-f_2'}{f_1'} = \Gamma, \quad c = -\frac{1}{f_1'} - \frac{1}{f_2'} + \frac{d_0}{f_1' f_2'} = -\frac{1}{f'} = -\frac{1}{\infty} = 0, \quad d = 1 - \frac{d_0}{f_2'} = \frac{-f_1'}{f_2'} = \frac{1}{\Gamma}$$

式中，f' 为调焦望远镜的总焦距，望远镜是无焦系统，所以 $f' = \infty$；$\Gamma = -f_2'/f_1'$ 是调焦望远镜的视放大率。由上式，可得调焦望远镜的变换矩阵为

$$\boldsymbol{S}' = \begin{pmatrix} a & b \\ c & d \end{pmatrix} = \begin{pmatrix} \Gamma & d_0 \\ 0 & 1/\Gamma \end{pmatrix} \tag{28-34}$$

设物空间的束腰为 w_{10}，q 参数为 q_{10}，物距为 l；像空间的束腰为 w_{20}，q 参数为 q_{20}，像距为 l'。在束腰处，有物像方的 q 参数为

$$\frac{1}{q_{10}} = -i \frac{\lambda}{\pi w_{10}^2}, \frac{1}{q_{20}} = -i \frac{\lambda}{\pi w_{20}^2} \tag{28-35}$$

将公式（28-34）代入到公式（28-21）、公式（28-22）得

$$l' = -\Gamma(f_1' + f_2') + \Gamma^2 l \tag{28-36}$$
$$w_{20} = |\Gamma| w_{10} \tag{28-37}$$

下面对以上两式作一下说明：

① 使用倒置调焦望远镜可以使激光束束腰扩大 $|\Gamma|$，相应地共焦参数扩大 Γ^2 倍。

② 由公式（28-7），远场发散角与束腰成反比，所以倒置调焦望远镜可以使远场发散角压缩为

$$\theta_2 = \frac{\lambda}{\pi w_{20}} = \frac{\lambda}{\pi |\Gamma| w_{10}} = \frac{1}{|\Gamma|} \theta_1 \tag{28-38}$$

③ 如果物空间束腰在目镜的物方焦平面上，即 $l = -f_1'$，代入公式（28-36）得

$$l' = -\Gamma(f_1' + f_2') - \Gamma^2 f_1' = f_2' \tag{28-39}$$

上式说明，此时像空间束腰就在物镜的像方焦平面上。也很容易证明，在两镜中间的激光束束腰就在焦平面重合的位置。

28.2.5　离焦望远镜对激光束的变换

当倒置的望远镜中间错开一个距离 Δ 时，称作离焦望远镜，其中 Δ 称作光学间隔，它的符号规则为：以目镜像方焦点为计算原点，物镜的物方焦点在左为负，在右为正。很显然有关系

$$\Delta = d_0 - f_1' - f_2' \tag{28-40}$$

利用将上式，公式（28-33）中各矩阵元可以写成

$$a = 1 - \frac{d_0}{f_1'} = -\frac{f_2' + \Delta}{f_1'} = \Gamma - \frac{\Delta}{f_1'}, c = -\frac{1}{f_1'} - \frac{1}{f_2'} + \frac{d_0}{f_1' f_2'} = -\frac{1}{f'} = \frac{\Delta}{f_1' f_2'},$$

$$d = 1 - \frac{d_0}{f_2'} = -\frac{f_1' + \Delta}{f_2'} = \frac{1}{\Gamma} - \frac{\Delta}{f_2'}$$

离焦望远镜的变换矩阵为

$$\boldsymbol{S}' = \begin{pmatrix} a & b \\ c & d \end{pmatrix} = \begin{pmatrix} \Gamma - \dfrac{\Delta}{f_1'} & d_0 \\ \dfrac{\Delta}{f_1' f_2'} & \dfrac{1}{\Gamma} - \dfrac{\Delta}{f_2'} \end{pmatrix} \tag{28-41}$$

将公式（28-41）代入到公式（28-21）并化简得像距

$$l' = \frac{f_2'(\Delta + f_2')}{\Delta} - \frac{f_1'^2 f_2'^2 (l\Delta + f_1'^2 + f_1'\Delta)}{\Delta(l\Delta + f_1'^2 + f_1'\Delta)^2 + Z_{10}^2 \Delta^3} \tag{28-42}$$

其中第一项为

$$\frac{f_2'(\Delta + f_2')}{\Delta} = f_2' + \frac{f_2'^2}{\Delta} = f_2' - \frac{f_2 f_2'}{\Delta} = f_2' + x_F'$$

从上式可以看到，第一项就是直线传播时，两组合系统的像距。但是，对于激光束传播，它的像距偏离直线传播像距，偏离量为公式（28-42）的第二项。

将公式（28-41）代入到公式（28-22）并化简得放大倍率为

$$w_{20} = |\Gamma| w_{10} \frac{f_1'^2}{\sqrt{(l\Delta + f_1'^2 + f_1'\Delta)^2 + Z_{10}^2 \Delta^2}} \tag{28-43}$$

28.3 激光扩束系统设计

28.3.1 激光扩束系统技术要求

在激光测距仪器中，激光束的发射系统就是一个倒置的扩束望远镜，接收系统是一个类似于照相物镜的聚光系统，如图 28-6 所示。倒置望远镜是为了扩束，使激光束的束腰扩大，由公式（28-7），束腰和发散角成反比，所以激光束的发散角会降低，又由公式（28-38），发散角将降低到原来发散角的 $1/|\Gamma|$。小的发散角，激光束在长距离传播时才不会散得太开，能量更集中。

例如：要求设计一个激光扩束系统，适用于氦氖激光波长 $0.6328\mu m$，它可以将物空间激光束束腰 1mm，扩大到像空间束腰 10mm，即 $10\times$ 的扩束系统。优先使用倒置的伽利略式望远系统，因为它结构简单，镜筒长度比开普勒式望远系统短，总长度控制在 120mm 以内。质量要求稍微严格，波峰到波谷小于 $\lambda/10$。

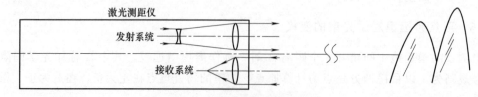

图 28-6 激光测距仪原理图

采用伽利略式望远系统，对于 $10\times$ 系统，我们取目镜焦距为 $f_1' = -10mm$，物镜焦距为 $f_2' = -\Gamma f_1' = 100mm$。为了简单化，目镜使用一片透镜，用折射率高的成都光明 H-ZF6 玻璃，$0.6328\mu m$ 的折射率为 $n_1 = 1.7497$。设初始状态，目镜为等双凹的负透镜，由透镜制

造方程，可得目镜的曲率半径为

$$r_1 = -r_2 = 2(n_1-1)f_1' = -14.994\text{mm}$$

同样，设物镜也是一片透镜，使用成都光明的 H-BaK7，$0.6328\mu\text{m}$ 的折射率为 $n_2 = 1.5667$。设初始状态，物镜为等双凸的正透镜，由透镜制造方程，可得物镜的曲率半径为

$$r_3 = -r_4 = 2(n_2-1)f_2' = 113.34\text{mm}$$

目镜和物镜的厚度均给 5mm。目镜和物镜间距离约为两镜的焦距差，即约为 98.346mm。

28.3.2 激光扩束系统初始镜头数据

将上一小节计算的镜头数据输入到 Zemax 软件中。除此之外，由于束腰为 1mm 的激光束发散角为

$$\theta = \frac{\lambda}{\pi w_0} = \frac{0.0006328}{3.1415926 \times 1} = 2.0143 \times 10^{-4}\text{rad}$$

已经很小，所以在距离不是太远的情况下，激光束光束截面半径都约为 1mm。需要注意的是，如果望远镜承接的物空间激光束束腰很小，发散角很大时，需要利用公式（28-3）计算激光束到达目镜时的光束口径，以此作为入瞳直径。在 Zemax 软件的"系统孔径"里，选择"入瞳直径"，并设置"孔径值"为 1，"切趾类型"为"高斯"，"切趾因子"为 2，"径口径余量 毫米"为 3，下面"无焦像空间"勾选。由于物空间激光束发散角很小，所以"视场"保持原来的 0°视场不变。"波长"设置为一种波长，即 $0.6328\mu\text{m}$。

在扩束系统前面加入一个距离目镜 5mm 的光阑；像面直接输入 10mm，并保持不变。将以上数据全部输入到 Zemax，得到图 28-7 的镜头数据，它的 2D 视图如图 28-8 所示。

表面	类型	曲率半径	厚度	玻璃	净口径	延伸区	机械半直径
物面	STANDARD	无限	无限		0	0	0
光阑	STANDARD	无限	5		1	0	1
2	STANDARD	-14.994	5	H-ZF6	7	0	7.1435
3	STANDARD	14.994	98.346		7.1435	0	7.1435
4	STANDARD	113.34	5	H-BAK7	17.7303	0	17.8755
5	STANDARD	-113.34	10		17.8755	0	17.8755
像面	STANDARD	无限			11.76411	0	11.76411

图 28-7 10×伽利略扩束系统初始数据

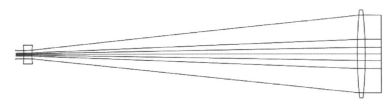

图 28-8 10×伽利略扩束系统初始 2D 视图

在"优化函数编辑器"里插入 EFLY 操作数，"面 1"为 2，"面 2"为 3，可以看到此时目镜的焦距为 -9.3323。再插入一个 EFLY 操作数，"面 1"为 4，"面 2"为 5，可以看到此时物镜的焦距为 100.7982。扩束倍率为 -10.8010 倍，接近要求的 10×。此时系统镜筒总度为 5+5+98.346+5+10=123.346mm，也在要求附近。在优化函数编辑器里插入 SPHA 操作数，球差为 0.5715λ，不大。在波前图中可以看到，波峰到波谷为 33.9032λ，需要校正。

28.3.3 激光扩束系统优化处理

下面作优化处理，在优化之前需要做以下工作：

① 以默认的评价函数为基础，和以前使用的方法一样。"优化类型"为"RMS"，"标准"为"光斑半径"，"参考"为"质心"，"假设轴对称"勾选。

② 在优化函数中，插入 TTHI 操作数，"面1"为1，"面2"为5，该操作数用以观察系统镜筒总长度。它的目标值和权重均设置为0，仅用于观察。插入 OPLT 操作数，表示操作数小于给定的目标值。设置"优化次数"为5，代表该操作数针对的是第5行的操作数 TTHI。目标值设置为120，权重设置为1，表示第5行操作数小于120mm，这也是技术要求里要求的。

③ 在优化函数中，插入操作数 REAY，表示指定面的 Y 坐标高度。设置"面"为6，指像面的 Y 坐标高度；"Py"设置为1，指最大孔径；目标值设置为5，它为（1×10）/2＝5，正是扩束 10× 后束束腰的一半。

④ 在优化函数中，插入一行 EFLY 操作数，"面1"为2，"面2"为3，观察目镜的焦距。再插入一行 EFLY 操作数，"面1"为4，"面2"为5，观察物镜的焦距。

⑤ 在优化函数中，插入 DIVI 操作数，设置它的参数"操作数♯1"和"操作数♯2"分别为两个 EFLY，即让它们相除。物镜行号在前，目镜行号在后，它们相除就是望远镜的视放大率 Γ。设置目标值为 -10，权重为1。

⑥ 在优化函数中，插入 SPHA 和 COMA 操作数，用以观察主要像差的变化。

⑦ 在优化函数中，设置玻璃和空气的边缘条件，如图 28-9 所示。

⑧ 在"镜头数据"中，设置面 2～5 的曲率半径为变量求解，面 2～4 的厚度为变量求解。

按照以上步骤设置完成之后，使用命令"优化→执行优化"命令进行优化处理，优化后的镜头数据如图 28-10 所示。

	类型	面1	面2					目标	权重	评估	% 献
1	DMFS										
2	TTHI	1	5					0.0000	0.0000	120.0100	0.0000
3	OPLT	2						120.0000	1.0000	120.0100	3.3366
4	REAY	6		1	0.0000	0.0000	0.0000	1.0000	5.0000	1.0000	5.0417	58.0303
5	BLNK										
6	EFLY	2	3					0.0000	0.0000	-11.2404	0.0000
7	EFLY	4	5					0.0000	0.0000	112.1533	0.0000
8	DIVI	7	6					-10.0000	1.0000	-9.9777	16.5503
9	BLNK										
10	SPHA	0	1					0.0000	1.0000	0.0253	21.3832
11	COMA	0	1					0.0000	1.0000	0.0000	0.0000
12	BLNK										
13	MNCA	1	5					2.0000	1.0000	2.0000	0.0000
14	MXCA	2	2					20.0000	1.0000	20.0000	0.0000
15	MNEA	1	5	0.0000	0			2.0000	1.0000	2.0000	0.0000
16	MNCG	1	5					2.0000	1.0000	2.0000	0.0000
17	MXCG	1	5					10.0000	1.0000	10.0000	0.0000
18	MNEG	1	5	0.0000	0			2.0000	1.0000	1.9997	3.6681E-03

评价函数：0.0151016572358703

图 28-9　10× 伽利略扩束系统使用的优化函数

表面	类型	曲率半径	厚度	玻璃	净口径	延伸区	机械半直径
物面	STANDARD	无限	无限		0	0	0
光阑	STANDARD	无限	5		1	0	1
2	STANDARD	8.775995	2	H-ZF6	7	0	7
3	STANDARD	3.879145	100.5		6.901646	0	7
4	STANDARD	895.8038	2.51	H-BAK7	15.96002	0	16.08354
5	STANDARD	-68.34169	10		16.08354	0	16.08354
像面	STANDARD	无限			10.08341	0	10.08341

图 28-10　10× 伽利略扩束系统优化后的镜头数据

从图 28-9，几何像差中，主要校正的球差为 0.0253λ，已经很小。系统总长度为 120.01mm，也满足要求。扩束倍率为 $9.9777\times$，达到要求。扩束后的光束口径达到 5.0417mm，已经满足要求。图 28-11 是伽利略扩束系统优化后的波前图，从图中可以看到，波峰到波谷为 0.0098λ，$<\lambda/10$。图 28-12 是它的 2D 视图。

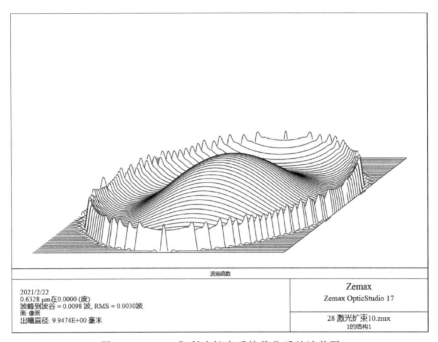

图 28-11　$10\times$伽利略扩束系统优化后的波前图

图 28-12　$10\times$伽利略扩束系统优化后的 2D 视图

28.3.4　Zemax 的高斯光束计算工具

在 Zemax 软件中，具有计算和分析高斯光束的能力，可以使用两种工具：一种是"近轴高斯光束数据"列表；一种是"物理光学传播"图示。下面一一介绍。

（1）近轴高斯光束数据列表

使用"分析→高斯光束→近轴高斯光束传播"命令，打开"近轴高斯光束数据"列表。列表中详细说明并罗列了激光束从物空间、两面之间的空间到像空间里，激光束的光斑大小、束腰、束腰位置等数据。由于本例中的实例为旋转对称系统，$X-$方向和 $Y-$方向数据完全一样，仅在图 28-13 中显示了 $Y-$方向的数据。

在图 28-13 中，各列数据的意义如下：

① 表面，面号代表该行数据为该表面前面的激光束特性。

② 尺寸，该面上的激光束口径。像面 IMA 上的口径为 9.9761mm，约为原来激光束口径 1mm 的 $10\times$。

③ 束腰，空间的激光束束腰大小。由图 28-13 可知，像空间的激光束束腰为

7.7465mm，达不到原激光束腰的 $10\times$。为了完全达到 $10\times$，可以考虑提高扩束倍率。

④ 位置，空间束腰的位置，数据为距离面号所在面的沿轴长度，束腰在面的左边为负，右边为正。由图 28-13 知，像空间束腰在像面的右边 241751mm 处。

Y-方向：
基模结果：

表面	尺寸	束腰	位置	相位曲率半径	发散角	瑞利范围
STO	1.00000E+00	1.00000E+00	0.00000E+00	无限	2.01426E-04	4.96459E+03
2	1.00000E+00	2.35794E-03	-2.04821E+01	-2.04822E+01	4.87842E-02	4.82957E-02
3	9.02355E-01	2.26409E-03	1.01427E+01	1.01428E+01	8.87321E-02	2.54490E-02
4	9.84341E+00	2.43449E-03	1.86390E+02	1.86390E+02	5.27618E-02	4.60984E-02
5	9.97596E+00	7.74653E+00	2.41741E+05	6.08892E+05	2.60022E-05	2.97919E+05
IMA	9.97613E+00	7.74653E+00	2.41751E+05	6.08887E+05	2.60022E-05	2.97919E+05

图 28-13　$10\times$ 伽利略扩束系统的 Y-方向基模

⑤ 相位曲率半径，该面上相位曲率半径，即公式（28-4）计算的结果。

⑥ 发散角，面号前面空间的激光束发散角。从图 28-13，物空间发散角为 $2.0143\times 10^{-4}\mathrm{rad}$，这和前面计算的数据完全一样。像空间的发散角为 $2.6002\times 10^{-5}\mathrm{rad}$，发散角压缩为原来的 $0.1291\times$，离 $0.1\times$ 有差距，为了达到完全的发散角压缩比，可以考虑提高扩束倍率。

⑦ 瑞利范围，即共焦参数，由公式（28-5）计算所得。

(2) 物理光学传播图示

使用"分析→物理光学"命令，打开"物理光学传播"图示对话框。该工具可以设置并查看以波动光学（包括高斯光束）计算通过光学系统的数据。

点击"设置"，在"常规"里设置"起始面"为1，"终止面"为"像面"，"表面到光束"为0。表面到光束设置的是，物空间激光束束腰到目镜第一面间的距离，为0说明束腰就在第一面上，如果真实设计中存在一定的距离，需要在此输入距离值。

在"光束定义"里，"光束类型"选择"高斯束腰"。"X-采样"和"Y-采样"设置为128，它代表图形显示的精度。"X-宽度"和"Y-宽度"是显示区域的大小，均设置为5。设置"束腰-X"和"束腰-Y"均为1，就是物空间的束腰大小，旋转对称，XY 一样。"X 偏心"和"Y

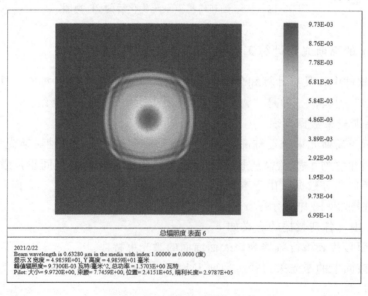

图 28-14　物理光学传播图示

"偏心"表示两个方向偏离光轴的距离，本例中无偏心，为 0。"孔径-X"和"孔径-Y"表示像面限制显示的孔径大小，比如滤波用孔径，在此无，为 0。"阶数 X"和"阶数 Y"是用来设置 X 和 Y 方向的高阶模所用，在此为基模，均为 0。点击确定，得到图 28-14。

从图 28-14 可以看到，表面 6，即像面上，光斑大小为 9.9729mm，和图 28-13 中像面的 Y 方向尺寸 9.9761mm 一致。束腰为 7.7459mm，和图 28-13 中像面的束腰 7.7465mm 一致。位置和瑞利长度也十分接近。

28.4　激光扫描系统设计

28.4.1　激光扫描系统的特点

在一些激光打标、激光焊接、激光雕刻等系统中，要求激光束在表面或者内部进行移动加工，为了保证激光聚焦的点的位置在移动时具有扫描线性性质，必须特殊地设计激光扫描光学系统。如图 28-15（a），没有特殊设计的光学系统，激光会聚的斑点在像空间会扫描成一个曲线。即便是校正了像差，由无限远的像高公式，此时倾角为 θ 的激光束像高为

$$y' = -f'\tan\theta \tag{28-44}$$

式中，f' 是激光扫描物镜的焦距；θ 为光束倾角；y' 为激光斑点与光轴的距离。对于线性扫描成像，y' 与 θ 是角度线性关系，即像高满足

$$y' = -f'\theta \tag{28-45}$$

公式（28-44）是没有经过特殊设计的光学系统像高，公式（28-45）是需要的像高。这说明，在设计扫描镜头时，不能按完全理想成像进行校正，需要保留上面两个公式之差的畸变量，即

$$\Delta y' = f'(\tan\theta - \theta) \tag{28-46}$$

具有上式残存畸变量的扫描镜头称为 f-theta 镜头，如图 28-15（b）。

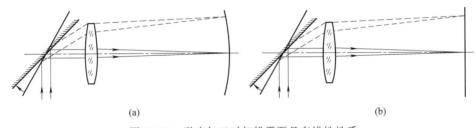

图 28-15　激光加工时扫描需要具有线性性质

28.4.2　激光扫描系统的技术要求

设计一个激光扫描物镜，满足如下参数：

焦距：$f' = 100$mm。

扫描口径：14mm。

扫描范围：100mm。

波长：0.532μm。

扫描方式：使用镜前扫描，如图 28-15（b）。

像质：波峰以波谷≤$\lambda/4$。

由技术要求，扫描口径为 14mm，选用镜前扫描，反射镜起到孔径光阑的作用，所以在

扫描物镜前面设置光阑。此时孔径光阑就是入瞳，入瞳直径为 14mm。像面尺寸是已知的，即扫描范围 100mm，所以系统视场类型就用像平面高度。由于存在附加畸变量，即公式 (28-46)，所以不能用"理想像高"作为视场。选用"实际像高"作为系统视场，分别取 0mm，35.355mm 和 50mm。波长为 $0.532\mu m$，单色光，不用校正色差，所以玻璃材料可以选用同一种。

高的折射率材料会产生更大的光线偏折，从而降低折射面曲率半径，有利于像差校正。我们使用三片式扫描物镜，材料选用折射率高的成都光明产 H-ZF6 玻璃，$0.532\mu m$ 的折射率为 $n=1.7643$。设三个镜片平均分配光焦度，并假定它们是等双凸正透镜，则有

$$\Phi_1=\Phi_2=\Phi_3=\Phi/3=1/300，r_1=-r_2=r_3=-r_4=r_5=-r_6=2(n-1)/\Phi=458.58\text{mm}$$

反射镜和扫描物镜的第一面间距，需要保证扫描时反射镜碰不到物镜，令光阑到第一个折射面的厚度为 32mm。由于曲率半径不小，三片镜的厚度先全部给定为 5mm，镜片间距给定为 1mm。

28.4.3　激光扫描系统的初始结构

将上小节中计算数据和给定数据输入到 Zemax 软件中，可得图 28-16 的镜头初始数据。它的 3D 视图，如图 28-17 所示。成像特性列于表 28-1，从表中可以看到，塞德几何像差不算太大，但是波前的波峰到波谷为 24.9446λ，远远大于技术要求中的 $\lambda/4$。三个视场的 RMS 也非常大，数百到上千微米。所以，初始系统无法使用，必须进行像差校正。

表面	类型	曲率半径	厚度	玻璃	净口径	延伸区	机械半直径
物面	STANDARD	无限	无限		0	0	0
光阑	STANDARD	无限	32		7	0	7
2	STANDARD	458.58	5	H-ZF6	37.13477	0	39.03707
3	STANDARD	-458.58	1		39.03707	0	39.03707
4	STANDARD	458.58	5	H-ZF6	40.45312	0	41.95633
5	STANDARD	-458.58	1		41.95633	0	41.95633
6	STANDARD	458.58	5	H-ZF6	43.13628	0	44.25772
7	STANDARD	-458.58	122.8171		44.25772	0	44.25772
像面	STANDARD	无限			102.9715	0	102.9715

图 28-16　激光扫描物镜的初始数据

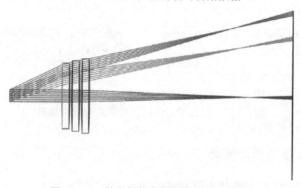

图 28-17　激光扫描物镜的初始 3D 视图

表 28-1　激光扫描物镜的成像特性

焦距	球差	正弦差	像散	场曲	F-theta 畸变	波峰到波谷	1 视场 RMS	2 视场 RMS	3 视场 RMS
101.971mm	0.0472λ	0.0004154	6.5661λ	7.8445λ	-3.1772%	24.9446λ	$685.065\mu m$	$842.907\mu m$	$1000.92\mu m$

28.4.4　激光扫描系统的优化处理

激光扫描系统的初始结构必须优化。由于仅使用了一种波长，所以色差不在校正之列，

主要校正球差、正弦差、场曲和 F-theta 畸变。不用于成像，像散可以不参与校正，但是当它影响到 RMS 时，可以适当加入降低一些。由于球差、场曲和 F-theta 畸变主要影响成像位置，为了保持线性扫描，是需要校正的。彗差影响光斑大小，会对加工精度产生影响，也需要校正。在此，需要注意的是，激光扫描镜头使用的 F-theta 畸变，在 Zemax 软件中的操作数为 DISC，不是 DIST。DISC 是 Zemax 专门为扫描线性而设计的专用操作数。事实上，我们经过试验发现，使用默认的评价函数，再加上 EFFL 和 DISC 两个操作，以及玻璃、空气边界条件，可以获得很好的结果。最终，使用的优化函数如图 28-18 所示。从图中可以看到，七种几何像差中没有色差，也没有 DIST，因为有 DISC，两者不能同时存在。经过优化处理后，得到图 28-19 的镜头数据。

	类型	波	Hx	Hy	Px	Py		目标	权重	评估	% 献
1	DMFS ▾										
2	EFFL ▾	1						100.0000	1.0000	100.0000	5.5560E-06
3	DISC ▾	1	0					0.0000	1.0000	5.9167E-04	2.8987
4	SPHA ▾	0	1					0.0000	0.0000	-0.1430	0.0000
5	OSCD ▾	1	0.0000					0.0000	0.0000	1.2282E-05	0.0000
6	ASTI ▾	0	1					0.0000	0.0000	-0.5936	0.0000
7	FCUR ▾	0	1					0.0000	0.0000	1.1869	0.0000
8	MNCA ▾	2	6					5.0000	1.0000	5.0000	0.0000
9	MXCA ▾	2	6					15.0000	1.0000	15.0000	0.0000
10	MNEA ▾	2	6	0.0000		0		5.0000	1.0000	5.0000	0.0000
11	MNCG ▾	2	6					5.0000	1.0000	5.0000	0.0000
12	MXCG ▾	2	6					15.0000	1.0000	15.0000	0.0000
13	MNEG ▾	2	6	0.0000		0		5.0000	1.0000	5.0000	0.0000

图 28-18　激光扫描物镜使用的优化函数

表面	类型	曲率半径	厚度	玻璃	净口径	延伸区	机械半直径
物面	STANDARD	无限	无限		0	0	0
光阑	STANDARD	无限	32		7	0	7
2	STANDARD	-19.60627	8.18	H-ZF6	32.50785	0	42.09515
3	STANDARD	-25.26723	5		42.09515	0	42.09515
4	STANDARD	-129.6535	13.54	H-ZF6	56.28099	0	63.0933
5	STANDARD	-66.74464	5		63.0933	0	63.0933
6	STANDARD	834.4307	9.11	H-ZF6	70.98241	0	72.41585
7	STANDARD	-205.6369	122.8171		72.41585	0	72.41585
像面	STANDARD	无限			100.006	0	100.006

图 28-19　激光扫描物镜优化后的镜头数据

图 28-20 是优化后的点列图，从图中可以看到，所有视场的 RMS 半径均小于 $5.906\mu m$，

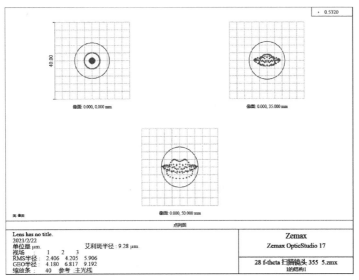

图 28-20　激光扫描物镜优化后的点列图

点图都落在艾里斑内部。图 28-21 是优化后的波前图，波峰到波谷为 0.0464λ，远小于 0.25λ。图 28-22 是优化后的场曲/F-Theta 畸变图，从图中可以看到，F-theta 畸变很小，从图 28-18 中的 DISC 操作数评估值 0.0005917%，基本为 0。从 F-Theta 畸变图，约在 0.73 带光存在二级 F-Theta 畸变，值为 0.00085694%，也是很小。图 28-23 是优化后的 3D 视图。

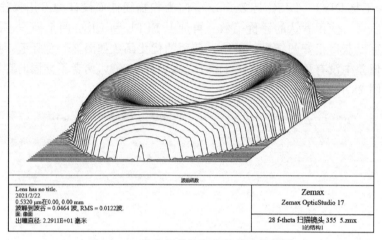

图 28-21　激光扫描物镜优化后的波前图

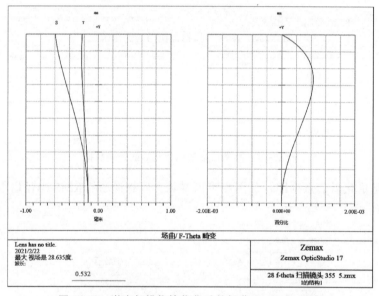

图 28-22　激光扫描物镜优化后的场曲/F-Theta 畸变

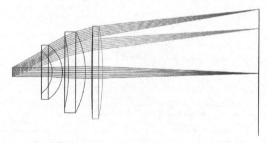

图 28-23　激光扫描物镜优化后的 3D 视图

第 29 章

折衍混合光学系统设计

传统光学系统虽然获得了极大成功，也解决了各类成像的问题，不过随着新技术、新科学、新环境的出现，对传统光学系统发起了一次次的挑战，比如深空探测中对航空相机的重量、体积和热敏感性都有极高的要求，光刻机对成像质量、波长有近乎苛刻的追求等。于是一些新的技术不断涌现，并表现出与传统技术相比的先天的优势，二元光学就是在这种情况下应运而生的。新的技术一般伴随着新的理论的出现，再辅以先进制造技术的进步，便焕发出新的魅力。衍射光学元件（diffractive optical elements，DOE）就是利用光的衍射效应而制作的光学元件。在本章主要针对的是成像用二元光学透镜，又称作二元光学透镜（binary optical lens，BOL）。所谓的二元就是指，在制作二元光学透镜时，使用了透过和遮掩相间的掩模板，类似于二进制 0101。由于二元光学透镜有一个先天的优势，它的 d 光阿贝数为负值（$\nu_d = -3.452$），与常用的玻璃材料阿贝数为正值不同，互相组合会完美地消色差，而消色差是光学设计师比较头疼的事情之一。其次，利用二元光学透镜可以使光学系统轻质化、小型化、降低成本等。在这一章，首先介绍了二元光学透镜的成像特性，了解它与传统光学元件的差异。然后，介绍在 Zemax 软件中如何使用二元光学面形，这为下一节的设计实例做准备。最后，设计一个折衍混合红外物镜，演示了二元光学面在光学设计中的应用。

29.1 二元光学透镜的成像特性

29.1.1 二元光学透镜概述

1785 年，里滕豪斯（Rittenhouse）最早制作了光栅，并且研究了光栅的基本性能。由物理光学可知，光栅是一种在表面刻蚀成规则条纹的位相调制元件，它是利用光在微浮雕结构上透射或者反射时发生衍射效应，利用衍射效应完成一定功能（比如分光）的光学元件。可以说，光栅是最早的衍射光学元件，大量应用在光谱仪器中。法国科学家菲涅耳（Fresnel），发展了物理光学理论，依据菲涅耳波带法，提出并制作了菲涅耳波带片，又称作菲涅耳透镜。菲涅耳波带片常用来对光能量过强容易损伤材料时的光线聚焦，比如紫外激光等。1836 年，泰伯（Talbot）发现，用单色平面波垂直照射一个周期性物体时，在物体后面周期性距离上会出现物体的像，这种自成像的效应称作泰伯效应。1971 年，达曼（Dammann）和果儿特勒（Görtler）提出并制作了达曼光栅，它可以产生一维或二维的等光强阵列光束。以上光栅、菲涅耳透镜、达曼光栅等，虽然都是衍射光学元件，但几乎不用于成像，主要用来完成光能在空间的重新分布。

1977 年，斯维特（Sweatt）开始将平面基底的全息透镜，模拟为普通成像薄透镜，开始探索衍射光学元件在成像方面的应用。同时代的克莱因汉斯（Kleinhans），研究了平面或曲面菲涅耳透镜等效的薄透镜模型，试图用菲涅耳透镜进行成像，并给出了初级像差公式。1988 年，斯沃森（Swanson）和维尔得卡姆（Veldkamp）等利用衍射光学元件（DOE）的色差特性校正单透镜的轴上色差和球差，并研制了多阶相位透镜。二元光学的概念是麻省理工学院（MIT）林肯实验室的维尔得卡姆研究组，在设计新型传感系统中首先提出来的，现在被广泛地采用。从此之后，衍射光学元件用于成像领域得到了前所未有的重视，它的优点也逐渐被发现和认可。

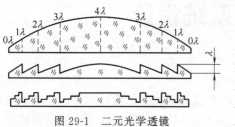

图 29-1　二元光学透镜

如图 29-1，是从一个折射式透镜逐渐演变成二元光学透镜的原理图。不过，二元光学透镜与第 24 章的菲涅耳透镜本质上不是一个概念。菲涅耳透镜是基于几何光学理论而设计的带光焦点重合的光学元件，而二元光学透镜是基于物理光学衍射理论设计的。从图 29-1，在制作二元光学面形时，制作每一个连续的坡度比较困难，会采用阶梯式来近似替代连续的坡度。

制作二元光学透镜的方法有很多，最常用的是以下三种方法：

① 标准法。如图 29-2（a），是最早使用的方法，该方法是使用曝光宽度不同的掩模板，等间距的透过和遮掩，类似于 0101 的二进制编码形式。通过数次曝光后，就可以得到阶梯形近似的衍射光学元件。

② 直写法。如图 29-2（b），通过改变入射光的周期性强弱变化，直接在器件上刻蚀出连续型浮雕结构。该方法简单，也可以得到连续的坡度，只是对光源的周期性变化要求很高。

③ 灰阶掩模转印法。如图 29-2（c），掩模板经过特殊的制作，成周期性的灰阶渐变特性。当均匀的入射光照射到灰阶掩模板，光能渐变地透射过去，形成强弱渐变的周期性。然后显影、刻蚀后，成为连续坡度的二元光学透镜。它与直写法的主要区别在于，直写法是渐变入射光能量，灰阶掩模转印法是渐变掩模板，后面的制作工艺是完全一样的。

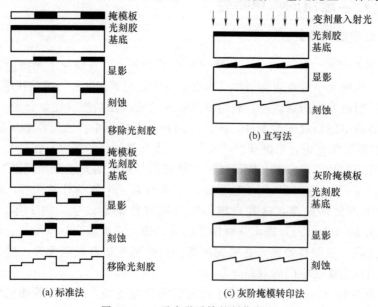

图 29-2　二元光学透镜的制作方法

29.1.2　二元光学透镜单色像差特性

我们主要关心的，还是将二元光学透镜用于成像方面。为了讨论方便，且＋1 级次的衍射是所有级次中最强的，所以下面的讨论均以单一衍射级次＋1 为主，忽略衍射高级次的影响。对于旋转对称的二元光学透镜（BOL），它的相位函数可以表示为

$$\Phi(r) = \frac{2\pi}{\lambda}(A_\lambda r^2 + G_\lambda r^4 + \cdots) \tag{29-1}$$

式中，第一项系数 A_λ 决定了近轴时 BOL 的特性，包括焦距、顶点曲率半径等，A_λ 与波长 λ 成正比，主要用来校正系统色差；后面的高次项系数，如 G_λ 等，称作非球面相位系数，与第一项相比为小量，主要用来辅助校正单色像差。下面分两种情况来研究衍射透镜的初始像差。

(1) 光阑在衍射透镜上

将公式（10-26）代入到公式（10-25），得

$$W_{040} = \frac{1}{8}S_{\mathrm{I}}, W_{131} = \frac{1}{2}S_{\mathrm{II}}, W_{222} = \frac{1}{2}S_{\mathrm{III}}, W_{222} = \frac{1}{4}(S_{\mathrm{III}} + S_{\mathrm{IV}}), W_{311} = \frac{1}{2}S_{\mathrm{V}}$$

$$W(y, \rho, \theta) = \frac{1}{8}\rho^4 S_{\mathrm{I}} + \frac{1}{2}y\rho^3 \cos\theta S_{\mathrm{II}} + \frac{1}{2}y^2\rho^2\cos^2\theta S_{\mathrm{III}} + \frac{1}{4}y^2\rho^2(S_{\mathrm{III}} + S_{\mathrm{IV}}) + \frac{1}{2}y^3\rho\cos\theta S_{\mathrm{V}}$$

$$\tag{29-2}$$

式中，y 为物高坐标；ρ、θ 为入瞳面上的极坐标；$S_{\mathrm{I}} \sim S_{\mathrm{V}}$ 分别为球差、彗差、像散、场曲和畸变的塞德初级像差系数。上式的计算像差公式仍然比较复杂，不够直观，与透镜的固有参数看不出有直接的关系。在此，我们使用第 11 章的 Buchdahl 公式。在使用 Buchdahl 公式之前，看图 29-3 的两条常用的近

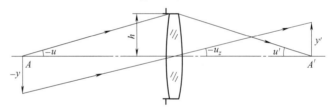

图 29-3　两条近轴光线

轴光线，即主光线和边缘光线，定义物方孔径角为 u，像方孔径角为 u'，物高为 y，像高为 y'，物像方主光线孔径角为 u_z，投射高为 h。假定孔径光阑就在透镜上，如图 29-3 所示。

定义形状因子 X 和放大率因子 Y 为

$$X = \frac{C_1 + C_2}{C_1 - C_2}, Y = \frac{1 + \beta}{1 - \beta} \tag{29-3}$$

式中，$\beta = y'/y$ 是垂轴放大率；C_1、C_2 为单透镜第一面和第二面的曲率。单薄透镜的制造方程为

$$\Phi = (n-1)(C_1 - C_2) \tag{29-4}$$

式中，n 为薄透镜的折射率。则由公式（11-40），并将公式（11-36）～公式（11-39）代入得 Buchdahl 球差系数 S_{I} 为

$$S_{\mathrm{I}} = \frac{h^4\Phi^3}{4}\left[\left(\frac{n}{n-1}\right)^2 + \frac{n+2}{n(n-1)^2}X^2 + \frac{4(n+1)}{n(n-1)}XY + \frac{3n+2}{n}Y^2\right] \tag{29-5}$$

同理由表 11-3 中薄透镜的 Buchdahl 公式，并将相应参数代入得彗差系数 S_{II}、像散系数 S_{III}、Petzval 场曲系数 S_{IV} 和畸变系数 S_{V} 为

$$S_{\mathrm{II}} = -\frac{Jh^2\Phi^2}{2}\left[\frac{n+1}{n(n-1)}X + \frac{2n+1}{n}Y\right] \tag{29-6}$$

$$S_{\text{Ⅲ}} = J^2 \Phi \tag{29-7}$$

$$S_{\text{Ⅳ}} = \frac{J^2 \Phi}{n} \tag{29-8}$$

$$S_{\text{Ⅴ}} = 0 \tag{29-9}$$

式中，J 为拉格朗日不变量。公式（29-5）～公式（29-9）是薄透镜的 Buchdahl 公式展开式。下面将其应用于二元光学透镜。对于波长 λ，衍射级次为 m 的二元光学透镜，它的光焦度可以写作

$$\Phi = -2mA_\lambda \tag{29-10}$$

式中，A_λ 为公式（29-1）的第一项系数；G_λ 等高次项系数不影响光焦度；如果没有特别说明，$m = +1$。对于二元光学透镜，假设两个基面平行，则 $C_1 = C_2 = C$，由公式（29-3），$X \to \infty$。令因子 T 为

$$T = \frac{C_1 + C_2}{\Phi} = \frac{C_1 + C_2}{(n-1)(C_1 - C_2)} = \frac{X}{n-1} \tag{29-11}$$

1979 年，Sweatt 考虑到在几何光学模型的近似下，衍射光学元件以无限薄的表面微结构产生有限的光焦度，意味着如果用折射元件来等价衍射光学元件，则折射元件的材料折射率必须为无穷大，称作 Sweatt 模型。在公式（29-5）～公式（29-9）中，令 $n \to \infty$，可得二元光学透镜的初级像差系数为

$$S_{\text{Ⅰ}} = \frac{h^4 \Phi^3}{4}(1 + T^2 + 4TY + 3Y^2) - 8m\lambda G_\lambda h^4 \tag{29-12}$$

$$S_{\text{Ⅱ}} = -\frac{Jh^2 \Phi^2}{2}(T + 2Y) \tag{29-13}$$

$$S_{\text{Ⅲ}} = J^2 \Phi \tag{29-14}$$

$$S_{\text{Ⅳ}} = 0 \tag{29-15}$$

$$S_{\text{Ⅴ}} = 0 \tag{29-16}$$

（2）光阑远离衍射透镜

当光阑远离衍射透镜时，光阑移动对像差系数的贡献由公式（14-56）～公式（14-60）给出

$$S_{\text{Ⅰ}}^* = S_{\text{Ⅰ}} \tag{29-17}$$

$$S_{\text{Ⅱ}}^* = S_{\text{Ⅱ}} + SS_{\text{Ⅰ}} \tag{29-18}$$

$$S_{\text{Ⅲ}}^* = S_{\text{Ⅲ}} + S^2 S_{\text{Ⅰ}} + 2SS_{\text{Ⅱ}} \tag{29-19}$$

$$S_{\text{Ⅳ}}^* = S_{\text{Ⅳ}} \tag{29-20}$$

$$S_{\text{Ⅴ}}^* = S_{\text{Ⅴ}} + S^3 S_{\text{Ⅰ}} + 3S^2 S_{\text{Ⅱ}} + 3SS_{\text{Ⅲ}} + SS_{\text{Ⅳ}} \tag{29-21}$$

式中，因子 S 满足公式（14-54）。若光阑移动了距离 t，则有 $h_z^* = tu_z$。由公式（14-54）

$$S = \frac{h_z^* - h_z}{h} = \frac{tu_z - 0}{h} = \frac{tu_z}{h} \tag{29-22}$$

假设对无限远的物体成像，则有 $\beta = 0$，$Y = 1$；设二元光学透镜基面为平面，则有 $C = 0$，$T = 0$；并设高次项系数均为零，即 $G_\lambda = 0$。将上式和公式（29-12）～公式（29-16），一并代入到公式（29-17）～公式（29-21）得

$$S_{\text{Ⅰ}}^* = \frac{h^4}{f'^3} \tag{29-23}$$

$$S_{\mathrm{II}}^{*}=\frac{h^{3}u_{z}(t-f')}{f'^{3}} \tag{29-24}$$

$$S_{\mathrm{III}}^{*}=\frac{h^{2}u_{z}^{2}(t-f')^{2}}{f'^{3}} \tag{29-25}$$

$$S_{\mathrm{IV}}^{*}=0 \tag{29-26}$$

$$S_{\mathrm{V}}^{*}=\frac{hu_{z}^{3}t(3f'^{2}-3tf'+t^{2})}{f'^{3}} \tag{29-27}$$

如果将光阑置于前焦平面处，将形成像方远心光路，此时 $t=f'$，则公式（29-23）～公式（29-27）可以写作

$$S_{\mathrm{I}}^{*}=\frac{h^{4}}{f'^{3}},S_{\mathrm{II}}^{*}=S_{\mathrm{III}}^{*}=S_{\mathrm{IV}}^{*}=0,S_{\mathrm{V}}^{*}=hu_{z}^{3} \tag{29-28}$$

上式说明，对于像方远心光路，不仅 Petzval 场曲为零，彗差和像散也为零。像散为零，说明子午面和弧矢面重合，而 Petzval 场曲又为零，说明子午面和弧矢面均为平面。

29.1.3　二元光学透镜的色差特性

二元光学透镜的成像原理类似于全息器件的再现，单衍射面的光焦度不能用公式（3-21）的折射面光焦度计算

$$\Phi(\lambda)=[n(\lambda)-1]C \tag{29-29}$$

如果以可见光波段为研究对象，则设计中心波长为 d 光，两端为 F 光和 C 光。若 d 光的焦距为 f'_{d}，则 F 光和 C 光在同一级次的焦距为

$$f'_{\mathrm{F}}=\frac{\lambda_{\mathrm{d}}}{\lambda_{\mathrm{F}}}f'_{\mathrm{d}},f'_{\mathrm{C}}=\frac{\lambda_{\mathrm{d}}}{\lambda_{\mathrm{C}}}f'_{\mathrm{d}} \tag{29-30}$$

光焦度为

$$\Phi_{\mathrm{F}}=\frac{\lambda_{\mathrm{F}}}{\lambda_{\mathrm{d}}}\Phi_{\mathrm{d}},\Phi_{\mathrm{C}}=\frac{\lambda_{\mathrm{C}}}{\lambda_{\mathrm{d}}}\Phi_{\mathrm{d}} \tag{29-31}$$

令公式（29-31）第一式 Φ_{F} 和公式（29-29）相等，右边相等可得 F 光的等效折射率 $n_{\mathrm{F}}^{\mathrm{eff}}$ 为

$$n_{\mathrm{F}}^{\mathrm{eff}}=1+\frac{\lambda_{\mathrm{F}}}{C\lambda_{\mathrm{d}}f'} \tag{29-32}$$

同理有

$$n_{\mathrm{d}}^{\mathrm{eff}}=1+\frac{1}{Cf'},n_{\mathrm{C}}^{\mathrm{eff}}=1+\frac{\lambda_{\mathrm{C}}}{C\lambda_{\mathrm{d}}f'} \tag{29-33}$$

由阿贝数的定义式（4-6），有

$$\nu_{\mathrm{d}}=\frac{n_{\mathrm{d}}-1}{n_{\mathrm{F}}-n_{\mathrm{C}}} \tag{29-34}$$

将公式（29-32）和公式（29-33）代入到公式（29-34），可得二元光学透镜的等效阿贝数 $\nu_{\mathrm{d}}^{\mathrm{B}}$ 为

$$\nu_{\mathrm{d}}^{\mathrm{B}}=\frac{\lambda_{\mathrm{d}}}{\lambda_{\mathrm{F}}-\lambda_{\mathrm{C}}}=-3.452 \tag{29-35}$$

从上式可以看到，二元光学透镜的阿贝数与传统的玻璃材料完全不同，它的阿贝数为负号，且绝对值较小，将产生更大的色散。另外，二元光学透镜的色散与基底材料无关，仅与波长有关。

密接薄透镜系统消色差满足公式（16-5），扩展到 k 片透镜，则有

$$\sum_{i=1}^{k} \frac{\Phi_i}{\nu_i} = 0 \tag{29-36}$$

正常玻璃的阿贝数为正，且数值较大；而二元光学透镜的阿贝数为负，且数值较小。也就是说，一片二元光学透镜可以完全校正多片普通玻璃产生的色差，所以与普通玻璃相比，它有无与伦比的效果。将普通玻璃镜片和二元光学透镜结合在一起的镜头，称作折衍混合镜头（hybrid lens，HL），如图 29-4 所示。图 29-4 是最简单的混合透镜，它是由一个平凸透镜和一个基底为平面的衍射透镜密接而成，通过色散异号使各种色光会聚于同一点。

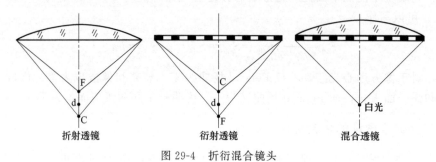

图 29-4 折衍混合镜头

图 29-4 的密接混合透镜，由光焦度公式得总光焦度为

$$\Phi_{\text{hyb}} = \Phi_{\text{ref}} + \Phi_{\text{dif}} \tag{29-37}$$

式中，下标 hyb 代表混合（hybrid）；ref 代表折射（refractive）；dif 代表衍射（diffractive），下同。对可见光波段，采用 F、d、C 波长，则混合透镜消色差应该满足

$$\begin{cases} \dfrac{1}{f'^{\text{d}}_{\text{ref}}} + \dfrac{1}{f'^{\text{d}}_{\text{dif}}} = \dfrac{1}{f'^{\text{d}}_{\text{hyb}}} \\[2mm] \dfrac{1}{f'^{\text{F}}_{\text{ref}}} + \dfrac{1}{f'^{\text{F}}_{\text{dif}}} = \dfrac{1}{f'^{\text{C}}_{\text{ref}}} + \dfrac{1}{f'^{\text{C}}_{\text{dif}}} \end{cases} \tag{29-38}$$

式中，$f'^{\text{d}}_{\text{hyb}}$ 为 d 光的混合透镜焦距，也是设计要求的系统总焦距。将公式（29-30）代入上式，并求解出 d 光的折射透镜焦距和衍射透镜焦距得

$$\begin{cases} f'^{\text{d}}_{\text{ref}} = \dfrac{\nu_{\text{ref}} - \nu_{\text{dif}}}{\nu_{\text{ref}}} f'^{\text{d}}_{\text{hyb}} \\[2mm] f'^{\text{d}}_{\text{dif}} = \dfrac{\nu_{\text{dif}} - \nu_{\text{ref}}}{\nu_{\text{dif}}} f'^{\text{d}}_{\text{hyb}} \end{cases} \tag{29-39}$$

由公式（29-30），$f'_\lambda \propto 1/\lambda$，焦距与波长成反比。很明显，当波长改变时，焦距也会随着改变，这就限制了二元光学透镜使用波段的范围。对于宽波段使用的光学系统，1995 年，斯维尼（Sweeney）、索马格林（Sommargren）、法克利斯（Faklis）和摩瑞斯（Morris）等分别提出了一种称作谐衍射透镜（harmonic diffractive lens，HDL）的解决方案。谐衍射透镜又称作多级衍射透镜（multiorder diffractive lens），它的制作方法是：相邻环带间的光程差是设计波长 λ_0 的整数 p（$p \geqslant 2$）倍，它的最大厚度为 $p\lambda_0 / (n-1)$，是普通二元光学透镜的 p 倍。

对于谐衍射透镜，其环带间光程差为 $p\lambda_0$，相当于设计波长为 $p\lambda_0$，则焦距为 f' 的普通衍射透镜，波长为 λ 的 m 级次的焦距为

$$f'_{m,\lambda} = \frac{p\lambda_0}{m\lambda} f' \tag{29-40}$$

要使 $f'_{m,\lambda}$ 的长度与设计焦距 f' 相同，即它们的会聚点重合，需要满足

$$\frac{p\lambda_0}{m\lambda}=1,\lambda=\frac{p\lambda_0}{m}\tag{29-41}$$

从上式可知，对于谐衍射透镜，若波长满足上式，则它们的焦点重合。p 是结构参数，在设计时可提前确定。当 p 越大，在确定光谱段内的谐振波长，越接近于折射透镜。当 $p=1$ 时，为普通衍射透镜；当 $p\geqslant 2$ 是，为谐衍射透镜；当 $p\to\infty$ 是，过渡到折射透镜。

29.2　在 Zemax 软件中使用二元光学面

在 Zemax 软件中，总共内置了四种二元光学面形，即二元面 1、二元面 2、二元面 3 和二元面 4。事实上在成像光学系统中主要使用二元面 2。二元面 1 和二元面 2 类似，下面主要介绍这两种，二元面 3 和二元面 4 留给少数有需要的科研工作者阅读 Zemax 随机手册来完成。

(1) 二元面 1

"二元面 1" 面类型，说明书中为 "Binary 1"，面方程满足方程

$$Z=\frac{Cr^2}{1+\sqrt{1-(1+K)C^2r^2}}+\alpha_1 r^2+\alpha_2 r^4+\alpha_3 r^6+\alpha_4 r^8+\alpha_5 r^{10}+\alpha_6 r^{12}+\alpha_7 r^{14}+\alpha_8 r^{16}\tag{29-42}$$

这是标准的偶数非球面方程，其中 C 为曲率，是二元光学面的基面曲率，为图 29-5 中曲率半径的倒数；K 是二次曲线常数，又称作圆锥系数或者 Conic 常数，为图 29-5 中圆锥系数。$\alpha_1\sim\alpha_8$ 是高次项系数，r 为径向坐标。二元面 1 引起的相位函数为

$$\varphi=M\sum_{i=1}^{N}A_i E_i(X,Y)\tag{29-43}$$

该函数即为公式 (29-1)，其中 M 为衍射级次，A_i 为项系数，$E_i(X,Y)$ 为位置坐标。

如图 29-5，是二元面 1 的输入方法，当在 "表面：类型" 中选定 "二元面 1" 后，在输入窗口后面就出现了扩展输入数据。

	表面：类型	标	曲率半径	厚	材	膜	净	延	机	圆	TCI	衍射级次	2阶	4阶	6阶	8阶	10	12	14	16	绝对?	最大项数	归一化半径	X1Y0	X0Y1	X2Y0	X1Y1
0	物面　标准面 ▾		无限	无限			0.0.	0.0.	0.0.	0.0.	0.0.																
1	光阑　二元面1 ▾		102...	5.0.			0.0.	0.0.	0.0.	0.0.	0.0.	1.0000	0.0.	0.0.	0.0.	0.0.	0.0.	0.0.			4	100.0000	0.0000	0.0000	0.0000	0.0000
2	标准面 ▾		-102...	无限			0.0.	0.0.	0.0.	0.0.	0.0.																
3	像面　标准面 ▾		无限				0.0.	0.0.	0.0.	0.0.																

图 29-5　二元面 1

① 如果二元面的基面为平面，则曲率半径列为无限，代表平面；如果二元面的基面为曲面，则在曲率半径列输入曲面的半径。

② 如果二元面的基面为二次曲面，则在圆锥系数列输入它的 Conic 常数，否则保持为 0。

③ 在衍射级次列输入二元光学透镜的衍射级次，通常仅考虑 +1 次，该列输入 1。

④ 在 2 阶项～16 阶项输入偶数非球面系数，即公式 (29-42) 中的 $\alpha_1\sim\alpha_8$。

⑤ 如果 "绝对?" 列不为零，则 X 和 Y 坐标在用公式 (29-43) 计算位相时取绝对值进行计算，否则按 X 和 Y 的实际值进行计算。

⑥ 最大项数决定了公式 (29-43) 中引入相位系数的数量，在光线追迹时，超这该项数

将被忽略。当填入整数时，代表公式（29-43）取前面的整数个项。如果最大项数为 0，说明放弃衍射相位函数，为标准的偶数非球面。

⑦ X 和 Y 坐标的归一化半径，以便所有相位函数扩展项是无量纲，项系数单位为弧度。

(2) 二元面 2

"二元面 2"面类型，说明书中为"Binary 2"，面方程满足方程

$$Z=\frac{Cr^2}{1+\sqrt{1-(1+K)C^2r^2}}+\alpha_1 r^2+\alpha_2 r^4+\alpha_3 r^6+\alpha_4 r^8+\alpha_5 r^{10}+\alpha_6 r^{12}+\alpha_7 r^{14}+\alpha_8 r^{16}$$

（29-44）

上式与公式（29-42）一样，参数的意义也一样，也是一个标准的偶数非球面，只是二元面 2 产生的相位函数为

$$\varphi=M\sum_{i=1}^{N}A_i\rho^{2i}$$

（29-45）

它由公式（29-43）中实际的 X 和 Y 坐标变成了归一化的孔径坐标 ρ，其他参数意义一样。

如图 29-6，是二元面 2 的输入方法，当在"表面：类型"中选定"二元面 2"后，在输入窗口后面就出现了扩展输入数据。二元面 2 的输入数据少于二元面 1，并且比它仅减少项数，没有增加新的输入项，所以二元面 2 的输入参数意义可以参考二元面 1 的输入参数，意义一样。

	表面:类型	标	曲率半径	厚	材	膜	净	延	机	圆	TCI	衍射级次	2阶	4阶	6阶	8阶	10	12	14	16	最大项数	归一化半径	p^2的系数	p^4的系数	p^6的系数	p^8的系数
0	物面 标准面 ▼		无限	无限			0.0.	0.0.	0.0.	0.0.	0.0.															
1	光阑 二元面2 ▼		102...	5.0.			0.0.	0.0.	0.0.	0.0.	0.0.	1.0000	0.0.	0.0.	0.0.	0.0.	0.0.	0.0.	0.0.	0.0.	4	100.0000	0.0000	0.0000	0.0000	0.0000
2	标准面 ▼		-102...	无限			0.0.	0.0.	0.0.	0.0.	0.0.															
3	像面 标准面 ▼		无限				0.0.	0.0.	0.0.	0.0.	0.0.															

图 29-6　二元面 2

29.3　折衍混合红外物镜设计

29.3.1　折衍混合红外物镜的技术要求

要求设计一个焦距 100mm 的红外物镜，满足如下参数：

焦距：$f'=100$mm。

视场角：$2\omega'=10°$。

相对孔径：1：0.8。

后工作距：$l_z'\geqslant 20$mm。

波长：$8\mu m\sim 12\mu m$。

像质：尽量使像差得到校正，满足照相物镜的像差容限。

由技术要求，从焦距和相对孔径，可以求得该红外物镜的入瞳直径为 $D=f'/(F/\sharp)=100/0.8=125$。所以在设置该红外物镜的系统孔径时，"孔径类型"可以选择"入瞳直径"，"孔径值"输入 125。事实上，也可以直接用已知的相对孔径来设置，在"孔径类型"里选择"像空间 F/$\sharp$"，"孔径值"输入 0.8，两者效果一样。视场已经明确给出，所以视场设置为 0°、3.3255° 和 5°。波段为长波红外 $8\sim 12\mu m$，所以在波长设置里分别输入 $8\mu m$、$10.5\mu m$ 和 $12\mu m$。

29.3.2　折衍混合红外物镜的初始结构

折衍混合红外物镜的初始结构，选用我们曾经设计过的一个红外物镜，它是全球面结构，初始镜头数据如图 29-7 所示。该镜头焦距为 50mm，F 数为 0.8014，视场也正好是 10°，它的点列图如图 29-8 所示，惠更斯 MTF 如图 29-9 所示。从点列图和 MTF 可以看到，该红外镜头的像质校正的很好。

以图 29-7 的镜头数据为基础，通过"设置→缩放镜头"命令，将原来焦距为 50mm 的镜头放大 2 倍，焦距变为 100mm。此时，由于在放大时保持 F 数不变，所以系统的像质会整体变差，必须进行优化处理。经过优化处理后，红外镜头的镜头数据如图 29-10 所示，点列图如图 29-11 所示，惠更斯 MTF 如图 29-12 所示。

表面	类型	曲率半径	厚度	玻璃	净口径	延伸区	机械半直径
物面	STANDARD	无限	无限		0	0	0
光阑	STANDARD	89.04872	12	GERMANIUM	63.52488	0	63.52488
2	STANDARD	133.9158	29.53		58.62164	0	63.52488
3	STANDARD	-85.80369	12	AMTIR1	40.66993	0	40.95283
4	STANDARD	-158.0388	20.17		40.95283	0	40.95283
5	STANDARD	45.24321	12	GERMANIUM	32.52226	0	32.52226
6	STANDARD	72.28311	10.00104		25.83316	0	32.52226
像面	STANDARD	无限			8.771376	0	8.771376

图 29-7　红外物镜初始镜头数据

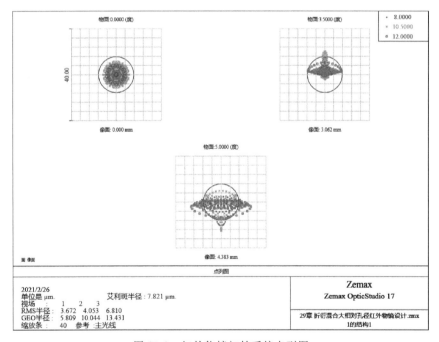

图 29-8　红外物镜初始系统点列图

从图 29-11 和图 29-12，优化后的镜头像质与原来镜头相比有所降低，不过与要求像质已经十分接近了。事实上在一些要求宽松的环境下，该红外镜头已经可以使用了。本章是为了演示二元光学面的应用，所以可以期待，当引入二元光学面后，像质会得到提升。

29.3.3　在红外物镜里引入二元光学面

事实上，二元光学面在某些情况下，就相当于一个非球面。在六个折射面中，到底哪一个面改为二元光学面合适，存在三种选择方案：

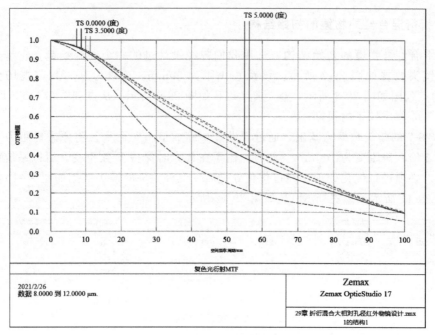

图 29-9　红外物镜初始系统惠更斯 MTF

表面	类型	曲率半径	厚度	玻璃	净口径	延伸区	机械半直径
物面	STANDARD	无限	无限		0	0	0
光阑	STANDARD	180.9747	24	GERMANIUM	127.0138	0	127.0138
2	STANDARD	268.082	59		117.2935	0	127.0138
3	STANDARD	-157.4869	25	AMTIR1	84.0617	0	86.10585
4	STANDARD	-260.3593	40.48		86.10585	0	86.10585
5	STANDARD	95.30802	24	GERMANIUM	69.91257	0	69.91257
6	STANDARD	153.5506	23.14356		56.59099	0	69.91257
像面	STANDARD	无限			17.51702	0	17.51702

图 29-10　红外物镜放大并优化后的镜头数据

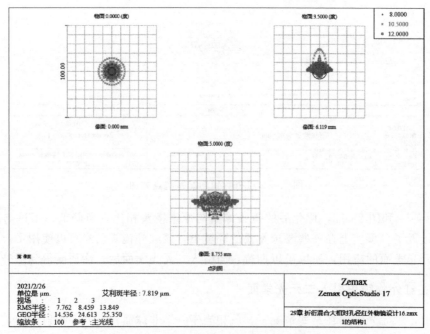

图 29-11　红外物镜放大并优化后的点列图

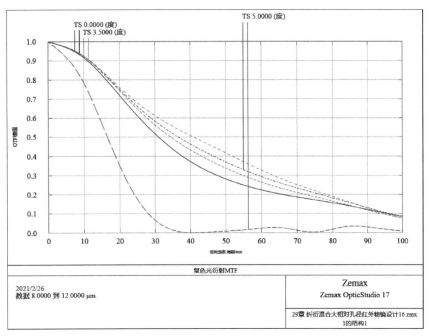

图 29-12　红外物镜放大并优化后的 MTF

① 利用 Zemax 软件的"优化→寻找最佳非球面"方法，可以找到该面改成非球面后，评价函数达到最小的面。因为二元光学面本身可以看作特殊的非球面，此方法有一定效果。

② 通过 Zemax 软件的"分析→像差分析→赛德尔图"可以查看各面的初级像差系数贡献量，从中挑选一个贡献量大的面改成二元光学面，它的变化将对整个镜头的像差产生大的影响，从而较大范围地降低像差。

③ 直接将最后一面改成二元光学面。由于二元光学面存在高级次衍射，如果在镜头前面使用二元光学面，它的高级次衍射光会对像面质量产生影响。将二元光学面尽量放置在后面，靠近像面，使其他级次衍射光影响达到最小。我们经过多次试验发现，将二元光学面放置在前面，点列图尺寸大于放置在后面。

将最后一面改成"二元面 2"，2 阶项～8 阶项改为变量求解，最大项数输入 4，将最后四列的 p^2～p^8 设置为变量求解，然后进行优化处理。优化后的镜头数据如图 29-13 所示，它的点列图如图 29-14 所示，惠更斯 MTF 如图 29-15 所示，轴向色差如图 29-16 所示。

从图 29-13 可以看到，第 6 面为二元面 2，即 BINARY_2 面。为了加工方便，已经将该面的曲率半径设置为无限，即为平面。事实上，如果第 6 面曲率半径为变量求解的话，将多出一个自由度，像质会得到进一步改善，但是在曲面上加工浮雕结构会更加困难。第 6 面的 2 阶项～8 阶项系数和扩展相位系数 p^2～p^8 已经绘于图 29-13 的右边，它们分别是公式 (29-44) 中的 $\alpha_1～\alpha_4$ 和公式 (29-45) $A_1～A_4$。由于第 6 面，$C_6 = 0$，所以第 6 面方程为

$$Z = 6.4949 \times 10^{-3} r^2 + 2.7187 \times 10^{-8} r^4 + 1.5002 \times 10^{-10} r^6 - 1.2923 \times 10^{-13} r^8$$

更高次项 $\alpha_{10}～\alpha_{16}$ 并没有使用。第 6 面基面为平面，虽然有偶次方项，但是非球面系数较小，对面形的修改不大，加工相对容易得多。第 6 面对相位的改变为

$$\varphi = 79.9835 \rho^2 + 3811.31 \rho^4 - 164815.7 \rho^6 + 1778480.2 \rho^8$$

图 29-14 是红外物镜优化后的点列图，对比图 29-11，最大视场 RMS 半径已经从 13.849μm 降到了 8.945μm，接近艾里斑的半径 7.81μm。图 29-15 是红外物镜优化后的惠

表面	类型	曲率半径	厚度	玻璃	净口径
物面	STANDARD	无限	无限		0
光阑	STANDARD	180.0107	25	GERMANIUM	127.0257
2	STANDARD	255.1005	12.4		116.6267
3	STANDARD	-458.0398	4	AMTIR1	115.3126
4	STANDARD	-831.1937	102		114.7833
5	STANDARD	72.61005	25	GERMANIUM	64.2362
6	BINARY_2	无限	20		46.45026
像面	STANDARD	无限			17.44111

表面　6 BINARY_2	
衍射级次：	1
系数在 r 2 ：	0.0064948671
系数在 r 4 ：	2.7186795e-08
系数在 r 6 ：	1.5002081e-10
系数在 r 8 ：	-1.2922838e-13
系数在 r 10 ：	0
系数在 r 12 ：	0
最大项：	4
最大径向孔径：	100
把P称为 2：	79.983534
把P称为 4：	3811.31
把P称为 6：	-164815.7
把P称为 8：	1678480.2

图 29-13　红外物镜优化后的镜头数据

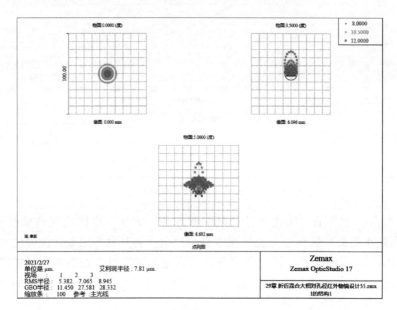

图 29-14　红外物镜优化后的点列图

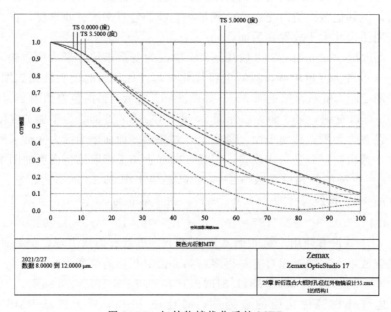

图 29-15　红外物镜优化后的 MTF

更斯 MTF，对比图 29-12，边缘视场 MTF 有所提高。图 29-16 是红外物镜优化后的轴向色差，从图中可以看到，轴向色差约为 $0.01\mu m$，二级光谱也约为 $0.01\mu m$。

对于二元光学面，还需要查看它的相位情况，以便辅助加工。在 Zemax 软件中，通过"编程→宏列表→phases.zpl"，执行宏操作 phases.zpl，弹出对话框，询问二元面 2 是哪一个面？在输入对话框中输入 6，则自动开始计算，结果如图 29-17 所示。该数据为，二元面 2 每导致 2π 个位相差（衍射级次为 +1），对应的不同阶数的曲率半径。图 29-18 为第 6 面的相位分布图。

图 29-19 是折衍混合红外物镜的 2D 视图。

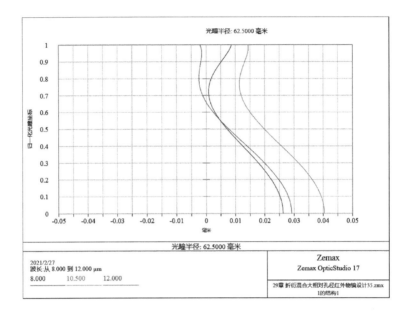

图 29-16　红外物镜优化后的轴向色差

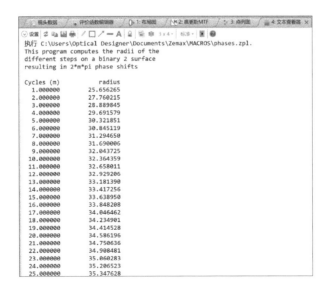

图 29-17　红外物镜第 6 面的面形轮廓分布

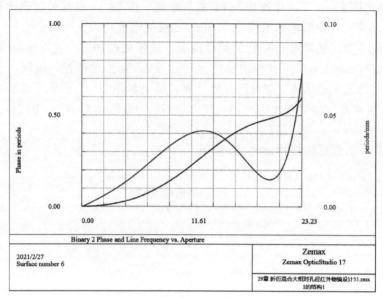

图 29-18　红外物镜第 6 面的相位分布图

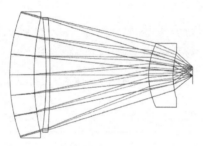

图 29-19　红外物镜优化后的 2D 视图

第 **30** 章

光 学 制 图

光学设计师的最后一项任务就是光学制图，将设计好的镜头数据绘制成图纸下发到车间加工或者外协加工。在光学制图完成之后，光学设计师就从工作的主角变成了配角，配合加工制造、装配、检测检验等部门，最终完成产品的样机、定型和批量生产。其实，Zemax软件具有图纸绘制功能，就是"零件设计"选项卡。不过我国镜片加工企业一般不使用 Zemax 软件自带的图纸标准，我们有自己的一套光学制图国家标准，即 GB/T 13323—2009。在本章，主要介绍我国的光学制图国家标准 GB/T 13323—2009，分别从光学系统图、光学部件图和光学零件图三个方面，完整全面地介绍光学系统的制图方法。

30.1 光学制图概述

这一节主要以国家标准 GB/T 13323—2009 为主要内容，介绍光学制图的绘制方法、标注和符号等。一般光学图纸绘制使用美国 Autodesk 公司的 AutoCAD 软件，它主要是计算机辅助设计软件，可以绘制从简单到复杂、主要面向机械设计的图纸。光学制图使用的 AutoCAD 软件功能相对简单，仅仅掌握初级的操作即可绘制光学图纸。

30.1.1 一般规定

① 光学图样的幅面、比例、字体、图纸、指引线、边、剖面符号、视图、尺寸注法、尺寸公差与配合及表面粗糙度的标注法等，应按照 GB/T 131、GB/T 4457～4458、GB/T 14689～14691 和 GB/T 19096 的规定。

② 除非另有规定，通常光学图样的所有标注均适用于最终完工状态。

③ 所有光学数据的参考波长为汞绿色谱线，即 e-线，$\lambda_e = 546.07$nm。事实上，我国光学设计师早期使用的可见光参考中心波长为 D 光，$\lambda_D = 589.3$nm，而 Zemax 软件中默认的可见光参考中心波长 d 光，$\lambda_d = 587.6$nm。e 光离人眼最敏感的 555nm 更接近，所以如无特殊说明，按照国家标准，如更换中心波长，在图纸上应该注明。

④ 在光学图样上光轴用细双点画线，光轴中断用双波浪线表示，如图 30-1 所示。细双点画线就是不加粗的"点-点-划线"样式，称点画中心线。

⑤ 有效孔径指 Zemax 软件中的通光孔径，就是镜头数据中追迹边缘光线获得的"净口径"，在光学图纸的输入栏中用"D_0"表示。也可以直接将有效孔径标注在图纸上，孔径值前面加上"Φ_e"。实际的光学零件外径是在有效孔径的边外酌情增加一个边距，以便装配时压圈不挡到有效孔径。实际孔径一般直接标注在零件图上。如果孔径为旋转对称的，孔径值前面加上"Φ"，表示圆对称的，如 $\Phi50$mm。有效孔径与实际孔径的差异，如图 30-1 所示。

如果孔径为矩形的，孔径值前面加上"□"并附上长乘以宽，如□20×10。

⑥ 如果对光学图纸上某个点、线、面或者体进行说明，引出一个标注符号，然后在技术要求里对符号进行详细说明，如图 30-1 所示。

中心线　　　　　　　光轴中断　　　　　　有效孔径　　　　　特殊要求

技术要求：
1.A范围涂覆

图 30-1　图样实例

⑦ 光学零部件的光学参数和缺陷公差可以在图纸上列表标注，也可以用指引线和基准线引出后标注。

光学图纸主要包括以下三种类型：

① 光学系统图。将所有光学零部件全部绘于一张图纸上，就是光学系统图。光学系统图包括全部光学零件及其摆放次序、间距和相对位置，它使装配工程师可以一眼看到彼此的关系。在光学系统图上，列有对整个系统的技术要求，包括视放大率、分辨率、视场等。

② 光学部件图。在光学系统中，有一些透镜组放置在一起组成一个光学部件，就需要单独拿出来绘制一个整体图形，比如双胶合透镜，不仅仅每一片透镜都要出零件图，双胶合透镜也要合在一起出一个部件图。在一些复杂的光学系统中，根据需要可以将完成某一个功能的部分放置在一起出个部件图，如转像系统、物镜、目镜等。

③ 光学零件图。针对每一个光学元件，都需要单独出一张图纸，主要用于加工制造，称作光学零件图。

30.1.2　特殊符号标记

在光学制图中，常用的光源、光阑和镀膜等要素的符号及其画法列于表 30-1。

表 30-1　光源、光阑和镀膜符号

序号	名称	符号	尺寸	图线	示例	说明
1	眼点	⊙	⊙ a	1. 图线采用粗实线　2. 无实体的光阑采用虚线　3. 涂黑采用粗点画线		光源与光电接收器的型号和要求应在图样的明细栏中注明
2	光源	⊗	90° 45° Φa			
3	光电接收器	⊖	Φa $a/2$ a			
4	狭缝		$2\text{~}4a$ a 30°			

续表

序号	名称		符号	尺寸	图线	示例	说明
5	物像位置						空间成像位置及大小
							表面成像位置
6	光瞳位置						
7	光阑或光瞳	有实体					光瞳实体 P_1 的位置和大小
		无实体					无实体光阑的位置和大小
8	非抛光面						非抛光面符号仅适用于系统图中
9	分划面						
10	反射膜	内反射膜			1. 图线采用粗实线　2. 无实体的光阑采用虚线　3. 涂黑采用粗点画线		
11		外反射膜					
12	分束（色）膜						
13	滤光膜						
14	保护膜						
15	导电膜						
16	偏振膜						

续表

序号	名称	符号	尺寸	图线	示例	说明
17	涂黑	—·—·—	a	1. 图线采用粗实线 2. 无实体的光阑采用虚线 3. 涂黑采用粗点画线	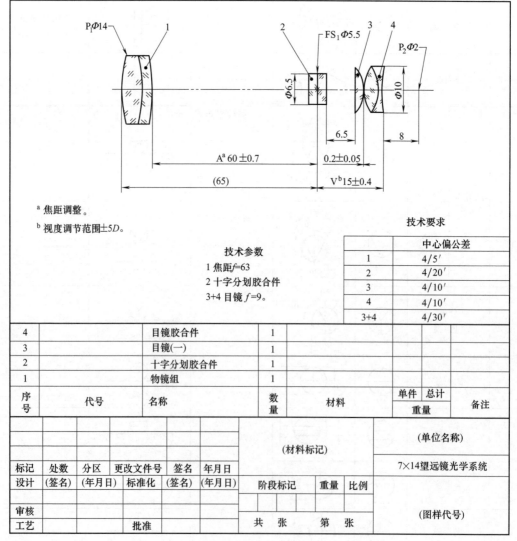	粗点画线
18	减反射膜	⊕	90° a/2 Φa			

注：尺寸 a 的选取应与整幅图面相协调。

30.2　光学系统图

如图 30-2 是一个视放大率 7×、入瞳直径 14mm 的望远系统的光学系统图，它包括物镜、分划板和目镜的全部光学零件。在绘制光学系统图时，需要注意以下几点：

a 焦距调整。
b 视度调节范围±5D。

技术参数
1 焦距 f=63
2 十字分划胶合件
3+4 目镜 f=9。

技术要求

	中心偏公差
1	4/5′
2	4/20′
3	4/10′
4	4/10′
3+4	4/30′

4		目镜胶合件	1				
3		目镜(一)	1			
2		十字分划胶合件	1			
1		物镜组	1			
序号	代号	名称	数量	材料	单件/总计 重量	备注

标记	处数	分区	更改文件号	签名	年月日	(材料标记)	(单位名称)
设计	(签名)	(年月日)	标准化	(签名)	(年月日)	阶段标记　重量　比例	7×14望远镜光学系统
审核							(图样代号)
工艺			批准			共　张　第　张	

图 30-2　光学系统图

① 光学系统图一般按光线前进方向自左向右、自下向上绘制，也可以根据仪器工作位置绘制。

② 光学系统图中零件或部件的序号应沿光线前进方向编排，置换使用的零件或部件序号应连续编排；重复出现的相同零件或部件均标第一次编排的序号。附件的序号最后编排。

③ 光学系统图中应标注整个光学系统中的所有零件或部件的相对位置和尺寸，其轴间距应沿着基准轴方向标注，注意以下情况：

a. 定轴间距用基本尺寸及其公差表示。

b. 装校过程需要调节的可调轴间距，在基本尺寸及其公差前面加注字母"A"。必要时说明调节精度及原因。

c. 使用者需要调节的可变轴间距，在基本尺寸及其公差前加注字母"V"，且应在图纸上说明调节范围。

④ 光学系统图中应标注视场光阑、光瞳（即入瞳、孔径光阑、出瞳）、像平面的位置和尺寸及狭缝的大小、位置和方向。必要时应标注公差。

⑤ 光学系统图中应标注装配接口的相关尺寸、装校过程的特殊说明，如中心偏差等。

⑥ 光学系统图中应列出该系统的主要光学参数（如焦距、物距、物方视场、有效孔径、数值孔径、光谱工作波段及放大率等）和技术要求。

⑦ 光学系统图中应标注光学结构参数，如图 30-3，应该将每一片光学元件的序号、外形轮廓尺寸、半径、中心厚度、有效孔径、有效孔径矢高、外径矢高和玻璃材料填入表中，并附于光学系统图后面。

序号	外形轮廓尺寸	半径 R	中心厚度（间隔）d	有效孔径 D_0	按有效孔径矢高 h_1	按外径矢高 h_2	玻璃材料		
							n_e	ν_e	牌号

图 30-3　光学结构参数表

⑧ 在光学系统图中可以增加绘制光学系统的三维图。

如图 30-2 中，P_1 为入瞳的位置和大小；P_2 为出瞳的位置和大小；FS_1 为分划板的表面，也是视场光阑的位置；A 为装校调整范围；V 为使用者视度的调节范围。

不同的光学系统，要求在系统图标注的参数不同，见表 30-2。

表 30-2　不同系统要求标注的参数

光学系统	应该标注	必要时标注
望远系统	视放大率、分辨率、视场角	光学传递函数、出瞳直径、出瞳距、镜目距、星点
显微系统	视放大率、数值孔径、线视场、共轭距	分辨率、波相差、中心点亮度、出瞳直径、出瞳距、星点
照相系统	像方焦距、相对孔径、视场角、光学传递函数、像面大小	分辨率、星点

30.3　光学部件图

如图 30-4 是一个胶合透镜的部件图。像这种将胶合在一起的或者具有一定功能的数片透镜，绘制于一张图纸上，称作部件图。光学胶合部件图主要是给加工制造工程师参考的，它们不仅仅要加工每一个镜片，还要将胶合的镜片组胶合在一起。完成一定功能的部件图是给装配工程师参考的，它类似于光学系统图，让装配工程师先装配好部件，然后再将部件组装成光学系统。

在绘制光学部件图时，需要注意以下几点：

① 光学部件图应该标注组合零件的序号，如图 30-4。

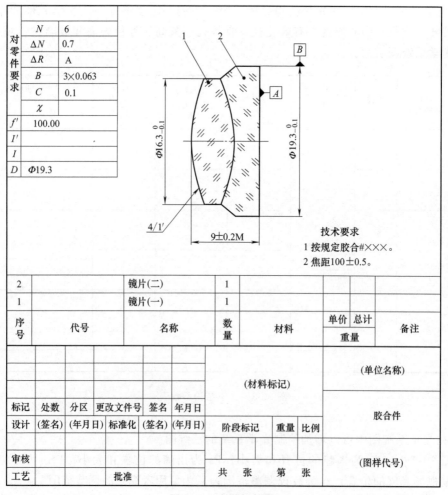

图 30-4　光学部件图

②　光学胶合件中，胶合零件的剖面线应该使用不同方向。

③　光学部件图应该标注整个部件图中所有零件之间的相对位置及尺寸和公差（如中心偏）。如果光学部件（如胶合件）的厚度公差小于组成胶合件的单个零件的厚度公差之和，采用选配的方法时，该胶合件的厚度公差应该加注大写字母"M"。如果图纸上没有注明面形偏差或表面疵病时，胶合后的公差可以按照被胶合零件的公差适当地增加或减少，必要时在技术要求中说明。

④　胶合件图纸的技术要求中应该标注焦距、顶点焦距、胶合方法等说明。技术要求也可以列表表示，在列表时要按序号顺序排列表面，同时将胶合面或连接面作为一个面列出，如表 30-3。

表 30-3　对面的技术要求列表

表面 1	表面 2	表面 3	表面 4
Φ_e	Φ_e	Φ_e	Φ_e
$\oplus$	—	—	$\oplus$
4/	4/	4/	4/
6/a	6/	6/	6/
	粘接剂：	粘接剂：	

⑤　对胶合件的质量要求和基本参数，可以在图纸的左上方列表给出，如对零件要求、焦距、孔径等，其中 N 表示光圈数，ΔN 表示最大像散光圈数和局部光圈数，ΔR 表示样板，B 表示光学零件表面疵病，C 表示中心偏差，χ 表示光学表面面倾角，f'、l'、l 和 D 分别表示像方焦距、像距、物距和外径。

30.4　光学零件图

对于光学系统中的每一个零件，都需要绘制图纸用于加工制造，称作光学零件图。在光学零件图中，要尽量详细地列出零件的外形尺寸、加工要求、注意事项，以便光学工艺师和生产工程师按照图纸顺利地制造出来。由于光学零件图极其重要，稍有标注不清，就可能制造出不合格的零件，所以在绘制零件图时要尽量将重要信息列于图纸上。

绘制光学零件，需要注意以下事项：

(1) 绘制视图

①　光学零件图的绘制，一般按光线前进的方向自左向右绘制，如图 30-5、图 30-6。光轴应该水平绘制。光学零件图应优先以剖面图和短-长-短剖面线填充绘制，凹球面背面的轮廓线通常应省略，如图 30-5。曲率半径过大时，其曲率允许夸大绘制，如图 30-6 中的 $R1028$。透镜的表面为平面时，应标注 $R\infty$。

②　光学零件图可以简化，不画剖面线，如图 30-7。但是在同一张图纸中，不能混合使用剖面线和无剖面线的视图。

③　光学晶体的剖面和光轴的画法，如图 30-8。

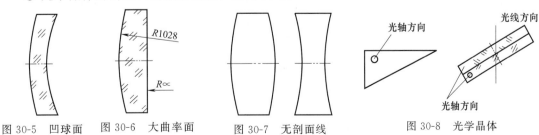

图 30-5　凹球面　　图 30-6　大曲率面　　图 30-7　无剖面线　　图 30-8　光学晶体

④ 光学纤维的剖面画法，如图 30-9 所示。

⑤ 具有两顶点对称表面的光学零件，如柱面镜和复曲面镜，应该相对于两顶点画出两个方向的剖面图，如图 30-10 所示。

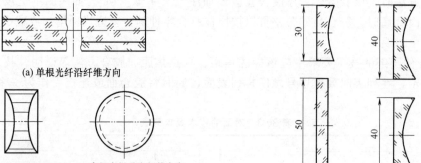

(a) 单根光纤沿纤维方向

(b) 多根光纤沿纤维方向　(c) 多根光纤垂直纤维方向

图 30-9　光学纤维

图 30-10　左柱面镜/右复曲面镜

（2）技术要求的列表表示

① 列表构成包括：光学零件的参数及材料特性列表构成划分为 3 个区域；左侧子区域，标注光学零件左表面的参数及技术要求；中部子区域，标注光学零件的材料技术要求；右侧子区域，标注光学零件右表面的参数及技术要求。

② 列表内容，见表 30-4。

表 30-4　零件图技术要求列表

左表面	材料技术要求	右表面	左表面	材料技术要求	右表面
R	n	R	3/	2/	3/
Φ_e	ν	Φ_e	4/		4/
倒角要求	0/	倒角要求	5/		5/
表面要求	1/	表面要求	6/		6/

（3）轴线

轴线含光轴和旋转轴或中心线。若光轴和旋转轴或中心线重合，则采用光轴。若零件中心线相对于光轴平移或倾斜，须注明相应尺寸，如图 30-11 所示。微小的偏移，应该放大比例标出偏移量。

（4）引线

对于零件轮廓线内部的引线，其末端用小圆点，如图 30-12 所示。对于零件轮廓线上的引线，其末端用箭头，如图 30-13 所示。

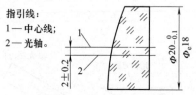

指引线：
1—中心线；
2—光轴。

图 30-11　轴线和中心线

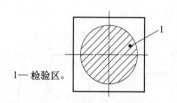

1—检验区。

图 30-12　内部引线用小圆点

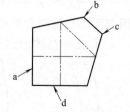

图 30-13　外部引线用箭头

（5）有效光学区域或检验区域

① 光学有效区域或检验区域应该标注在光学图纸或专用表格中，标注方式如下。

（a）圆形的有效直径前加注符号"Φ_e"，如图 30-14 所示；

（b）方形标注边长；

（c）矩形标注"长×宽"；

（d）椭圆形标注"长轴×短轴"，如图 30-15 所示。

如果没有标注检验区域，则整个表面范围都被视为检验区域。在检验区域内部的任意位置可以用连续的细线分隔出某种大小的圆形检验区，并用引线引出标注。在公差后面附加说明区段直径："…"，如直径"Φ…"。

② 光学零件表面需要表示有特殊要求的范围或检验区的边界，用细实线或涂画出其范围，并予以说明。检验区应该画出相同线形的连续等距剖面线。还可以按要求分出不同公差的检验区。检验区编号用引线标注，如图 30-16 所示。

③ 如果一个零件的某一个区域相对其他区域有更高的检验要求，则应标注有不同要求的区域。

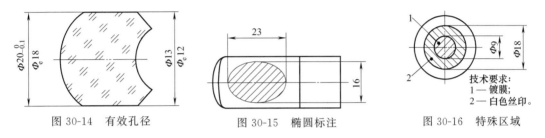

图 30-14 有效孔径　　　　　图 30-15 椭圆标注　　　　　图 30-16 特殊区域

（6）尺寸标注

光学零件的尺寸应该包括涂覆、镀膜等表面处理。如果需要标注表面处理前的尺寸时，应该在尺寸数字的右边加注"涂（镀）前"字样。

① 半径。有以下几种情况：

（a）球面用带有公差的半径标注，如图 30-17。如果全部所允许的半径的变化以干涉测量的方式给出，则半径的尺寸公差可以省略。

（b）平面应该用符号"$R\infty$"标注。平面度的公差用干涉测量的方式标注。圆弧半径尺寸线的始端应在圆心位置，当半径过大或图纸范围内无法标出其圆心位置时，可按图示的形式标注，如图 30-17。凸面可以在曲率半径的右边加注"CX"字样，凹面则加注"CC"。

（c）对于圆柱面，半径必须用"R_{CYL}"。

（d）对于非球面，在直角坐标右方向上以 Z 轴表示光轴，坐标原点在非球面的顶点。若仅有一个视图，则在视图平面上标注 Y 轴，且指向朝上。若绘制 2 个视图，XZ 视图应该在 YZ 视图的下方，并列出曲线函数 $Z=f(X,Y)$ 或 $Z=f(h)$，$h=\sqrt{X^2+Y^2}$。

② 厚度。厚度用基本尺寸和公差表示。当透镜零件为凹面，除标明轴向厚度外，还要用括号标出总厚度，如图 30-18。

③ 直径。直径由基本尺寸与公差表示，如图 30-19。

（7）棱、斜面和沟槽磨斜

尖棱、斜面和沟槽磨斜的形状取决于功能性或保护性设计的目的。

① 功能性的尖棱和斜面。在标注尖棱时，若边缘需要保持功能性尖棱的，则用标记"0"标明，如图 30-20 所示。以功能性表面代替尖棱的斜面，必须同时标注尺寸、公差、倾斜度，必要时还要说明中心偏，如图 30-21 所示。

② 非功能性的倒角和倒棱。

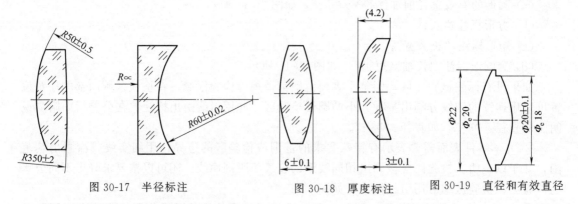

图 30-17 半径标注 　　　　图 30-18 厚度标注 　　　图 30-19 直径和有效直径

（a）非能性的倒角在图中可省略画出；

（b）对所有未注保护性倒角，在图纸上用"注：保护性倒角"及倒角允许的最大和最小宽度，如图 30-22 所示。

（c）内部边应该标注过渡形状尺寸允许的极限偏差。当只标注一个数值时，则这个数值是允许的最大宽度。

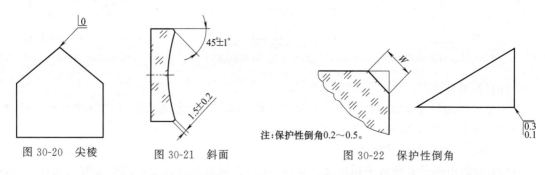

图 30-20 尖棱 　　　图 30-21 斜面 　　　　图 30-22 保护性倒角

③ 线性尺寸。光学零件的长度、宽度和高度（直径与厚度）由基本尺寸与公差表示。

④ 角度。角度由基本尺寸与公差表示。如果需要，可以用大写英文字母标注，如图 30-23，用 E 面与 A、B、C、D 面之间的夹角表示"棱角"。棱镜须标注光轴、偏向角和光学平行差（第一平行差 θ_1、第二平行差 θ_2）。偏向角应该标注公差，如图 30-24。除非另外说明，入射主光线应该垂直于入射面。

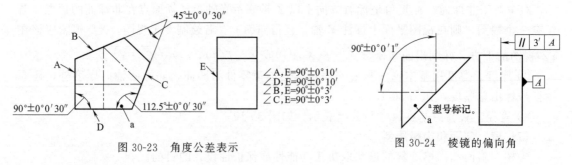

图 30-23 角度公差表示 　　　　　图 30-24 棱镜的偏向角

（8）材料规格

材料规格标注在图纸的材料栏里，其内容包括：

① 玻璃材料牌号，必要时标明材料制造商；

② 折射率和阿贝数，包括参考波长或化学成分说明及材料的特殊性能，如折射率公差、

阿贝常数、透射率及晶体特性（如单晶体和多晶体）。

(9) 光学零件（材料）缺陷公差

① 光学零件缺陷公差的标注，按表 30-5 规定。

表 30-5　缺陷公差的标注代号

缺陷公差类别	缺陷公差项目	公差项目代号	相关国家标准	相关国际标准
材料缺陷	应力双折射	0	—	ISO 10110-2
	气泡度	1	GB/T 7661	ISO 10110-3
	非均匀性和条纹度	2	—	ISO 10110-4
加工缺陷	面形偏差	3	GB/T 2831	ISO 10110-5
	中心偏差	4	GB/T 7242	ISO 10110-6
	表面疵病	5	GB/T 1185	ISO 10110-7
	激光辐射损伤阈值	6		ISO 10110-17

② 非均匀性和条纹的表示为"2/C；D"，其中 2 为非均匀性和条纹度公差代号，C 为非均匀性类别，D 为条纹类别。如果对非均匀性或条纹无技术要求，则用"—"代替。非均匀性和条纹的技术要求可以参考表 30-6。

③ 应力双折射公差的表示形式为"0/A"，其中 0 为应力双折射公差代号，A 为单位长度内允许的应力双折射最大值，以 nm/cm 表示。应力双折射公差及典型取值可以参考表 30-7。

表 30-6　光学零件对无色玻璃和晶体材料的要求参考表

技术指标	物镜			目镜		分划板	棱镜	聚光镜	反射镜	晶体棱镜	晶体透镜
	高精度	中精度	低精度	$2w>50°$	$2w<50°$						
Δn_D	1B	2C	3C	3C	3D	3D	3D	3D	—	—	—
$\Delta(n_F-n_C)$	1B	2C	3C	3C	3D	3D	3D	3D	—	—	—
均匀性	3	3	4	4	4	4	3	5	3	2	3
双折射	2	2	3	3	3	3	3	3	2～3	2	3
光吸收系数	3	3	4	3	4	4	4	5	—	1	1
条纹度	1C	1C	2C	1B	1C	1C	1A	2C		1A	2C
气泡度	1C	1C	1C	1B	1C	1A	1C	1C		2C	4D

④ 光学零件中心偏差、光学零件面形偏差、表面疵病公差及光学零件气泡度应符合 GB/T 7242、GB/T 2831、GB/T 1185 和 GB/T 7661 的相关规定。

⑤ 非球面的表面面形误差还可以通过一个表格规定 Z 轴的可允许偏差并规定斜率偏差。

(10) 表面结构的公差

粗磨表面及抛光的表面结构公差示例，列于表 30-7 中。粗糙表面结构用字母 G (ground) 表示轮廓面，其微观轮廓要求用轮廓均方根偏差 R_q 来度量，单位为 μm。斜率取样长度的下限标注在水平线下方，以 mm 为单位。必要时，可以标注取样上限，并用斜线与下限分形。

表 30-7　表面结构公差示例

序号	类型	符号	要求	示例
1	粗糙表面结构	G	最小斜率取样长度 5mm，R_q 为 2μm 的粗糙表面	G $\sqrt{5/R_q 2}$

序号	类型			符号	要求	示例
2	抛光表面结构	定性	无微缺陷要求的抛光表面	P	无微缺陷要求	P
3		定量	带有轮廓微观缺陷密度要求的抛光表面		镜面表面每10mm线性扫描内,具有小于80个微缺陷数	P2
4	抛光表面结构	定量	轮廓均方根偏差 R_q	P	抛光表面每10mm线性扫描内,具有小于16个微缺陷数以及在取样长度 0.002～1mm 的 R_q 值小于 $0.002\mu m$	P3 √0.002/1/R_q0.002
5			功率频谱密度函数		抛光表面每10mm线性扫描内,具有小于3个微缺陷数以及在斜率取样长度 0.002～1mm 之间 $PSD \leqslant 10^{-5}/f^2(\mu m^3)$	P4 √0.001/1/ PSD10⁻⁵/2

轮廓微观缺陷密度等级	每 10mm 斜率取样长度内,轮廓微观缺陷数 N
P1	$80 < N < 400$
P2	$16 < N < 80$
P3	$3 < N < 16$
P4	$N < 3$

如图 30-25,是国家标准 GB/T 13323—2009 中给出的零件图样。图 30-26 是国家标准 GB/T 13323—1991 中给出的零件图样。图 30-27 是棱镜零件图,图 30-28 是非球面零件图。

(11) 其他技术要求

① 光学零件表面误差。对于球面的误差是使用样板检验等厚干涉条纹的方法,显示的是牛顿环数量,又称光圈数。在图 30-26 和图 30-28 中,N_1 和 N_2 分别代表光学零件第一面和第二面的干涉条纹环数,即光圈数。一般情况下,光圈数不用标注正负号,除非特殊情况下要求,如胶合面为了不至于在装配时相碰,要求给出负光圈,即低光圈。高光圈为正,相当于中间接触;低光圈为负,相当于边缘接触。ΔN_1 和 ΔN_2 分别代表光学零件第一面和第二面的局部光圈数,表示干涉条纹的不规则程度,表征光学表面的局部凹陷、凸起、错位等缺陷导致的光圈不规则程度。光学零件表面误差参数值,列于表 30-8。光学零件的精度等级,列于表 30-9。

表 30-8 光学零件表面误差参考值 mm

仪器类型	零件性质	表面误差		仪器类型	零件性质		表面误差	
		N	ΔN				N	ΔN
显微镜和精密仪器	物镜	1～3	0.1～0.5	望远系统	棱镜	反射面	1～2	0.1～0.5
	目镜	3～5	0.5～1.0			折射面	2～4	0.3～0.5
照相系统投影系统	物镜	2～5	0.1～1.0			屋脊面	0.1～0.4	0.05～0.1
	滤光镜	1～5	0.1～1.0		反射镜		0.1～1.0	0.05～0.2
望远系统	物镜	3～5	0.5～1.0		场镜、滤光镜、分划板		5～15	0.5～5.0
	转换透镜	3～5	0.5～1.0					
	目镜	3～6	0.5～1.0					

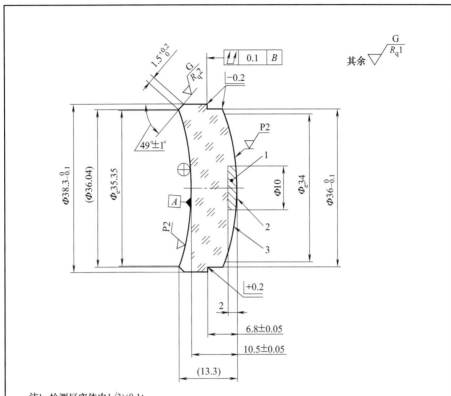

注1：检测区实体内1/3×0.1；

注2：检测区表面5/3×0.1，L1×0.04；

注3：待胶合面。

左表面	材料技术要求	右表面
$R60.44CC$	BK7	$R50.17CX$
$\oplus$　$\lambda_0=520nm$	$n_e=1.51872\pm0.001$	待胶合面
保护性倒角：0.2～0.4	$\nu_e=63.96\pm0.51\%$	保护性倒角：0.2～0.4
3/2(0.5)	0/10	3/3/(1)
4/—	1/5×0.16	4/2'
5/5×0.16；L2×0.04；E0.5	2/1∶2	5/5×0.16；L2×0.04；E0.05

标记	处数	分区	更改文件号	签名	年月日				（单位名称）
设计	（签名）	（年月日）	标准化	（签名）	（年月日）	阶段标记	重量	比例	透镜
审核									（图样代号）
工艺			批准			共　张　　第　张			

图 30-25　光学零件图（一）

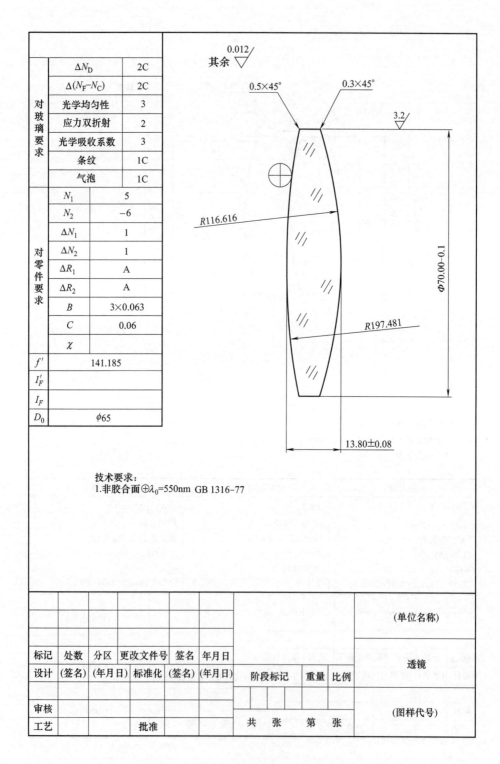

对玻璃要求	ΔN_D	2C
	$\Delta(N_F-N_C)$	2C
	光学均匀性	3
	应力双折射	2
	光学吸收系数	3
	条纹	1C
	气泡	1C
对零件要求	N_1	5
	N_2	−6
	ΔN_1	1
	ΔN_2	1
	ΔR_1	A
	ΔR_2	A
	B	3×0.063
	C	0.06
	χ	
	f'	141.185
	I'_F	
	I_F	
	D_0	$\phi65$

其余 ▽ 0.012 ⁄

0.5×45°　0.3×45°

3.2 ▽

$R116.616$

$R197.481$

$\Phi70.00-0.1$

13.80 ± 0.08

技术要求：
1.非胶合面 ⊕λ_0=550nm GB 1316-77

标记	处数	分区	更改文件号	签名	年月日				(单位名称)
设计	(签名)	(年月日)	标准化	(签名)	(年月日)	阶段标记	重量	比例	透镜
审核									(图样代号)
工艺			批准			共　张　第　张			

图 30-26　光学零件图（二）

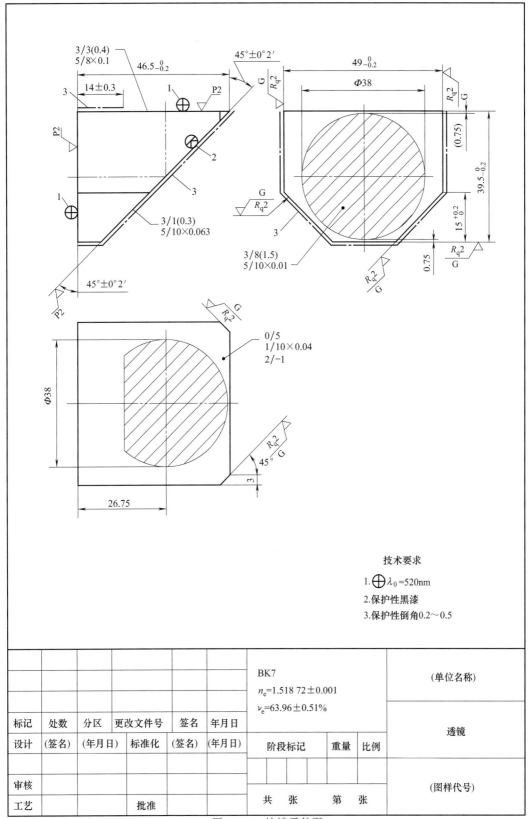

技术要求

1. $\bigoplus \lambda_0 = 520\text{nm}$

2. 保护性黑漆

3. 保护性倒角 0.2~0.5

标记	处数	分区	更改文件号	签名	年月日	BK7 $n_e = 1.518\ 72 \pm 0.001$ $\nu_e = 63.96 \pm 0.51\%$			(单位名称)
设计	(签名)	(年月日)	标准化	(签名)	(年月日)	阶段标记	重量	比例	透镜
审核						共　张　　第　张			(图样代号)
工艺			批准						

图 30-27　棱镜零件图

对玻璃要求	ΔN_D	2C
	$\Delta(N_F-N_C)$	2C
	光学均匀性	3
	应力双折射	2
	光学吸收系数	3
	条纹	1C
	气泡	1C
对零件要求	N_1	5
	N_2	-6
	ΔN_1	1
	ΔN_2	1
	ΔR_1	A
	ΔR_2	A
	B	3×0.063
	C	0.06
	χ	
f'	50.956	
I'_F		
I_F		
D_0	$\Phi32$	

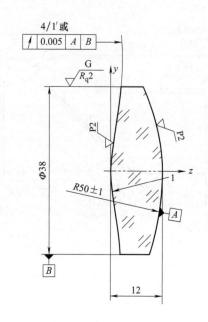

1—非球面。

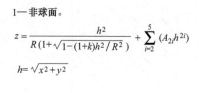

$$z = \frac{h^2}{R(1+\sqrt{1-(1+k)h^2/R^2})} + \sum_{i=2}^{5}(A_{2i}h^{2i})$$

$$h=\sqrt{x^2+y^2}$$

h	z	Δz	斜率公差
0.0	0.000	0.000	0.3′
5.0	0.219	0.002	0.5′
10.0	0.825	0.004	0.5′
15.0	1.599	0.006	0.8′
19.0	1.934	0.008	

$R=56.031$

$K=-3$

$A_4=-0.432\,64\times10^{-5}$

$A_6=-0.976\,14\times10^{-8}$

$A_8=-0.108\,52\times10^{-13}$

$A_{10}=-0.122\,84\times10^{-13}$

斜率取样长度=1

取样步长0.1

标记	处数	分区	更改文件号	签名	年月日				（单位名称）	
设计	（签名）	（年月日）	标准化	（签名）	（年月日）	阶段标记	重量	比例	非球面透镜	
审核										
工艺			批准			共　张		第　张	（图样代号）	

图 30-28　非球面零件图

表 30-9 光学零件的精度等级

零件精度等级	精度性质	公差/mm	
		N	ΔN
1	高精度	0.1~2.0	0.05~0.5
2	中精度	2.0~6.0	0.5~2.0
3	一般精度	6.0~15.0	2.0~5.0

光学零件最大表面偏差 N，表面曲率偏差 ΔC，被检表面直径 D（mm），平均入射波长 λ 满足下式

$$N = \frac{D^2}{4\lambda} \Delta C \tag{30-1}$$

② 样板等。在零件图中，ΔR_1 和 ΔR_2 分别为第一面和第二面的使用工作样板精度等级，在国家标准 GB 1240—1976 中，样板精度等级分为 A、B 两级。A 级的精度高于 B 级的精度。

③ 表面疵病。在零件图中，左上角的表格里，B 参数为光学零件的表面疵病符号，它表征光学表面存在的亮丝、麻点、划痕等的限制。表面疵病的标注方法在国家标准 GB 1185—1989 中给出，由两部分组成，其中一项 J 表示表面疵病的大小，另一项 G 表示允许疵病的个数。标注的方法为 G×J，如图 30-26 和图 30-28。

④ 中心偏差。在零件图中，C 表示中心偏差，它的值由焦点像跳动圆半径来度量。中心偏差的参考值，列于表 30-10。

表 30-10 中心偏差允许值参考值

透镜性质	偏心差/mm	透镜性质	偏心差/mm
显微镜与精密仪器	0.002~0.01	望远镜	0.01~0.1
照相投影系统	0.005~0.1	聚光镜	0.05~0.1

⑤ 面倾角。在零件图中，χ 称为面倾角，它是该面顶点法线与光轴的夹角，它与中心偏差 C 之间的关系为

$$\chi = \frac{C}{R} \times 3438' \tag{30-2}$$

式中，R 为表面曲率半径。从上式可以看到，中心偏差和面倾角存在制约关系，它们的标注要满足公式（30-2），不可以矛盾。正是因为存在制约关系，所以两者只需要标注其中之一即可。

⑥ 倒角。光学零件的倒角分为设计性倒角和保护性倒角两大类。光学零件的保护性倒角由 GB 1204—1975 标准给出，其相关数值列于表 30-11 和表 30-12。

⑦ 透镜中心厚度。透镜中心厚度公差随透镜的用途不同而不同，其具体数值可参考表 30-13，要求高的可以按计算结果确定。

⑧ 表面粗糙度。表面粗糙度可以按表 30-7 的表面结构公差给出，这是 GB/T 13323—2009 中给出的标注方式。在早期的国标中，如 GB 131—1983 中，给出的表面粗糙度的标注方法有所不同，如图 30-26 的光学零件图（二）中，就是以前国标的标注方法，它的符号及意义如表 30-14。图中标注的数字"3.2"表示高度参数轮廓算术平均偏差 Ra 最大允许值为 3.2μm。一般光学零件图中，光学表面粗糙度取 0.012 或者 0.01，非光学表面取 3.2 或者 1.6。

表 30-11　光学零件的倒角宽度

零件直径 D/mm	倒角宽度 b/mm			倒角位置
	非胶合面	胶合面	辊边面	
3—6	$0.1^{+0.1}$	$0.1^{+0.1}$	$0.1^{+0.1}$	
>6—10			$0.3^{+0.2}$	
>10—18	$0.3^{+0.2}$	$0.2^{+0.1}$	$0.4^{+0.2}$	
>18—30			$0.5^{+0.3}$	
>30—50	$0.4^{+0.3}$	$0.2^{+0.2}$	$0.7^{+0.3}$	
>50—80			$0.8^{+0.4}$	
>80—120	$0.5^{+0.4}$	$0.3^{+0.3}$	—	
>120—150	$0.6^{+0.5}$	—	—	

表 30-12　光学零件的倒角角度

零件直径与表面半径的比值 D/r	倒角角度 α		
	凸面	凹面	平面
<0.7	45°	45°	
>0.7~1.5	30°	60°	45°
>1.5~2	—	90°	

表 30-13　透镜中心厚度公差

透镜类别	仪器种类	厚度公差/mm
物镜	显微镜及试验室仪器	$\pm(0.01\sim0.05)$
	照相物镜及放映镜头	$\pm(0.05\sim0.3)$
	望远镜	$\pm(0.1\sim0.3)$
目镜	各种仪器	$\pm(0.1\sim0.3)$
聚光镜	各种仪器	$\pm(0.1\sim0.5)$

表 30-14　表面粗糙度（早期标注方法）

符号	说明
3.2/	基本符号，用任何方法获得的表面，单独使用此符号没有意义
3.2/	基本符号加一短划，表示表面粗糙度是用去除材料的方法获得，例如车、铣、钻、磨、剪切、抛光、腐蚀、电火花加工等。磨削、抛光加工的玻璃透镜可用此符号
3.2/	基本符号上加一小圆，表示表面粗糙度是用不去除材料的方法获得，例如铸、锻、冲压变形、热轧、冷轧、粉末冶金等。注塑加工的塑料透镜用此符号

⑨ 光学零件镀膜标注。光学零件镀膜符号，在表 30-1 中已经列出。镀光学薄膜的标注方法，可以参考机械行业标准 JB/T 6179—1992、国家标准 GB 1316—1977 等。在国家标准中有详细说明的，可按"薄膜符号，使用条件，选择要求，国家标准"的方式标注，如下面几种标法：

(a) $\oplus\lambda_0=550\text{nm}$，GB 1316—1977，表示增透膜，中心波长为 λ_0。

(b) Ⓥ $\alpha=45°$，GB 1320—1977，表示反光膜，光线入射角为 α。

(c) $\ominus\lambda_0=532\pm10\text{nm}$，$\delta\lambda_{0.5}\leqslant9.0\text{nm}$，GB 1330—1977，表示干涉滤光膜，中心波长为 λ_0 和半宽度为 $\delta\lambda_{0.5}$。

如果在国家标准中没有详细说明的，可以将薄膜的要求附上，按照"薄膜符号，使用条件，薄膜要求，国家标准"的方式标注，如下面几种标法：

(a) $\oplus\alpha=45°$，$\lambda_0=550\text{nm}$，$R=10\%$，其余按照 GB 1316—1977 验收，表示增透膜，中心波长为 λ_0，斜光束入射，入射角为 α。

（b）Ⓥ α＝45°，R≥90％，其余按照 GB 1320—1977 验收，表示反光膜，光线入射角为 α，反射率满足所标要求。

（c）⊖ α＝45°，P＝99.5％，T≥45％，其余按照 GB 1328—1977 验收，表示干涉滤光膜，光线入射角为 α，偏振度为 99.5 和透过率不低于 45％。

⑩ 光学平行度公差。可以参考表 30-15。

表 30-15　平板零件的平行度公差

平板零件类型	不平行度 θ
高精度滤光镜	$3''\sim1'$
一般精度保护镜	$1'\sim10'$
分划板	$10'\sim15'$
平面外反射镜	$10'\sim15'$
平面内反射镜	$2''\sim30''$

附　录

附录 A　无色光学玻璃

表 A-1　无色光学玻璃的部分性能参数（摘录自 GB/T 903—2019）

牌号	n_d 587.6	ν_d	n_F-n_C	n_e 546.1	ν_e	$n_{F'}-n_{C'}$	n_z 706.5	n_e 656.3	$n_{F'}$ 480.0	n_g 435.8	RC	RA	$\alpha/(10^{-7}/K)$ $\alpha_{20℃\sim120℃}$	$\alpha_{100℃\sim300℃}$	T_g /℃	T_s /℃	ρ /(g/cm³)	HK	λ_{80}/λ_5
H-FK1	1.48605	81.81	0.005941	1.48747	81.41	0.005988	1.48320	1.48424	1.49052	1.49338	3	3	141	—	464	—	3.57	355	—
H-FK2	1.48656	84.47	0.005760	1.48794	84.07	0.005804	1.48379	1.48480	1.49088	1.49365	3	3	139	—	472	—	3.80	355	—
H-FK61	1.49700	81.61	0.006090	1.49845	81.20	0.006139	1.49407	1.49513	1.50157	1.50449	1	3	141	157	461	486	3.70	372	35/30
H-FK71	1.45650	90.27	0.005057	145771	89.84	0.005095	1.45406	1.45495	1.46029	1.46270	1	2	141	167	443	468	3.63	367	33/29
H-QK1	1.47047	66.83	0.007040	1.47214	66.69	0.007080	1.46704	1.46829	1.47572	1.47907	1	3	78	85	399	497	2.30	374	33/29
H-QK3	1.48746	70.04	0.006960	1.48912	70.03	0.006984	1.48407	1.48531	1.49265	1.49596	1	3	96	102	475	569	2.43	520	31/28
H-K2	1.50047	66.02	0.007580	1.50228	65.85	0.007628	1.49678	1.49813	1.50613	1.50972	2	1	58	65	556	648	2.42	534	31/28
H-K3	1.50463	64.72	0.007797	1.50649	64.55	0.007846	1.50083	1.50222	1.51045	1.51416	2	3	61	70	537	609	2.40	548	33/30
H-K5	1.51007	63.36	0.008050	1.51199	63.13	0.008110	1.50618	1.50760	1.51611	1.51999	3	1	78	89	558	633	2.47	487	32/29
H-K6	1.51112	60.46	0.008454	1.51314	60.21	0.008523	1.50707	1.50855	1.51748	1.52159	3	1	88	99	530	619	2.53	464	33/29
H-K7	1.51478	60.63	0.008490	1.51681	60.33	0.008566	1.51070	1.51218	1.52116	1.52528	3	1	93	100	535	613	2.54	468	33/29
H-K9	1.51637	64.07	0.008060	1.51829	63.95	0.008104	1.51247	1.51390	1.52240	1.52627	3	1	83	95	560	620	2.52	595	33/29
H-K10	1.51818	58.95	0.008790	1.52027	58.69	0.008865	1.51396	1.51549	1.52479	1.52905	3	1	96	108	511	587	2.50	456	35/31
H-K11	1.52638	60.16	0.008750	1.52847	59.90	0.008823	1.52219	1.52371	1.53296	1.53721	3	1	96	110	515	580	2.69	510	33/29
H-K12	1.53359	55.47	0.009620	1.53588	55.19	0.009710	1.52904	1.53068	1.54085	1.54559	1	1	92	—	550	—	2.76	495	—
H-K16	1.51878	61.69	0.008410	1.52079	61.48	0.008471	1.51474	1.51621	1.52509	1.52917	1	1	80	—	560	620	2.62	500	—

续表

牌号	n_d 587.6	v_d	n_F-n_C	n_e 546.1	v_e	$n_{F'}-n_{C'}$	n_z 706.5	n_e 656.3	$n_{F'}$ 480.0	n_g 435.8	RC	RA	$\alpha_{20℃\sim120℃}$	$\alpha_{100℃\sim300℃}$	T_g/℃	T_s/℃	ρ/(g/cm³)	HK	λ_{80}/λ_5
H-K50	1.52249	59.48	0.008784	1.52458	59.22	0.008858	1.51829	1.51982	1.52910	1.53339	3	1	82	96	564	633	2.52	537	35/32
H-K51	1.52307	58.64	0.008920	1.52520	58.36	0.009000	1.51883	1.52037	1.52980	1.53415	2	1	87	99	558	610	2.53	541	35/31
H-PK1	1.51907	69.86	0.007430	1.52085	69.64	0.007479	1.51545	1.51678	1.52462	1.52816	—	—	91	—	480	—	2.58	—	—
H-PK2	1.54867	68.07	0.008060	1.53060	65.39	0.008114	1.54476	1.54619	1.55470	1.55854	—	3	72	—	—	—	2.94	444	36/28
H-ZPK1	1.61800	63.39	0.009748	1.62032	63.11	0.009829	1.61334	1.61503	1.62533	1.63004	1	3	99	110	619	649	3.52	—	36/30
H-ZPK2	1.60300	65.51	0.009204	1.60520	65.28	0.009271	1.59857	1.60019	1.60990	1.61433	1	3	91	104	620	650	3.42	486	33/29
H-BAK1	1.53028	60.47	0.008770	1.53237	60.17	0.008847	1.52608	1.52761	1.53688	1.54114	1	1	74	90	564	645	2.74	540	33/29
H-BAK2	1.53996	59.72	0.009041	1.54212	59.45	0.009120	1.53564	1.53721	1.54677	1.55117	1	2	83	94	555	627	2.84	530	35/30
H-BAK3	1.54678	62.78	0.008710	1.54886	62.44	0.008790	1.54257	1.54411	1.55332	1.55750	1	3	65	80	590	656	2.84	550	34/29
H-BAK4	1.55248	63.36	0.008720	1.55456	63.10	0.008788	1.54827	1.54981	1.55902	1.56321	1	2	64	76	611	667	2.90	542	34/30
H-BAK5	1.56069	58.34	0.009610	1.56298	58.07	0.009694	1.55611	1.55777	1.56793	1.57262	1	1	79	88	586	657	3.01	506	35/30
H-BAK6	1.56388	60.76	0.009280	1.56610	60.50	0.009357	1.55943	1.56105	1.57086	1.57535	1	3	62	77	616	671	3.05	578	36/33
H-BAK7	1.56883	56.04	0.010150	1.57125	55.78	0.010242	1.56400	1.56575	1.57648	1.58148	1	1	77	90	581	642	2.83	530	35/30
H-BAK8	1.57250	57.49	0.009959	1.57487	57.20	0.010051	1.56778	1.56948	1.58001	1.58488	1	3	78	89	593	662	3.18	490	—
H-BAK9	1.57444	56.45	0.010176	1.57687	56.20	0.010265	1.56962	1.57136	1.58212	1.58711	1	1	74	—	591	—	3.11	505	35/30
H-BAK11	1.55963	61.21	0.009143	1.56181	60.96	0.009216	1.55525	1.55684	1.56650	1.57093	2	1	69	—	604	650	3.03	534	35/29
H-ZK1	1.56888	62.93	0.009040	1.57104	62.74	0.009102	1.56452	1.56611	1.57566	1.58000	2	3	64	75	620	670	3.06	559	36/31
H-ZK2	1.58313	59.46	0.009807	1.58547	59.19	0.009892	1.57845	1.58015	1.59052	1.59528	2	3	68	78	609	668	3.24	615	35/30
H-ZK3	1.58913	61.25	0.009618	1.59142	61.01	0.009694	1.58451	1.58619	1.59635	1.60100	1	3	61	71	610	660	3.26	516	36/32
H-ZK4	1.60881	58.86	0.010344	1.61128	58.57	0.010437	1.60388	1.60567	1.61660	1.62163	1	3	67	79	654	713	3.53	521	36/30
H-ZK5	1.61117	55.77	0.010958	1.61378	55.50	0.011060	1.60597	1.60785	1.61944	1.62479	1	3	89	99	578	622	3.58	516	37/32
H-ZK6	1.61272	58.58	0.010460	1.61521	58.30	0.010552	1.60774	1.60954	1.62060	1.62570	1	3	67	79	662	708	3.57	560	38/33
H-ZK7	1.61309	60.58	0.010120	1.61551	60.34	0.010201	1.60825	1.61001	1.62070	1.62558	1	3	65	80	658	684	3.51	600	35/30
H-ZK8	1.61405	55.12	0.011141	1.61670	54.84	0.011246	1.60879	1.61068	1.62246	1.62796	1	3	88	98	577	623	3.58	574	36/32
H-ZK9	1.62041	60.34	0.010281	1.62286	60.10	0.010363	1.61547	1.61727	1.62813	1.63312	1	3	66	75	663	704	3.58	598	36/30
H-ZK10	1.62210	56.71	0.010970	1.62470	56.38	0.011080	1.61689	1.61877	1.63037	1.63575	1	3	66	75	657	702	3.63	512	37/32
H-ZK11	1.63854	55.45	0.011516	1.64129	55.18	0.011621	1.63309	1.63505	1.64723	1.65290	1	3	71	82	655	697	3.69	581	38/33
H-ZK14	1.60311	60.60	0.009952	1.60548	60.35	0.010033	1.59834	1.60007	1.61059	1.61537	3	3	65	75	647	687	3.44	520	35/30
H-ZK15	1.60729	59.46	0.010214	1.60973	59.19	0.010301	1.60241	1.60418	1.61498	1.61995	3	3	68	98	643	—	3.51	—	—
H-ZK19	1.61375	56.40	0.010882	1.61634	56.11	0.010984	1.60860	1.61046	1.62196	1.62731	2	3	71	—	646	665	3.60	—	—
H-ZK20	1.61720	53.91	0.011448	1.61993	53.62	0.011561	1.61181	1.61375	1.62586	1.63154	1	3	81	90	608	664	3.66	515	35/30

续表

牌号	n_d 587.6	v_d	n_F-n_C	n_e 546.1	v_e	$n_{F'}-n_{C'}$	n_z 706.5	n_e 656.3	$n_{F'}$ 480.0	n_g 435.8	RC	RA	$\alpha/(10^{-7}/K)$ $\alpha_{20℃\sim120℃}$	$\alpha_{100℃\sim300℃}$	$T_g/℃$	$T_s/℃$	$\rho/(g/cm^3)$	HK	λ_{80}/λ_5
H-ZK21	1.62299	58.12	0.010719	1.62555	57.87	0.010809	1.61788	1.61973	1.63106	1.63626	1	3	66	75	646	692	3.56	581	36/30
H-ZK50	1.60738	56.65	0.010721	1.60994	56.38	0.010819	1.60230	1.60414	1.61547	1.62073	1	3	70	77	655	721	3.54	511	35/30
H-LAK1	1.65950	57.35	0.011500	1.66224	57.30	0.011558	1.65403	1.65600	1.66816	1.67376	1	3	80	87	655	683	3.94	560	36/29
H-LAK2	1.69211	54.54	0.012690	1.69514	54.29	0.012804	1.68610	1.68827	1.70169	1.70792	1	3	84	96	640	660	4.18	529	37/29
H-LAK3	1.74693	50.95	0.014660	1.75042	50.72	0.014794	1.73999	1.74250	1.75799	1.76518	1	3	62	74	663	689	4.08	672	38/32
H-LAK4	1.64050	60.10	0.010658	1.64304	58.85	0.010744	1.63538	1.63724	1.64850	1.65366	1	3	63	78	666	686	2.99	634	36/30
H-LAK5	1.67790	55.52	0.012211	1.68081	55.26	0.012319	1.67210	1.67420	1.68710	1.69306	1	3	83	94	646	669	3.80	576	36/29
H-LAK6	1.69350	53.38	0.012992	1.69660	53.16	0.013105	1.68732	1.68955	1.70330	1.70969	1	3	60	73	638	673	3.59	683	37/32
H-LAK7	1.71300	53.83	0.013245	1.71616	53.61	0.013359	1.70669	1.70898	1.72298	1.72940	1	3	60	73	663	690	3.74	703	37/28
H-LAK8	1.72000	50.34	0.014302	1.72341	50.10	0.014439	1.71323	1.71568	1.73080	1.73789	1	3	59	72	632	667	3.77	607	37/32
H-LAK10	1.65113	55.89	0.011650	1.65391	55.62	0.011757	1.64560	1.64760	1.65992	1.66562	1	3	75	84	618	668	3.73	634	35/30
H-LAK11	1.66461	54.61	0.012170	1.66750	54.40	0.012270	1.65886	1.66093	1.67380	1.67982	1	3	76	88	621	645	4.02	517	36/30
H-LAK12	1.69680	56.18	0.012404	1.69976	55.96	0.012504	1.69086	1.69301	1.70612	1.71212	1	6	68	80	662	684	3.71	686	36/28
H-LAK50	1.65160	58.40	0.011157	1.65426	58.15	0.011251	1.64625	1.64821	1.66000	1.66539	1	3	68	82	594	633	3.50	618	36/28
H-LAK52	1.72916	54.68	0.013334	1.73234	54.45	0.013450	1.72277	1.72510	1.73920	1.74570	1	3	60	72	680	705	4.02	765	37/34
H-LAK53	1.75500	52.32	0.014430	1.75844	52.09	0.014561	1.74814	1.75063	1.76588	1.77297	1	3	65	72	685	710	4.39	729	38/29
H-LAK54	1.73400	51.49	0.014256	1.73739	51.25	0.014388	1.72723	1.72968	1.74476	1.75177	1	3	54	74	639	676	4.01	770	37/29
H-LAK61	1.74100	52.64	0.014078	1.74435	52.41	0.014203	1.73431	1.73673	1.75161	1.75849	1	3	60	72	662	684	4.10	723	36/26
H-LAK67	1.67000	51.70	0.012950	1.67308	51.50	0.013080	1.66389	1.66610	1.67979	1.68622	1	3	73	84	584	640	3.73	615	35/30
H-KF6	1.51742	52.15	0.009922	1.51977	51.85	0.010024	1.51275	1.51444	1.52493	1.52989	1	1	73	88	438	519	2.47	456	36/34
H-QF1	1.54814	45.82	0.011963	1.55098	45.52	0.012104	1.54258	1.54458	1.55724	1.56336	1	1	95	104	486	545	2.55	582	38/35
H-QF3	1.57501	41.50	0.013854	1.57829	41.22	0.014028	1.56861	1.57090	1.58558	1.59275	1	1	92	103	541	595	2.60	546	38/35
H-QF6	1.53172	48.84	0.010887	1.53431	48.53	0.011010	1.52663	1.52847	1.53999	1.54549	3	1	90	107	471	542	2.51	453	37/34
H-QF8	1.54072	47.23	0.011449	1.54344	46.94	0.011577	1.53537	1.53730	1.54942	1.55525	3	1	98	113	460	531	2.54	487	37/34
H-QF14	1.59551	39.22	0.015183	1.59911	38.95	0.015383	1.58854	1.59103	1.60712	1.61502	2	1	80	92	594	641	2.62	548	39/36
H-QF50	1.58144	40.89	0.014220	1.58481	40.61	0.014400	1.57488	1.57722	1.59228	1.59962	2	1	83	99	573	626	2.60	482	38/35
H-QF56	1.56732	42.82	0.013250	1.57047	42.54	0.013411	1.56120	1.56339	1.57742	1.58423	1	1	92	104	516	571	2.60	522	38/35
H-F1	1.60342	38.01	0.015875	1.60718	37.74	0.016088	1.59614	1.59874	1.61557	1.62387	2	1	81	98	592	640	2.63	438	39/36

续表

牌号	n_d 587.6	ν_d	$n_F - n_C$	n_e 546.1	ν_e	$n_{F'} - n_{C'}$	n_z 706.5	n_e 656.3	$n_{F'}$ 480.0	n_g 435.8	RC	RA	$\alpha/(10^{-7}/K)$		T_g /℃	T_s /℃	ρ /(g/cm³)	HK	λ_{80}/λ_5
													$\alpha_{20℃\sim120℃}$	$\alpha_{100℃\sim300℃}$					
H-F2	1.61293	37.00	0.016564	1.61685	36.73	0.016792	1.60536	1.60806	1.62562	1.63432	1	1	81	94	601	642	2.65	563	39/36
H-F4	1.62005	36.35	0.017060	1.62408	36.09	0.017291	1.61227	1.61504	1.63312	1.64210	1	1	79	90	584	630	2.67	607	39/36
H-F13	1.62588	35.70	0.017532	1.63003	35.43	0.017780	1.61790	1.62074	1.63933	1.64860	1	1	83	99	588	626	2.69	586	39/36
H-F51	1.63980	34.46	0.018564	1.64419	34.20	0.018835	1.63138	1.63438	1.65406	1.66393	2	1	87	102	597	632	2.76	567	39/36
H-ZBAF1	1.62230	53.17	0.011710	1.62508	52.88	0.011821	1.61678	1.61877	1.63115	1.63698	1	3	64	72	672	719	3.57	562	38/34
H-ZBAF3	1.65691	51.12	0.012850	1.65996	50.88	0.012970	1.65089	1.65306	1.66665	1.67307	1	3	78	90	652	693	3.77	508	38/34
H-ZBAF5	1.67103	47.29	0.014190	1.67440	46.99	0.014353	1.66441	1.66679	1.68181	1.68899	1	3	73	85	583	652	3.58	626	38/34
H-ZBAF16	1.66672	48.42	0.013769	1.67000	48.13	0.013920	1.66029	1.66260	1.67717	1.68408	1	3	72	88	589	644	3.59	577	37/33
H-ZBAF20	1.70154	41.15	0.017049	1.70559	40.86	0.017270	1.69370	1.69651	1.71457	1.72341	1	3	71	85	594	657	3.64	594	40/35
H-ZBAF21	1.72341	37.99	0.019041	1.72793	37.72	0.019297	1.71472	1.71781	1.73798	1.74794	1	3	79	88	607	670	3.62	585	41/36
H-ZF1	1.64769	33.84	0.019140	1.65222	33.58	0.019421	1.63902	1.64209	1.66240	1.67257	2	1	94	117	546	579	2.73	507	40/36
H-ZF2	1.67270	32.17	0.020910	1.67764	31.92	0.021227	1.66326	1.66661	1.68879	1.70005	1	1	88	106	589	629	2.90	552	40/36
H-ZF3	1.71736	29.50	0.024318	1.72310	29.27	0.024707	1.70649	1.71032	1.73613	1.74928	1	1	93	112	591	628	3.06	520	42/36
H-ZF4	1.72825	28.32	0.025716	1.73432	28.10	0.026133	1.71680	1.72082	1.74811	1.76207	2	1	93	105	596	638	3.07	581	42/37
H-ZF5	1.74000	28.30	0.026152	1.74617	28.07	0.026584	1.72831	1.73245	1.76021	1.77453	1	1	93	108	612	637	3.16	563	42/36
H-ZF6	1.75520	27.53	0.027432	1.76167	27.31	0.027888	1.74300	1.74729	1.77641	1.79139	2	1	92	104	619	650	3.24	523	42/37
H-ZF7	1.80627	25.37	0.031780	1.81377	25.18	0.032313	1.79222	1.79716	1.83089	1.84834	2	1	99	113	580	615	3.35	513	43/36
H-ZF10	1.68893	31.16	0.022109	1.69416	30.92	0.022450	1.67899	1.68251	1.70596	1.71786	1	1	98	119	554	587	2.92	527	40/36
H-ZF11	1.69894	30.05	0.023259	1.70444	29.81	0.023628	1.68852	1.69221	1.71689	1.72948	2	1	95	113	576	613	2.95	521	41/36
H-ZF12	1.76182	26.61	0.028631	1.76857	26.39	0.029118	1.74911	1.75359	1.78399	1.79974	1	1	89	101	617	661	3.17	538	42/37
H-ZF13	1.78472	25.72	0.030510	1.79191	25.51	0.031042	1.77120	1.77597	1.80837	1.82530	1	1	94	106	613	646	3.25	544	43/37
H-ZF39	1.66680	33.05	0.020173	1.67157	32.80	0.020477	1.65769	1.66093	1.68232	1.69311	2	1	95	112	582	621	2.92	531	40/36
H-ZF50	1.74077	27.76	0.026685	1.74707	27.54	0.027125	1.72888	1.73307	1.76139	1.77597	1	1	101	113	603	643	3.10	528	43/37
H-ZF52	1.84666	23.78	0.035597	1.85505	23.60	0.036234	1.83098	1.83649	1.87430	1.89417	2	1	92	104	623	649	3.52	550	* 41/37
H-ZF62	1.92286	20.88	0.044198	1.93323	20.71	0.045071	1.90367	1.91038	1.95738	1.98287	1	1	63	73	704	737	4.00	476	* 44/39
H-ZF72	1.92286	18.90	0.048838	1.93429	18.74	0.049853	1.90181	1.90916	1.96113	1.98971	1	1	69	84	667	697	3.57	484	* 45/39
H-ZF88	1.94595	17.94	0.052723	1.95827	17.80	0.053845	1.92333	1.93122	1.98733	2.01845	1	1	62	73	664	709	3.52	520	* 47/40
H-LAF1	1.69362	49.19	0.014100	1.69696	48.90	0.014252	1.68708	1.68944	1.70436	1.71140	1	3	76	85	640	676	3.85	613	38/34

牌号	n_d 587.6	ν_d	n_F-n_C	n_e 546.1	ν_e	$n_{F'}-n_{C'}$	n_z 706.5	n_e 656.3	$n_{F'}$ 480.0	n_g 435.8	RC	RA	$\alpha/(10^{-7}/\text{K})$ $\alpha_{20℃\sim120℃}$	$\alpha_{100℃\sim300℃}$	T_g /℃	T_s /℃	ρ /(g/cm³)	HK	λ_{80}/λ_5
H-LAF2	1.71700	47.89	0.014972	1.72056	47.65	0.015122	1.70997	1.71248	1.72832	1.73584	1	3	79	91	666	704	4.25	561	39/34
H-LAF3	1.74400	44.90	0.016570	1.74794	44.63	0.016760	1.73630	1.73906	1.75660	1.76502	1	3	86	97	618	680	4.39	568	38/34
H-LAF4	1.74950	34.99	0.021421	1.75458	34.78	0.021697	1.73970	1.74319	1.76589	1.77705	1	3	83	95	580	630	3.92	545	42/35
H-LAF5	1.75367	37.49	0.020102	1.75842	37.21	0.020382	1.74446	1.74774	1.76906	1.77952	1	3	74	84	647	687	3.71	576	42/35
H-LAF6	1.75719	47.81	0.015836	1.76096	47.57	0.015997	1.74974	1.75243	1.76918	1.77706	1	3	59	69	646	680	4.06	729	39/32
H-LAF7	1.78179	37.09	0.021077	1.78679	36.83	0.021366	1.77216	1.77559	1.79793	1.80891	1	3	82	95	659	699	3.77	—	43/36
H-LAF8	1.78427	41.30	0.018989	1.78878	41.04	0.019219	1.77549	1.77863	1.79874	1.80846	3	3	63	—	690	—	4.47	510	—
H-LAF9	1.78443	43.88	0.017875	1.78868	43.64	0.018074	1.77609	1.77909	1.79801	1.80702	3	3	60	—	650	688	4.16	680	—
H-LAF10	1.78831	47.39	0.016635	1.79227	47.15	0.016802	1.78048	1.78330	1.80090	1.80917	1	3	62	70	662	697	4.56	795	39/32
H-LAF50	1.77250	49.60	0.015575	1.77621	49.36	0.015725	1.76513	1.76780	1.78427	1.79194	1	3	60	75	681	708	4.24	770	38/31
H-LAF51	1.70000	48.08	0.014559	1.70346	47.80	0.014717	1.69319	1.69564	1.71104	1.71835	1	3	77	90	658	694	3.78	576	39/34
H-LAF52	1.78590	44.19	0.017786	1.79013	43.93	0.017988	1.77762	1.78059	1.79941	1.80837	1	3	61	72	588	625	4.39	668	40/32
H-LAF53	1.74330	49.22	0.015101	1.74690	48.99	0.015246	1.73616	1.73874	1.75471	1.76216	1	3	58	73	590	621	4.16	698	38/30
H-LAF54	1.79952	42.24	0.018927	1.80401	42.00	0.019145	1.79072	1.79387	1.81391	1.82354	1	3	59	70	602	630	4.51	698	40/34
H-LAF62	1.72000	43.68	0.016483	1.72391	43.39	0.016682	1.71238	1.71511	1.73256	1.74098	1	3	73	88	584	637	3.89	578	40/35
H-ZLAF1	1.80166	44.26	0.018111	1.80597	44.02	0.018311	1.79321	1.79624	1.81541	1.82453	1	3	57	72	669	693	4.30	725	39/32
H-ZLAF2	1.80279	46.76	0.017168	1.80688	46.52	0.017345	1.79473	1.79763	1.81579	1.82436	1	3	66	74	691	718	4.65	755	38/31
H-ZLAF3	1.85544	36.59	0.023381	1.86099	36.34	0.023694	1.84474	1.84856	1.87333	1.88546	1	3	64	74	644	679	4.50	681	44/35
H-ZLAF4	1.91042	35.47	0.025665	1.91650	35.26	0.025996	1.89869	1.90286	1.93005	1.94337	1	2	74	85	693	735	5.07	728	*40/36
H-ZLAF51	1.80450	39.64	0.020298	1.80932	39.39	0.020549	1.79514	1.79849	1.81998	1.83042	1	3	57	68	601	631	4.41	664	41/35
H-ZLAF52	1.80610	40.95	0.019686	1.81077	40.69	0.019924	1.79699	1.80025	1.82110	1.83118	1	3	62	—	585	615	4.47	640	40/34
H-ZLAF53	1.83400	37.17	0.022440	1.83932	36.92	0.022732	1.82372	1.82738	1.85115	1.86276	1	3	61	70	584	627	4.60	602	42/35
H-ZLAF55	1.83481	42.71	0.019545	1.83945	42.47	0.019767	1.82571	1.82898	1.84966	1.85953	1	3	67	78	680	709	4.73	722	41/33
H-ZLAF56	1.80610	33.27	0.024230	1.81184	33.03	0.024579	1.79515	1.79902	1.82470	1.83753	1	3	78	86	659	707	3.79	—	43/36
H-ZLAF66	1.80100	34.97	0.022907	1.80642	34.72	0.023227	1.79058	1.79427	1.81856	1.83058	1	3	83	92	653	703	3.81	642	43/35
H-ZLAF68	1.88300	40.79	0.021640	1.88815	40.56	0.021897	1.87299	1.87657	1.89948	1.91054	1	3	71	84	735	771	5.53	741	*39/34
H-ZLAF75	1.90366	31.32	0.028857	1.91048	31.08	0.029295	1.89065	1.89526	1.92587	1.94125	2	3	78	88	671	702	4.56	685	*40/36
H-ZLAF76	1.85013	30.06	0.028285	1.85681	29.83	0.028719	1.83741	1.84191	1.87191	1.88715	1	3	71	83	607	650	3.98	615	*41/36

续表

牌号	n_d 587.6	v_d	$n_F - n_C$	n_e 546.1	v_e	$n_{F'} - n_{C'}$	n_z 706.5	n_e 656.3	$n_{F'}$ 480.0	n_g 435.8	RC	RA	$\alpha/(10^{-7}/K)$ $\alpha_{20℃\sim120℃}$	$\alpha_{100℃\sim300℃}$	T_g /℃	T_s /℃	ρ /(g/cm³)	HK	λ_{80}/λ_5
H-ZLAF78	1.90069	37.12	0.024265	1.90645	36.87	0.024584	1.88956	1.89352	1.91923	1.93177	1	3	70	80	710	742	5.45	709	*39/35
H-TF3	1.61340	44.11	0.013907	1.61669	43.91	0.014044	1.60691	1.60924	1.62394	1.63097	1	1	63	77	525	574	2.80	625	36/33
D-K59	1.51760	63.50	0.008150	1.51954	63.40	0.008200	1.51362	1.51508	1.52370	1.52760	1	1	65	80	497	551	2.41	609	34/31
D-PK3	1.52500	70.37	0.007460	1.52679	70.14	0.007510	1.52136	1.52270	1.53058	1.53412	1	1	82	98	545	592	2.65	447	34/30
D-ZK2	1.58813	59.38	0.009820	1.58547	59.13	0.009901	1.57843	1.58013	1.59051	1.59526	2	3	77	92	501	533	2.96	610	35/30
D-ZK3	1.58913	61.15	0.009634	1.59143	60.93	0.009706	1.58448	1.58618	1.59636	1.60096	2	3	76	93	511	546	2.83	628	35/30
D-ZK79	1.60886	57.90	0.010516	1.61136	57.70	0.010595	1.60385	1.60566	1.61677	1.62189	3	3	84	99	509	551	3.19	586	35/30
D-LAK6	1.69384	53.10	0.013060	1.69696	52.90	0.013170	1.68764	1.68989	1.70369	1.71009	1	3	78	95	522	560	3.50	665	36/30
D-LAK70	1.66910	55.39	0.012080	1.67197	55.22	0.012170	1.66334	1.66542	1.67819	1.68409	1	3	77	91	531	567	3.29	660	35/28
D-ZF10	1.68893	31.08	0.022168	1.69417	30.84	0.022511	1.67896	1.68249	1.70601	1.71796	3	1	105	129	507	548	2.84	589	40/36
D-LAF53	1.74330	49.33	0.015069	1.74689	49.07	0.015221	1.73619	1.73876	1.75470	1.76214	1	3	60	72	557	590	4.26	673	37/28
D-LAF79	1.73077	40.51	0.018040	1.73505	40.25	0.018262	1.72243	1.72542	1.74452	1.75379	1	3	93	111	496	535	3.21	618	40/34
D-LAF82	1.73310	48.89	0.014994	1.73667	48.65	0.015141	1.72603	1.72858	1.74444	1.75187	1	3	56	70	558	587	4.10	688	37/30
D-ZLAF52	1.81000	40.99	0.119760	1.81469	40.75	0.019990	1.80082	1.80410	1.82502	1.83511	1	3	69	83	546	582	4.56	662	40/34
D-ZLAF84	1.80705	40.55	0.019905	1.81177	40.30	0.020143	1.79786	1.80113	1.82221	1.83238	1	3	65	80	546	581	4.48	664	41/34
D-ZLAF85	1.85370	40.58	0.021038	1.85869	40.34	0.021288	1.84398	1.84746	1.86972	1.88043	1	3	66	77	620	664	5.28	677	42/34
K1	1.49967	62.07	0.008050	1.50160	61.83	0.008113	1.49579	1.49721	1.50572	1.50960	1	1	—	—	538	—	2.50	495	—
K4	1.50802	61.05	0.008321	1.51000	60.87	0.008378	1.50399	1.50546	1.51425	1.51826	1	3	47	52	552	624	2.43	524	35/32
K8	1.51602	56.79	0.009086	1.51819	56.50	0.009171	1.51169	1.51326	1.52287	1.52733	2	1	81	—	484	435	1.62	450	—
KF1	1.50058	57.21	0.008750	1.50266	56.93	0.008829	1.49640	1.49792	1.50717	1.51145	2	1	68	—	456	—	2.52	420	—
KF2	1.51539	54.48	0.009460	1.51763	54.21	0.009549	1.51089	1.51252	1.52252	1.52720	2	1	66	—	498	—	2.69	430	—
KF3	1.52629	51.00	0.010320	1.52875	50.70	0.010425	1.52143	1.52319	1.53411	1.53925	3	1	89	—	450	485	2.71	395	—
QF1	1.54811	45.87	0.011950	1.55094	45.57	0.012090	1.54255	1.54454	1.55719	1.56329	3	1	80	93	444	518	2.94	342	33/31
QF2	1.56091	46.78	0.011990	1.56376	46.49	0.012126	1.55532	1.55732	1.57002	1.57609	2	1	71	—	543	—	3.02	365	—
QF3	1.57502	41.31	0.013920	1.57833	41.03	0.014097	1.56860	1.57090	1.58564	1.59281	3	1	97	—	420	470	3.18	410	—
QF5	1.58215	42.03	0.013852	1.58544	41.77	0.014017	1.57574	1.57804	1.59271	1.59982	2	1	84	—	464	504	3.22	455	—
QF9	1.56138	45.24	0.012410	1.56433	44.95	0.012554	1.55561	1.55768	1.57082	1.57713	2	1	87	—	465	—	3.02	430	—
QF11	1.57842	41.11	0.014070	1.58176	40.84	0.014248	1.57194	1.57426	1.58916	1.59641	2	1	75	—	490	547	3.23	435	—

续表

牌号	n_d 587.6	ν_d	n_F-n_C	n_e 546.1	ν_e	$n_{F'}-n_{C'}$	n_z 706.5	n_e 656.3	$n_{F'}$ 480.0	n_g 435.8	RC	RA	$\alpha/(10^{-7}/K)$ $\alpha_{20℃\sim120℃}$	$\alpha_{100℃\sim300℃}$	T_g /℃	T_s /℃	ρ /(g/cm³)	HK	λ_{80}/λ_5
QF14	1.59551	39.18	0.015200	1.59912	38.91	0.015398	1.58853	1.59102	1.60713	1.61500	2	1	87	—	446	—	3.38	390	—
QF50	1.58144	40.89	0.014221	1.58481	40.61	0.014401	1.57489	1.57723	1.59229	1.59963	3	1	92	111	422	480	3.23	407	34/31
F1	1.60342	38.01	0.015873	1.60718	37.75	0.016084	1.59615	1.59874	1.61556	1.62380	3	1	99	114	420	460	3.43	445	35/32
F2	1.61293	36.96	0.016582	1.61686	36.70	0.016806	1.60535	1.60805	1.62562	1.63427	3	2	105	121	400	450	3.50	440	35/32
F3	1.61659	36.61	0.016840	1.62058	36.35	0.017071	1.60891	1.61164	1.62949	1.63826	3	1	88	100	430	490	3.57	430	35/32
F4	1.62005	36.35	0.017060	1.62408	36.09	0.017291	1.61228	1.61504	1.63312	1.64205	3	2	95	114	417	470	3.57	381	35/32
F5	1.62435	35.92	0.017380	1.62847	35.65	0.017631	1.61642	1.61925	1.63768	1.64673	2	1	87	100	430	473	3.64	380	36/32
F6	1.62495	35.57	0.017570	1.62911	35.31	0.017818	1.61697	1.61981	1.63843	1.64764	3	3	101	122	403	452	3.60	399	35/32
F7	1.63636	35.35	0.018001	1.64062	35.11	0.018244	1.62818	1.63108	1.65015	1.65963	2	2	88	97	441	500	3.73	382	37/33
F12	1.62364	36.81	0.016941	1.62766	36.55	0.017171	1.61591	1.61866	1.63661	1.64547	1	1	83	—	470	515	3.62	—	—
F13	1.62588	35.70	0.017530	1.63004	35.45	0.017773	1.61791	1.62074	1.63932	1.64851	1	1	97	111	416	465	3.63	365	35/32
BAF1	1.54809	53.95	0.010160	1.55051	53.65	0.010262	1.54329	1.54502	1.55577	1.56081	1	1	75	—	602	650	2.93	455	—
BAF2	1.56970	49.45	0.011520	1.57244	49.12	0.011655	1.56431	1.56626	1.57845	1.58424	1	1	83	96	507	578	3.14	458	34/31
BAF3	1.57960	53.87	0.010760	1.58216	53.59	0.010863	1.57453	1.57636	1.58774	1.59307	1	3	78	90	576	641	3.23	496	36/32
BAF4	1.58271	46.47	0.012540	1.58569	46.07	0.012714	1.57687	1.57897	1.59227	1.59862	1	1	81	91	528	606	3.28	442	35/32
BAF5	1.60562	43.88	0.013803	1.60890	43.57	0.013974	1.59926	1.60153	1.61615	1.62320	1	1	84	98	523	581	3.50	433	36/32
BAF6	1.60801	46.21	0.013157	1.61114	45.92	0.013310	1.60190	1.60409	1.61802	1.62470	1	3	82	96	525	575	3.50	530	35/32
BAF7	1.61413	40.03	0.015340	1.61777	39.75	0.015542	1.60710	1.60960	1.62586	1.63380	1	1	85	94	474	550	3.56	416	36/33
BAF8	1.62604	39.10	0.016010	1.62984	38.78	0.016240	1.61870	1.62133	1.63830	1.64660	1	1	86	96	497	562	3.68	409	37/33
ZBAF1	1.62231	53.14	0.011710	1.62509	52.85	0.011827	1.61680	1.61878	1.63117	1.63698	1	3	68	76	636	701	3.66	497	37/32
ZBAF2	1.63962	48.27	0.013250	1.64277	47.90	0.013418	1.63342	1.63566	1.64969	1.65635	1	3	63	75	621	670	3.83	482	37/33
ZBAF4	1.66426	35.45	0.018740	1.66871	35.21	0.018992	1.65577	1.65878	1.67864	1.68851	1	3	63	70	533	596	3.95	422	39/34
ZBAF8	1.60729	49.40	0.012293	1.61021	49.10	0.012427	1.60155	1.60361	1.61662	1.62279	2	3	74	—	604	—	3.54	450	—
ZBAF11	1.62012	49.80	0.012451	1.62308	49.52	0.012583	1.61428	1.61639	1.62956	1.63582	3	3	85	—	580	—	3.27	450	—
ZBAF13	1.63930	45.18	0.014151	1.64266	44.88	0.014318	1.63274	1.63509	1.65007	1.65728	3	3	73	—	589	626	3.60	455	—
ZBAF15	1.65128	38.32	0.016994	1.65531	38.04	0.017228	1.64352	1.64628	1.66429	1.67315	3	3	94	—	479	511	3.91	475	—
ZBAF17	1.66755	41.93	0.015921	1.67133	41.64	0.016123	1.66023	1.66284	1.67970	1.68788	1	3	79	91	584	633	3.80	510	40/35
ZBAF18	1.66998	39.20	0.017090	1.67403	38.92	0.017319	1.66216	1.66495	1.68306	1.69194	2	2	84	—	530	—	3.90	430	—

续表

牌号	n_d 587.6	υ_d	$n_F - n_C$	n_e 546.1	υ_e	$n_{F'} - n_{C'}$	n_z 706.5	n_e 656.3	$n_{F'}$ 480.0	n_g 435.8	RC	RA	$\alpha/(10^{-7}/K)$ $\alpha_{20℃\sim120℃}$	$\alpha_{100℃\sim300℃}$	T_g /℃	T_s /℃	ρ /(g/cm³)	HK	λ_{80}/λ_5
ZBAF51	1.68273	44.50	0.015341	1.68637	44.23	0.015519	1.67563	1.67816	1.69440	1.70225	1	3	80	89	601	655	4.14	464	38/34
ZF1	1.64769	33.84	0.019142	1.65223	33.59	0.019419	1.63902	1.64210	1.66239	1.67251	1	3	91	104	430	480	3.84	410	36/33
ZF2	1.67270	32.17	0.020909	1.67765	31.93	0.021221	1.66326	1.66661	1.68878	1.69985	1	3	85	95	430	480	4.08	400	38/34
ZF3	1.71736	29.50	0.024317	1.72311	29.27	0.024703	1.70649	1.71032	1.73612	1.74915	1	2	85	95	435	475	4.46	390	39/34
ZF4	1.72825	28.32	0.025716	1.73432	28.10	0.026133	1.71679	1.72082	1.74811	1.76207	3	3	98	111	407	454	4.51	366	41/35
ZF5	1.74000	28.24	0.026200	1.74619	28.03	0.026623	1.72831	1.73243	1.76023	1.77439	1	2	89	98	430	460	4.65	390	41/35
ZF6	1.75520	27.53	0.027432	1.76168	27.32	0.027881	1.74300	1.74729	1.77640	1.79120	1	3	82	94	420	465	4.78	380	41/35
ZF7	1.80627	25.37	0.031780	1.81377	25.18	0.032313	1.79222	1.79716	1.83089	1.84834	1	3	82	91	430	465	5.19	330	43/36
ZF8	1.65446	33.65	0.019447	1.65907	33.41	0.019728	1.64565	1.64878	1.66939	1.67966	1	2	80	89	448	518	3.91	379	38/34
ZF10	1.68893	31.18	0.022098	1.69416	30.95	0.022432	1.67899	1.68250	1.70594	1.71769	1	3	79	92	430	495	4.21	376	39/34
ZF11	1.69895	30.07	0.023246	1.70445	29.84	0.023611	1.68853	1.69221	1.71687	1.72939	1	1	77	88	467	519	4.06	405	41/37
ZF12	1.76182	26.55	0.028692	1.76859	26.34	0.029178	1.74912	1.75357	1.78403	1.79968	1	3	79	89	456	508	4.64	378	43/38
ZF13	1.78472	25.76	0.030468	1.79190	25.55	0.030998	1.77125	1.77598	1.80834	1.82503	1	3	82	96	433	478	4.87	390	43/37
ZF14	1.91761	21.51	0.042658	1.92765	21.34	0.043463	1.89900	1.90550	1.95084	1.97486	—	—	94	—	370	396	5.96	270	—
ZF50	1.74077	27.76	0.026681	1.74706	27.55	0.027118	1.72889	1.73307	1.76139	1.77585	1	3	75	87	449	491	4.46	375	41/37
ZF51	1.78470	26.08	0.030092	1.79180	25.87	0.030602	1.77137	1.77605	1.80800	1.82439	1	3	87	102	416	450	4.99	354	42/36
ZF52	1.84666	23.83	0.035534	1.85504	23.64	0.036165	1.83102	1.83651	1.87425	1.89405	1	3	90	99	409	447	5.49	323	* 40/37
TIF1	1.53256	45.99	0.011580	1.53531	45.65	0.011727	1.52718	1.52912	1.54138	1.54734	2	1	89	—	455	—	2.51	440	—
TIF2	1.58013	38.02	0.015260	1.58374	37.75	0.015464	1.57517	1.57565	1.59182	1.59986	2	1	86	—	508	—	2.61	420	—
TIF3	1.59270	35.79	0.016560	1.59663	35.48	0.016816	1.58523	1.58790	1.60546	1.61432	2	1	86	—	497	535	2.68	455	—
TIF4	1.61650	30.97	0.019904	1.62118	30.67	0.020256	1.60769	1.61080	1.63194	1.64308	3	2	193	—	288	328	3.31	300	—
TF1	1.52949	51.81	0.010220	1.53192	51.57	0.010315	1.52464	1.52640	1.53721	1.54225	2	3	64	—	454	496	2.56	400	—
TF3	1.61242	44.09	0.013890	1.61573	43.85	0.014041	1.60590	1.60825	1.62295	1.62997	1	3	55	64	486	522	3.25	440	38/32
TF5	1.65412	39.63	0.016507	1.65804	39.40	0.016702	1.64645	1.64920	1.66668	1.67512	4	3	51	—	493	526	3.58	515	—
TF6	1.68064	37.18	0.018305	1.68498	36.95	0.018540	1.67221	1.67523	1.69462	1.70412	4	4	50	—	494	—	3.84	450	—

注: "*" 表示着色度为 λ_{70}/λ_5。

附录 B　中外玻璃对照表

表 B-1　中外玻璃对照表

CDGM		HOYA		OHARA		SCHOTT	
代码	牌号	代码	牌号	代码	牌号	代码	牌号
497816	H-FK61	497-816	FCD1	497816	S-FPL51	497816	N-PK52A
497816	H-FK61B	497-816	FCD1B	497816	S-FPL51	497816	N-PK52A
457903	H-FK71	457-903	FCD10				
438945	H-FK95N	(437-951)	(FCD100)	(439950)	(S-FPL53)		
470669	H-QK1						
487704	H-QK3L	487-704	FC5	487702	S-FSL5	487704	N-FK5
487704	H-QK3LGTi			487703	S-FSL5Y	487705	FK5HTi
500621	H-K1						
500660	H-K2	500-600	BSC4	500660	BSL4	500658	BK4
505647	H-K3					505650	BK5
508611	K4A						
510634	H-K5	510-634	BSC1	510636	BSL1	510635	BK1
511605	H-K6	511605	C7	511605	NSL7	511604	K7
515606	H-K7						
516568	H-K8						
517642	H-K9L	517-642	BSC7	516641	S-BSL7	517642	N-BK7
517642	H-K9LGT					517642	N-BK7HT
517642	H-K9L*	517-642	BSC7	516641	S-BSL7	517642	N-BK7
518590	H-K10	518-590	E-C3	518590	S-NSL3		
526602	H-K11	526-601	BACL1	526600	NSL21	526600	BALK1
534555	H-K12	534-554	ZNC5	534555	ZSL5	534553	ZK5
522595	H-K50	522-595	C5	522598	S-NSL5	522595	N-K5
523586	H-K51	523586	C12	523585	NSL51		
519633	H-K90GTi			(516643)	(BSL7Y)	(517642)	(N-BK7HTi)
618634	H-ZPK1A	618-634	PCD4	618634	S-PHM52	618634	N-PSK53A
603655	H-ZPK2A			603655	S-PHM53		
593673	H-ZPK3	593-670	PCD51				
593683	H-ZPK5	(593-686)	(FCD515)				
569713	H-ZPK7						
530605	H-BaK1						
540597	H-BaK2	540-597	BAC2	540595	S-BAL12	540597	N-BAK2
547628	H-BaK3			548628	BAL21		
552634	H-BaK4	552-634	PCD3	552638	BAL23	552635	N-PSK3
561583	H-BaK5						
564608	H-BaK6	564-608	BACD11	564607	S-BAL41	564608	N-SK11
569560	H-BaK7	569-560	BAC4	569563	S-BAL14	569560	N-BAK4
569560	H-BaK7GT					569560	N-BAK4HT
573575	H-BaK8	573-575	BAC1	573578	S-BAL11	573576	N-BAK1
569630	H-ZK1	569-631	PCD2	569631	BA122	569631	PSK2
583595	H-ZK2	583-595	BACD12	583594	S-BA142	583595	SK12
589613	H-ZK3	589-613	BACD5	589612	S-BA135	589613	N-SK5
589613	H-ZK3A	589-613	BACD5	589612	S-BA135	589613	N-SK5
609589	H-ZK4	609-589	BACD3	609590	BSM3	609589	SK3
611558	H-ZK5	611-558	BACD8	611559	BSM8	611559	SK8
613586	H-ZK6	613-586	BACD4	613587	S-BSM4	613586	N-SK4
613604	H-ZK7A						
614551	H-ZK8	614-551	BACD9	614550	S-BSM9	614552	SK9
620603	H-ZK9A	620-603	BACD16	620603	S-BSM16	620603	N-SK16
620603	H-ZK9B	620-603	BACD16	620603	S-BSM16	620603	N-SK16

CDGM		HOYA		OHARA		SCHOTT	
代码	牌号	代码	牌号	代码	牌号	代码	牌号
622567	H-ZK10						
623569	H-ZK10L	623-569	E-BACD10	623570	S-BSM10	623570	N-SK10
639555	H-ZK11	639-555	BACD18	639554	S-BSM18	639554	N-SK18
603606	H-ZK14	603-607	BACD14	603607	S-BSM14	603606	N-SK14
617539	H-ZK20	617-539	BACED1	617540	BSM21	617539	SSK1
623581	H-ZK21	623-581	BACD15	623582	S-BSM15	623580	N-SK15
607567	H-ZK50	607-567	BACD2	607568	S-BSM2	607567	N-SK2
607567	H-ZK50GT					607567	N-SK2HT
660574	H-LaK1	660-573	LAC11			660573	LAK11
692545	H-LaK2A						
747510	H-LaK3						
640602	H-LaK4L	640-602	LACL60	640601	S-BSM81	640601	N-LAK21
678555	H-LaK5A	678-555	LAC12	678553	S-LAL12	678552	N-LAK12
694534	H-LaK6A	694-533	LAC13	694532	S-LAL13	694533	N-LAK13
713538	H-LaK7A	713-539	LAC8	713539	S-LAL8	713538	N-LAK8
720503	H-LaK8A	720-503	LAC10	720502	S-LAL10	720506	N-LAK10
720503	H-LaK8B	720-503	LAC10	720502	S-LAL10	720506	N-LAK10
651559	H-LaK10	650-557	LACL12	651562	S-LAL54	651559	N-LAK22
665546	H-LaK11						
697562	H-LaK12			697565	LAL64	697562	LAK24
652584	H-LaK50A	652-584	LAC7	652585	S-LAL7	652585	N-LAK7
697555	H-LaK51A	697-555	LAC14	697555	S-LAL14	697554	N-LAK14
729547	H-LaK52	729-547	TAC8	729547	S-LAL18	729545	N-LAK34
755523	H-LaK53B	755-523	TAC6	755523	S-YGH51	755523	N-LAK33B
734515	H-LaK54	734-511	TAC4	734515	S-LAL59		
691548	H-LaK59A	691-547	LAC9	691548	S-LAL9	691547	N-LAK9
741526	H-LaK61	741-526	TAC2	741527	S-LAL61		
670517	H-LaK67			670516	LAL53		
517522	H-KF6	517-522	E-CF6	517524	S-NSL36		
548458	H-QF1	548-458	E-FEL1	548458	S-TIL1		
575415	H-QF3			575415	S-TIL27		
532488	H-QF6A	532-488	E-FEL6	532489	S-TIL6	532489	N-LLF6
541472	H-QF8	541-472	E-FEL2	541472	S-TIL2		
596392	H-QF14	596-392	E-F8	596392	S-TIM8		
581409	H-QF50	581-409	E-FL5	581407	S-TIL25		
567428	H-QF56	567-428	E-FL6	567428	S-TIL26		
603380	H-F1	603-380	E-F5	603380	S-TIM5		
613370	H-F2	613-370	E-F3	613370	S-TIM3		
620364	H-F4	620-363	E-F2	620363	S-TIM2	620364	N-F2
626357	H-F13	626-357	E-F1	626357	S-TIM1		
640345	H-F51	640-346	E-FD7	640345	S-TIM27		
620364	F4	620-363	F2	620363	PBM2	620364	F2
570495	H-BaF2						
580537	H-BaF3					580539	N-BALF4
583466	H-BaF4						
606439	H-BaF5			606437	S-BAM4	606437	N-BAF4
608462	H-BaF6					(609466)	(N-BAF52)
614400	H-BaF7						
626391	H-BaF8	626-391	BAFD1	626392	BAM21	626390	BASF1

续表

CDGM		HOYA		OHARA		SCHOTT	
代码	牌号	代码	牌号	代码	牌号	代码	牌号
622532	H-ZBaF1			622532	S-BSM22	622533	N-SSK2
657511	H-ZBaF3						
664355	H-ZBaF4					664360	N-BASF2
671473	H-ZBaF5						
667484	H-ZBaF16	667-483	BAF11	667483	S-BAH11	667484	BAFN11
702412	H-ZBaF20	702-412	BAFD7	702412	S-BAH27	702410	N-BASF52
723380	H-ZBaF21	723-380	BAFD8	723380	S-BAH28		
658509	H-ZBaF50	658-509	BACED5	658509	S-BSM25	658509	N-SSK5
670472	H-ZBaF52	670-472	BAF10	670473	S-BAH10	670471	N-BAF10
648338	H-ZF1	648-338	E-FD2	648338	S-TIM22	648338	N-SF2
648339	H-ZF1A	648-338	E-FD2	648338	S-TIM22	648338	N-SF2
673322	H-ZF2	673-322	E-FD5	673321	S-TIM25	673323	N-SF5
717295	H-ZF3	717-295	E-FD1	717295	S-TIH1	717296	N-SF1
728283	H-ZF4A	728-283	E-FD10	728285	S-TIH10	728285	N-SF10
728283	H-ZF4AGT						
740283	H-ZF5			740283	S-TIH3		
755275	H-ZF6	755-275	E-FD4	755275	S-TIH4	755274	N-SF4
805255	H-ZF7LA	805-255	FD60	805254	S-TIH6	805254	N-SF6
805255	H-ZF7LAGT	805-255	FD60-W			805254	N-SF6HT ultra
689312	H-ZF10	689-312	E-FD8	689311	S-TIM28	689313	N-SF8
699301	H-ZF11	699-301	E-FD15	699301	S-TIM35	699302	N-SF15
762266	H-ZF12	762-266	FD140	762265	S-TIH14	762265	N-SF14
785257	H-ZF13	785-257	FD110	785257	S-TIH11	785257	N-SF11
785257	H-ZF13GT						
667331	H-ZF39			667330	S-TIM39		
741278	H-ZF50	741-278	E-FD13	741278	S-T1H13		
847238	H-ZF52	847-238	FDS90	847238	S-TIH53	847238	N-SF57
847238	H-ZF52GT	847-238	FDS90-SG	847238	S-TIH53W	847238	N-SF57HT ultra
847238	H-ZF52TT						
847238	H-ZF52A	847-238	FDS90	847238	S-TIH53	847238	N-SF57
923209	H-ZF62	923-209	E-FDS1			923209	N-SF66
923209	H-ZF62GT	923-209	E-FDS1-W			923209	N-SF66
808227	H-ZF71	808-228	FD225	808228	S-NPH1		
923189	H-ZF72A			923189	S-NPH2		
946179	H-ZF88	946-180	FDS18				
673322	ZF2	673-322	FD5	673321	PBM25	673322	SF5
717295	ZF3	717-295	FD1	717295	PBH1	717295	SF1
755275	ZF6	755-275	FD4	755275	PBH4	755276	SF4
806254	ZF7						
805255	ZF7L	805-255	FD6	805254	PBH6	805254	SF6
805255	ZF7LGT						
785258	ZF13	785-257	FD110	785257	PBH11	785258	SF11
847238	ZF52	847-238	FDS9	847239	PBH53	847238	SF57
694492	H-LaF1			(694508)	(S-LAL58)		
717479	H-LaF2	717-480	LAF3	717479	S-LAM3	717480	N-LAF3
744449	H-LaF3B	744-449	LAF2	744448	S-LAM2	744449	N-LAF2
750350	H-LaF4	750-350	E-LAF7	750353	S-LAM7	750348	N-LAF7
750350	H-LaF4GT						
754375	H-LaFL5						

CDGM		HOYA		OHARA		SCHOTT	
代码	牌号	代码	牌号	代码	牌号	代码	牌号
757477	H-LaF6LA	757-477	NBF2	757478	S-LAM54	757478	LAFN24
782371	H-LaF7					782372	LAF22A
788475	H-LaF10LA	788-475	TAF4	788474	S-LAH64	788475	N-LAF21
773496	H-LaF50B	773-496	TAF1	773496	S-LAH66	773496	N-LAF34
700481	H-LaF51			700481	S-LAM51		
786442	H-LaF52	786-439	NBFD11	786442	S-LAH51	786441	N-LAF33
743492	H-LaF53	743-492	NBF1	743493	S-LAM60	743494	N-LAF35
800422	H-LaF54	800-423	NBFD12	800422	S-LAH52	800424	N-LAF36
762401	H-LaF55			762401	S-LAM55		
720437	H-LaF62			720437	S-LAM52		
802443	H-ZLaF1	802-443	NBFD14			802443	LASF11
803468	H-ZLaF2A			803467	LAH62	803468	LASF1
855366	H-ZLaF3	855-366	TAFD13			855366	LASF13
911353	H-ZLaF4LA	911-353	TAFD35				
911353	H-ZLaF4LB	911-353	TAFD35				
804466	H-ZLaF50E	804-465	TAF3D	804466	S-LAH65VS	804465	N-LASF44
805396	H-ZLaF51	805-396	NBFD3	(804396)	(S-LAH63)		
806410	H-ZLaF52A	806-407	NBFD13	806409	S-LAH53V	806406	N-LASF43
834372	H-ZLaF53B	834-373	NBFD10	834372	S-LAH60	834373	N-LASF40
834372	H-ZLaF53BGT						
835427	H-ZLaF55D	835-427	TAFD5G	835427	S-LAH55VS	835431	N-LASF41
806333	H-ZLaF56B	806-333	NBFD15				
801350	H-ZLaF66			801350	S-LAM66	801350	N-LASF45
801350	H-ZLaF66GT					801350	N-LASF45HT
883392	H-ZLaF68N						
883409	H-ZLaF68C	883-408	TAFD30	883408	S-LAH58	883408	N-LASF31A
816465	H-ZLaF69	816-466	TAF5	816466	S-LAH59		
816466	H-ZLaF69A	816-466	TAF5	816466	S-LAH59		
850323	H-ZLaF71			850323	S-LAH71		
850322	H-ZLaF71AGT					850322	N-LASF9
904313	H-ZLaF75A	904-313	TAFD25	904313	S-LAH95	904313	N-LASF46A
904314	H-ZLaF75B	904-313	TAFD25	904313	S-LAH95	904313	N-LASF46B
850301	H-ZLaF76			850300	S-NBH57		
850300	H-ZLaF76A			850300	S-NBH57		
901371	H-ZLaF78B	(900-374)	(TAFD37A)				
954323	H-ZLaF89L	954-323	TAFD45	954323	S-LAH98		
001254	H-ZLaF90	001-255	TAFD40				
003283	H-ZLaF92			003283	S-LAH79		
613441	H-TF3L	613-444	E-ADF10	613443	S-NBM51	613445	N-KZFS4
612441	TF3						
654395	H-TF5	654-396	E-ADF50	654397	S-NBH5	654397	N-KZFS5
497816	D-FK61	497-816	M-FCD1				
497816	D-FK61A	497-816	M-FCD1				
438945	D-FK95						
487704	D-QK3L					487704	N-FK5
516641	D-K9			516641	L-BSL7	516641	P-BK7
516641	D-K9GT						
525704	D-PK3						
621638	D-ZPK1A	(619-639)	(M-PCD4)				

CDGM		HOYA		OHARA		SCHOTT	
代码	牌号	代码	牌号	代码	牌号	代码	牌号
583594	D-ZK2	583-595	M-BACD12	583594	L-BAL42		
589612	D-ZK3	589-613	M-BACD5N	589612	L-BAL35	589612	P-SK58A
609579	D-ZK79					(610579)	(P-SK60)
678549	D-LaK5			678549	L-LAL12		
694531	D-LaK6	694-532	M-LAC130	694532	L-LAL13	694532	P-LAK35
669554	D-LaK70						
689311	D-ZF10	689-312	M-FD80	689310	L-TIM28	689313	P-SF8
002207	D-ZF93	(002-193)	(M-FDS2)				
774496	D-LaF50	(773-495)	(M-TAF1)				
768493	D-LaF050	768-492	M-TAF101				
743493	D-LaF53	743-493	M-NBF1	743-493	L-LAM60		
731405	D-LaF79	731-405	M-LAF81	731405	L-LAM69		
735488	D-LaF82L			(733489)	(L-LAM72)		
803455	D-ZLaF50	(801-455)	(M-TAF31)				
810410	D-ZLaF52LA					810409	P-LASF51
822427	D-ZLaF61	(821-427)	(M-TAFD51)				
884372	D-ZLaF67	(882-372)	(M-TAFD307)				
809410	D-ZLaF81	(808-409)	(MC-NBFD135)			809405	P-LASF50
852401	D-ZLaF85A	(851-401)	(M-TAFD305)	(854404)	(L-LAH85V)		

注：（ ）表示代码差异较大。

附录 C　双胶合透镜 P_0、Q_0 表

表 C-1　双胶合透镜 P_0、Q_0 表

后	前：K7									
	$\overline{C}=0.01$		$\overline{C}=0.0$		$\overline{C}=-0.01$		$\overline{C}=-0.03$		$\overline{C}=-0.05$	
	P_0	Q_0	P_0	Q_0	P_0	Q_0	P_0	Q_0	P_0	Q_0
F2	1.66	−3.07	−2.34	−6.00	−13.55	−9.09	−73.46	−15.66	−212.33	−22.71
F5	1.69	−2.95	−1.95	−5.68	−12.12	−8.56	−66.10	−14.70	−190.72	−21.27
BaF5	0.62	−4.36	−14.70	−9.49	−61.11	−15.00	−325.46	−26.96	−964.28	−39.95
BaF6	−0.33	−5.04	−26.87	−11.37	−109.51	−18.23	−590.72	−33.24	−1768.26	−49.59
BaF8	1.40	−3.38	−5.28	−6.86	−24.54	−10.55	−129.96	−18.51	−378.37	−27.08
ZF1	1.76	−2.73	−1.21	−5.11	−9.41	−7.62	−52.31	−12.96	−150.46	−18.67
ZF2	1.81	−2.57	−0.70	−4.69	−7.56	−6.92	−43.08	−11.67	−123.66	−16.75
ZF3	1.89	−2.35	0.01	−4.11	−5.03	−5.95	−30.64	−9.88	−87.90	−14.08
ZF5	1.92	−2.25	0.32	−3.86	−3.96	−5.55	−25.52	−9.13	−73.36	−12.94
ZF6	1.93	−2.21	0.46	−3.74	−3.48	−5.34	−23.19	−8.74	−66.77	−12.36

后	前：K9									
	$\overline{C}=0.01$		$\overline{C}=0.0$		$\overline{C}=-0.01$		$\overline{C}=-0.03$		$\overline{C}=-0.05$	
	P_0	Q_0	P_0	Q_0	P_0	Q_0	P_0	Q_0	P_0	Q_0
F2	1.83	−2.69	−0.95	−5.35	−9.08	−8.15	−53.17	−14.10	−156.00	−20.46
F5	1.85	−2.60	−0.73	−5.10	−8.23	−7.72	−48.68	−13.31	−142.68	−19.28
BaF5	1.37	−3.57	−7.71	−7.96	−36.12	−12.65	−200.05	−22.78	−598.21	−33.76
BaF6	0.99	−3.99	−13.49	−9.24	−60.03	−14.90	−334.36	−27.21	−1009.21	−40.59
BaF8	1.70	−2.91	−2.77	−6.02	−16.18	−9.32	−90.65	−16.39	−267.21	−24.00
ZF1	1.89	−2.43	−0.28	−4.63	−6.52	−6.94	−39.72	−11.86	−116.19	−17.11
ZF2	1.91	−2.31	0.04	−4.28	−5.30	−6.36	−33.44	−10.76	−97.77	−15.47

后	前：K9									
	$\overline{C}=0.01$		$\overline{C}=0.0$		$\overline{C}=-0.01$		$\overline{C}=-0.03$		$\overline{C}=-0.05$	
	P_0	Q_0	P_0	Q_0	P_0	Q_0	P_0	Q_0	P_0	Q_0
ZF3	1.96	−2.14	0.52	−3.80	−3.53	−5.53	−24.49	−9.22	−71.74	−13.15
ZF5	1.97	−2.07	0.73	−3.59	−2.75	−5.18	−20.63	−8.56	−60.66	−12.15
ZF6	1.98	−2.03	0.83	−3.48	−2.39	−5.00	−18.86	−8.22	−55.58	−11.64

后	前：K10									
	$\overline{C}=0.01$		$\overline{C}=0.0$		$\overline{C}=-0.01$		$\overline{C}=-0.03$		$\overline{C}=-0.05$	
	P_0	Q_0	P_0	Q_0	P_0	Q_0	P_0	Q_0	P_0	Q_0
F2	1.52	−3.29	−3.05	−6.35	−15.66	−9.58	−82.32	−16.46	−236.13	−23.83
F5	1.57	−3.14	−2.59	−5.99	−13.95	−8.99	−73.69	−15.40	−210.96	−22.25
BaF5	0.03	−4.85	−19.34	−10.43	−76.96	−16.41	−402.48	−29.43	−1185.95	−43.56
BaF6	−1.46	−5.72	−36.91	−12.74	−145.47	−20.36	−772.66	−37.04	−2301.27	−55.21
BaF8	1.17	−3.66	−6.70	−7.33	−29.00	−11.23	−149.90	−19.64	−433.52	−28.71
ZF1	1.66	−2.89	−1.70	−5.36	−10.76	−7.96	−57.73	−13.50	−164.67	−19.43
ZF2	1.73	−2.70	−1.09	−4.89	−8.62	−7.19	−47.20	−12.10	−134.29	−17.35
ZF3	1.82	−2.45	−0.26	−4.26	−5.73	−6.16	−33.23	−10.19	−94.40	−14.50
ZF5	1.86	−2.34	0.09	−3.99	−4.53	−5.72	−27.56	−9.39	−78.39	−13.29
ZF6	1.88	−2.29	0.25	−3.86	−3.99	−5.50	−24.99	−8.98	−71.18	−12.69

后	前：BaK2									
	$\overline{C}=0.01$		$\overline{C}=0.0$		$\overline{C}=-0.01$		$\overline{C}=-0.03$		$\overline{C}=-0.05$	
	P_0	Q_0	P_0	Q_0	P_0	Q_0	P_0	Q_0	P_0	Q_0
F2	1.60	−3.08	−1.37	−5.96	−9.54	−8.95	−52.44	−15.26	−150.63	−21.97
F5	1.62	−2.95	−1.18	−5.63	−8.84	−8.43	−48.84	−14.34	−140.13	−20.62
BaF5	0.77	−4.45	−10.78	−9.53	−44.94	−14.91	−235.90	−26.46	−691.85	−38.90
BaF6	−0.06	−5.19	−20.69	−11.50	−83.47	−18.24	−442.61	−32.85	−1312.40	−48.67
BaF8	1.37	−3.41	−3.85	−6.83	−18.62	−10.43	−98.14	−18.11	−283.49	−26.33
ZF1	1.67	−2.72	−0.72	−5.06	−7.19	−7.50	−40.57	−12.66	−116.16	−18.14
ZF2	1.70	−2.55	−0.39	−4.63	−5.98	−6.81	−34.58	−11.41	−98.89	−16.30
ZF3	1.76	−2.32	0.15	−4.05	−4.12	−5.85	−25.54	−9.67	−73.08	−13.72
ZF5	1.79	−2.23	0.39	−3.80	−3.28	−5.45	−21.54	−8.93	−61.77	−12.62
ZF6	1.80	−2.18	0.51	−3.68	−2.89	−5.24	−19.71	−8.55	−56.64	−12.06

后	前：BaK4									
	$\overline{C}=0.01$		$\overline{C}=0.0$		$\overline{C}=-0.01$		$\overline{C}=-0.03$		$\overline{C}=-0.05$	
	P_0	Q_0	P_0	Q_0	P_0	Q_0	P_0	Q_0	P_0	Q_0
F2	1.73	−2.63	0.08	−5.19	4.60	−7.83	−29.44	−13.35	−86.32	−19.16
F5	1.73	−2.54	0.11	−4.49	−4.49	−7.43	−28.76	−12.64	−84.23	−18.13
BaF5	1.44	−3.54	−3.75	−7.75	−19.57	−12.16	−108.38	−21.48	−319.89	−31.41
BaF6	1.19	−3.98	−7.32	−9.03	−33.89	−14.34	−186.38	−25.67	−554.77	−37.83
BaF8	1.63	−2.86	−1.22	−5.85	−9.55	−8.97	−54.82	−15.55	−160.41	−22.55
ZF1	1.74	−2.37	0.26	−4.49	−3.90	−6.69	−25.65	−11.30	−75.05	−16.18
ZF2	1.76	−2.25	0.40	−4.15	−3.38	−6.13	−22.97	−10.28	−67.21	−14.69
ZF3	1.79	−2.08	0.68	−3.67	−2.38	−5.34	−17.97	−8.83	−52.77	−12.54
ZF5	1.80	−2.01	0.82	−3.47	−1.87	−4.99	−15.47	−8.20	−45.63	−11.60
ZF6	1.81	−1.97	0.89	−3.37	−1.63	−4.82	−14.31	−7.88	−42.34	−11.12

后	前：BaK7									
	$\overline{C}=0.01$		$\overline{C}=0.0$		$\overline{C}=-0.01$		$\overline{C}=-0.03$		$\overline{C}=-0.05$	
	P_0	Q_0	P_0	Q_0	P_0	Q_0	P_0	Q_0	P_0	Q_0
F2	1.44	−3.52	−1.06	−6.06	−7.58	−9.78	−40.64	−16.37	−114.54	−23.28
F5	1.44	−3.34	−1.07	−6.20	−7.60	−9.16	−40.54	−15.32	−114.11	−21.79
BaF5	0.33	−5.63	−11.33	−11.55	−44.05	−17.73	−220.28	−30.79	−631.24	−44.65

后	前：BaK7									
	$\overline{C}=0.01$		$\overline{C}=0.0$		$\overline{C}=-0.01$		$\overline{C}=-0.03$		$\overline{C}=-0.05$	
	P_0	Q_0	P_0	Q_0	P_0	Q_0	P_0	Q_0	P_0	Q_0
BaF6	−1.16	−6.93	−26.01	−14.68	−97.78	−22.86	−494.31	−40.30	−1434.98	−59.02
BaF8	1.10	−4.00	−4.05	−7.75	−17.89	−11.66	−89.91	−19.90	−254.38	−28.63
ZF1	1.47	−3.03	−0.84	−5.50	−6.75	−8.05	−36.31	−13.40	−102.01	−19.05
ZF2	1.50	−2.81	−0.60	−4.98	−5.93	−7.25	−32.34	−12.00	−90.71	−17.02
ZF3	1.56	−2.51	−0.11	−4.30	−4.31	−6.15	−24.76	−10.07	−69.42	−14.21
ZF5	1.60	−2.39	0.14	−4.01	−3.50	−5.70	−21.05	−9.25	−59.12	−13.01
ZF6	1.61	−2.32	0.25	−3.87	−3.13	−5.47	−19.37	−8.84	−54.48	−12.41

后	前：ZK3									
	$\overline{C}=0.01$		$\overline{C}=0.0$		$\overline{C}=-0.01$		$\overline{C}=-0.03$		$\overline{C}=-0.05$	
	P_0	Q_0	P_0	Q_0	P_0	Q_0	P_0	Q_0	P_0	Q_0
F2	1.64	−2.72	0.94	−5.26	−0.96	−7.83	−10.70	−13.09	−32.41	−18.48
F5	1.62	−2.61	0.78	−5.00	−1.54	−7.42	−13.37	−12.41	−39.77	−17.55
BaF5	1.53	−3.79	−0.34	−8.05	−5.78	−12.38	−35.03	−21.25	−102.22	−30.38
BaF6	1.39	−4.34	−2.08	−9.50	−12.40	−14.77	−69.03	−25.63	−201.00	−36.90
BaF8	1.55	−2.98	−0.02	−5.97	−4.43	−9.03	−27.62	−15.36	−80.35	−21.94
ZF1	1.61	−2.43	0.65	−4.52	−1.95	−6.67	−15.19	−11.11	−44.67	−15.74
ZF2	1.61	−2.29	0.62	−4.17	−2.03	−6.10	−15.45	−10.12	−45.23	−14.33
ZF3	1.63	−2.10	0.73	−3.67	−1.64	−5.30	−13.50	−8.70	−39.58	−12.27
ZF5	1.64	−2.01	0.83	−3.46	−1.33	−4.95	−11.98	−8.07	−35.30	−11.35
ZF6	1.64	−1.97	0.87	−3.35	−1.18	−4.77	−11.28	−7.75	−33.30	−10.88

后	前：ZK6									
	$\overline{C}=0.01$		$\overline{C}=0.0$		$\overline{C}=-0.01$		$\overline{C}=-0.03$		$\overline{C}=-0.05$	
	P_0	Q_0	P_0	Q_0	P_0	Q_0	P_0	Q_0	P_0	Q_0
F2	1.62	−2.99	1.61	−5.63	1.59	−8.28	1.50	−13.57	1.29	−18.87
F5	1.58	−2.85	1.23	−5.33	0.32	−7.82	−4.18	−12.86	−13.99	−17.96
BaF5	1.76	−4.43	2.95	−9.07	6.22	−13.66	23.03	−22.72	59.92	−31.61
BaF6	1.79	−5.23	3.28	−10.98	7.49	−16.69	29.42	−27.97	78.06	−39.06
BaF8	1.53	−3.33	0.79	−6.49	−1.20	−9.68	−11.35	−16.15	−33.84	−22.74
ZF1	1.54	−2.62	0.84	−4.79	−0.97	−6.99	−9.92	−11.49	−29.47	−16.13
ZF2	1.52	−2.45	0.67	−4.38	−1.51	−6.36	−12.25	−10.44	−35.73	−14.67
ZF3	1.52	−2.21	0.67	−3.82	−1.50	−5.48	−12.07	−8.92	−35.00	−12.52
ZF5	1.53	−2.12	0.74	−3.5	−1.27	−5.10	−11.00	−8.26	−32.01	−11.56
ZF6	1.54	−2.07	0.77	−3.47	−1.16	−4.91	−10.50	−7.92	−30.59	−11.07

后	前：ZK7									
	$\overline{C}=0.01$		$\overline{C}=0.0$		$\overline{C}=-0.01$		$\overline{C}=-0.03$		$\overline{C}=-0.05$	
	P_0	Q_0	P_0	Q_0	P_0	Q_0	P_0	Q_0	P_0	Q_0
F2	1.62	−2.71	163	−5.19	1.64	−7.67	1.72	−12.63	1.89	−17.60
F5	1.59	−2.60	1.33	−4.93	0.62	−7.28	−2.95	−12.01	−10.77	−16.80
BaF5	1.71	−3.81	2.56	−7.97	4.98	−12.09	17.57	−20.23	45.37	−28.22
BaF6	1.72	−4.38	2.74	−9.42	5.70	−14.41	21.29	−24.29	56.10	−34.02
BaF8	1.56	−2.98	1.02	−5.91	−0.48	−8.86	−8.18	−14.83	−25.34	−20.91
ZF1	1.56	−2.41	1.00	−4.46	−0.48	−6.55	−7.89	−10.80	−24.18	−15.18
ZF2	1.55	−2.27	0.86	−4.11	−0.96	−5.99	−10.06	−9.87	−30.03	−13.88
ZF3	1.55	−2.07	0.84	−3.62	−1.02	−5.20	−10.19	−8.50	−30.21	−11.94
ZF5	1.56	−1.99	0.89	−3.40	−0.85	−4.86	−9.38	−7.89	−27.91	−11.06
ZF6	1.56	−1.95	0.92	−3.30	−0.77	−4.69	−9.00	−7.58	−26.81	−10.61

续表

后	前:ZK11									
	$\overline{C}=0.01$		$\overline{C}=0.0$		$\overline{C}=-0.01$		$\overline{C}=-0.03$		$\overline{C}=-0.05$	
	P_0	Q_0	P_0	Q_0	P_0	Q_0	P_0	Q_0	P_0	Q_0
F2	1.72	−3.31	2.93	−6.08	5.97	−8.79	20.38	−14.04	50.25	−19.04
F5	1.61	−3.15	2.16	−5.73	3.50	−8.29	9.95	−13.32	23.51	−18.26
BaF5	2.73	−5.32	11.39	−10.39	33.76	−15.18	139.06	−23.80	344.60	−30.97
BaF6	3.70	−6.55	20.01	−13.03	62.54	−19.04	260.53	−29.50	631.47	−37.50
BaF8	1.67	−3.77	2.62	−7.13	5.04	−10.45	16.85	−16.97	42.00	−23.33
ZF1	1.50	−2.85	1.28	−5.10	0.72	−7.36	−1.96	−11.90	−7.67	−16.49
ZF2	1.45	−2.64	0.86	−4.64	0.58	−6.66	−7.49	−10.79	−22.30	−15.03
ZF3	1.42	−2.35	0.67	−4.00	−1.18	−5.69	−9.97	−9.18	−28.75	−12.80
ZF5	1.43	−2.24	0.69	−3.74	−1.10	−5.28	−9.57	−8.47	−27.59	−11.80
ZF6	1.43	−2.18	0.71	−3.61	−1.06	−5.08	−9.36	−8.12	−26.98	−11.29

后	前:F2									
	$\overline{C}=0.01$		$\overline{C}=0.0$		$\overline{C}=-0.01$		$\overline{C}=-0.03$		$\overline{C}=-0.05$	
	P_0	Q_0	P_0	Q_0	P_0	Q_0	P_0	Q_0	P_0	Q_0
K7	1.76	3.49	−1.89	6.41	−12.52	9.48	−70.40	16.03	−205.98	23.06
K9	1.91	3.11	−0.60	5.77	−8.26	8.55	−50.72	14.48	−150.90	20.82
K10	1.64	3.71	−2.57	6.76	−14.54	9.97	−79.05	16.83	−229.38	24.18
BaK2	1.68	3.51	−1.03	6.37	−8.78	9.36	−50.24	15.65	−146.13	22.34
BaK4	1.77	3.06	0.29	5.61	−4.12	8.25	−28.04	13.76	−83.45	19.55
BaK7	1.51	3.95	−0.80	7.03	−7.03	10.20	−39.09	16.78	−111.44	23.68
ZK3	1.66	3.16	1.03	5.70	−0.76	8.27	−10.17	13.52	−31.34	18.90
ZK6	1.62	3.43	1.61	6.08	1.60	8.73	1.50	14.02	1.30	19.32
ZK7	1.62	3.15	1.63	5.64	1.64	8.12	1.71	13.08	1.88	18.04
ZK11	1.68	3.77	2.81	6.54	5.70	9.25	19.70	14.51	49.02	19.53

后	前:F5									
	$\overline{C}=0.01$		$\overline{C}=0.0$		$\overline{C}=-0.01$		$\overline{C}=-0.03$		$\overline{C}=-0.05$	
	P_0	Q_0	P_0	Q_0	P_0	Q_0	P_0	Q_0	P_0	Q_0
K7	1.80	3.37	−1.51	6.09	−11.10	8.95	−63.10	15.07	−184.50	21.62
K9	1.93	3.02	−0.38	5.51	−7.41	8.12	−46.25	13.69	−137.62	19.64
K10	1.69	3.56	−2.10	6.40	−12.85	9.39	−70.49	15.77	−204.36	22.61
BaK2	1.71	3.38	−0.83	6.05	−8.06	8.84	−46.60	14.73	−135.55	20.99
BaK4	1.78	2.97	0.33	5.37	−3.97	7.84	−27.27	13.04	−81.18	18.51
BaK7	1.52	3.77	−0.79	6.63	−6.99	9.57	−38.84	15.72	−110.70	22.18
ZK3	1.65	3.05	0.89	5.43	−1.28	7.86	−12.66	12.83	−38.34	17.97
ZK6	1.59	3.30	1.27	5.77	0.42	8.27	−3.93	13.30	−13.49	18.40
ZK7	1.60	3.05	1.36	5.37	0.69	7.72	−2.74	12.45	−10.35	17.24
ZK11	1.60	3.60	2.09	6.18	3.37	8.74	9.61	13.79	22.88	18.73

后	前:BaF5									
	$\overline{C}=0.01$		$\overline{C}=0.0$		$\overline{C}=-0.01$		$\overline{C}=-0.03$		$\overline{C}=-0.05$	
	P_0	Q_0	P_0	Q_0	P_0	Q_0	P_0	Q_0	P_0	Q_0
K7	0.83	4.78	−13.66	9.89	−58.51	15.38	−317.21	27.31	−946.51	40.27
K9	1.50	3.99	−6.98	8.36	−34.29	13.04	−194.21	23.14	−585.62	34.09
K10	0.29	5.27	−18.11	10.82	−73.96	16.79	−393.02	29.77	−1165.65	43.87
BaK2	0.93	4.88	−10.00	9.94	−43.04	15.31	−230.04	26.83	−679.38	39.25
BaK4	1.52	3.97	−3.34	8.17	−18.54	12.56	−105.21	21.87	−313.19	31.78
BaK7	0.48	6.06	−10.69	11.97	−42.53	18.14	−215.77	31.18	−621.86	45.03
ZK3	1.56	4.23	−0.20	8.49	−5.45	12.82	−34.05	21.68	−100.23	30.80
ZK6	1.74	4.88	2.87	9.52	6.04	14.11	22.54	23.18	58.98	32.07
ZK7	1.69	4.26	2.50	8.42	4.84	12.54	17.16	20.68	44.58	28.68
ZK11	2.60	5.78	10.91	10.86	32.76	15.66	136.63	24.31	340.64	31.51

后	前:BaF6									
	$\overline{C}=0.01$		$\overline{C}=0.0$		$\overline{C}=-0.01$		$\overline{C}=-0.03$		$\overline{C}=-0.05$	
	P_0	Q_0	P_0	Q_0	P_0	Q_0	P_0	Q_0	P_0	Q_0
K7	−0.03	5.45	−25.33	11.76	−105.59	18.60	−578.02	33.58	−1740.62	49.90
K9	1.17	4.41	−12.49	9.64	−57.45	15.28	−325.90	27.56	−990.76	40.91
K10	−1.09	6.13	−35.05	13.12	−140.77	20.72	−757.51	37.37	−2268.39	55.50
BaK2	0.17	5.61	−19.52	11.90	−80.56	18.63	−433.37	33.21	−1292.49	49.00
BaK4	1.30	4.41	−6.73	9.44	−32.41	14.74	−181.70	26.05	−544.74	38.19
BaK7	−0.92	7.36	−24.91	15.10	−95.14	23.26	−486.22	40.68	−1417.85	59.37
ZK3	1.43	4.78	−1.86	9.93	−11.86	15.20	−67.43	26.05	−197.71	37.31
ZK6	1.77	5.68	3.20	11.43	7.30	17.14	28.90	28.42	77.05	39.52
ZK7	1.71	4.83	2.68	9.86	5.55	14.86	20.87	24.75	55.28	34.48
ZK11	3.52	7.02	19.31	13.50	61.06	19.53	257.10	30.02	626.29	38.06

后	前:BaF8									
	$\overline{C}=0.01$		$\overline{C}=0.0$		$\overline{C}=-0.01$		$\overline{C}=-0.03$		$\overline{C}=-0.05$	
	P_0	Q_0	P_0	Q_0	P_0	Q_0	P_0	Q_0	P_0	Q_0
K7	1.55	3.80	−4.61	7.26	−22.96	10.94	−125.16	18.87	−368.26	27.42
K9	1.81	3.33	−2.27	6.43	−14.96	9.71	−86.92	16.76	−259.32	24.35
K10	1.34	4.08	−5.97	7.73	−27.27	11.62	−144.66	20.00	−422.51	29.04
BaK2	1.49	3.83	−3.33	7.24	−17.41	10.83	−94.53	18.49	−275.95	26.69
BaK4	1.70	3.29	−0.90	6.27	−8.78	9.38	−52.51	15.94	−155.61	22.92
BaK7	1.22	4.43	−3.60	8.17	−16.87	12.07	−86.98	20.29	−248.36	29.00
ZK3	1.59	3.42	0.16	6.41	−4.03	9.46	−26.47	15.78	−78.03	22.34
ZK6	1.55	3.78	0.86	6.93	−1.04	10.12	−10.89	16.58	−32.93	23.17
ZK7	1.58	3.43	1.08	6.35	−0.34	9.30	−7.80	15.27	−24.59	21.35
ZK11	1.65	4.23	2.53	7.58	4.86	10.90	16.37	17.43	41.09	23.80

后	前:ZF1									
	$\overline{C}=0.01$		$\overline{C}=0.0$		$\overline{C}=-0.01$		$\overline{C}=-0.03$		$\overline{C}=-0.05$	
	P_0	Q_0	P_0	Q_0	P_0	Q_0	P_0	Q_0	P_0	Q_0
K7	1.87	3.15	−0.78	5.52	−8.43	8.01	−49.49	13.33	−144.67	19.02
K9	1.96	2.86	0.06	5.04	−5.72	7.34	−37.38	12.23	−111.37	17.47
K10	1.78	3.31	−1.23	5.76	−9.72	8.35	−54.75	13.87	−158.56	16.78
BaK2	1.76	3.15	−0.38	5.47	−6.41	7.90	−38.35	13.04	−111.65	18.51
BaK4	1.80	2.81	0.51	4.91	−3.35	7.10	−24.07	11.69	−71.85	16.56
BaK7	1.56	3.46	−0.53	5.92	−6.08	8.46	−34.47	13.80	−98.32	19.43
ZK3	1.65	2.87	0.81	4.96	−1.61	7.10	−14.24	11.53	−42.78	16.15
ZK6	1.56	3.06	0.94	5.23	−0.74	7.42	−9.30	11.92	−28.27	16.55
ZK7	1.58	2.85	1.09	4.90	−0.28	6.98	−7.36	11.23	−23.16	15.60
ZK11	1.51	3.30	1.31	5.55	0.78	7.80	−1.79	12.35	−7.34	16.93

后	前:ZF2									
	$\overline{C}=0.01$		$\overline{C}=0.0$		$\overline{C}=-0.01$		$\overline{C}=-0.03$		$\overline{C}=-0.05$	
	P_0	Q_0	P_0	Q_0	P_0	Q_0	P_0	Q_0	P_0	Q_0
K7	1.92	2.99	−0.28	5.09	−6.61	7.31	−40.38	12.03	118.14	17.09
K9	1.99	2.73	0.39	4.69	−4.51	6.75	−31.16	11.14	−93.09	15.82
K10	1.85	3.12	−0.64	5.30	−7.61	7.59	−44.35	12.47	−128.50	17.70
BaK2	1.80	2.98	−0.03	5.05	−5.20	7.21	−32.38	11.78	−94.43	16.66
BaK4	1.82	2.68	0.66	4.57	−2.80	6.53	−21.33	10.67	−63.89	15.06

后	前：ZF2									
	$\overline{C}=0.01$		$\overline{C}=0.0$		$\overline{C}=-0.01$		$\overline{C}=-0.03$		$\overline{C}=-0.05$	
	P_0	Q_0	P_0	Q_0	P_0	Q_0	P_0	Q_0	P_0	Q_0
BaK7	1.59	3.24	−0.27	5.40	−5.22	7.65	−30.41	12.39	−86.85	17.40
ZK3	1.66	2.73	0.81	4.60	−1.62	6.52	−14.33	10.53	−43.00	14.73
ZK6	1.56	2.89	0.82	4.82	−1.19	6.79	−11.39	10.86	−34.03	15.08
ZK7	1.58	2.71	0.99	4.55	−0.68	6.42	−9.29	10.29	−28.51	14.29
ZK11	1.48	3.09	0.96	5.08	−0.37	7.10	−6.96	11.22	−21.28	15.45

后	前：ZF3									
	$\overline{C}=0.01$		$\overline{C}=0.0$		$\overline{C}=-0.01$		$\overline{C}=-0.03$		$\overline{C}=-0.05$	
	P_0	Q_0	P_0	Q_0	P_0	Q_0	P_0	Q_0	P_0	Q_0
K7	1.99	2.77	0.42	4.51	−4.14	6.34	−28.17	10.25	−82.94	14.42
K9	2.04	2.56	0.86	4.20	−2.77	5.93	−22.36	9.59	−67.43	13.50
K10	1.94	2.87	0.17	4.66	−4.80	6.55	−30.64	10.56	−89.22	14.84
BaK2	1.86	2.75	0.50	4.46	−3.36	6.25	−23.44	10.04	−68.88	14.08
BaK4	1.85	2.51	0.95	4.09	−1.79	5.74	−16.33	9.22	−49.48	12.91
BaK7	1.67	2.94	0.23	4.71	−3.59	6.56	−22.83	10.45	−65.59	14.57
ZK3	1.68	2.53	0.95	4.10	−1.18	5.71	−12.24	9.09	−37.09	12.65
ZK6	1.58	2.65	0.86	4.26	−1.09	5.90	−10.97	9.33	−32.86	12.91
ZK7	1.60	2.51	1.01	4.05	−0.65	5.63	−9.20	8.91	−28.27	12.33
ZK11	1.48	2.80	0.83	4.44	−0.84	6.13	−9.09	9.60	−27.04	13.21

后	前：ZF5									
	$\overline{C}=0.01$		$\overline{C}=0.0$		$\overline{C}=-0.01$		$\overline{C}=-0.03$		$\overline{C}=-0.05$	
	P_0	Q_0	P_0	Q_0	P_0	Q_0	P_0	Q_0	P_0	Q_0
K7	2.02	2.67	0.71	4.26	−3.12	5.94	−23.20	9.49	−68.72	13.28
K9	2.05	2.49	1.06	4.00	−2.02	5.57	−18.61	8.93	−56.59	12.50
K10	1.97	2.76	0.50	4.40	−3.65	6.11	−25.13	9.75	−73.56	13.64
BaK2	1.89	2.65	0.74	4.21	−2.54	5.85	−19.53	9.30	−57.79	12.97
BaK4	1.87	2.43	1.09	3.89	−1.28	5.40	−13.87	8.59	−42.44	11.97
BaK7	1.70	2.81	0.47	4.43	−2.79	6.10	−19.18	9.63	−55.45	13.37
ZK3	1.70	2.45	1.05	3.88	−0.86	5.37	−10.72	8.47	−32.80	11.73
ZK6	1.59	2.56	0.94	4.02	−0.84	5.53	−9.87	8.66	−29.80	11.95
ZK7	1.61	2.43	1.07	3.84	−0.46	5.28	−8.35	8.30	−25.89	11.45
ZK11	1.49	2.68	0.87	4.18	−0.73	5.71	−8.61	8.89	−25.74	12.20

后	前：ZF6									
	$\overline{C}=0.01$		$\overline{C}=0.0$		$\overline{C}=-0.01$		$\overline{C}=-0.03$		$\overline{C}=-0.05$	
	P_0	Q_0	P_0	Q_0	P_0	Q_0	P_0	Q_0	P_0	Q_0
K7	2.04	2.63	0.84	4.14	−2.65	5.73	−20.93	9.11	−62.26	12.71
K9	2.06	2.45	1.16	3.89	−1.67	5.39	−16.87	8.59	−51.60	11.99
K10	1.99	2.71	0.66	4.26	−3.12	5.89	−22.63	9.35	−66.49	13.03
BaK2	1.90	2.60	0.85	4.09	−2.16	5.64	−17.74	8.93	−52.73	12.41
BaK4	1.87	2.40	1.16	3.78	−1.05	5.22	−12.72	8.26	−39.18	11.49
BaK7	1.72	2.75	0.59	4.28	−2.42	5.87	−17.52	9.22	−50.84	12.77
ZK3	1.70	2.41	1.09	3.77	−0.70	5.19	−10.00	8.15	−30.78	11.26
ZK6	1.60	2.51	0.98	3.90	−0.72	5.33	−9.33	8.32	−28.33	11.46
ZK7	1.61	2.39	1.11	3.73	−0.37	5.11	−7.93	7.99	−24.74	11.00
ZK11	1.49	2.62	0.90	4.04	−0.66	5.50	−8.35	8.53	−25.04	11.69

附录 D　玻璃组合表

表 D-1　冕牌玻璃在前的组合

编号	玻璃组合的牌号
1	ZK8F3　ZK6F3　ZK19F3　ZK20F3
2	
3	ZK6F4　ZK19F4　ZK8F4
4	ZK6F5　ZK20F5
5	ZK19F2　ZK8F5
6	
7	
8	ZK3F2　ZK3F3　ZK3ZF6　ZK6ZF1　K2ZF1　K2ZF6　BaK8F2
9	BaK6ZF6　ZK19ZF1　ZK6BaF8　BaK3ZF6　K9ZF6　ZK3F5　K2ZF5　ZK6F5
10	BaK6ZF6　ZK19ZF1　ZK6ZF2　ZK6ZF3　K9ZF5　BaK3ZF5　BaK6ZF5　ZK19ZF6　ZK3ZF3　ZK3ZF1　ZK19 BaF8
11	ZK19ZK5　ZK20 BaF8　K2ZF3　BaK3ZF3　ZK8ZF1　BaK6ZF3　BaK1ZF6　ZK8ZF6　ZK19ZF3　ZK20ZF1
12	ZK614563ZF2　K9ZF3　BaK2ZF6　BaK8ZF6　ZK8ZF5　K7ZF6　BaK6QF11　BaK1ZF5　BaK8ZF5　ZK20ZF5　ZK8ZF3　ZK8 BaF8
13	BaK2ZF5　ZK8ZF2　K7ZF5　ZK20ZF3　BaK3ZF2　K10ZF6　BaK7ZF6　BaK6ZF2
14	ZK20ZF2　BaK1ZF3　BaK 8ZF3　BaK6ZF1　BaK7ZF5　BaK2ZF3　K2ZF2　K10ZF5　BaK3ZF1
15	BaK6F2　ZK3 BuF8　BaF3ZF6　K9ZF2　K7ZF3　BaK6F5　BaK6F4　BaK6F3
16	BaK7QF11　BaK8ZF2　BaK7ZF3　BaK3ZF5　BaK3F4　BaK3F2　BaK3F3　K10ZF3　K2ZF1
17	K9ZF1　BaK8F2　BaK8ZF1　BaK 8F3　BaK1ZF2　BaK2ZF2　BaK8F5　BaK8F4　BaK3ZF3
18	BaK3QF11　BaK7ZF2　K2F5
19	K7ZF2　K9F5　K2F4　BaK2ZF1　BaK1ZF1　K9F4　K2F3　K9F3　BaK7ZF1　BaK7F3　K2F2　BaK2QF1　BaK1F4
20	K9F2　BaK3ZF2　K10ZF2　BaK7F2
21	BaK7F5　K7ZF1　BaK2F5　BaK2F4　BaK1F5　BaK2F3　BaK7F4　BaK3F2　BaK3ZF2　BaK7F3　BaK7F2　BaK7F5
22	BaK1F3　BaK1F2　BaK6 BaF8　K10ZF1　BaK3 BaF8　BaK2F2
23	K7F5
24	K7F4　K7F3　K7F2
25	K2 BaF8　K9QF11　K10F5　K2QF11　BaK8BaF8　K9 BaF8
26	K10F4　BaK2QF11　K10F3　BaK1QF1
27	BaK1QF11　K9QF1
28	BaK1 BaF8　BaK2BaF8　K2QF1
29	BaK7 BaF8
30	
31	BaK3 BaF8

表 D-2　火石玻璃在前的组合

编号	玻璃组合的牌号
1	F3ZK19　F3ZK8　F4ZK20　F3ZK6
2	F4ZK6
3	F4ZK19　F4ZK8
4	F5ZK20　F5ZK19
5	F5ZK6　F5ZK8　ZF6 BaK6
6	ZF5K2　ZF6 BaK3　ZF6ZK3
7	ZF5ZK3　ZF6K9　ZF5 BaK3　ZF2ZK3　ZF6ZK6　F3ZK3　ZF1ZK6　ZF5ZK6

编号	玻璃组合的牌号
8	ZF5K9　ZF3ZK3　ZF5 BaK6　ZF3ZK6　F5ZK3　BaF6ZK6　ZF2ZK6　ZF3K2　ZF6ZK19
9	ZF6BaK1　ZF6K7　ZF6 BaK2　ZF5K7　ZF6ZK8　ZF2ZK3　ZF1ZK19　ZF3BaK6　ZF6BaK8
10	ZF5BaK1　ZF3ZK19　ZF6BaK8　ZF6ZK20　ZF5ZK8　ZF6K10　ZF5BaK8　ZF5Bak2　ZF1ZK6　BAF8ZK19　ZF1ZK20　ZF2ZK19　BaF8ZK20
11	ZF3ZK8　ZF5BaK8　ZF6BaK7　ZF3BaK3　ZF2ZK8　BaF8ZK8　ZF2BaK3　QF11BaK6　ZF3ZK20
12	ZF5K10　ZF3BaK1　ZF3BaK2　ZF5BaK7　ZF3K7　ZF2BaK6　ZF2ZK20　ZF1BaK3　ZF2K2　ZF3BaK8
13	ZF2K9　ZF1BaK6　ZF3BaK6
14	F3BaK6　F4BaK6　ZF3K10　ZF1K2　ZF2BaK8　BaF8ZK3　F5BaK3
15	F3BaK3　ZF1K9　F2BaK6　F5 BaK6　ZF2 BaK1　QF11 BaK3　ZF1 BaK8　F4 BaK3　F2 BaK3　ZF2 BaK2　F4BaK3
16	F4BaK8　F2BaK8　F3BaK8　F5BaK8
17	ZF2K7　ZF2BaK7　F5K9　F4K9　QF11BaK3　ZF1BaK2　ZF1BaK1　F5K2　F4K2
18	ZF1BaK1　ZF2BaK3　ZF2K10　F2K9　F2K2　F3K9　F3K2
19	F5BaK7　F4BaK7　ZF1BaK3　F2BaK7　ZF1K7　QF1BaK2
20	F5BaK1　F4BaK2　F2BaK3　F4BaK3　F3BaK2　F5BaK3　F3BaK3　F2BaK2　F3BaK1
21	ZF1K10　F2BaK1　BaF8BaK6　BaF8BaK3　F3BaK7
22	F5K7　F4K7　F3K7
23	F2K7　F5K10　BaF8K2
24	BaF8K9　QF11K9　QF11K2　F3K10　F2K10　F4K10　BaF8BaK8
25	F4BaK2　F4BaK1
26	QF1K9　QF1BaK1　QF11BaK1
27	BaF8BaK1　BaF8BaK2　QF1K2
28	BaF8BaK7　BaF8K7
29	QF11K7
30	BaF8 BaK3

附录 E　Zemax 优化函数

(1) 优化函数主要命令

① "优化→评价函数编辑器"，可以打开评价函数编辑器。

② "优化→优化向导"，可以打开优化向导与操作数对话框。

③ "优化→执行优化"，可以执行优化。

④ "优化→全局优化"，可以进行全局优化。

⑤ "优化→锤形优化"，可以进行锤形优化。

⑥ "优化→寻找最佳非球面"，可以寻找最佳非球面，使评价函数最小。

(2) 优化函数构成

Zemax 优化函数构成如图 E-1，它们的意义分别为：

① Oper#，操作符位置编号；

② Type，操作符名称，由四个大写英文字母组成；

Oper#	Type	Int1	Int2	Hx	Hy	Px	Py	Target	Weight	Value	%Contrib
•	•	•	•	•	•	•	•	•	•	•	•
•	•	•	•	•	•	•	•	•	•	•	•
•	•	•	•	•	•	•	•	•	•	•	•

图 E-1　优化函数构成

③ Int1、Int2，两个正整数，定义操作符所需参数；

④ Hx、Hy，归一化视场坐标；

⑤ Px、Py，归一化瞳孔坐标；

⑥ Target，操作符目标值；

⑦ Weight，操作符的权重因子；

⑧ Value，操作符的当前值；

⑨ ％Contrib，贡献量。

(3) 操作符分布（表 E-1）

表 E-1　操作符分布

种类	相关操作数	数量
一阶光学特性	AMAG、ENPP、EFFL、EFLX、EFLY、EPDI、EXPD、EXPP、ISFN、ISNA、LINV、OBSN、PIMH、PMAG、POWF、POWP、POWR、SFNO、TFNO、WFNO	20
像差	ABCD、ANAC、ANAR、ANAX、ANAY、ANCX、ANCY、ASTI、AXCL、BIOC、BIOD、BSER、COMA、DIMX、DISA、DISC、DISG、DIST、FCGS、FCGT、FCUR、LACL、LONA、OPDC、OPDM、OPDX、OSCD、PETC、PETZ、RSCE、RSCH、RSRE、RSRH、RWCE、RWCH、RWRE、RWRH、SMIA、SPCH、SPHA、TRAC、TRAD、TRAE、TRAI、TRAR、TRAX、TRAY、TRCX、TRCY、ZERN	50
MTF	GMTA、GMTN、GMTS、GMTT、GMTX、MSWA、MSWN、MSWS、MSWT、MT-FA、MSWX、MTFN、MTFS、MTFT、MTFX、MTHA、MTHN、MTHS、MTHT、MTHX、MECA、MECS、MECT	23
PSF/斯特列尔	STRH	1
包围能量	DENC、DENF、ERFP、GENC、GENF、XENC、XENF	7
镜头边界条件约束	COGT、COLT、COVA、CTGT、CTLT、CTVA、CVGT、CVLT、CVVA、BLTH、DMGT、DMLT、DMVA、ETGT、ETLT、ETVA、FTGT、FTLT、MNCA、MNCG、MNCT、MNCV、MNEA、MNEG、MNET、MNPD、MXCA、MXCG、MXCT、MXCV、MXEA、MXEG、MXET、MNSD、MXSD、OMMI、OMMX、OMSD、TGTH、TTGT、TTHI、TTLT、TTVA、XNEA、XNET、XNEG、XXEA、XXEG、XXET、ZTHI	50
透镜特性约束	CVOL、MNDT、MXDT、SAGX、SAGY、SSAG、STHI、TMAS、TOTR、VOLU、NORX、NORY、NORZ、NORD、SCUR、SDRV	16
参数数据约束	PMGT、PMLT、PMVA	3
扩展数据约束	XDGT、XDLT、XDVA	3
玻璃数据约束	GCOS、GTCE、INDX、MNAB、MNIN、MNPD、MXAB、MXIN、MXPD、RGLA	10
近轴光线数据约束	PANA、PANB、PANC、PARA、PARB、PARC、PARR、PARX、PARY、PARZ、PATX、PATY、YNIP	13
实际光线数据约束	CEHX、CEHY、CENX、CENY、CNAX、CNAY、CNPX、CNPY、DXDX、DXDY、DYDX、DYDY、HHCN、IMAE、MNRE、MNRI、MXRE、MXRI、OPTH、PLEN、RAED、RAEN、RAGA、RAGB、RAGC、RAGX、RAGY、RAGZ、RAID、RAIN、RANG、REAA、REAB、REAC、REAR、REAX、REAY、REAZ、RENA、RENB、RENC、RETX、RETY	43
元件位置约束	GLCA、GLCB、GLCC、GLCR、GLCX、GLCY、GLCZ	7
更换系统数据	CONF、IMSF、PRIM、SVIG、WLEN、CVIG、FDMO、FDRE	8
通用数学操作数	ABSO、ACOS、ASIN、ATAN、CONS、COSI、DIFF、DIVB、DIVI、EQUA、LOGE、LOGT、MAXX、MINN、OPGT、OPLT、OPVA、OSUM、PROB、PROD、QSUM、RE-CI、SQRT、SUMM、SINE、TANG、ABGT、ABLT	28
多重结构(变焦)数据	CONF、MCOL、MCOG、MCOV、ZTHI	5

续表

种类	相关操作数	数量
高斯光束数据	GBPD,GBPP,GBPR,GBPS,GBPW,GBPZ,GBSD,GBSP,GBSR,GBSS,GBSW	11
梯度折射率控制操作数	DLTN,GRMN,GRMX,InGT,InLT,InVA,LPTD	7
傅科分析	FOUC	1
鬼像控制	GPIM,GPRT,GPRX,GPRY,GPSX,GPSY	6
光纤耦合	FICL,FICP,POPD	3
相对照度	RELI,EFNO	2
用 ZPL 宏优化	ZPLM	1
用户自定义操作数	UDOC,UDOP	2
优化函数控制操作数	BLNK,DMFS,ENDX,GOTO,OOFF,SKIN,SKIS,USYM	8
非序列物体数据约束	FREZ, NPGT, NPLT, NPVA, NPXG, NPXL, NPXV, NPYG, NPYL, NPYV, NPZG, NPZL, NPZV, NSRM, NTXG, NTXL, NTXV, NTYG, NTYL, NTYV, NT-ZG, NTZL, NTZV	23
非序列光线追迹和探测器	NSDC, NSDD, NSDE, NSDP, NSLT, NSRA, NSRM, NSRW, NSST, NSTR, NSTW, REVR, NSRD	13
光学全息约束	CMFV	1
光学薄膜/偏振光学约束	CMGT,CMLT,CMVA,CODA,CEGT,CELT,CEVA,CIGT,CILT,CIVA	10
物理光学传播	POPD,POPI	2
最佳拟合球面数据	BFSD	1
公差敏感性数据	TOLR	1
热膨胀系数数据	TCGT,TCLT,TCVA	3
总计		382

(4) 优化操作数释义

一阶光学特性

AMAG，角放大率；

ENPP，以第一面为原点的入瞳位置；

EFFL，有效焦距；

EFLX，指定面范围内 X 方向的有效焦距；

EFLY，指定面范围内 Y 方向的有效焦距；

EPDI，入瞳直径；

EXPD，出瞳直径；

EXPP，以像面为原点的出瞳位置；

ISFN，像空间 F/♯；

ISNA，像空间数值孔径；

LINV，拉格朗日不变量；

OBSN，物空间数值孔径；

PIMH，近轴像平面上的近轴像高；

PMAG，近轴（垂轴）放大率；

POWF，一个视场点的光焦度；

POWP，一个孔径点光焦度；

POWR，表面光焦度；

SFNO，弧矢工作 F/♯；

TFNO，子午工作 F/♯；

WFNO，工作 F/♯。

像差

ABCD，被网格畸变特性去计算一般畸变使用的 ABCD 值；

ANAC，像空间径向测量的角像差；

ANAR，像空间半径测量的角像差；

ANAX，像空间 X 方向测量的角像差，相对于主光线；

ANAY，像空间 Y 方向测量的角像差，相对于主光线；

ANCX，像空间 X 方向测量的角像差，相对于质心；

ANCY，像空间 Y 方向测量的角像差，相对于质心；

ASTI，像散；

AXCL，轴向色差；

BIOC，双目辐合，返回双目辐合水平角差，单位毫弧度；

BIOD，双目辐合，返回双目辐合垂直角差，单位毫弧度；

BSER，瞄准误差；

COMA，彗差；

DIMX，畸变最大值；

DISA，ABCD 畸变；

DISC，标定畸变，用于 f-theta 镜头；

DISG，一般畸变，百分比或者绝对距离；

DIST，面贡献的畸变，当面号为 0 时，为系统畸变；

FCGS，弧矢场曲；

FCGT，子午场曲；

FCUR，面贡献的场曲，当面号为 0 时，为系统场曲；

LACL，垂轴色差；

LONA，轴向像差，有焦系统单位为透镜单位，无焦系统单位为屈光度；

OPDC，光程差，相对于主光线；

OPDM，光程差，相对于平均 OPD；

OPDX，光程差，相对于消除倾斜的平均 OPD；

OSCD，正弦差（OSC）；

PETC，Petzval 曲率；

PETZ，Petzval 曲率半径；

RSCE，RMS 点图半径，相对于质心，高斯积分法；

RSCH，RMS 点图半径，相对于主光线，高斯积分法；

RSRE，RMS 点图半径，相对于质心，矩形网格法；

RSRH，RMS 点图半径，相对于主光线，矩形网格法；

RWCE，RMS 波前差，相对于质心，高斯积分法；

RWCH，RMS 波前差，相对于主光线，高斯积分法；

RWRE，RMS 波前差，相对于质心，矩形网格法；

RWRH，RMS 波前差，相对于主光线，矩形网格法；

SMIA，SMIA-TV 畸变；

SPCH，色球差；

SPHA，球差；

TRAC，径向测量的横向像差，相对于质心；

TRAD，TRAR 的 X 分量；

TRAE，TRAR 的 Y 分量；

TRAI，半径测量的横向像差，相对于主光线；

TRAR，径向测量的横向像差，相对于主光线；

TRAX，X 方向测量的横向像差，相对于主光线；

TRAY，Y 方向测量的横向像差，相对于主光线；

TRCX，X 方向测量的横向像差，相对于质心；

TRCY，Y 方向测量的横向像差，相对于质心；

ZERN，Zernike 环系数。

MTF

GMTA，弧矢和子午的平均几何 MTF；

GMTS，弧矢几何 MTF；

GMTT，子午几何 MTF；

GMTX，弧矢和子午的平均 Moore-Elliot 对比度；

MSWA，弧矢和子午的平均调制方波传递函数；

MSWS，弧矢调制方波传递函数；

MSWT，子午调制方波传递函数；

MTFA，弧矢和子午的平均衍射调制传递函数；

MTFS，弧矢惠更斯调制传递函数；
MTFT，子午惠更斯调制传递函数；
MTHA，弧矢和子午的平均惠更斯调

制传递函数；
MTHS，弧矢惠更斯调制传递函数；
MTHT，子午惠更斯调制传递函数。

PSF/斯特列尔

STRH，斯特列尔比（Strehl ratio）。

包围能量

DENC，衍射包围能量（距离）；
DENF，衍射包围能量（分数）；
ERFP，边缘响应函数的位置；
GENC，几何包围能量（距离）；

GENF，几何包围能量（分数）；
XENC，扩展光源包围能量（距离）；
XENF，扩展光源包围能量（分数）。

镜头边界条件约束

COGT，限制一个面的 Conic 常数大于给定的值；
COLT，限制一个面的 Conic 常数小于给定的值；
COVA，Conic 常数等于；
CTGT，指定面号的中心厚度大于；
CTLT，指定面号的中心厚度小于；
CTVA，指定面号的中心厚度等于；
CVGT，曲率大于；
CVLT，曲率小于；
CVVA，曲率等于；
BLTH，毛坯厚度；
DMGT，直径大于；
DMLT，直径小于；
DMVA，直径等于；
ETGT，边缘厚度大于；
ETLT，边缘厚度小于；
ETVA，边缘厚度等于；
FTGT，总厚度大于；
FTLT，总厚度小于；
MNCA，最小空气层中心厚度；
MNCG，最小玻璃中心厚度；
MNCT，最小中心厚度；
MNCV，最小曲率；
MNEA，最小空气层边缘厚度；
MNEG，最小玻璃边缘厚度；
MNET，最小边缘厚度；
MNPD，最小部分色散偏差 $\Delta P_{g,F}$；
MXCA，最大空气层中心厚度；

MXCG，最大玻璃中心厚度；
MXCT，最大中心厚度；
MXCV，最大曲率；
MXEA，最大空气层边缘厚度；
MXEG，最大玻璃边缘厚度；
MXET，最大边缘厚度；
MNSD，最小有效通光半口径或半口径；
MXSD，最大有效通光半口径或半口径；
OMMI，最小机械半口径；
OMMX，最大机械半口径；
OMSD，机械半口径；
TGTH，从面号 1 到面号 2 的玻璃总厚度；
TTGT，总厚度大于；
TTHI，从面号 1 到面号 2 的总厚度；
TTLT，总厚度小于；
TTVA，总厚度等于；
XNEA，从面号 1 到面号 2 的空气层的最小边缘厚度；
XNET，从面号 1 到面号 2 的最小边缘厚度；
XNEG，从面号 1 到面号 2 的玻璃最小边缘厚度；
XXEA，从面号 1 到面号 2 的空气层的最大边缘厚度；
XXEG，从面号 1 到面号 2 的玻璃最大边缘厚度；

XXET，从面号 1 到面号 2 的最大边缘厚度；

ZTHI，从面号 1 到面号 2 的总厚度。

透镜特性约束

CVOL，柱面镜体积；

MNDT，最小直径厚度比；

MXDT，最大直径厚度比；

SAGX，有效 X 半口径或口径的矢高；

SAGY，有效 Y 半口径或口径的矢高；

SSAG，面矢高；

STHI，面厚度；

TMAS，总质量；

TOTR，总追迹长度；

VOLU，元件体积，单位 cm^{-3}；

NORX，法向矢量 X 分量；

NORY，法向矢量 Y 分量；

NORZ，法向矢量 Z 分量；

NORD，沿法线到下一表面的距离；

SCUR，表面曲率；

SDRV，表面导数，矢高相对于坐标 Z。

参数数据约束

PMGT，参数大于；

PMLT，参数小于；

PMVA，参数等于。

扩展数据约束

XDGT，扩展数据大于；

XDLT，扩展数据小于；

XDVA，扩展数据等于。

玻璃数据约束

GCOS，玻璃成本；

GTCE，玻璃 TCE 常数，即热膨胀系数；

INDX，折射率；

MNAB，最小阿贝数；

MNIN，最小 d 光折射率；

MNPD，最小部分色散偏差 $\Delta P_{g,F}$；

MXAB，最大阿贝数；

MXIN，最大 d 光折射率；

MXPD，最大部分色散偏差 $\Delta P_{g,F}$；

RGLA，合理玻璃。

近轴光线数据约束

PANA，光线与面相交点处，近轴光线面法线 X 分量；

PANB，光线与面相交点处，近轴光线面法线 Y 分量；

PANC，光线与面相交点处，近轴光线面法线 Z 分量；

PARA，近轴光线 X 方向余弦；

PARB，近轴光线 Y 方向余弦；

PARC，近轴光线 Z 方向余弦；

PARR，近轴光线径向坐标；

PARX，近轴光线 X 坐标；

PARY，近轴光线 Y 坐标

PARZ，近轴光线 Z 坐标；

PATX，近轴光线 X 方向光线切线；

PATY，近轴光线 Y 方向光线切线；

YNIP，YNI-近轴。

实际光线数据约束

CEHX，惠更斯 PSF，质心 X 位置；

CEHY，惠更斯 PSF，质心 Y 位置；

CENX，质心 X 位置；

CENY，质心 Y 位置；

CNAX，质心角 X 方向角；

CNAY，质心角 Y 方向角；

CNPX，质心 X 位置；

CNPY，质心 Y 位置；

DXDX，横向 X 像差相对于 X 瞳孔坐标的导数；

DXDY，横向 X 像差相对于 Y 瞳孔坐标的导数；

DYDX，横向 Y 像差相对于 X 瞳孔坐标的导数；

DYDY，横向 Y 像差相对于 Y 瞳孔坐标的导数；

HHCN，测试超半球条件；

IMAE，像分析数据；

MNRE，出射的最小实际光线角；

MNRI，入射的最小实际光线角；

MXRE，出射的最大实际光线角；

MXRI，入射的最大实际光线角；

OPTH，光程差，光学路径长度；

PLEN，路径长度；

RAED，出射的实际光线角，单位度；

RAEN，出射的实际光线角的余弦；

RAGA，光线的全局 X 方向余弦；

RAGB，光线的全局 Y 方向余弦；

RAGC，光线的全局 Z 方向余弦；

RAGX，全局光线 X 坐标；

RAGY，全局光线 Y 坐标；

RAGZ，全局光线 Z 坐标；

RAID，实际光线入射角，单位度；

RAIN，实际光线入射角的余弦；

RANG，相对于 Z 轴的光线角，单位弧度；

REAA，实际光线 X 方向余弦；

REAB，实际光线 Y 方向余弦；

REAC，实际光线 Z 方向余弦；

REAR，局部实际光线径向坐标；

REAX，局部实际光线 X 坐标；

REAY，局部实际光线 Y 坐标；

REAZ，局部实际光线 Z 坐标；

RENA，实际光线 X 方向面法线分量；

RENB，实际光线 Y 方向面法线分量；

RENC，实际光线 Z 方向面法线分量；

RETX，实际光线 X 方向光线正切（斜率）；

RETY，实际光线 Y 方向光线正切（斜率）。

元件位置约束

GLCA，全局 X 方向矢量分量；

GLCB，全局 Y 方向矢量分量；

GLCC，全局 Z 方向矢量分量；

GLCR，全局坐标旋转矩阵分量；

GLCX，面的全局顶点 X 坐标；

GLCY，面的全局顶点 Y 坐标；

GLCZ，面的全局顶点 Z 坐标。

更换系统数据

CONF，结构；

CVIG，有效渐晕系数；

FDMO，视场数据修改；

FDRE，视场数据恢复；

IMSF，像面；

PRIM，主波长；

SVIG，对当前结构设置渐晕系数；

WLEN，波长（μm）。

通用数学操作数

ABSO，绝对值；

ABGT，操作数绝对值大于；

ABLT，操作数绝对值小于；

ACOS，反余弦；

ASIN，反正弦；

ATAN，反正切；

CONS，常数值；

COSI，余弦；

DIFF，两个操作数作差，Op♯1－Op♯2；

DIVB，除以；

DIVI，两个操作数相除，Op♯1/Op♯2；

EQUA，等于操作数，Op♯1＝Op♯2；

LOGE，以 e 为底的自然对数；

LOGT，以 10 分底的对数；

MAXX，返回定义范围内的最大值；

MINN，返回定义范围内的最小值；

OPGT，操作数大于；

OPLT，操作数小于；

OPVA，操作数等于；
OSUM，定义范围内操作数之和；
PROB，操作数乘以因子；
PROD，两个操作数之积，$Op\#1 \times Op\#2$；
QSUM，平方和；

RECI，返回操作数的倒数，$1/Op\#1$；
SQRT，平方根；
SUMM，操作数之和，$Op\#1 + Op\#2$；
SINE，正弦；
TANG，正切。

多重结构（变焦）数据

CONF，结构；
MCOL，多重结构操作数小于；
MCOG，多重结构操作数大于；

MCOV，多重结构操作数等于；
ZTHI，从面号 1 到面号 2 的总厚度。

高斯光束数据

GBPD，高斯光束（近轴）发散角；
GBPP，高斯光束（近轴）位置，束腰
到面距离；
GBPR，高斯光束（近轴）曲率半径；
GBPS，高斯光束（近轴）尺寸；
GBPW，高斯光束（近轴）束腰；
GBPZ，高斯光束瑞利长度（共焦参数）；

GBSD，高斯光束（偏轴）发散角
GBSP，高斯光束（偏轴）位置，束腰
到面距离；
GBSR，高斯光束（偏轴）曲率半径；
GBSS，高斯光束（偏轴）尺寸；
GBSW，高斯光束（偏轴）束腰。

梯度折射率控制操作数

DLTN，Δn，轴上最大和最小折射率差；
GRMN，梯度折射率的最小折射率；
GRMX，梯度折射率的最大折射率；
InGT，折射率 n 大于；

InLT，折射率 n 小于；
InVA，折射率 n 等于；
LPTD，边界条件，限制轴向梯度折射
率斜率。

傅科分析

FOUC，傅科分析。

鬼像控制

GPIM，鬼瞳孔像；
GPRT，鬼光线透过；
GPRX，鬼光线实际 X 坐标；

GPRY，鬼光线实际 Y 坐标；
GPSX，鬼光线近轴 X 坐标；
GPSY，鬼光线近轴 Y 坐标。

光纤耦合

FICL，单模光纤的光纤耦合效率；
FICP，用物理光学传播算法计算的光

纤耦合；
POPD，更通用的光纤耦合。

相对照度

RELI，相对照度；

EFNO，有效 $F/\#$。

用 ZPL 宏优化

ZPLM，在 ZPL 宏中用于优化的数字结果。

用户自定义操作数

UDOC，用户定义操作数，用 ZOS-API；

UDOP，用户定义操作数，用 DDE。

优化函数控制操作数

BLNK，不执行任何操作；
DMFS，默认的优化函数起点；

ENDX，结束执行；
GOTO，跳转，略过跳转前的操作数；

OOFF，表示在操作数列表里的一个无用的入口；

SKIN，非对称系统跳转；

SKIS，对称系统跳转；

USYM，如果存在，即便非对称系统也假定其为径向对称系统。

非序列物体数据约束

FREZ，自由曲面 Z 物体边界约束；

NPGT，非序列参数大于；

NPLT，非序列参数小于；

NPVA，非序列参数等于；

NPXG，非序列物体位置 X 坐标大于；

NPXL，非序列物体位置 X 坐标小于；

NPXV，非序列物体位置 X 坐标等于；

NPYG，非序列物体位置 Y 坐标大于；

NPYL，非序列物体位置 Y 坐标小于；

NPYV，非序列物体位置 Y 坐标等于；

NPZG，非序列物体位置 Z 坐标大于；

NPZL，非序列物体位置 Z 坐标小于；

NPZV，非序列物体位置 Z 坐标等于；

NSRM，非序列旋转矩阵元；

NTXG，非序列物体关于 X 夹角大于；

NTXL，非序列物体关于 X 夹角小于；

NTXV，非序列物体关于 X 夹角等于；

NTYG，非序列物体关于 Y 夹角大于；

NTYL，非序列物体关于 Y 夹角小于；

NTYV，非序列物体关于 Y 夹角等于；

NTZG，非序列物体关于 Z 夹角大于；

NTZL，非序列物体关于 Z 夹角小于；

NTZV，非序列物体关于 Z 夹角等于。

非序列光线追迹和探测器

NSDC，非序列相干数据；

NSDD，非序列非相干强度数据；

NSDE，非序列颜色探测器；

NSDP，非序列极坐标探测器；

NSLT，非序列光线追迹；

NSRA，非序列单根光线追迹；

NSRM，非序列旋转矩阵；

NSRW，非序列中道路照明数据；

NSST，非序列单条光线追迹；

NSTR，非序列追迹；

NSTW，非序列道路照明光线追迹；

REVR，逆光线追迹；

NSRD，非序列光线数据库。

光学全息约束

CMFV，构造评价函数的值。

光学薄膜/偏振光学约束

CMGT，膜层的 multiplier 值大于；

CMLT，膜层的 multiplier 值小于；

CMVA，膜层的 multiplier 值等于；

CODA，膜层数据；

CEGT，膜层的 extinction 值大于；

CELT，膜层的 extinction 值小于；

CEVA，膜层的 extinction 值等于；

CIGT，膜层的 index 值大于；

CILT，膜层的 index 值小于；

CIVA，膜层的 index 值等于。

物理光学传播

POPD，物理光学传播数据；

POPI，物理光学传播数据。

最佳拟合球面数据

BFSD，最佳拟合球面数据。

公差敏感性数据

TOLR，公差数据。

热膨胀系数数据

TCGT，热膨胀系数大于；

TCLT，热膨胀系数小于；

TCVA，热膨胀系数等于。

参 考 文 献

[1] 袁旭沧. 现代光学设计方法. 北京：北京理工大学出版社，1995.

[2] 王之江. 光学设计理论基础. 北京：科学出版社，1985.

[3] 光学仪器设计手册编辑组. 光学仪器设计手册. 北京：国防工业出版社，1972.

[4] 安连生. 应用光学. 北京：北京理工大学出版社，2010.

[5] 袁旭沧. 光学设计. 北京：科学出版社，1983.

[6] 陶纯堪. 变焦距光学系统设计. 北京：国防工业出版社，1988.

[7] 张以谟. 应用光学. 北京：电子工业出版社，2008.

[8] 南京大学数学系计算数学专业. 光学系统自动设计中的数值方法. 北京：国防工业出版社，1976.

[9] 王永仲. 新光学系统的计算机设计. 北京：科学出版社，1993.

[10] 李士贤，等. 光学设计手册. 北京：北京理工大学出版社，1990.

[11] 郁道银，等. 工程光学. 北京：机械工业出版社，2006.

[12] 陈海清. 现代实用光学系统. 武汉：华中科技大学出版社，2003.

[13] 萧泽新. 工程光学设计. 北京：电子工业出版社，2008.

[14] 李晓彤，等. 几何光学·像差·光学设计. 杭州：浙江大学出版社，2014.

[15] 林晓阳. ZEMAX 光学设计超级学习手册. 北京：人民邮电出版社，2014.

[16] 高志山. ZEMAX 软件在像差设计中的应用. 南京：南京理工大学，2006.

[17] Zemax, LLC. OpticStudio 17 Help Files, 2017.

[18] 成都光学光电股份有限公司. CDGM Optical Glass Data Sheet，2020.

[19] 郑保康. 光学系统设计技巧. 云光技术，34（4）：1-19.

[20] W T 威尔福特. 对称光学系统的象差. 陈晃明，等译. 北京：科学出版社，1982.

[21] 金国藩，等. 二元光学. 北京：国防工业出版社，1998.

[22] 周炳琨，等. 激光原理. 北京：国防工业出版社，2009.

[23] 毛文炜. 光学镜头的优化设计. 北京：清华大学出版社，2009.

[24] 苏显渝，等. 信息光学. 北京：科学出版社，1999.

[25] James C Wyant. Basic Wavefront Aberration Theory for Optical Metrology. Applied Optics and Optical Engineering, Vol. XI：1-53.

[26] José Sasián. Introduction to Aberrations in Optical Imaging Systems. London：Cambridge University Press，2013.

[27] Rudolf Kingslake, et al. Lens Design Fundamentals. New York：SPIE Press，2010.

[28] Milton Laikin. Lens Design. New York：CRC Press，2007.

[29] 赵存华，等. AGRIN 混合光学系统设计. 应用光学. 30（4）：558-562，2009.

[30] 赵存华. 用矩阵方法设计变焦距镜头. 应用光学. 28（3）：1-4，2007.

[31] 赵存华，等. 折衍混合大相对孔径红外物镜设计. 激光与红外. 37（8）：756-758，2007.

[32] 赵存华，等. 应用光学. 北京：电子工业出版社，2017.

[33] 张敬贤，等. 微光与红外成像技术. 北京：北京理工大学出版社，1995.

[34] 李林. 应用光学. 北京：北京理工大学出版社，2010.

[35] 王文生，等. 现代光学系统设计. 北京：国防工业出版社，2016.

[36] 胡家升. 光学工程导论. 大连：大连理工大学出版社，2002.

[37] 吕百达. 激光光学：激光束的传输变换和光束质量控制. 成都：四川大学出版社，1992.

[38] 潘君骅. 光学非球面的设计、加工与检验. 北京：科学出版社，1994.

[39] 李林，等. 计算机辅助光学设计的理论与应用. 北京：国防工业出版社，2002.

[40] 宋菲君，等. 近代光学系统设计概论. 北京：科学出版社，2019.

[41] 张以谟. 现代应用光学. 北京：电子工业出版社，2018.

[42] Joseph M Geary. Introduction to Lens Design with Practical ZEMAX Examples. Richmond：Willmann-Bell，Inc.，2002.